U0231716

软件入门与提高丛书

PowerPoint 多媒体课件制作入门与提高

凤舞科技 编 著

清华大学出版社
北 京

内容简介

本书是一本 PowerPoint 多媒体课件制作实用秘技大全，也是一本案头工具书，本书通过 15 章专题技术讲解＋175 个专家提醒放送＋231 个实战技巧放送＋300 多分钟视频演示＋1616 张图片全程图解，可以帮助读者在最短时间内从新手成为课件制作高手。

本书最大的特色是：课件素材效果源文件齐全＋课件模板拿来即用或修改即用＋最丰富最完善的教学实用宝典。

全书共 15 章，具体内容包括多媒体课件快速入门、PPT 课件基本操作、文本课件模板制作、为课件制作幻灯片效果、图形特效课件模板制作、表格特效课件模板制作、图表课件模板制作、媒体文件课件模板制作、显示效果课件模板制作、超链接课件模板制作、动画特效课件模板制作、切换特效课件模板制作、放映课件模板制作、设置与打印课件模板制作以及打包与输出课件模板等内容。

本书内容丰富、语言通俗易懂、实用性强，可以作为广大多媒体制作人员、课件制作人员，如在职教师、计算机爱好者、广告制作人员、多媒体程序设计人员、影视编辑人员等的参考书，也可作为各院校的教材。

本书封面贴有清华大学出版社防伪标签，无标签者不得销售。
版权所有，侵权必究。侵权举报电话：010-62782989　13701121933

图书在版编目(CIP)数据

PowerPoint 多媒体课件制作入门与提高/凤舞科技编著. —北京：清华大学出版社，2013(2018.5 重印)
(软件入门与提高丛书)
ISBN 978-7-302-33386-9

Ⅰ. ①P…　Ⅱ. ①凤…　Ⅲ. ①图形软件　Ⅳ. ①TP391.41

中国版本图书馆 CIP 数据核字(2013)第 180870 号

责任编辑： 杨作梅
装帧设计： 刘孝琼
责任校对： 王　晖
责任印制： 李红英
出版发行： 清华大学出版社

网　址：http://www.tup.com.cn, http://www.wqbook.com
地　址：北京清华大学学研大厦 A 座　　邮　编：100084
社 总 机：010-62770175　　邮　购：010-62786544
投稿与读者服务：010-62776969, c-service@tup.tsinghua.edu.cn
质量反馈：010-62772015, zhiliang@tup.tsinghua.edu.cn

印 装 者： 虎彩印艺股份有限公司
经　销： 全国新华书店
开　本： 185mm×260mm　　**印　张：** 26.5　　**字　数：** 632 千字
(附 DVD 1 张)
版　次： 2013 年 10 月第 1 版　　**印　次：** 2018 年 5 月第 2 次印刷
印　数： 3501～3700
定　价： 58.00 元

产品编号：050495-01

前　言

PowerPoint 具有强大而完善的绘图、设计功能，它提供了高效的图形图像、文本声音、自定义动画、播放幻灯片功能。本书立足于 PowerPoint 2010 软件的多媒体课件制作技术，通过大量课件制作案例介绍其操作方法。

本书特色

- **课件模板拿来即用或修改即用：** 配书光盘中提供本书用到的实例源文件及各种素材，可将这些课件直接应用到教学中，或者以这些课件实例为模板稍做修改，即可制作出更多实用课件。
- **课件素材效果源文件丰富齐全：** 全书使用的素材与制作的效果共达 495 个，其中包含 264 个素材文件，231 个效果文件，涉及语文、数学、外语、历史以及课后习题实例等。
- **教学实用宝典丰富完善：** 为了便于教学，每章都增加了“本章习题”和“上机练习”两个模块，可以使读者及时检验学习成果以及举一反三制作出更多精彩的课件范例。

细节特色

- **15 章专题技术讲解**

本书用 15 章专题对 PowerPoint 多媒体课件的制作方法和基本应用技巧进行合理划分，让读者循序渐进地学习软件应用。

- **175 个专家提醒放送**

书中附有作者在使用软件过程中总结的经验技巧，共计 175 个，全部奉献给读者，方便读者提升课件实战技巧与经验。

- **231 个实战技巧放送**

本书是一本全操作性的技能实例手册，共计 231 个实例讲解。使读者在熟悉基础知识的同时熟练掌握多媒体课件的制作方法。

- **300 多分钟视频演示**

书中所介绍的技能实例的操作，全部录制了带语音讲解的演示视频，300 多分钟，读者可以通过观看视频演示进行学习。

- **1616 张图片全程图解**

在写作过程中，避免了冗长的文字叙述，而是通过 1616 张操作截图来展示软件的具体操作方法，简单易学。

本书内容

- **课件入门篇**

第 1、2 章是课件入门篇，主要介绍多媒体课件设计的理论和策略、多媒体课件设计流程、多媒体课件制作过程、多媒体课件的应用环境、PPT 软件基本操作、课件常用视图、个性化工作界面、自定义快速访问工具栏、创建与保存多媒体课件等内容。

- **课件制作篇**

第 3～6 章是课件制作篇，主要介绍课件文本基本操作、编辑课件文本内容、新建课件中的幻灯片、编辑课件中的幻灯片、制作剪贴画课件、制作图片课件、制作艺术字课件、制作图形课件、创建课件中的表格、导入外部表格以及设置课件表格效果等内容。

- **核心攻略篇**

第 7～13 章是核心攻略篇，主要介绍创建课件中的图表对象、编辑课件中的图表对象、插入和剪辑课件中的声音、插入和剪辑课件中的视频、设置课件中的主题、创建课件中的超链接、添加课件动画、制作细微型课件切换效果以及进入多媒体课件放映等内容。

- **打印输出篇**

第 14、15 章是打印输出篇，主要介绍设置课件打印页面、打印多媒体课件、设置多媒体课件放映、打包多媒体课件、输出多媒体课件等内容。

本书编者

本书由凤舞科技编著，同时参加编写的人员还有谭贤、宋金梅、刘嫔、杨闰艳、苏高、曾杰、罗林、罗权、周旭阳、袁淑敏、谭俊杰、徐茜、杨端阳、谭中阳、张国文等。由于时间仓促，书中难免存在疏漏与不妥之处，欢迎广大读者来信咨询和指正，联系邮箱：itsir@qq.com。

版权声明

本书所采用的号码、照片、图片、软件、名称等素材，均为所属个人、公司、网站所有，本书引用仅为说明(教学)之用，任何人不得将相关内容用于其他商业用途或网络传播。

编　者

目　录

第 1 章

热身准备：多媒体课件快速入门

“多媒体课件”是老师用来辅助教学的工具。创作人员根据自己的创意，先从总体上对信息进行分类组织，然后把文字、图形、图像、声音、动画、影像等多种媒体素材分别在时间和空间两方面进行集成，使它们融为一体并赋予其交互特性，从而制作出各种精彩纷呈的多媒体应用软件产品。本章主要介绍多媒体课件设计的理论和策略、设计流程、制作过程以及应用环境等内容。

本章重点：

- 多媒体课件设计的理论和策略
- 多媒体课件的设计流程
- 多媒体课件的制作过程
- 多媒体课件的应用环境

1.1 多媒体课件设计的理论和策略

多媒体技术是一种发展迅速的综合性电子信息技术，它给传统的计算机系统、音频和视频设备带来了方向性的变革，对大众传媒产生了深远的影响，多媒体计算机加快了计算机进入家庭和社会各个方面的进程，给人们的工作、生活和娱乐带来了深刻的影响。

1.1.1 多媒体课件的概念

CAI 是“计算机辅助教学”(Computer Assisted Instructing)的英文名称缩写。多媒体课件的含义是：把自己的教学想法，包括教学的目的、内容、实现教学活动的策略、教学的顺序以及控制方法等，用计算机程序进行描述，并存入计算机，经过调试成为可以运行的程序。换句话说，课件是一种根据教学目标设计的，表现特定的教学内容，反映一定教学策略的计算机教学程序，它可以用来储存、传递和处理教学信息，能让学生进行交互操作，并对学生的学习进行评价的教学媒体。

人类在信息交流中要使用各种信息载体，多媒体就是多种信息载体的表现形式和传递方式，多媒体的范围相当广泛，主要包括以下五大类。

- 感觉媒体：指的是能直接作用于人们的感觉器官，从而能使人们产生直接感觉的媒体，如语言、音乐、自然界中的各种声音、图像、动画和文本等。
- 表示媒体：指的是为了传送感觉媒体而人为研究出来的媒体，借助于这种媒体，可以更有效地存储感觉媒体，或将感觉媒体从一个地方传送到遥远的另一个地方，如语言编码、电报码和条形码等。
- 显示媒体：指的是通信中电信号和感觉媒体之间产生转换用的媒体，如输入设施、键盘、鼠标、显示器和打印机等。
- 存储媒体：指的是用于存放某些媒体的媒体，如纸张、磁带、磁盘和光盘等。
- 传输媒体：指的是用于传输某些媒体的媒体，如电话线、电缆和光纤等。

人们普遍认为，多媒体是指能够同时获取、处理、编辑、存储和展示两个以上不同类型信息媒体的技术，这些信息媒体包括文字、声音、图形、图像、动画和视频等。现在人们谈论的多媒体技术往往与计算机联系起来，这是由于计算机的数字化及交互式处理能力极大地推动了多媒体技术的发展，通常可以把多媒体看作是计算机技术与视图、音频和通信等技术融为一体而形成的新技术或新产品。

1.1.2 多媒体课件的分类

从计算机辅助教学的发展来看，多媒体 CAI 课件分为传统型 CAI 课件、多媒体型 CAI 课件和网络型 CAI 课件三种。

1. 传统型 CAI 课件

由于计算机技术的发展和软件开发水平在 CAI 发展的初期受到一定的限制，使得 CAI

只能在一些大型的系统上得到应用，尽管后来个人计算机的出现使 CAI 有了一定的发挥空间，但当时个人计算机的操作系统大于 DOS 操作系统，要编制一个 CAI 非常困难，需要花费大量的时间，编写大量的复杂代码，这样编制出来的 CAI 应用软件效果并不明显，最大的缺点是缺少生动的画面和人机交互，对于非专业的人员来说，要制作一个这样的 CAI 应用软件几乎是不可能的事，所以在传统型 CAI 时期，CAI 强大的作用并没有得到真正的体现。

2. 多媒体 CAI 课件

运用多媒体技术，将文字、图像、声音和动画等多种媒体集成在一起，可以让教学内容更为丰富形象，教学过程更为生动有趣，学习效果更为明显，教学效率大大提高。同时，Windows 等图形操作方式的系统软件在个人计算机上诞生使得一大批多媒体应用软件闪亮登场，如 PowerPoint、Authorware 等，它们为非计算机专业的人员提供了一个个理想的多媒体 CAI 课件设计平台。作为教师，自己亲手制作一个美观实用的 CAI 课件已经成为必然的要求。

3. 网络型 CAI 课件

当今互联网已经成为人们查找信息、收集信息以及处理信息的主要工具，Internet 的发展使 CAI 应用不再是一种孤立的、局部的应用，而将是更大范围的应用、更多的资源共享、更强大的人机交互。例如，Flash、FrontPage 等面向网络的多媒体应用软件，使用户设计的课件可以直接通过网络发布，学生可以通过 Internet 浏览器获取学习资源，利用 E-mail、BBS、新闻栏、留言簿和聊天室等多种网络通信方式与外界进行交流，同时网络型 CAI 课件能够及时获取和处理学生的反馈信息，增强了人机的交互功能。现在，用户要制作一个网络型 CAI 课件已经是一件很容易的事情，如利用 FrontPage、Dreamweaver 等网页制作软件，再配合 JavaScript、VBScript 以及 DHTML 等简单的编程语言，以及数据库等技术，就能够制作出交互性较强的网络型 CAI 课件。

1.1.3 多媒体课件的特点

多媒体 CAI 课件具有形象直观、图文并茂、交互反馈以及网络化等特点，可以适应当前教学的需要，为教学注入新的生机与活力。

1. 形象生动

多媒体 CAI 课件通常都是通过计算机屏幕显示文字、图片、动画和声音等多种媒体信息，这比传统的教师在黑板上书写更直观、更形象，它可以通过图片展示文中的情节，再配上适当的音乐，把本来枯燥无味的教学内容变得形象生动，有效地帮助学生理解和记忆文本知识。

2. 效率高

多媒体 CAI 课件的高效性是其他教学手段无法比拟的。首先，它展示教学素材的速度特别快，只需要用键盘或鼠标简单地操作几下就能把教学内容展示出来，从而节约了课堂教学时间。其次，它显示的内容丰富，涉及面广，知识量大，能够跨越时间和空间的界限，做横向或纵向的对比，加强知识之间的联系与沟通，从而形成知识的网络，使学生真正达到融会贯通，学以致用。

3. 交互性强

多媒体 CAI 课件可以利用人机交互的手段和计算机快速的处理能力进行课程的教学，根据现实模拟各种现象与场景，扮演与学生友好合作、平等竞争、相互讨论、相互启发以及共同探索的伙伴或对手。

4. 强大的集成性

用户可以利用多媒体 CAI 课件将各种影视信息组织在一起，如今多媒体个人计算机已经非常普及，可以利用计算机制作文档、绘制表格和工程图、创建艺术图画以及听音乐等。

多媒体能够给用户的生活、学习增加无穷的乐趣，这也正体现了计算机强大的兼容性和集成性，这里需要说明的是，计算机的兼容性是数字化的兼容，其特点是其他非数字化工具不能相比的，这些都为计算机辅助教学提供了更加广阔的思维空间和素材资源。

5. 网络化的交互

互联网的发展使计算机的发展跨入了新的历史阶段，它实现了全球的资源共享和信息通道，随着多媒体教学研究的发展，未来的趋势是利用网络资源，采用多机交互的形式进行教学，教师在教学过程中不仅能通过网络与学生交流信息，而且教学已经不再限于一间教室或一所学校，完全打破了传统的班级教学模式，发展到了不同地域、不同时间的合作和探索学习，学生可以通过网络及时得到帮助和反馈。

1.1.4 多媒体课件的编制原则

设计课件的基本思想体现了课件设计制作质量的评估标准，因此在制作多媒体 CAI 课件时，应注意以下几个方面。

1. 科学性与教育性

科学性与教育性是任何多媒体 CAI 课件首先必须遵循的原则，它要求设计者根据课程内容和学生的身心特点来设计多媒体 CAI 课件，具体要求课件中不能出现知识技能、专业术语的错误，所覆盖的内容深度和广度要恰当，出现的顺序要合乎逻辑，所用的名词要一致，文字和图片要具有可读性，难易要适中，要充分、恰当、适时地体现教学内容，要适合学生具有的教育背景，要能够引起学生学习的兴趣等，这些要求都是 CAI 课件的设计者首先应该考虑的。

2. 交互性与多样性

交互性与多样性体现在多媒体 CAI 课件中应当充分地利用人机交互的功能，不断帮助和鼓励学生学习，发挥他们的创造性，这一原则要求 CAI 能够提供学习的评估功能，能够及时地记录学生的学习情况，能够对学生的回答做出适宜的判断并具备纠正能力，能够具有多样性的激情鼓励，能尽可能地考虑到学生的多种解决方案，能够为学生提供一个广阔的思维空间等。

3. 结构化与整体化

一个好的课件结构无论是对于设计者的设计和使用者的操作都是非常有益的，在设计时应该考虑这个课件主要分成几个部分，每一个部分又有哪些分支，部分与部分之间又应该怎样联系。一个课件一般分为课件片头、课件内容以及课件片尾三大版块，其中课件内容又可以按照教学的过程分为复习部分、新授部分和巩固练习部分，也可以按照课件的素材类型将课件内容分为文字、图画以及动画 3 个部分，课件内容的各个部分之间既保持独立又存在联系，这一点在语文课件中表现得极为突出。图 1-1 所示为语文巩固练习课件。

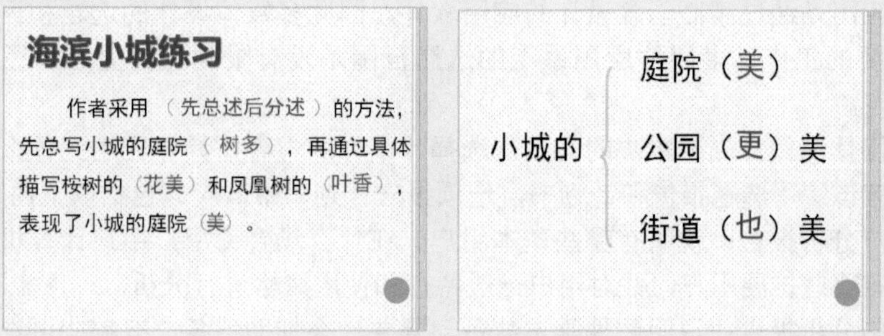

图 1-1 语文巩固练习课件

课件的美观性和实用性集中体现在课件的画面设计方面，包括文字、图形、动画、边界、提示、菜单以及按钮等课件元素的处理和安排，下面是一些课件画面的评价标准。

- 文字安排得体，语言叙述流畅，字体选择得当，文字大小合适，文字颜色和背景颜色对比明显。
- 图像使用得当，图片效果明显，处理精细，大小适中，排列合理。
- 动画使用得当，效果明显，动作连贯。
- 提示和帮助信息需要明确，能够与操作过程和内容配合，提示和帮助信息的放置要合理。
- 菜单和按钮的样式设计要美观大方，放置和安排要合理，按钮的作用要明确。

4. 稳定性与扩充性

如果设计的课件只能在自己的计算机上使用，那么这个课件几乎就没有什么使用的价值，所以课件运行环境对硬件和软件的要求是否太高，运动过程是否稳定，是否会出现非正常的退出，是否便于增加新的内容等，都是课件设计者需要考虑的问题。

5. 网络化与共享性

网络化已经成为多媒体 CAI 课件的发展趋势，目前有许多软件都能让设计者方便地制作出网络型的多媒体 CAI 课件，例如使用 FrontPage 可以制作出基于网页的交互式课件，使用 PowerPoint 和 Flash 这两种软件制作的课件文件都比较小，都能够通过网页浏览器联机浏览和使用。

1.2 多媒体课件的设计流程

一个多媒体课件的开发流程与实施其他软件工程一样，从严格的角度来说，都要经历一些必不可少的步骤，这些步骤主要是：课件立项、教学设计、系统设计、数据采集、软件编辑、试用评论和改进。

1.2.1 课件选题的确定

多媒体应用是经过精心创意设计的应用软件，因此多媒体设计的选题和评估可行性是一项十分重要的工作，多媒体应用系统的选题范围是没有限制的，但必须经过严格思考后，方可确定。

开发多媒体课件首先要解决的问题是选择什么样的内容，具体应用到什么区域。主题确定以后，应该编写选题报告和计划书，选项报告计划书中，应该包括以下内容。

- 用户分析报告：说明有哪些基本用户，在什么场合使用，用户计算机应用水平，还有哪些扩展用户，并对用户一般特点和使用风格进行分析。
- 设施分析报告：说明硬件基本装备，需要什么辅助装备，有哪些可选用，有无特殊需要，需哪些多媒体软件，软件环境需提供什么支持等。
- 成本效益分析报告：该系统管理效益与经济效益以及市场潜力如何，设计开发投入人力和资金预算，需花费的时间，所用资源及资金来源，所提供信息的使用价值如何，使用频率又如何。
- 系统内容分析报告：系统总体设计流程，涉及的多媒体元素系统的组织结构等。

以上分析报告的目的是：确定使用对象和要求，确定应用系统设计结构，建立设计标准，确定制作目标。

1.2.2 课件结构的确定

在制作多媒体时，结构设计是非常重要的，没有结构支撑，很难实现正常的功能，在着手制作多媒体课件时，首先应该确定结构。

传统教学中，教学信息如课本、录音以及录像等的组织结构都是线性的，这在客观上限制了人们自由联想能力的发挥，而超文本技术就克服了这一缺点，多媒体课件中的信息结构就是采用这种非线性的超文本方式。

根据多媒体课件中节点和链的连接关系，可以归纳出多媒体课件中的教学内容结构组织方式有以下几种：线性结构、树状结构、网状结构和混合结构。

多媒体课件的结构设计主要包括节点设计、链的设计以及由此产生的网络和学习路径的设计。

- 节点设计：它是存储信息的基本单元，又称信息块，每个节点表达一个特定的主题，它的大小根据实际需要而写，没有严格的限制，通常有文本节点、图文类节点、听觉类节点、视听类节点和程序类节点。通常程序类节点用“按钮”来表现，进入这种节点后，将启动相应的程序，完成特定的操作。根节点是学习者进入系统学习遇到的第一个节点，同时也是其他任何节点都能返回的中心节点，因此根节点的设计十分重要，根节点的常用设计方法如下。

- 总述：根节点是整个内容的概述，它与知识库中的所有主要概念都建立有联系。
- 自顶向下：使用层次分析法，根节点是顶端的主要本质概念。
- 菜单：根节点是知识库中主要概念的列表或内容表。
- 辅导：根节点是进入其他节点通道的示范。

- 链的设计：链的设计主要涉及节点之间如何联结及其怎样表示，链表示不同节点间信息的联系，因为信息间的联系是千变万化、丰富多彩的，所以链也是复杂多样的，有单向链、双向链等。链功能的强弱，直接影响节点的表现力，也会影响信息网络的结构和导航的能力，超文本中有了链才有了非线性，用户才能“沿着”链找到相关信息。在多媒体课件中，链是隐藏在信息背后、记录在系统中的，用户看不到表示单向或双向的线，只是在从一个节点转向另一个节点时，会感觉到链的存在，链的基本组合方式有以下几种。
  - 一条线性浏览路径。
  - 树状结构。
  - 无环的网。
  - 分块连接。
  - 任意链接。

  链分为三种。
  - 线性链：反映节点之间的次序、位置等关系。
  - 树形链：体现节点间的层次、归属、类推等关系，反映节点内容的语义逻辑联系。
  - 网状链：即任何节点之间都可以建立联系，如背景、索引、例证、重点以及参考资料等，体现创建人员的联想，一个超媒体系统中各种类型的链所占的比例取决于领域知识、系统目的和学习特征。
- 网络和学习路径设计：节点和链的组织方式不同，从而产生不同的超媒体系统网络结构，包括阶层型、细化型和对话型。常见的学习路径模式有顺序式、循环式、分支式、索引式和网状式。

1.2.3 课件脚本的编写

制作一个多媒体课件首先要规划与撰写一个脚本，脚本的撰写是多媒体课件创建的核心，它除了要求写作者有一定的教学经验外，更重要的是要把心理学和计算机教学的特点融合其中。脚本对于软件的作用相当于剧本对于电视、电影的作用，它是开发人员制作课件的依据，脚本的编写有一套程序和方法，编写完毕之后应该找有关专家进行修改和评议。

在多媒体脚本设计过程中应该做到以下几点。

- 规划各项内容显示的顺序和步骤。
- 描述期间的分支路径和衔接的流程。
- 兼顾系统的完整性和连贯性。
- 既要考虑到整体结构，又要善于运用声、画、影物多重组合达到最佳效果。

- 注意交互性和目标性。
- 根据不同的应用系统运用相关领域的知识和指导理论。

多媒体应用系统能根据用户的输入要求随时改变节目控制流程，可通过菜单、热键按钮及超级链接等方法来实现，脚本编写完后，应组织有关专家和用户进行评议，并修改完善，进行下一步的创意设计。

1.3　多媒体课件的制作过程

制作一个高效实用课件的前提条件是必须了解多媒体课件制作的基本过程，其大致可分为 3 个阶段：准备阶段、制作阶段和应用阶段。本节将介绍脚本的编写、设计与制作等多媒体课件制作过程。

1.3.1　文字脚本的编写

文字脚本就是用户根据实际需要编写的需求书，文字脚本一般要求由用户根据自己课堂教学的需要来编写。首先，必须写清楚大概的教学过程和重要的教学环节；其次，要写明课件的作用点，明确课件所起到的作用和意义，如果能够使用其他媒体或手段达到更好的效果，就没有必要使用课件；再次，要写出需要的文字、图片、动画以及声音等素材；最后，要注明各个课件片段需要展现的效果和出现形式，以上的文字脚本内容，可以根据实际情况设计一张表格让用户填写，这样才能保证课件设计的科学性、实用性和针对性。表 1-1 所示为一个脚本设计表格的范例。

表 1-1　多媒体 CAI 课件制作脚本设计

<table>
<tr><th>学科</th><th>年　级</th><th>执教者</th><th colspan="2">教学课目</th><th>课件用途</th></tr>
<tr><td>数学</td><td>二年级</td><td>李花</td><td colspan="2">时分的认识</td><td>赛课</td></tr>
<tr><td>课件设计结构及实现步骤</td><td colspan="3">该课件共分为 3 大部分：复习、新授、巩固
一、复习部分
(1) 显示各种各样的钟表。
(2) 出现作息时间图——要求依次出现。
二、新授部分
(1) 认识钟面：划分钟面，制作时针和分针的移动。
(2) 时分概念：听 1 分钟的音乐，出现一个进度条。
(3) 制作例 1：按照书上要求先出现图，再出现答案，最后将 4 个时刻的钟面放在一起做对比。
(4) 制作例 2：先转动时针和分针再出现答案。
三、巩固练习
(1) 制作练习 1：内容略，要求答案能够输入，并且能够作出判断。
(2) 练习 2：内容略，出现一张运动会日程安排表。
(3) 游戏：动物运动、比赛跑步，详细过程略。</td><td>简单图例</td><td>界面要求</td></tr>
<tr><td>修改方案</td><td colspan="5">● 课件结构需要重新安排，分三大版块，进入后里面又分子版块，各个版块之间能够快速地切换。
● 游戏的动画需要调整，最后要求能够拖放动物，并排出正确的名次。</td></tr>
</table>

1.3.2 脚本的设计与制作

脚本的设计与制作就是需要设计者根据使用者编写的脚本，站在使用者的角度来考虑和分析问题，设计好课件的书面文字表达方式，设计与制作脚本时可以和使用者进行商量，决定最好的实现效果和最优的实现方法。课件制作脚本的具体内容包括封面的设计、界面的设计、结构的安排、素材的组织以及技术的运用，制作脚本的设计不仅可以使课件设计者在制作课件时做到心中有数，不至于走弯路，也方便以后对课件进行重新整理和修改。因此，这一步对设计一个优秀的多媒体 CAI 课件是非常必要的。

1.3.3 课件素材的准备

在实际的制作过程中，准备素材消耗的时间常常是最多的。例如要制作一个语文课件，需要收集与本课相关的图片、动画以及声音等素材，这些素材有的可以找到，但也需再进行加工和处理才能够利用，有的却不容易找到，只能自己制作。没有图片就需要使用图像处理软件绘制，没有动画就需要使用动画制作软件制作，没有声音就需要使用录音机来录制等，所有这些花费的时间将远远超过制作课件所用的时间。由此可见，掌握获取素材和处理素材的方法和技巧是非常有价值的事。

1.3.4 课件的制作技巧

课件的制作技巧就是将各种教学素材放置到课件中，设置用户对课件的控制点和交互方式。在课件的具体制作过程中，形成一些好的操作习惯和方法，可以加快课件的制作。为方便课件的修改，可以把课件的不同部分制作成几个分支结构。用户可以尽量将具有一个整体功能的部分制作成为一个模板，方便同一课件中不同部分的共享。经常为课件比较重要的部分做一个批注，为不同的素材对象赋予一个名称，允许使用者出现错误的操作，并且能够及时地纠正。设计一个生动快捷的帮助信息系统，随时对使用者给予一定的提示等，这样的课件将具有良好的可读性、可维护性和实用性。

1.3.5 课件的调试运行

为了保证课件的正常运行，需要对课件进行调试，可以使用以下几种实用的方法来调试。

- 分模块调试：对于内容比较多的课件，设计者可以将课件从逻辑上分为几个比较独立的片段进行调试，保证每一个模块都能够正常运行。
- 测试性调试：将课件的不同部分集成在一起进行调试，尽量尝试多种操作的可能性，看是否能够保证课件的正常运行。
- 模拟性调试：模拟实际教学过程中教师的“教”和学生的“学”，看课件是否能够满足或适应实际教学的需要。
- 环境性调试：一个课件的正常运行总是要依赖事实上的硬件和软件环境，可以尝试在不同配置的计算机上、不同操作系统以及不同的应用软件环境下进行调试，以获得课件运行的最佳环境。

1.3.6 课件的维护更新

对于同一个教学内容，不同的教师对课件的需求也不尽相同，设计者应该不断地收集使用者的信息，更新和完善课件内容，以便在教学中发挥更加强大的作用。例如设计者可以通过网络发布课件，实现课件资源共享，从而获得更多使用者的反馈信息，综合意见，不断改进，对课件进行完善的过程也是设计者自身设计水平提高的过程。

1.4 多媒体课件的应用环境

制作多媒体 CAI 课件除了需要计算机等常用设备外，一般还需要一些专用设备，如扫描仪、数码相机和光盘刻录机等，此外还需要一些专业软件。

1.4.1 课件制作的硬件环境

一般来说，制作多媒体 CAI 课件的硬件系统主要包括多媒体计算机、扫描仪、数码相机、数码摄像机、话筒、音响和光盘刻录机等设备，根据实际需要，具体的配置也不尽相同。

1. 多媒体计算机

多媒体计算机是多媒体 CAI 课件制作系统中最核心的设备，它是课件制作和运动的最基础设备，通常一台计算机性能的优劣，将会直接影响课件制作的效率，所以一定要注意多媒体计算机的选购，例如使用 Authorware 制作出来的课件容量相对较大，所以需要配置较大的硬盘，使用 Flash 动画软件制作的课件容量相对较小，但对 CPU 和内存的要求较高，另外如果需要制作 3D 动画和处理大量的图形，就应该将内存尽可能地扩大，显卡也要选购高档一些的。

总的来说，一台多媒体计算机应该包括 CPU、主板、内存、显卡、声卡、硬盘、软驱、光驱、键盘以及鼠标等部件，下面介绍目前用于多媒体 CAI 课件制作的计算机重要部件的常用配置。

- CPU：即中央处理器，它是区分计算机档次高低的重要部件，是计算机的“心脏”，决定着计算机的运算速度，频率是 CPU 的重要性能指标，一般来说，频率越高的 CPU，运行速度越快。目前在市场上，频率在 20GHz 左右的 CPU 占主导地位，根据多媒体 CAI 课件制作的实际情况，设计者可以购买频率在 1GHz 以上的 Intel 或 AMD 公司的 CPU，以达到比较理想的制作速度。
- 主板：它是连接 CPU 和其他硬件设备的桥梁，它的档次将直接影响计算机的整体性能，在购买主板时应该首先考虑其稳定性和扩展性。例如，主板最多支持多大的内存，主板所能支持 CPU 的类型及频率，另外从集成性方面来说，主板有内置声卡和内置显卡，但也有独立的声卡和显卡，设计者可以根据自己制作课件的要求来选择主板。

- 内存：内存的大小和性能同样决定着计算机的运行速度，当前 DDR 3 代内存已经成为市场的主流产品，它的性能是传统内存的两倍。另外，内存条的大小也从以前的 1MB、2MB、4MB 发展到现在的 1G、2G、4G，对于设计多媒体课件来说，建议将内存配置为 4G 或更大，如果还要处理 3D 动画和大量的图片，内存应该尽可能地扩大。
- 显卡：计算机中的信息要显示出来必须要借助于显卡，显卡所能够支持的分辨率、色彩数目以及缓存，决定了屏幕显示的效果。对于制作多媒体课件，一般要求显示卡的分辨率至少要支持 800×600 像素，色彩数目应该达到 16 位(即 2^{16})，显卡的缓存需要达到 8MB 以上。
- 声卡：计算机需要通过声卡才能播放和录制声音，没有声音的计算机将是枯燥乏味的，多媒体 CAI 课件常常需要声音来陪衬，例如添加生动的背景音乐、人物对话以及各种音效，所以声卡应该是多媒体 CAI 课件制作的必备硬件之一。目前，声卡的种类繁多，价格悬殊比较大，用户可以根据课件制作对声音效果要求的高低来配置不同档次的声卡。
- 硬盘：为了制作课件，常常需要配置一个大容量的硬盘，这样可以存储大量的课件素材，例如图片、声音以及动画等，方便设计时查找，目前硬盘的容量越来越大，价格也越来越便宜，所以应该尽可能地选购一个大容量的硬盘，建议 40GB 以上，另外在购买时还要注意硬盘的转速，目前有 5400r/min、7200r/min、12000r/min 等几种。

2. 扫描仪

扫描仪，是课件制作过程中使用最普遍的设备之一，用于扫描图像，并将其转换为计算机可以显示、编辑、存储和输出的数字格式，用户可以利用扫描仪获取照片、课文的插图、杂志图片以及手绘图画等，然后输入到课件中。

3. 数码相机

数码相机，是获取多媒体 CAI 课件图像素材的又一个重要途径，数码相机与传统相机相比，最突出的优点是方便、快捷。例如，在制作多媒体课件需要一些实景图时，按照以前的方式，需要使用传统照相机拍摄，冲洗成照片，再使用扫描仪扫描照片，然后输入到计算机中，如果使用数码相机，就可以将图片直接输入计算机中，缩短了收集素材所需要的时间，而且图片效果也相当不错。

4. 数码摄像机

数码摄像机的出现无疑为数字时代增加了亮点，与传统的摄像机相比，数码摄像机的信息可以直接输入计算机中，而传统的摄像机是将信息保存在录像带上，不能直接输入计算机中。在多媒体 CAI 课件制作中，经常需要加入一些视频片段，以前通常是通过视频采集卡与电视或录像设备相连接来获取视频信息，这个过程既复杂又使信息有一定程度的失真，而数码摄像机的出现改变了这一切，使得视频的采集和输入过程更加简捷、视频信号的失真度更小。

5. 刻录机

由于多媒体 CAI 课件中使用了很多音频、图像、视频和动画等多媒体素材，结果使得文件一般都比较大，这就给使用传统工具(如磁盘等)移动和备份多媒体 CAI 课件带来了很大的困难，这种情况下就需要选购一个光盘刻录机将课件刻录到光盘上，再带去上课、交流和保存。

1.4.2 课件制作的软件环境

没有安装软件的计算机是没有任何作用的，前面已经对多媒体计算机的硬件配置有了一个大概的了解，接下来就介绍用于制作多媒体 CAI 课件的计算机应该安装哪些常用的软件。

1. 操作系统软件

这是必须安装的软件，其他任何应用软件都必须在一个操作系统上运行，一个良好稳定的操作系统对课件的制作是很重要的，目前比较流行的操作系统有 Windows XP、Windows 7、Windows 8 等。

2. 课件制作软件

要将文字、图片、声音、动画等素材集成在一起制作多媒体 CAI 课件必须依赖于课件制作软件，当前比较流行的课件制作软件有 PowerPoint 2010、Authorware 7.02、Flash CS6、FrontPage 2010、Director、方正奥思、课件大师以及几何画板等，每一种软件都各有特色。其中，PowerPoint 2010 和课件大师是最容易上手的软件，Authorware 7.02 和 Director 适用于制作大型的多媒体课件，Flash CS6 和 FrontPage 2010 适合制作网络型的课件，而几何画板则在中学数学、物理等学科中使用较多，方正奥思则更符合中国人的习惯，对拼音有很好的支持，设计者可以根据自己的实际情况选择一种或多种软件进行学习，应尽量选择软件版本较新的，本书所介绍的课件制作软件均是比较新的版本。

3. 图像制作软件

图片是课件制作中最常用的素材，在课件制作过程中，通常要先查找需要的图片，然后调整图片的大小、色彩以及效果等，最后再导入课件制作软件中，要完成这个过程，如果不使用图像方面的软件，不仅用时多，而且图像效果也不理想，大致可以将图像方面的软件分为看图软件、抓图软件和图形处理软件。

4. 声音制作软件

一个没有任何声音效果的课件是缺少吸引力的，在课件中，加入人物的对话、各种自然音效、背景音乐等已经成为课件制作中必不可少的一部分，一个课件制作软件本身具有的声音处理功能是相当有限的，所以常常需要借助外部的声音处理程序，课件制作中最常用的声音软件包括录音机、超级解霸、Adobe Audition CS6 等。

录音机程序是最简单实用的软件，它可以对 WAV 声音文件进行各种编辑，支持声音的简单合成，同时还可以使用该程序进行话筒录音和磁带声音的输入。

超级解霸的功能非常强大，能够播放各种各样的声音文件，如 CD、MP3 等，并且能够将多种声音文件格式相互转换，这样就方便了课件制作。例如一些多媒体课件制作软件只能导入 WAV 格式的声音文件，当前有一个 MP3 格式的声音文件想导入，就必须先将声音的文件格式转换为 WAV 格式，这时超级解霸就能够大显身手了，另外它也是一个不错的影像处理软件。

Cool Edit 2000 是一个非常不错的声音处理软件，能够完成声音的各种特殊效果的处理，如淡入淡出、3D 环绕以及复杂合成等。

5. 影像制作软件

在课件中，常常需要添加一些动态图标、动画片段以及视频图像等，使课件更加生动有趣，内容更具说服力，例如语文课件中常常需要一些情景动画片段，物理、化学课件中常常需要模拟实验的动态效果，在数学课件中有时也需要平面或立体图形的移动拼切、旋转等效果。一般来说，影像方面的软件包括视频捕捉软件、平面动画软件、3D 动画软件以及影像合成软件等。图 1-2 所示为 PowerPoint 多媒体课件制作的效果。

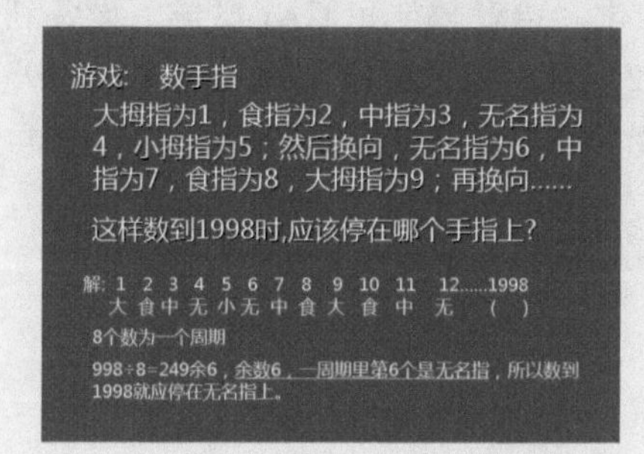

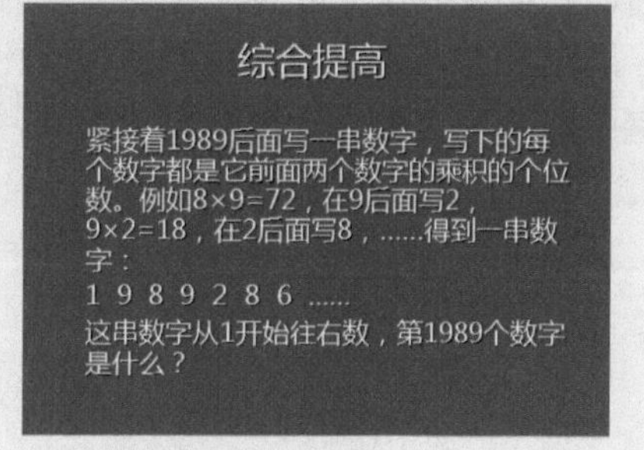

图 1-2　PowerPoint 多媒体课件制作的效果

总之，在进行多媒体 CAI 课件制作时，应该以课件制作软件为主，与其他的图像、声音以及影像软件相配合，达到取长补短，相得益彰的目的。

1.4.3　课件应用的基本环境

一个好的课件，如果没有一个良好的应用环境，课件的优势就不可能很好地发挥出来。当前，多媒体网络教室和多功能教室是多媒体 CAI 课件运行的主要环境。

1. 多功能教室

当前大多数学校都配备有多功能教室，多功能教室是演示型多媒体 CAI 课件运行的最好环境。一般来说，多功能教室内都有投影仪、大投影屏幕、实物视频展示台、多媒体计算机、音响以及中央控制点系统等设备，通常是以中央控制点设备为中心，将计算机、投影仪、视频展示台以及音响等输入/输出设备连接起来，实现对声音、视频信号的快速切换，多媒体 CAI 课件就是利用计算机运行后，课件的画面效果通过控制点设备将视频信号输入投影仪中，然后投影在大屏幕上。同时，课件的声音也通过控制点设备将音频信号输入音响设备中，然后播放出来，这样就使得所有学生都能够清楚地看见课件的画面，听见课件的音效。

多功能教室的优点是：适合使用演示性的多媒体 CAI 课件，能同时结合常规教学手段进行教学，对学生数量没有太大的限制，加之它还具有其他功能，因而目前在学校中应用较多；缺点是比较难于体现新的教学思想，因投影仪一般固定在天花板上，不方便移动使用。

2. 多媒体网络教室

多媒体网络教室，主要包括学生计算机若干台、教师机、服务器以及网络交换设备等，在多媒体网络教室中，由于每一个学生都有一台自己控制的计算机，每一台计算机之间都可以相互通信，所以多媒体网络教室是多媒体 CAI 交互型和网络型课件运行的良好环境。

另外，网络教室一般都需要购买相应的管理软件，这样就可以使用一台教师机对学生机实现屏幕的锁定、教师屏幕信息的广播、远程控制、文件传输、电子举手以及语音对话等丰富的交互式功能。

多媒体网络教室的优点是：适合使用交互性的 CAI 软件，能进行个别化学习，对环境要求不高，视觉效果好，可同时兼顾计算机教学、语音教学和 CAI 教学，设备利用率高，成本低；缺点是结合黑板等常规教学手段比较困难，课堂纪律不好控制等，另外在多媒体网络教室中，学生人数受计算机数量限制，当学生数量多于计算机数量时，教学效果将受影响。

第 2 章

课件初成：新手试做 PPT 课件

PowerPoint 2010 是微软 Office 办公软件中的一款专门用于设计演示文稿的软件，它能帮助用户设计出包含图文、影音、动画等丰富内容的幻灯片。本章主要介绍 PPT 软件的基本操作、PPT 的工作界面、课件常用视图、创建多媒体课件、保存演示文稿、制作个性化工作界面和自定义快速访问工具栏等内容。

本章重点：

- PPT 软件的基本操作
- 认识 PPT 的工作界面
- 课件常用视图
- 创建多媒体课件
- 保存演示文稿
- 制作个性化的工作界面
- 自定义快速访问工具栏
- 综合练兵——创建并保存统计表课件

2.1　PPT 软件的基本操作

PowerPoint 是在 Windows 环境下开发的应用程序，和启动 Microsoft Office 软件包中的其他应用程序一样，可以采用以下几种方法来启动 PowerPoint。

2.1.1　启动 PowerPoint 2010

启动 PowerPoint 2010，常用以下三种方法。

- 图标：双击桌面上的 PowerPoint 2010 快捷方式图标，即可启动 PowerPoint 2010。
- 命令：选择“开始”|“所有程序”| Microsoft Office| Microsoft PowerPoint 2010 命令。
- 快捷菜单：在桌面窗口中的空白区域单击鼠标右键，在弹出的快捷菜单中选择“新建”|“Microsoft PowerPoint 演示文稿”命令。

2.1.2　退出 PowerPoint 2010

退出 PowerPoint 2010，常用以下三种方法。

- 按钮：单击标题栏右侧的“关闭”按钮。
- 命令：选择“文件”|“退出”命令。
- 快捷键：按 Alt＋F4 组合键，可直接退出 PowerPoint 应用程序。

2.2　认识 PPT 的工作界面

PowerPoint 2010 的工作界面和 PowerPoint 2007 区别不大，它主要包括快速访问工具栏、标题栏、功能区、编辑区、状态栏、备注栏、大纲与幻灯片窗格等部分，如图 2-1 所示，下面介绍这些组成部分。

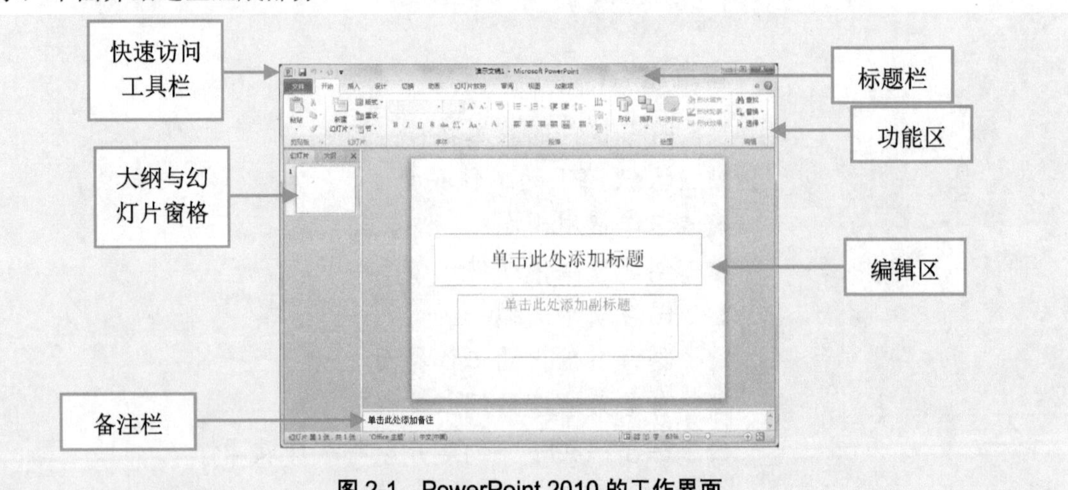

图 2-1　PowerPoint 2010 的工作界面

2.2.1 快速访问工具栏

默认情况下，快速访问工具栏位于 PowerPoint 窗口的顶部，用户可以自行设置快速访问工具栏中的按钮，可将需要的常用按钮显示在其中，也可以将不需要的按钮删除，利用该工具栏可以对最常用的工具进行快速访问，如图 2-2 所示。

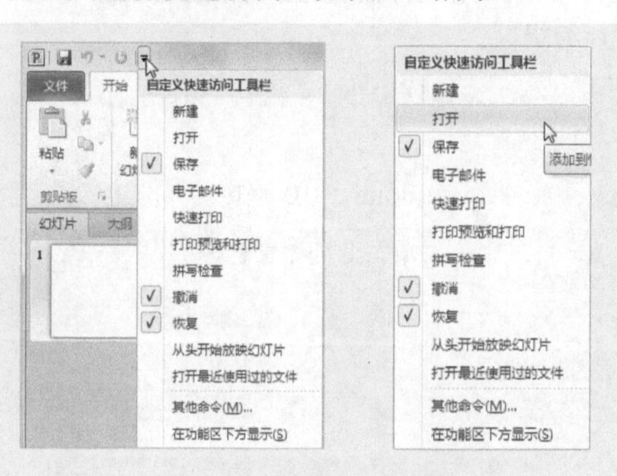

图 2-2　快速访问工具栏

2.2.2 功能区

功能区由面板、选项板和按钮三部分组成，如图 2-3 所示，下面分别介绍这三个部分的内容。

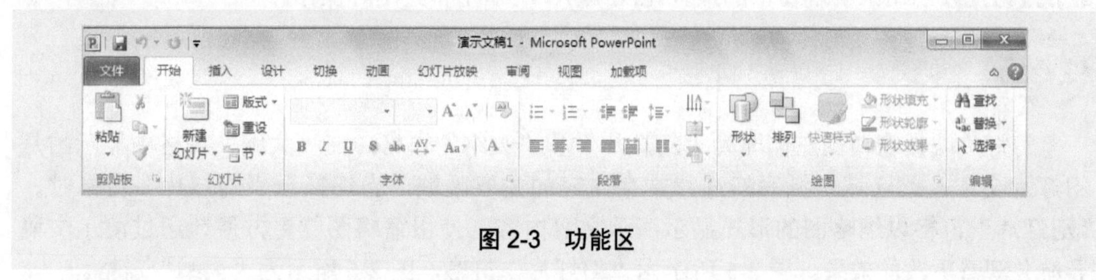

图 2-3　功能区

1. 面板

面板位于功能区的顶部，面板是围绕特定方案或对象进行组织的，例如“开始”面板中包含了若干常用的控件。

2. 选项板

选项板位于面板中，用于将某个任务细分为多个子任务控件，并以按钮、库和对话框的形式出现，比如“开始”面板中的“幻灯片”选项板、“字体”选项板等。

3. 按钮

选项板中的按钮用于执行某个特定的操作，例如在“开始”面板中的“段落”选项板中有“文本左对齐”、“文本右对齐”和“居中”按钮等。

2.2.3 幻灯片编辑区

PowerPoint 2010 主界面中间最大的区域即为幻灯片编辑区，用于编辑幻灯片的各项内容，当幻灯片应用主题和版式后，编辑区会出现相应的提示信息，提示用户输入相关内容。图 2-4 所示为幻灯片编辑区。

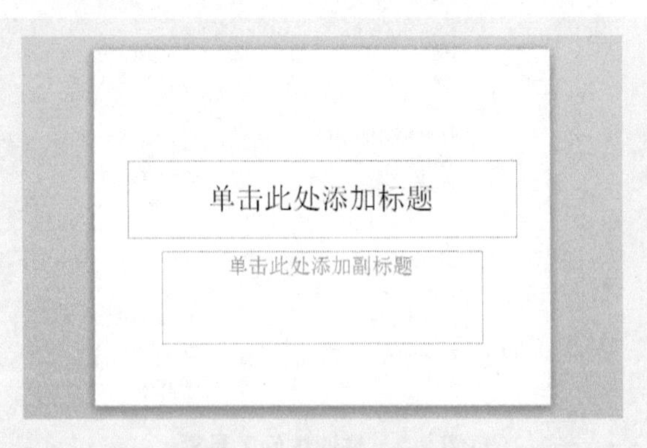

图 2-4 幻灯片编辑区

2.2.4 标题栏

标题栏位于 PowerPoint 工作界面的顶端，用于显示演示文稿的标题，标题栏最右端有 3 个按钮，分别用来实现窗口的最大化(还原)、最小化和关闭等操作。

2.2.5 大纲与幻灯片窗格

幻灯片编辑窗口的左侧即为“幻灯片”和“大纲”窗格，在“大纲”窗格中显示的是幻灯片文本，此区域是撰写幻灯片文字内容的主要区域，当切换至“幻灯片”窗格时，“幻灯片”窗格以缩略图的形式显示演示文稿内容，使用缩略图能更方便地通过演示文稿导航并观看更改的效果。图 2-5 所示为“幻灯片”窗格，图 2-6 所示为“大纲”窗格。

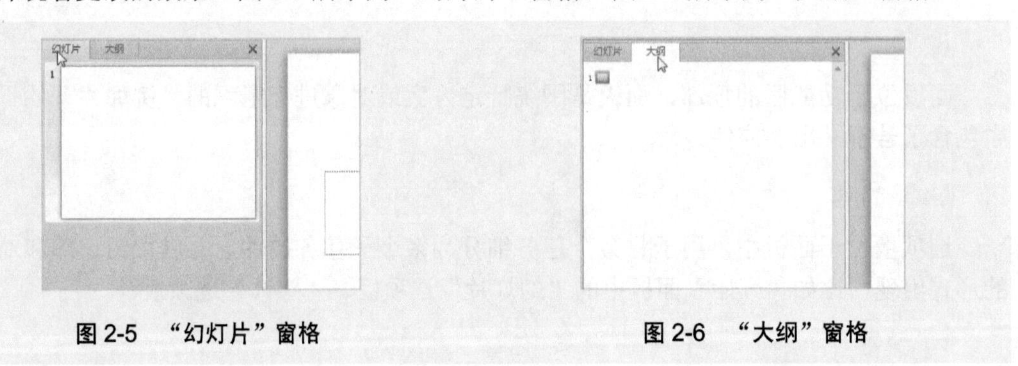

图 2-5 “幻灯片”窗格

图 2-6 “大纲”窗格

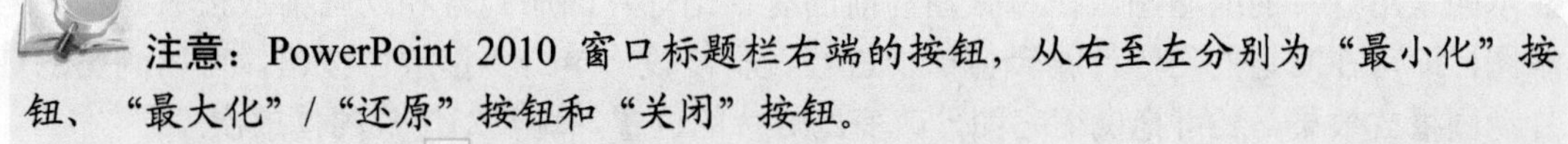

注意：PowerPoint 2010 窗口标题栏右端的按钮，从右至左分别为“最小化”按钮、“最大化”/“还原”按钮和“关闭”按钮。

- “最小化”按钮：单击该按钮，可将 PowerPoint 2010 窗口收缩为任务栏中的一个图标，单击该图标又可将其放大为窗口。
- “最大化”按钮：单击该按钮，可将 PowerPoint 2010 窗口放大到整个屏幕，此时“最大化”按钮变成“还原”按钮。
- “还原”按钮：“还原”按钮形状如两个重叠的小正方形，单击该按钮，可将 PowerPoint 2010 最大化的窗口恢复为原来大小。
- “关闭”按钮：单击该按钮，将退出 PowerPoint 2010，其功能与菜单中的“关闭”命令相同。

2.2.6 备注栏

备注栏位于幻灯片编辑窗口的下方，用于显示幻灯片备注信息，方便演讲者使用，用户还可以打印备注，将其分发给观众，也可以将备注打包再发送给观众或在网页上发布的演示文稿中。

2.2.7 状态栏

状态栏位于 PowerPoint 工作界面底部，用于显示当前状态，如页数、字数及语言等信息，状态栏的右侧为“视图切换按钮和显示比例滑竿”区域，通过视图切换按钮可以快速切换幻灯片的视图模式，显示比例滑竿可以控制幻灯片在整个编辑区的显示比例，达到理想效果。图 2-7 所示为状态栏。

图 2-7 状态栏

2.3 课件常用视图

在演示文稿制作的不同阶段，PowerPoint 提供了不同的工作环境，称为视图。在 PowerPoint 中，给出了 4 种基本的视图模式：普通视图、幻灯片浏览视图、幻灯片放映视图和备注页视图。在不同的视图中，可以使用相应的方式查看和操作演示文稿。

2.3.1 普通视图

普通视图是 PowerPoint 2010 的默认视图，也是使用最多的视图，用普通视图可以同时观察演示文稿中某张幻灯片的显示效果、大纲级别和备注内容，普通视图主要用于编辑幻灯片总体结构，也可以单独编辑单张幻灯片或大纲。单击“大纲”窗格上的“幻灯片”选项卡，即可进入普通视图的幻灯片模式，如图 2-8 所示。

大纲模式是调整、修饰幻灯片的最好显示模式，如图 2-9 所示。在幻灯片模式窗口中显示的是幻灯片的缩略图，在每张图的前面有该幻灯片的序列号和动画播放按钮。单击缩略图，即可在右边的幻灯片编辑窗口中进行编辑修改，单击“播放”按钮，可以浏览幻灯片动画播放效果，还可拖曳缩略图，改变幻灯片的位置，调整幻灯片的播放次序。

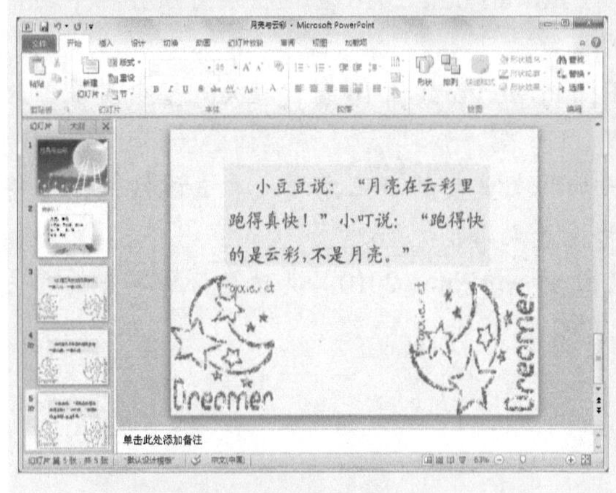

图 2-8　普通视图的幻灯片模式

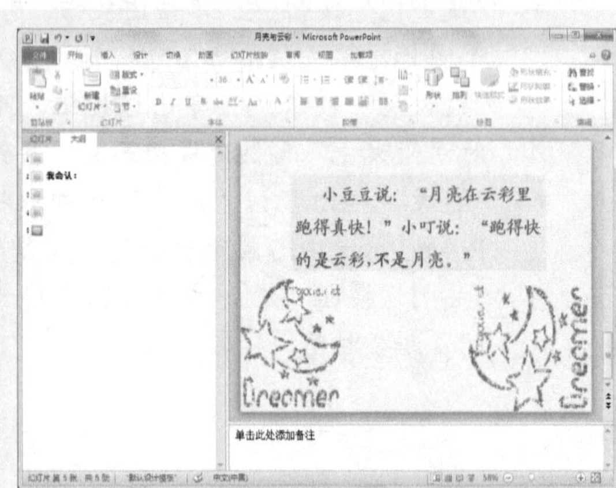

图 2-9　普通视图的大纲模式

注意：在演示文稿窗口中，单击“大纲”编辑窗格上的“大纲”选项卡，进入普通视图的大纲模式，由于普通视图的大纲方式具有特殊的结构和大纲工具栏，因此在大纲视图模式中，更便于文本的输入、编辑和重组。

2.3.2 备注页视图

备注页视图用于为演示文稿中的幻灯片提供备注，单击“视图”面板中的“备注页”按钮，如图 2-10 所示，可以切换到备注页视图，在该视图模式下，可以通过文字、图片、图表和表格等对象来制作备注，如图 2-11 所示。

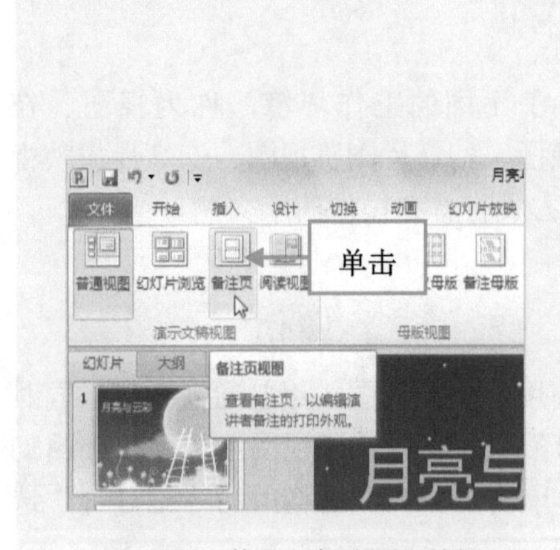

图 2-10　单击“备注页”按钮

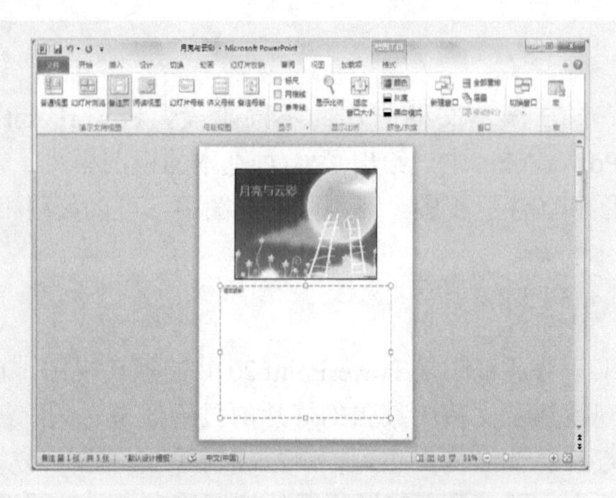

图 2-11　通过文字制作备注

注意：备注页分为两个部分：上半部分是幻灯片的缩小图像；下半部分是文本预留区。可以一边观看幻灯片，一边在文本预留区内输入幻灯片的备注内容。

2.3.3 幻灯片浏览视图

在幻灯片浏览视图中，演示文稿中的所有幻灯片以缩略图方式整齐地显示在同一窗口中，在该视图中可以查看幻灯片的背景设计、配色方案，检查幻灯片之间是否协调、图标的位置是否合适等问题，同时还可以快速地在幻灯片之间添加、删除和移动幻灯片的前后顺序以及对幻灯片之间的动画进行切换。

单击状态栏右边的“幻灯片浏览”按钮，可将视图模式切换到幻灯片浏览视图模式，另外切换至“视图”面板，在“演示文稿视图”选项板中单击“幻灯片浏览”按钮，如图 2-12 所示，同样可以切换到幻灯片浏览视图模式。图 2-13 所示为幻灯片浏览视图。

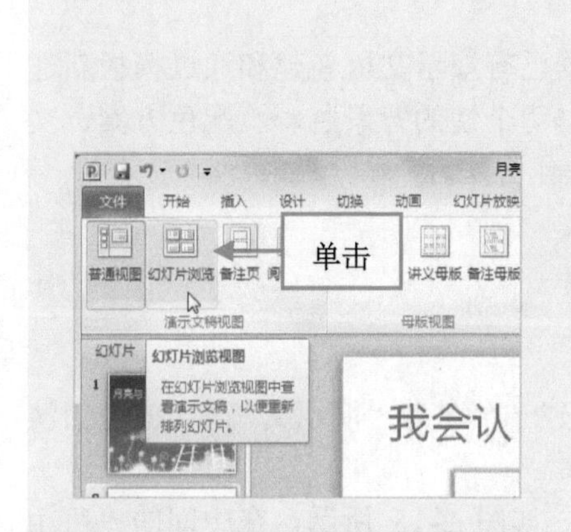

图 2-12　单击“幻灯片浏览”按钮

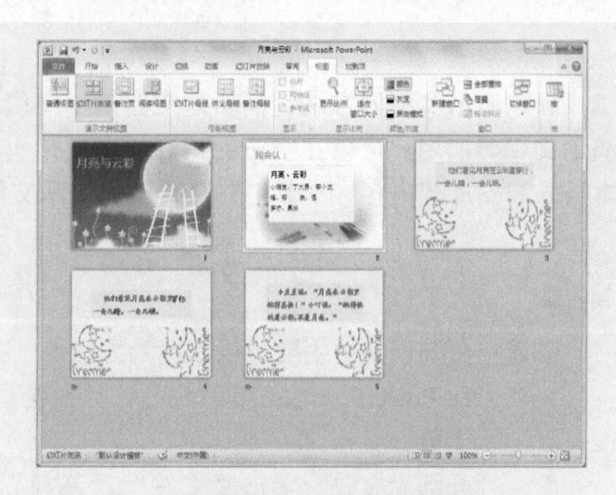

图 2-13　幻灯片浏览视图

注意：在幻灯片浏览视图中，如果要对当前幻灯片的内容进行编辑，可以在该幻灯片中单击鼠标右键，在弹出的快捷菜单中选择需要编辑的命令，或者双击该幻灯片切换到普通视图进行修改。

2.3.4 幻灯片放映视图

幻灯片放映视图是在电脑屏幕上完整播放演示文稿的专用视图，在该视图模式下，可以观看演示文稿的实际播放效果，还能体验到动画、声音和视频等多媒体效果，单击状态栏上的“幻灯片放映”按钮，即可进入幻灯片放映视图。图 2-14 所示为幻灯片放映视图。

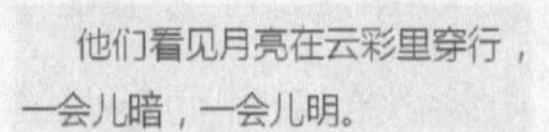

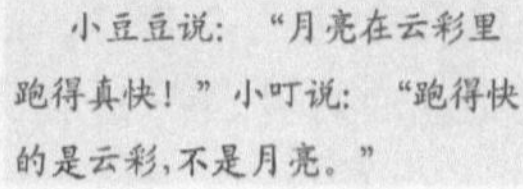

图 2-14　幻灯片放映视图

注意： 在放映幻灯片时，既可以按顺序全屏幕播放幻灯片，也可以单击鼠标，一张张地放映幻灯片，或设置自动放映(预先设置好放映方式)。放映完毕后，视图恢复到原来的状态。

2.4　创建多媒体课件

新建演示文稿的方法包括新建空白演示文稿、根据已有演示文稿新建和通过模板新建演示文稿等，用户可以在空白的幻灯片上设计出具有鲜明个性的背景色彩、配色方案、文本格式和图片等内容。本节主要介绍创建演示文稿的操作方法。

2.4.1　创建空白演示文稿课件

创建空白演示文稿主要有以下两种方法。

- 启动 PowerPoint 2010 程序后，系统会自动新建一个名为“演示文稿 1”的空白演示文稿。
- 打开演示文稿，单击“文件”|“新建”命令，如图 2-15 所示，在中间的“可用的模板和主题”列表框中单击“空白演示文稿”按钮，然后在右侧的“空白演示文稿”选项区中，单击“创建”按钮，如图 2-16 所示，即可新建一个空白演示文稿。

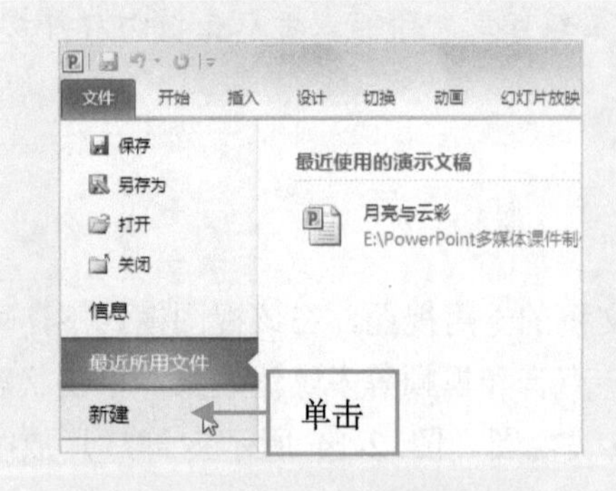

图 2-15　单击“新建”命令

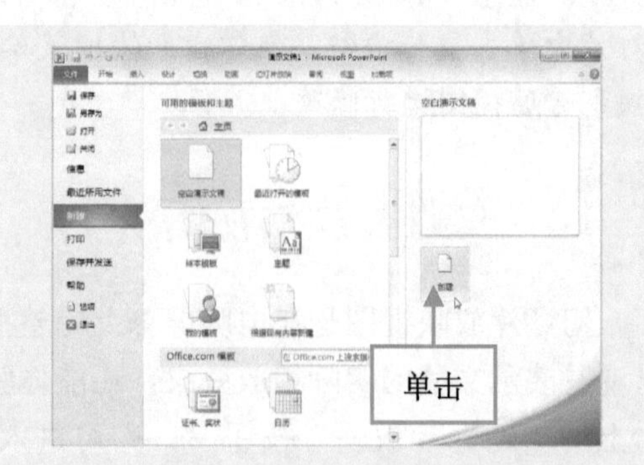

图 2-16　单击“创建”按钮

2.4.2 实战——运用已安装的主题创建唐诗课件

当遇到一些内容相似的演示文稿时，用户可以根据已安装的主题创建。

步骤01 单击“文件”|“新建”命令，进入“新建”选项卡，在中间的列表框中，单击“主题”按钮，如图2-17所示。

步骤02 在“主题”列表框中选择“暗香扑面”选项，如图2-18所示。

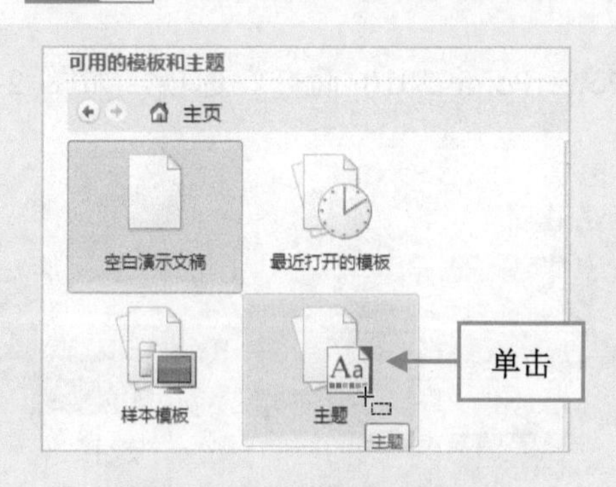

图2-17 单击“主题”按钮

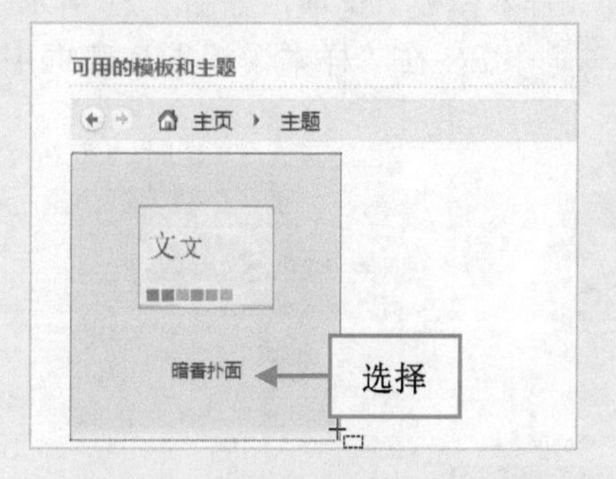

图2-18 选择“暗香扑面”选项

步骤03 在右侧单击“创建”按钮，如图2-19所示。

步骤04 执行操作后，在新建的文稿中输入相应内容，即可运用已安装的主题创建唐诗课件，效果如图2-20所示。

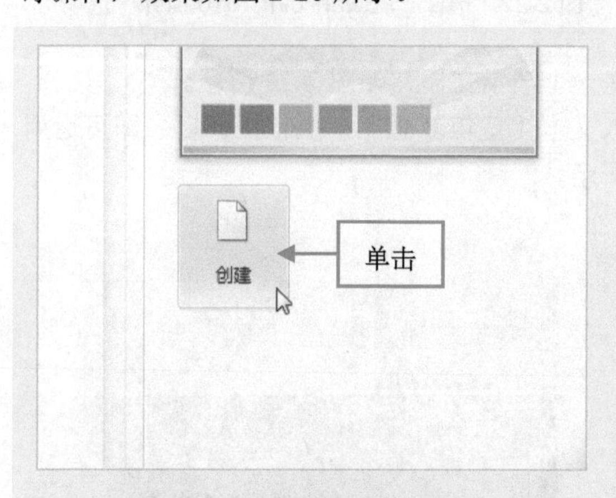

图2-19 单击“创建”按钮

图2-20 创建课件

注意：在PowerPoint 2010中，演示文稿和幻灯片是两个不同的概念，利用PowerPoint 2010做出的最终整体作品叫做演示文稿，演示文稿是一个文件，而演示文稿中的每一张页面则称为幻灯片，每张幻灯片都是演示文稿中既相互独立又相互联系的内容。

2.4.3 实战——创建童年梦想课件

PowerPoint 除了可以创建最简单的演示文稿外，还可以根据已安装的模板创建演示文稿，模板是一种以特殊格式保存的演示文稿，一旦应用了一种模板以后，幻灯片的背景图形、配色方案等都已经确定，所以套用模板可以提高创建演示文稿的效率。

步骤01 单击“文件”|“新建”命令，切换至“新建”选项卡，在中间的列表框中选择“样本模板”选项，如图 2-21 所示。

步骤02 在“样本模板”列表框中选择“PowerPoint 2010 简介”选项，如图 2-22 所示。

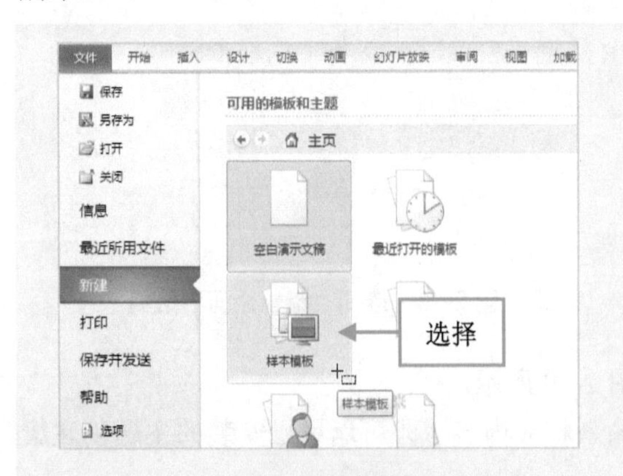

图 2-21 选择“样本模板”选项

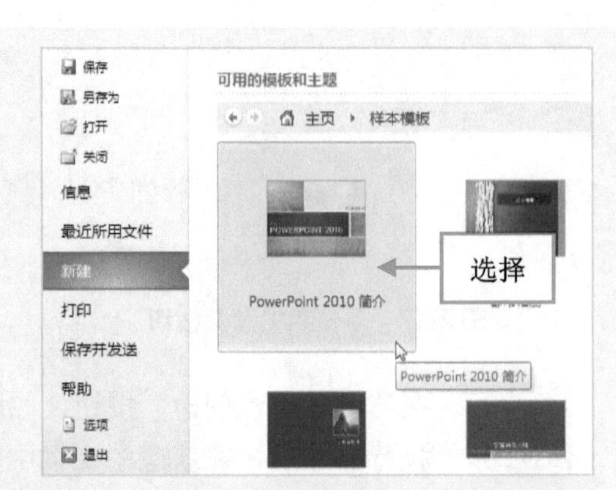

图 2-22 选择“PowerPoint 2010 简介”选项

步骤03 在右侧单击“创建”按钮，新建一个演示文稿，如图 2-23 所示。

步骤04 在演示文稿中的相应位置处输入文本“童年梦想”，执行操作后，即可运用已安装的模板创建童年梦想课件，如图 2-24 所示。

图 2-23 新建一个演示文稿

图 2-24 创建童年梦想课件

2.4.4 实战——运用现有演示文稿创建钓鱼的启示课件

现有演示文稿是已经书写和设计过的演示文稿，在 PPT 中，可以运用现有演示文稿创建新的演示文稿。

步骤01 单击“文件”|“新建”命令，切换至“新建”选项卡，在中间的列表框中选择“根据现有内容新建”选项，如图2-25所示。

步骤02 弹出“根据现有演示文稿新建”对话框，在对话框中选择相应选项，如图2-26所示，然后单击“打开”按钮。

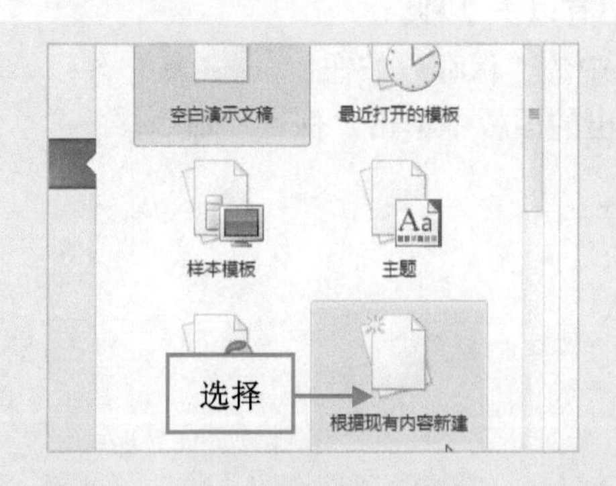

图2-25 选择“根据现有内容新建”选项

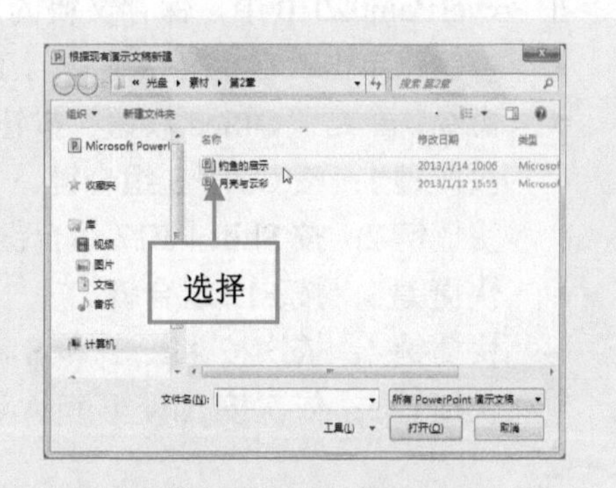

图2-26 选择相应选项

步骤03 执行操作后，单击“新建”按钮，如图2-27所示。

步骤04 执行操作后，即可运用现有演示文稿创建钓鱼的启示课件，如图2-28所示。

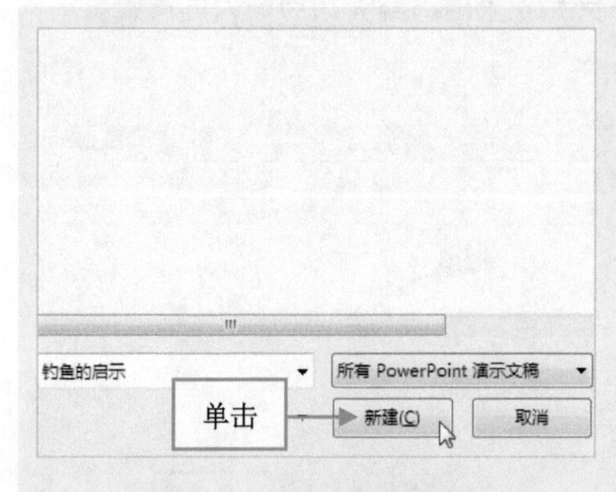

图2-27 单击“新建”按钮

图2-28 创建钓鱼的启示课件

注意：使用现有模板创建的演示文稿一般都拥有漂亮的界面和统一的风格，用户在设计时可以随时调整内容的位置等，以获得较好的画面效果。

2.5 保存演示文稿

PowerPoint 2010提供了多种保存演示文稿的方法和格式，用户可以根据演示文稿的用途来进行选择。

2.5.1 保存演示文稿

在实际工作中，一定要养成经常保存的习惯。在制作演示文稿的过程中，保存的次数越多，因意外事故造成的损失就越小。

在 PowerPoint 2010 中，保存文稿的方法主要有以下 7 种。

- 按钮：单击“自定义快速访问工具栏”中的“保存”按钮。
- 命令：单击“Office 按钮”按钮，在弹出的面板中单击“保存”命令。
- 快捷键 1：按 Ctrl＋S 组合键。
- 快捷键 2：按 Shift＋F12 组合键。
- 快捷键 3：按 F12 组合键。
- 快捷键 4：依次按 Alt、F 和 S 键。
- 快捷键 5：依次按 Alt、F 和 A 键。

2.5.2 实战——另存为词组学习课件

在进行文件的常规保存时，可以在快速访问工具栏中单击“另存为”按钮。

步骤 01　单击“文件”|“另存为”命令，如图 2-29 所示，弹出“另存为”对话框。

步骤 02　选择该文件的保存位置，在“文件名”文本框中输入相应的标题内容，单击“保存”按钮，如图 2-30 所示。

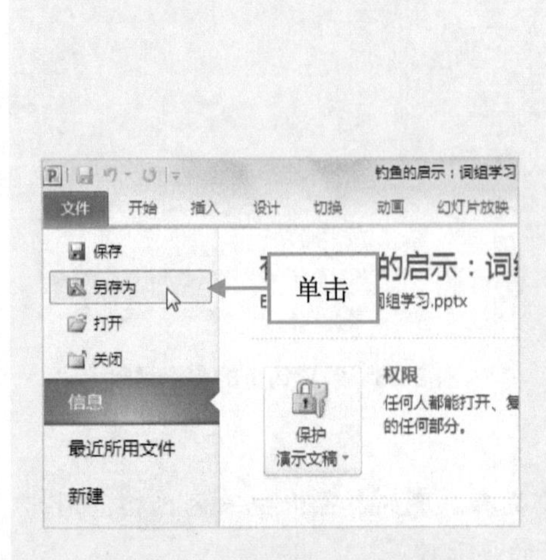

图 2-29　单击“另存为”命令

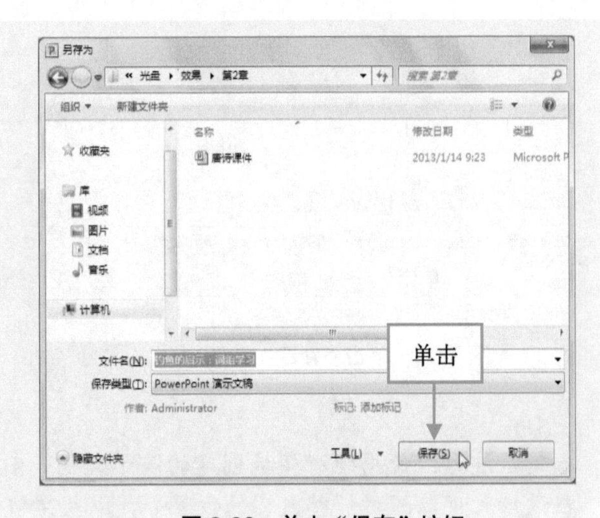

图 2-30　单击“保存”按钮

步骤 03　执行操作后，即可另存为词组学习课件。

技巧： 如果需要再次保存这个文件时，只需要单击快速访问工具栏上的“保存”按钮或按 Ctrl + S 组合键即可，不会再弹出“另存为”对话框。

2.5.3 实战——将钓鱼的故事保存为 PowerPoint 97-2003 格式

当要把 PowerPoint 2010 版本生成的文件通过 PowerPoint 早期版本打开时，需要安装适合 PowerPoint 2010 的 Office 兼容包才能打开，用户可以将演示文稿保存为兼容格式，从而能直接使用早期版本的 PowerPoint 来打开文档。

步骤01 单击“文件”|“另存为”命令，弹出“另存为”对话框，如图 2-31 所示。

步骤02 单击“保存类型”右侧的下拉按钮，在弹出的下拉列表中选择“PowerPoint 97-2003 模板”选项，如图 2-32 所示。

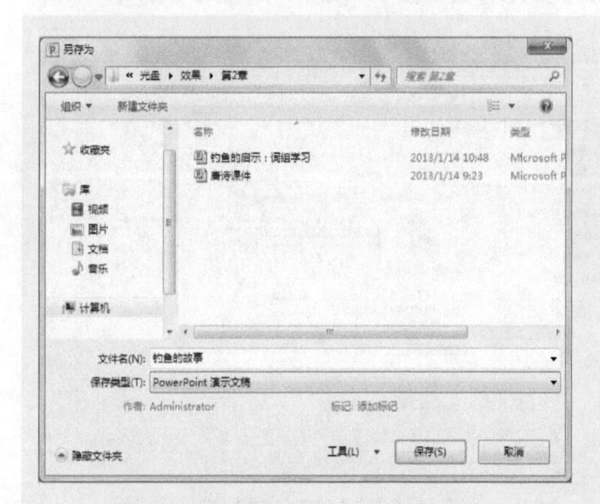

图 2-31 “另存为”对话框

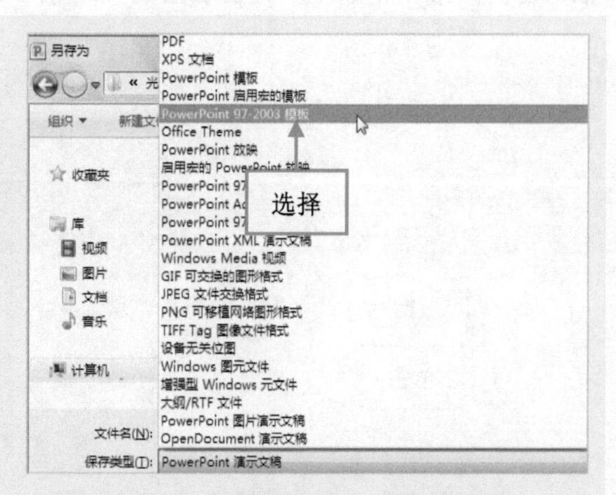

图 2-32 选择“PowerPoint 97-2003 模板”选项

步骤03 单击“保存”按钮，如图 2-33 所示。

步骤04 返回到演示文稿工作界面，在标题栏中将显示兼容模式，如图 2-34 所示。

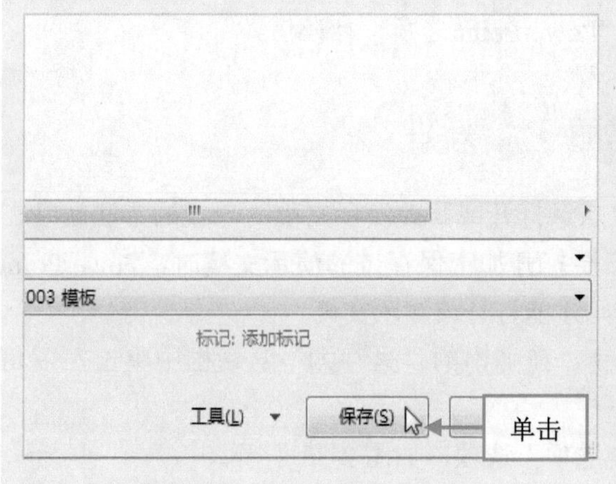

图 2-33 单击“保存”按钮

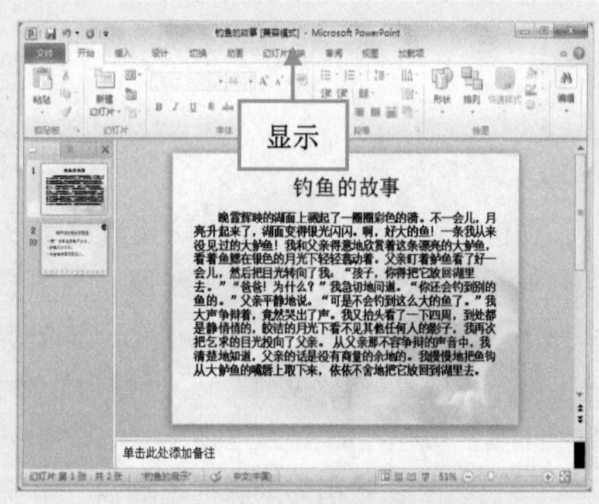

图 2-34 显示兼容模式

2.5.4 实战——自动保存演示文稿

设置自动保存功能可以每隔一段时间自动保存一次，即使出现断电或死机的情况，当再次启动时，保存过的文件内容也依然存在，而且避免了手动保存的麻烦。

步骤01 单击“文件”|“选项”命令，如图 2-35 所示，弹出“PowerPoint 选项”对话框。

步骤02 切换至“保存”选项卡，在“保存演示文稿”选项区中选中“保存自动恢复信息时间间隔”复选框，并在右边的文本框中设置时间间隔为 5 分钟，如图 2-36 所示。

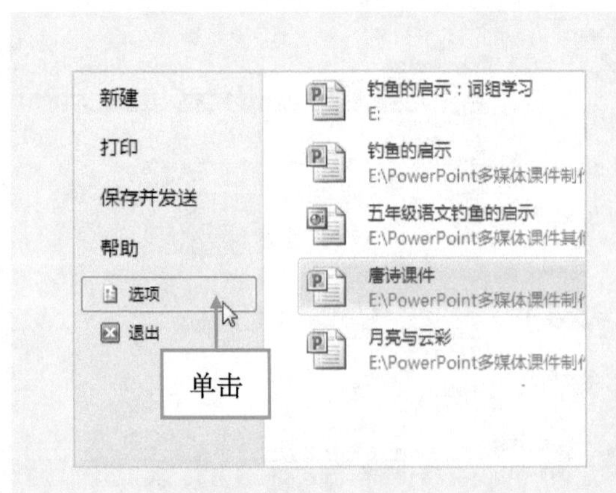

图 2-35 单击“选项”命令

图 2-36 设置时间间隔

步骤03 单击“确定”按钮，即可设置自动保存演示文稿。

技巧：在“另存为”对话框中单击“工具”按钮右侧的下拉按钮，在弹出的列表框中选择“保存选项”选项，也可以弹出“PowerPoint 选项”对话框。

2.5.5 实战——加密保存寄给青蛙的信课件

加密保存演示文稿，可以防止其他用户随意打开或修改演示文稿，一般的方法就是在保存演示文稿的时候设置权限密码。当用户要打开加密保存过的演示文稿时，PowerPoint 将弹出“密码”对话框，只有输入正确的密码才能打开该演示文稿。

步骤01 单击“文件”|“另存为”命令，在弹出的“另存为”对话框中单击左下角的“工具”按钮，如图 2-37 所示。

步骤02 在弹出的列表框中选择“常规选项”选项，如图 2-38 所示。

步骤03 弹出“常规选项”对话框，在“打开权限密码”文本框和“修改权限密码”文本框中输入密码(123456789)，如图 2-39 所示。

步骤04 单击“确定”按钮，弹出“确认密码”对话框，如图 2-40 所示。

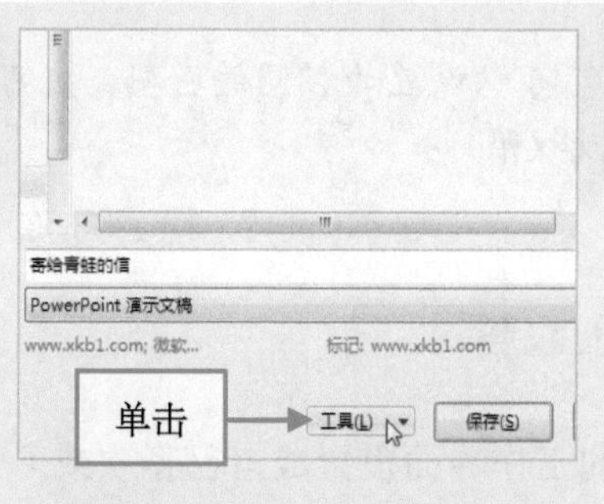

图 2-37　单击“工具”按钮

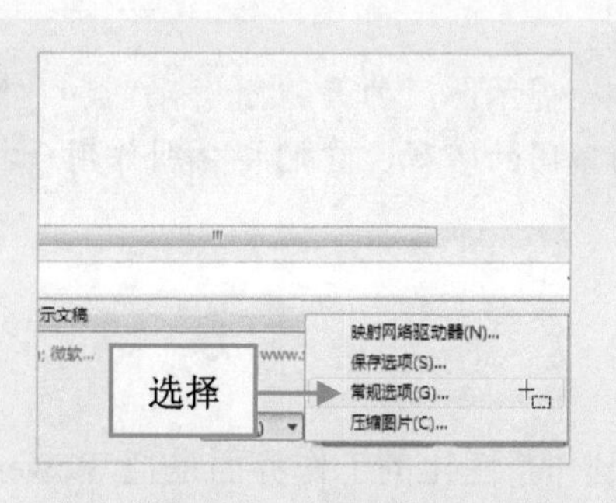

图 2-38　选择“常规选项”选项

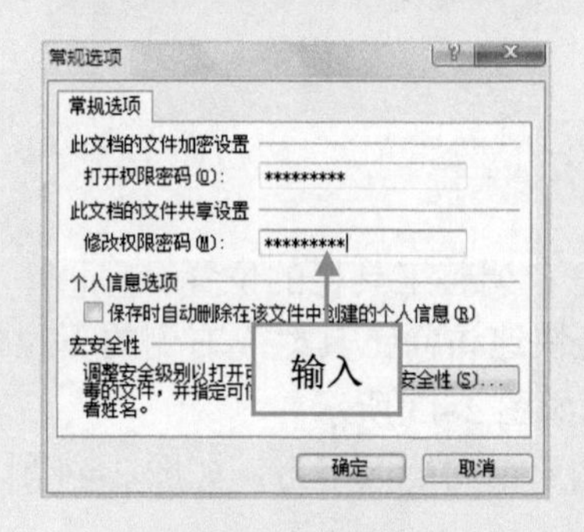

图 2-39　输入密码

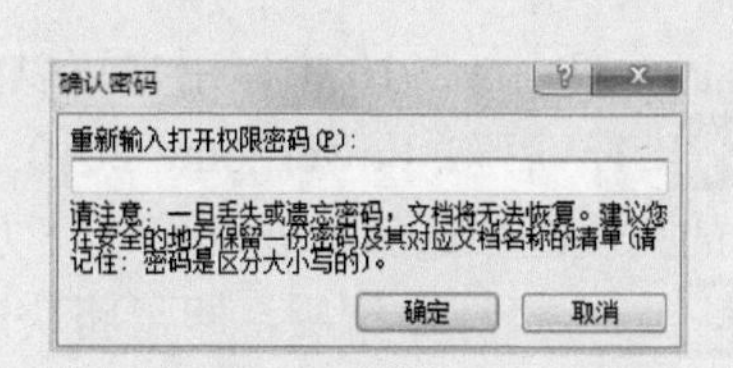

图 2-40　“确认密码”对话框

提示：当用户要打开加密保存过的演示文稿时，PowerPoint 将打开“密码”对话框，输入密码即可打开该演示文稿。

步骤 05　重新输入打开权限密码，单击“确定”按钮，再次弹出“确认密码”对话框，再次输入密码，如图 2-41 所示。

步骤 06　单击“确定”按钮，返回到“另存为”对话框，单击“保存”按钮，如图 2-42 所示，即可加密保存寄给青蛙的信课件。

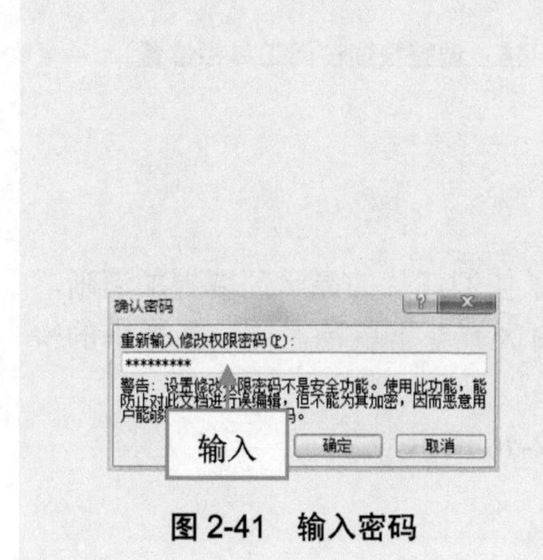

图 2-41　输入密码

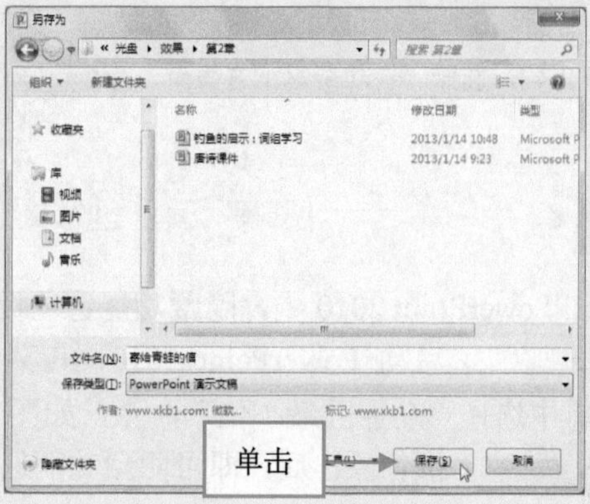

图 2-42　单击“保存”按钮

提示：“打开权限密码”和“修改权限密码”可以设置为相同的密码，也可以设置为不同的密码，它们将分别作用于打开权限和修改权限。

2.6　制作个性化的工作界面

制作个性化的工作界面是把 PowerPoint 2010 的工作界面设置成自己喜欢或习惯的界面，以提高工作效率，其中包括调整工具栏位置、隐藏功能选项卡区域、显示或隐藏对象和自定义快速访问工具栏等。

2.6.1　实战——调整快速访问工具栏的位置

在 PowerPoint 2010 中，用户可以根据自身的喜好，调整工具栏的位置。

步骤 01　启动 PowerPoint 2010，单击“自定义快速访问工具栏”右侧的下拉按钮，在弹出的列表框中选择“在功能区下方显示”命令，如图 2-43 所示。

步骤 02　执行操作后，即可将快速访问工具栏调整至功能区下方，如图 2-44 所示。

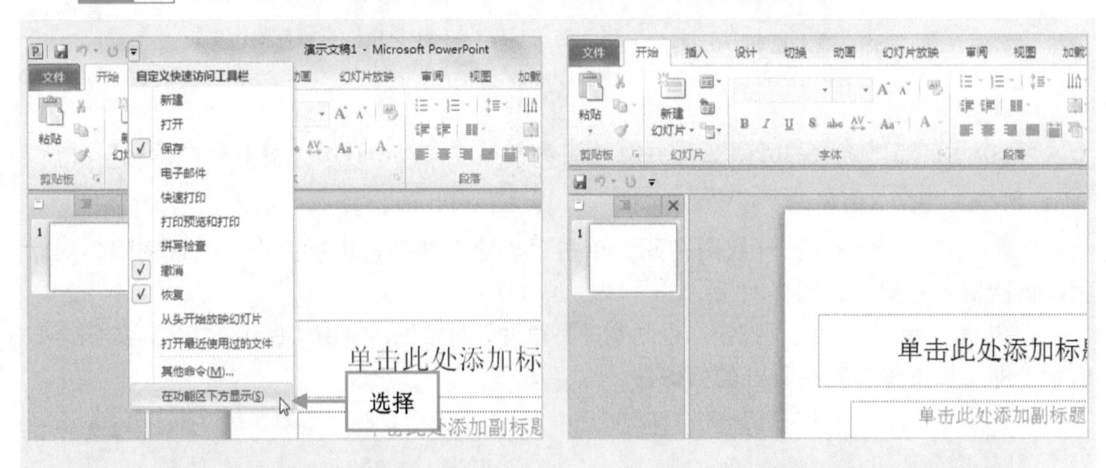

图 2-43　选择“在功能区下方显示”命令　　　图 2-44　调整快速访问工具栏位置

2.6.2　实战——隐藏功能选项板

在 PowerPoint 2010 中，隐藏功能选项板的目的是为了使幻灯片的显示区域更加清晰。

步骤 01　启动 PowerPoint 2010，在菜单栏中的空白区域单击鼠标右键，在弹出的快捷菜单中选择“功能区最小化”命令，如图 2-45 所示。

步骤 02　执行操作后，即可隐藏功能选项板，如图 2-46 所示。

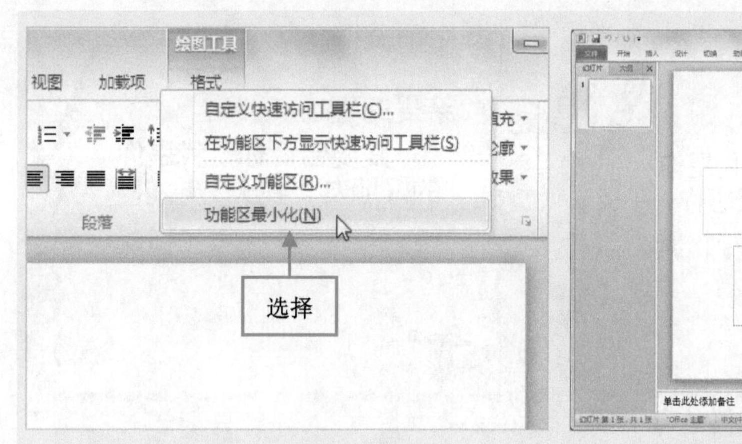

图 2-45　选择"功能区最小化"命令

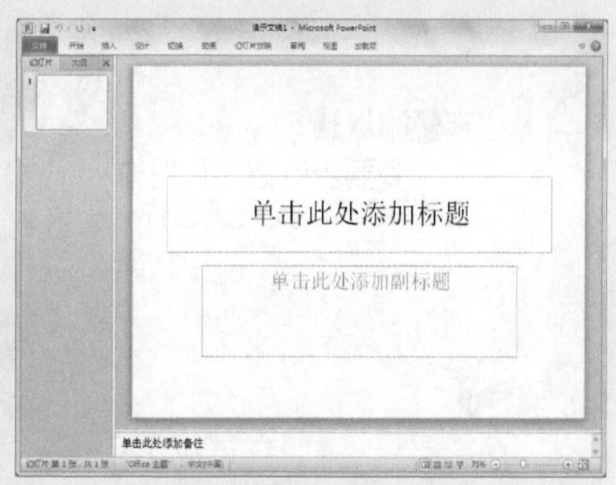

图 2-46　隐藏功能选项板

2.6.3 实战——显示小松鼠写信课件的标尺

在 PowerPoint 2010 中的普通视图模式下，利用标尺可以对齐文档中的文本、图形、表格等对象。下面介绍显示标尺的方法。

步骤 01　单击"文件"|"打开"命令，打开一个素材文件，如图 2-47 所示。

步骤 02　切换至"视图"面板，在"显示"选项板中选中"标尺"复选框，如图 2-48 所示。

图 2-47　打开一个素材文件

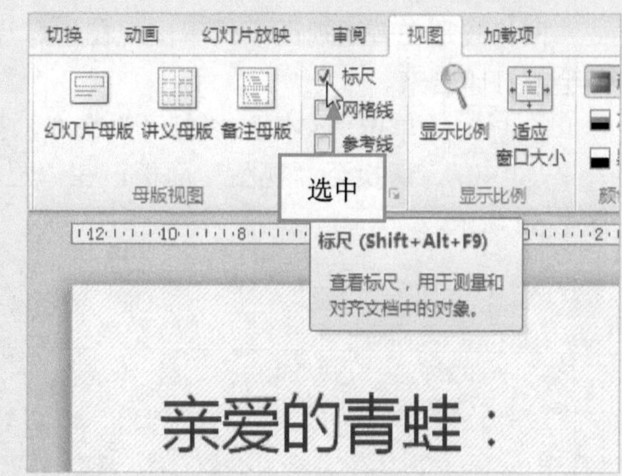

图 2-48　选中"标尺"复选框

步骤 03　执行操作后，即可显示标尺，如图 2-49 所示。

步骤 04　如果想要将标尺隐藏，在"显示"选项板中，取消选中"标尺"复选框，效果如图 2-50 所示。

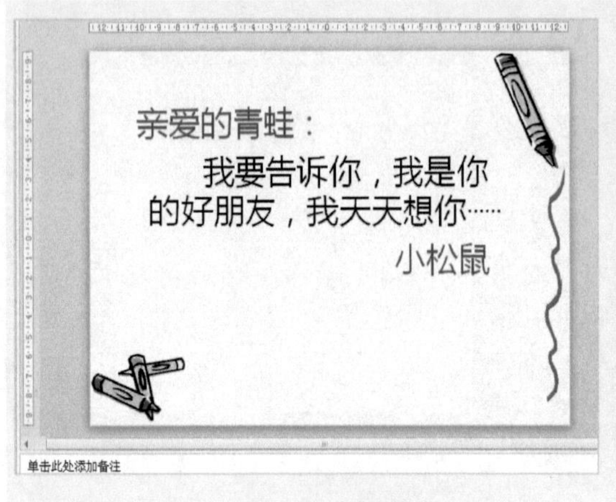

图 2-49　显示标尺

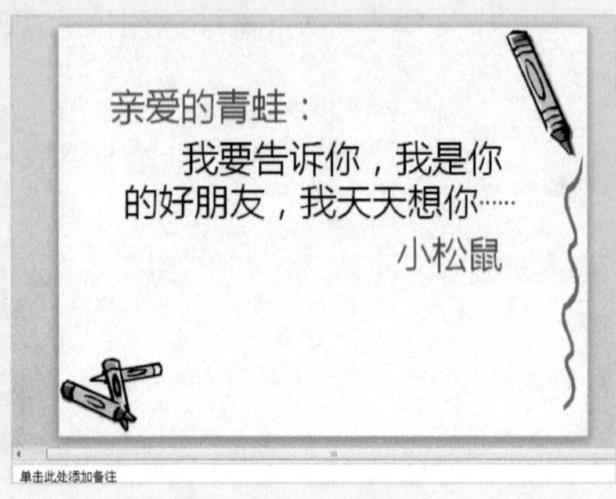

图 2-50　隐藏标尺

2.6.4　显示或隐藏参考线

参考线是两条交叉的十字虚线，在打印文稿时参考线不会被打印出来，其主要用来协助对齐和定位图形及文本对象。在“视图”面板中的“显示”选项板中选中或取消选中“参考线”复选框，即可显示或隐藏参考线。

2.6.5　实战——显示填词语课件的网格线

网格线是在普通视图模式下出现在幻灯片编辑区域的一组细线，在打印文稿时网格线不会被打印出来。

步骤 01　单击“文件”|“打开”命令，打开一个素材文件，如图 2-51 所示。

步骤 02　切换至“视图”面板，在“显示”选项板中，选中“网格线”复选框，如图 2-52 所示。

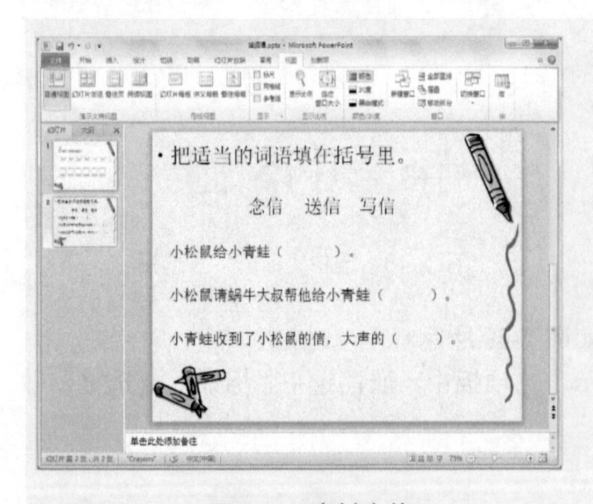

图 2-51　素材文件

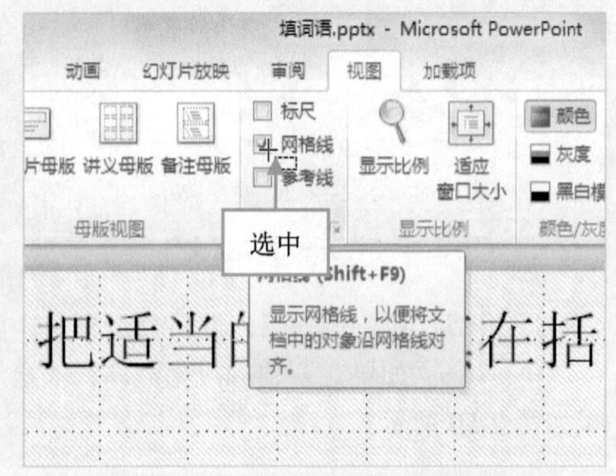

图 2-52　选中“网格线”复选框

步骤03 执行操作后，即可显示网格线，如图2-53所示。

步骤04 如果想要将网格线隐藏，在“显示”选项板中，取消选中“网格线”复选框，效果如图2-54所示。

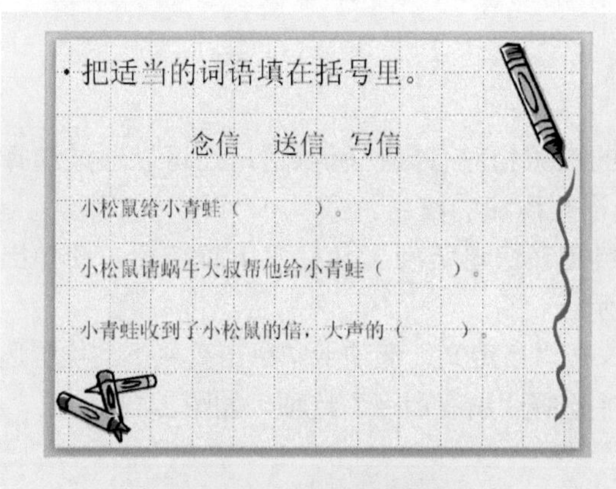

图2-53 显示网格线

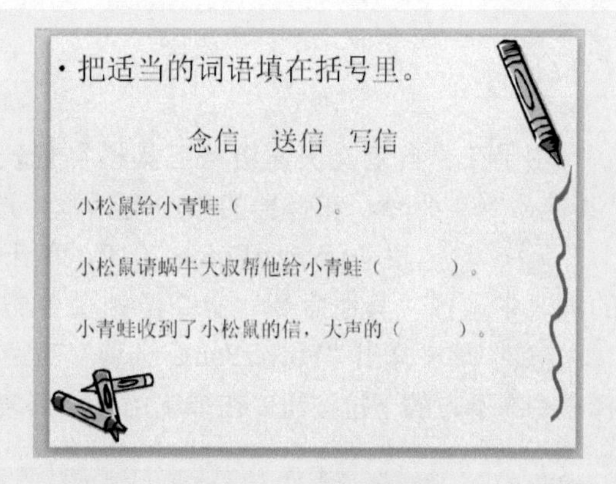

图2-54 取消网格线

2.7 自定义快速访问工具栏

在PowerPoint 2010中，用户可以根据自己的需要设置“快速访问工具栏”中的按钮，将需要常用的按钮添加到其中，也可以删除不需要的按钮。

2.7.1 实战——在“快速访问工具栏”中添加常用按钮

在PowerPoint 2010工作界面中的快速访问工具栏中，可以添加一些常用的按钮，以方便运用演示文稿制作课件。

步骤01 启动PowerPoint 2010，单击“自定义快速访问工具栏”下拉按钮，在弹出的列表中选择“打开”命令，如图2-55所示。

步骤02 执行操作后，即可在“快速访问工具栏”中显示添加的按钮，如图2-56所示。

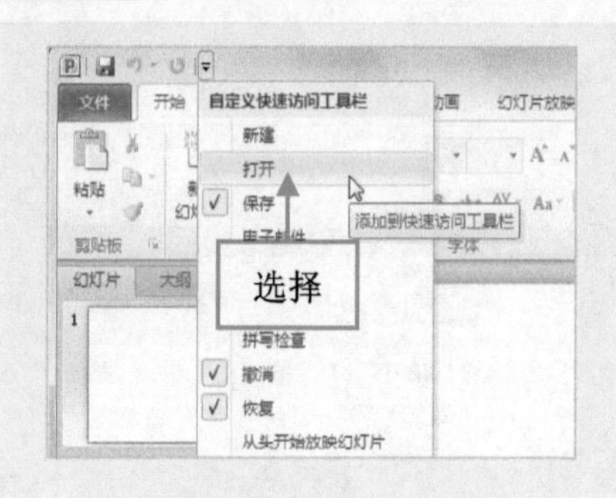

图2-55 选择“打开”命令

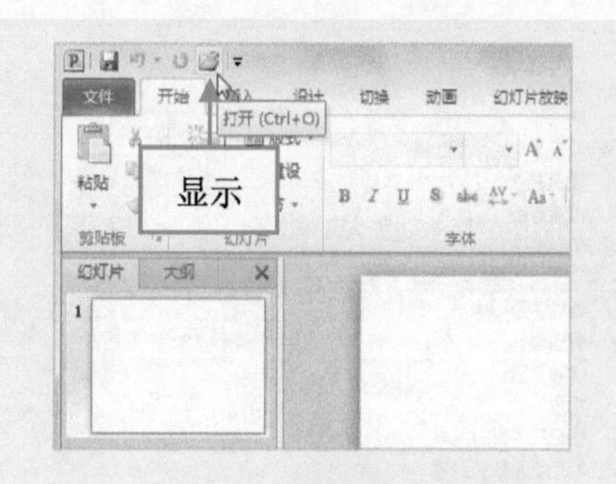

图2-56 显示添加的按钮

提示：在“自定义快速访问工具栏”列表中，用户可以将在制作课件时常用的命令逐一添加到快速访问工具栏中。

2.7.2 实战——在“快速访问工具栏”中添加其他按钮

由于在“自定义快速访问工具栏”列表中的按钮相对有限，所以用户还可以通过选择“其他命令”命令，在弹出的相应对话框中选择需要添加的按钮。

步骤01 启动 PowerPoint 2010，单击“自定义快速访问工具栏”下拉按钮，在弹出的列表中选择“其他命令”命令，如图 2-57 所示。

步骤02 弹出“PowerPoint 选项”对话框，在“自定义”选项卡中单击“从下列位置选择命令”下方的下拉按钮，在弹出的下拉列表框中选择“所有命令”选项，如图 2-58 所示。

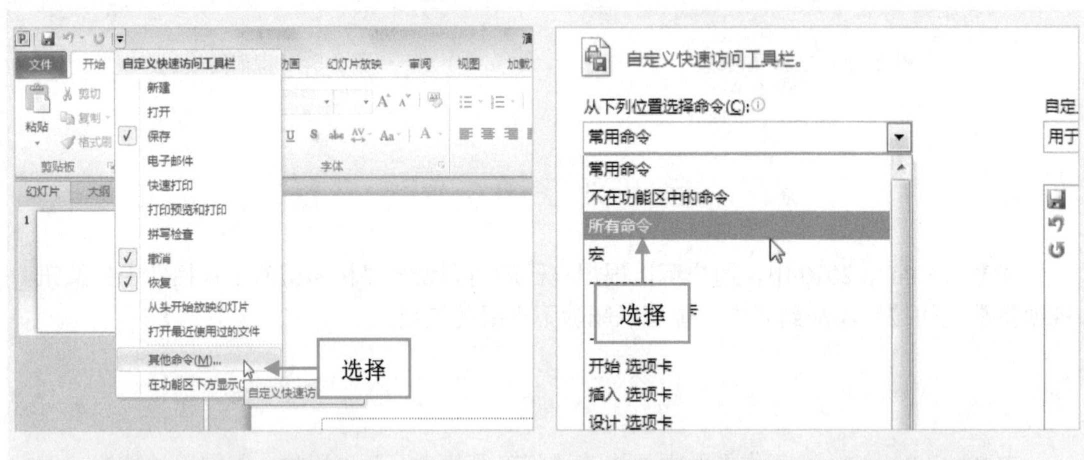

图 2-57　选择“其他命令”命令　　图 2-58　选择“所有命令”选项

步骤03 在“所有命令”下方的列表框中选择“编辑数据”选项，如图 2-59 所示。

步骤04 单击“添加”按钮，即可在右侧的列表框中显示添加到“快速访问工具栏”中的选项，如图 2-60 所示。

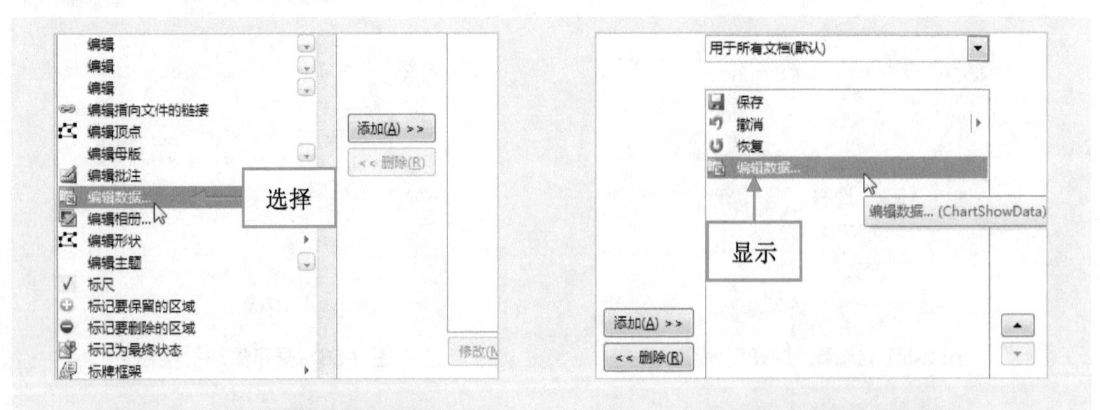

图 2-59　选择“编辑数据”选项　　图 2-60　显示添加的选项

步骤05 单击“确定”按钮，如图2-61所示，返回到PowerPoint 2010工作界面。

步骤06 在“快速访问工具栏”中可以看到添加的“编辑数据”按钮，如图2-62所示。

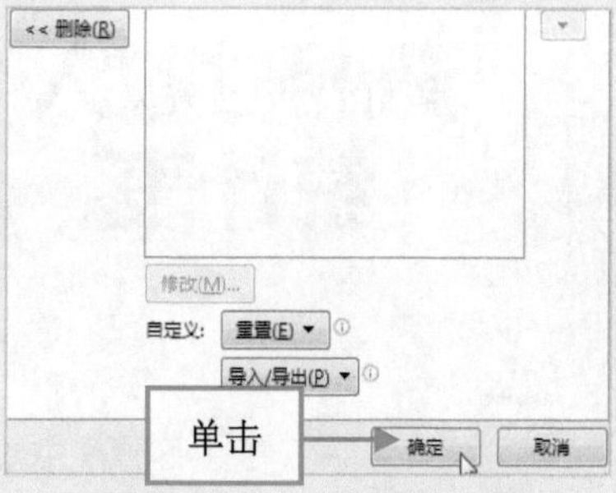

图2-61 单击“确定”按钮

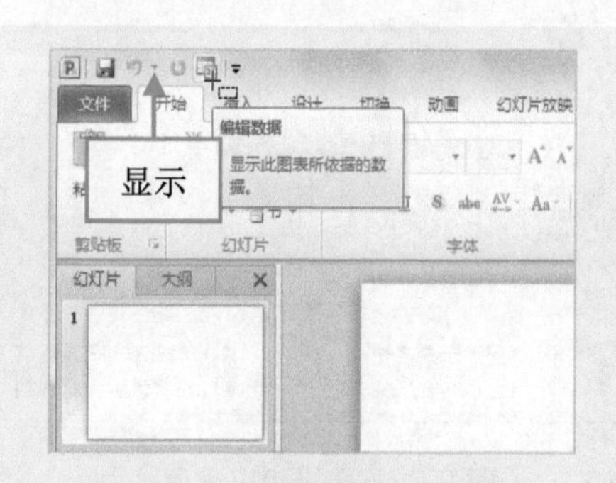

图2-62 显示出添加的按钮

2.8 综合练兵——创建并保存统计表课件

在PowerPoint 2010中，用户可以运用现有演示文稿创建并保存蜜蜂引路课件。下面介绍创建并保存统计表课件的操作方法。

步骤01 单击“文件”|“新建”命令，如图2-63所示，切换至“新建”选项卡。

步骤02 在中间的列表框中选择“根据现有内容新建”选项，如图2-64所示。

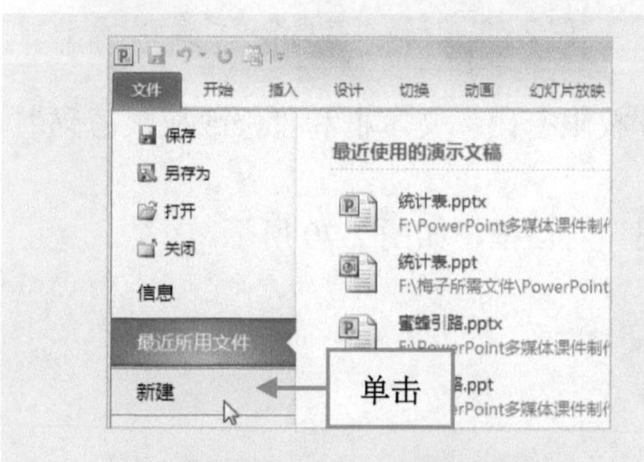

图2-63 单击“新建”命令

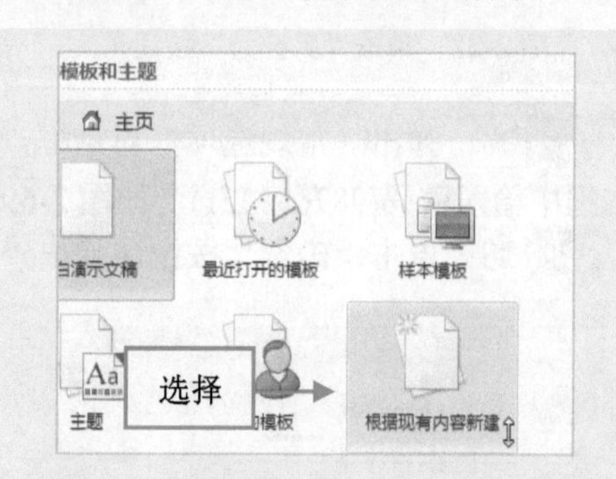

图2-64 选择“根据现有内容新建”选项

步骤03 弹出“根据现有演示文稿新建”对话框，在对话框中的合适位置选择相应选项，如图2-65所示。

步骤04 单击“新建”按钮，即可运用现有演示文稿新建统计表课件，如图2-66所示。

步骤05 单击“文件”|“另存为”命令，如图2-67所示，弹出“另存为”对话框。

步骤06 单击下方的“工具”按钮，在弹出的列表中选择“常规选项”命令，如图2-68所示。

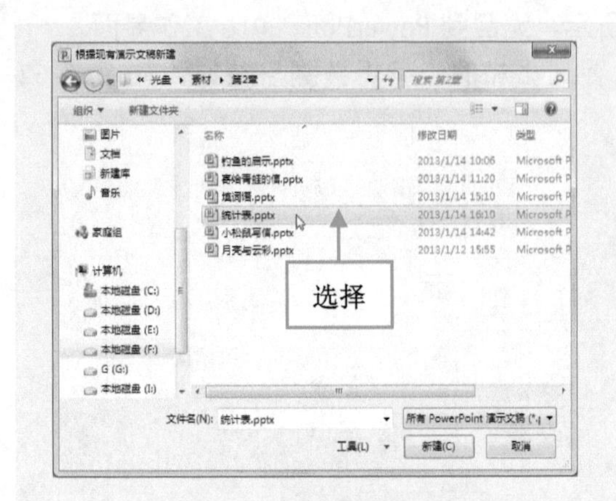

图 2-65　选择相应选项

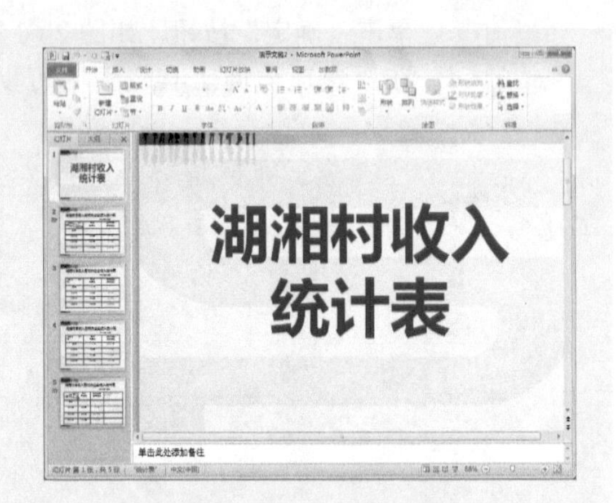

图 2-66　新建统计表课件

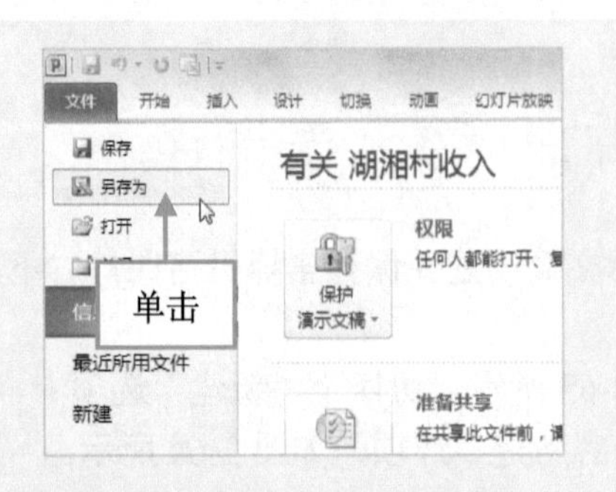

图 2-67　单击“另存为”按钮

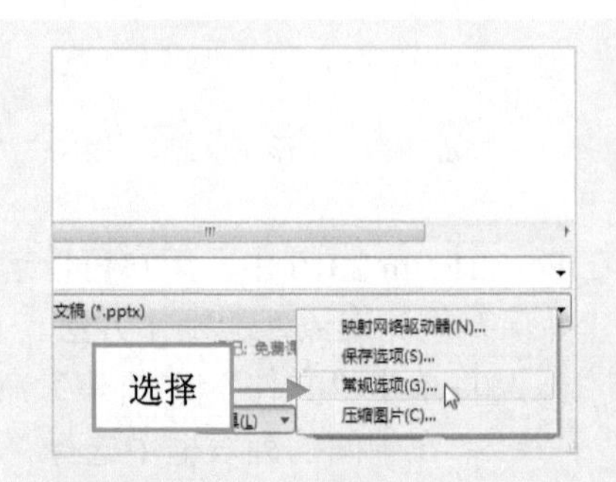

图 2-68　选择“常规选项”命令

步骤07　弹出“常规选项”对话框，在“打开权限密码”文本框和“修改权限密码”文本框中输入密码(987654321)，如图 2-69 所示。

步骤08　单击“确定”按钮，弹出“确认密码”对话框，如图 2-70 所示。

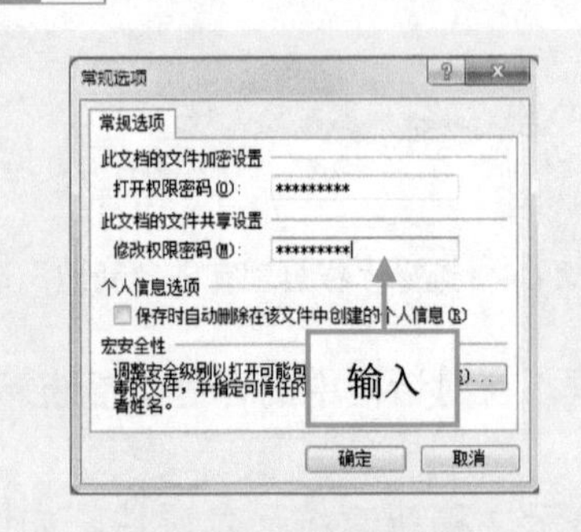

图 2-69　输入密码

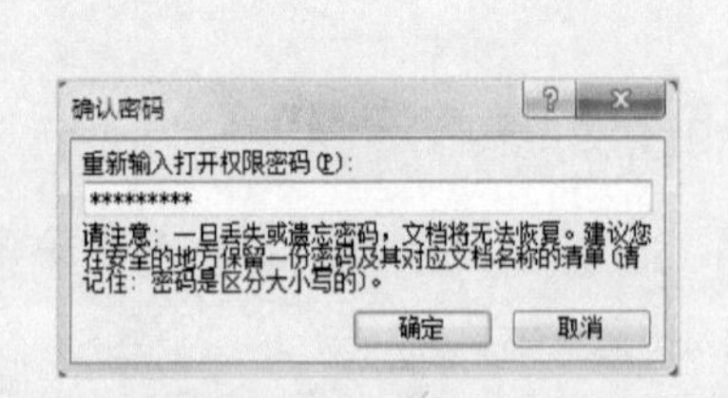

图 2-70　“确认密码”对话框

步骤09　重新输入打开权限密码，单击“确定”按钮，再次弹出“确认密码”对话框，再次输入密码，如图 2-71 所示。

步骤10　单击“确定”按钮，返回到“另存为”对话框，单击“保存”按钮，如图 2-72 所示，即可加密保存统计表课件。

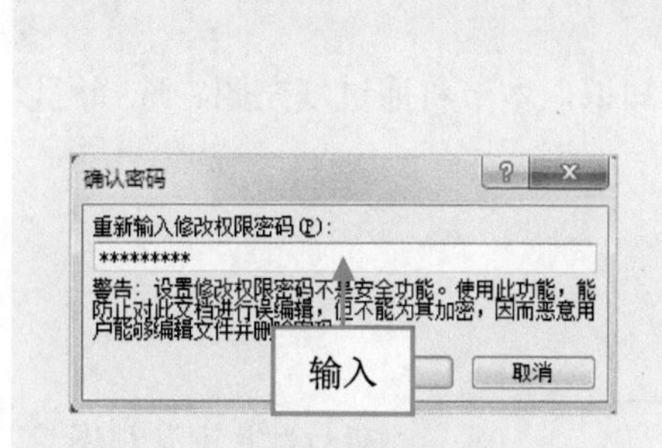

图 2-71　再次输入密码

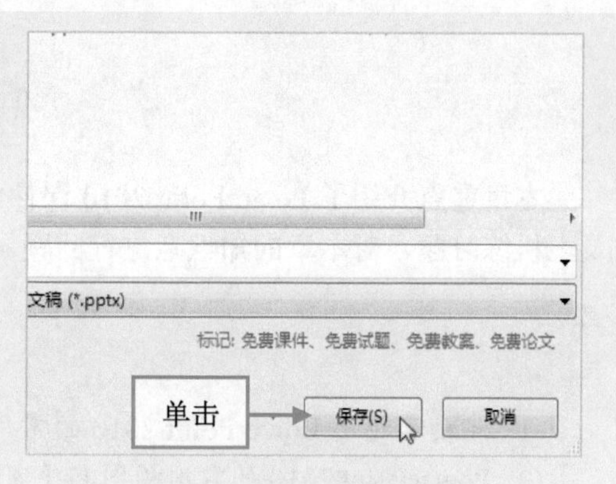

图 2-72　单击“保存”按钮

步骤 11　新建一个空白演示文稿后，单击“文件”|“打开”命令，如图 2-73 所示。

步骤 12　在弹出的“打开”对话框中，选择保存的“统计表”课件，如图 2-74 所示。

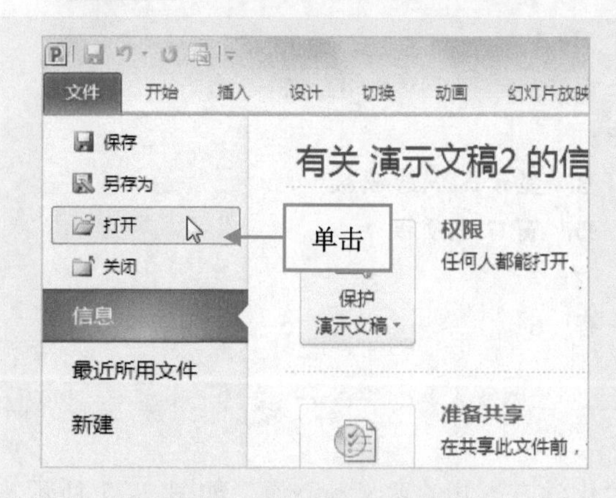

图 2-73　单击“打开”命令

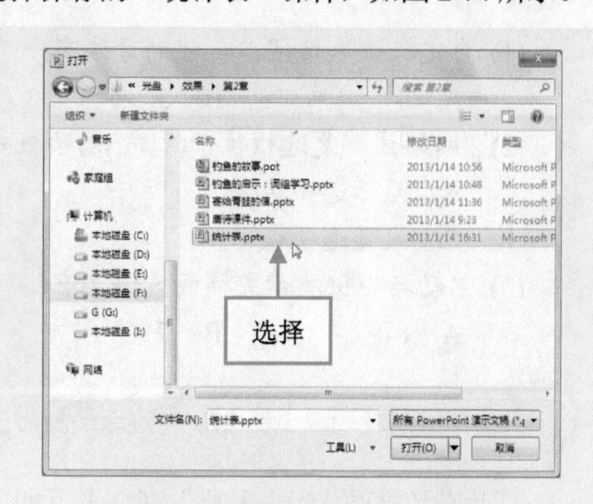

图 2-74　选择“统计表”课件

步骤 13　单击“打开”按钮，弹出“密码”对话框，在其中的文本框中输入打开文件的密码(987654321)，如图 2-75 所示。

步骤 14　单击“确定”按钮，再次弹出“密码”对话框，在“密码”文本框中输入密码(987654321)，如图 2-76 所示。

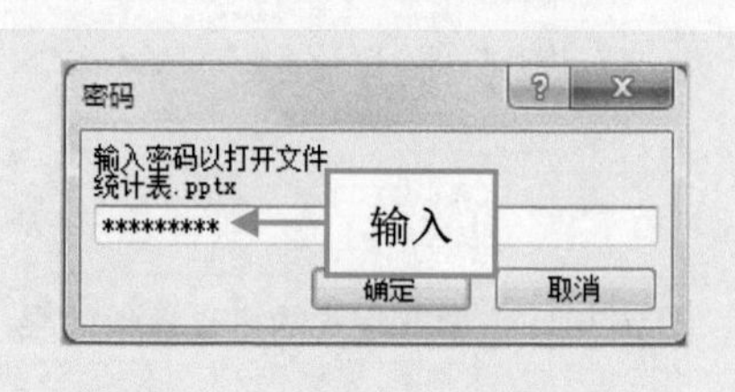

图 2-75　输入打开文件的密码

图 2-76　输入密码

步骤 15　单击“确定”按钮，即可打开演示文稿。

2.9 本章习题

本章重点介绍了 PowerPoint 2010 课件的基础入门知识，本节将通过填充题、选择题以及上机练习题，对本章的知识点进行回顾。

2.9.1 填空题

(1) 启动和退出 PowerPoint 2010 的常用方法各有________种。

(2) PowerPoint 2010 的常用视图有普通视图、________、________和幻灯片浏览视图。

(3) 在 PowerPoint 2010 中，保存文稿的方法主要有________种。

2.9.2 选择题

(1) 自定义快速访问工具栏的方法有(　　)种。

A. 4　　B. 3　　C. 2　　D. 1

(2) “网格线”复选框位于(　　)选项板中。

A. 显示选项板　　B. 显示比例选项板

C. 设置选项板　　D. 窗口选项板

(3) 启动与退出演示文稿的方法共有(　　)种。

A. 8　　B. 7　　C. 6　　D. 5

2.9.3 上机练习：化学课件实例——另存为化学方程式的意义课件

打开“光盘\素材\第 2 章”文件夹下的“化学方程式的意义.pptx”，如图 2-77 所示，尝试另存为化学方程式的意义课件，如图 2-78 所示。

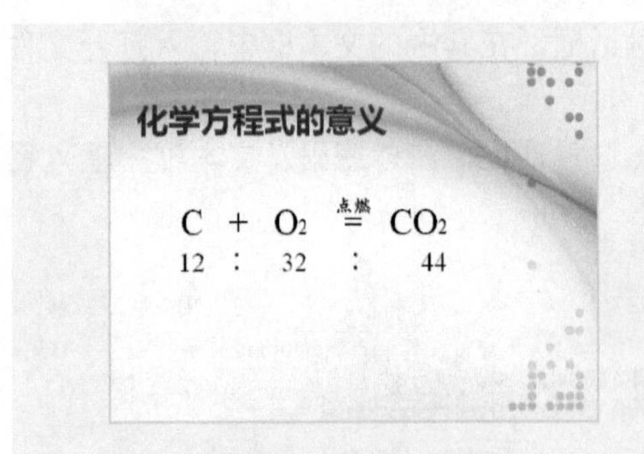

图 2-77　素材文件

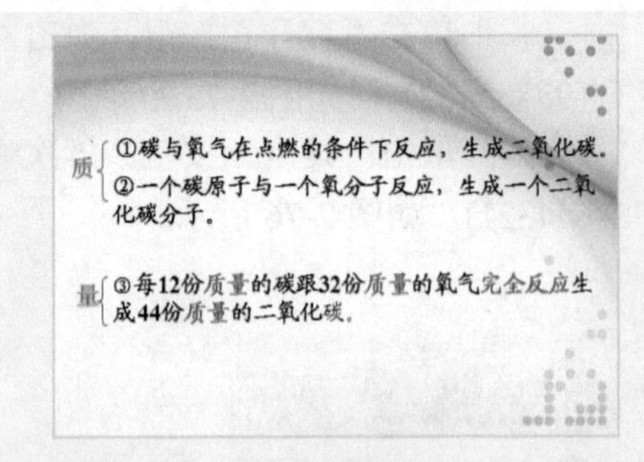

图 2-78　化学方程式的意义课件效果

第3章

小试牛刀：文本课件模板制作

在 PowerPoint 2010 中，文本是演示文稿最基本的内容，文本处理是制作演示文稿最基础的知识。本章主要向读者介绍课件文本基本操作、编辑课件文本内容以及制作课件项目符号和编号等内容。

本章重点：

- 课件文本的基本操作
- 编辑课件文本内容
- 制作课件项目符号和编号
- 综合练兵——制作想象说话课件

3.1 课件文本的基本操作

文字是演示文稿的重要组成部分，一个直观明了的演示文稿少不了文字说明，无论是新建的空白演示文稿，还是根据模板新建的演示文稿，都需要用户自己输入文字，然后用户可以根据所设计和制作的演示文稿对文本的格式进行设置。

3.1.1 实战——在占位符中输入语文课件文本

占位符是一种带有虚线边框的方框，包含文字和图形等内容，大多数在占位符中预设了文字的属性和样式，供用户添加标题文字和项目文字等。

步骤01 单击“文件”|“打开”命令，打开一个素材文件，如图3-1所示。

步骤02 在占位符中的“单击此处添加标题”文本框中单击鼠标左键，鼠标呈指针形状，如图3-2所示。

图3-1 素材文件

图3-2 鼠标呈指针形状

步骤03 在占位符中输入相应文本，如图3-3所示。

步骤04 用与上同样的方法，在占位符中输入副标题文本，如图3-4所示。

图3-3 输入相应文本

图3-4 输入副标题文本

注意：默认情况下，在占位符中输入文字，PPT 会随着输入的文本自动调整文本大小以适应占位符，如果输入的文本超出了占位符的大小，PPT 将减小字号和行距直到容下所有文本为止。

3.1.2 实战——在文本框中添加寓言课件文本

使用文本框，可以使文字按不同的方向进行排列，从而灵活地将文字放置到幻灯片的任何位置。

步骤01 单击“文件”|“打开”命令，打开一个素材文件，如图 3-5 所示。

步骤02 切换至“插入”面板，在“文本”选项板中单击“文本框”下拉按钮，在弹出的列表框中选择“横排文本框”命令，如图 3-6 所示。

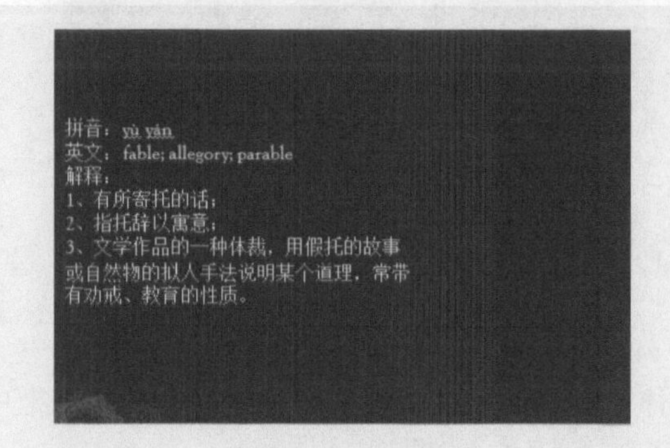

图 3-5 素材文件

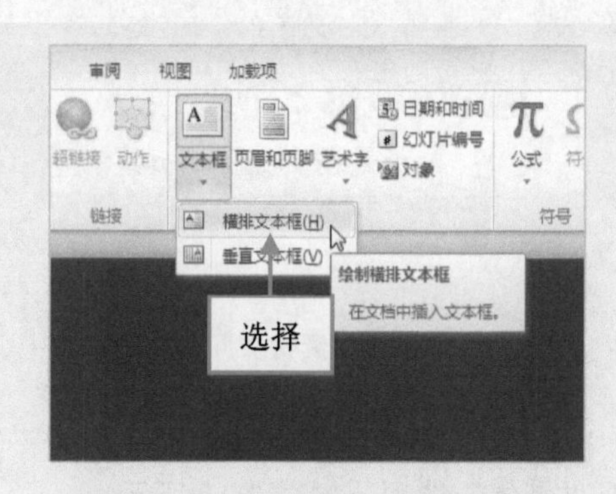

图 3-6 选择“横排文本框”命令

注意：助教型多媒体课件适于各学科演示终点内容、难点内容、数据图表、动态现象以及模拟示意等，可用来配合课堂的讲授、讨论、练习和示范。

步骤03 将光标移至编辑区内，在空白处单击鼠标左键并拖曳，至合适位置后释放鼠标左键，绘制一个横排文本框，如图 3-7 所示。

步骤04 在文本框中输入相应的文本，并对文本进行调整，效果如图 3-8 所示。

图 3-7 绘制横排文本框

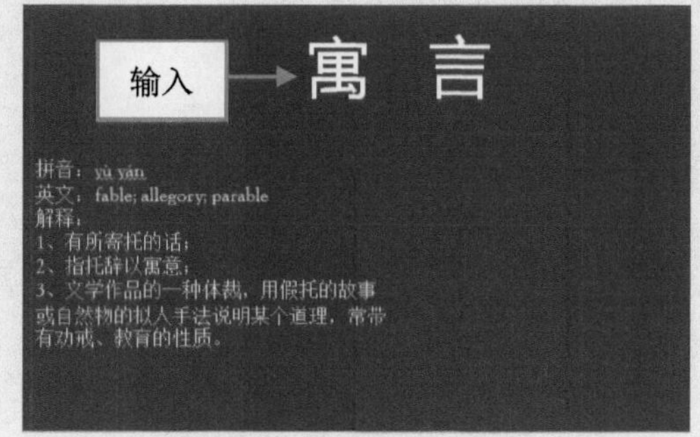

图 3-8 输入文本效果

试一试： 根据以上操作步骤，用户可以自己输入文本内容。

3.1.3 实战——设置绝对值课件文本字体

设置演示文稿文本的字体是最基本的操作，不同的字体可以展现出不同的文本效果。下面将介绍设置文本字体的操作方法。

步骤01 单击“文件”|“打开”命令，打开一个素材文件，如图3-9所示。

步骤02 在编辑区中，选择需要修改字体的文本对象，如图3-10所示。

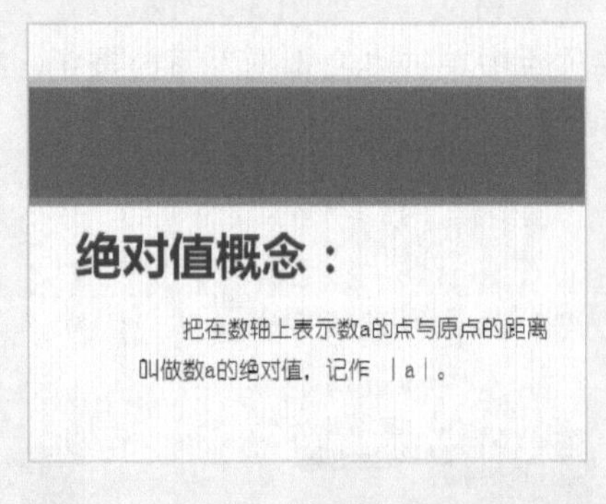

图3-9 素材文件

图3-10 选择文本对象

步骤03 在“开始”面板中，单击“字体”右侧的下拉按钮，在弹出的下拉列表框中选择“楷体”选项，如图3-11所示。

步骤04 执行操作后，即可设置文本的字体，效果如图3-12所示。

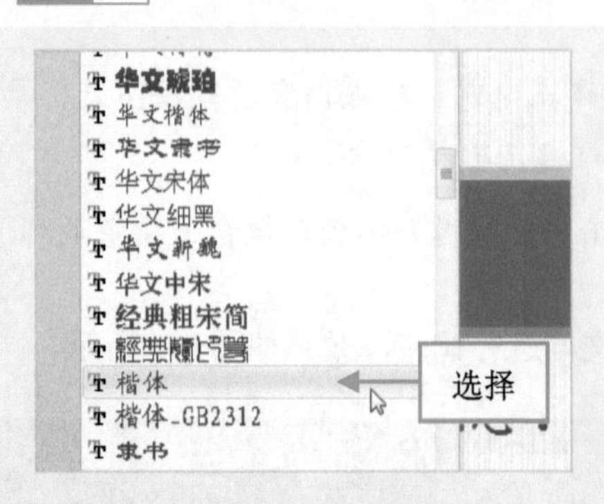

图3-11 选择“楷体”选项

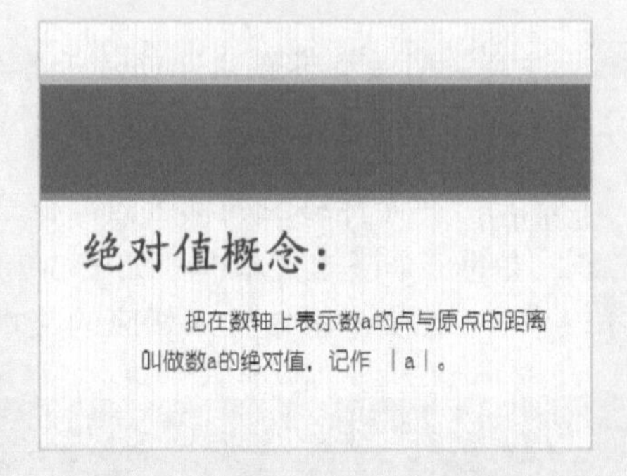

图3-12 设置文本字体后的效果

技巧： 除了上述方法可以设置文本字体外，用户还可以选择需要更改字体的文本对象，在弹出的浮动面板中单击“字体”下拉按钮，在弹出的下拉列表中也可设置文本的字体。

3.1.4 实战——设置物质与元素课件文本颜色

在 PowerPoint 2010 中，默认的字体颜色为黑色，用户也可以根据需要设置字体的颜色，以得到更好的文本效果。

步骤01 单击“文件”|“打开”命令，打开一个素材文件，如图 3-13 所示。

步骤02 在编辑区中选择需要设置颜色的文本，如图 3-14 所示。

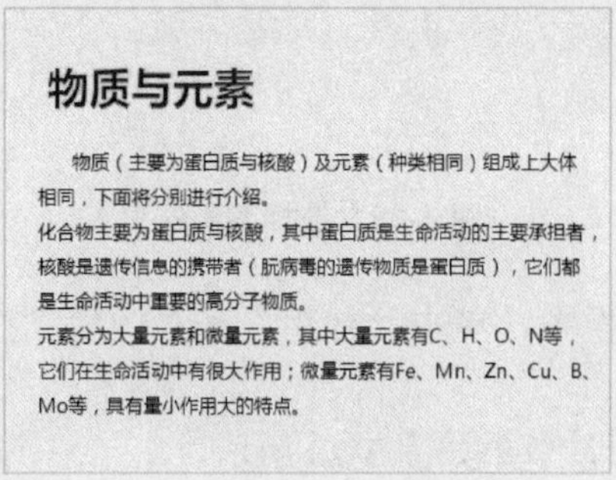

物质与元素

物质（主要为蛋白质与核酸）及元素（种类相同）组成上大体相同，下面将分别进行介绍。
化合物主要为蛋白质与核酸，其中蛋白质是生命活动的主要承担者，核酸是遗传信息的携带者（朊病毒的遗传物质是蛋白质），它们都是生命活动中重要的高分子物质。
元素分为大量元素和微量元素，其中大量元素有C、H、O、N等，它们在生命活动中有很大作用；微量元素有Fe、Mn、Zn、Cu、B、Mo等，具有量小作用大的特点。

图 3-13　素材文件

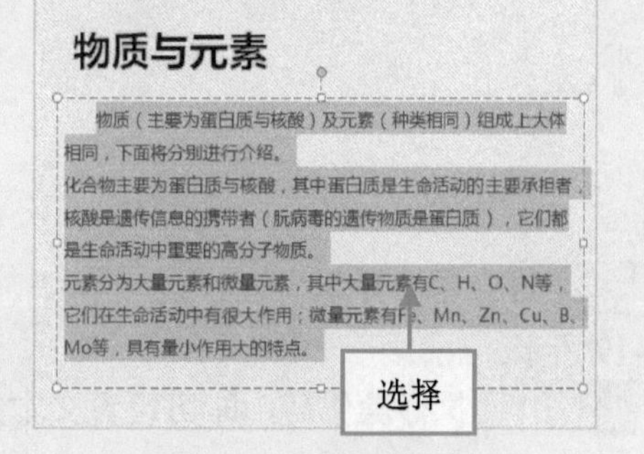

图 3-14　选择需要的文本

步骤03 在“开始”面板的“字体”选项板中，单击“字体颜色”右侧的下拉按钮，在弹出的列表中的“主题颜色”选项区中，选择相应选项，如图 3-15 所示。

步骤04 执行操作后，即可设置文本的颜色，效果如图 3-16 所示。

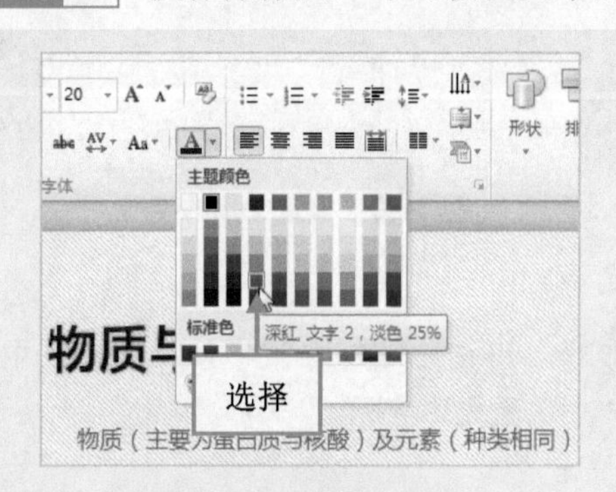

图 3-15　选择相应选项

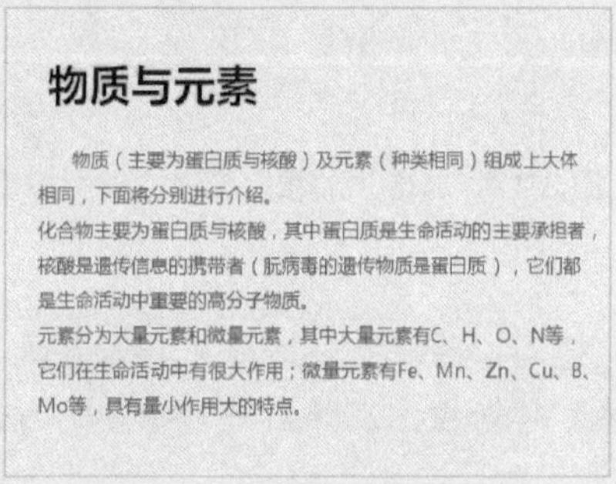

物质与元素

物质（主要为蛋白质与核酸）及元素（种类相同）组成上大体相同，下面将分别进行介绍。
化合物主要为蛋白质与核酸，其中蛋白质是生命活动的主要承担者，核酸是遗传信息的携带者（朊病毒的遗传物质是蛋白质），它们都是生命活动中重要的高分子物质。
元素分为大量元素和微量元素，其中大量元素有C、H、O、N等，它们在生命活动中有很大作用；微量元素有Fe、Mn、Zn、Cu、B、Mo等，具有量小作用大的特点。

图 3-16　设置文本的颜色

技巧： 除了上述方法可以设置文本颜色外，用户还可以选择需要更改颜色的文本对象，在弹出的浮动面板中单击“字体颜色”按钮，然后在弹出的列表框中也可设置文本的颜色。

3.1.5 实战——设置函数课件文本字形

在 PowerPoint 2010 中，用户也可以根据需要设置字形，以美化演示文稿。

步骤01 单击“文件”|“打开”命令，打开一个素材文件，如图 3-17 所示。

步骤02 在编辑区中选择需要设置字形的文本，如图 3-18 所示。

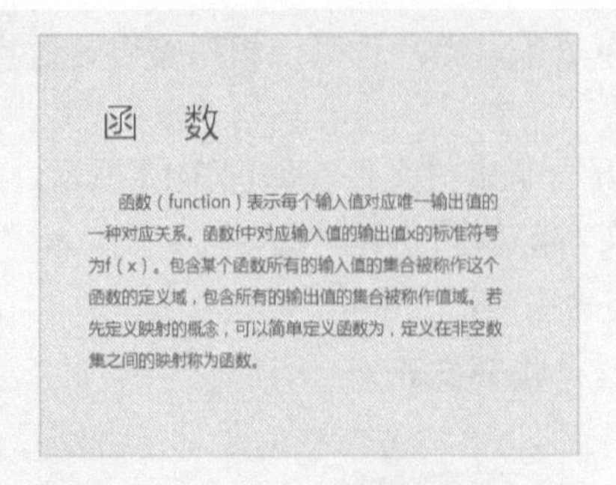

图 3-17　打开一个素材文件

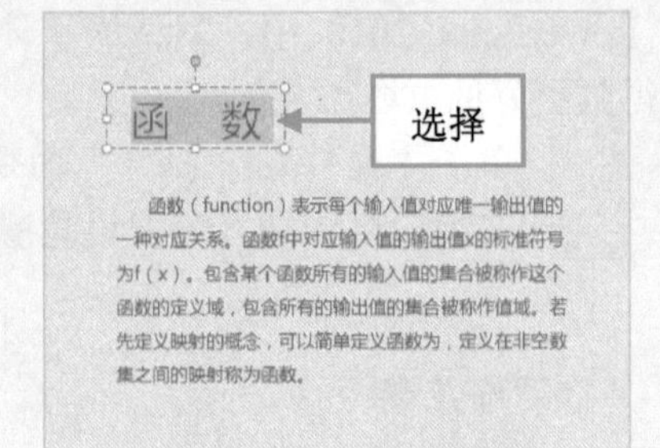

图 3-18　选择需要的文本

步骤03 在“开始”面板的“字体”选项板中，单击“加粗”和“倾斜”按钮，如图 3-19 所示。

步骤04 执行操作后，即可设置文本的字形，效果如图 3-20 所示。

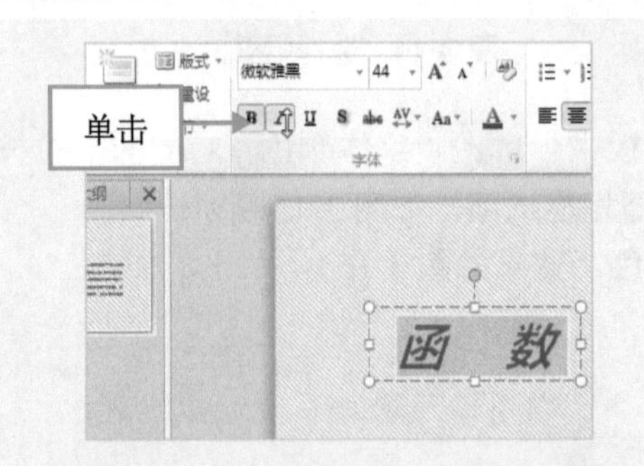

图 3-19　单击“加粗”和“倾斜”按钮

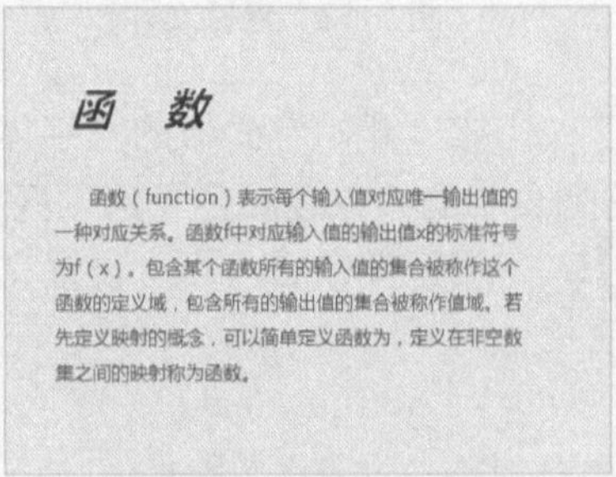

图 3-20　设置文本的字形

技巧：除了上述方法可以设置文本字形外，用户还可以在“字体”选项板中单击“字体”对话框，在弹出的“字体”对话框中，设置文本字形。

3.1.6 实战——设置英语语法课件文本删除线

在 PowerPoint 2010 中，对插入到文稿中的重复内容或是对主体内容没有较多辅助作用的文本，用户可以采取添加删除线的方式进行编辑。

步骤01 单击“文件”|“打开”命令，打开一个素材文件，如图 3-21 所示。

步骤02 在编辑区中选择需要设置删除线的文本，如图 3-22 所示。

步骤03 在“开始”面板的“字体”选项板中，单击右下角的“字体”按钮，弹出“字体”对话框，在“字体”选项卡中的“效果”选项区中，选中“删除线”复选框，如图 3-23 所示，单击“确定”按钮。

步骤04 执行操作后，即可设置文本删除线，效果如图 3-24 所示。

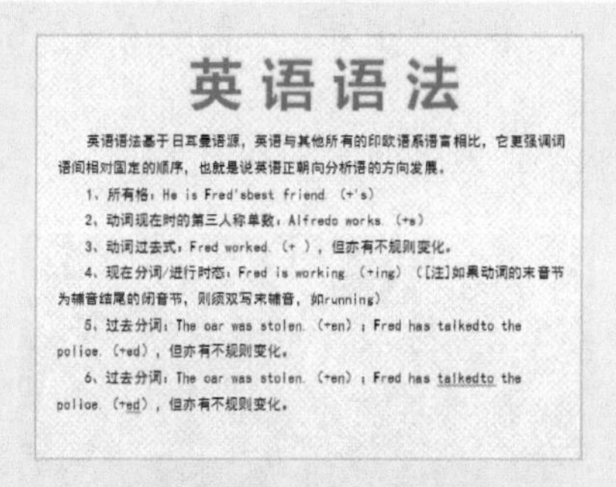

图 3-21　打开一个素材文件

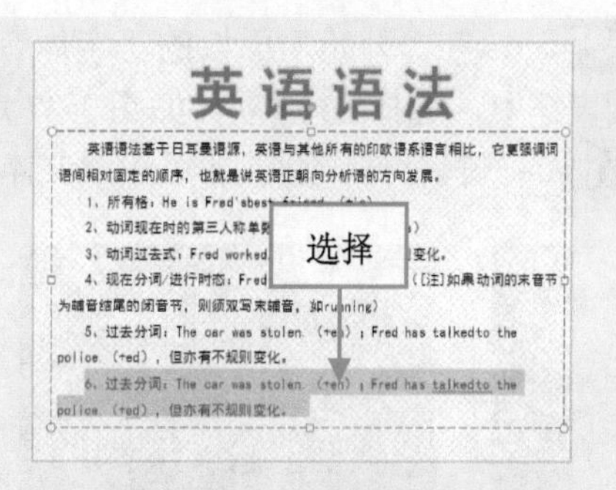

图 3-22　选择相应文本

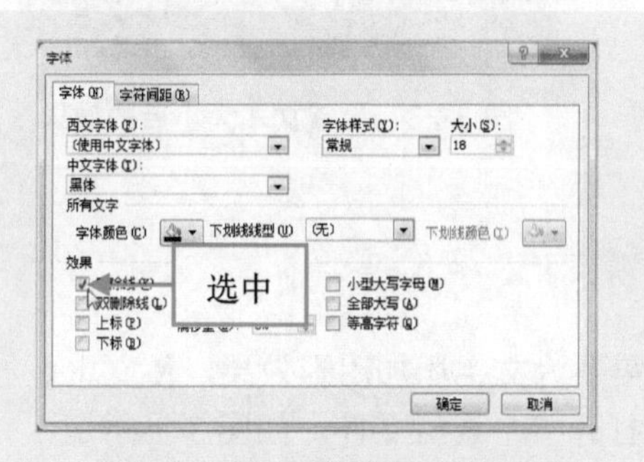

图 3-23　选中“删除线”复选框

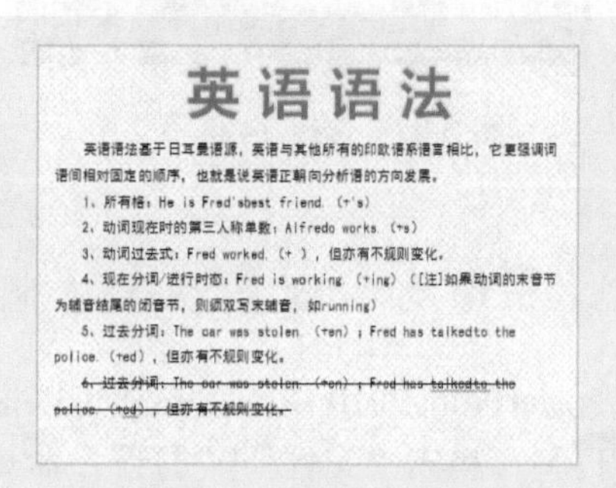

图 3-24　设置文本删除线

技巧：除了上述方法可以设置文本字形外，用户还可以在“字体”选项板中单击“删除线”按钮，也可设置文本删除线。

3.1.7　实战——设置化学反应课件的文本大小

在 PowerPoint 2010 中，用户可以根据需要设置字体大小。如果课件中的文本太小，可以将文本调大；如果文本太大，则可以将文本调小。

步骤01　单击“文件”|“打开”命令，打开一个素材文件，如图 3-25 所示。

步骤02　在编辑区中选择需要设置文本大小的文本，如图 3-26 所示。

图 3-25　素材文件

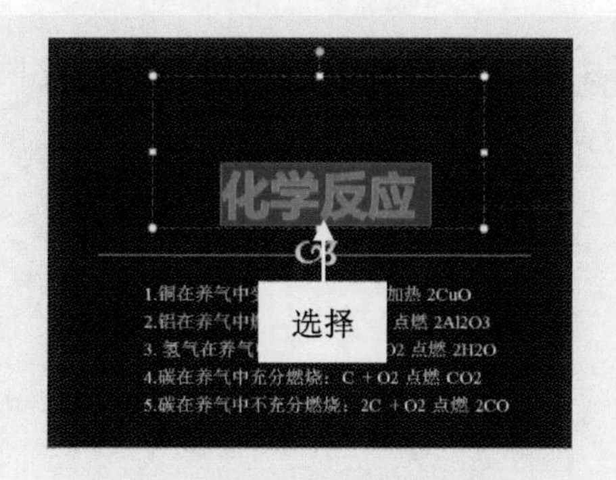

图 3-26　选择需要的文本

步骤03 在“开始”面板的“字体”选项板中，单击“字号”右侧的下拉按钮，在弹出的列表框中，选择80选项，如图3-27所示。

步骤04 执行操作后，即可设置文本的字体大小，效果如图3-28所示。

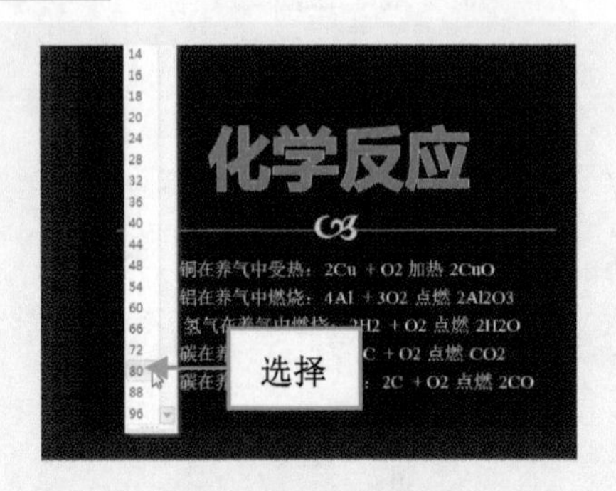

图 3-27 选择 24 选项

图 3-28 设置文本大小后的效果

3.1.8 实战——设置软文定义课件的文字阴影

在 PowerPoint 2010 中，用户还可以根据需要为文字添加阴影效果，使文本更加美观。

步骤01 单击“文件”|“打开”命令，打开一个素材文件，如图3-29所示。

步骤02 在编辑区中选择需要设置阴影的文本，如图3-30所示。

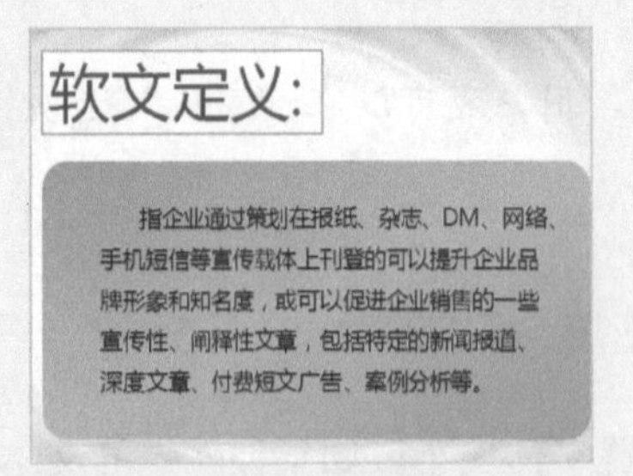

图 3-29 素材文件

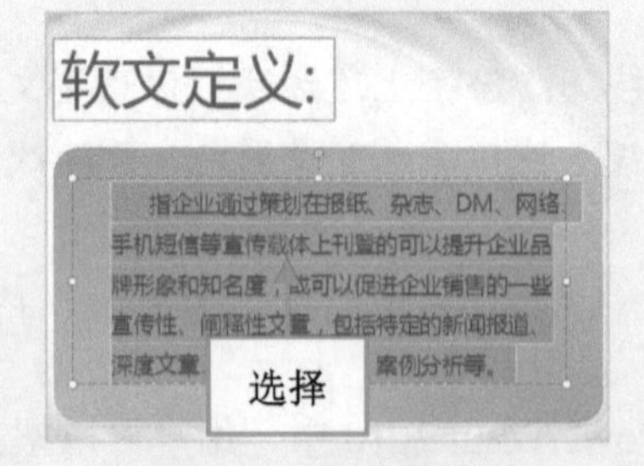

图 3-30 选择需要文本

步骤03 在“开始”面板中的“字体”选项板中，单击“文字阴影”按钮，如图3-31所示。

步骤04 执行操作后，即可设置文字阴影，效果如图3-32所示。

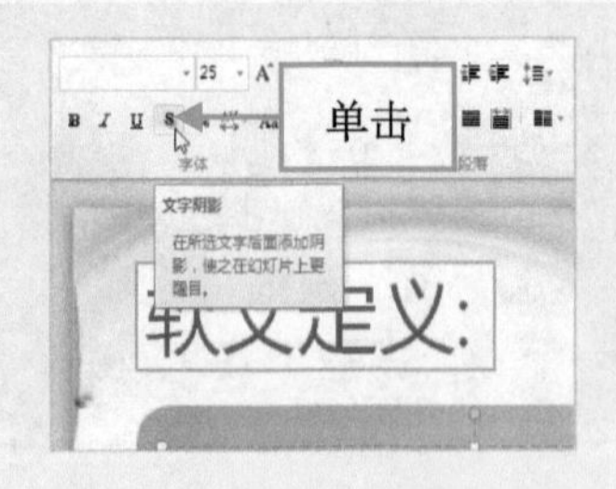

图 3-31 单击“文字阴影”按钮

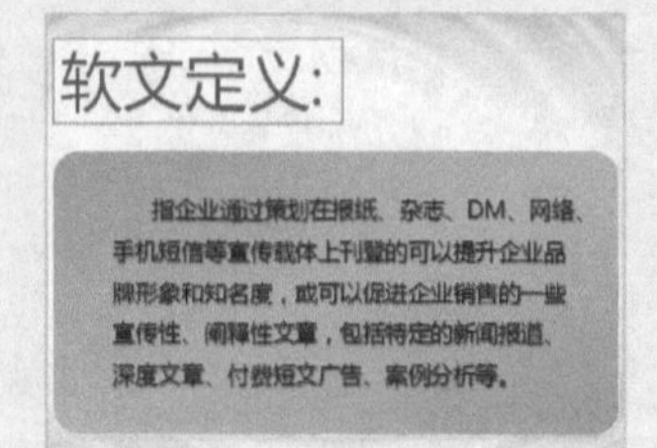

图 3-32 设置文字阴影

3.1.9 实战——设置博客由来课件的上标

在 PowerPoint 2010 中，用户可以为文本设置上标和下标效果，使制作出来的演示文稿课件更加具体、形象。

步骤01 单击“文件”|“打开”命令，打开一个素材文件，如图 3-33 所示。

步骤02 在编辑区中选择需要设置上标的文本，如图 3-34 所示。

图 3-33 素材文件

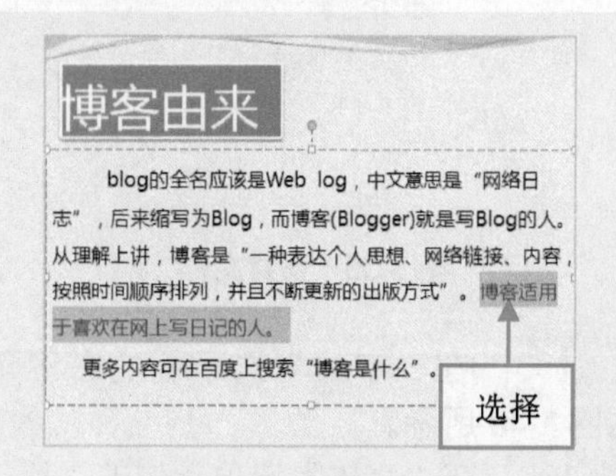

图 3-34 选择需要的文本

步骤03 在“开始”面板中的“字体”选项板中的右下角，单击“字体”按钮，如图 3-35 所示。

步骤04 弹出“字体”对话框，在“字体”选项卡中的“效果”选项区中选中“上标”复选框，如图 3-36 所示。

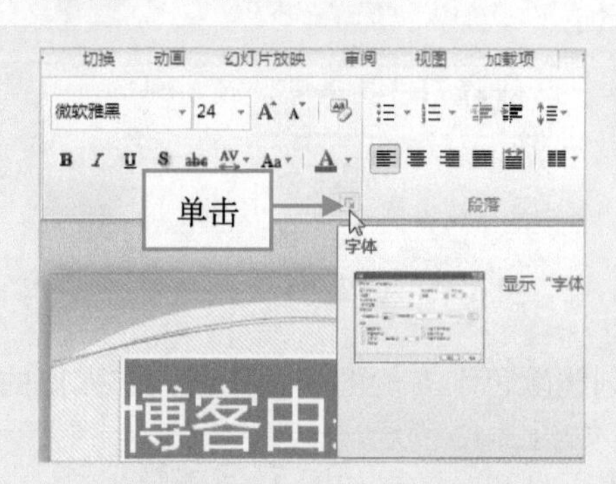

图 3-35 单击“字体”按钮

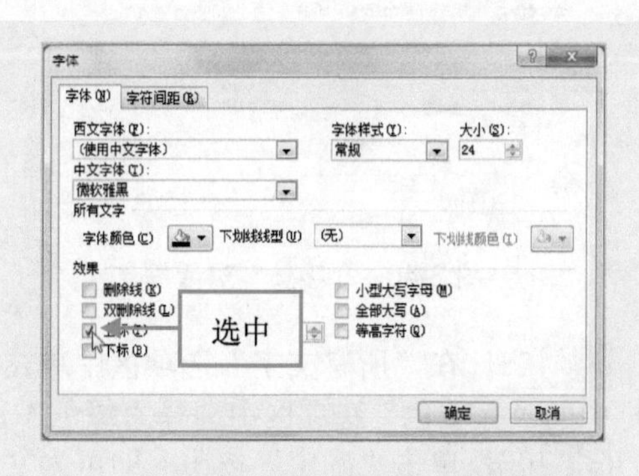

图 3-36 选中“上标”复选框

步骤05 单击“确定”按钮，即可设置文本为上标，如图 3-37 所示。

注意：如果用户需要设置文本为下标，只需在“字体”对话框中的“字体”选项卡中的“效果”选项区中选中“下标”复选框即可。

图 3-37 设置文本为上标后的效果

3.1.10 实战——设置语文读说课件的下划线

在 PowerPoint 2010 中，用户可以为文本添加下划线，使文本更加突出。

步骤01 单击“文件”|“打开”命令，打开一个素材文件，如图 3-38 所示。

步骤02 在编辑区中选择需要设置下划线的文本，如图 3-39 所示。

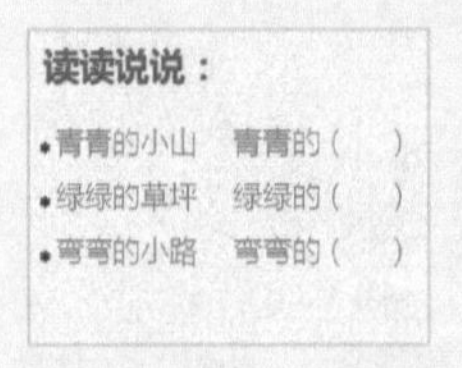

图 3-38　素材文件

图 3-39　选择需要的文本

步骤03 在“字体”选项板的右下角，单击“字体”按钮，弹出“字体”对话框，如图 3-40 所示。

步骤04 在“字体”选项卡中的“所有文字”选项区中单击“下划线线型”右侧的下拉按钮，在弹出的列表框中选择“双线”选项，如图 3-41 所示。

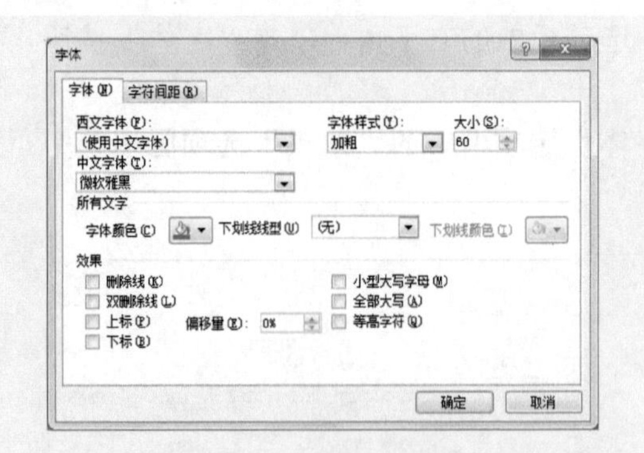

图 3-40　“字体”对话框

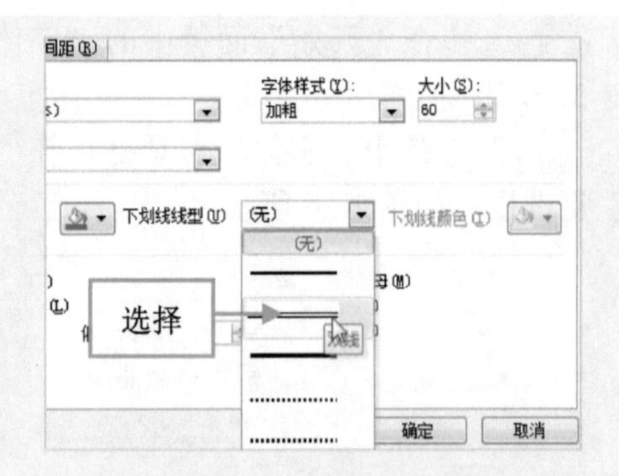

图 3-41　选择“双线”选项

步骤05 在“所有文字”选项区中单击“下划线颜色”右侧的下拉按钮，在弹出的列表框中的“标准色”选项区中选择“绿色”选项，如图 3-42 所示。

步骤06 单击“确定”按钮，即可为文本设置下划线，效果如图 3-43 所示。

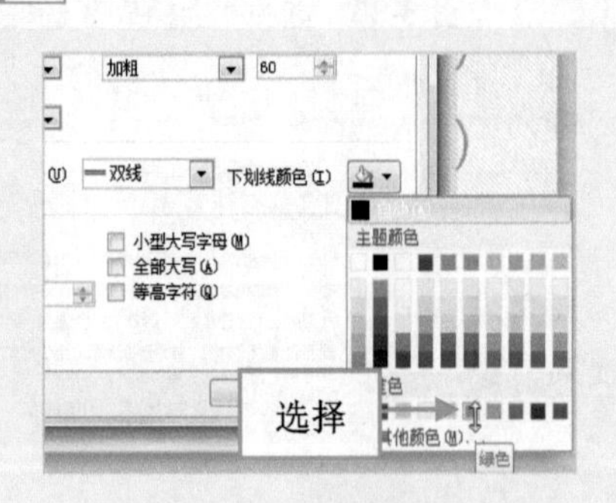

图 3-42　选择绿色选项

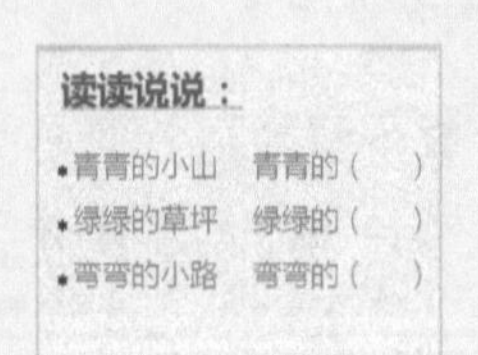

图 3-43　设置下划线

试一试：根据以上操作步骤，可以为自己的文本对象设置下划线。

3.2 编辑课件文本内容

在幻灯片中简单的输入文本后，要使幻灯片的文字更具有吸引力，更加美观，还必须对输入的文本进行各种编辑操作，以制作出符合用户需要的演示文稿，对文本的基本编辑操作包括选取、移动、恢复、复制粘贴、查找和替换等内容。

3.2.1 选取文本

在编辑文本之前，先要选取文本，之后才能进行其他的相关操作，选取文本有以下 6 种方法。

- 选择任意数量的文本：当鼠标指针在文本处变为编辑状态时，在要选择的文本位置，单击鼠标左键的同时拖曳鼠标，至文本结束后释放鼠标左键，选择后的文本将以高亮度显示。
- 选择所有文本：在文本编辑状态下，切换至“开始”面板，在“编辑”选项板中单击“选择”按钮，在弹出的下拉列表框中选择“全选”选项，即可选择所有文本。
- 选择连续文本：在文本编辑状态下，将鼠标定位在文本的起始位置，按住 Shift 键，然后选择文本的结束位置单击鼠标左键，释放 Shift 键，即可选择连续的文本。
- 选择不连续文本：按住 Ctrl 键的同时，运用鼠标单击其他不相连的文本，即可选择不连续的文本。
- 运用快捷键选择：按 Ctrl＋A 组合键或按两次 F2 键，即可全选文本。
- 选择占位符或文本框中的文本：当要选择占位符或文本框中的文本时，只需单击占位符或文本框中的边框即可选中。

3.2.2 实战——移动山水风采课件文本

在 PowerPoint 2010 中，使用移动操作，可以帮助用户将某一段内容移动到另外一个需要放置的位置。

步骤 01 单击“文件”|“打开”命令，打开一个素材文件，如图 3-44 所示。

步骤 02 在编辑区中选择需要移动的文本，如图 3-45 所示。

步骤 03 在选择的文本上单击鼠标左键并拖曳，至合适位置，如图 3-46 所示。

步骤 04 释放鼠标左键，执行操作后，即可移动文本，效果如图 3-47 所示。

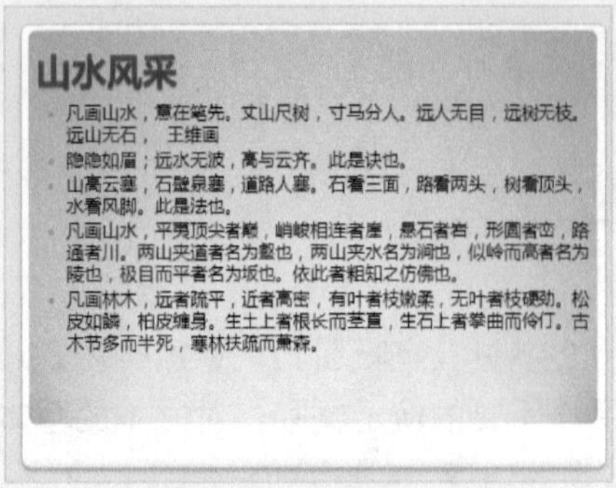

图 3-44 素材文件

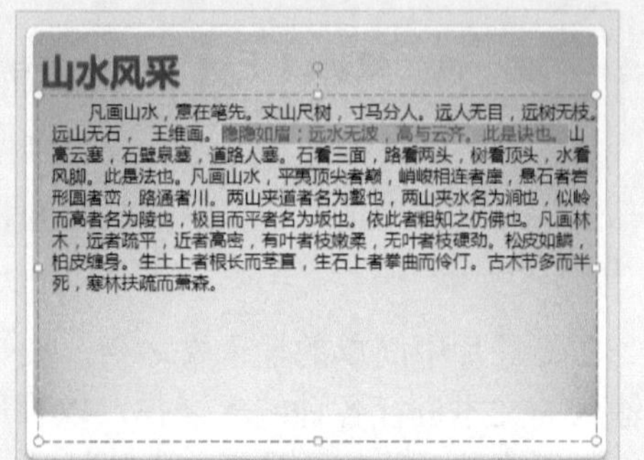

图 3-45 选择需要的文本

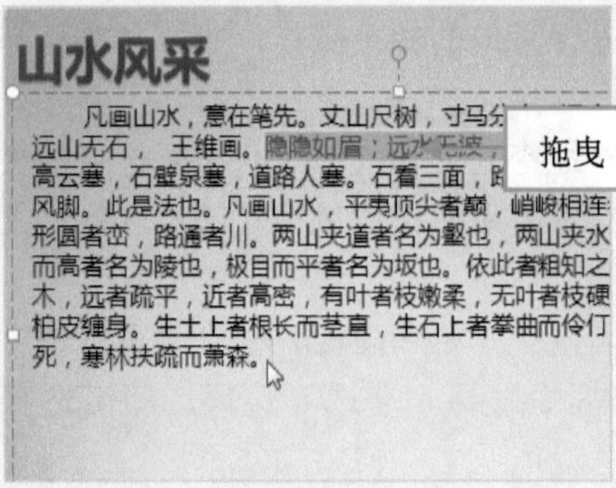

图 3-46 拖曳至合适位置

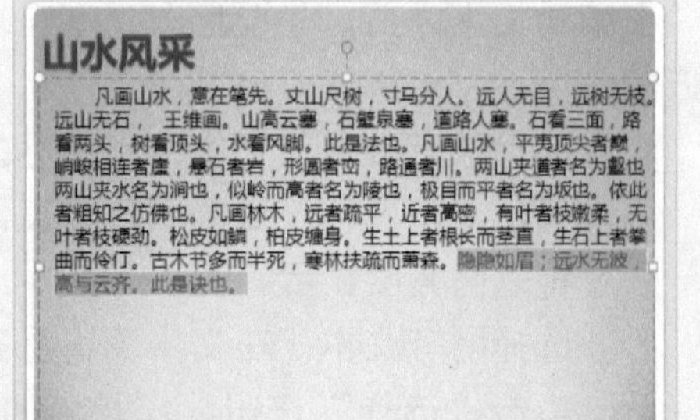

图 3-47 移动文本后的效果

试一试：根据以上操作步骤，可以为自己的文本对象进行移动。

3.2.3 删除文本

在 PowerPoint 2010 中，删除文本指的是删除占位符中的文字和文本框中的文字，用户可以直接选择文本框或占位符，执行删除操作。

在 PowerPoint 2010 中，可以通过以下两种方法删除文本。

- 按钮：选择需要删除的文本，在“开始”面板的“剪贴板”选项板中，单击“剪切”按钮，即可删除文本。
- 快捷键：选择需要删除的文本，按 Delete 键即可将其删除。

技巧：选择运用“剪切”按钮删除的文本，再按 Ctrl + V 组合键即可将其恢复。

3.2.4 实战——复制与粘贴美学课件文本

在 PowerPoint 2010 中的同一个演示文稿中有一些文本内容需要重复使用或者改变所在

位置，重新输入会降低制作演示文稿的效率，利用复制功能，并将复制的内容粘贴至合适位置，可以提高工作效率。

步骤01 单击“文件”|“打开”命令，打开一个素材文件，如图3-48所示。

步骤02 在编辑区中，选择需要复制的文本，如图3-49所示。

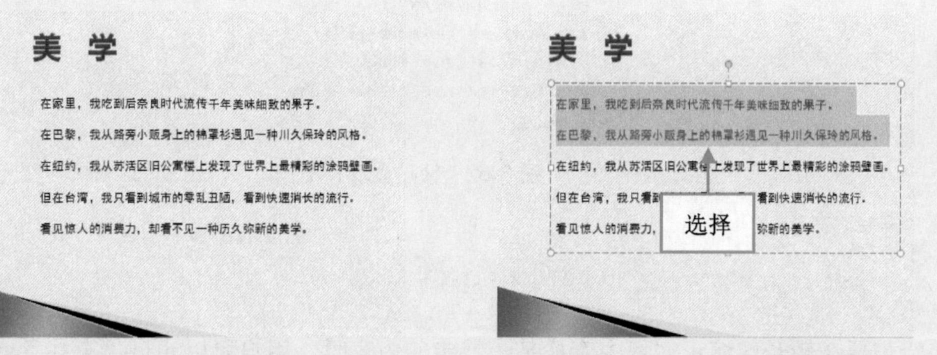

图3-48 素材文件　　图3-49 选择需要复制的文本

步骤03 在选择的文本上，单击鼠标右键，在弹出的快捷菜单中，选择“复制”命令，如图3-50所示。

步骤04 复制文本，将鼠标移至合适位置，再次单击鼠标右键，在弹出的快捷菜单中，单击“粘贴选项”选项区中的“保留源格式”按钮，如图3-51所示。

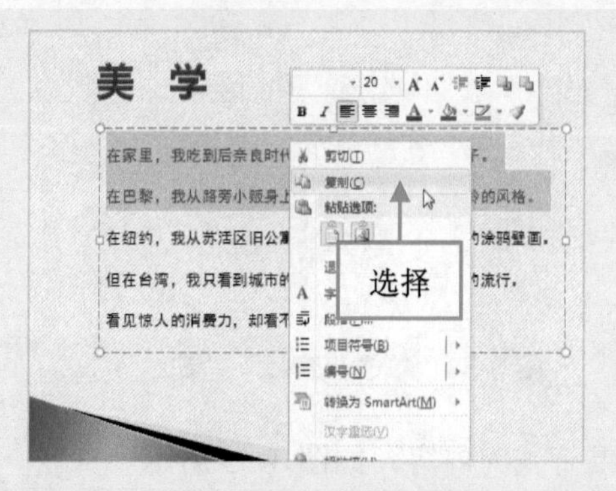

图3-50 选择“复制”命令

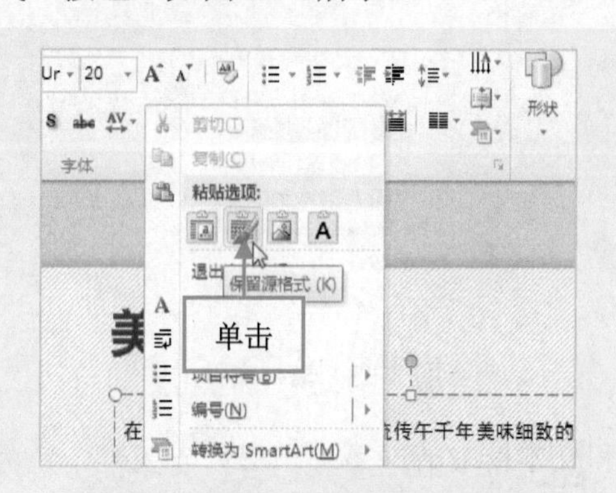

图3-51 单击“保留源格式”按钮

注意：剪切或复制的文本都被保存至剪贴板中。因此，用户可以使用“剪贴板”任务窗格进行类似的复制和移动操作。

步骤05 执行操作后，即可粘贴文本对象，如图3-52所示。

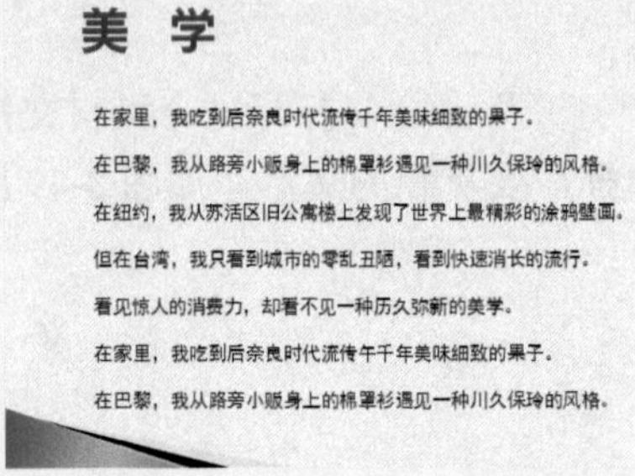

美 学

在家里，我吃到后奈良时代流传千年美味细致的果子。
在巴黎，我从路旁小贩身上的棉罩衫遇见一种川久保玲的风格。
在纽约，我从苏活区旧公寓楼上发现了世界上最精彩的涂鸦壁画。
但在台湾，我只看到城市的零乱丑陋，看到快速消长的流行。
看见惊人的消费力，却看不见一种历久弥新的美学。
在家里，我吃到后奈良时代流传千年美味细致的果子。
在巴黎，我从路旁小贩身上的棉罩衫遇见一种川久保玲的风格。

图 3-52　粘贴文本

3.2.5 实战——查找原理分析课件文本

当需要在较长的演示文稿中查找某一特定的内容时，用户可以通过“查找”命令来找出某些特定的内容。

步骤 01　单击“文件”|“打开”命令，打开一个素材文件，如图 3-53 所示。

步骤 02　在“开始”面板中的“编辑”选项板中单击“查找”按钮，如图 3-54 所示，弹出“查找”对话框。

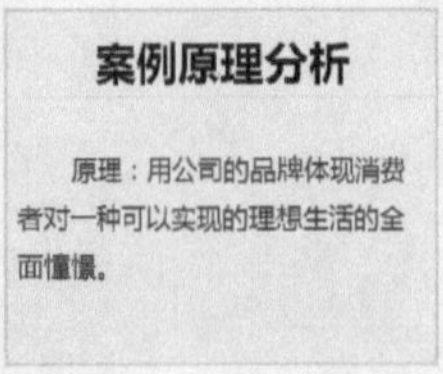

案例原理分析

原理：用公司的品牌体现消费者对一种可以实现的理想生活的全面憧憬。

图 3-53　素材文件

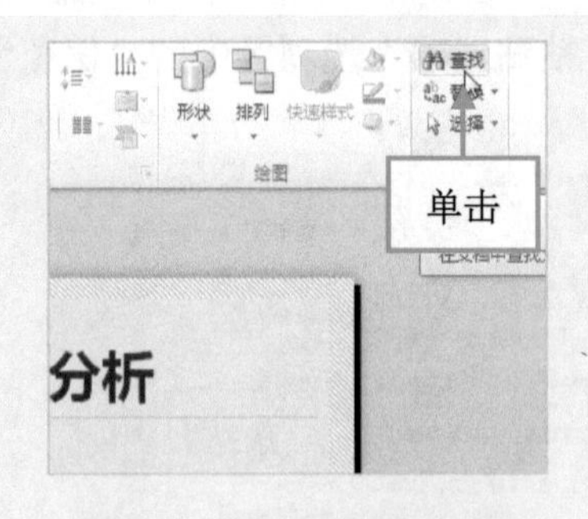

图 3-54　单击“查找”按钮

步骤 03　在“查找内容”文本框中输入需要查找的内容，如图 3-55 所示。

步骤 04　单击“查找下一个”按钮，即可依次查找出文本中需要的内容，如图 3-56 所示。

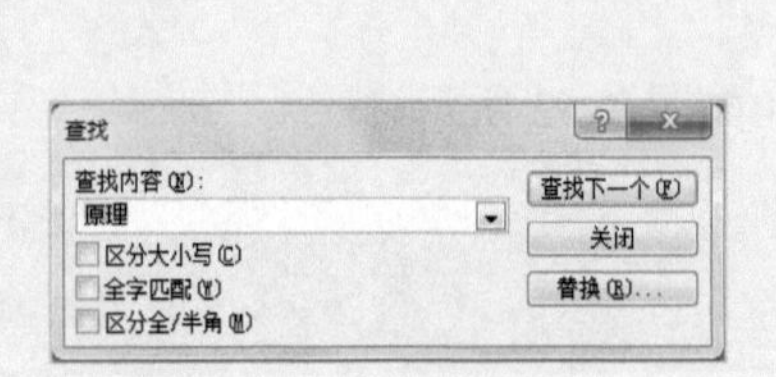

图 3-55　输入需要查找的内容

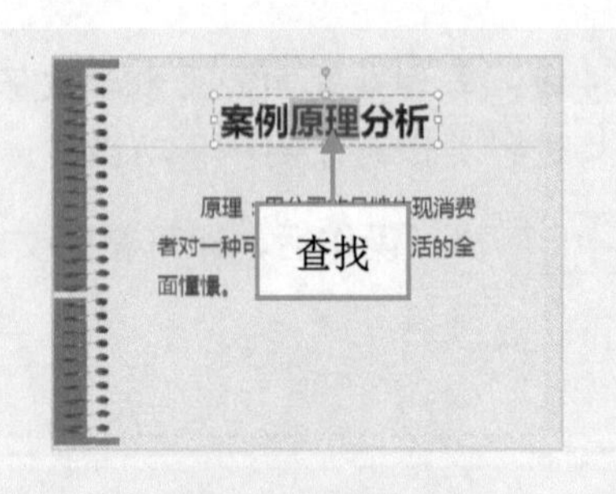

图 3-56　查找内容

提示：“查找”对话框中各复选框的含义如下。

- 区分大小写：选中该复选框，在查找时需要完全匹配由大小写字母组合成的单词。
- 全字匹配：选中该复选框，只查找用户输入的完整单词和字母。
- 区分全/半角：选中该复选框，在查找时区分全角字符和半角字符。

3.2.6 实战——替换品牌战略课件文本

在文本中输入大量的文字后，如果出现相同错误的文字很多，可以使用“替换”按钮对文字进行批量更改，以提高工作效率。

步骤01 单击“文件”|“打开”命令，打开一个素材文件，如图3-57所示。

步骤02 在“开始”面板中的“编辑”选项板中单击“替换”下拉按钮，在弹出的列表框中选择“替换”命令，如图3-58所示。

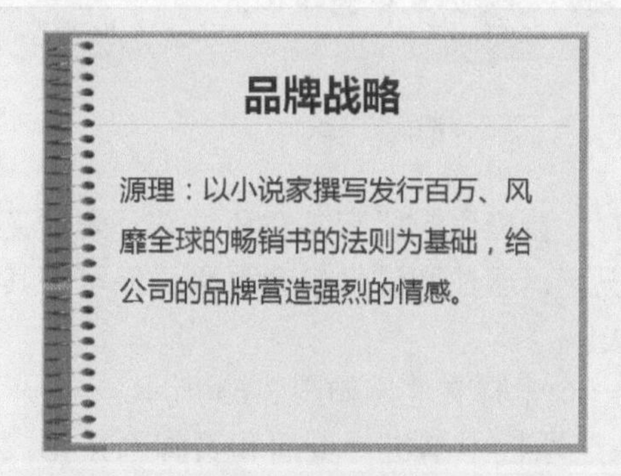

图3-57 素材文件

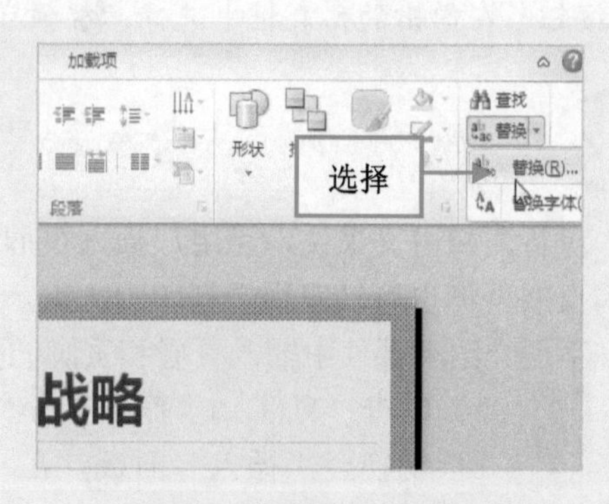

图3-58 选择“替换”命令

步骤03 弹出“替换”对话框，在“查找内容”和“替换为”文本框中分别输入相应内容，如图3-59所示。

步骤04 单击“全部替换”按钮，弹出信息提示框，单击“确定”按钮，如图3-60所示。

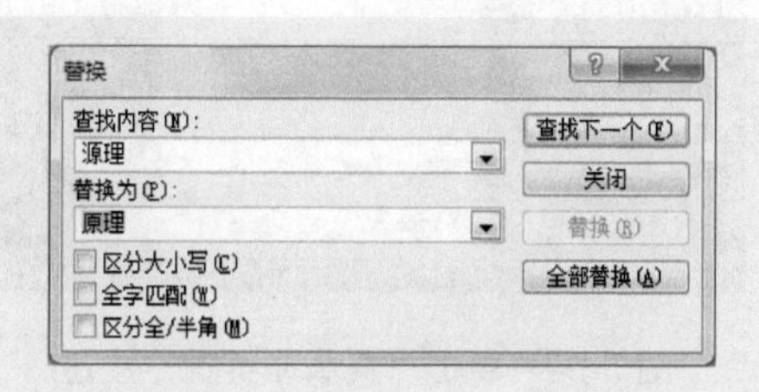

图3-59 输入相应内容

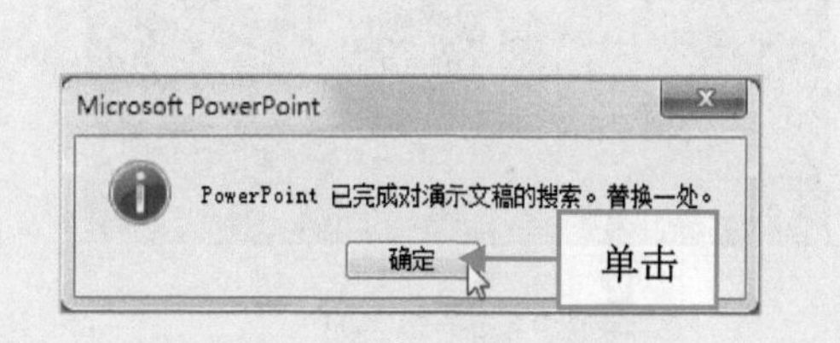

图3-60 单击“确定”按钮

步骤05 返回到“替换”对话框，单击“关闭”按钮，如图3-61所示。

步骤06 执行操作后，即可替换文本，如图3-62所示。

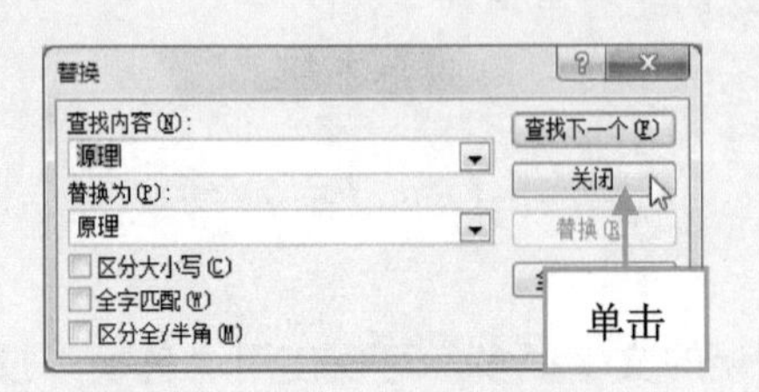

图 3-61　单击“关闭”按钮

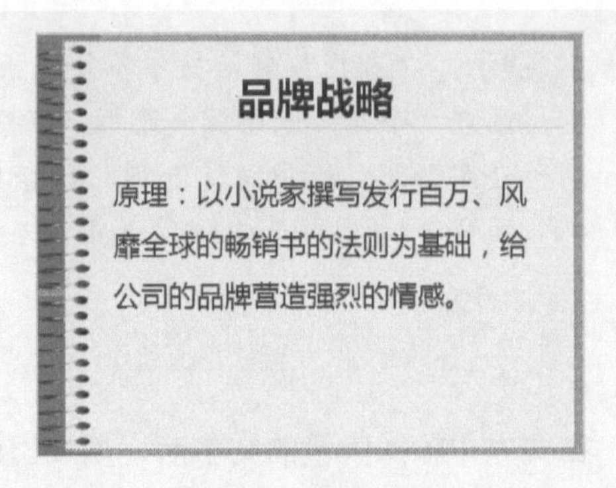

图 3-62　替换文本

技巧：在 PowerPoint 2010 中，用户还可以在“编辑”选项板中单击“替换”下拉按钮，在弹出的列表框中选择“替换字体”选项，替换文本中的字体。

3.2.7　实战——在名人名言课件中插入页眉和页脚

对备注和讲义来说，当用户插入页眉和页脚时，会应用于所有备注和讲义，为讲义创建的页眉页脚也可以应用于打印的大纲。默认情况下，备注和讲义包含页码，但可将其隐藏。下面介绍在课件中插入页眉和页脚的操作方法。

步骤01　单击“文件”|“打开”命令，打开一个素材文件，如图 3-63 所示。

步骤02　切换至“插入”面板，在“文本”选项板中单击“页眉和页脚”按钮，如图 3-64 所示。

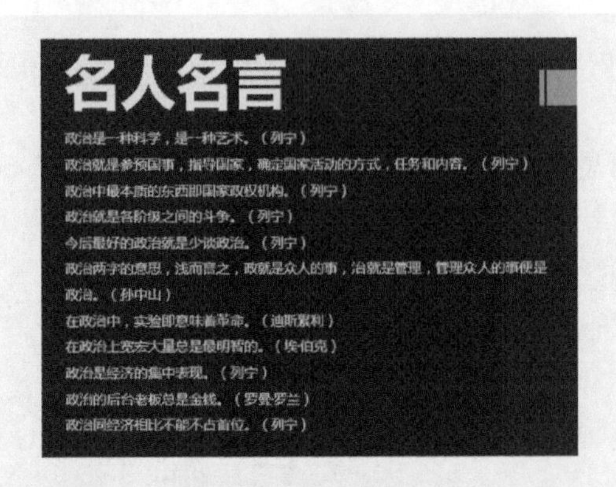

图 3-63　素材文件

图 3-64　单击“页眉和页脚”按钮

步骤03　弹出“页眉和页脚”对话框，在“幻灯片”选项卡中的“幻灯片包含内容”选项区中选中“日期和时间”复选框，如图 3-65 所示。

步骤04　选中“页脚”复选框，在下方的文本框中输入“名人名言”，如图 3-66 所示。

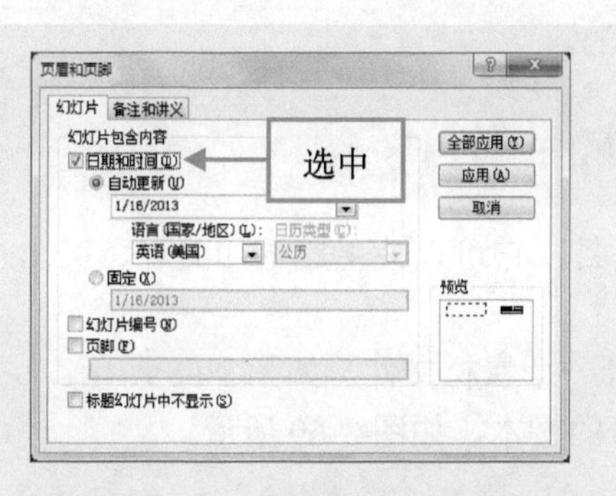

图 3-65 选中“日期和时间”复选框

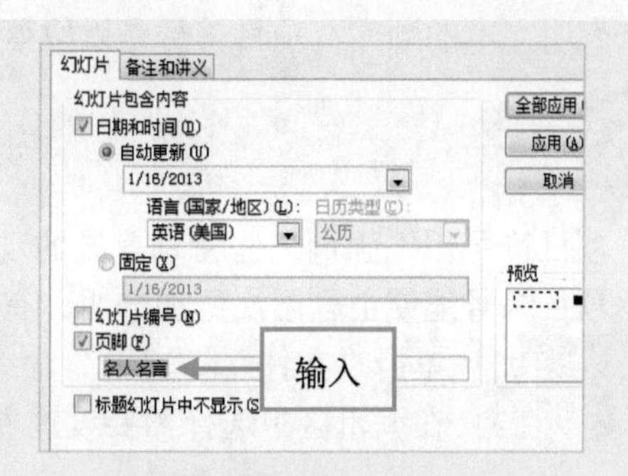

图 3-66 输入“名人名言”

提示：在“页眉和页脚”对话框中各复选框的含义如下。

- 日期和时间：选中该复选框，可以显示日期和时间，如果需要使日期和幻灯片放映的日期一致，则应选中“自动更新”单选按钮；如果需要显示演示文稿的完成日期，则应选中“固定”单选按钮，并在其下方的文本框中输入日期。
- 幻灯片编号：选中该复选框，可以对幻灯片进行编号，当删除或增加幻灯片时，编号会自动更新。
- 页脚：选中该复选框，可以添加在一张幻灯片的页眉中显示的文本信息。

步骤05 单击“全部应用”按钮，即可插入页眉和页脚，如图 3-67 所示。

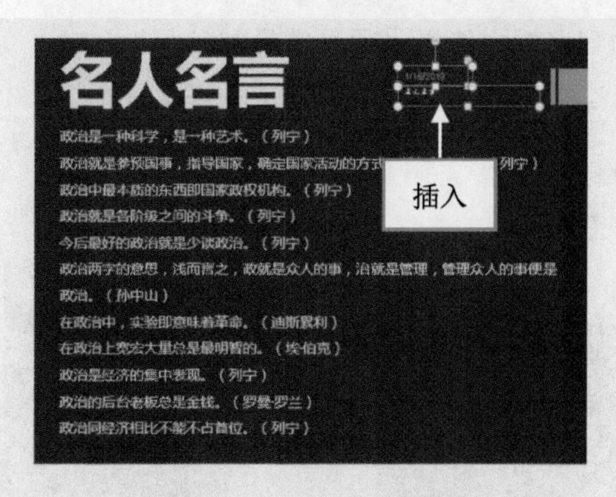

图 3-67 插入页眉和页脚

提示：在“页眉和页脚”对话框中，单击“应用”按钮，则将设置应用到当前幻灯片。

3.3 制作课件项目符号和编号

在编辑文本时，为了表明文本的结构层次，用户可以为文本添加适当的项目符号和编号来表明文本的顺序，项目符号是以段落为单位的。

3.3.1 实战——为小画家课件添加常用项目符号

项目符号用于强调一些特别重要的观点或条目，它可以使主题更加美观、突出、有条理。项目编号能使主题层次更加分明、有条理。

步骤01 单击“文件”|“打开”命令，打开一个素材文件，如图3-68所示。

步骤02 在编辑区中选择需要设置项目符号的文本，如图3-69所示。

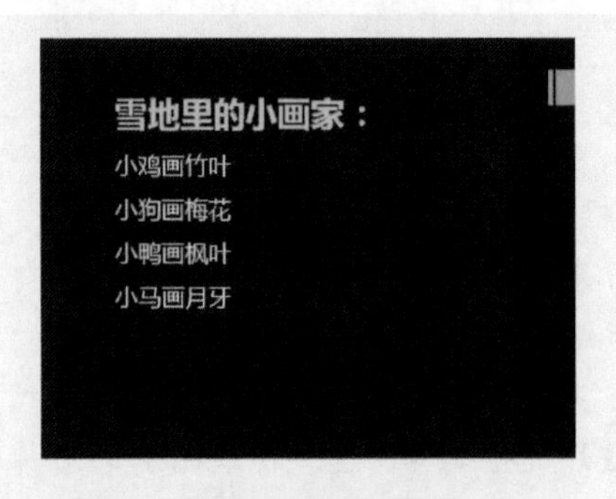

图3-68 素材文件

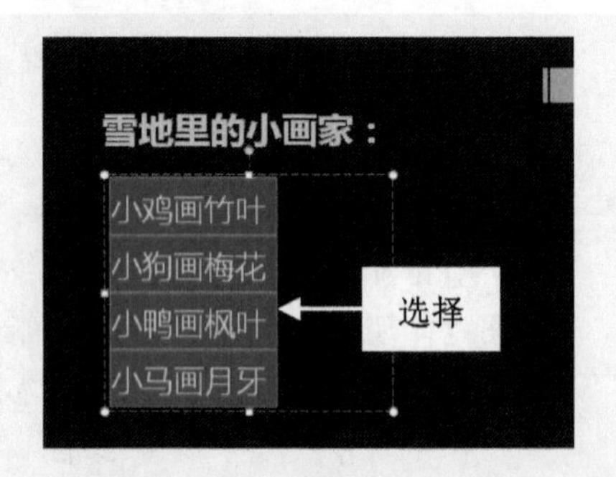

图3-69 选择需要的文本

步骤03 在“开始”面板中的“段落”选项板中，单击“项目符号”下拉按钮，如图3-70所示。

步骤04 在弹出的列表框中选择“项目符号和编号”选项，如图3-71所示。

图3-70 单击“项目符号”下拉按钮

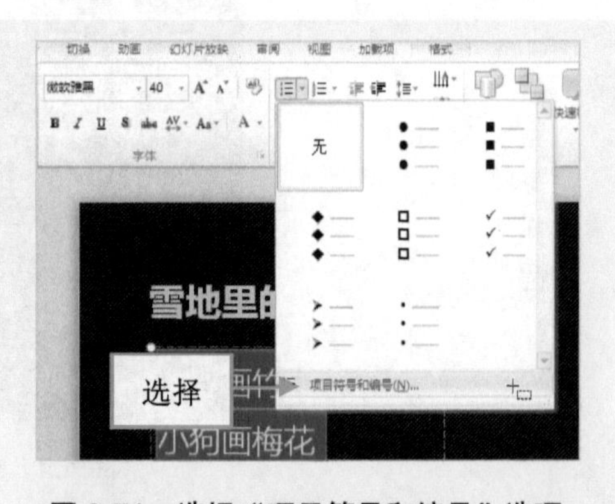

图3-71 选择“项目符号和编号”选项

步骤05 弹出“项目符号和编号”对话框，在“项目符号”选项卡中选择“带填充效果的钻石形项目符号”选项，如图3-72所示。

步骤06 单击“颜色”右侧的下拉按钮，在弹出的列表框中的“标准色”选项区中选择“黄色”选项，如图3-73所示。

步骤07 执行操作后，单击“确定”按钮，即可添加项目符号，如图3-74所示。

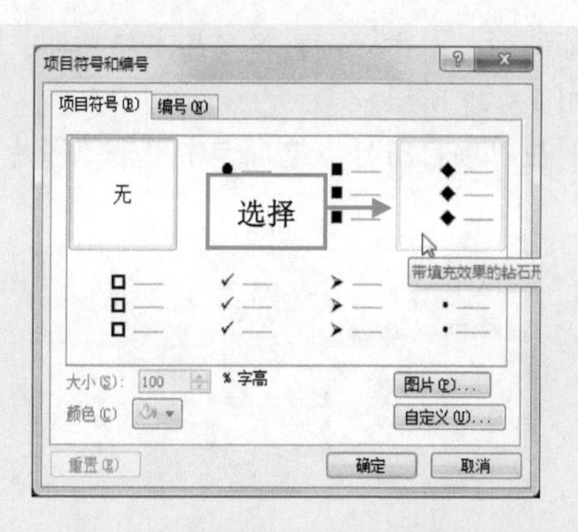

图 3-72 选择“带填充效果的钻石形项目符号”选项

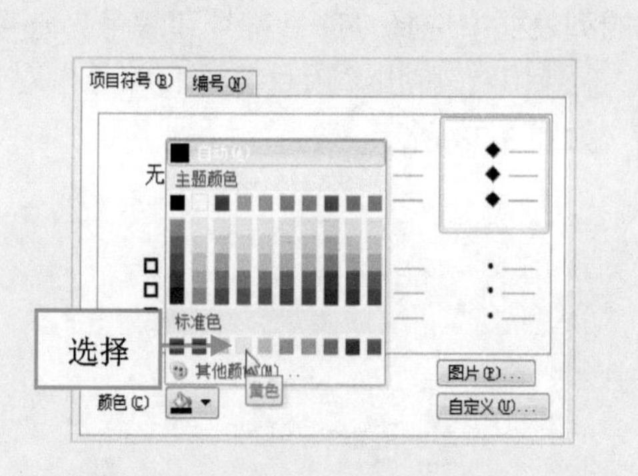

图 3-73 选择“黄色”选项

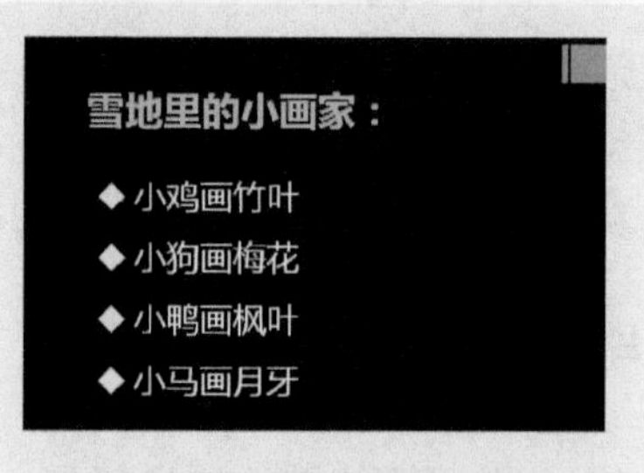

图 3-74 添加项目符号效果

3.3.2 实战——为立体图形课件添加图片项目符号

在“项目符号和编号”对话框中，可供选择的项目符号类有 7 种。PowerPoint 2010 还允许将图片设置为项目符号，这样项目符号的样式将丰富多彩。

步骤01 单击“文件”|“打开”命令，打开一个素材文件，如图 3-75 所示。

步骤02 在编辑区中选择需要设置图片项目符号的文本，如图 3-76 所示。

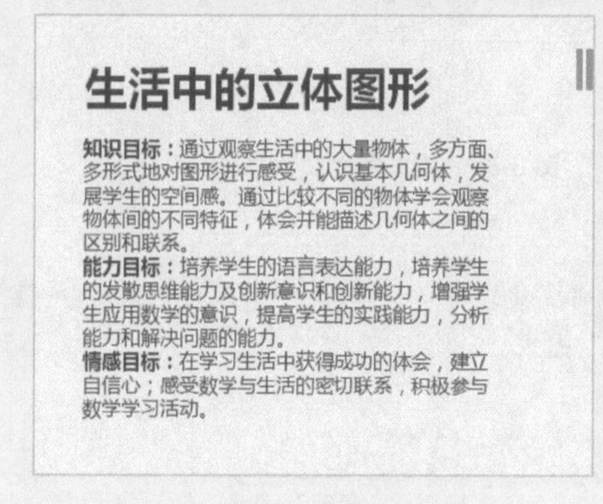

图 3-75 素材文件

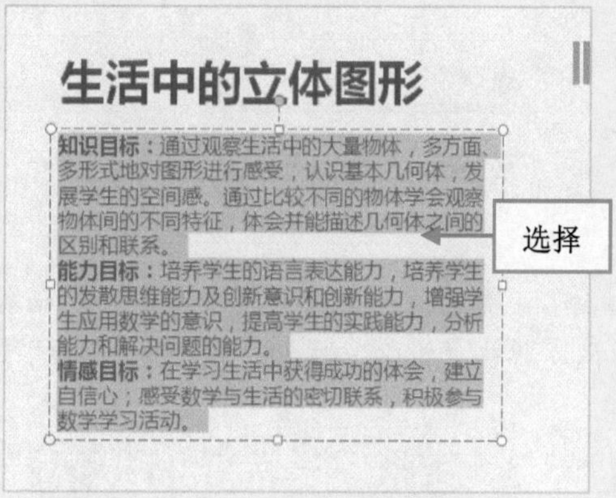

图 3-76 选择需要的文本

步骤03 在“开始”面板中的“段落”选项板中，单击“项目符号”下拉按钮，在弹出的列表框中选择“项目符号和编号”选项。如图 3-77 所示。

步骤04 弹出“项目符号和编号”对话框，在“项目符号”选项卡中单击“图片”按钮，如图 3-78 所示。

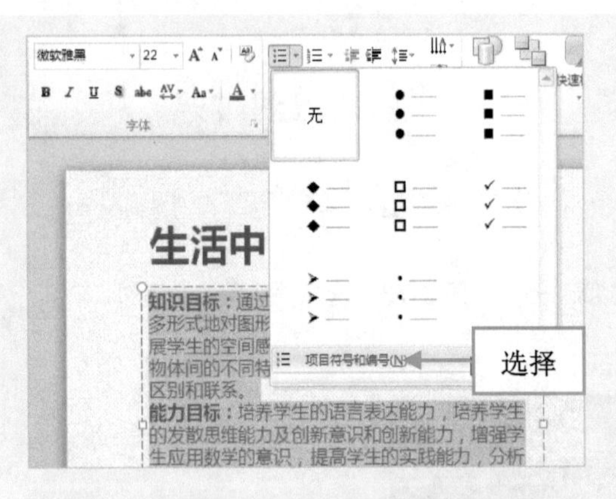

图 3-77 选择“项目符号和编号”选项

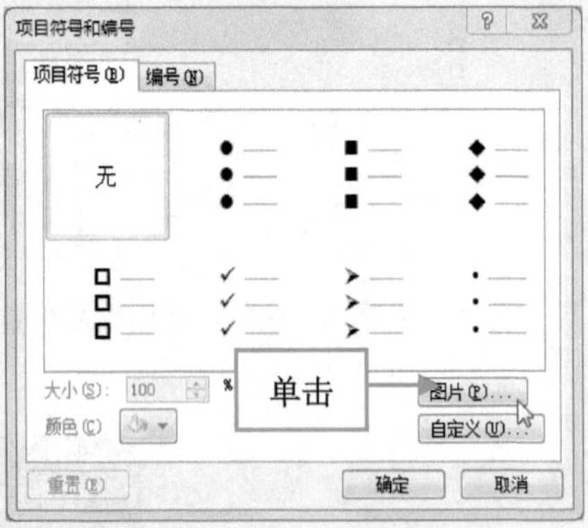

图 3-78 单击“图片”按钮

步骤05 弹出“图片项目符号”对话框，在中间的下拉列表框中选择相应选项，如图 3-79 所示。

步骤06 单击“确定”按钮，即可添加图片项目符号，如图 3-80 所示。

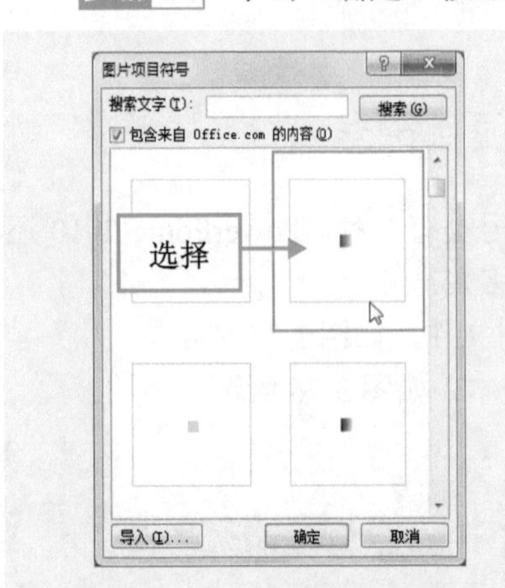

图 3-79 选择相应选项

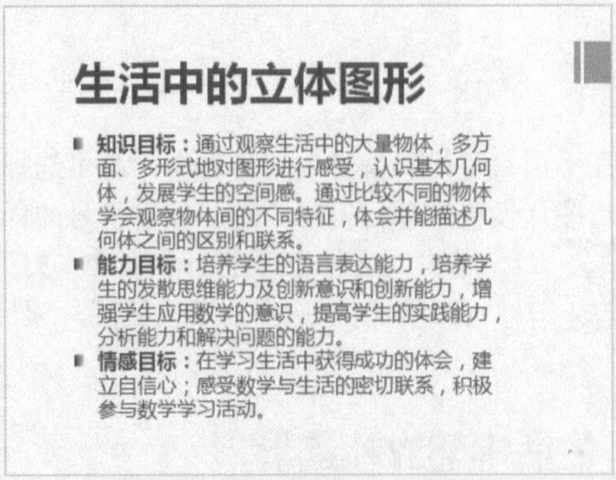

图 3-80 添加图片项目符号

提示：在“图片项目符号”对话框中的“搜索文字”文本框中输入要搜索的关键词，单击“搜索”按钮，符合条件的结果将显示出来。

3.3.3 实战——为教学思路课件自定义项目符号

自定义项目符号对话框中包含了 Office 所有可插入的字符，用户可以在符号列表中选择需要的符号，而“近期使用过的符号”列表中列出最近在演示文稿中插入过的字符，以方便用户查找。

步骤01 单击“文件”|“打开”命令，打开一个素材文件，如图3-81所示。

步骤02 在编辑区中选择需要设置项目符号的文本，如图3-82所示。

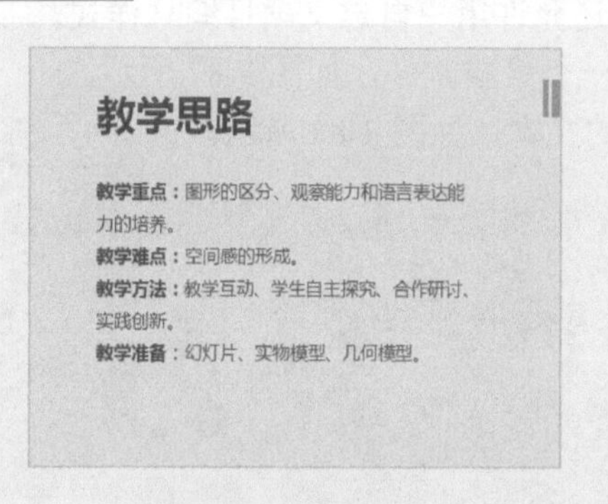

图3-81 素材文件

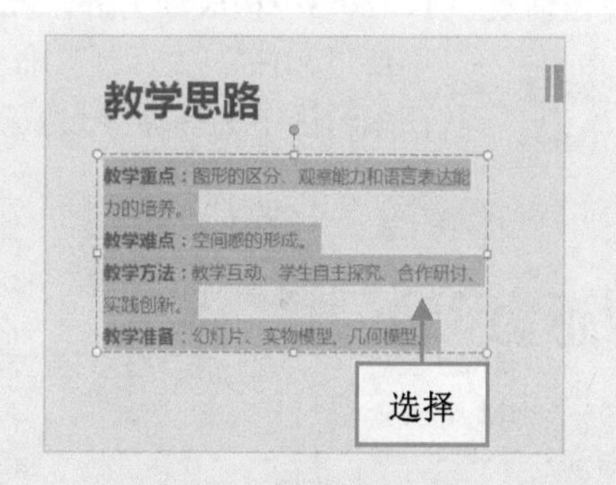

图3-82 选择需要的文本

步骤03 在“项目符号”列表框中选择“项目符号和编号”选项，弹出“项目符号和编号”对话框，单击“自定义”按钮，如图3-83所示。

步骤04 弹出“符号”对话框，单击“子集”下拉按钮，在弹出的列表框中选择“其他符号”选项，如图3-84所示。

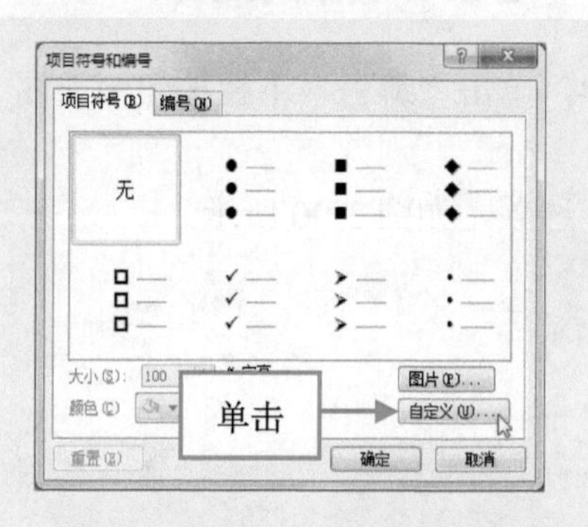

图3-83 单击“自定义”按钮

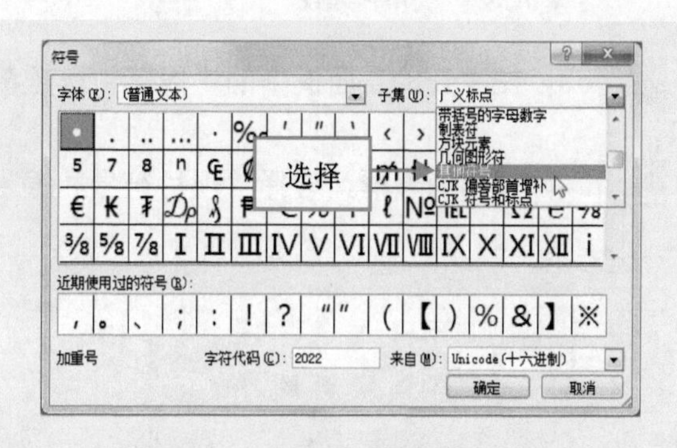

图3-84 选择“其他符号”选项

步骤05 在中间的下拉列表框中选择相应选项，如图3-85所示。

步骤06 依次单击“确定”按钮，即可添加自定义项目符号，如图3-86所示。

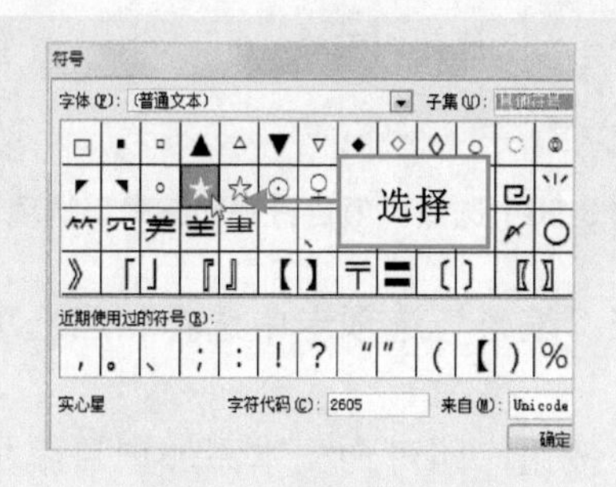

图3-85 选择相应选项

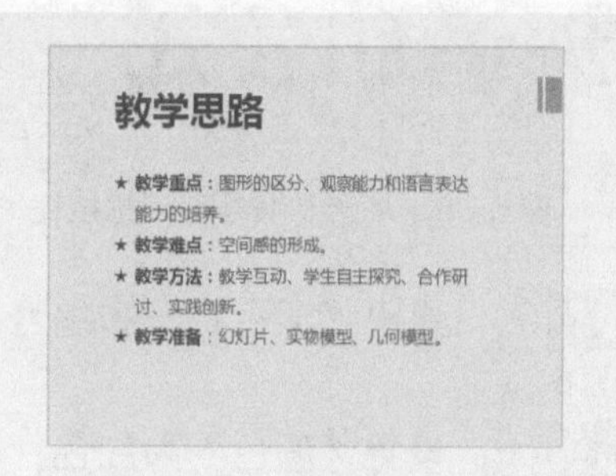

图3-86 自定义项目符号

3.3.4 实战——为物理运动公式课件添加项目编号

在 PowerPoint 2010 中，可以为不同级别的段落设置编号，在默认情况下，项目编号是由阿拉伯数字 1、2、3…构成。另外，PowerPoint 还允许用户自定义项目编号样式。

步骤01 单击“文件”|“打开”命令，打开一个素材文件，如图 3-87 所示。

步骤02 在编辑区中选择需要设置项目编号的文本，如图 3-88 所示。

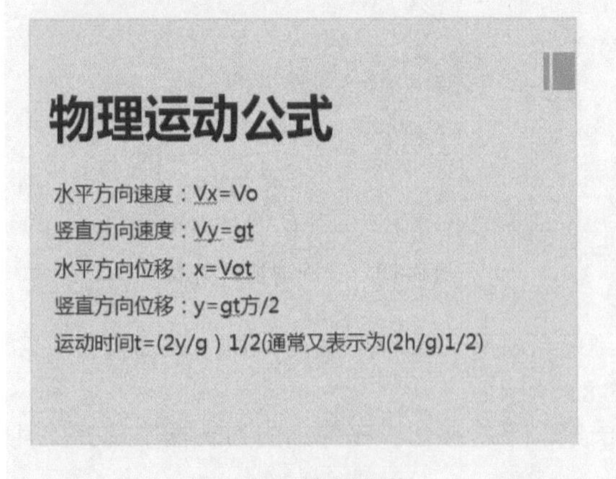

图 3-87　素材文件

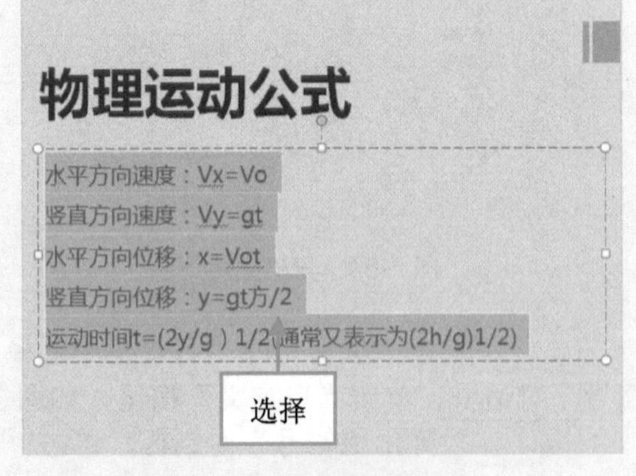

图 3-88　选择需要的文本

步骤03 在“开始”面板中的“段落”选项板中，单击“编号”下拉按钮，如图 3-89 所示。

步骤04 弹出列表框，选择“项目符号和编号”选项，如图 3-90 所示。

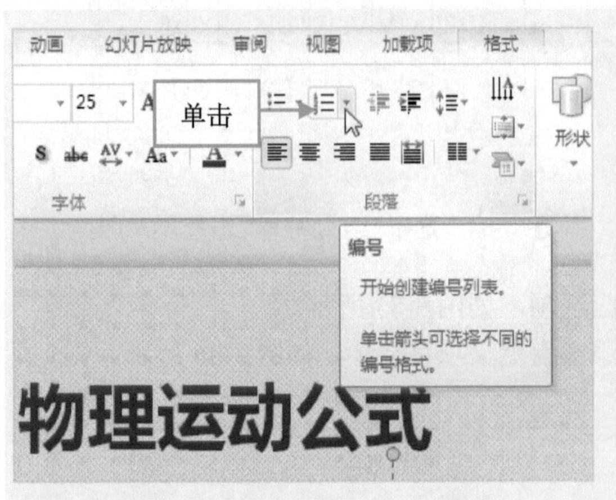

图 3-89　单击“编号”下拉按钮

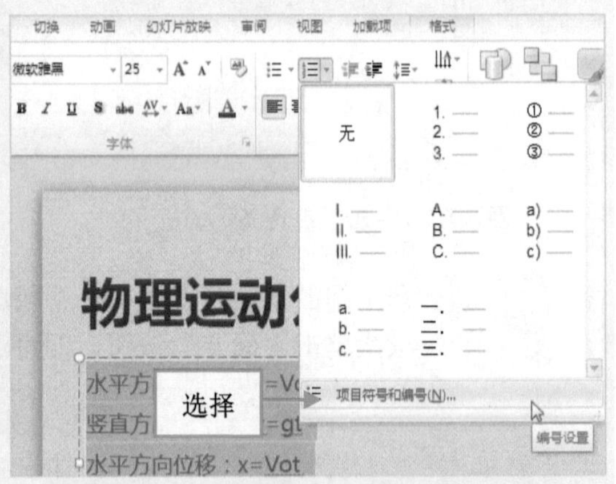

图 3-90　选择“项目符号和编号”选项

步骤05 弹出“项目符号和编号”对话框，在“编号”选项卡中选择相应选项，如图 3-91 所示。

步骤06 设置“颜色”为红色，单击“确定”按钮，即可为文本添加项目编号，如图 3-92 所示。

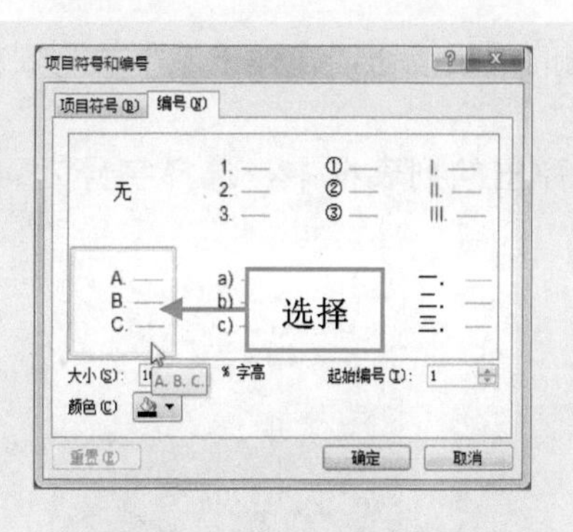

图 3-91 选择相应选项

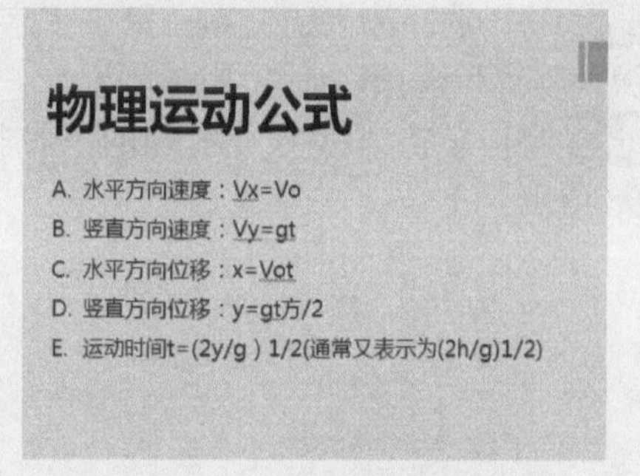

图 3-92 添加项目编号

3.4 综合练兵——制作想象说话课件

在 PowerPoint 中，可以根据需要制作想象说话课件。下面向读者介绍制作想象说话课件的操作方法。

步骤01 单击“文件”|“打开”命令，打开一个素材文件，如图 3-93 所示。

步骤02 切换至“插入”面板，在“文本”选项板中单击“文本框”下拉按钮，在弹出的列表框中选择“横排文本框”命令，如图 3-94 所示。

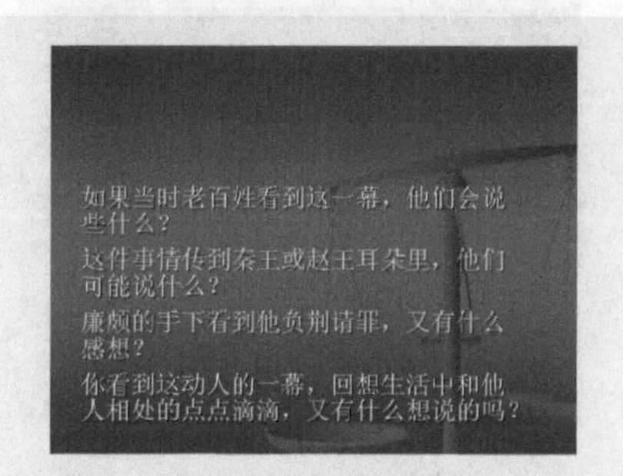

图 3-93 素材文件

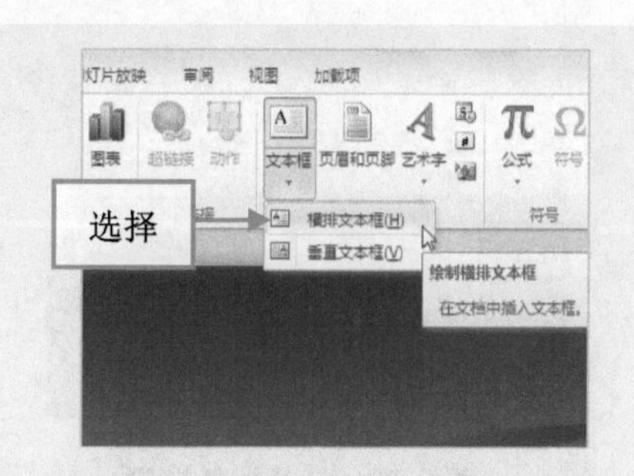

图 3-94 选择“横排文本框”命令

步骤03 在编辑区中的合适位置，单击鼠标左键并拖曳，绘制文本框，如图 3-95 所示。

步骤04 在文本框中，输入文本“根据将相和的故事想象说话”，如图 3-96 所示。

图 3-95 绘制文本框

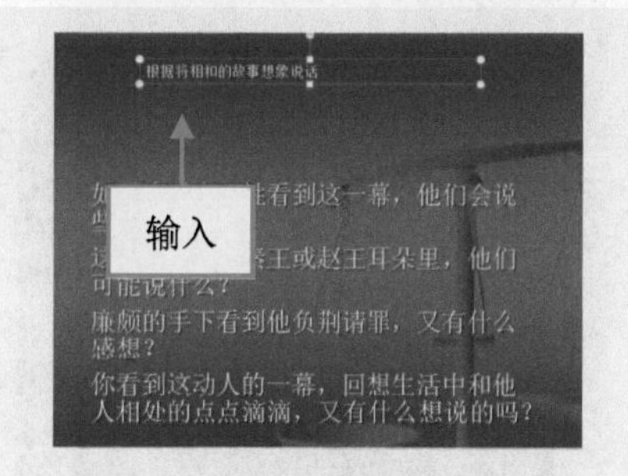

图 3-96 输入文本

步骤05 选择输入的文本，单击“字体”右侧的下拉按钮，在弹出的下拉列表框中选择“微软雅黑”选项，如图 3-97 所示。

步骤06 单击“字号”右侧的下拉按钮，在弹出的列表框中，选择字号为 48，如图 3-98 所示。

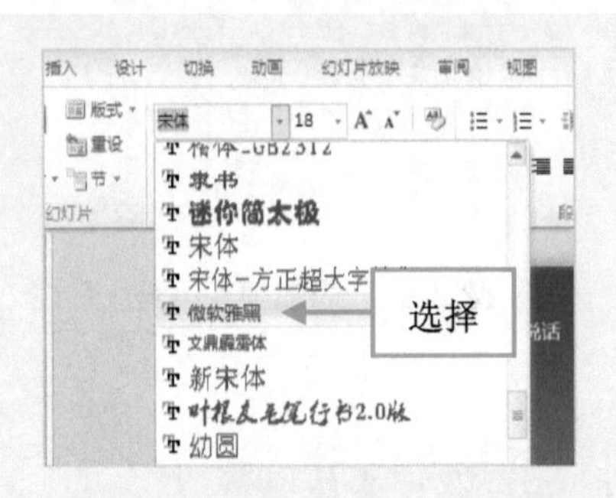

图 3-97 选择“微软雅黑”选项

图 3-98 选择字号为 48

步骤07 单击“加粗”和“文字阴影”按钮，然后单击“字体颜色”下拉按钮，在弹出的列表框中选择“橙色”选项，如图 3-99 所示。

步骤08 在“段落”选项板中，单击“居中”按钮，得到最终文字效果，如图 3-100 所示。

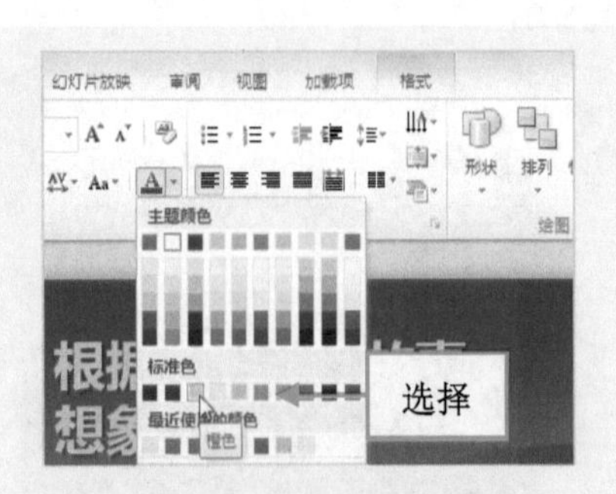

图 3-99 选择橙色选项

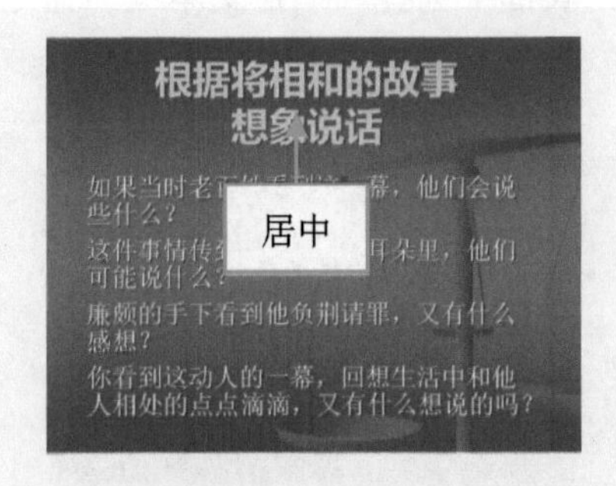

图 3-100 居中效果

步骤09 在编辑区中，选择相应的文本内容，如图 3-101 所示。

步骤10 单击“段落”选项板中的“项目符号”下拉按钮，在弹出的列表框中选择“项目符号和编号”选项，如图 3-102 所示。

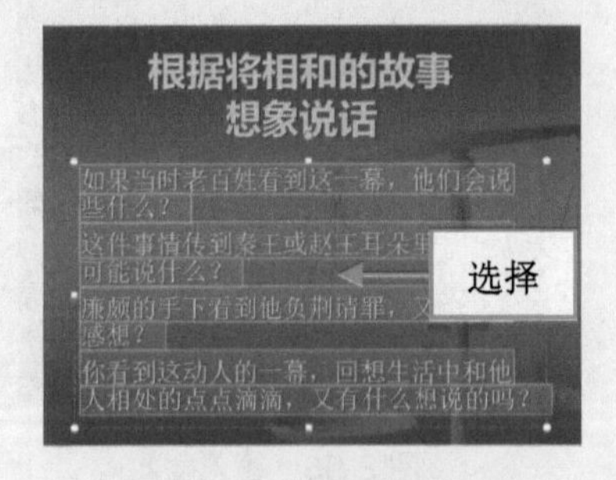

图 3-101 选择相应文本内容

图 3-102 选择“项目符号和编号”选项

步骤11 弹出“项目符号和编号”对话框，在“项目符号”选项卡中选择“箭头项目符号”选项，如图3-103所示。

步骤12 单击“颜色”右侧的下拉按钮，在弹出的列表框中的“标准色”选项区中选择“褐色，背景2，深色25%”选项，如图3-104所示。

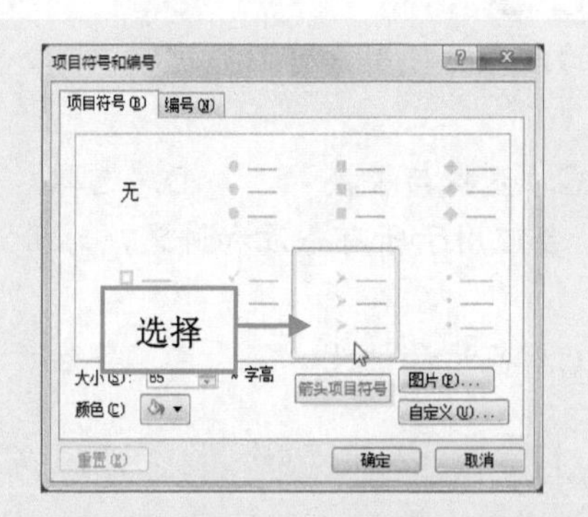

图3-103 选择“箭头项目符号”选项

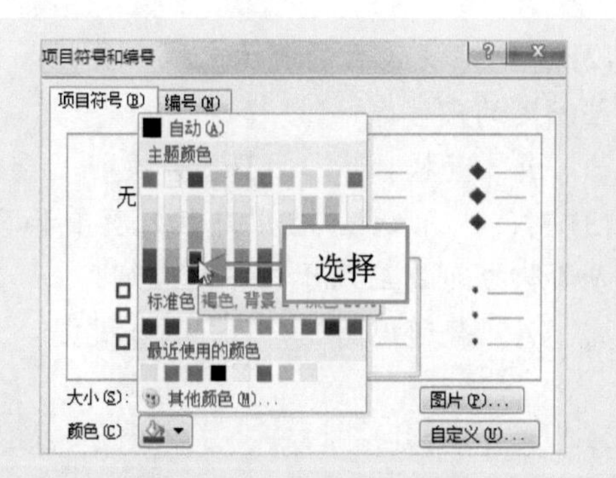

图3-104 选择“褐色，背景2，深色25%”选项

步骤13 单击“确定”按钮，即可为文本设置项目符号，完成想象说话课件的制作，效果如图3-105所示。

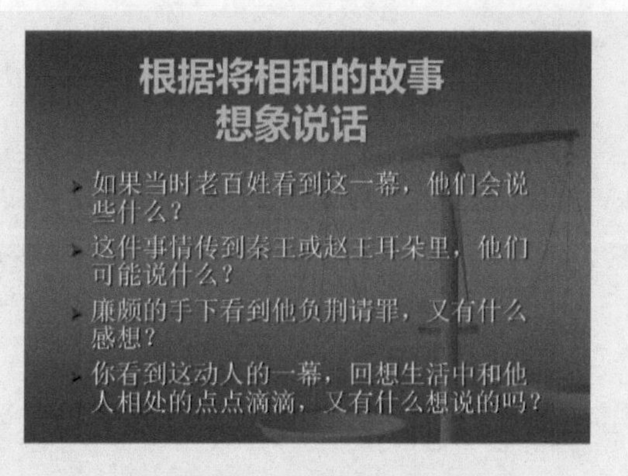

图3-105 想象说话课件效果

3.5 本章习题

本章重点介绍了文本课件的基本操作，本节将通过填空题、选择题以及上机练习题，对本章的知识点进行回顾。

3.5.1 填空题

(1) 占位符是一种带有虚线边框的方框，包含________和________等内容。

(2) 在PowerPoint 2010中，默认的字体颜色为________。

(3) 在编辑文本之前，先要选取文本，选取文本的方法有________种。

3.5.2 选择题

(1) 删除文本的方法有(　　)种。

A. 4　　B. 3　　C. 2　　D. 1

(2) 当需要在较长的演示文稿中查找某一特定的内容时，用户可以通过(　　)命令来找出某些特定的内容。

A. 查找　　B. 替换　　C. 查找与替换　　D. 选取

(3) 对(　　)来说，当用户插入页眉和页脚时，会应用于所有备注和讲义，为讲义创建的页眉页脚也可以应用于打印的大纲。

A. 普通视图　　B. 浏览视图　　C. 备注和讲义　　D. 备注页视图

3.5.3 上机练习：英语课件实例——为 My Room 课件添加项目符号

打开“光盘\素材\第 3 章”文件夹下的 My Room.pptx，如图 3-106 所示，尝试对 My Room 课件添加项目符号，效果如图 3-107 所示。

图 3-106　素材文件

图 3-107　My Room 课件效果

第 4 章

精彩放送：为课件制作幻灯片效果

在 PowerPoint 2010 中，幻灯片的基本操作主要包括插入幻灯片和编辑幻灯片，在对幻灯片的操作过程中，用户还可以修改幻灯片的版式。本章主要介绍新建课件中的幻灯片、编辑课件中的幻灯片、设置课件幻灯片中的段落文本以及制作课件幻灯片中的文本框等内容。

本章重点：

- 新建课件中的幻灯片
- 编辑课件中的幻灯片
- 设置课件幻灯片中的段落文本
- 制作课件幻灯片中的文本框
- 综合练兵——制作北方民族的汇聚课件

4.1 新建课件中的幻灯片

演示文稿是由一张张幻灯片组成的，它的数量是不固定的，用户可以根据需要增加或减少幻灯片的数量。如果创建的是空白演示文稿，则用户只能看到一张幻灯片，其他幻灯片都需要自行添加，在 PowerPoint 2010 中，用户可以运用选项、命令和快捷键等方式新建幻灯片。

4.1.1 实战——通过选项新建优良业绩幻灯片

在 PowerPoint 2010 中制作课件时，如原有幻灯片的页数不能满足制作的需要，用户可以通过新建幻灯片来实现。下面介绍通过选项新建优良业绩幻灯片的操作方法。

步骤 01 单击“文件”|“打开”命令，打开一个素材文件，如图 4-1 所示。

步骤 02 在“开始”面板中的“幻灯片”选项板中，单击“新建幻灯片”下拉按钮，如图 4-2 所示。

图 4-1 素材文件

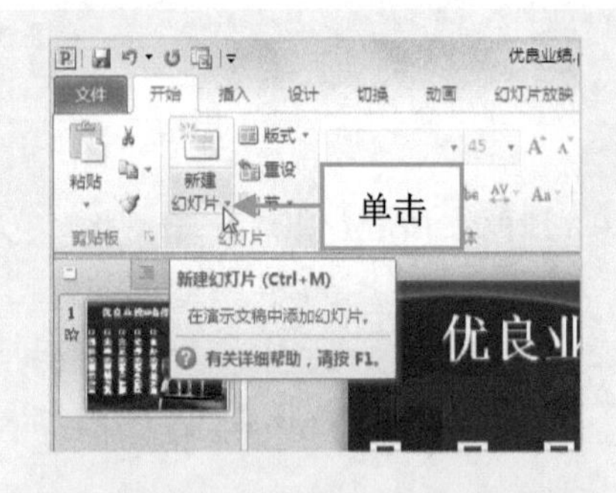

图 4-2 单击“新建幻灯片”下拉按钮

步骤 03 在弹出的列表框中选择“标题和内容”选项，如图 4-3 所示。

步骤 04 执行操作后，即可通过选项新建幻灯片，如图 4-4 所示。

图 4-3 选择“标题和内容”选项

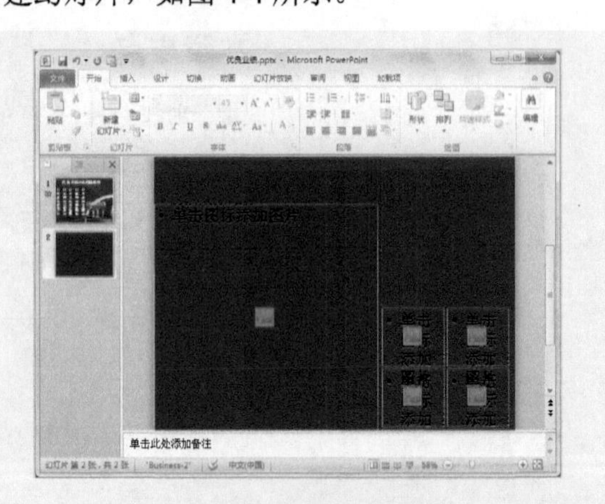

图 4-4 新建幻灯片

注意：在弹出的“新建幻灯片”列表框中还包括“标题幻灯片”、“节标题”、“两栏内容”、“比较”、“仅标题”、“空白”、“内容与标题”、“图片与标题”、“标题和竖排文字”和“垂直排列标题与文本”等多种幻灯片样式。

4.1.2 实战——通过命令新建商务礼仪幻灯片

在 PowerPoint 2010 中，用户不仅可以通过选项新建幻灯片，还可以通过在幻灯片浏览视图中，运用命令新建幻灯片。

步骤01 单击“文件”|“打开”命令，打开一个素材文件，如图 4-5 所示。

步骤02 切换至“视图”面板，在“演示文稿视图”选项板中单击“幻灯片浏览”按钮，如图 4-6 所示。

图 4-5 素材文件

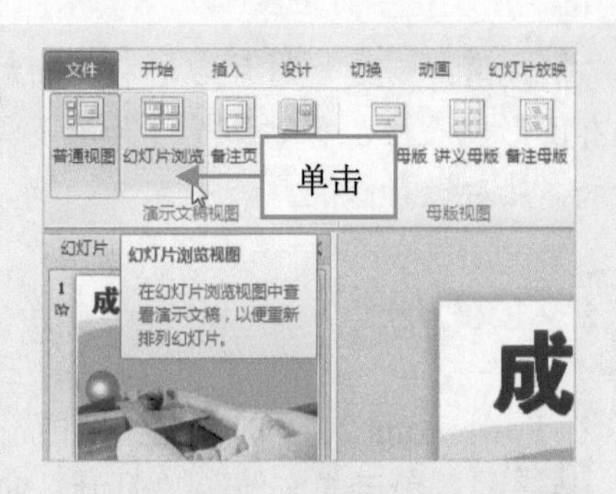

图 4-6 单击“幻灯片浏览”按钮

步骤03 执行操作后，即可切换到幻灯片浏览视图，如图 4-7 所示。

步骤04 在幻灯片中单击鼠标右键，在弹出的快捷菜单中选择“新建幻灯片”命令，效果如图 4-8 所示。

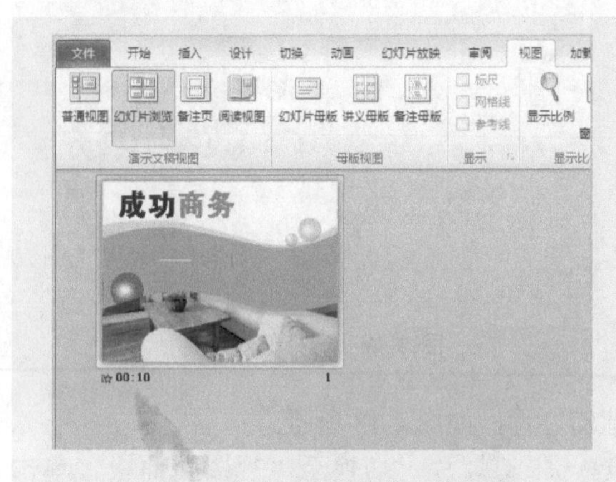

图 4-7 切换到幻灯片浏览视图

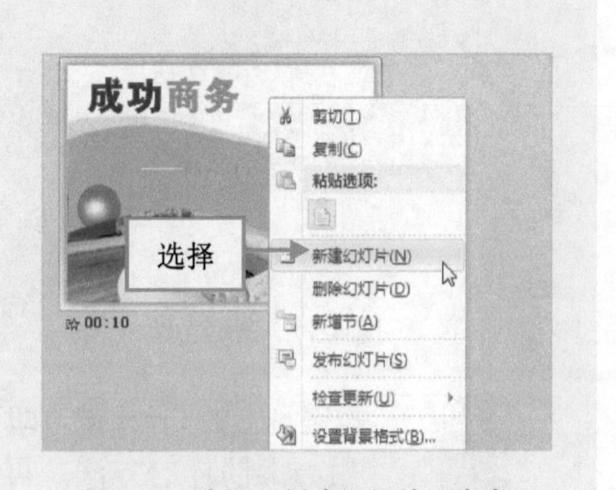

图 4-8 选择“新建幻灯片”命令

步骤05 执行操作后，即可通过命令新建幻灯片，如图 4-9 所示。

步骤06　用与上同样的方法，再次新建幻灯片，效果如图 4-10 所示。

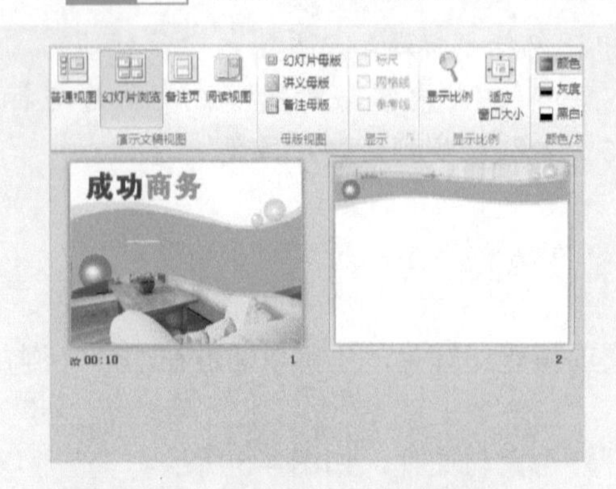

图 4-9　切换到幻灯片浏览视图

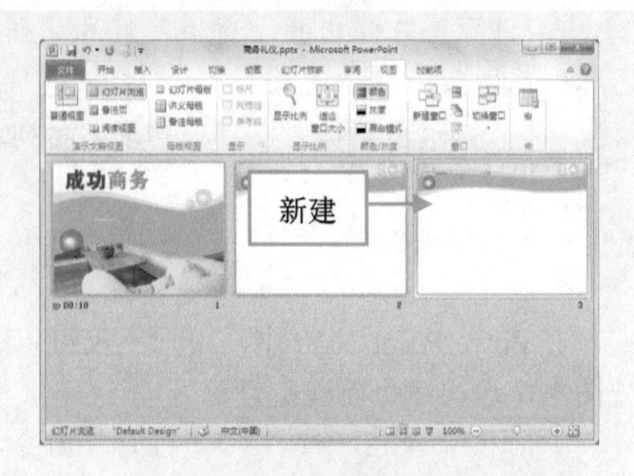

图 4-10　再次新建幻灯片

注意：新建幻灯片后，有的幻灯片只包含标题，有的包含标题和内容，其中也可能有图形、表格、剪贴画等，如果不满意软件提供的版式，用户还可以选择一个相近的版式，然后进行修改。

4.1.3　实战——通过快捷键新建教学过程幻灯片

在 PowerPoint 2010 的普通视图中，可以运用键盘上的 Enter 键，快速新建幻灯片。

步骤01　单击“文件”|“打开”命令，打开一个素材文件，如图 4-11 所示。

步骤02　在“幻灯片”窗格中，选择一张幻灯片，如图 4-12 所示。

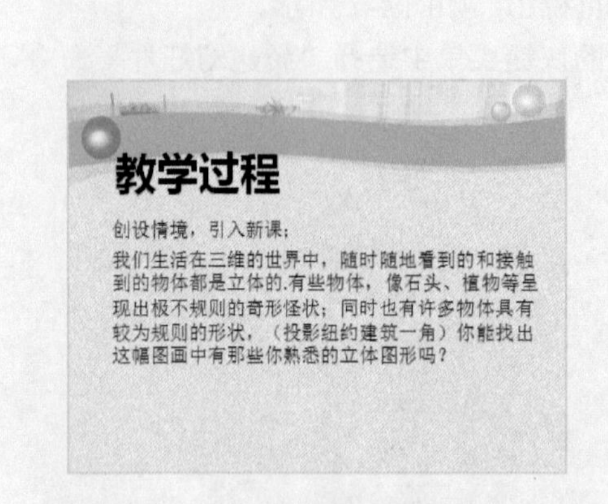

图 4-11　素材文件

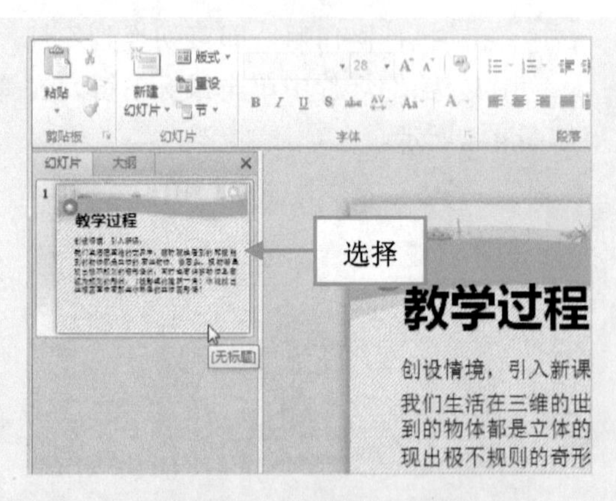

图 4-12　选择幻灯片

步骤03　按键盘上的 Enter 键，即可新建幻灯片，如图 4-13 所示。

步骤04　用与上同样的方法，再次新建一张幻灯片，切换至“视图”面板，单击“演示文稿视图”选项板中的“幻灯片浏览”按钮，预览新建的幻灯片，效果如图 4-14 所示。

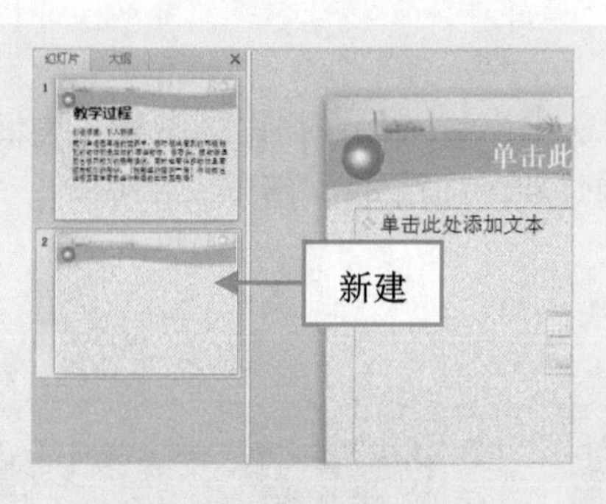

图 4-13 新建幻灯片

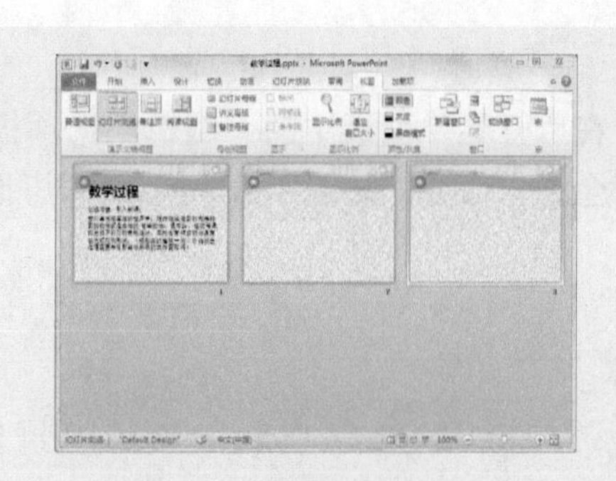

图 4-14 预览新建的幻灯片

技巧：用户可以在普通视图的“幻灯片”窗格中，选择任意一张幻灯片，然后按 Ctrl + M 组合键，新建幻灯片。

4.2 编辑课件中的幻灯片

在 PowerPoint 2010 中，可以对幻灯片进行编辑操作，主要包括选择幻灯片、移动幻灯片、复制幻灯片和删除幻灯片等，在对幻灯片的操作过程中，最为方便的视图模式是幻灯片浏览视图，对于小范围或少量的幻灯片操作，也可以在转换视图模式下进行操作。

4.2.1 选择幻灯片

在 PowerPoint 2010 中，用户可以自行选择一张或多张幻灯片，然后对选中的幻灯片进行编辑，选择幻灯片一般是在普通视图和幻灯片浏览视图下进行操作的，以下是幻灯片的 4 种选择方法。

1. 选择一张幻灯片

只需单击需要的幻灯片，即可选中该张幻灯片，如图 4-15 所示。

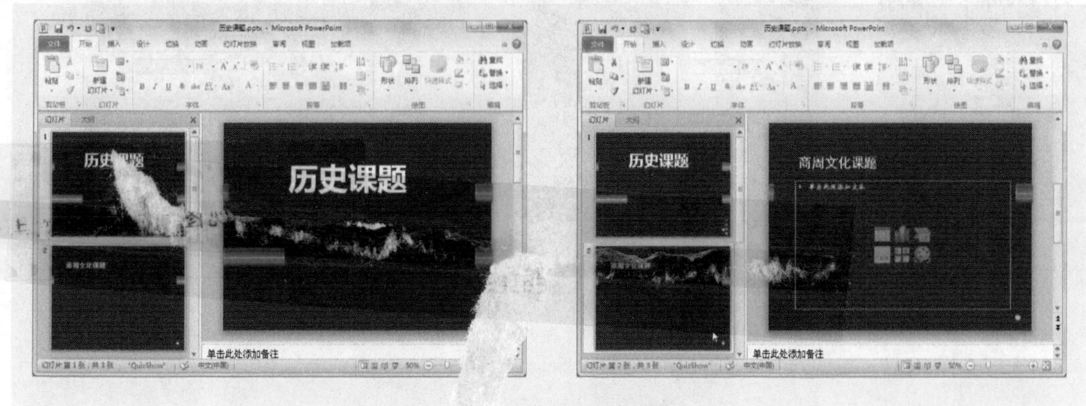

图 4-15 选择一张幻灯片

2. 选择所有幻灯片

在“开始”面板中的“编辑”选项板中单击“选择”按钮，在弹出的下拉列表框中选择“全选”命令，如图 4-16 所示，即可选择所有幻灯片，如图 4-17 所示。

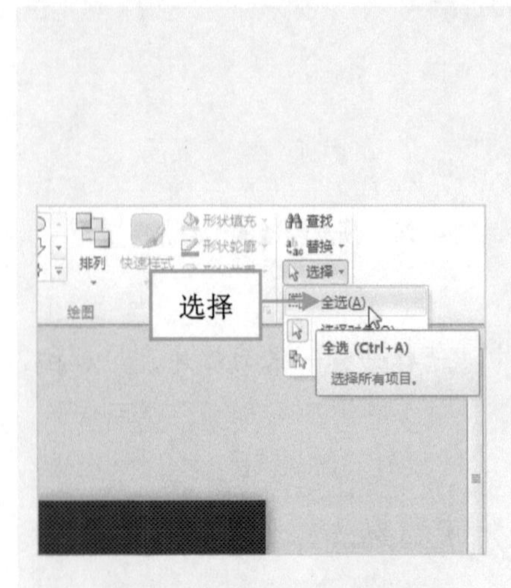

图 4-16　选择“全选”命令

图 4-17　选择所有幻灯片

3. 选择相连的幻灯片

选择“幻灯片”窗格中的第 1 张幻灯片，然后在按住 Shift 键的同时，单击第 3 张幻灯片，此时两张幻灯片之间相连的幻灯片都已经被选中，如图 4-18 所示。

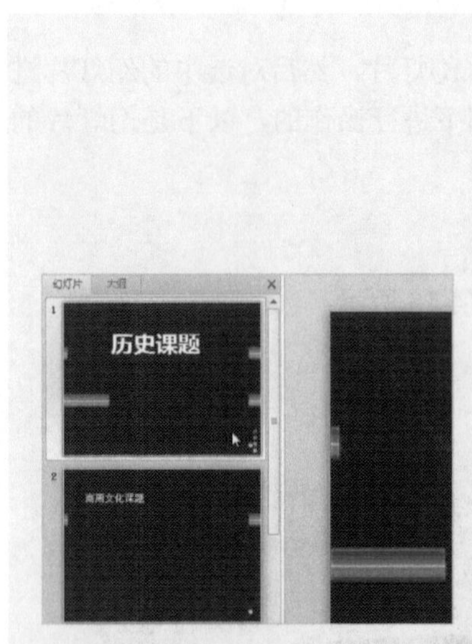

图 4-18　选择相连的幻灯片

4. 选择不相连的幻灯片

选择“幻灯片”窗格中的第 1 张幻灯片，如图 4-19 所示，按住 Ctrl 键的同时，单击第

3 张幻灯片，此时即可选中不相连的幻灯片，如图 4-20 所示。

图 4-19　选择第 1 张幻灯片

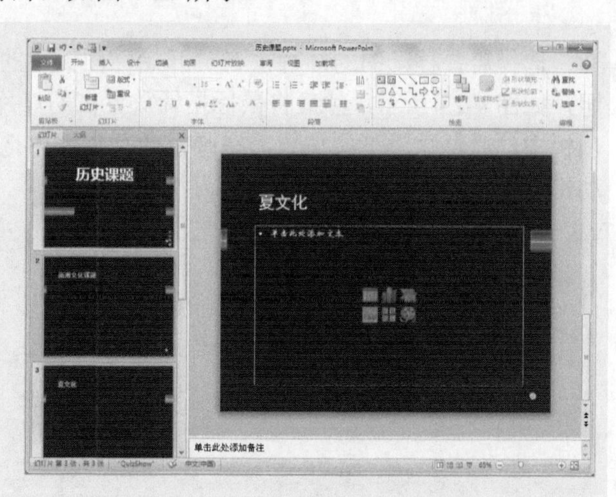

图 4-20　选择不相连的幻灯片

4.2.2 移动幻灯片

创建一个包含多张幻灯片的演示文稿后，用户可以根据需要移动幻灯片在演示文稿中的位置。在 PowerPoint 2010 中，移动幻灯片的方法主要有以下 3 种。

1. 快捷键

在打开的演示文稿中，按 Ctrl+X 快捷键剪切需要的幻灯片，按 Ctrl+V 快捷键将剪切的幻灯片粘贴至合适的位置，即可移动幻灯片。

2. 鼠标

选择需要移动的幻灯片，如图 4-21 所示，按住鼠标左键并拖曳，至合适位置后释放鼠标左键，即可移动幻灯片，如图 4-22 所示。

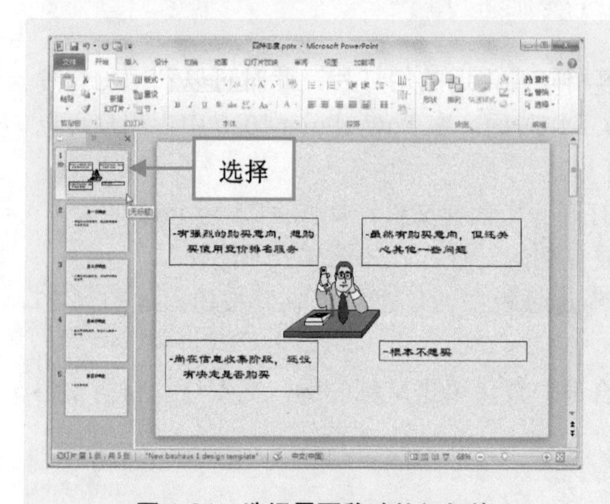

图 4-21　选择需要移动的幻灯片

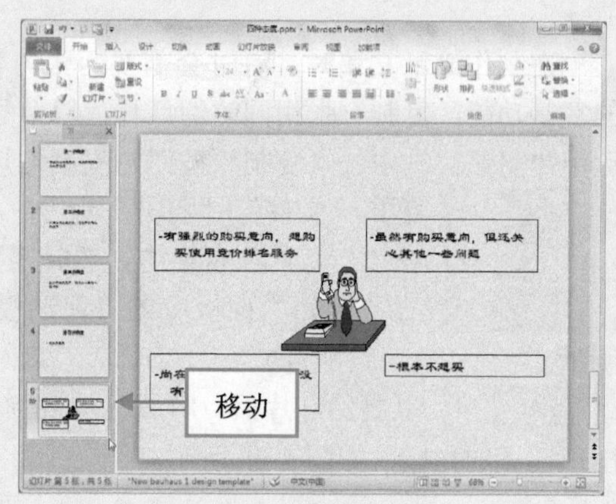

图 4-22　移动幻灯片

3. 按钮

选择需要移动的幻灯片，在“开始”面板中的“剪贴板”选项板中，单击“剪切”按钮，如图 4-23 所示，然后将鼠标指针放置在幻灯片移动后的目标位置，单击“剪贴板”选项板中的“粘贴”下拉按钮，在弹出的列表框中选择“粘贴”命令，执行操作后，即可移动幻灯片，如图 4-24 所示。

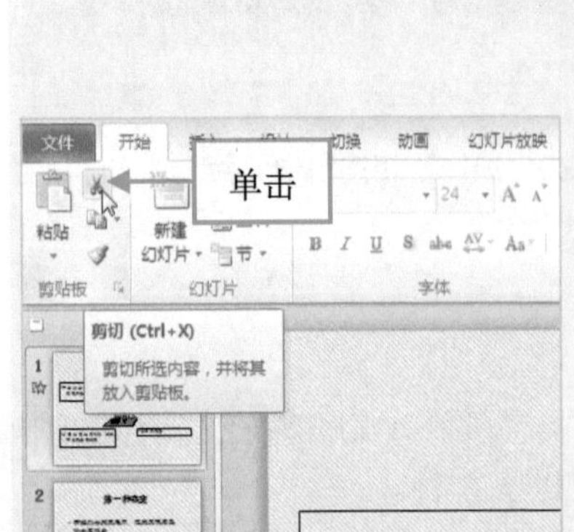

图 4-23　单击“剪切”按钮

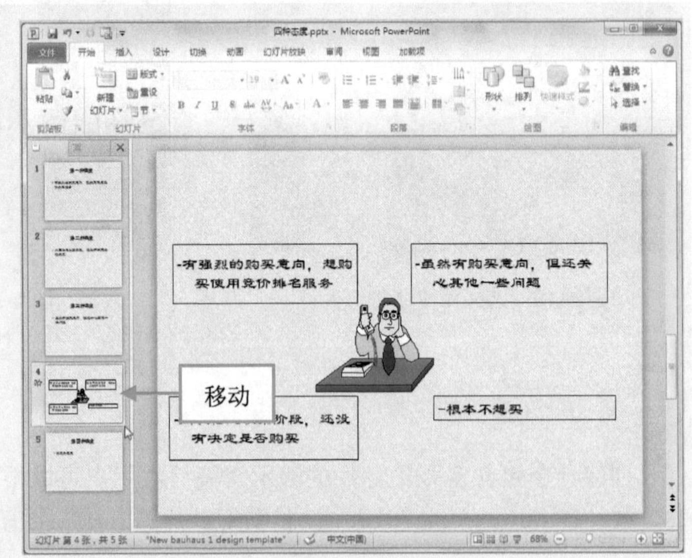

图 4-24　移动幻灯片

提示：移动幻灯片后，PowerPoint 将自动对所有幻灯片重新编号，所以在幻灯片的编号上看不出哪张幻灯片被移动了，只能通过内容来区别。

4.2.3 实战——运用按钮复制基因讲解幻灯片

在制作演示文稿时，有时会需要两张内容相同或相近的幻灯片，此时可以利用幻灯片的复制功能，复制一张相同的幻灯片，以节省工作时间，在 PowerPoint 2010 中，用户可以运用“剪贴板”中的“复制”按钮，复制幻灯片。

步骤 01　单击“文件”|“打开”命令，打开一个素材文件，如图 4-25 所示。

步骤 02　在“幻灯片”窗格中，选择需要复制的幻灯片，如图 4-26 所示。

步骤 03　在“开始”面板中的“剪贴板”选项板中，单击“复制”按钮，如图 4-27 所示。

步骤 04　复制幻灯片后，将鼠标放置到合适位置，单击鼠标左键，在幻灯片窗格中将出现闪烁的光标，如图 4-28 所示。

图 4-25 素材文件

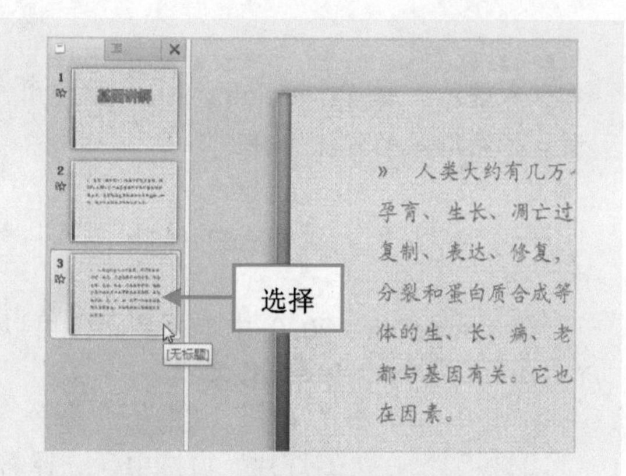

图 4-26 选择需要复制的幻灯片

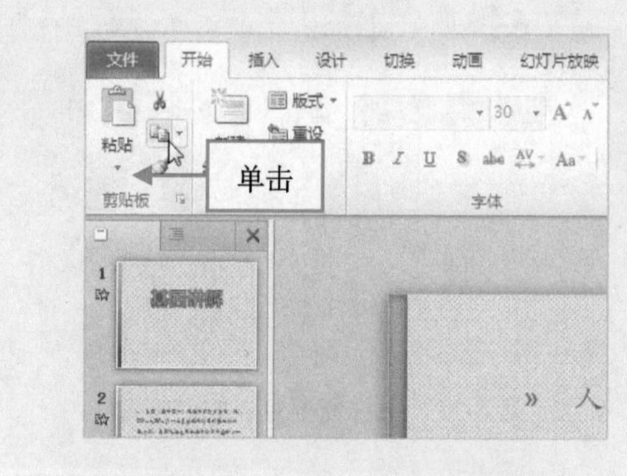

图 4-27 单击“复制”按钮

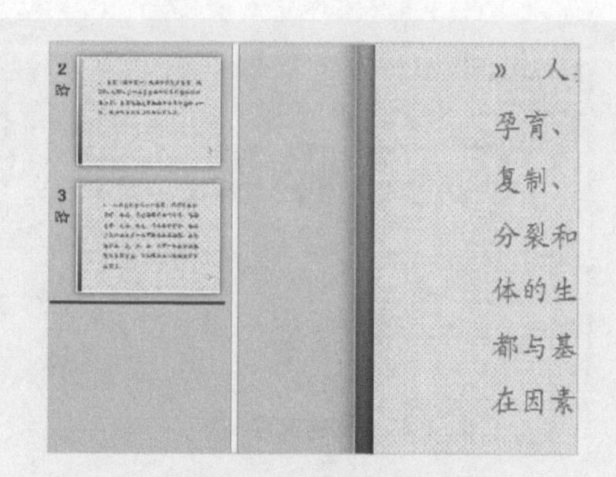

图 4-28 出现闪烁的光标

步骤05 单击“粘贴”下拉按钮，在弹出的列表框中选择“保留源格式”选项，如图 4-29 所示。

步骤06 执行操作后，即可运用按钮完成复制基因讲解幻灯片的操作，效果如图 4-30 所示。

图 4-29 选择“保留源格式”选项

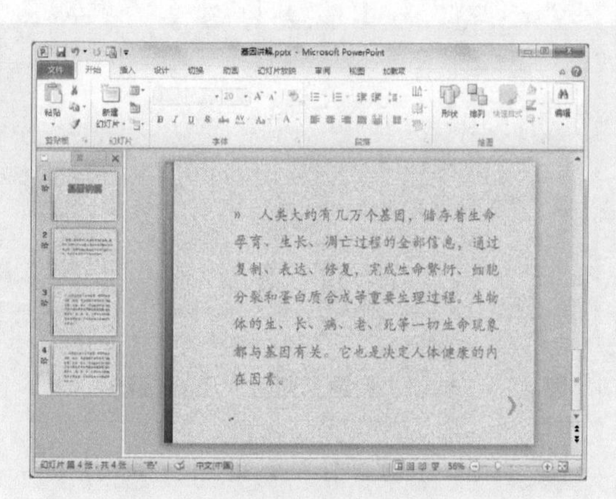

图 4-30 运用按钮复制幻灯片效果

提示：在 PowerPoint 2010 中，用户也可以选择多张幻灯片进行复制，方法同复制一张幻灯片的方法一样。

4.2.4 实战——运用选项复制星座讲解幻灯片

在 PowerPoint 2010 中，用户不但可以运用“剪贴板”中的“复制”按钮，复制幻灯片，还可以通过选项复制幻灯片。

步骤01 单击“文件”|“打开”命令，打开一个素材文件，如图 4-31 所示。

步骤02 在“幻灯片”窗格中，选择需要复制的幻灯片，如图 4-32 所示。

图 4-31 素材文件

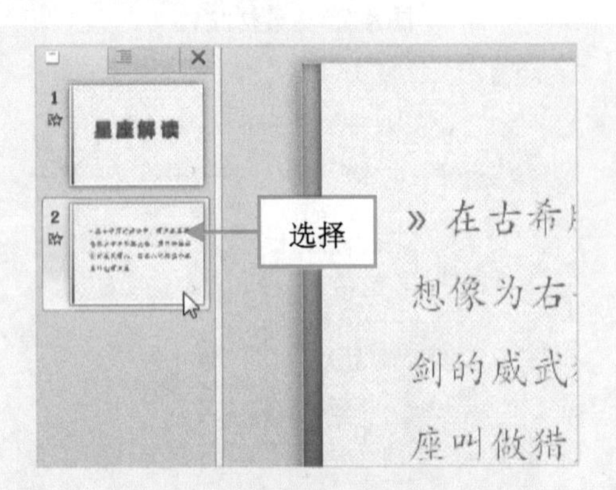

图 4-32 选择需要复制的幻灯片

步骤03 在“开始”面板中的“幻灯片”选项板中单击“新建幻灯片”下拉按钮，如图 4-33 所示。

步骤04 在弹出的列表框中选择“复制所选幻灯片”命令，如图 4-34 所示。

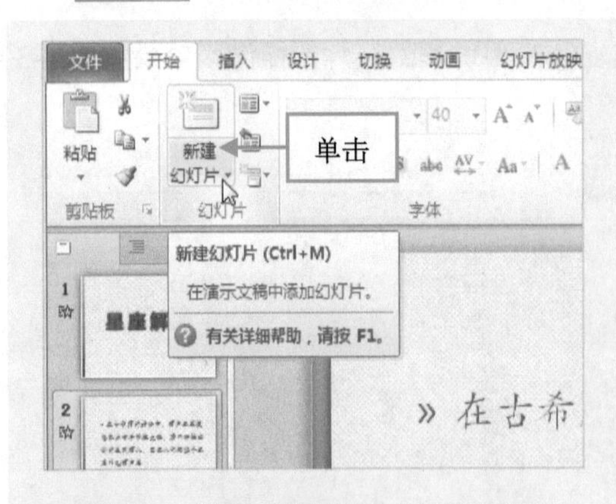

图 4-33 单击“新建幻灯片”下拉按钮

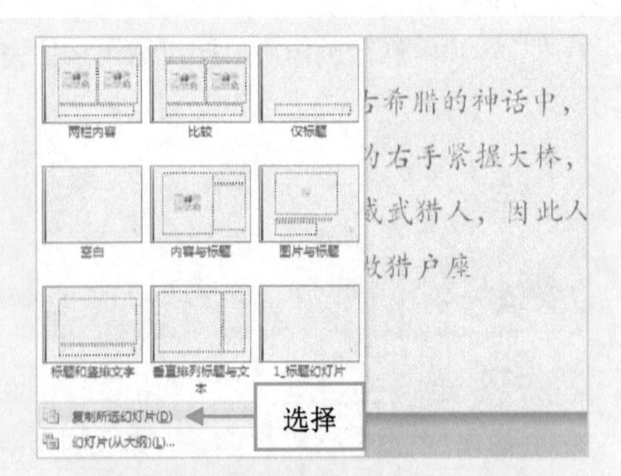

图 4-34 选择“复制所选幻灯片”命令

步骤05 执行操作后，即可复制幻灯片，效果如图 4-35 所示。

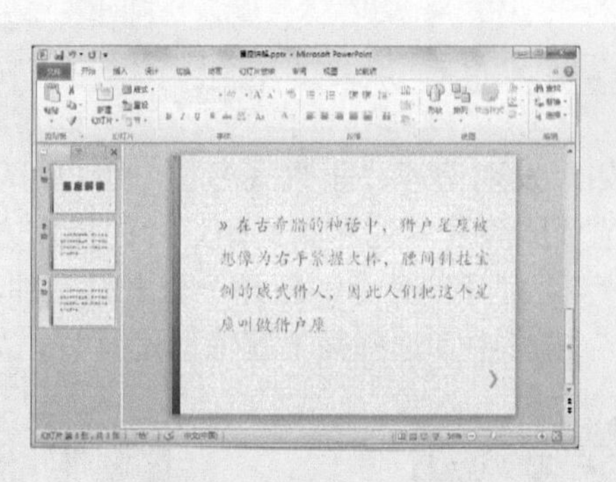

图 4-35 复制幻灯片

4.2.5 实战——运用快捷键复制诗歌鉴赏幻灯片

在 PowerPoint 2010 中，用户可以根据实际需要，运用快捷键复制幻灯片。

步骤01 单击“文件”|“打开”命令，打开一个素材文件，如图 4-36 所示。

步骤02 在“幻灯片”窗格中，选择需要复制的幻灯片，如图 4-37 所示。

图 4-36 素材文件

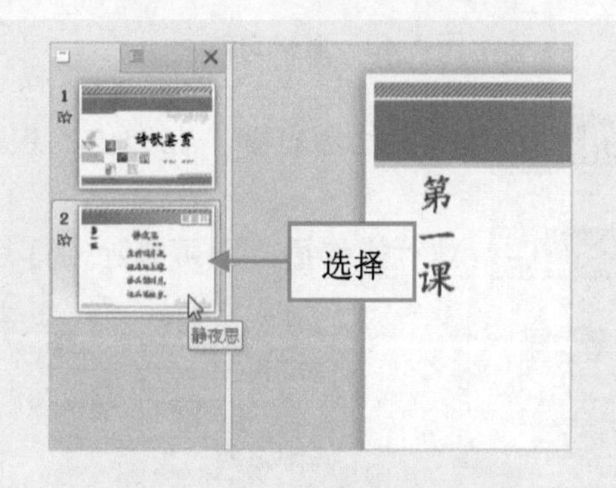

图 4-37 选择需要复制的幻灯片

步骤03 按 Ctrl+C 快捷键，复制所选幻灯片，将鼠标定位在需要复制幻灯片的目标位置，如图 4-38 所示。

步骤04 按 Ctrl+V 快捷键，即可将幻灯片复制到目标位置，效果如图 4-39 所示。

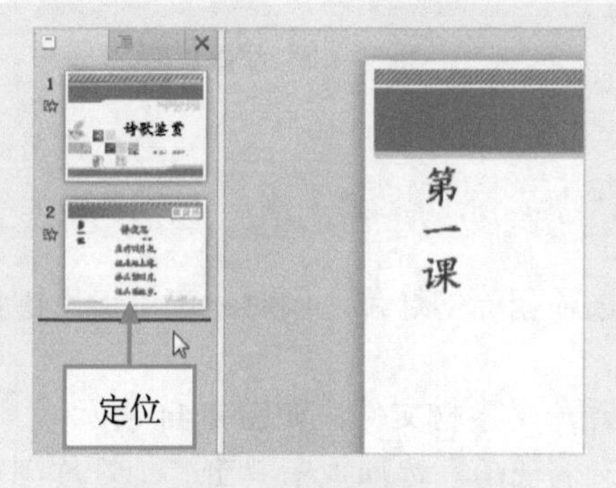

图 4-38 定位幻灯片位置

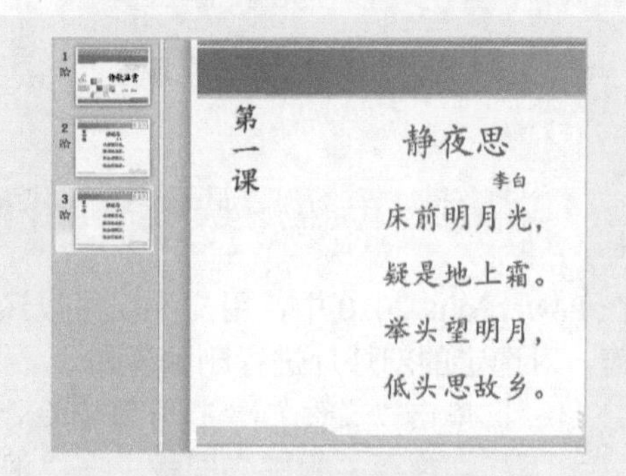

图 4-39 复制幻灯片

4.2.6 实战——运用选项删除形容词和副词幻灯片

在编辑完幻灯片后，如果发现幻灯片张数太多了，用户可以根据需要删除一些不必要的幻灯片。下面介绍运用选项删除形容词和副词幻灯片的操作方法。

步骤01 单击“文件”|“打开”命令，打开一个素材文件，如图 4-40 所示。

步骤02 在“幻灯片”窗格中，选择需要删除的幻灯片，如图 4-41 所示。

图 4-40　素材文件

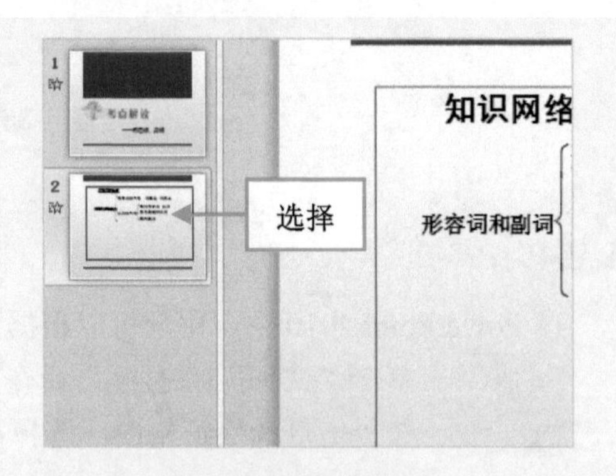

图 4-41　选择需要删除的幻灯片

步骤03 单击鼠标右键，在弹出的快捷菜单中选择“删除幻灯片”命令，如图 4-42 所示。

步骤04 执行操作后，即可删除幻灯片，效果如图 4-43 所示。

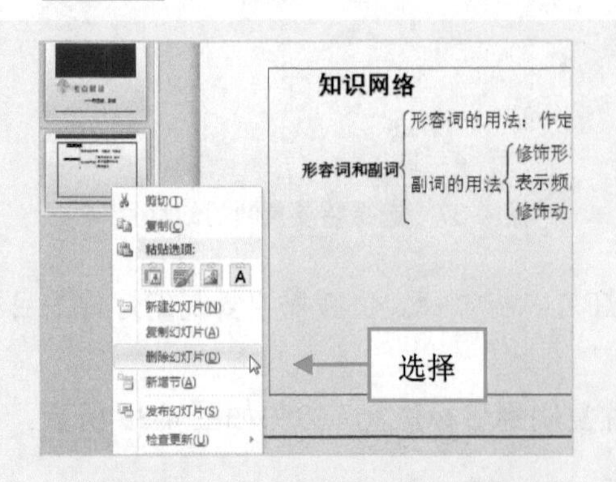

图 4-42　选择“删除幻灯片”命令

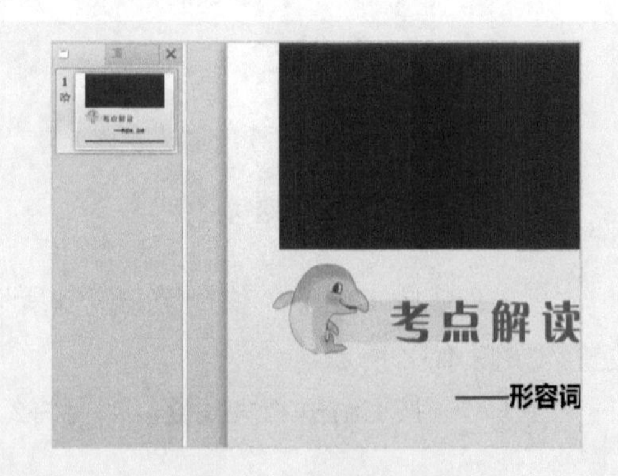

图 4-43　删除幻灯片

4.2.7 实战——运用快捷键删除电化学原理幻灯片

在 PowerPoint 2010 中，用户不仅可以运用选项删除幻灯片，同时还可以运用键盘上的快捷键，对选定的幻灯片进行删除操作。

步骤01 单击“文件”|“打开”命令，打开一个素材文件，如图 4-44 所示。

步骤02 切换至“视图”面板，在“演示文稿视图”选项板中单击“幻灯片浏览”按钮，如图 4-45 所示。

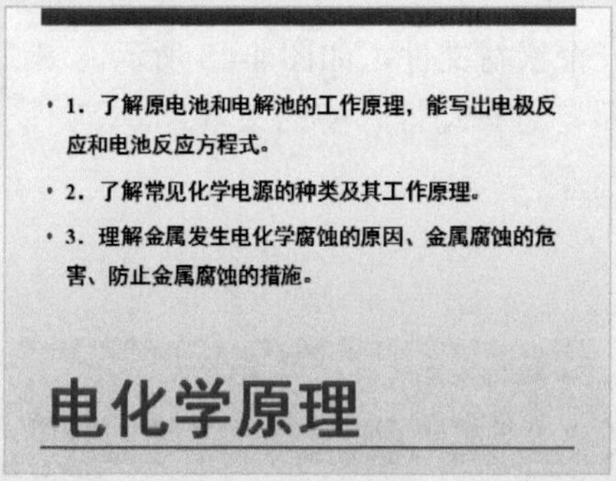

- 1. 了解原电池和电解池的工作原理，能写出电极反应和电池反应方程式。
- 2. 了解常见化学电源的种类及其工作原理。
- 3. 理解金属发生电化学腐蚀的原因、金属腐蚀的危害、防止金属腐蚀的措施。

电化学原理

图 4-44　素材文件

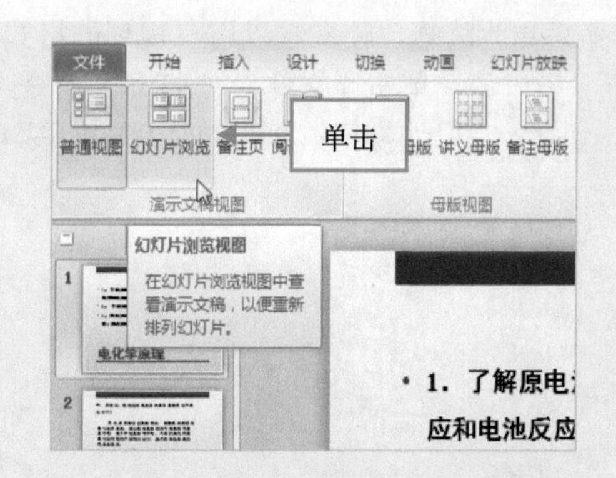

图 4-45　单击“幻灯片浏览”按钮

步骤03　幻灯片以浏览视图显示，选择第 2 张幻灯片，如图 4-46 所示。

步骤04　按键盘上的 Delete 键，即可删除幻灯片，效果如图 4-47 所示。

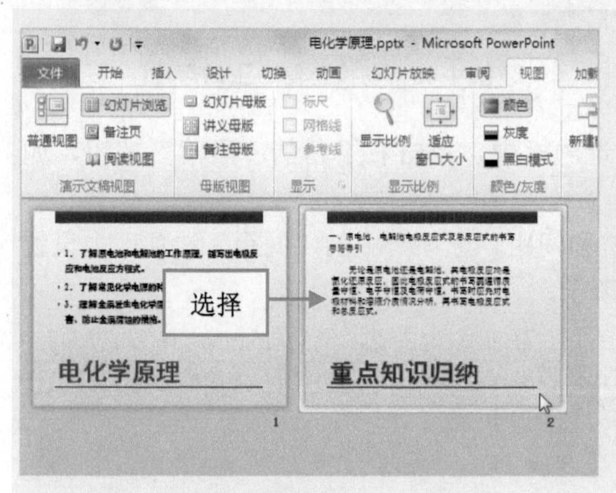

图 4-46　选择第 2 张幻灯片

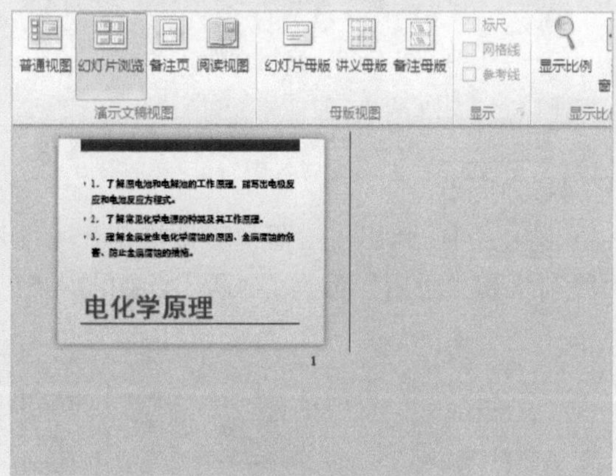

图 4-47　删除幻灯片

技巧：除了运用以上方法删除幻灯片外，用户还可以通过键盘上的 Ctrl + V 快捷键，将幻灯片进行剪切操作，同样可以删除选定的幻灯片。

4.3　设置课件幻灯片中的段落文本

在演示文稿中，不仅可以设置字符的格式，也可以为幻灯片中的文字段落设置格式，即对段落进行行距、段落对齐和段落缩进等设置。本节主要介绍设置段落文本的各种操作方法。

4.3.1　实战——设置电化学计算课件段落的行距和间距

在 PowerPoint 2010 中，用户可以设置行距及段落之间的间距大小，以使演示文稿的内容条理更为清晰，使文本以用户规划的格式分行。

步骤01 单击“文件”|“打开”命令，打开一个素材文件，如图 4-48 所示。

步骤02 切换至第 2 张幻灯片，如图 4-49 所示，选择幻灯片中的文本。

电化学主要计算方法

图 4-48 素材文件

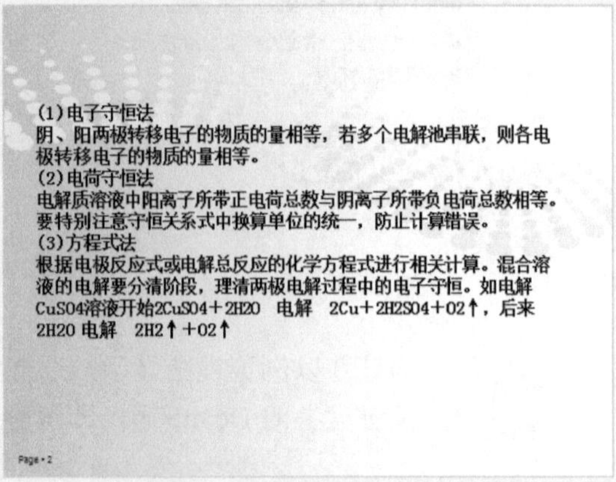

(1)电子守恒法
阴、阳两极转移电子的物质的量相等，若多个电解池串联，则各电极转移电子的物质的量相等。
(2)电荷守恒法
电解质溶液中阳离子所带正电荷总数与阴离子所带负电荷总数相等。要特别注意守恒关系式中换算单位的统一，防止计算错误。
(3)方程式法
根据电极反应式或电解总反应的化学方程式进行相关计算。混合溶液的电解要分清阶段，理清两极电解过程中的电子守恒。如电解CuSO4溶液开始2CuSO4＋2H2O 电解 2Cu＋2H2SO4＋O2↑，后来2H2O 电解 2H2↑＋O2↑
Page • 2

图 4-49 切换至第 2 张幻灯片

步骤03 在“开始”面板中的“段落”选项板中，单击右下角的“段落”按钮，如图 4-50 所示。

步骤04 弹出“段落”对话框，在“缩进和间距”选项卡中的“间距”选项区中设置“段前”和“段后”都为“2 磅”，如图 4-51 所示。

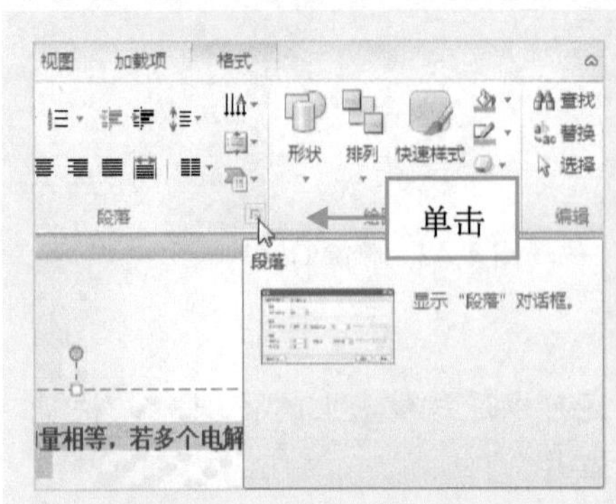

视图
加载项
格式
形状
排列
快速样式
查找
替换
选择
段落
编辑
单击
段落
显示“段落”对话框。
量相等，若多个电解

图 4-50 单击“段落”按钮

段落
缩进和间距(I)
中文版式(H)
常规
对齐方式(G): 左对齐
缩进
文本之前(R): 0 厘米
特殊格式(S): (无)
度量值(Y):
间距
段前(B): 2 磅
行距(N):
设置值(A): .00
段后(E): 2 磅
设置
制表位(T)...
确定
取消

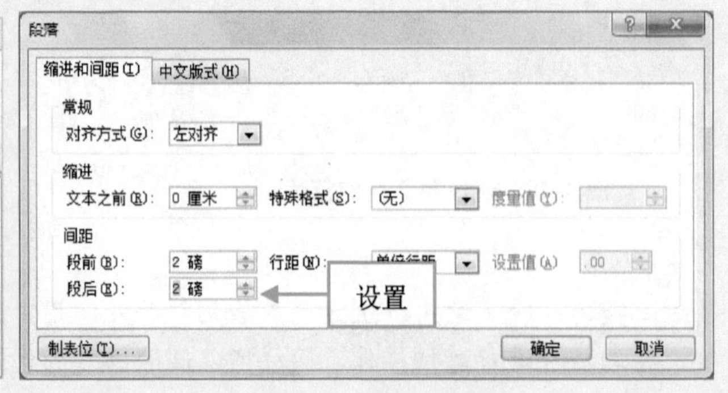

图 4-51 设置间距值

步骤05 单击“行距”右侧的下拉按钮，在弹出的下拉列表中选择“1.5 倍行距”选项，如图 4-52 所示。

步骤06 单击“确定”按钮，即可调整课件段落的行距和间距，效果如图 4-53 所示。

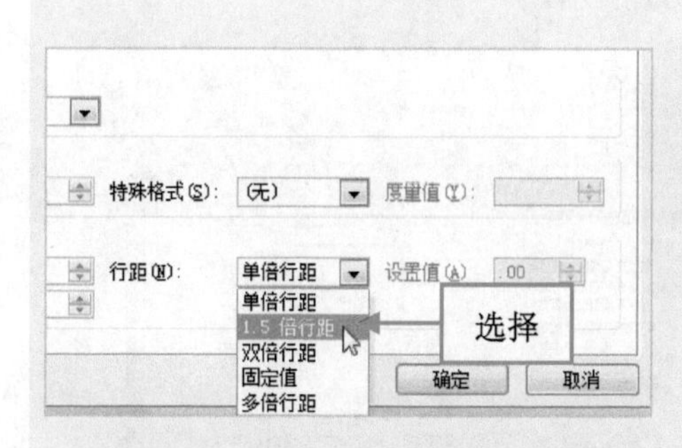

图 4-52 选择“1.5 倍行距”选项

(1)电子守恒法

阴、阳两极转移电子的物质的量相等，若多个电解池串联，则各电极转移电子的物质的量相等。

(2)电荷守恒法

电解质溶液中阳离子所带正电荷总数与阴离子所带负电荷总数相等。要特别注意守恒关系式中换算单位的统一，防止计算错误。

(3)方程式法

根据电极反应式或电解总反应的化学方程式进行相关计算。混合溶液的电解要分清阶段，理清两极电解过程中的电子守恒。如电解 $CuSO4$ 溶液开始 $2CuSO4+2H2O$ 电解 $2Cu+2H2SO4+O2\uparrow$，后来 $2H2O$ 电解 $2H2\uparrow+O2\uparrow$

Page • 2

图 4-53 设置课件段落行距和间距效果

注意：“间距”选项区中各选项的含义如下。

- 段前：用于设置当前段落与前一段之间的距离。
- 段后：用于设置当前段落与下一段之间的距离。
- 行距：用于设置段落中行与行之间的距离，默认的行距是“单倍行距”，用户可以根据需要选择其他行距，并可以通过“设置值”对行距进行设置。

4.3.2 实战——设置小学英语课件换行格式

在 PowerPoint 2010 中，用户还可以设置换行的格式，下面介绍英语课件换行格式的操作。

步骤 01 单击“文件”|“打开”命令，打开一个素材文件，如图 4-54 所示。

步骤 02 切换至第 2 张幻灯片，选择幻灯片中的文本，如图 4-55 所示。

图 4-54 素材文件

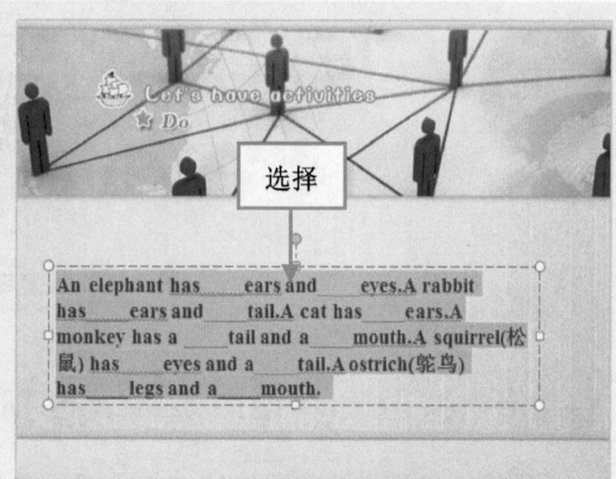

图 4-55 选择幻灯片中的文本

步骤03 在“开始”面板中的“段落”选项板中，单击右下角的“段落”按钮，如图 4-56 所示。

步骤04 弹出“段落”对话框，切换至“中文版式”选项卡，在“常规”选项区中，选中“允许西文在单词中间换行”复选框，如图 4-57 所示。

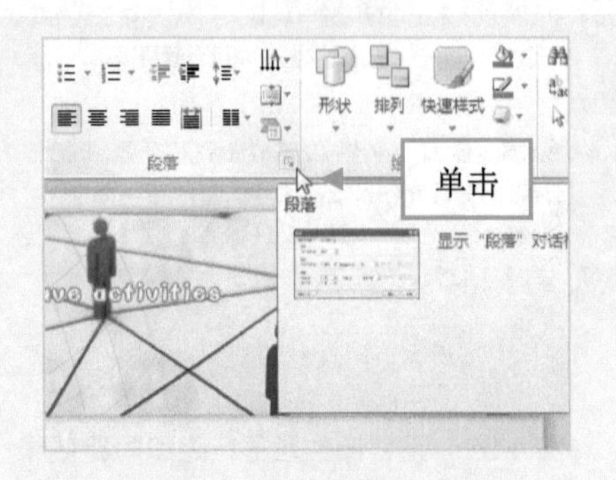

图 4-56 单击“段落”按钮

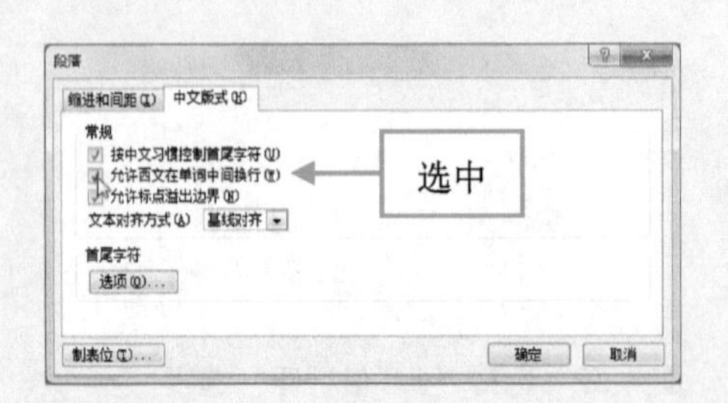

图 4-57 选中“允许西文在单词中间换行”复选框

注意：“常规”选项区中 3 个复选框的含义如下。

- “按中文习惯控制首尾字符”：可以使段落中的首尾字符按中文习惯显示。
- “允许西文在单词中间换行”：可以使行尾的单词有可能被分为两部分显示。
- “允许标题溢出边界”：可以使行尾的标点位置超过文本框边界而不会被移动到下一行。

步骤05 单击“确定”按钮，即可设置课件换行格式，对幻灯片中的文本进行相应调整，效果如图 4-58 所示。

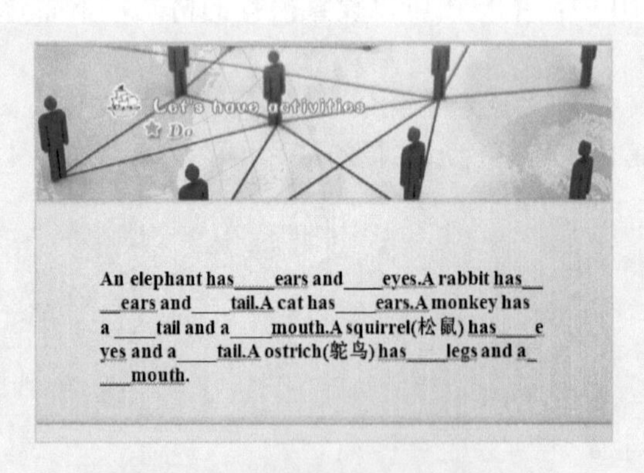

图 4-58 设置课件换行格式效果

4.3.3 实战——运用按钮设置物理实验步骤对齐方式

段落对齐是指段落边缘的对齐方式，包括左对齐、右对齐、居中对齐、两端对齐和分散对齐。下面将介绍运用按钮设置物理实验步骤对齐方式的操作方法。

步骤01 单击“文件”|“打开”命令，打开一个素材文件，如图4-59所示。

步骤02 在编辑区中选择需要设置对齐方式的段落，如图4-60所示。

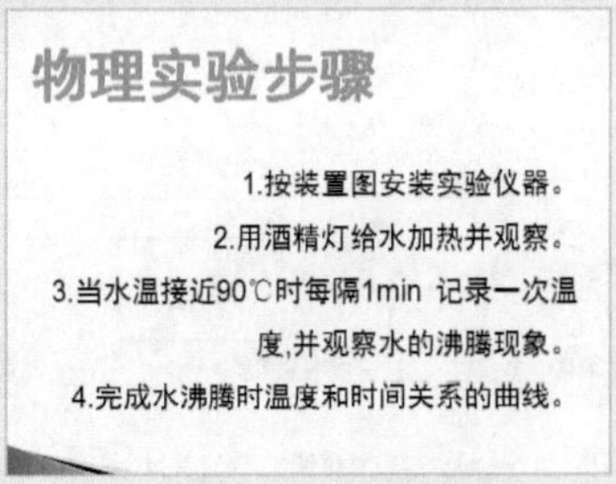

图4-59 素材文件

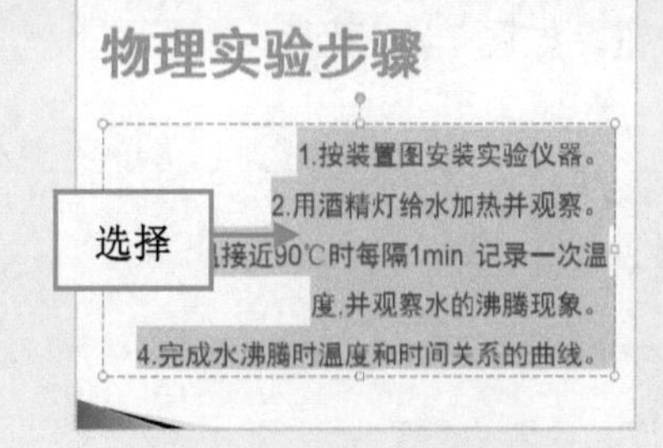

图4-60 选择需要的段落

步骤03 在“开始”面板中的“段落”选项板中单击“文本左对齐”按钮，如图4-61所示。

步骤04 执行操作后，即可设置段落左对齐，如图4-62所示。

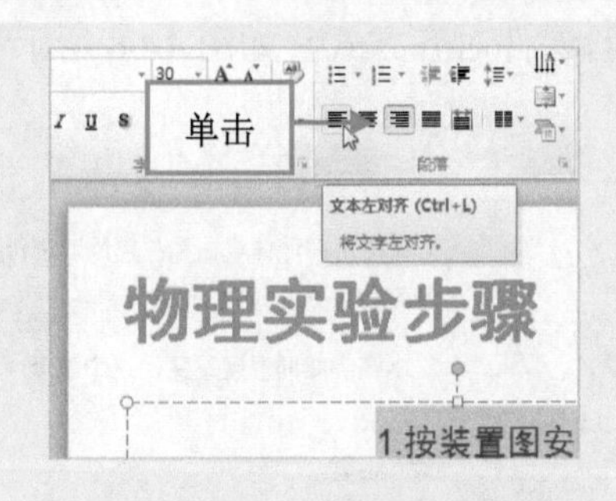

图4-61 单击“文本左对齐”按钮

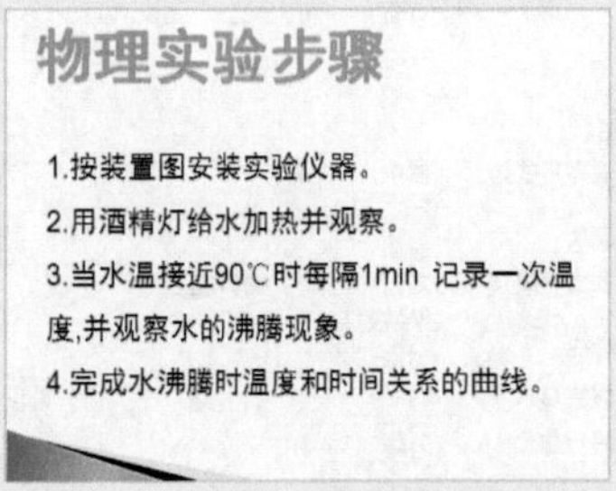

图4-62 设置段落左对齐效果

4.3.4 实战——运用对话框设置物理实验结论对齐方式

在PowerPoint 2010中，用户不但可以使用“段落”选项板中的按钮设置对齐方式，还可以使用“段落”对话框设置文本对齐方式。

步骤01 单击“文件”|“打开”命令，打开一个素材文件，如图4-63所示。

步骤02 在编辑区中选择需要设置对齐方式的段落，如图4-64所示。

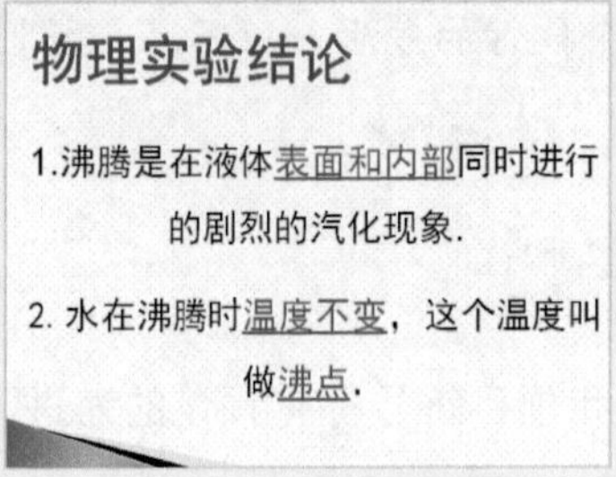

图4-63 素材文件

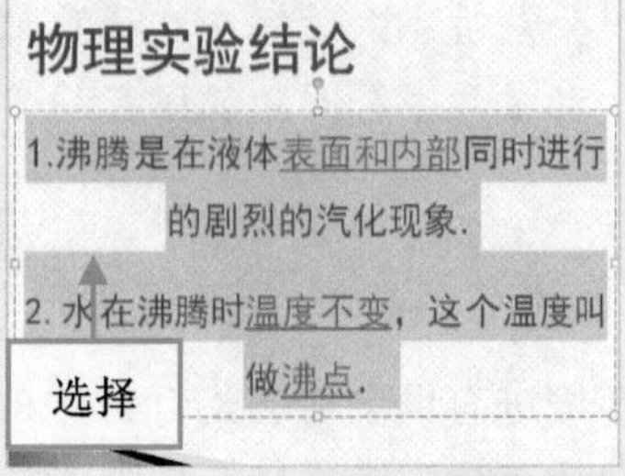

图4-64 选择需要的段落

步骤03 在“开始”面板中，单击“段落”选项板右下角的“段落”按钮，弹出“段落”对话框，如图4-65所示。

步骤04 在“缩进和间距”选项卡中的“常规”选项区中，单击“对齐方式”右侧的下拉按钮，如图4-66所示。

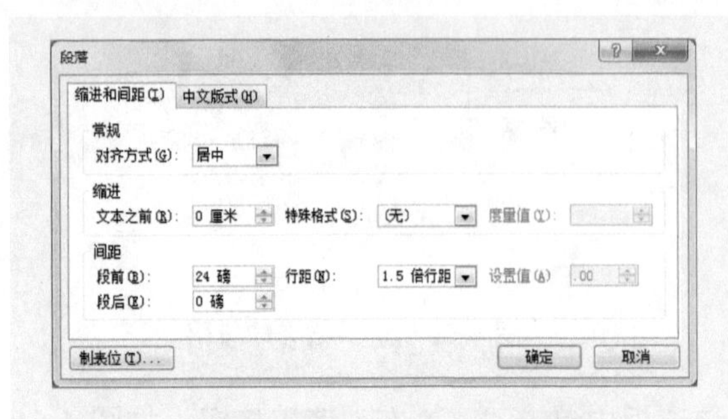

图4-65 弹出“段落”对话框

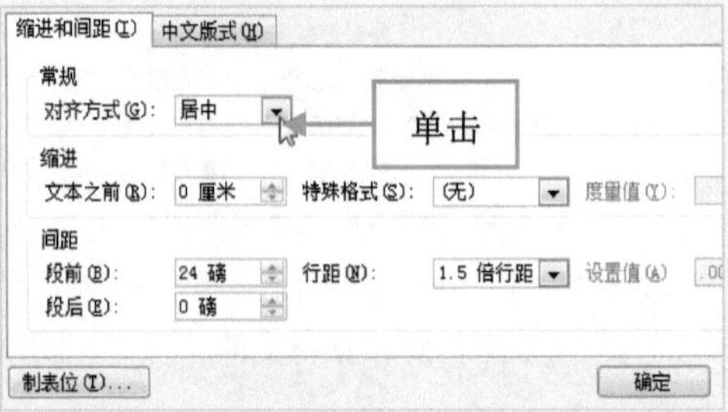

图4-66 单击“对齐方式”下拉按钮

步骤05 在弹出的下拉列表中选择“左对齐”选项，如图4-67所示。

步骤06 单击“确定”按钮，即可设置物理实验课件对齐方式，如图4-68所示。

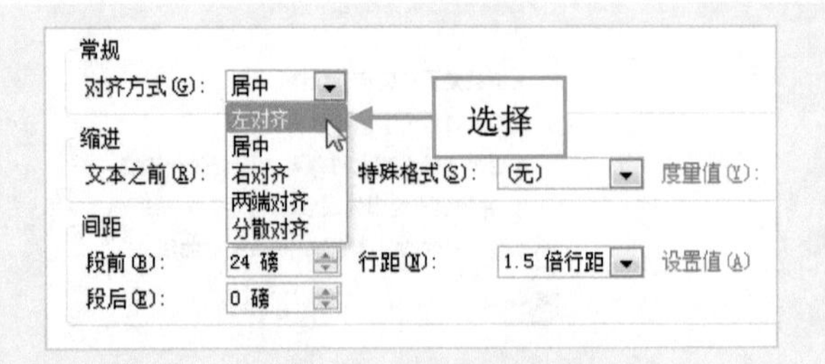

图4-67 选择“左对齐”选项

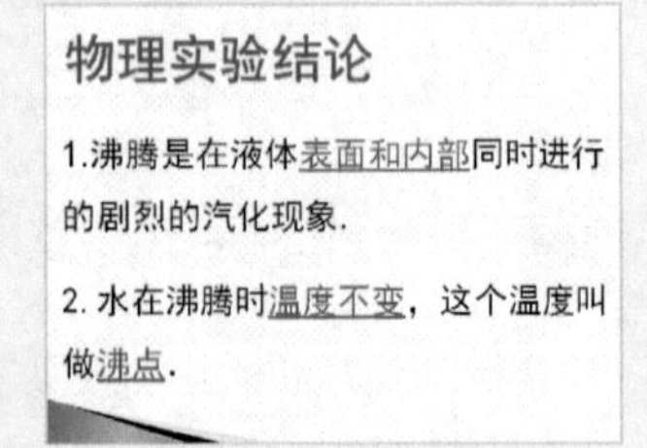

图4-68 设置对齐方式后的效果

注意：“对齐方式”下拉列表框中各对齐方式的含义如下。

- 左对齐：段落左边对齐，右边可参差不齐。
- 居中：段落居中排列。
- 右对齐：段落右边对齐，左边可参差不齐。
- 两端对齐：段落左右两端都对齐分布，但是段落最后不满一行文字时，右边是不对齐的。
- 分散对齐：段落左右两端都对齐，而且当每个段落的最后一行不满一行时，将自动拉开字符间距使该行均匀分布。

4.3.5 实战——设置年度总结课件段落缩进

段落缩进有助于对齐幻灯片中的文本，对于编号和项目符号都有预设的缩进。段落缩进方式包括首行缩进和悬挂缩进两种。

步骤01 单击“文件”|“打开”命令，打开一个素材文件，如图4-69所示。

步骤02 在编辑区中选择需要设置段落缩进的文本，如图4-70所示。

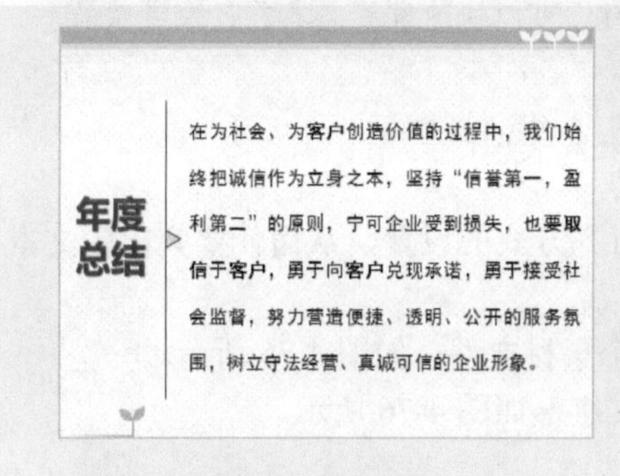

图4-69 素材文件

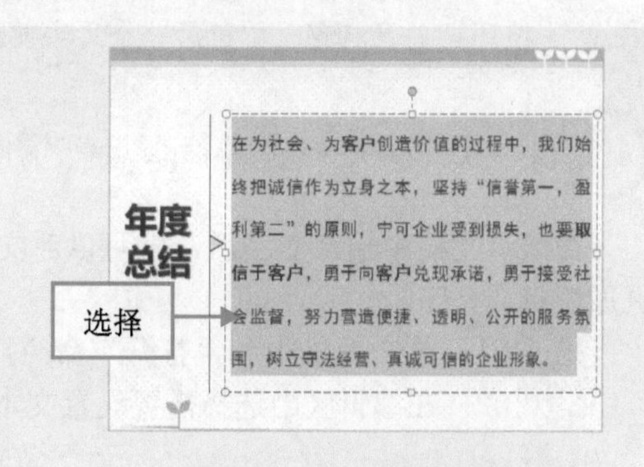

图4-70 选择需要的文本

步骤03 单击鼠标右键，在弹出的快捷菜单中选择“段落”命令，如图4-71所示。

步骤04 弹出“段落”对话框，在“缩进和间距”选项卡中的“缩进”选项区中，单击“特殊格式”下拉按钮，在弹出的下拉列表中选择“首行缩进”选项，如图4-72所示。

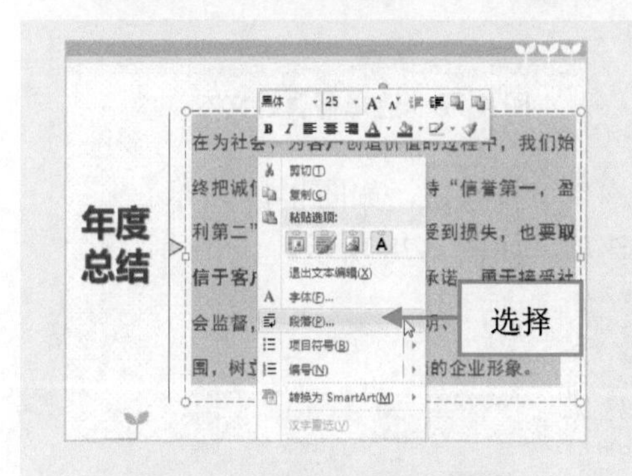

图4-71 选择“段落”选项

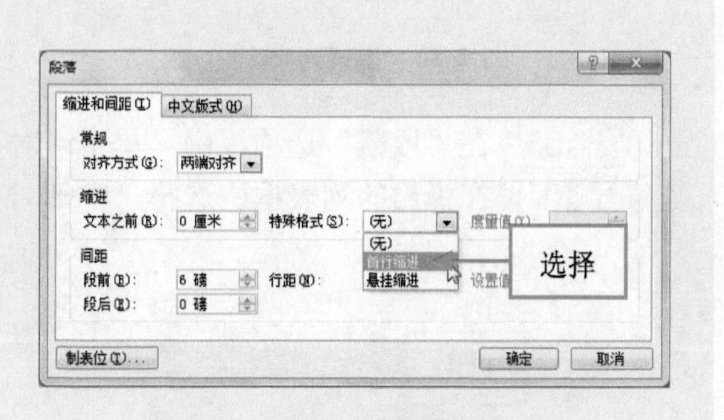

图4-72 选择“首行缩进”选项

步骤05 在激活的“度量值”文本框中，输入“2厘米”，如图4-73所示。

步骤06 执行操作后，单击“确定”按钮，即可设置文本段落缩进，效果如图4-74所示。

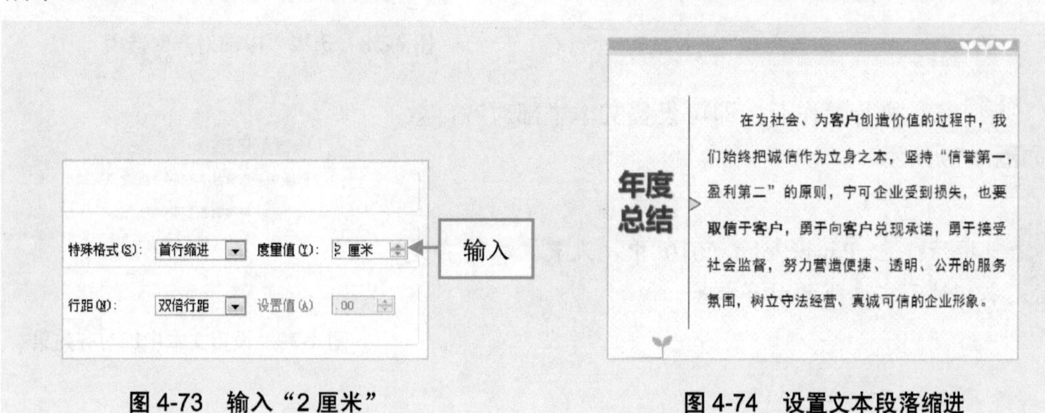

图4-73 输入“2厘米”

图4-74 设置文本段落缩进

技巧： 将鼠标移至首行第一个文字前，按 Tab 键，可以快速设置文本首行缩进效果。

4.3.6 实战——设置销售前的准备课件文字对齐

在演示文稿中输入文字后，就可以对文字进行对齐方式的设置，从而使要突出的文本更加醒目、有序。

步骤 01 单击“文件”|“打开”命令，打开一个素材文件，如图 4-75 所示。

步骤 02 在编辑区中选择需要设置文本对齐的文字，如图 4-76 所示。

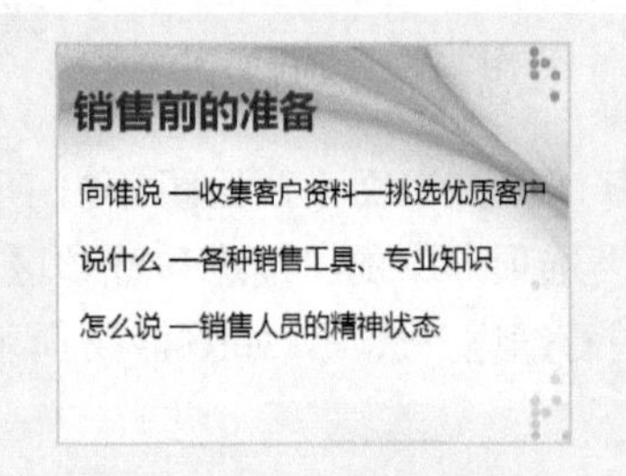

图 4-75 素材文件

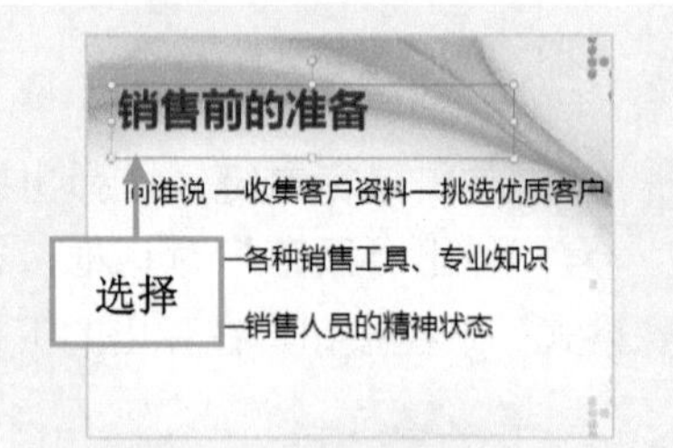

图 4-76 选择需要的文本

步骤 03 在“段落”选项板中，单击“对齐文本”下拉按钮，如图 4-77 所示。

步骤 04 在弹出的列表框中选择“中部对齐”选项，如图 4-78 所示。

图 4-77 单击“对齐文本”下拉按钮

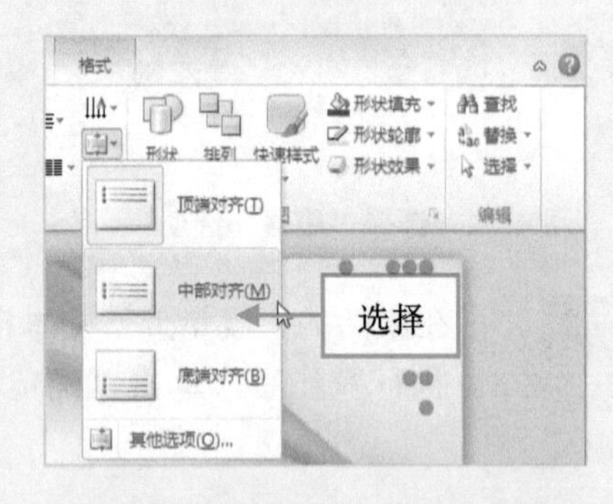

图 4-78 选择“中部对齐”选项

步骤 05 执行操作后，即可设置文本中部对齐，效果如图 4-79 所示。

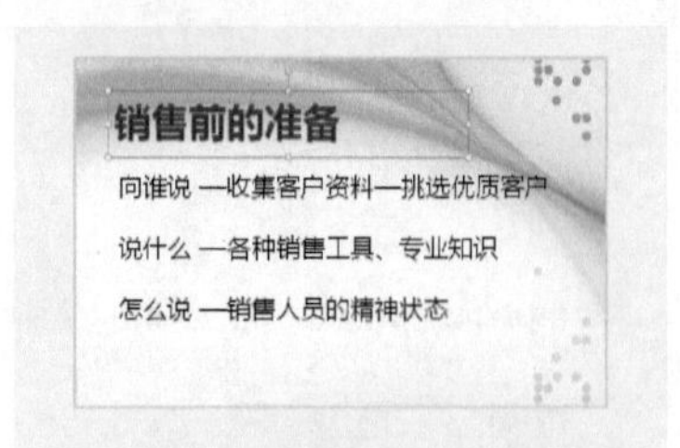

图 4-79 设置文本中部对齐效果

提示： 在 PowerPoint 2010 中，设置文本对齐是指文本相对于文本框的对齐效果。

4.3.7 实战——设置化学反应课后习题课件的文字方向

在 PowerPoint 2010 中，设置文字方向是指将水平排列的文本变成垂直排列的文本，也可以使垂直排列的文本变成水平排列。

步骤01 单击“文件”|“打开”命令，打开一个素材文件，如图 4-80 所示。

步骤02 在编辑区中选择需要设置文字方向的文本，如图 4-81 所示。

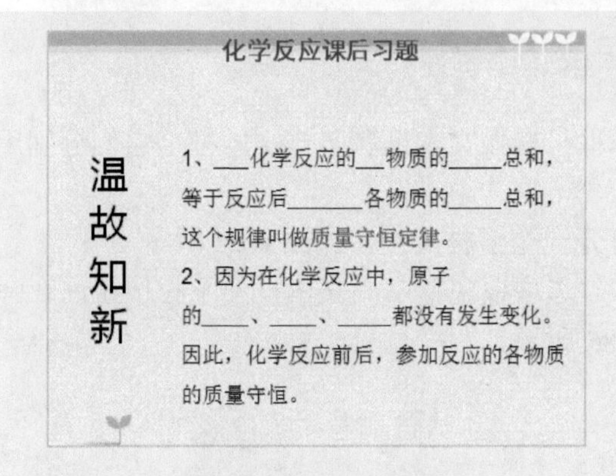

图 4-80 素材文件

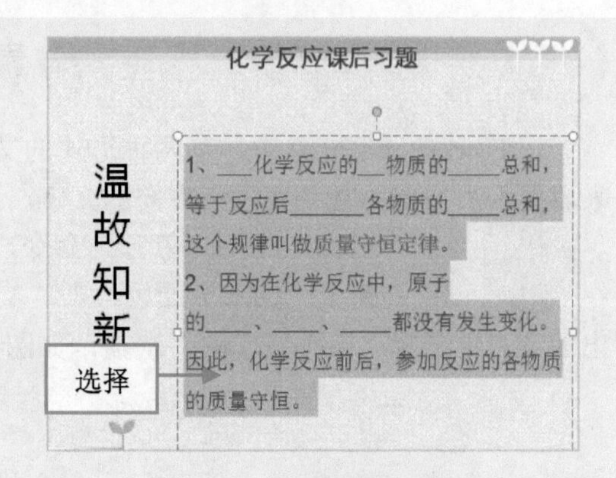

图 4-81 选择需要的文本

步骤03 在“段落”选项板中，单击“文字方向”下拉按钮，在弹出的列表框中选择“竖排”选项，如图 4-82 所示。

步骤04 执行操作后，即可设置化学反应习题课件文字方向为竖排显示，如图 4-83 所示。

图 4-82 选择“竖排”选项

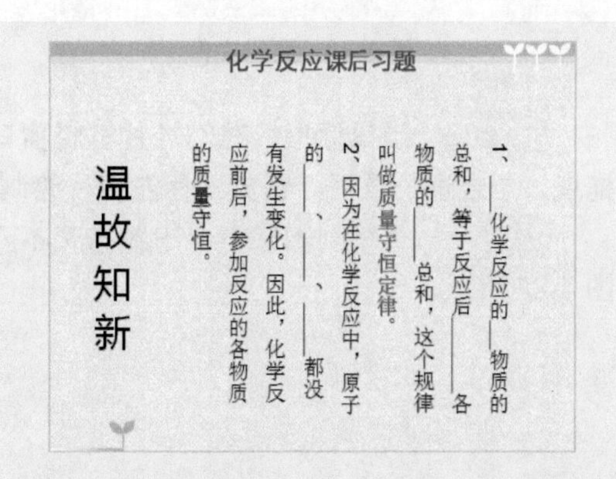

图 4-83 设置化学反应习题课件文字方向效果

提示：在“文字方向”列表框中，用户还可以设置文本方向为旋转，并且可以选择合适的角度进行旋转。

4.4　制作课件幻灯片中的文本框

文本框是一种可移动、可调整大小的文字容器，它与文本占位符非常相似。使用文本框可以在幻灯片中放置多个文字块，并且使文字按照不同的方向排列。也可以更改幻灯片版式的制约，实现在幻灯片任意位置添加文字信息的目的。

4.4.1　实战——绘制甲骨文与青铜器课件中的文本框

在PowerPoint 2010中，有两种形式的文本框，横排文本框和竖排文本框，它们分别用来放置水平方向的文字和垂直方向的文字。

步骤01　单击“文件”|“打开”命令，打开一个素材文件，如图4-84所示。

步骤02　切换至“插入”面板，在“文本”选项板中单击“文本框”下拉按钮，在弹出的列表中选择“横排文本框”选项，如图4-85所示。

图4-84　素材文件

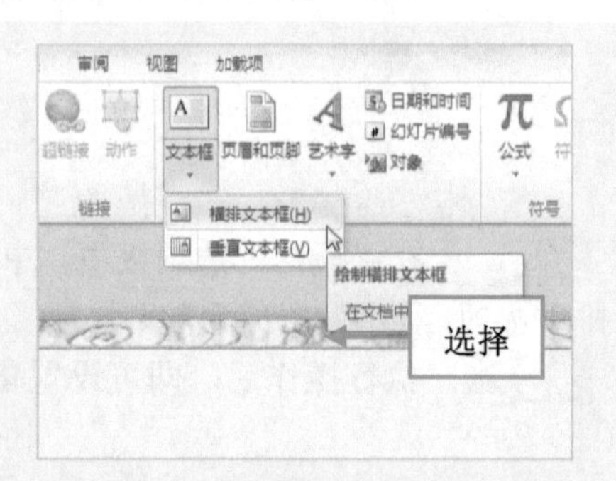

图4-85　选择“横排文本框”选项

步骤03　当鼠标指针在幻灯片编辑窗口呈向下箭头形状显示时，按住鼠标左键并向右拖曳，至合适位置后，释放鼠标左键，绘制一个文本框，如图4-86所示。

步骤04　在绘制的文本框中输入文本“甲骨文与青铜器”，并设置字体属性，效果如图4-87所示。

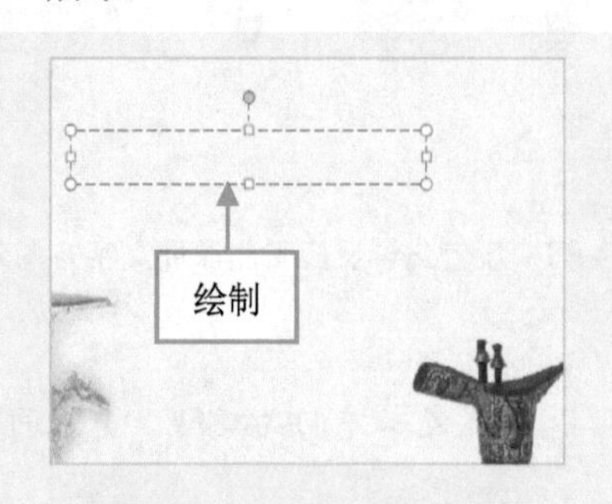

图4-86　绘制一个文本框

图4-87　输入文本并设置字体属性

试一试：根据以上操作步骤，用户可以自己绘制文本框。

4.4.2 实战——调整青铜铸造业课件文本框格式

在 PowerPoint 2010 中，绘制完文本框后，用户可以根据需要在文本的 4 个对角上拖动鼠标调整文本框的大小。

步骤 01 单击“文件”|“打开”命令，打开一个素材文件，如图 4-88 所示。

步骤 02 在编辑区选择需要调整大小的文本框，如图 4-89 所示。

图 4-88 素材文件

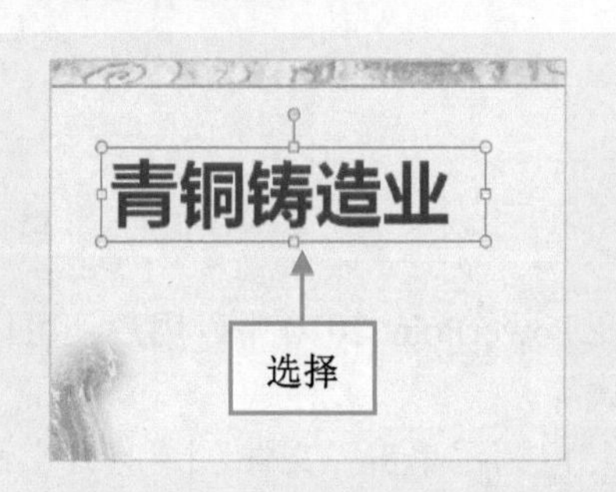

图 4-89 选择文本框

技巧：在 PowerPoint 2010 中，用户还可以通过鼠标直接拖曳来调整文本框的大小。

步骤 03 在“开始”面板的“字体”选项板中，单击“文字阴影”按钮，切换至“格式”面板，如图 4-90 所示。

步骤 04 在“大小”选项板中，设置“形状高度”为“6 厘米”、“形状宽度”为“2 厘米”，如图 4-91 所示。

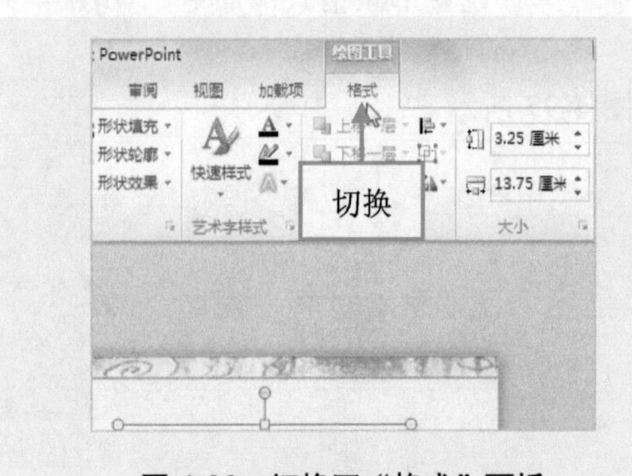

图 4-90 切换至“格式”面板

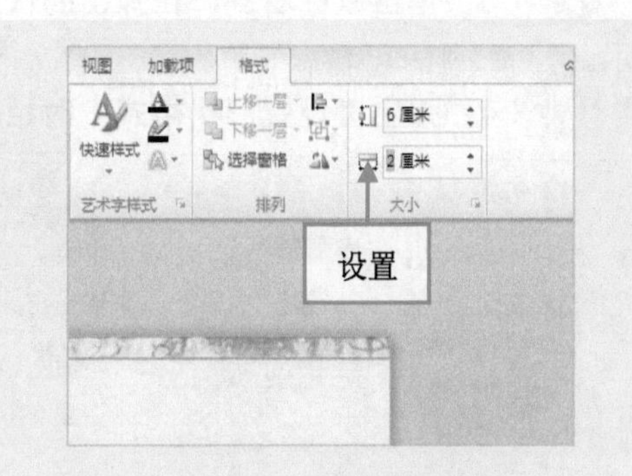

图 4-91 设置各选项

步骤 05 执行操作后，调整文本框，如图 4-92 所示。

步骤 06 在编辑区中的文本框上，单击鼠标左键，并拖曳至合适位置，即可调整青铜铸造业文本框，效果如图 4-93 所示。

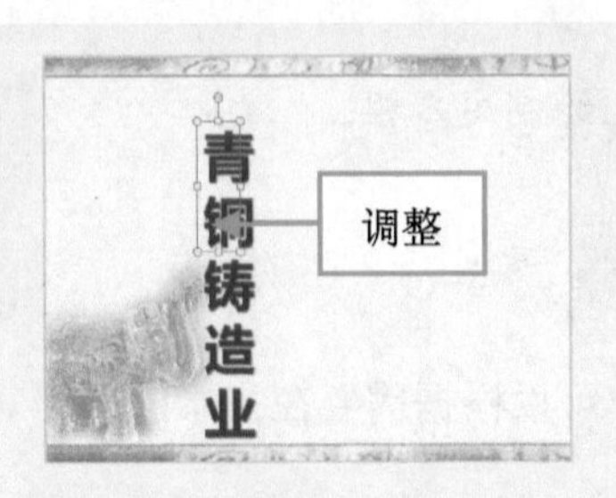

图 4-92　切换至“格式”面板

图 4-93　调整文本框效果

试一试：根据以上操作步骤，用户可以自己调整文本框。

4.4.3 实战——设置黄河课件文本框格式

在 PowerPoint 2010 中，用户还可以设置文本框中的文字环绕方式、边框和底纹、大小和版式等。

步骤 01　单击“文件”|“打开”命令，打开一个素材文件，如图 4-94 所示。

步骤 02　在编辑区选择需要设置的文本框，如图 4-95 所示。

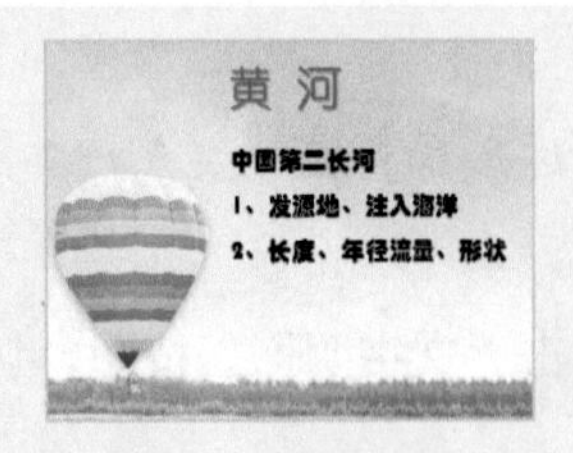

图 4-94　素材文件

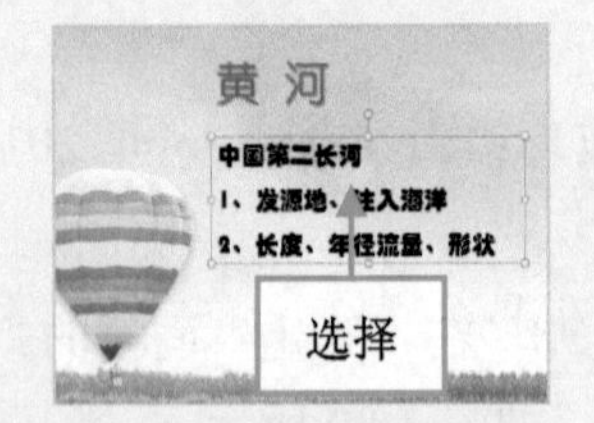

图 4-95　选择需要设置的文本框

步骤 03　单击鼠标右键，在弹出的快捷菜单中选择“设置形状格式”命令，如图 4-96 所示。

步骤 04　弹出“设置形状格式”对话框，如图 4-97 所示。

图 4-96　选择“设置形状格式”命令

图 4-97　“设置形状格式”对话框

步骤05 在“填充”选项卡中的“填充”选项区选中“图片或纹理填充”单选按钮，如图 4-98 所示。

步骤06 单击“纹理”右侧的下拉按钮，在弹出的列表框中选择“水滴”选项，如图 4-99 所示。

步骤07 单击“关闭”按钮，即可设置完成黄河课件文本框格式，效果如图 4-100 所示。

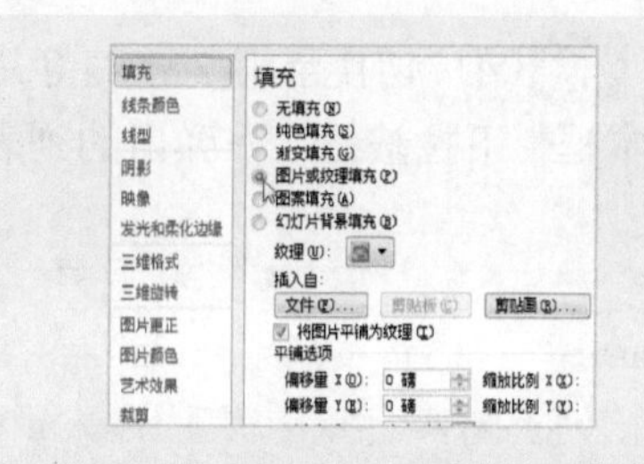

图 4-98 选中“图片或纹理填充”单选按钮

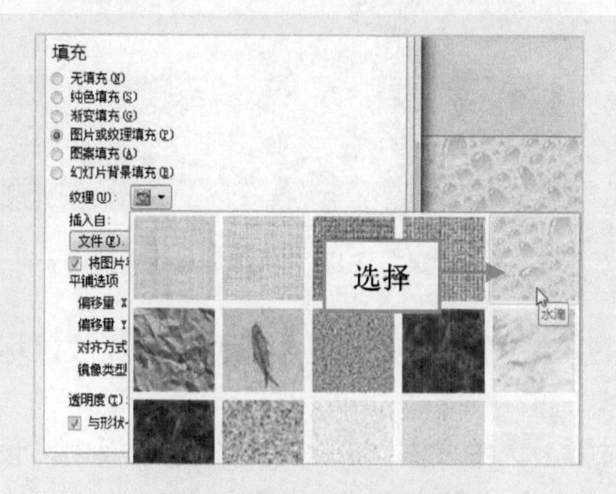

图 4-99 选择“水滴”选项

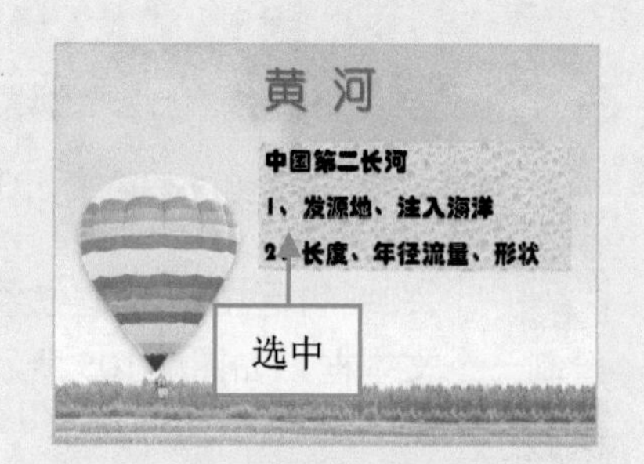

图 4-100 设置黄河课件文本框格式

4.5 综合练兵——制作北方民族的汇聚课件

在 PowerPoint 中，用户可以根据需要制作北方民族的汇聚课件，具体操作方法如下。

步骤01 单击“文件”|“打开”命令，打开一个素材文件，如图 4-101 所示。

步骤02 在第 1 张幻灯片中，选择相应文本，如图 4-102 所示。

图 4-101 素材文件

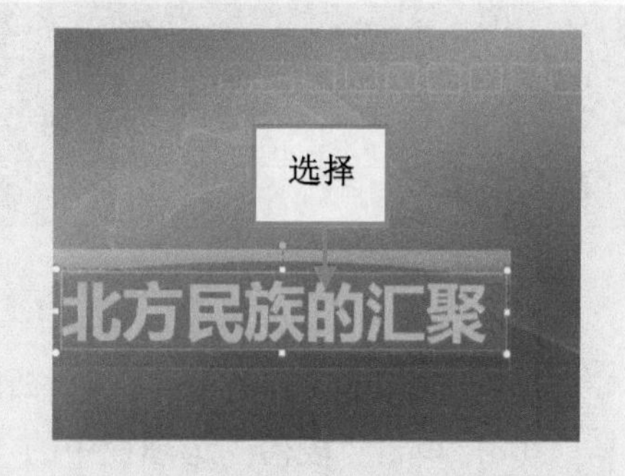

图 4-102 选择相应文本

步骤03 在“开始”面板中的“字体”选项板中，单击“文字阴影”按钮，然后单击“字体颜色”右侧的下拉按钮，在弹出的列表框中的“主题颜色”选项区中选择“深绿，文字 2，淡色 80%”选项，如图 4-103 所示。

步骤04 切换至第 2 张幻灯片，然后切换至“插入”面板，在“文本”选项板中单击“文本框”下拉按钮，在弹出的列表中选择“横排文本框”选项，如图 4-104 所示。

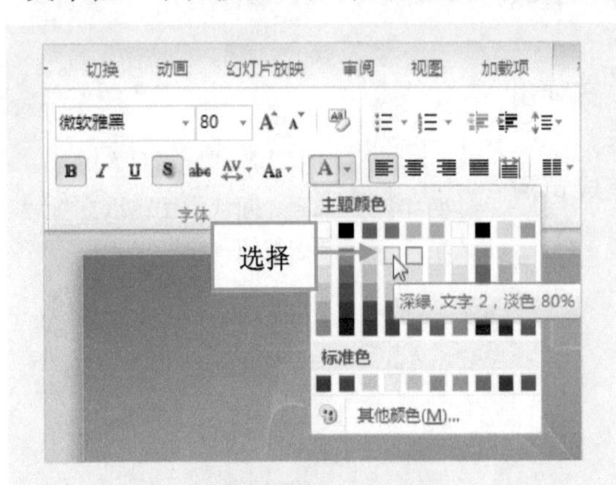

图 4-103 选择相应选项

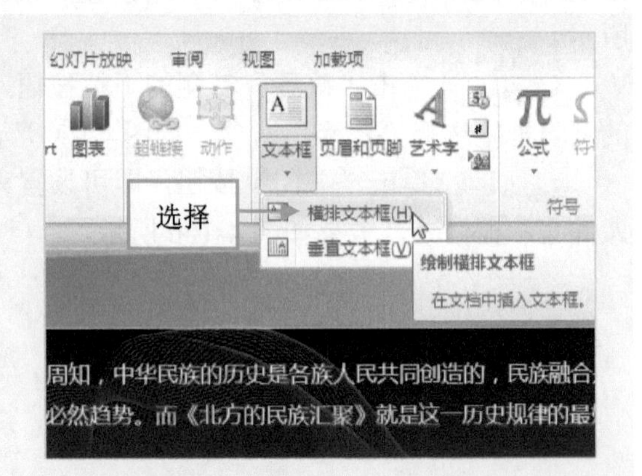

图 4-104 选择“横排文本框”选项

步骤05 在编辑区中的合适位置，单击鼠标左键并拖曳，至合适位置后释放鼠标左键，绘制一个文本框，如图 4-105 所示。

步骤06 在文本框中输入文本“解读教材”，选中文本，在“字体”选项板中，设置“字体”为“微软雅黑”、“字号”为 50、“字体颜色”为“深绿，文字 2，淡色 80%”，并调整字间距，在“段落”选项板中，单击“居中”按钮，效果如图 4-106 所示。

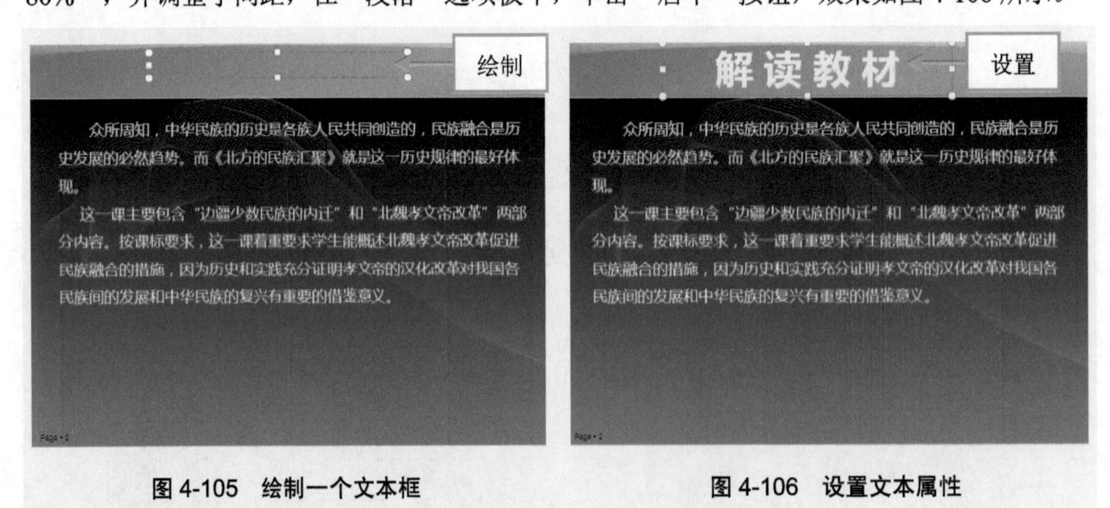

图 4-105 绘制一个文本框

图 4-106 设置文本属性

步骤07 在第 2 张幻灯片中，选择相应段落文本，如图 4-107 所示。

步骤08 单击“段落”选项板中的“段落”按钮，如图 4-108 所示，弹出“段落”对话框。

步骤09 在“缩进和间距”选项卡中的“间距”选项区中，设置“段前”为“3 磅”、“段后”为“3 磅”，如图 4-109 所示。

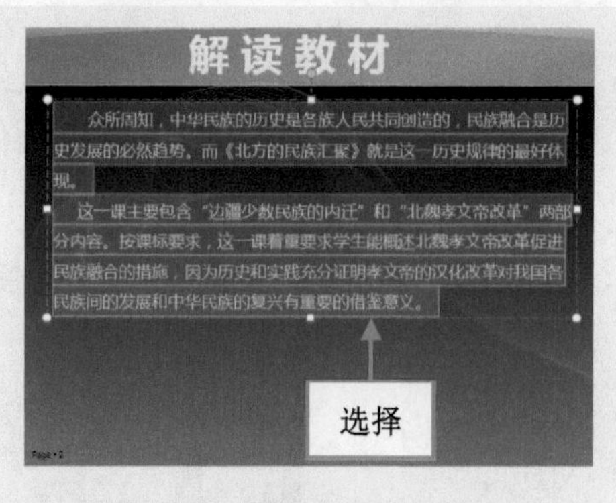

图 4-107 选择相应段落文本

图 4-108 单击“段落”按钮

步骤10 单击“确定”按钮，然后在“字体”选项板中设置“字号”为 24，效果如图 4-110 所示。

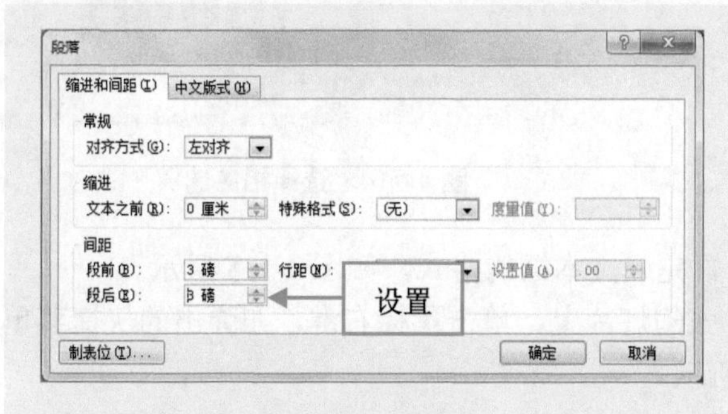

图 4-109 设置相应选项

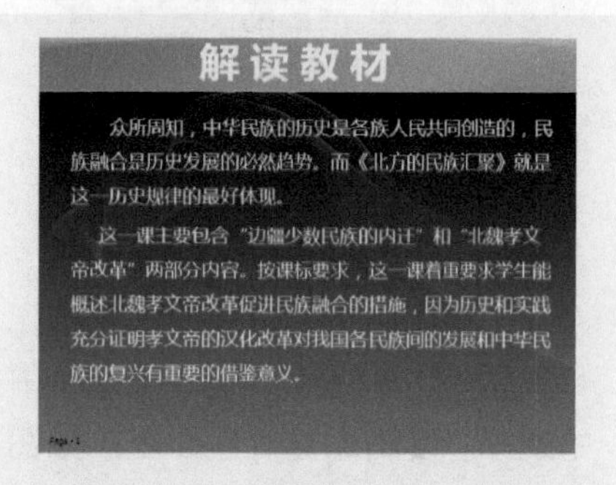

图 4-110 设置文本字号效果

步骤11 选择第 2 张幻灯片中的段落文本框，单击鼠标右键，在弹出的快捷菜单中选择“设置形状格式”命令，如图 4-111 所示。

步骤12 弹出“设置形状格式”对话框，在“填充”选项卡中的“填充”选项区中，选中“图案填充”单选按钮，如图 4-112 所示。

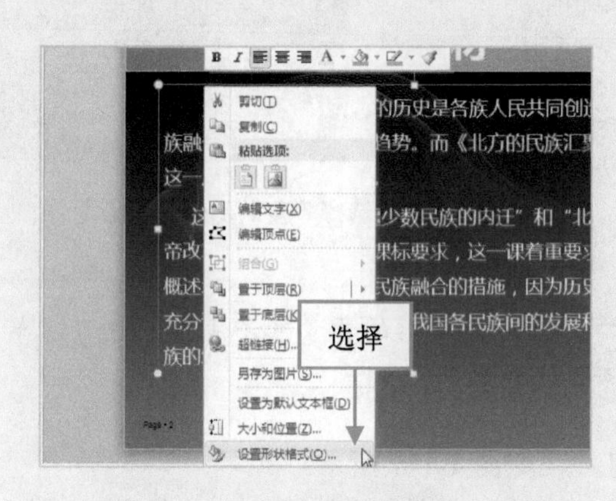

图 4-111 选择“设置形状格式”命令

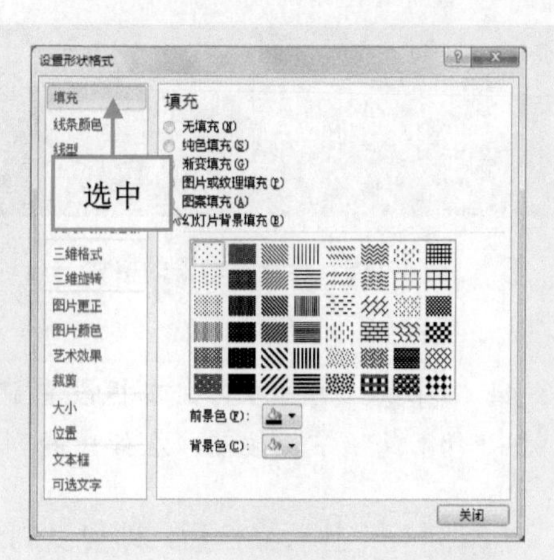

图 4-112 选中“图案填充”单选按钮

注意：在“设置为形状格式”对话框中，用户可以在左侧的选项卡中选择合适的选项对文本框进行设置。

步骤13　在下方的列表框中选择相应选项，如图 4-113 所示。

步骤14　单击“前景色”右侧的下拉按钮，在弹出的列表框中选择“白色，背景 1，深色 50%”选项，如图 4-114 所示。

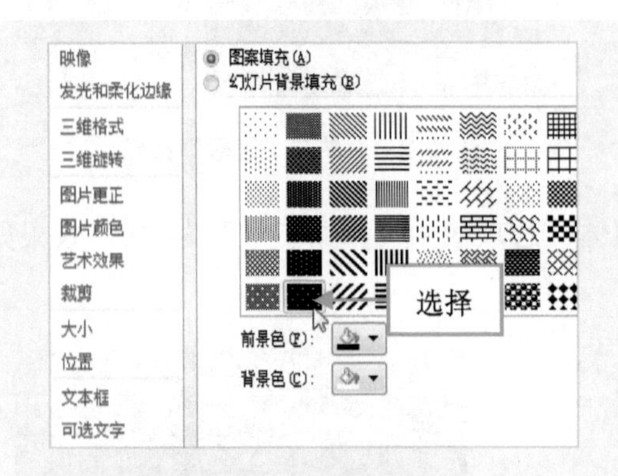

图 4-113　选择相应选项

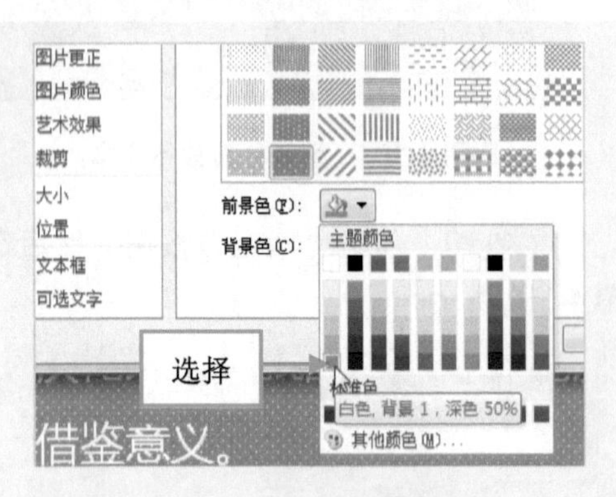

图 4-114　选择相应选项

步骤15　单击“关闭”按钮，即可设置完成文本框的格式，如图 4-115 所示。

步骤16　在“幻灯片”窗格中的第 2 张幻灯片上，单击鼠标右键，在弹出的快捷菜单中选择“复制幻灯片”命令，如图 4-116 所示。

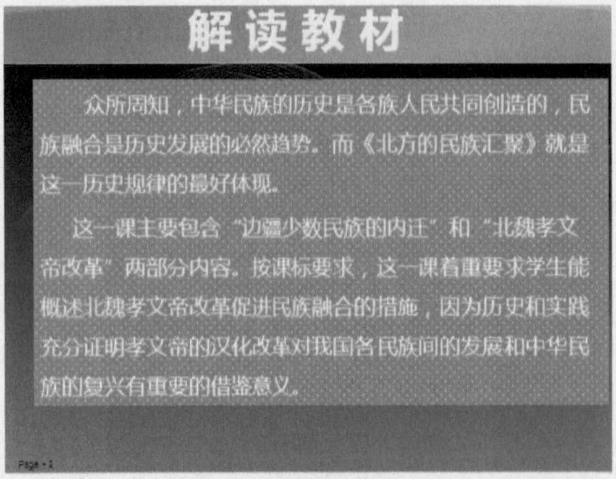

图 4-115　设置文本框的格式

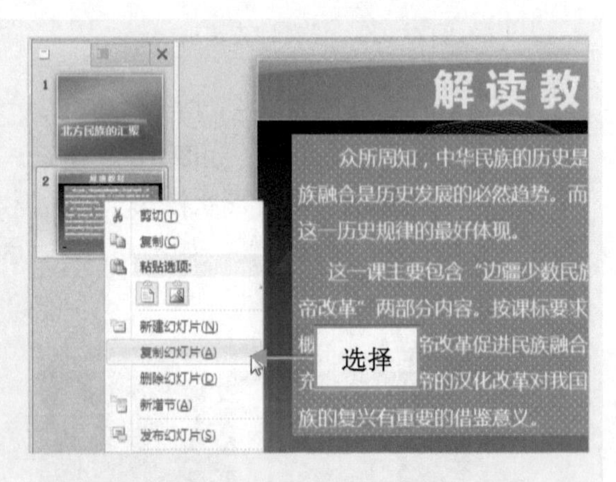

图 4-116　选择“复制幻灯片”命令

注意：用户在为文本框设置前景色后，如果对文本框的背景色不满意，也可以单击“背景色”下拉按钮，在弹出的列表中选择合适的颜色。

步骤17　执行操作后，即可复制一张幻灯片，如图 4-117 所示。

步骤18　在标题文本框和正文文本框中分别输入新的内容，如图 4-118 所示，完成北方的民族汇聚课件的制作。

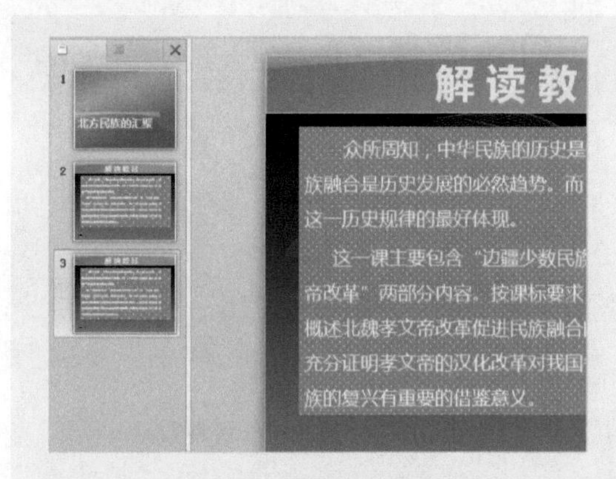

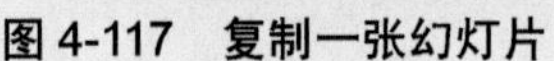
图 4-117　复制一张幻灯片

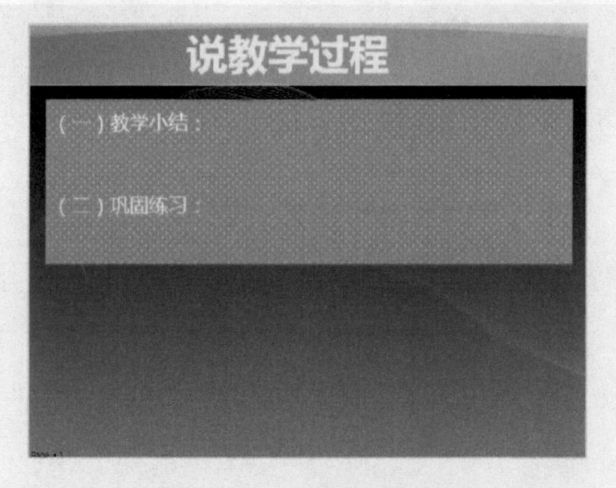

图 4-118　输入新的内容

4.6　本 章 习 题

本章重点介绍了新建幻灯片、编辑幻灯片、设置幻灯片中的段落文本以及制作幻灯片中的文本框等内容。本节将通过填空题、选择题以及上机练习题，对本章的知识点进行回顾。

4.6.1　填空题

(1) 新建课件中的幻灯片的方法有：通过选项新建、________和________。

(2) 在 PowerPoint 2010 中，移动幻灯片的主要方法有快捷键、________和________。

(3) 在 PowerPoint 2010 中，复制幻灯片的主要方法有________种。

4.6.2　选择题

(1) 常用的选择幻灯片的方法有(　　)种。

A. 5　　B. 4　　C. 3　　D. 2

(2) 设置文本段落对齐方式的方法有(　　)种。

A. 1　　B. 2　　C. 3　　D. 4

(3) 在 PowerPoint 2010 中，有(　　)种形式的文本框。

A. 2　　B. 4　　C. 6　　D. 8

4.6.3　上机练习：数学课件实例——设置圆的周长课件的文本框格式

打开“光盘\素材\第 4 章”文件夹下的“圆的周长.pptx”文件，如图 4-119 所示，尝试设置圆的周长课件的文本框格式，效果如图 4-120 所示。

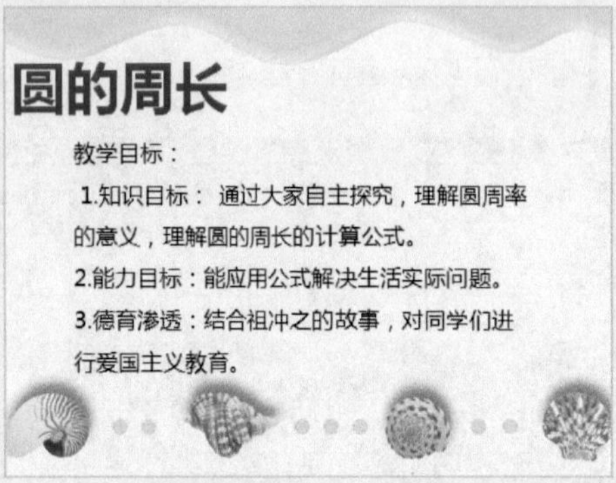

圆的周长

教学目标：

1.知识目标：通过大家自主探究，理解圆周率的意义，理解圆的周长的计算公式。

2.能力目标：能应用公式解决生活实际问题。

3.德育渗透：结合祖冲之的故事，对同学们进行爱国主义教育。

图 4-119　素材文件

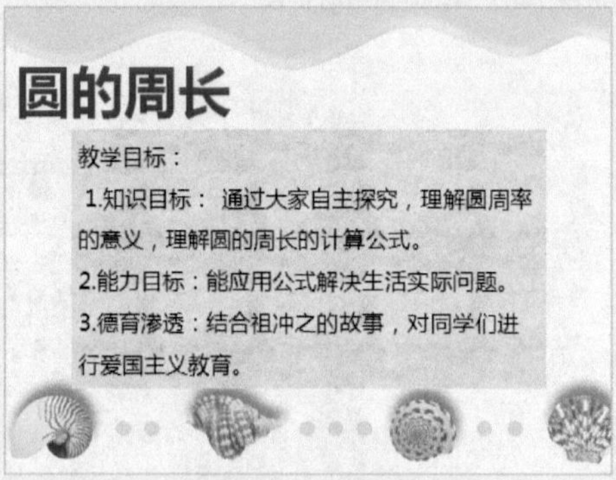

圆的周长

教学目标：

1.知识目标：通过大家自主探究，理解圆周率的意义，理解圆的周长的计算公式。

2.能力目标：能应用公式解决生活实际问题。

3.德育渗透：结合祖冲之的故事，对同学们进行爱国主义教育。

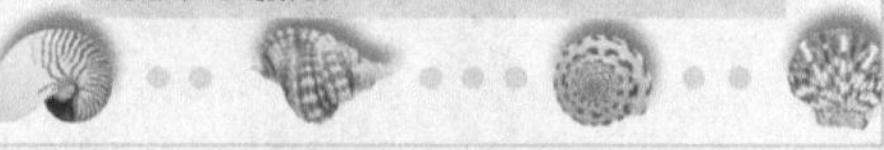

图 4-120　圆的周长课件效果

第 5 章

特效归来：图形特效课件模板制作

在幻灯片中添加图片，可以更生动形象地阐述主题和表达思想，在插入图片时，应注意图片与幻灯片之间的联系，使图片与主题统一。本章主要向读者介绍制作剪贴画课件、制作图片课件、制作艺术字课件、制作图形课件以及制作 SmartArt 图形课件的操作方法。

本章重点：

- 制作剪贴画课件
- 制作图片课件
- 制作艺术字课件
- 制作图形课件
- 制作 SmartArt 图形课件
- 综合练兵——制作认识地球课件

5.1 制作剪贴画课件

在 PowerPoint 2010 中，用户可以根据需要在幻灯片中添加软件自带的剪贴画，并可以对添加的剪贴画进行相应的编辑。

5.1.1 实战——在一元一次不等式课件中的非占位符中插入剪贴画

PowerPoint 2010 中附带的剪贴画库非常丰富，用户可以根据需要在不等式课件中的非占位符中插入剪贴画。

步骤01 单击“文件”|“打开”命令，打开一个素材文件，如图 5-1 所示。

步骤02 切换至“插入”面板，在“图像”选项板中，单击“剪贴画”按钮，如图 5-2 所示。

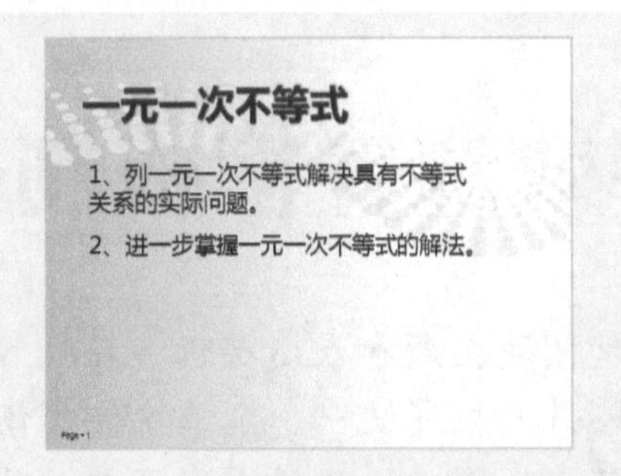

图 5-1 素材文件

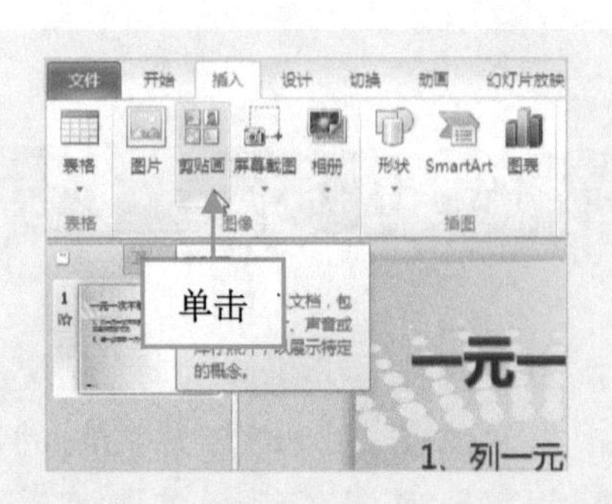

图 5-2 单击“剪贴画”按钮

步骤03 弹出“剪贴画”任务窗格，在“剪贴画”任务窗格中的“搜索文字”文本框的右侧，单击“搜索”按钮，如图 5-3 所示。

步骤04 在下方的下拉列表框中显示出剪贴画的缩略图，选择需要插入的剪贴画，如图 5-4 所示。

图 5-3 单击“搜索”按钮

图 5-4 选择剪贴画

步骤05 执行操作后，即可将剪贴画插入到幻灯片中，如图5-5所示。

步骤06 在编辑区中选择插入的剪贴画，调整剪贴画的位置与大小，如图5-6所示。

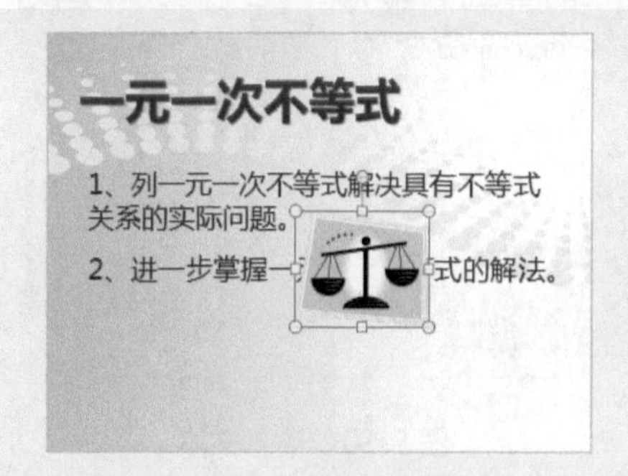

图5-5 将剪贴画插入幻灯片中

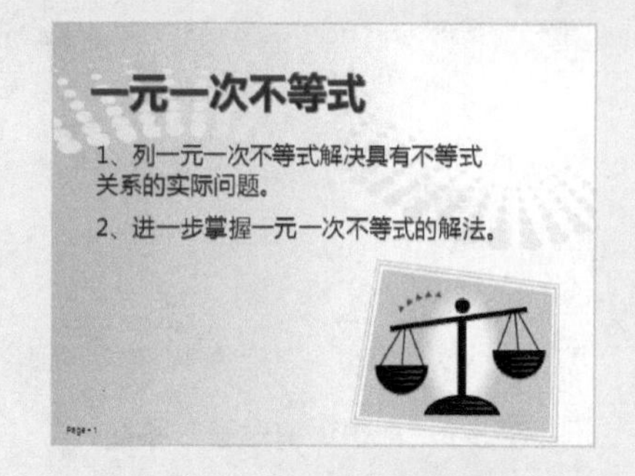

图5-6 插入并调整剪贴画

注意：插入剪贴画以后，单击“剪贴画”任务窗格上的“关闭”按钮，即可关闭“剪贴画”任务窗格。

5.1.2 实战——在不等式练习题中的占位符中插入剪贴画

PowerPoint 2010的很多版式中都提供了插入剪贴画、形状、图片、表格和图表等，利用这些图表可以快速插入相应的对象。

步骤01 单击“文件”|“打开”命令，打开一个素材文件，如图5-7所示。

步骤02 单击“幻灯片”选项板中的“新建幻灯片”下拉按钮，在弹出的列表框中，选择“标题和内容”选项，如图5-8所示。

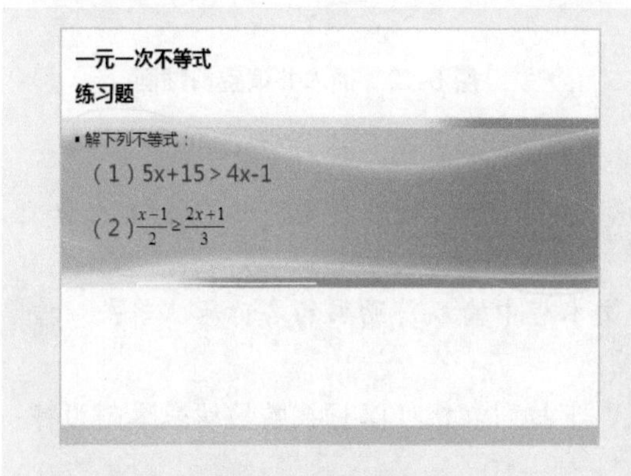

图5-7 素材文件

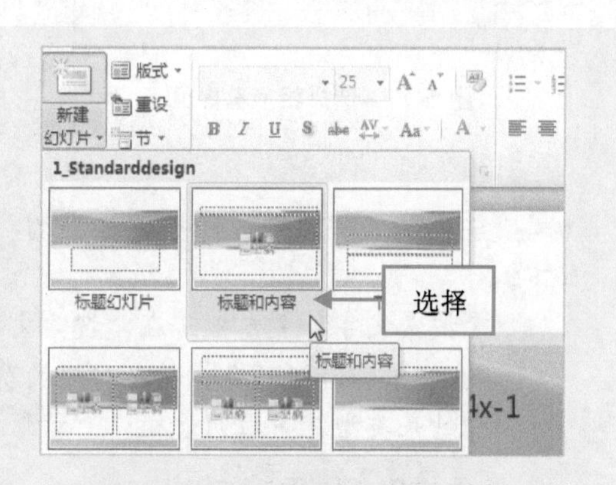

图5-8 选择“标题和内容”选项

步骤03 执行操作后，新建一张“标题和内容”的幻灯片，在“单击此处添加文本”占位符中，单击“剪贴画”按钮，如图5-9所示。

步骤04 弹出“剪贴画”任务窗格，在“剪贴画”任务窗格的“搜索文字”文本框中输入“人物”文本，如图5-10所示。

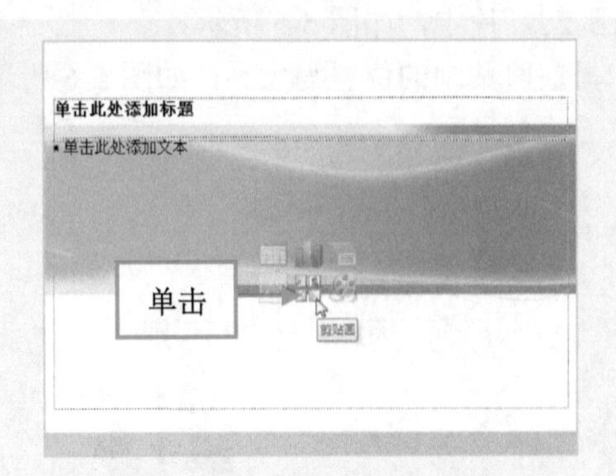

图 5-9　单击“剪贴画”按钮

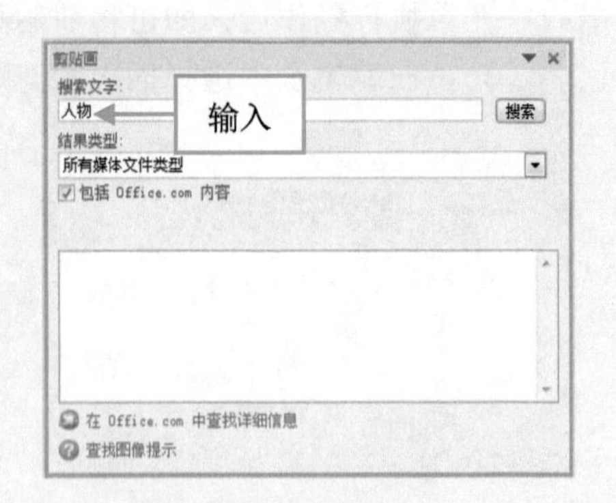

图 5-10　输入文本

步骤 05　单击“搜索”按钮，在下方的下拉列表框中选择相应的剪贴画，如图 5-11 所示。

步骤 06　执行操作后，即可将剪贴画插入到幻灯片中，调整剪贴画的大小和位置，效果如图 5-12 所示。

图 5-11　选择相应剪贴画

图 5-12　插入并调整剪贴画

注意：“剪贴画”任务窗格中的“搜索文字”和“结果类型”两个选项的含义如下。

- “搜索文字”文本框：在“搜索文字”文本框中输入剪贴画的名称后，单击“搜索”按钮，即可查找与之对应的剪贴画。
- “结果类型”下拉列表框：“结果类型”下拉列表框可以将搜索的结果限制为特定媒体文件类型。

5.1.3　实战——将剪贴画复制到收藏集

在“剪贴画”窗格中，用户可以将软件自带的剪贴画通过“复制到收藏集”选项，将其收藏。

步骤 01　展开“剪贴画”任务窗格，在“搜索文字”文本框中输入“人物”，单击

“搜索”按钮，如图5-13所示。

步骤02 执行操作后，将显示出搜索结果，选择合适的剪贴画，如图5-14所示。

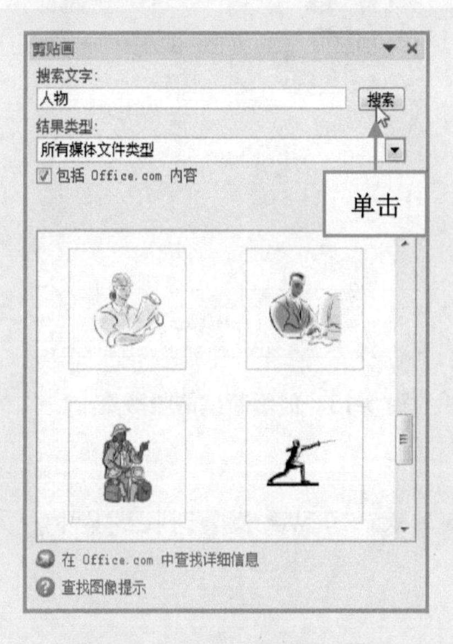

图5-13 单击“搜索”按钮

图5-14 选择合适的剪贴画

步骤03 单击缩略图右侧的下拉按钮，在弹出的列表框中选择“复制到收藏集”命令，如图5-15所示。

步骤04 弹出“复制到收藏集”对话框，单击“新建”按钮，如图5-16所示。

图5-15 选择“复制到收藏集”选项

图5-16 单击“新建”按钮

步骤05 弹出“新建收藏集”对话框，在“名称”文本框中输入文本“娱乐休闲”，如图5-17所示。

步骤06 单击“确定”按钮，返回到“复制到收藏集”对话框，将显示新建的收藏集，如图5-18所示。

步骤07 单击“确定”按钮，即可复制剪贴画到收藏集中。

图 5-17 输入名称

图 5-18 显示新建的收藏集

试一试：根据以上操作步骤，用户可以自己将喜欢的剪贴画收集到收藏集中。

5.1.4 实战——删除剪贴画

在 PowerPoint 2010 中，用户可以对剪贴画任务窗格中不常用到的剪贴画进行删除操作，且操作方法非常简单。

步骤 01 展开“剪贴画”任务窗格，在“搜索文字”文本框中输入“商业”，单击“搜索”按钮，如图 5-19 所示。

步骤 02 在下方的下拉列表框中选择相应的剪贴画缩略图，单击鼠标右键，在弹出的快捷菜单中，选择“从剪辑管理器中删除”命令，如图 5-20 所示。

图 5-19 单击“搜索”按钮

图 5-20 选择“从剪辑管理器中删除”命令

步骤03 执行操作后，即可弹出信息提示框，如图 5-21 所示。

步骤04 单击"确定"按钮，即可删除剪贴画，此时"剪贴画"任务窗格中已删除选中的剪贴画，如图 5-22 所示。

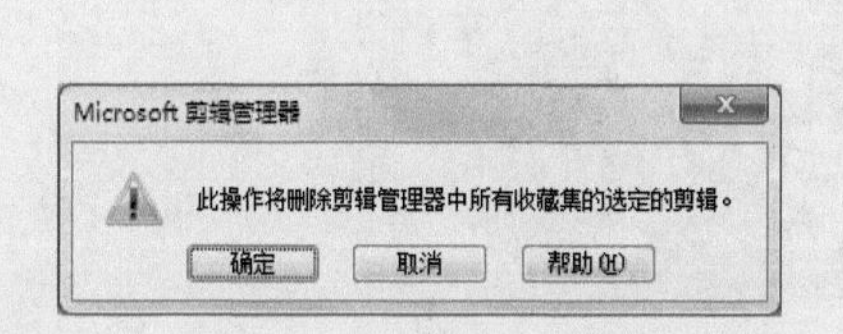

图 5-21 信息提示框

图 5-22 删除剪贴画

试一试：若用户将"剪贴画"任务窗格中的剪贴图片删除后，操作将无法返回。

5.1.5 实战——查看剪贴画属性

在 PowerPoint 2010 中，用户可以在软件自带的剪贴画中，查看相应的属性，并根据查看到的属性信息，将其添加至合适的课件中。

步骤01 展开"剪贴画"任务窗格，在"搜索文字"文本框中，输入"商业"，如图 5-23 所示。

步骤02 单击"搜索"按钮，在下方的下拉列表框中，选择相应的剪贴画缩略图，如图 5-24 所示。

图 5-23 输入"商业"

图 5-24 选择剪贴画缩略图

步骤03 单击鼠标右键，在弹出的快捷菜单中，选择“预览/属性”命令，如图 5-25 所示。

步骤04 弹出“预览/属性”对话框，如图 5-26 所示，查看完毕后，单击“关闭”按钮即可退出。

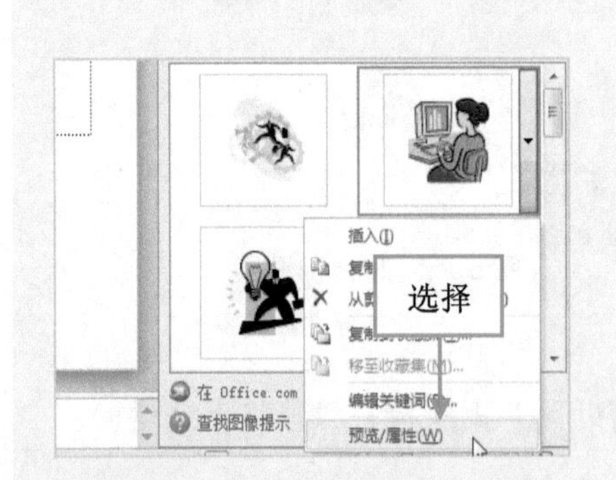

图 5-25 选择“预览/属性”命令

图 5-26 弹出“预览/属性”对话框

试一试：根据以上操作步骤，用户可以自己查看剪贴画属性。

5.2 制作图片课件

在 PowerPoint 2010 中，如果软件自带的图片不能满足用户制作课件的需求，则可以将外部图片插入到演示文稿中。

5.2.1 实战——为认识自然课件插入图片

在制作演示文稿时，有时会需要两张内容相同或相近的幻灯片，此时可以利用幻灯片的复制功能，复制一张相同的幻灯片，以节省工作时间，在 PowerPoint 2010 中，用户可以运用“剪贴板”中的“复制”按钮，复制幻灯片。

步骤01 单击“文件”|“打开”命令，打开一个素材文件，如图 5-27 所示。

步骤02 切换至“插入”面板，在“插图”选项板中，单击“图片”按钮，如图 5-28 所示。

步骤03 弹出“插入图片”对话框，在相应文件夹中选择需要插入的图片，如图 5-29 所示。

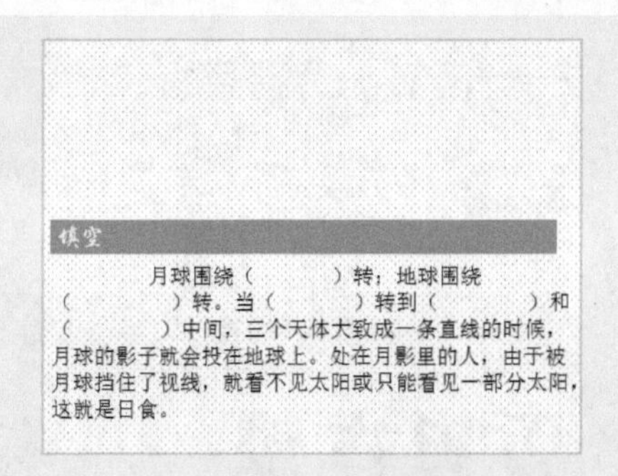

图 5-27　素材文件

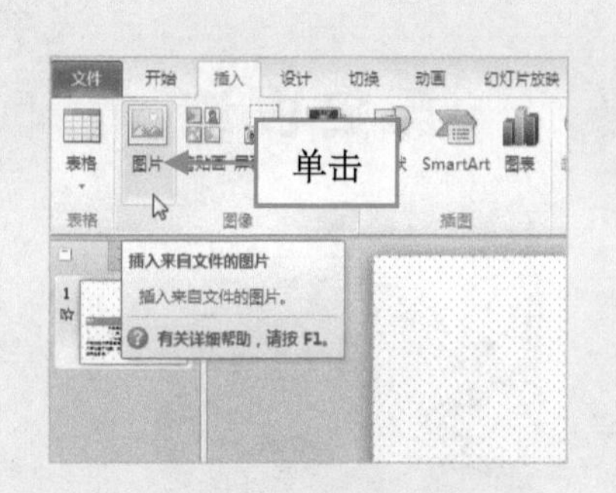

图 5-28　单击“图片”按钮

步骤04　单击“插入”按钮，即可在幻灯片中插入图片，调整图片位置和大小，如图 5-30 所示。

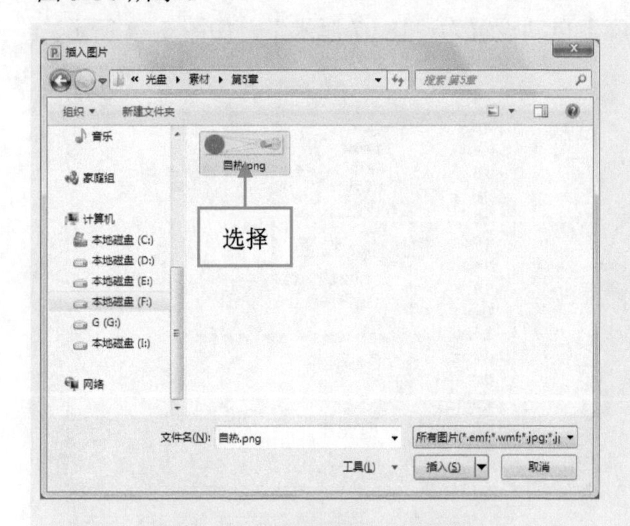

图 5-29　选择需要插入的图片

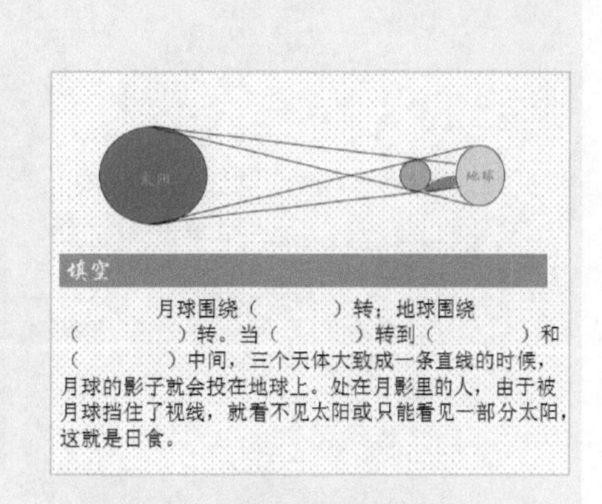

图 5-30　调整图片位置和大小

技巧：在调出的“插入图片”对话框中，按住 Ctrl 键的同时单击鼠标左键，可选择多张图片。

5.2.2　实战——设置历史古迹课件图片的大小

在 PowerPoint 2010 中，用户在插入外部图片后，可以对插入的图片进行相应的调整。

步骤01　单击“文件”|“打开”命令，打开一个素材文件，如图 5-31 所示。

步骤02　在编辑区中选择需要设置大小的图片，切换至“图片工具”中的“格式”面板，如图 5-32 所示。

步骤03　在“大小”选项板中，单击右下角的“大小和位置”按钮，如图 5-33 所示。

图 5-31　素材文件

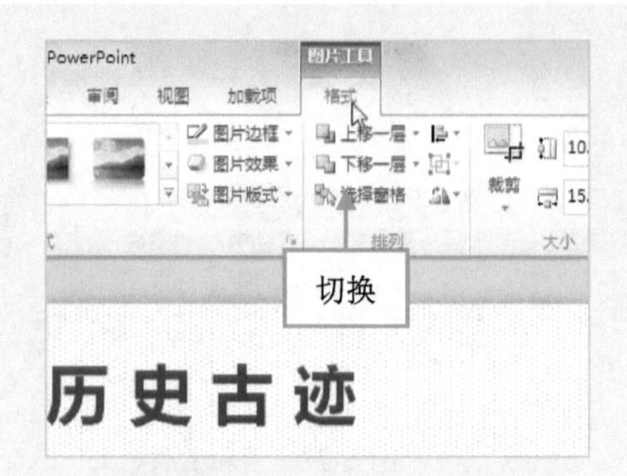

图 5-32　切换至“格式”面板

步骤04　弹出“大小和位置”对话框，在“大小”选项卡中的“尺寸和旋转”选项区中，设置“高度”为“12 厘米”，“宽度”自动设置为“18.07 厘米”，如图 5-34 所示。

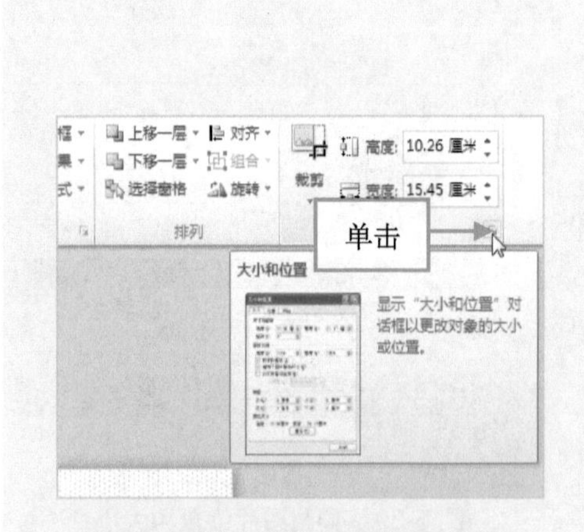

图 5-33　单击“大小和位置”按钮

图 5-34　设置各选项

步骤05　单击“关闭”按钮，设置图片大小，如图 5-35 所示。

步骤06　选择图片，调整至合适位置，如图 5-36 所示。

图 5-35　设置图片大小

图 5-36　调整至合适位置

技巧：除了运用以上方法设置图片大小以外，还有以下两种方法。

- 拖曳：打开演示文稿，选择图片，在图片上单击鼠标左键并拖曳控制点即可。
- 选项：打开演示文稿，选择图片，切换至“图片工具”中的“格式”面板，在“大小”选项板中设置“高度”和“宽度”的值，即可设置图片的大小。

5.2.3 实战——设置友谊之手课件图片的版式

在 PowerPoint 2010 中，可以方便地修改图片版式，在“图片版式”列表框中包括 30 种版式，用户可以选择符合当前演示文稿的版式。

步骤01 单击“文件”|“打开”命令，打开一个素材文件，如图 5-37 所示。

步骤02 在编辑区中选择需要设置形状的图片，切换至“图片工具”中的“格式”面板，如图 5-38 所示。

图 5-37 素材文件

图 5-38 切换至“格式”面板

步骤03 在“图片样式”选项板中单击“图片版式”下拉按钮，在弹出的列表框中选择“螺旋图”选项，如图 5-39 所示。

步骤04 执行操作后，即可设置图片版式，效果如图 5-40 所示。

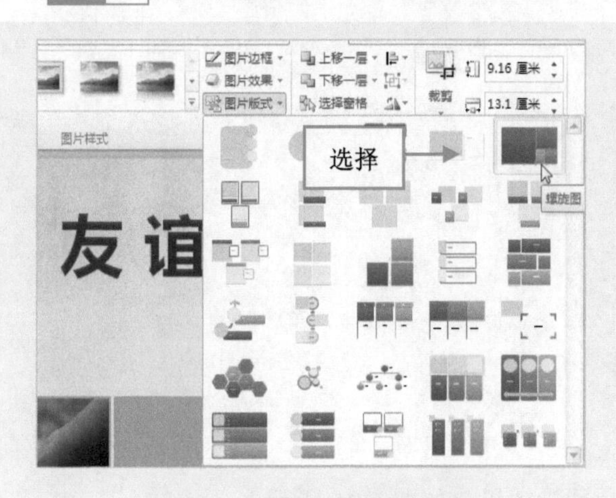

图 5-39 选择“螺旋图”选项

图 5-40 设置图片版式

提示： 当用户在图片版式列表框中选择任意选项后，将自动弹出“在此键入文字”对话框，用户可以在该对话框中的文本框中输入相应文本，对图片进行描述；如果用户不需要对图片进行描述，即可直接单击对话框右上角的“关闭”按钮，关闭该对话框。

5.2.4 实战——设置国家地理课件图片的效果

在 PowerPoint 2010 中，用户可以为图片设置“预设”、“阴影”、“映像”、“发光”、“柔化边缘”、“棱台”和“三维旋转”等效果。

步骤01 单击“文件”|“打开”命令，打开一个素材文件，如图 5-41 所示。

步骤02 在编辑区中，选择需要设置效果的图片，如图 5-42 所示。

图 5-41 素材文件

图 5-42 选择需要的图片

步骤03 切换至“图片工具”中的“格式”面板，在“图片样式”选项板中单击“图片效果”按钮，如图 5-43 所示。

步骤04 在弹出的列表框中，选择“预设”|“预设 10”选项，如图 5-44 所示。

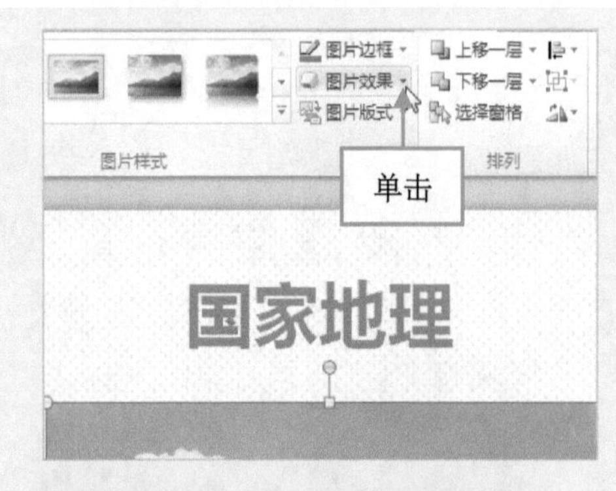

图 5-43 单击“图片效果”按钮

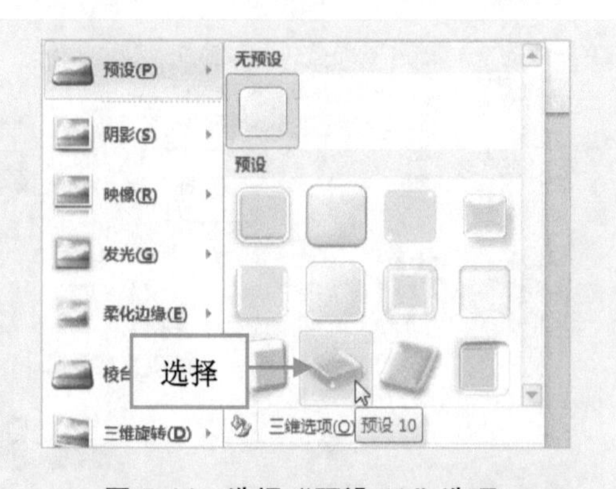

图 5-44 选择“预设 10”选项

步骤05 执行操作后，即可设置图片预设效果，如图 5-45 所示。

步骤06 单击“图片效果”按钮，在弹出的列表框中，选择“发光”|“蓝色，5pt 发光，强调文字颜色 1”选项，如图 5-46 所示。

图 5-45 设置图片预设效果

图 5-46 选择相应选项

步骤07 执行操作后，即可设置图片发光效果，如图 5-47 所示。

步骤08 选择编辑区中的图片，调整至合适位置，效果如图 5-48 所示。

图 5-47 设置图片发光效果

图 5-48 调整图片位置

试一试：根据以上操作步骤，用户可以将课件中的图片设置相应效果。

5.2.5 实战——设置宗教建筑课件图片的边框

在设置好图片形状以后，为使图片与背景和演示文稿中的其他元素区分开来，用户还可以为图片添加边框。

步骤01 单击“文件”|“打开”命令，打开一个素材文件，如图 5-49 所示。

步骤02 在编辑区中选择需要设置边框效果的图片，如图 5-50 所示。

步骤03 切换至“格式”面板，在“图片样式”选项板中，单击“图片边框”按钮，如图 5-51 所示。

图 5-49　素材文件

图 5-50　选择需要的图片

步骤 04　在弹出的列表框中的“标准色”选项区中，选择“红色”选项，如图 5-52 所示。

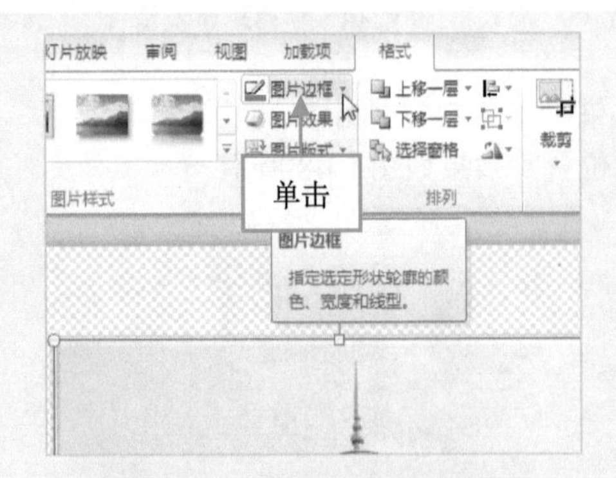

图 5-51　单击“图片边框”按钮

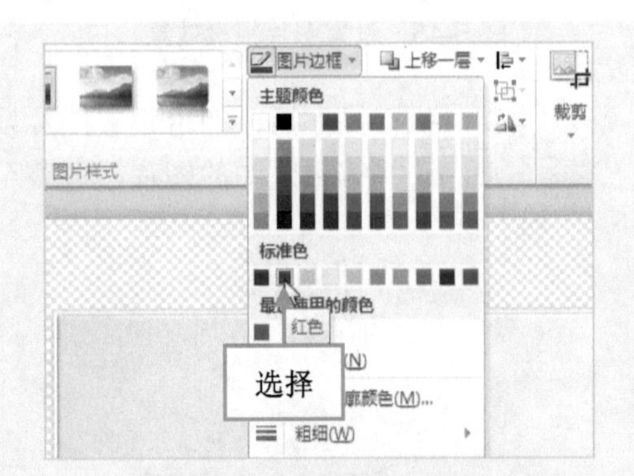

图 5-52　选择“红色”选项

步骤 05　执行操作后，即可设置边框颜色，单击“图片边框”按钮，在弹出的列表框中选择“粗细”|“3 磅”选项，如图 5-53 所示。

步骤 06　执行操作后，即可设置宗教建筑课件图片边框效果，如图 5-54 所示。

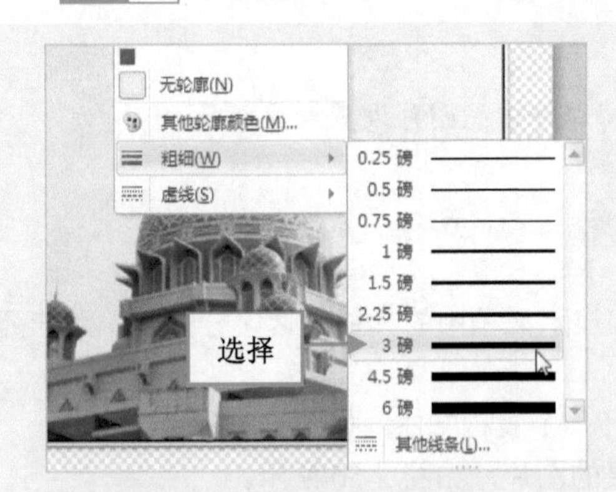

图 5-53　选择“3 磅”选项

图 5-54　设置边框效果

提示：在“图片边框”列表框中，除了可以为图片设置颜色与边框线的粗细以外，用户还可以将边框线设置为虚线。

5.2.6 实战——调整山川河流课件图片的亮度和对比度

对于 PowerPoint 2010 中插入的颜色偏暗的图片，用户可以通过“更正”按钮，对图片的亮度和对比度进行相应调整，使插入的图片更加明亮。

步骤01 单击“文件”|“打开”命令，打开一个素材文件，如图 5-55 所示。

步骤02 在编辑区中选择需要调整亮度和对比度的图片，如图 5-56 所示。

图 5-55 素材文件

山川河流

图 5-56 选择图片

步骤03 切换至“图片工具”中的“格式”面板，在“调整”选项板中，单击“更正”下拉按钮，如图 5-57 所示。

步骤04 弹出下拉列表，在“亮度和对比度”选项区中，选择相应选项，如图 5-58 所示。

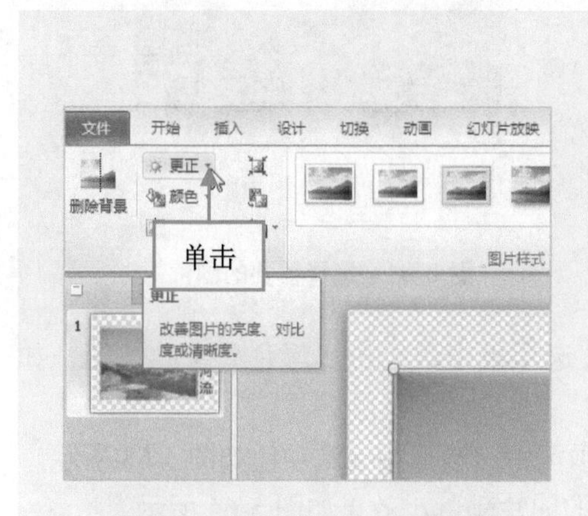

图 5-57 单击“更正”下拉按钮

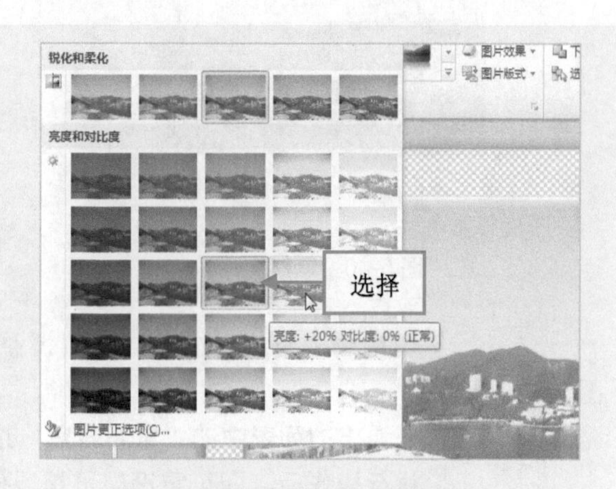

图 5-58 选择相应选项

步骤05 执行操作后，即可调整山川河流课件图片的亮度和对比度，效果如图 5-59 所示。

图 5-59 调整图片亮度和对比度效果

提示：在“图片边框”列表框中，除了可以为图片设置颜色与边框线的粗细以外，用户还可以将边框线设置为虚线。

5.2.7 实战——重设展览馆课件图片的颜色

PowerPoint 2010 不但能够调整图片“亮度”和“对比度”，同时也能够更换图片本身的颜色，实现重新着色。

步骤01 单击“文件”|“打开”命令，打开一个素材文件，如图 5-60 所示。

步骤02 在编辑区中选择需要重新调整颜色的图片，如图 5-61 所示。

图 5-60 素材文件

图 5-61 选择需要的图片

步骤03 切换至“格式”面板，在“调整”选项板中，单击“颜色”下拉按钮，如图 5-62 所示。

步骤04 在弹出的列表中的“重新着色”选项区中，选择相应选项，如图 5-63 所示。

步骤05 执行操作后，即可重设展览馆课件的图片颜色，效果如图 5-64 所示。

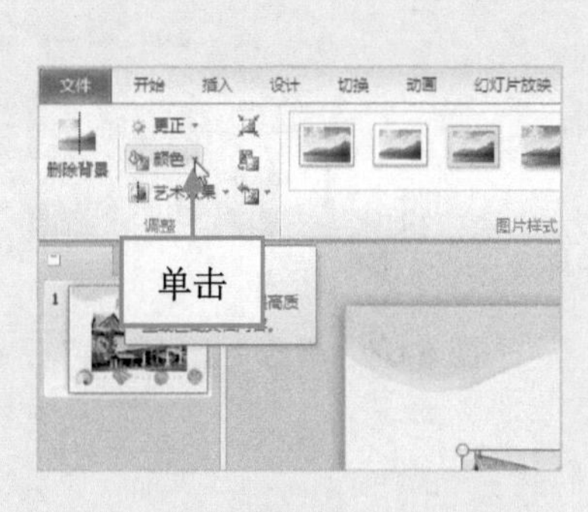

图 5-62　单击“颜色”下拉按钮

图 5-63　选择相应选项

图 5-64　重设图片颜色效果

试一试：根据以上操作步骤，用户可以将课件中的图片重新设置颜色。

5.2.8 实战——调整雕塑艺术课件图片的艺术效果

在 PowerPoint 2010 中的“艺术效果”列表框中，为用户提供了 20 多种艺术效果，选择不同的选项，即可制作出不同的艺术效果。

步骤 01　单击“文件”|“打开”命令，打开一个素材文件，如图 5-65 所示。

步骤 02　在编辑区中选择需要调整艺术效果的图片，如图 5-66 所示。

图 5-65　素材文件

图 5-66　选择需要调整的图片

步骤03 切换至“格式”面板，在“调整”选项板中，单击“艺术效果”下拉按钮，如图 5-67 所示。

步骤04 在弹出的列表中选择“混凝土”选项，如图 5-68 所示。

步骤05 执行操作后，即可调整雕塑艺术课件图片艺术效果，如图 5-69 所示。

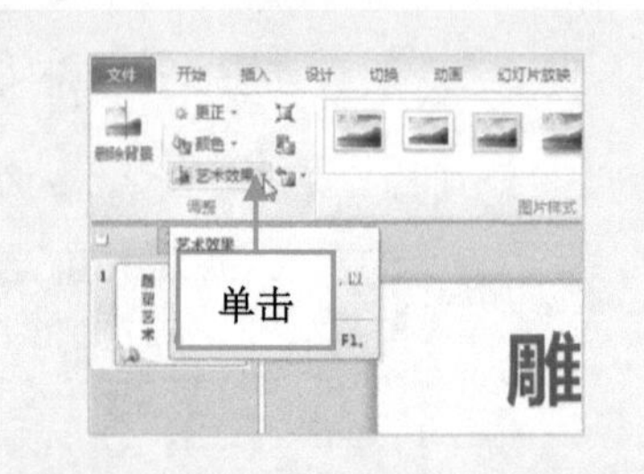

图 5-67 单击“艺术效果”下拉按钮

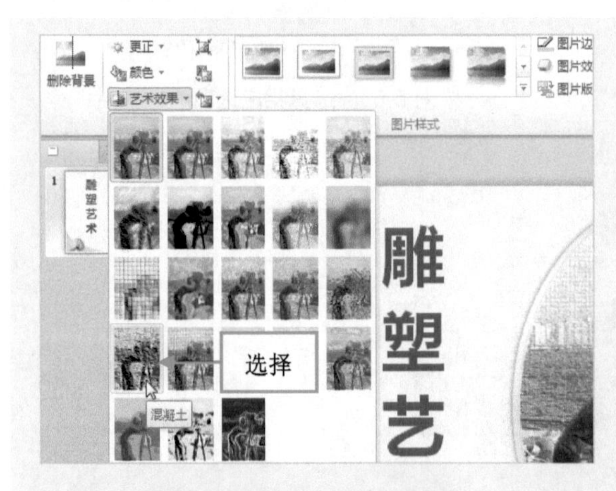

图 5-68 选择“混凝土”选项

图 5-69 调整雕塑艺术课件图片效果

试一试：根据以上操作步骤，用户可以将课件中的图片设置艺术效果。

5.3 制作艺术字课件

艺术字是一种特殊的图形文字，常用来表现幻灯片的标题文字，用户可以对艺术字进行大小调整、旋转和添加三维效果等。

5.3.1 实战——为彩陶艺术课件插入艺术字

为了使演示文稿的标题或某个文字能够更加突出，用户可以运用艺术字来达到自己想要的效果。

步骤01 单击“文件”|“打开”命令，打开一个素材文件，如图 5-70 所示。

步骤02 切换至“插入”面板，在“文本”选项板中，单击“艺术字”下拉按钮，如图 5-71 所示。

步骤03 在弹出的列表框中选择相应选项，如图 5-72 所示。

步骤04 执行操作后，在编辑区中插入艺术字文本框，删除文本框中的内容，重新输入文本，并调整至合适位置，效果如图 5-73 所示。

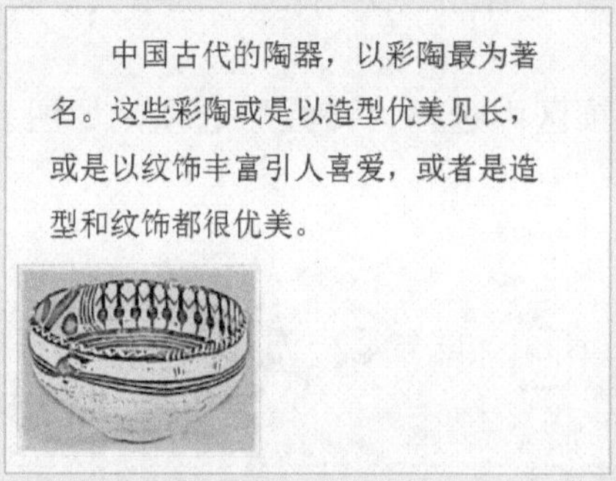

图 5-70 素材文件

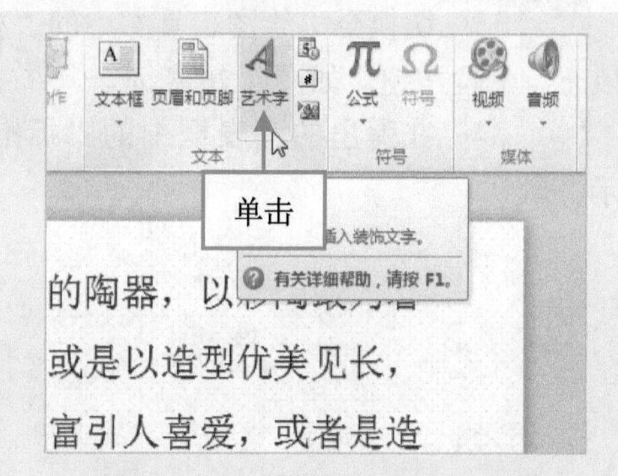

图 5-71 单击“艺术字”下拉按钮

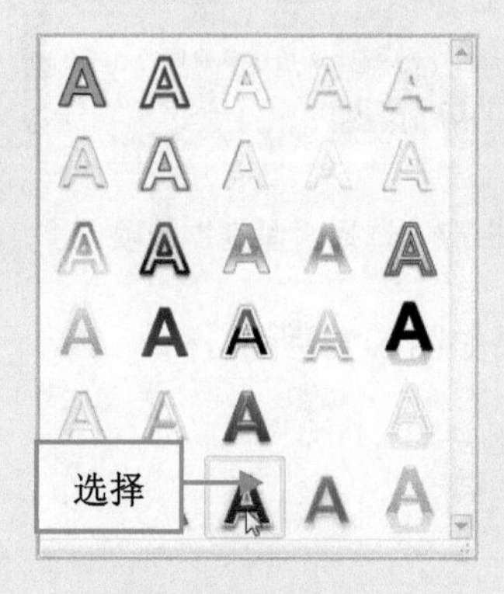

图 5-72 选择相应选项

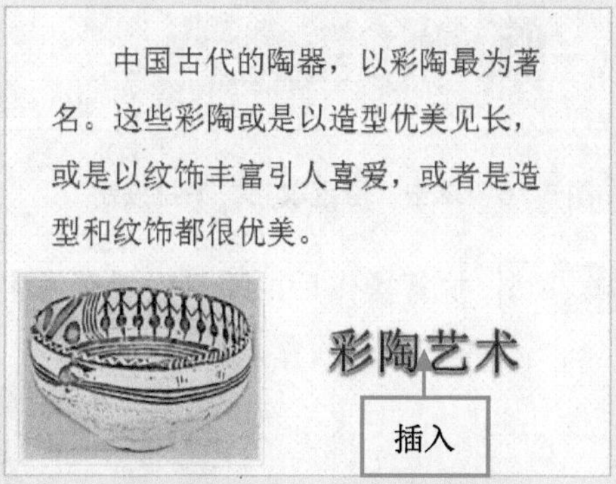

图 5-73 插入艺术字效果

5.3.2 实战——设置陶器的造型课件艺术字形状填充

为艺术字添加形状填充颜色，是指在一个封闭的对象中加入填充效果，这种效果可以是单色、过渡色、纹理，还可以是图片。

步骤 01 单击“文件”|“打开”命令，打开一个素材文件，如图 5-74 所示。

步骤 02 在编辑区中选择需要设置形状填充的艺术字，如图 5-75 所示。

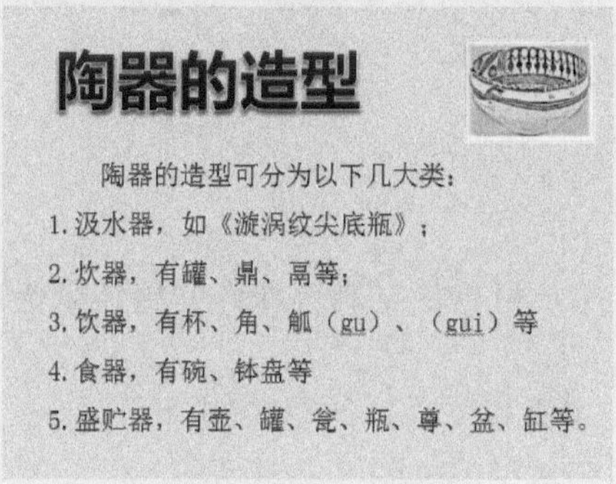

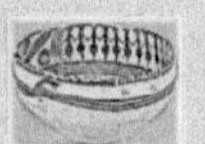

图 5-74 素材文件

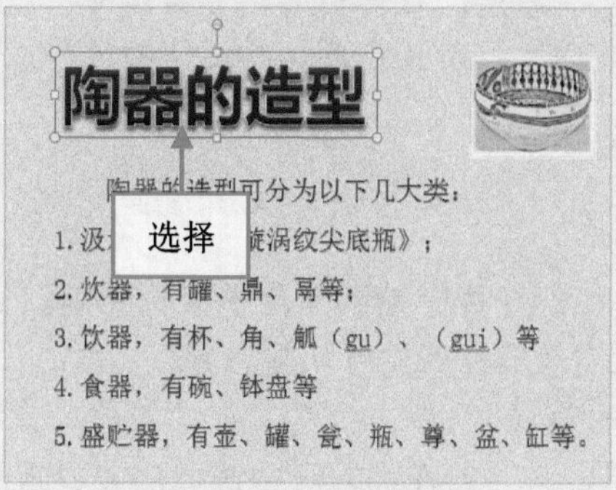

图 5-75 选择艺术字

步骤03 切换至“绘图工具”中的“格式”面板，单击“形状样式”选项板中的“形状填充”下拉按钮，如图5-76所示。

步骤04 在弹出的列表框中的“标准色”选项区中选择“深红”选项，如图5-77所示。

图5-76 单击“形状填充”下拉按钮

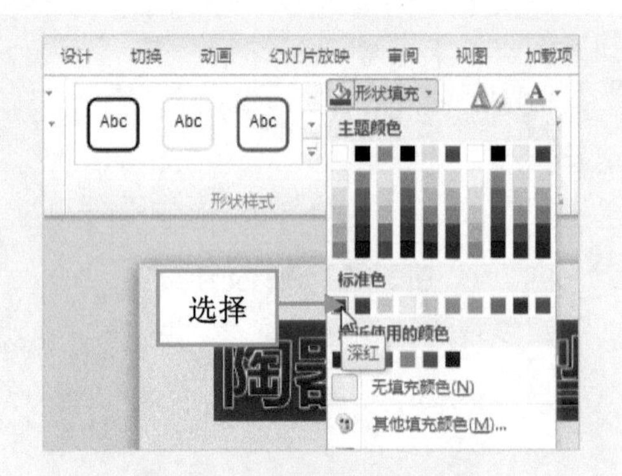

图5-77 选择“深红”选项

步骤05 执行操作后，即可设置艺术字形状填充，效果如图5-78所示。

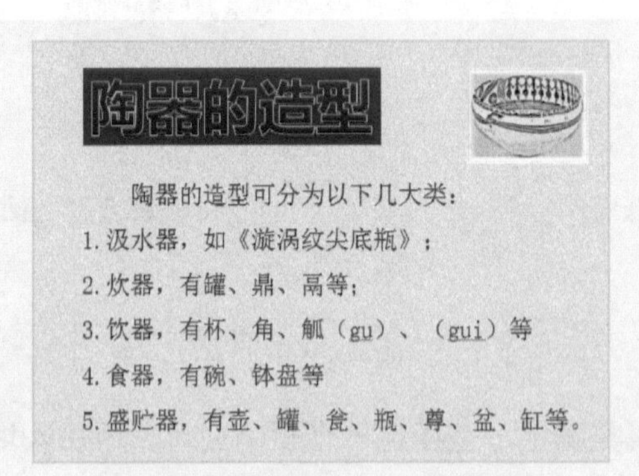

图5-78 设置艺术字形状填充效果

注意：在弹出的“形状填充”列表框中，用户不仅可以直接选择颜色进行填充，另外还可以图片、渐变色和纹理进行填充。

5.3.3 实战——设置蓝玫瑰艺术字形状样式

在幻灯片中绘制的艺术字轮廓是默认的颜色，用户可以根据制作课件的整体风格，对艺术字轮廓样式进行相应设置。

步骤01 单击“文件”|“打开”命令，打开一个素材文件，如图5-79所示。

步骤02 在编辑区中选择需要设置形状样式的艺术字，如图5-80所示。

步骤03 切换至“绘图工具”中的“格式”面板，在“形状样式”选项板中，单击“其他”下拉按钮，如图5-81所示。

图 5-79　素材文件

图 5-80　选择艺术字

步骤04　在弹出的列表框中选择“细微效果-橄榄色，强调颜色 3”选项，如图 5-82 所示。

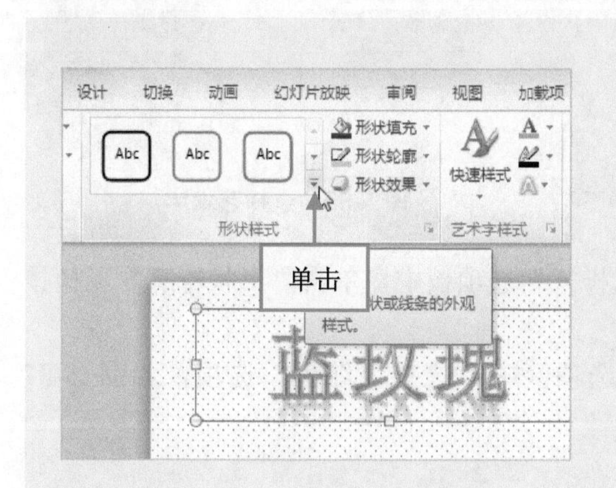

图 5-81　单击“其他”按钮

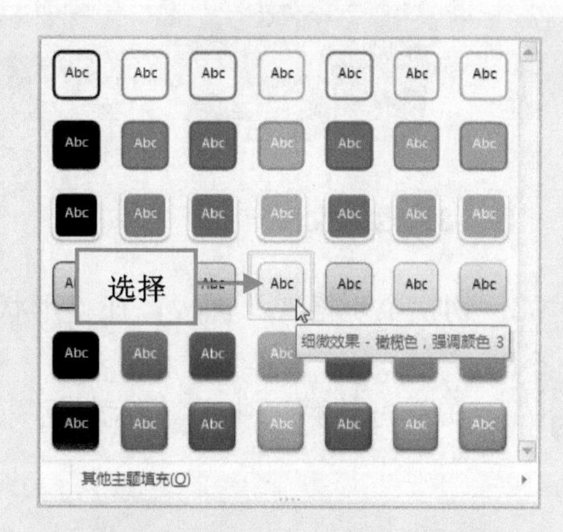

图 5-82　选择“细微效果-橄榄色，强调颜色 3”选项

提示：如果用户对“其他”列表框中的形状样式不满意，还可以选择“其他主题填充”选项，在弹出的列表框中，软件自带有 12 种样式供用户选择。

步骤05　执行操作后，即可设置艺术字形状样式，效果如图 5-83 所示。

图 5-83　设置艺术字形状样式效果

5.3.4 实战——设置红玫瑰艺术字形状轮廓

在 PowerPoint 2010 中，用户如果需要对艺术字的形状轮廓进行设置，可以在“形状轮廓”下拉列表框中进行调整。

步骤01 单击“文件”|“打开”命令，打开一个素材文件，如图 5-84 所示。

步骤02 在编辑区中选择需要设置形状轮廓的艺术字，如图 5-85 所示。

图 5-84 素材文件

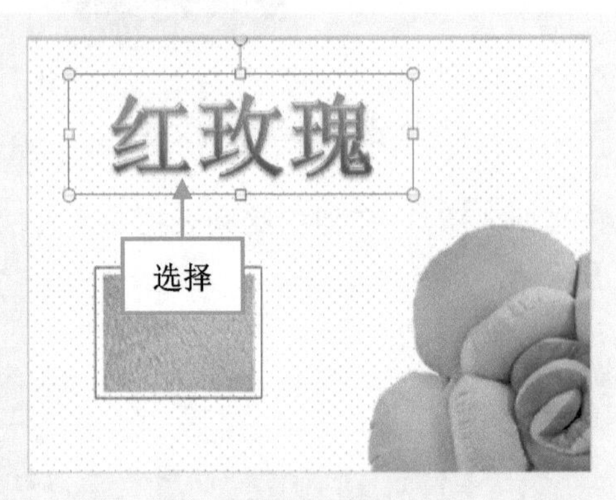

图 5-85 选择艺术字

步骤03 切换至“格式”面板，在“形状样式”选项板中，单击“形状轮廓”下拉按钮，如图 5-86 所示。

步骤04 在弹出的列表中的“标准色”选项区中，选择“红色”选项，如图 5-87 所示。

图 5-86 单击“形状轮廓”按钮

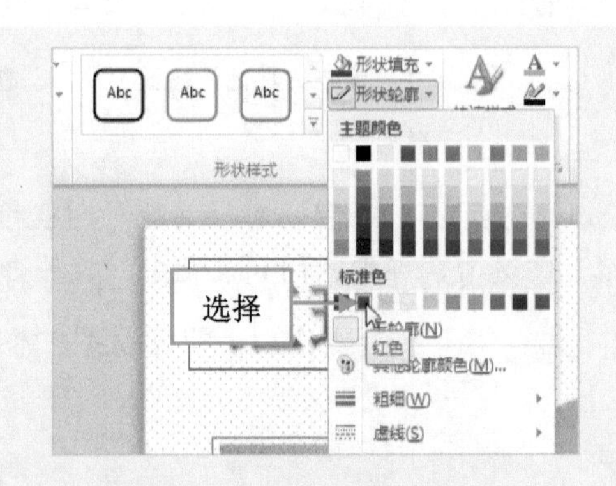

图 5-87 选择“红色”选项

步骤05 再次单击“形状轮廓”下拉按钮，在弹出的列表框中选择“粗细”|“3 磅”选项，如图 5-88 所示。

步骤06 执行操作后，即可设置艺术字形状轮廓，效果如图 5-89 所示。

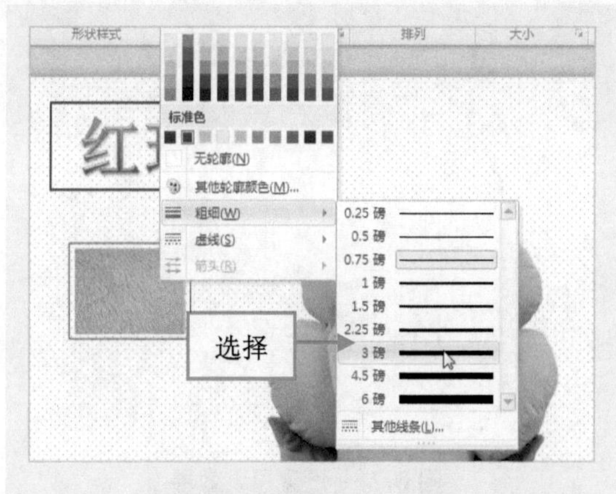

图 5-88 选择“3 磅”选项

图 5-89 设置艺术字形状轮廓效果

5.3.5 实战——设置美丽花束艺术字形状效果

在 PowerPoint 2010 中，为艺术字设置形状填充和形状轮廓以后，接下来可以为艺术字设置形状效果，使添加的艺术字更加美观。

步骤01 单击“文件”|“打开”命令，打开一个素材文件，如图 5-90 所示。

步骤02 在编辑区中选择需要设置形状效果的艺术字，如图 5-91 所示。

图 5-90 素材文件

图 5-91 选择艺术字

步骤03 切换至“格式”面板，在“形状样式”选项板中，单击“形状效果”下拉按钮，如图 5-92 所示。

步骤04 在弹出的列表框中选择“预设”|“预设 9”选项，如图 5-93 所示。

步骤05 执行操作后，即可设置艺术字形状预设效果，如图 5-94 所示。

步骤06 选择艺术字，在弹出的形状效果列表框中选择“棱台”选项，在弹出的列表框中的“棱台”选项区中选择“斜面”选项，如图 5-95 所示。

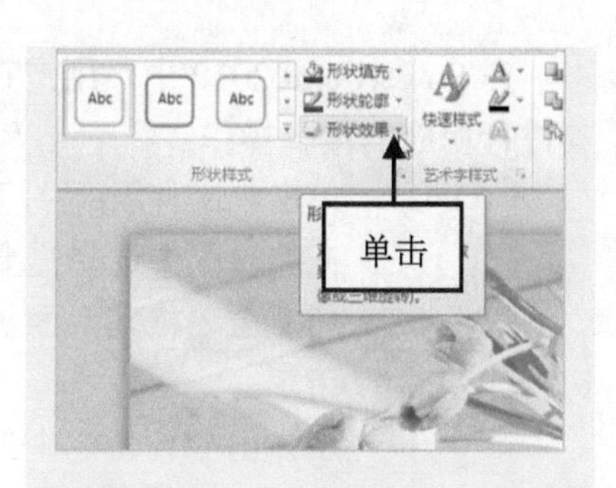

图 5-92 单击“形状效果”下拉按钮

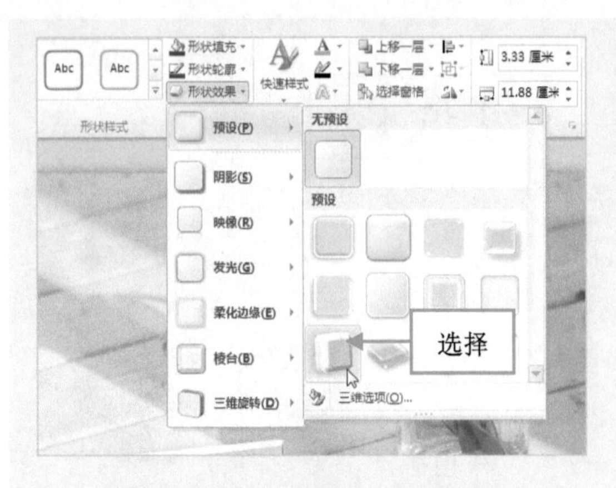

图 5-93　选择“预设 9”选项

图 5-94　设置预设效果

步骤 07　执行操作后，即可设置艺术字形状效果，如图 5-96 所示。

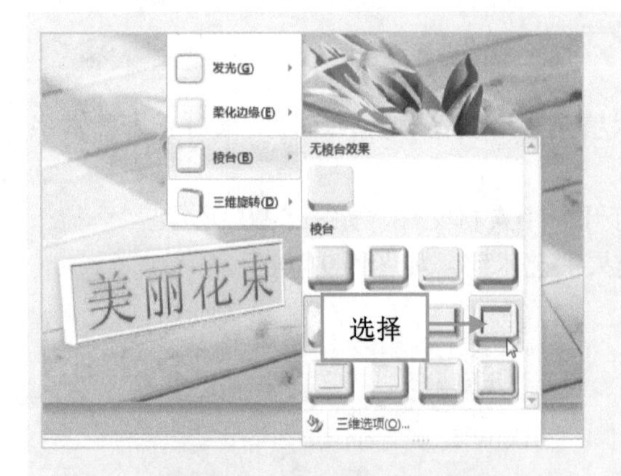

图 5-95　选择“斜面”选项

图 5-96　设置艺术字形状效果

试一试：根据以上操作步骤，用户可以将幻灯片中的图片设置艺术效果。

5.3.6　实战——更改通俗音乐课件艺术字效果

在 PowerPoint 2010 中，用户在插入艺术字后，如果对艺术字的效果不满意，还可以对其进行相应的编辑操作。

步骤 01　单击“文件”|“打开”命令，打开一个素材文件，如图 5-97 所示。

步骤 02　在编辑区中选择需要进行更改的艺术字，如图 5-98 所示。

步骤 03　切换至“格式”面板，在“艺术字样式”选项板中单击“文本轮廓”下拉按钮，如图 5-99 所示。

步骤 04　在弹出的列表框中的“主题颜色”选项区中，选择“白色，文字 2”选项，如图 5-100 所示。

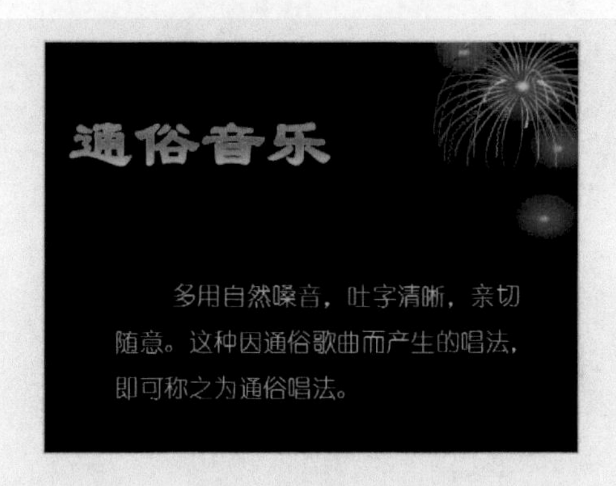

图 5-97　素材文件

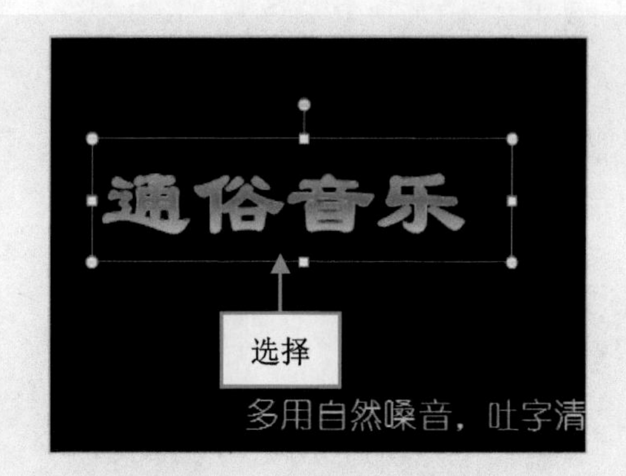

图 5-98　选择需要的艺术字

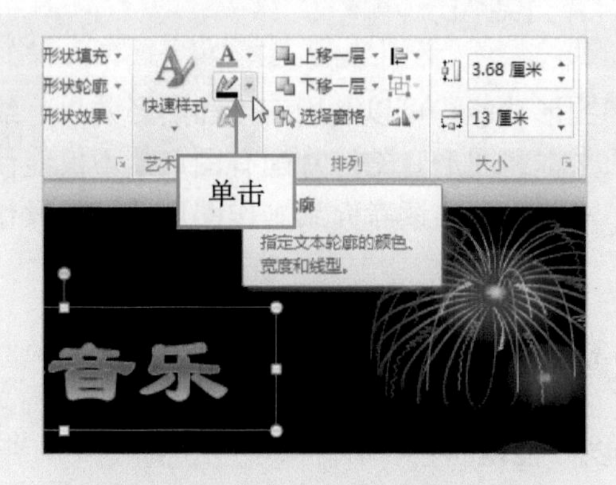

图 5-99　单击“文本轮廓”按钮

图 5-100　选择“白色，文字 2”选项

步骤05　在弹出的“文本轮廓”列表框中选择“粗细”|“2.25 磅”选项，如图 5-101 所示。

步骤06　执行操作后，即可设置艺术字轮廓大小，效果如图 5-102 所示。

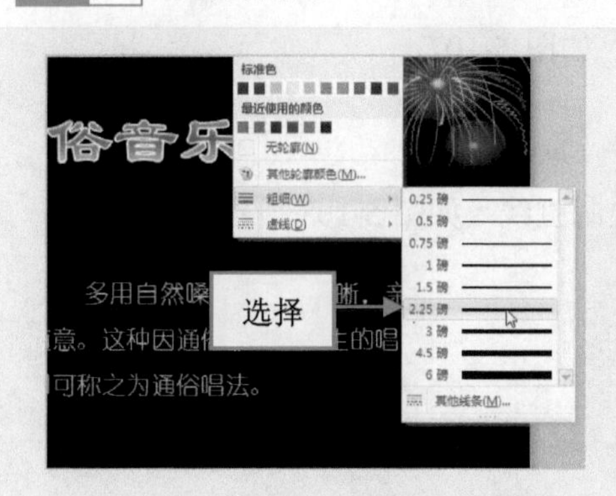

图 5-101　选择“2.25 磅”选项

图 5-102　设置艺术字轮廓大小

步骤07　在“艺术字样式”选项板中，单击“文字效果”下拉按钮，在弹出的列表框中选择“映像”|“紧密映像，接触”选项，如图 5-103 所示。

步骤08　执行操作后，即可更改艺术字效果，效果如图 5-104 所示。

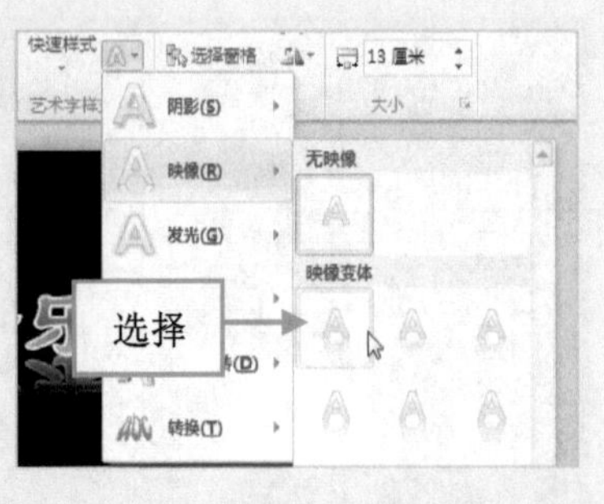

图 5-103　选择“紧密映像，接触”选项

图 5-104　更改艺术字效果

5.4　制作图形课件

在 PowerPoint 2010 中，具有齐全的绘画和图形功能，可以利用三维和阴影效果、纹理、图片或透明填充以及自选图形来修饰用户的文本和图形。幻灯片配有图形，不仅能使文本更容易理解，而且是十分有效的修饰方法。本节主要向读者介绍制作图形课件的操作方法。

5.4.1　实战——在小孔成像课件中绘制直线

在幻灯片中各图形对象之间绘制直线，可以方便地将多个不相干的图形组合在一起，形成一个整体。

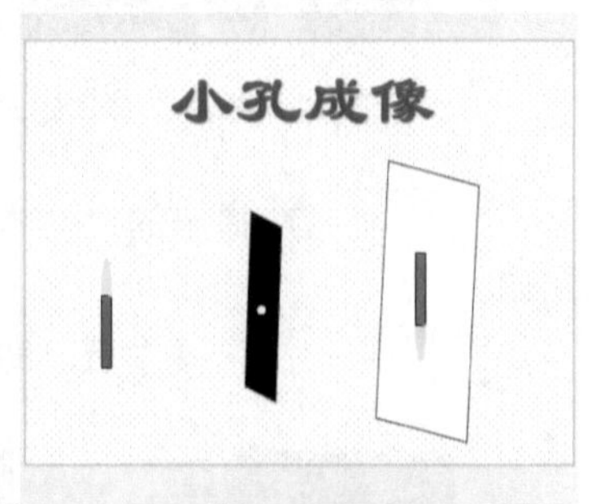

图 5-105　素材文件

步骤 01　单击“文件”|“打开”命令，打开一个素材文件，如图 5-105 所示。

步骤 02　切换至“插入”面板，在“插图”选项板中，单击“形状”按钮，如图 5-106 所示。

步骤 03　弹出列表框，选择“直线”选项，如图 5-107 所示。

步骤 04　在编辑区中需要绘制直线的位置，单击鼠标左键并拖曳，至合适位置后，释放鼠标左键，绘制直线，如图 5-108 所示。

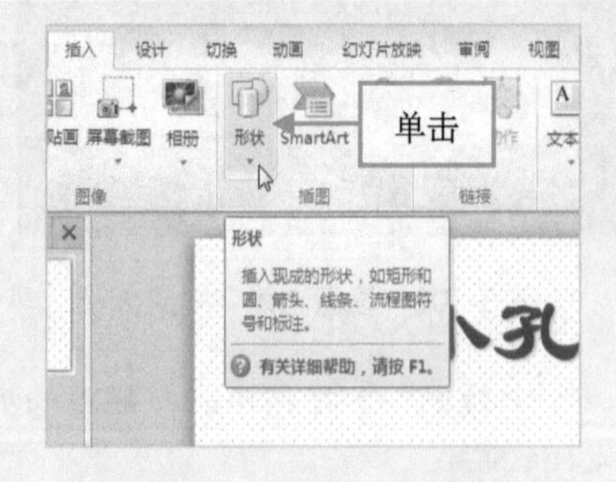

图 5-106　单击“形状”按钮

图 5-107　选择“直线”选项

步骤05 用与上同样的方法，在编辑区中的合适位置，绘制另外一条直线，效果如图 5-109 所示。

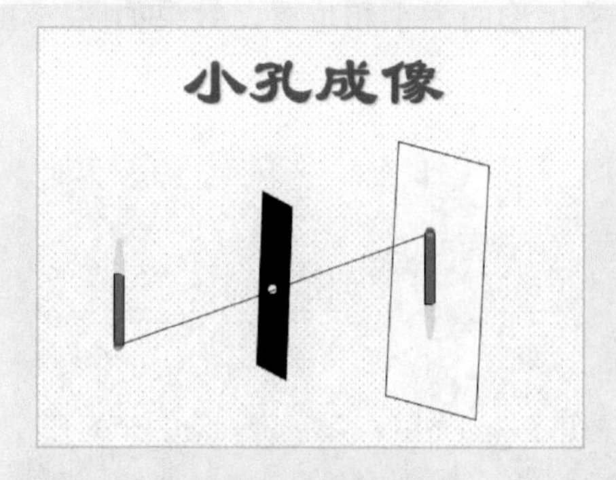

图 5-108 绘制直线

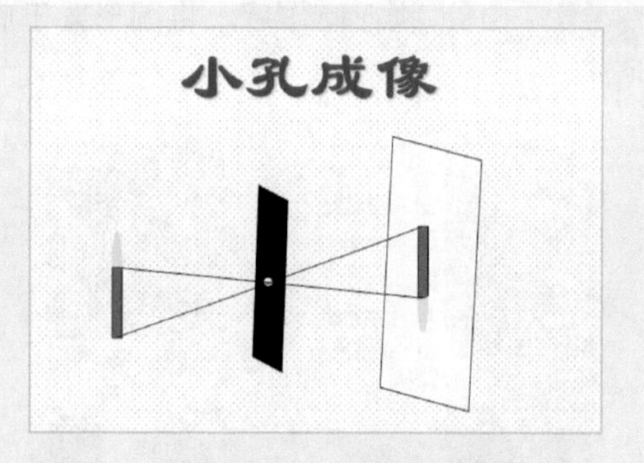

图 5-109 绘制直线效果

试一试：根据以上操作步骤，用户可以自己尝试绘制直线。

5.4.2 实战——在音乐时代风格课件中绘制矩形图形

在 PowerPoint 2010 中，用户可以方便的对制作的课件，绘制矩形图形，以丰富课件内容，使课件效果条理更加分明。

步骤01 单击“文件”|“打开”命令，打开一个素材文件，如图 5-110 所示。

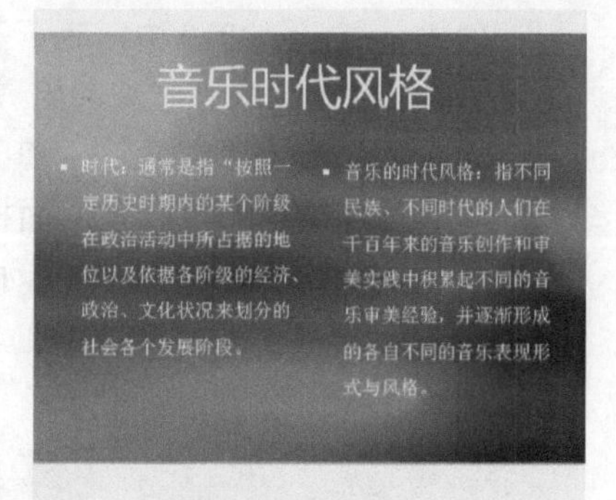

图 5-110 素材文件

步骤02 切换至“插入”面板，在“插图”选项板中，单击“形状”按钮，在弹出的列表框中，选择“矩形”选项，如图 5-111 所示。

步骤03 在编辑区中的合适位置，单击鼠标左键并拖曳，绘制矩形，如图 5-112 所示。

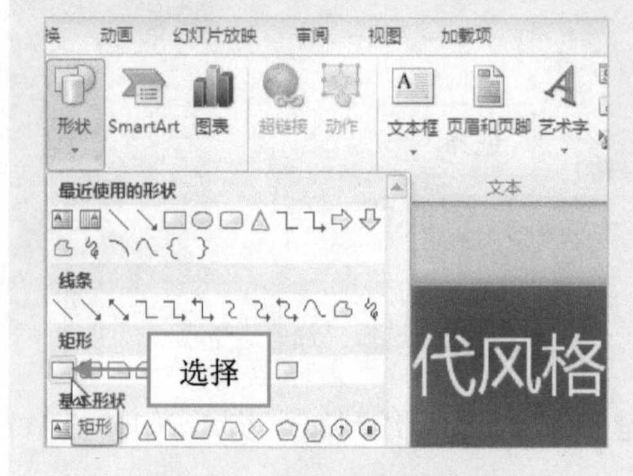

图 5-111 选择“矩形”选项

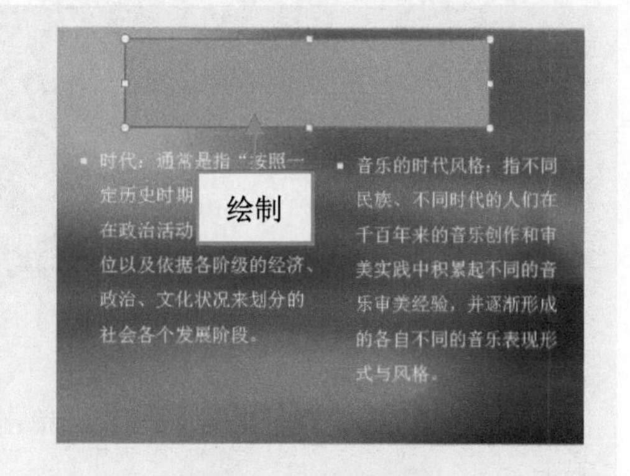

图 5-112 绘制矩形

步骤04 选择绘制的矩形，单击鼠标右键，在弹出的快捷菜单中，选择“置于底层”|“置于底层”命令，如图 5-113 所示。

步骤05 执行操作后，将图形置于底层，调整矩形的大小和位置，效果如图 5-114 所示。

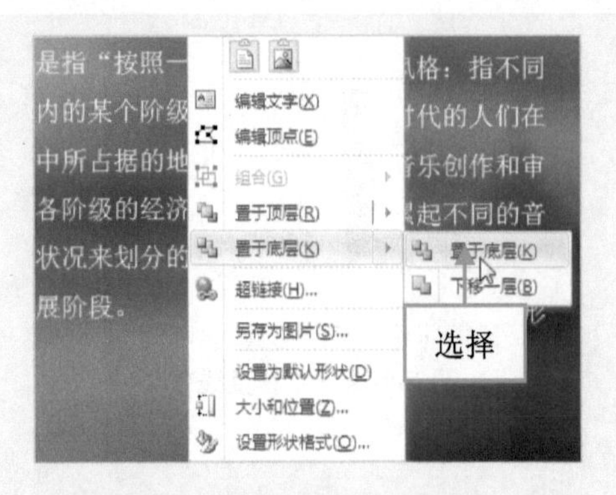

图 5-113 选择“置于底层”命令

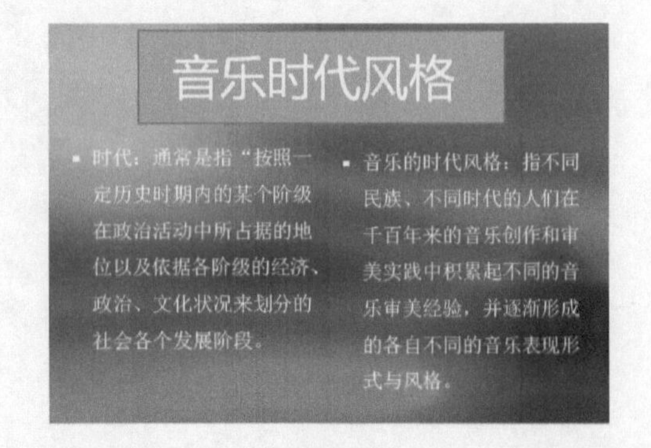

图 5-114 调整矩形的大小和位置

5.4.3 实战——在总计划课件中绘制公式

在 PowerPoint 2010 中，为了能够快速将多个图文对象之间的复杂关系简单化，也为了能够使单个的图像联系起来，用户可以选择在多个形状之间添加公式。

步骤01 单击“文件”|“打开”命令，打开一个素材文件，如图 5-115 所示。

步骤02 切换至“插入”面板，在“插图”选项板中，单击“形状”按钮，在弹出的列表框中，选择“加号”选项，如图 5-116 所示。

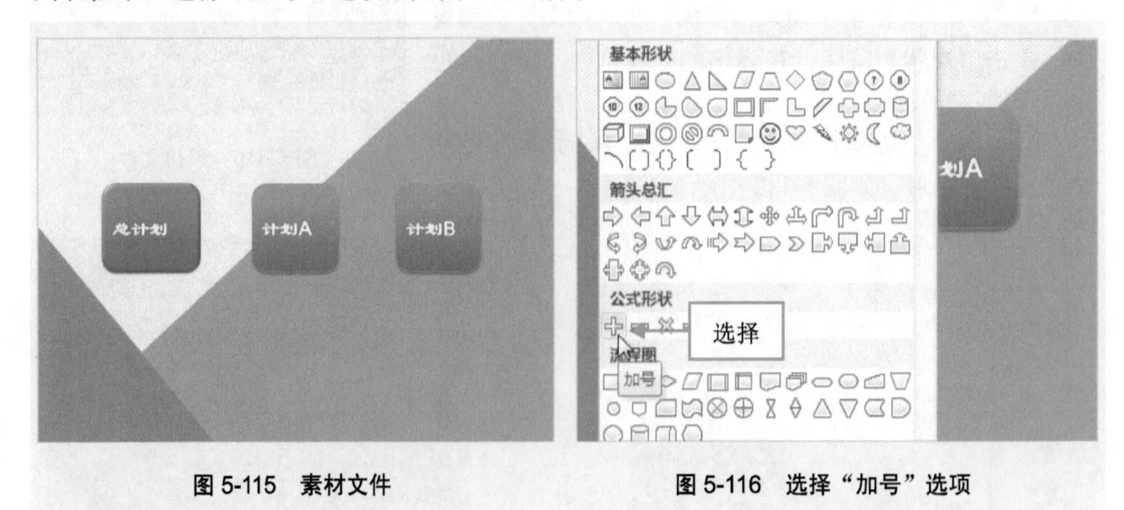

图 5-115 素材文件

图 5-116 选择“加号”选项

步骤03 在编辑区的合适位置，单击鼠标左键并拖曳，即可绘制加号形状，如图 5-117 所示。

步骤04 双击加号形状，在“形状样式”选项板中单击“形状填充”下拉按钮，在弹出的列表框中的“标准色”选项区中选择“深红”选项，如图 5-118 所示。

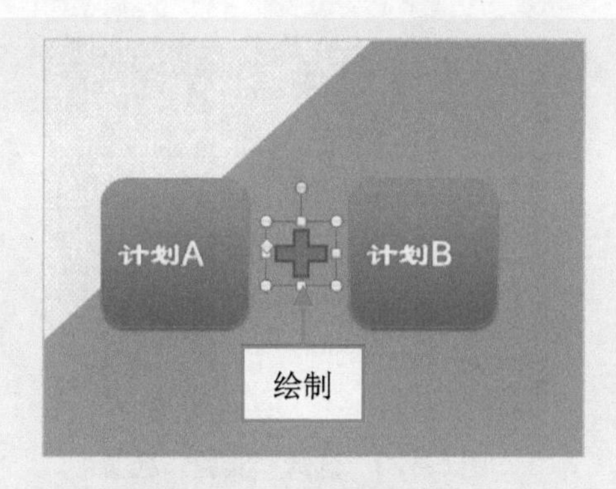

图 5-117 绘制加号形状

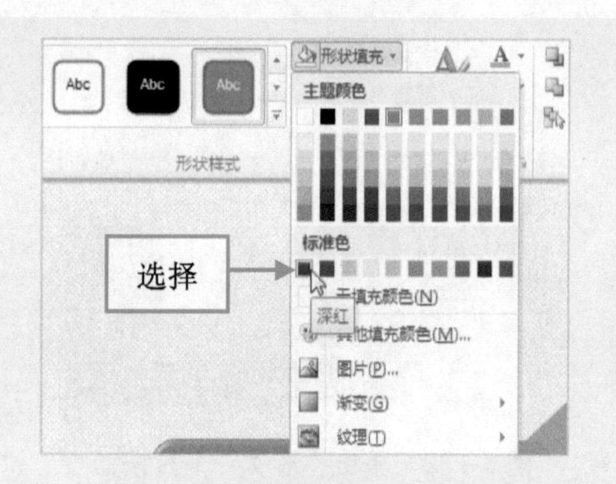

图 5-118 选择“深红”选项

技巧：用户除了设置形状的颜色以外，还可以设置形状的纹理效果。

步骤 05 执行操作后，即可修改加号的颜色，调整形状大小和位置，如图 5-119 所示。

步骤 06 用与上述同样的方法，绘制等于号形状，并调整形状的大小和位置，效果如图 5-120 所示。

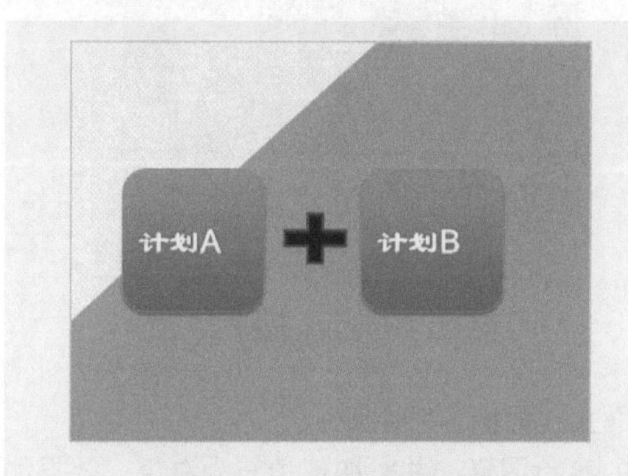

图 5-119 修改加号的颜色

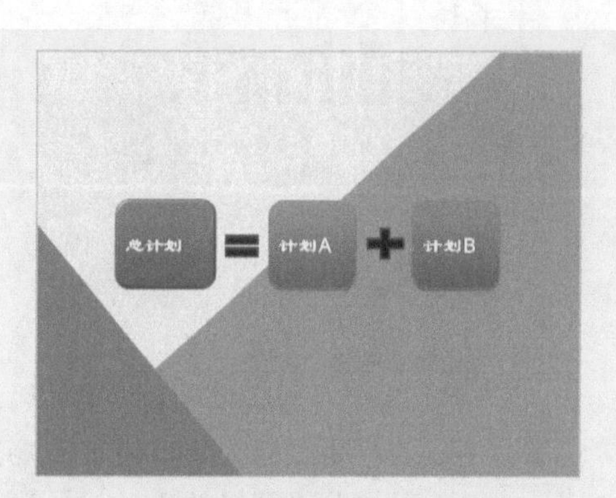

图 5-120 绘制等于号形状

5.4.4 实战——在黑白对比课件中绘制笑脸图形

在 PowerPoint 2010 中，用户可以根据实际需要绘制笑脸等复杂的图形。下面介绍黑白对比课件中笑脸图形的绘制。

步骤 01 单击“文件”|“打开”命令，打开一个素材文件，如图 5-121 所示。

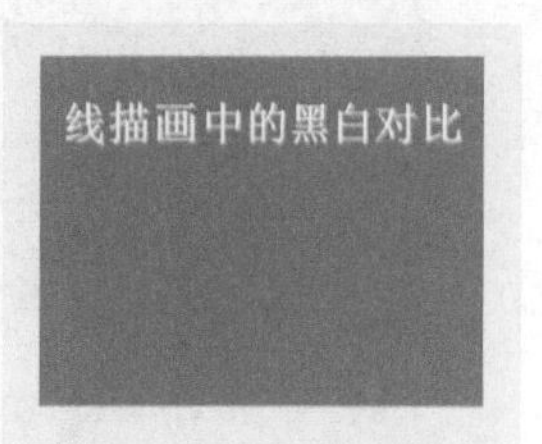

图 5-121 素材文件

步骤 02 切换至“插入”面板，在“插图”选项板中，单击“形状”下拉按钮，如图 5-122 所示。

步骤 03 在弹出的列表框中的“基本形状”选项区中，选择

“笑脸”选项，如图 5-123 所示。

图 5-122　单击“形状”下拉按钮

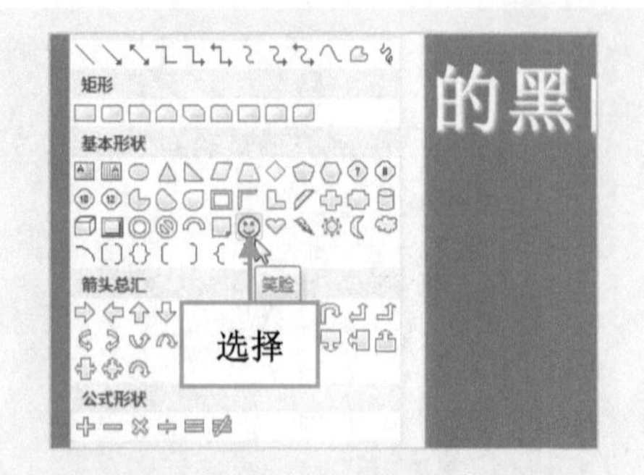

图 5-123　选择“笑脸”选项

步骤 04　双击绘制的笑脸图形，在“绘图工具”中的“格式”面板中，单击“形状样式”选项板中的“形状填充”下拉按钮，在弹出的列表框中的“主题颜色”选项区中，选择“黑色，文字 2”选项，如图 5-124 所示。

步骤 05　在编辑区的合适位置，单击鼠标左键并拖曳，即可绘制笑脸形状，如图 5-125 所示。

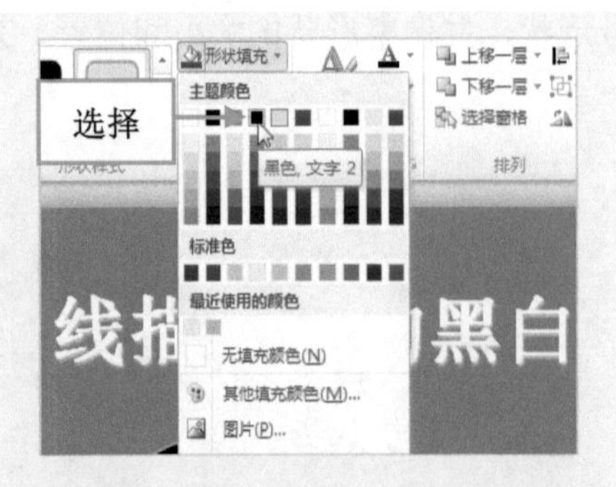

图 5-124　选择“黑色，文字 2”选项

图 5-125　绘制笑脸形状

步骤 06　执行操作后，即可设置图形形状样式，如图 5-126 所示。

步骤 07　用与上述同样的方法，绘制其他的笑脸图形，并对图形填充为白色，效果如图 5-127 所示。

图 5-126　设置图形形状样式

图 5-127　绘制其他笑脸图形

技巧： 在绘制完图形后，用户还可以根据需要在“格式”面板的“大小”选项板中，调整图形大小。

5.4.5 实战——在推广计划中绘制箭头形状

在 PowerPoint 2010 中，绘制的箭头形状连接的两个图形对象之间，一般都存在着递进的关系。

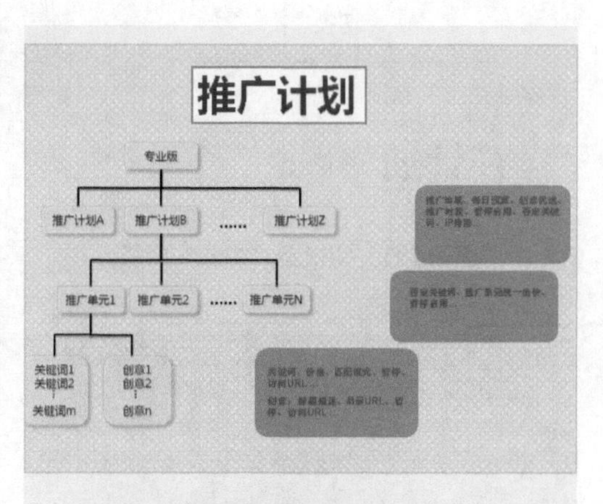

图 5-128 素材文件

步骤01 单击“文件”|“打开”命令，打开一个素材文件，如图 5-128 所示。

步骤02 切换至“插图”选项板，单击“形状”下拉按钮，在弹出的列表框中的“箭头总汇”选项区中，选择“右箭头”选项，如图 5-129 所示。

步骤03 在编辑区的合适位置，单击鼠标左键并拖曳，至合适位置后释放鼠标左键，绘制箭头形状，如图 5-130 所示。

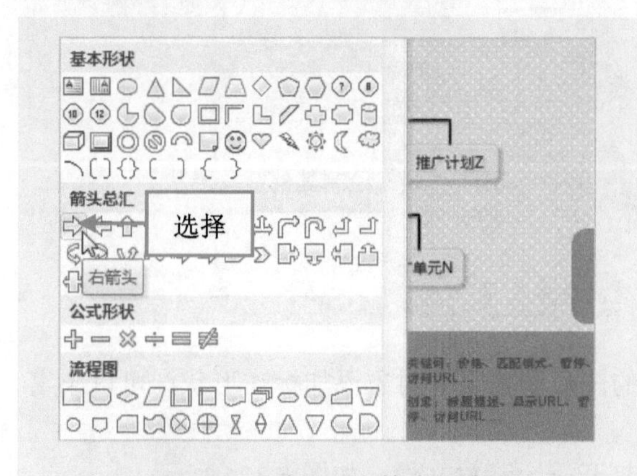

图 5-129 选择“右箭头”选项

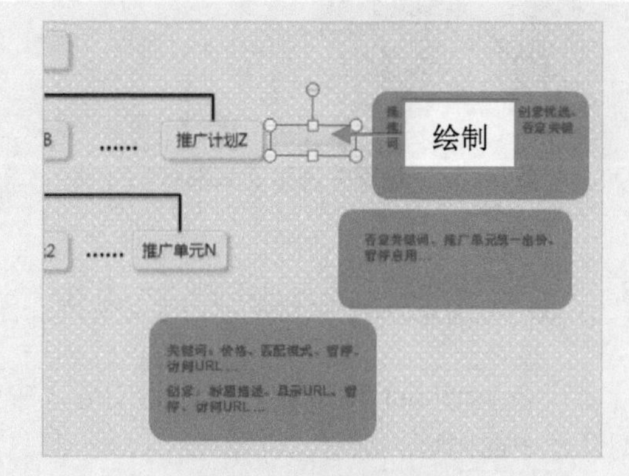

图 5-130 绘制箭头形状

步骤04 选中绘制的箭头形状，切换至“绘图工具”中的“格式”面板，如图 5-131 所示。

步骤05 单击“形状样式”选项板中的“其他”按钮，在弹出的列表框中选择“强烈效果-橙色，强调颜色 1”选项，如图 5-132 所示。

步骤06 执行操作后，即可设置箭头形状样式，调整形状大小，如图 5-133 所示。

步骤07 用与上述同样的方法，绘制其他箭头形状，并相应调整形状样式和大小，效果如图 5-134 所示。

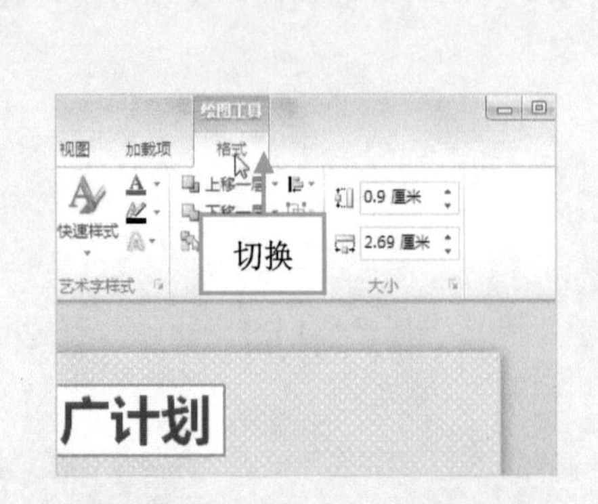

图 5-131　切换至“格式”面板

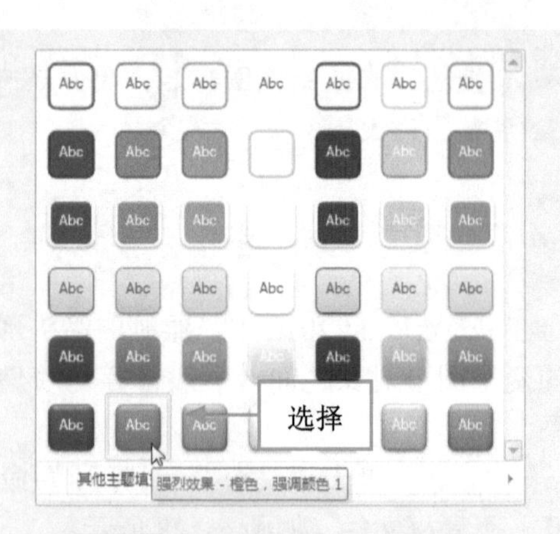

图 5-132　选择“强烈效果-橙色，强调颜色 1”选项

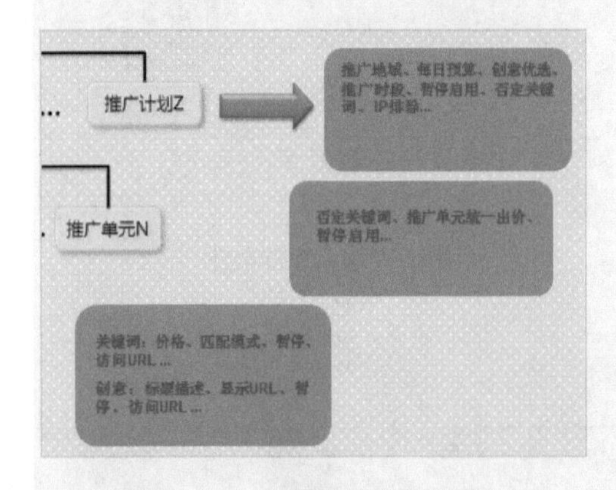

图 5-133　设置并调整箭头形状

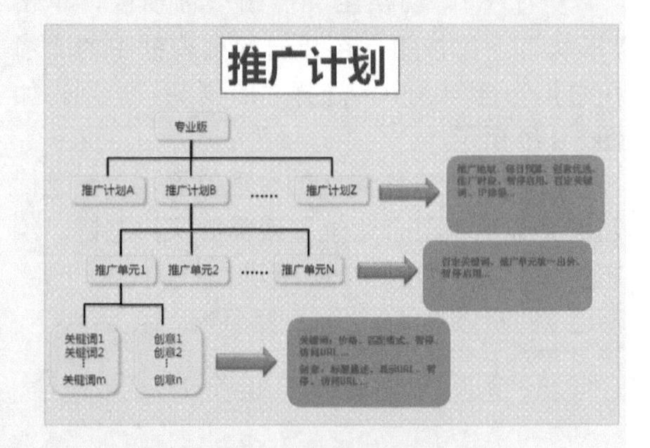

图 5-134　绘制其他箭头形状

5.4.6 实战——在我的音乐课件中绘制标注形状

在 PowerPoint 2010 中，用户为幻灯片中的图片和文字等对象添加标注形状，可以丰富幻灯片中的内容。

步骤 01　单击“文件”|“打开”命令，打开一个素材文件，如图 5-135 所示。

步骤 02　切换至“插图”选项板，单击“形状”下拉按钮，在弹出的列表框中的“标注”选项区中，选择“云形标注”选项，如图 5-136 所示。

步骤 03　在编辑区的合适位置，单击鼠标左键并拖曳，至合适位置后释放鼠标左键，绘制云形标注形状，并对绘制的形状进行细微调整，如图 5-137 所示。

步骤 04　双击云形标注形状，切换至“绘图工具”中的“格式”面板，单击“形状样式”选项板中的“其他”按钮，在弹出的列表框中选择“细微效果-紫色，强调颜色 4”选项，如图 5-138 所示。

步骤 05　执行操作后，即可设置形状样式，如图 5-139 所示。

步骤 06　在绘制的云形标注上单击鼠标右键，弹出快捷菜单，选择“编辑文字”命令，如图 5-140 所示。

图 5-135　素材文件

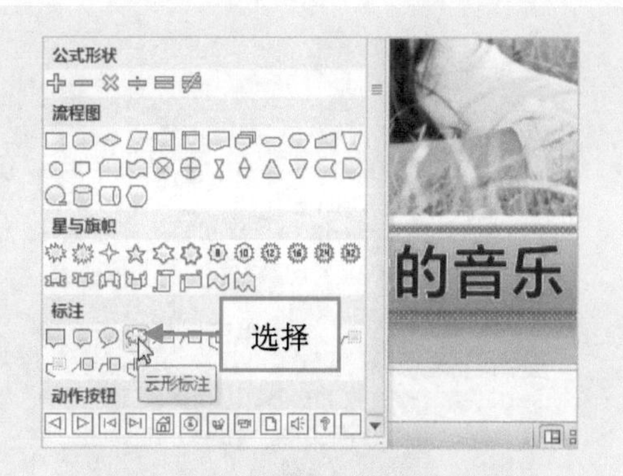

图 5-136　选择“云形标注”选项

图 5-137　绘制云形标注形状

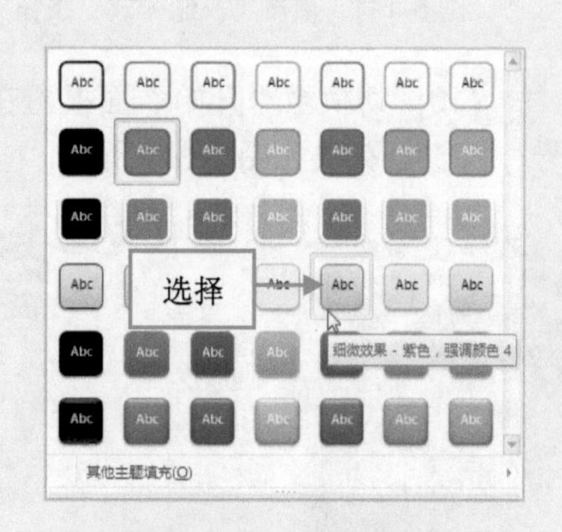

图 5-138　选择相应选项

图 5-139　设置形状样式

图 5-140　选择“编辑文字”命令

步骤 07　在标注中输入文字，选中输入的文字，切换至“格式”面板，单击“艺术字样式”选项板中的“快速样式”下拉按钮，如图 5-141 所示。

步骤 08　在弹出的列表中，选择相应选项，如图 5-142 所示。

步骤 09　执行操作后，即可设置文字效果，如图 5-143 所示。

图 5-141　单击“快速样式”按钮

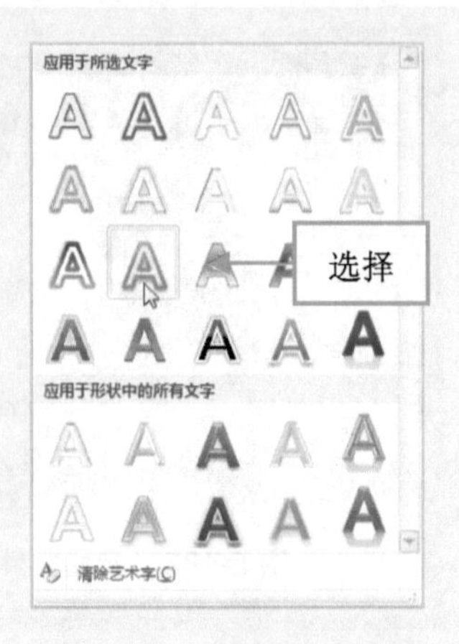

图 5-142　选择相应选项

步骤 10　切换至“开始”面板，在“字体”选项板中，设置“字体”为“楷体”、“字号”为 50，效果如图 5-144 所示。

图 5-143　设置文字效果

图 5-144　设置字体属性

5.4.7　实战——在长征课件中绘制旗帜形状

在 PowerPoint 2010 中，用户可以在课件文本的下方，绘制旗帜形状，不仅美化了文本，同时也丰富了课件的内容。

步骤 01　单击“文件”|“打开”命令，打开一个素材文件，如图 5-145 所示。

步骤 02　切换至“插图”选项板，单击“形状”下拉按钮，在弹出的列表框中的“星与旗帜”选项区中，选择“横卷形”选项，如图 5-146 所示。

步骤 03　在编辑区的合适位置，单击鼠标左键并拖曳，至合适位置后释放鼠标左键，绘制横卷形形状，并

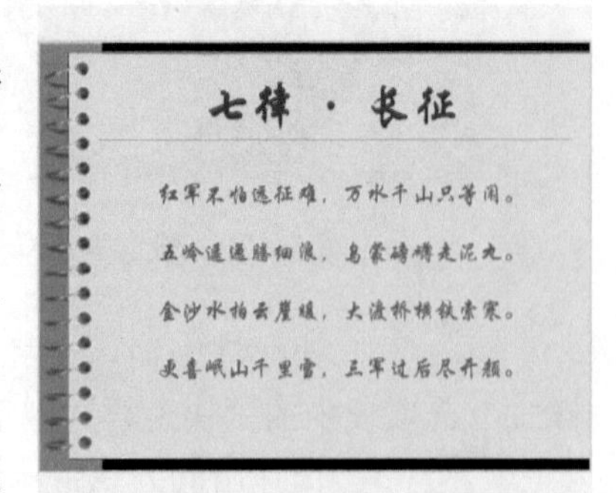

图 5-145　素材文件

对绘制的形状进行细微调整，如图5-147所示。

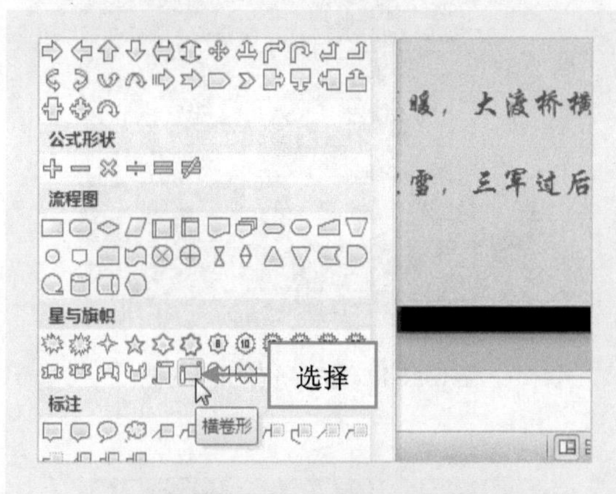

图5-146 选择“横卷形”选项

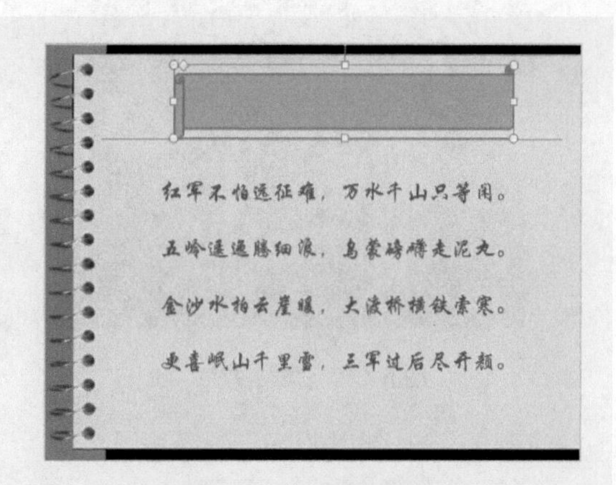

图5-147 绘制横卷形形状

步骤04 在绘制的横卷形形状上，单击鼠标右键，在弹出的快捷菜单中，选择“置于底层”|“置于底层”命令，如图5-148所示。

步骤05 执行操作后，即可将图形置于底层，效果如图5-149所示。

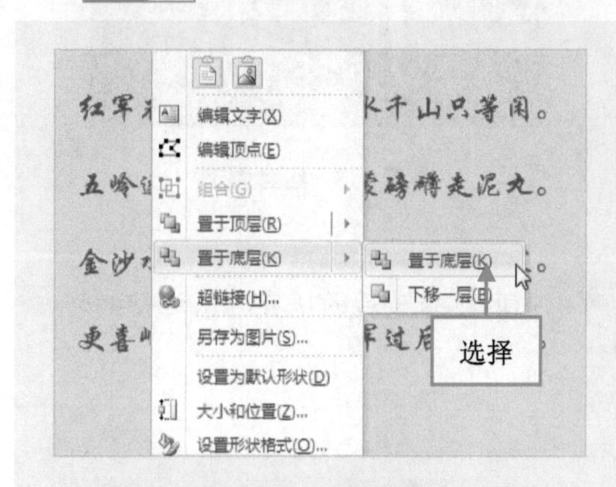

图5-148 选择“置于底层”命令

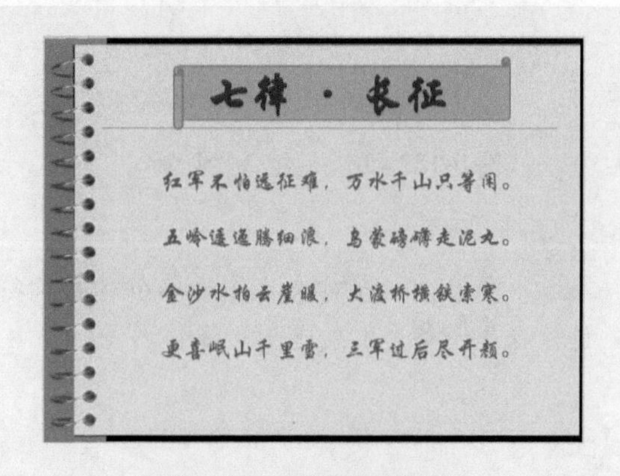

图5-149 将图形置于底层

5.4.8 实战——组合河流和湖泊概况课件中的图形对象

如果经常对图形对象进行同种操作，可将这些图形对象组合到一起，组合在一起的图形对象称为组合对象。

步骤01 单击“文件”|“打开”命令，打开一个素材文件，如图5-150所示。

步骤02 按Ctrl＋A组合键，选择所有图形对象，如图5-151所示。

步骤03 切换至“绘图工具”中的“格式”面板，单击“排列”选项板中的“组合”下拉按钮，在弹出的列表中选择“组合”命令，如图5-152所示。

步骤04 执行操作后，即可组合课件中的图形，效果如图5-153所示。

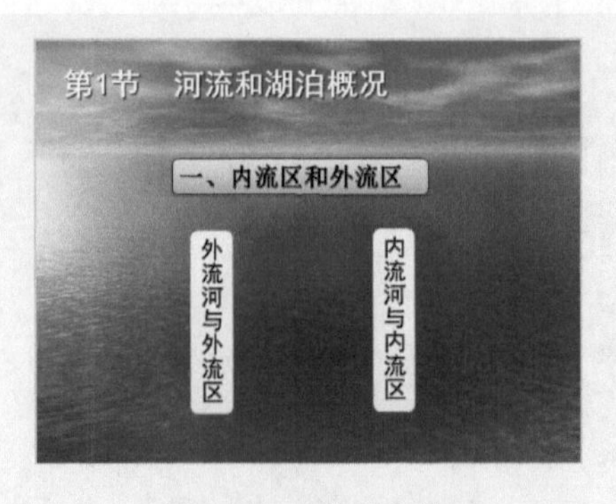

图 5-150 素材文件

图 5-151 选择所有图形对象

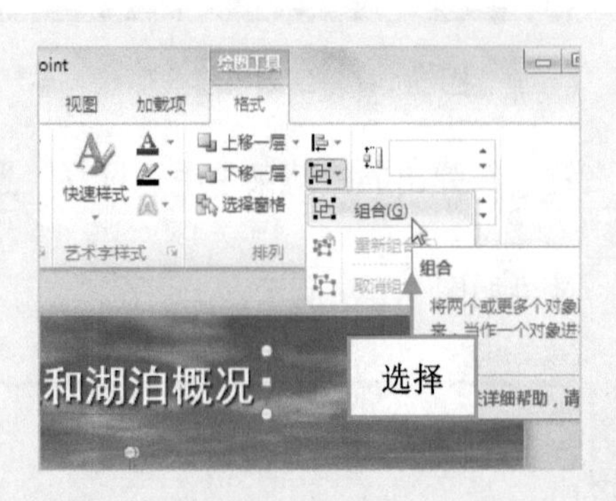

图 5-152 选择“组合”命令

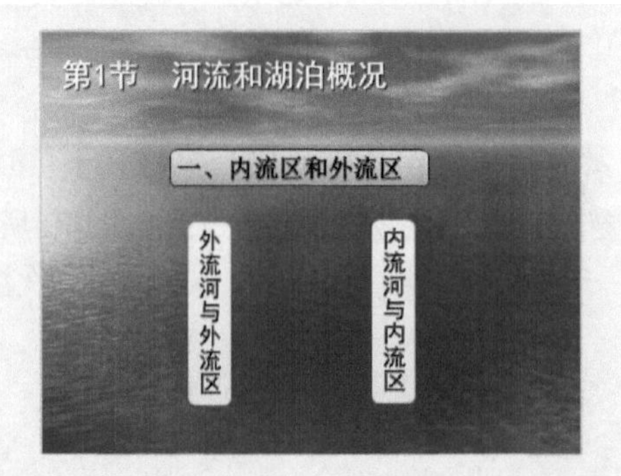

图 5-153 组合图形

提示：组合对象将作为单个对象对待，可以同时对组合后的所有对象进行翻转、旋转以及调整大小或比例等操作。

5.4.9 调整叠放次序

在同一区域绘制多个图形时，最后绘制图形的部分或全部将自动覆盖前面图形的部分或全部，即重叠的部分会被遮掩。

调整叠放次序的方法是，选择需要调整叠放次序的图形，切换至“格式”面板，在“排序”选项板中选择叠放次序即可，如图 5-154 所示。

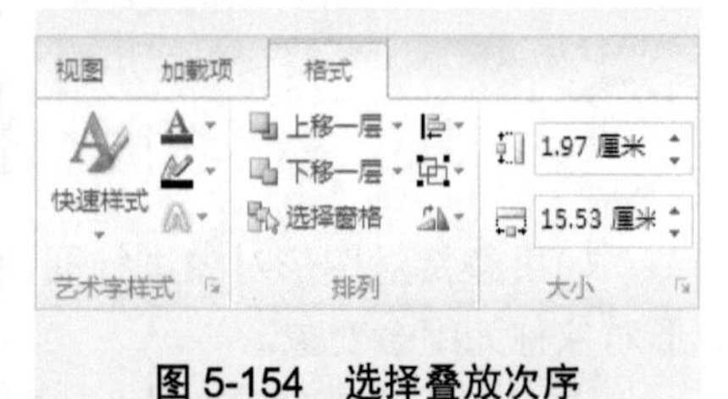

图 5-154 选择叠放次序

在 PowerPoint 2010 中，有 4 种叠放次序，其含义如下。

- 上移一层：将选择的图形对象在整个叠放对象中的位置向上移动一层。
- 置于顶层：将选择的图形对象显示在所有叠放对象的最顶层。
- 下移一层：将选择的图形对象在整个叠放对象中的位置向下移动一层。
- 置于底层：将选择的图形对象显示在所有叠放对象的最底层。

技巧：选择需要调整叠放次序的图形，单击鼠标右键，在弹出的快捷菜单中，也可以选择相应选项，调整图形叠放次序。

5.4.10 旋转图形对象

在 PowerPoint 2010 中，用户还可以根据需要对图形进行任意角度的自由旋转操作。

旋转图形对象的方法很简单，只需在幻灯片中选择要进行旋转的图形，然后根据需要进行下列操作之一。

- 向左旋转 90°：切换至“格式”面板，在“排列”选项板中，单击“旋转”按钮，在弹出的列表中选择“向左旋转 90°”选项即可。
- 向右旋转 90°：切换至“格式”面板，在“排列”选项板中，单击“旋转”按钮，在弹出的列表中选择“向右旋转 90°”选项即可。
- 自由旋转：将鼠标指针放置到图形上方的旋转控制点上，当鼠标指针呈状时，拖曳鼠标即可进行旋转。

技巧：单击“旋转”按钮，在弹出的列表框中选择“其他旋转选项”命令，在弹出的相应对话框中，也可以旋转图形。

5.4.11 翻转图形对象

在 PowerPoint 2010 中，用户还可以根据需要对图形进行翻转操作，翻转图形不会改变图形的整体形状。

翻转图形对象的方法很简单，在幻灯片中选择要进行翻转的图形，然后根据需要进行下列操作之一。

- 垂直翻转：切换至“格式”面板，在“排列”选项板中，单击“旋转”按钮，在弹出的列表中选择“垂直翻转”命令即可。
- 水平翻转：切换至“格式”面板，在“排列”选项板中，单击“旋转”按钮，在弹出的列表中选择“水平翻转”命令即可。

5.5 制作 SmartArt 图形课件

SmrartArt 图形是信息和观点的视觉表示形式。创建 SmrartArt 图形可以非常直观地说明层级关系、附属关系、并列关系，以及循环关系等各种常见的关系，而且制作出来的图形漂亮精美，具有很强的立体感和画面感。

5.5.1 实战——制作列表图形课件

在 PowerPoint 2010 中，插入列表图形课件可以将分组信息或相关信息显示出来，接下来将介绍制作列表图形课件的操作方法。

步骤01 单击“文件”|“打开”命令，打开一个素材文件，如图 5-155 所示。

步骤02 切换至“插入”面板，然后在“插图”选项板中，单击 SmartArt 按钮，如图 5-156 所示。

图 5-155 素材文件

图 5-156 单击 SmartArt 按钮

步骤03 弹出“选择 SmartArt 图形”对话框，切换至“列表”选项卡，在中间的下拉列表框中，选择“垂直块列表”选项，如图 5-157 所示。

步骤04 单击“确定”按钮，即可插入列表图形，如图 5-158 所示。

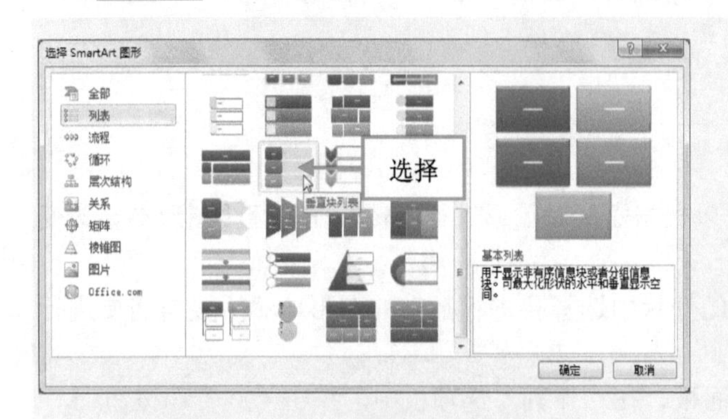

图 5-157 选择“垂直块列表”选项

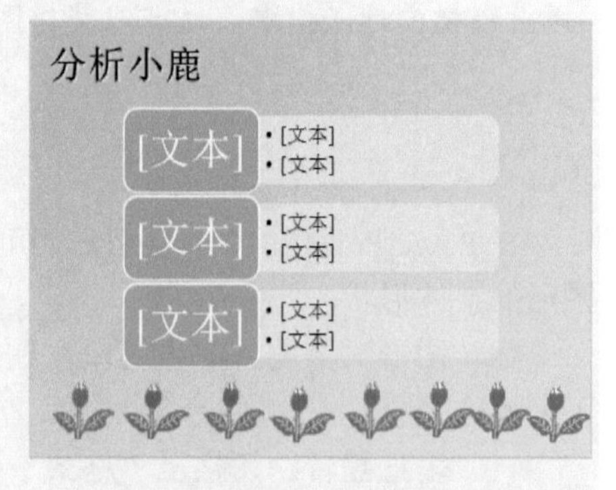

图 5-158 插入列表图形

步骤05 单击 SmartArt 图形中的文本占位符，输入文本，如图 5-159 所示。

步骤06 用与上述同样的方法，输入其他文本即可，效果如图 5-160 所示。

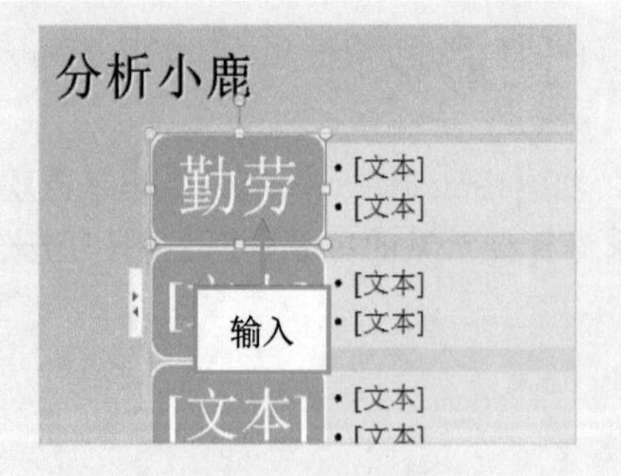

图 5-159 输入文本

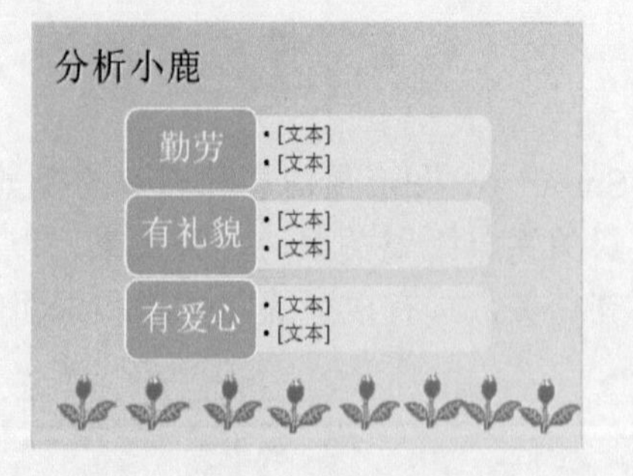

图 5-160 输入其他文本

提示：将 SmartArt 图形保存为图片格式，只需要选中 SmartArt 图形并单击鼠标右键，在弹出的快捷菜单中选择“另存为图片”命令，在弹出的“另存为”对话框中选择要保存的图片格式，再单击“保存”按钮即可。

5.5.2 实战——制作流程图形课件

在 PowerPoint 2010 中，流程图形主要用于显示非有序信息块或者分组信息块，可最大化形状的水平和垂直显示空间。

步骤01 启动 PowerPoint 2010，切换至“插入”面板，在“插图”选项板中，单击 SmartArt 按钮，弹出“选择 SmartArt 图形”对话框，如图 5-161 所示。

步骤02 切换至“流程”选项卡，在中间的下拉列表框中，选择“连续块状流程”选项，如图 5-162 所示。

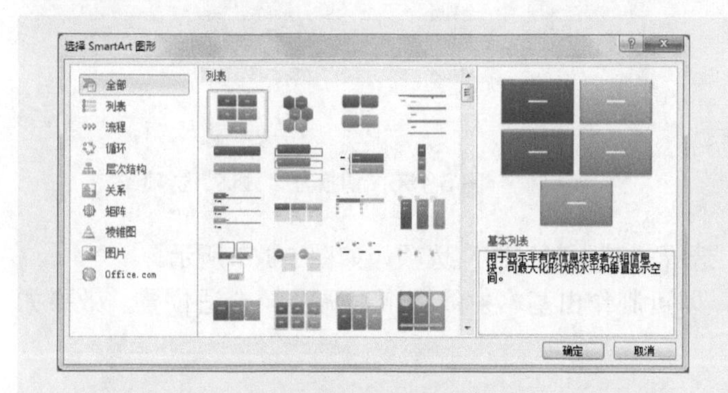

图 5-161 弹出“选择 SmartArt 图形”对话框

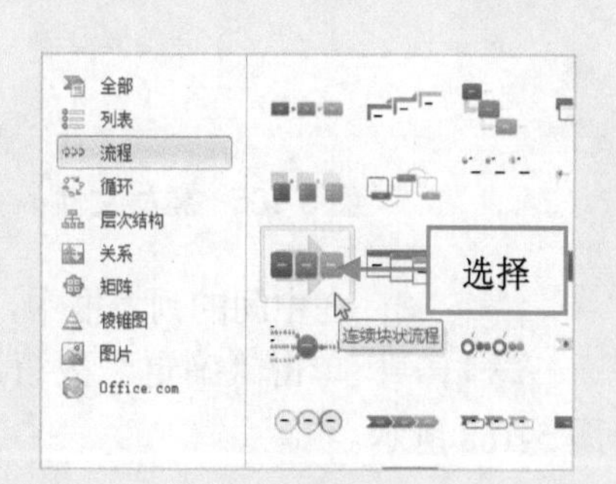

图 5-162 选择“连续块状流程”选项

步骤03 在右侧列表框中，单击“确定”按钮，如图 5-163 所示。

步骤04 执行操作后，即可制作流程图课件，如图 5-164 所示。

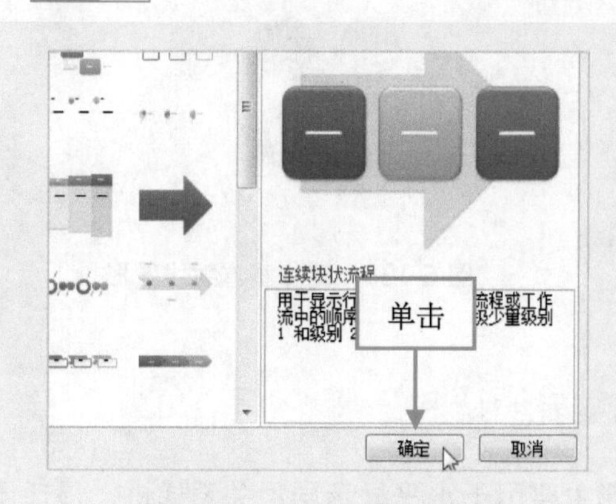

图 5-163 单击“确定”按钮

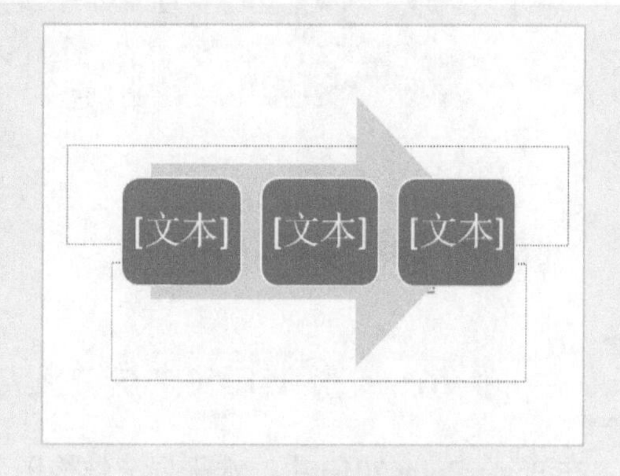

图 5-164 制作流程图课件

5.5.3 实战——制作基本射线图形课件

在 PowerPoint 2010 中，基本射线图形直属于循环图形，主要用于显示循环中与中心观点的关系。

步骤 01 单击“文件”|“打开”命令，打开一个素材文件，如图 5-165 所示。

步骤 02 在“插图”选项板中，调出“选择 SmartArt 图形”对话框，切换至“循环”选项卡，如图 5-166 所示。

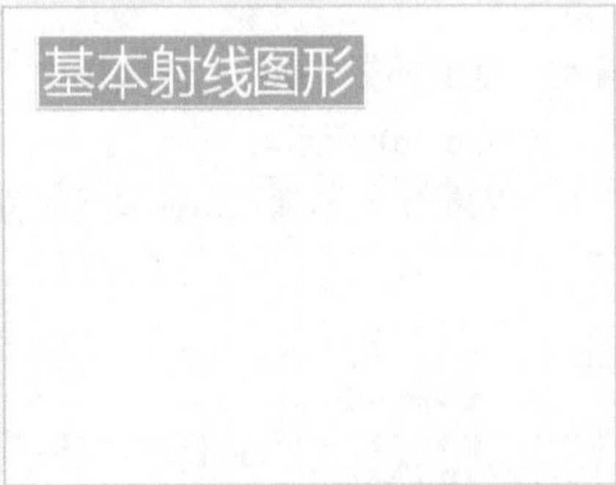

图 5-165 素材文件

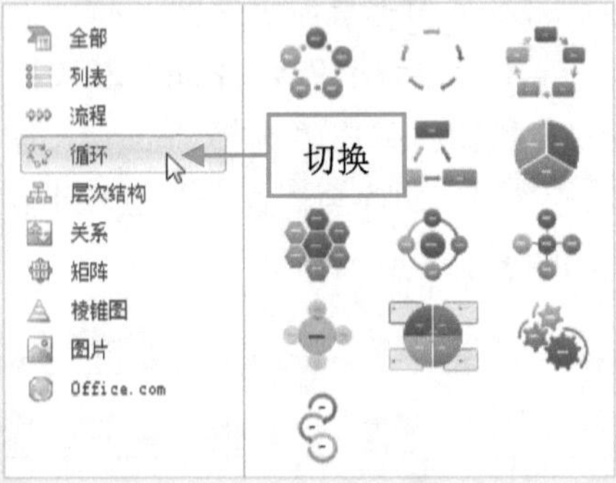

图 5-166 切换至“循环”选项卡

步骤 03 在中间的列表框中，选择“基本射线图”选项，如图 5-167 所示。

步骤 04 单击“确定”按钮，即可制作出基本射线图形，调整至合适位置，效果如图 5-168 所示。

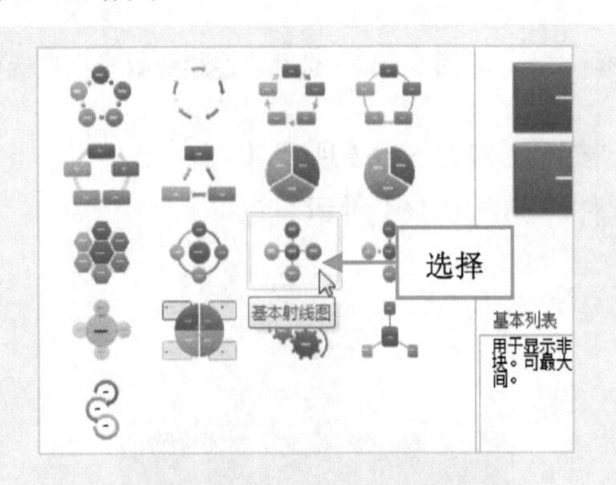

图 5-167 选择“基本射线图”选项

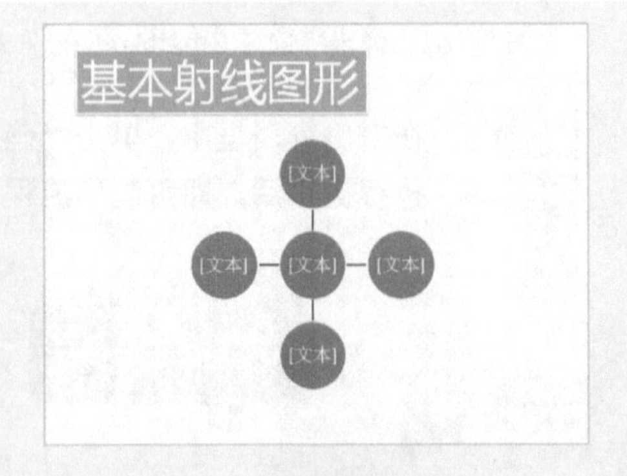

图 5-168 制作基本射线图形

5.5.4 实战——制作水平层次结构图形课件

在 PowerPoint 2010 中，水平层次结构图形主要用于水平显示层次关系递进，最适用于决策树。

步骤 01 单击“文件”|“打开”命令，打开一个素材文件，如图 5-169 所示。

步骤02 在“插图”选项板中，调出“选择 SmartArt 图形”对话框，切换至“层次结构”选项卡，如图 5-170 所示。

图 5-169 素材文件

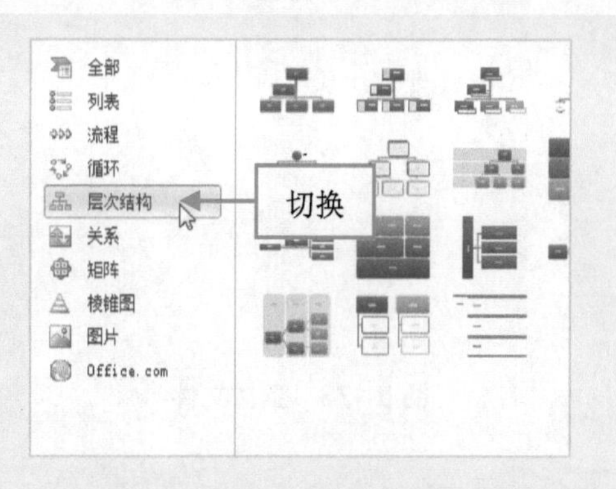

图 5-170 切换至“层次结构”选项卡

步骤03 在中间的列表框中，选择“水平层次”选项，如图 5-171 所示。

步骤04 单击“确定”按钮，即可制作水平层次结构图形，调整至合适位置，效果如图 5-172 所示。

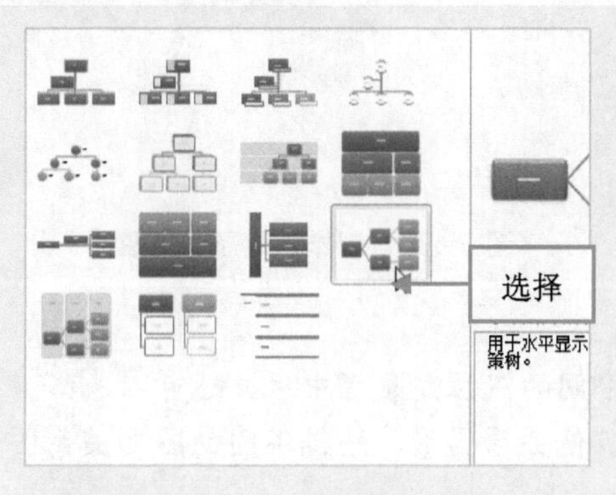

图 5-171 选择“水平层次”选项

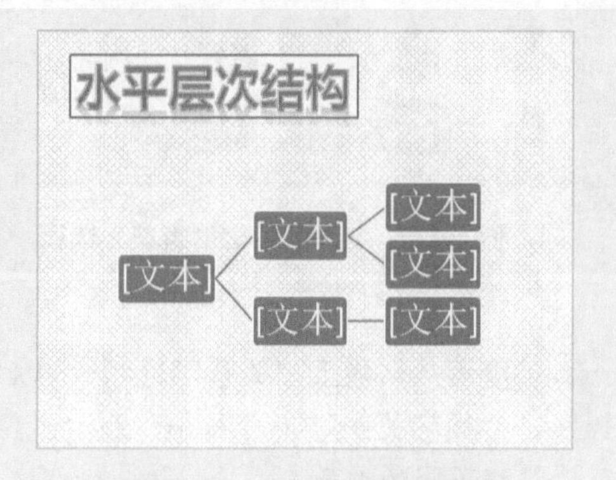

图 5-172 制作水平层次结构

5.5.5 实战——制作六边形群集图形课件

在 PowerPoint 2010 中，六边形群集图形主要用于显示包含关联描述性文本的图片，小六边形指明图片和文本。

步骤01 单击“文件”|“打开”命令，打开一个素材文件，如图 5-173 所示。

步骤02 调出“选择 SmartArt 图形”对话框，切换至“关系”选项卡，如图 5-174 所示。

步骤03 在中间的下拉列表框中，选择“六边形群集”选项，如图 5-175 所示。

步骤04 单击“确定”按钮，即可制作六边形群集图形，调整至合适位置，效果如图 5-176 所示。

图 5-173 素材文件

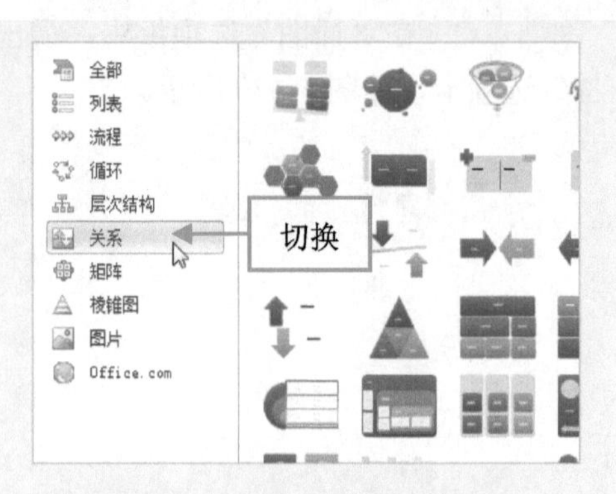

图 5-174 切换至“关系”选项卡

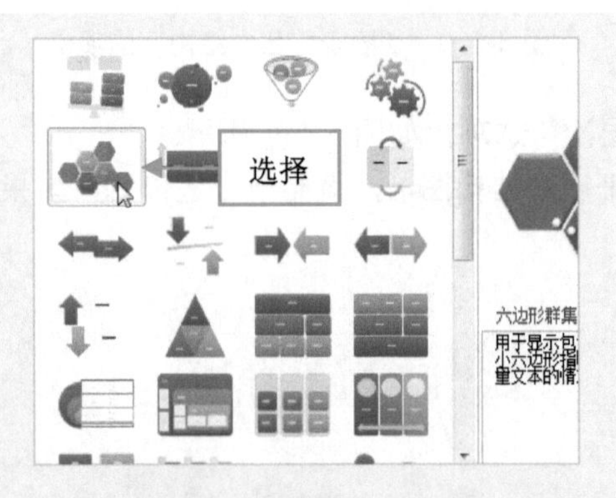

图 5-175 选择“六边形群集”选项

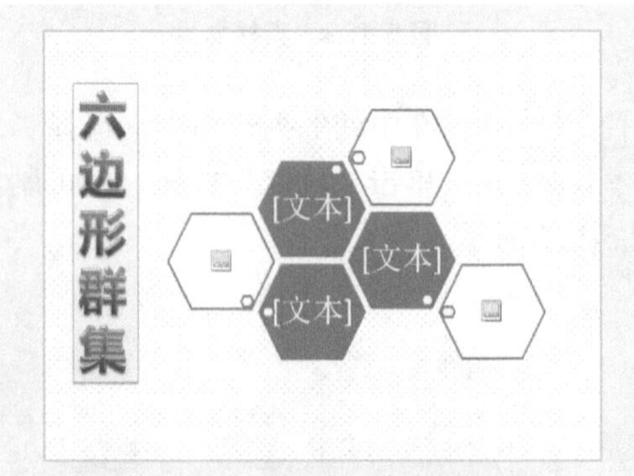

图 5-176 制作六边形群集图形

提示：切换至“关系”选项卡以后，在中间的下拉列表框中用户还可以选择“平衡”、“循环关系”、“漏斗”和“齿轮”等其他关系图形，选择不同的图形关系图，可以得到不同的效果。

5.5.6 实战——制作循环矩阵图形课件

循环矩阵图形主要用于显示循环行进中与中央观点的关系。级别 1 是指文本前四行的每一行均与某一个楔形或饼形相对应的文本，并且每行的级别 2 文本，将显示在楔形或饼形旁边的矩形中，未使用的文本不会显示，但是如果切换布局，这些文本仍将可用。

步骤 01 单击“文件”|“打开”命令，打开一个素材文件，如图 5-177 所示。

步骤 02 调出“选择 SmartArt 图形”对话框，切换至“矩阵”选项卡，如图 5-178 所示。

步骤 03 在中间的列表框中，选择“循环矩阵”选项，如图 5-179 所示。

步骤 04 单击“确定”按钮，即可制作循环矩阵图形，调整至合适位置，效果如图 5-180 所示。

图 5-177 素材文件

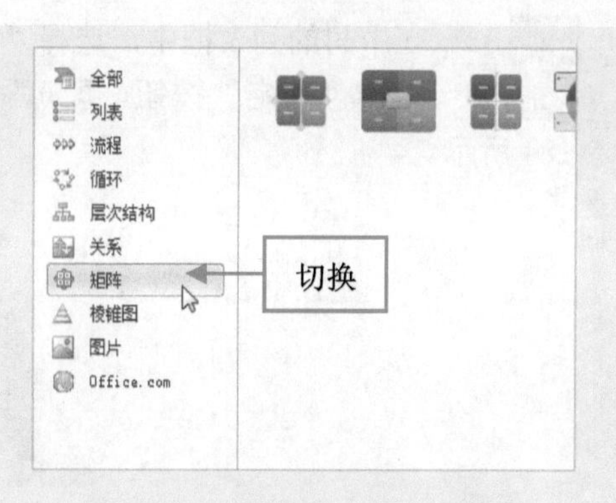

图 5-178 切换至“矩阵”选项卡

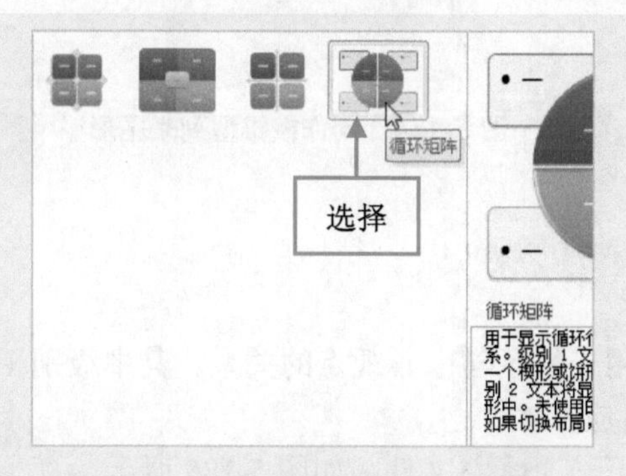

图 5-179 选择“循环矩阵”选项

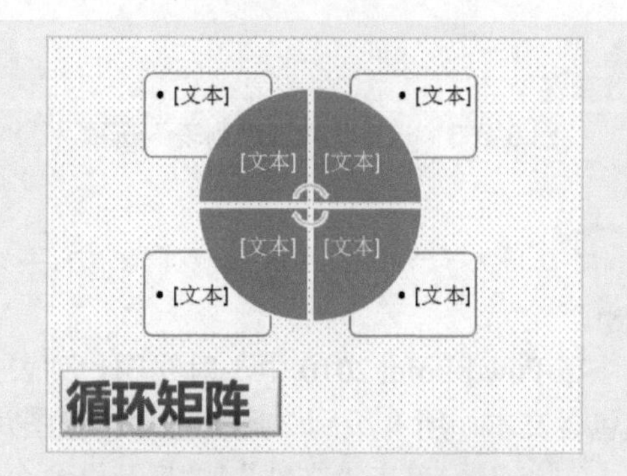

图 5-180 制作循环矩阵图形

5.5.7 实战——制作棱锥型列表图形课件

在 PowerPoint 2010 中，棱锥型用于显示比例关系、互连关系或分层关系，文本显示在棱锥形背景顶端的矩形中。

步骤01 单击“文件”|“打开”命令，打开一个素材文件，如图 5-181 所示。

步骤02 调出“选择 SmartArt 图形”对话框，切换至“棱锥图”选项卡，如图 5-182 所示。

图 5-181 素材文件

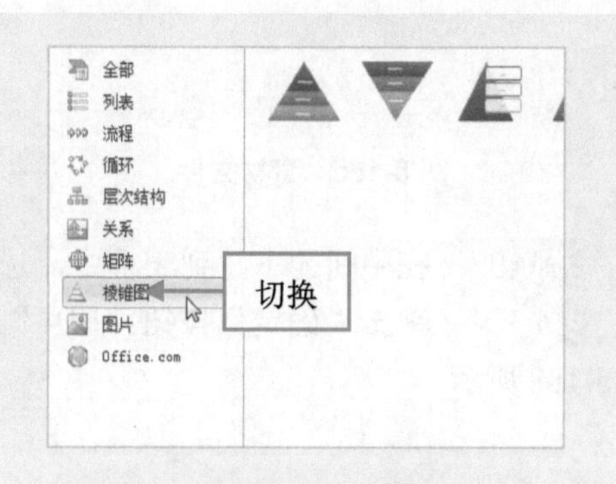

图 5-182 切换至“棱锥图”选项卡

步骤03 在中间的列表框中，选择“棱锥型列表”选项，如图 5-183 所示。

步骤04 单击“确定”按钮，即可制作棱锥型列表图形，调整至合适位置，效果如图 5-184 所示。

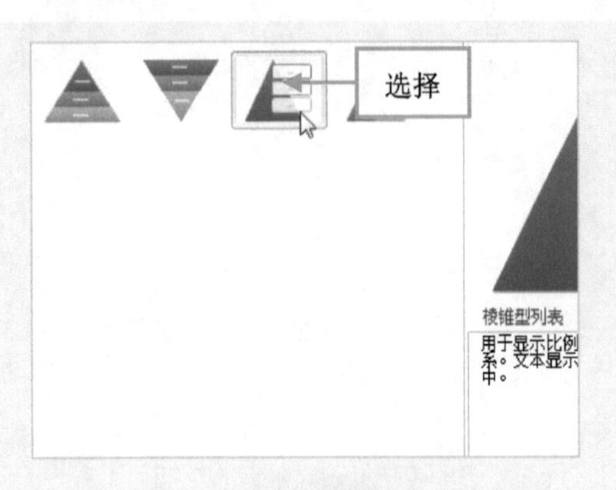

图 5-183 选择“棱锥型列表”选项

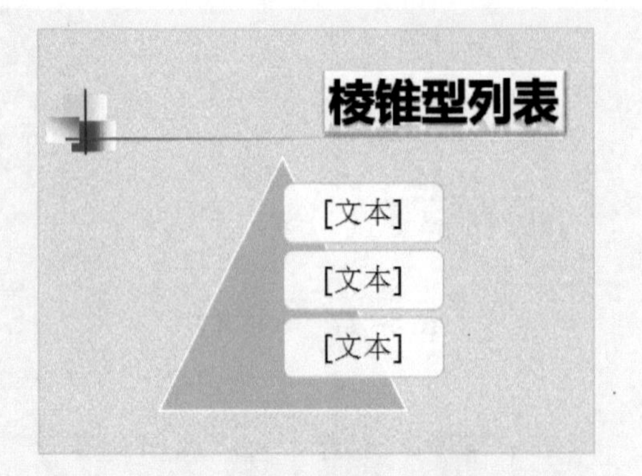

图 5-184 制作棱锥型列表图形

5.5.8 实战——制作射线图片列表图形课件

在 PowerPoint 2010 中，射线图片列表主要用于显示与中心观点的关系。其中级别 1 形状包含文本，所有级别 2 形状包含一张图片和对应文本。

步骤01 单击“文件”|“打开”命令，打开一个素材文件，如图 5-185 所示。

步骤02 调出“选择 SmartArt 图形”对话框，切换至“图片”选项卡，如图 5-186 所示。

图 5-185 素材文件

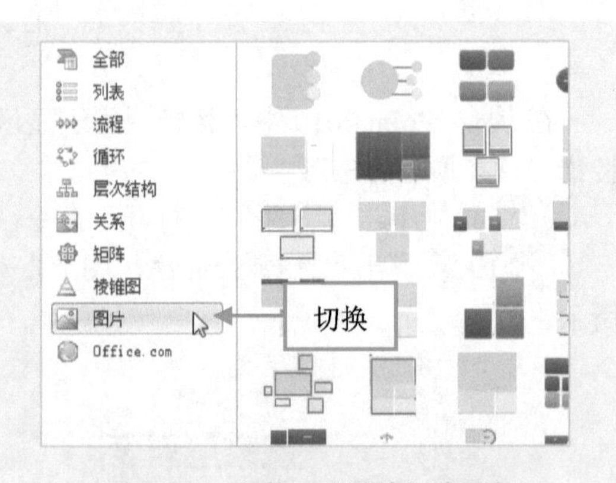

图 5-186 切换至“图片”选项卡

步骤03 在中间的下拉列表框中，选择“射线图片列表”选项，如图 5-187 所示。

步骤04 单击“确定”按钮，即可制作射线图片列表图形，调整至合适位置，效果如图 5-188 所示。

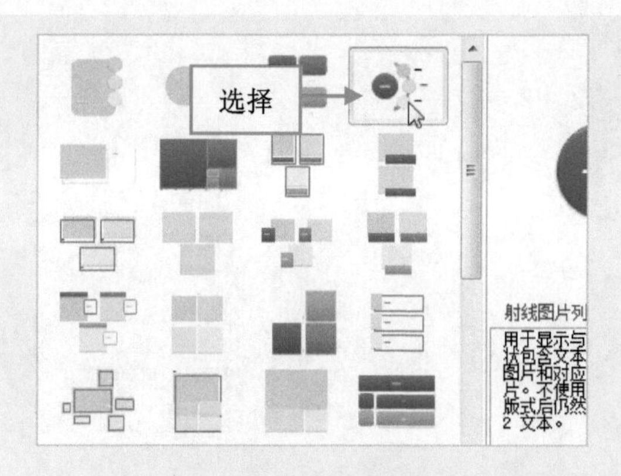

图 5-187 选择“射线图片列表”选项

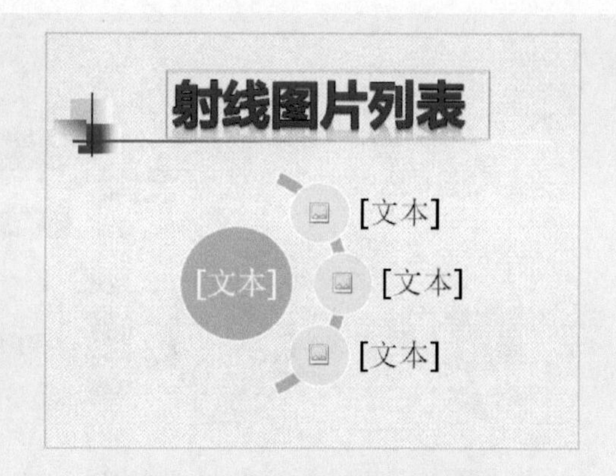

图 5-188 制作射线图片列表图形

5.5.9 实战——更改综合学科课件图形布局

在 PowerPoint 2010 中，当用户添加了 SmartArt 图形之后，还可以方便地修改已经创建好的图形布局。

步骤 01 单击“文件”|“打开”命令，打开一个素材文件，如图 5-189 所示。

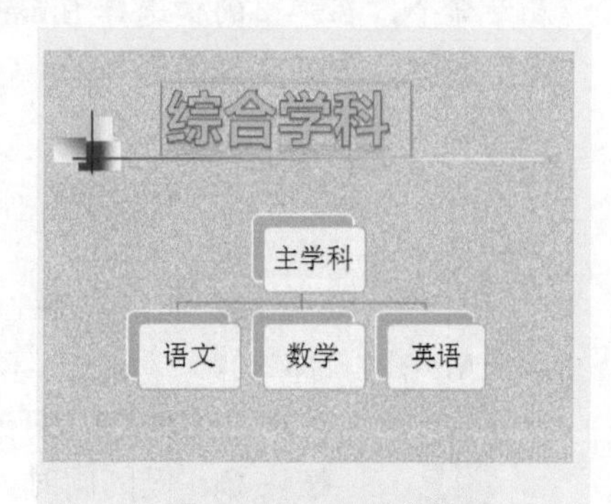

图 5-189 素材文件

步骤 02 在编辑区中选择插入的 SmartArt 图形，切换至“SmartArt 工具”中的“设计”面板，如图 5-190 所示。

步骤 03 单击“布局”选项板中的“其他”按钮，在弹出的列表框中，选择“其他布局”选项，如图 5-191 所示。

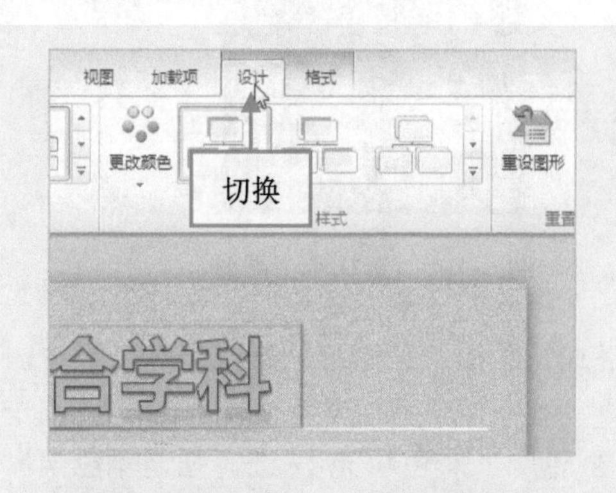

图 5-190 切换至“设计”选项卡

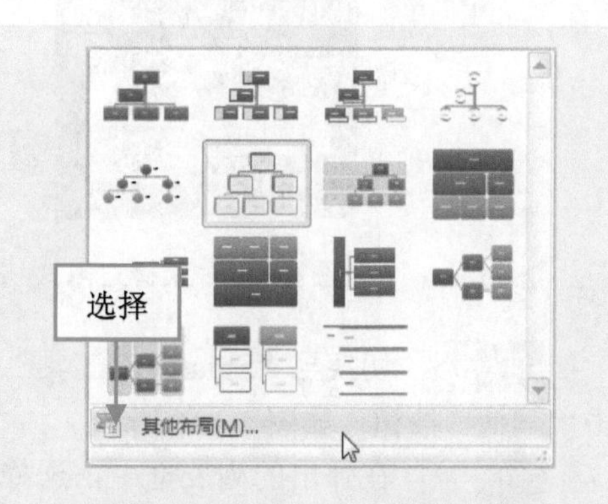

图 5-191 选择“其他布局”选项

步骤 04 弹出“选择 SmartArt 图形”对话框，在中间下拉列表框中的“层次结构”选项区中，选择“水平层次结构”选项，如图 5-192 所示。

步骤 05 单击“确定”按钮，即可更改图形布局，如图 5-193 所示。

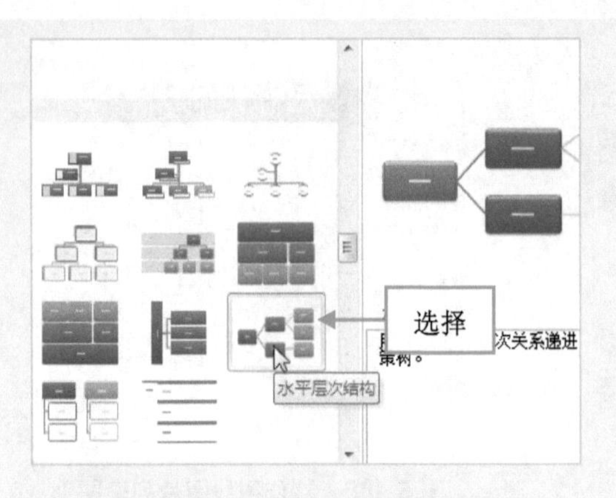

图 5-192　选择“水平层次结构”选项

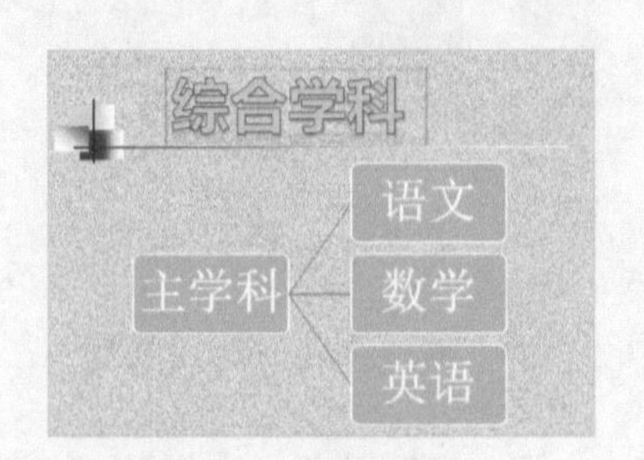

图 5-193　更改图形布局

技巧：用户还可以在图形上单击鼠标右键，在弹出的快捷菜单中选择“更改布局”命令，在弹出的“选择 SmartArt 图形”对话框中，选择所需的样式，然后单击“确定”按钮，即可更改图形布局。

5.5.10 实战——设置物理汽化课件图形样式

在创建 SmartArt 图形之后，图形本身带了一定的样式，用户也可以根据需要更改 SmartArt 图形的样式。

步骤01　单击“文件”|“打开”命令，打开一个素材文件，如图 5-194 所示。

步骤02　按住 Ctrl 键的同时，在编辑区中选择所有单个图形，如图 5-195 所示。

图 5-194　素材文件

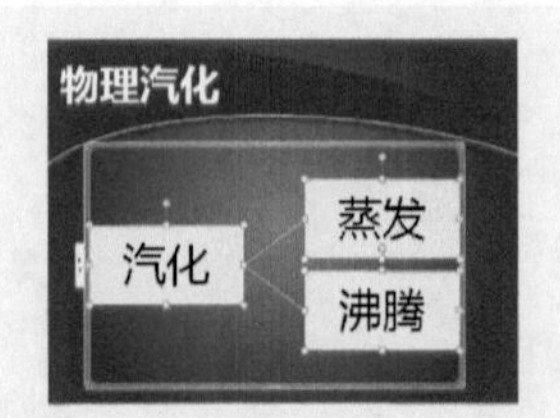

图 5-195　选择单个图形

步骤03　切换至“SmartArt 工具”中的“格式”面板，在“形状样式”选项板中，单击“其他”按钮，如图 5-196 所示。

步骤04　在弹出的列表框中，选择“浅色 1 轮廓，彩色填充-深红，强调颜色 4”选项，如图 5-197 所示。

步骤05　执行操作后，即可应用形状样式，如图 5-198 所示。

步骤06　选择左侧的图形，切换至“格式”面板，单击“形状样式”选项板中的“形状填充”下拉按钮，如图 5-199 所示。

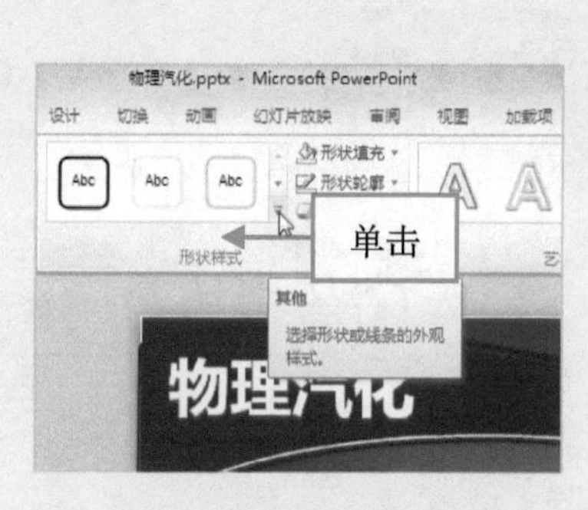

图 5-196　单击“其他”按钮

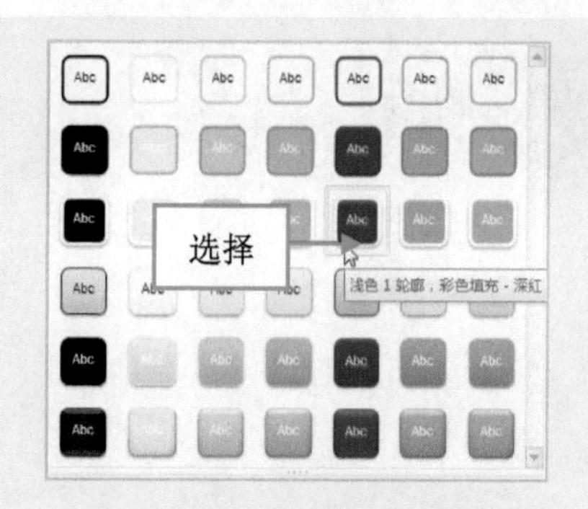

图 5-197　选择相应选项

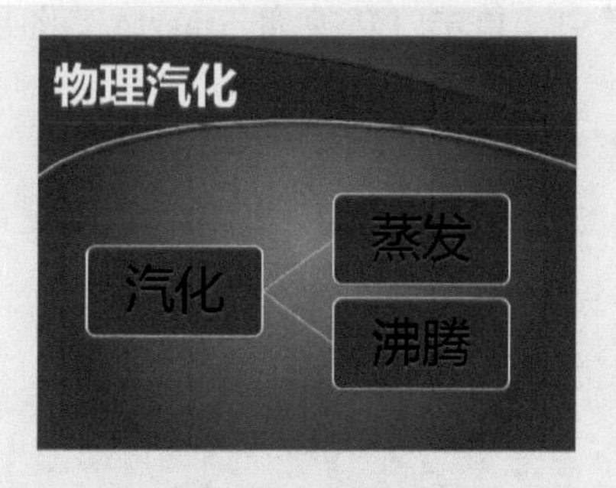

图 5-198　应用形状样式

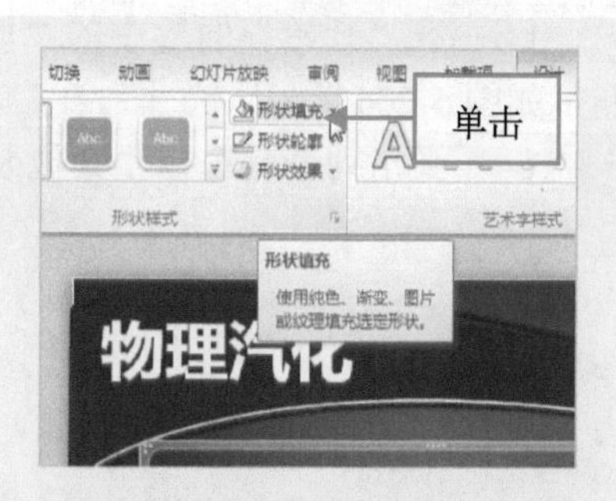

图 5-199　单击“形状填充”按钮

步骤07　弹出列表框，在“标准色”选项区中选择“浅蓝”选项，如图 5-200 所示。

步骤08　执行操作后，即可设置图形颜色，效果如图 5-201 所示。

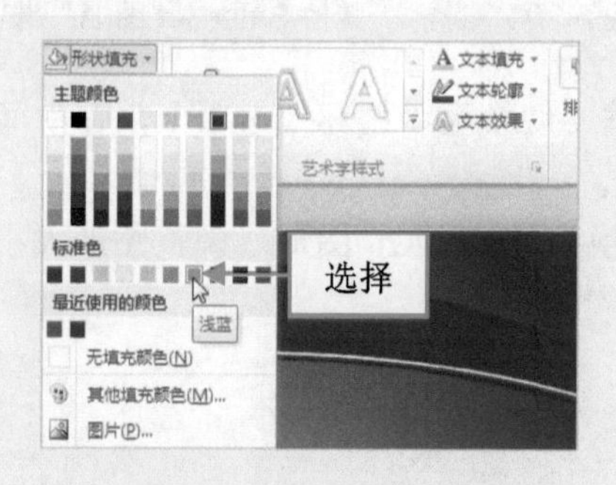

图 5-200　选择“浅蓝”选项

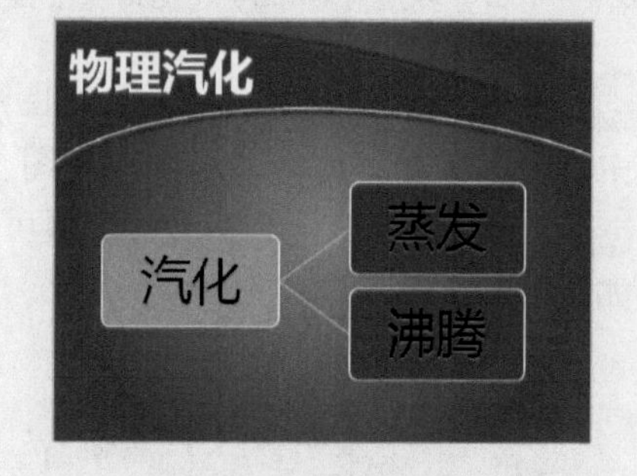

图 5-201　设置图形样式

5.5.11　实战——转换学习周期课件中的文本为图形

在 PowerPoint 2010 中，可以将文本直接转为 SmartArt 图形，使用这个功能可以方便地处理图形。

步骤01　单击“文件”|“打开”命令，打开一个素材文件，如图 5-202 所示。

步骤02　在编辑区中选择需要转换为图形的文本，如图 5-203 所示。

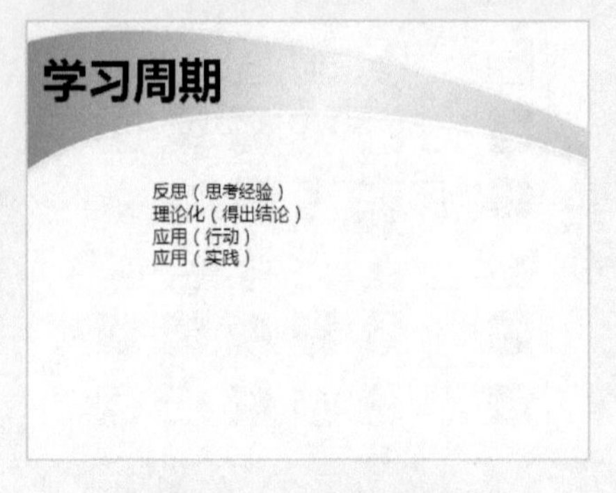

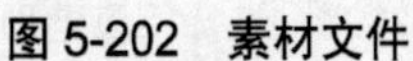
图 5-202　素材文件

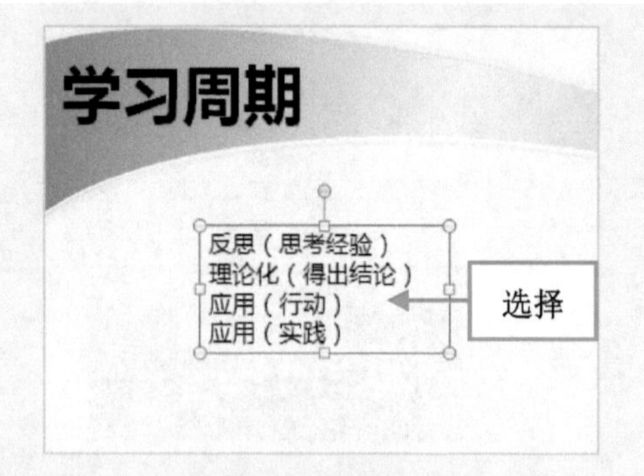

图 5-203　选择文本

步骤 03　在“开始”面板中的“段落”选项板中，单击“转换为 SmartArt 图形”下拉按钮，如图 5-204 所示。

步骤 04　弹出列表，选择“其他 SmartArt 图形”选项，如图 5-205 所示。

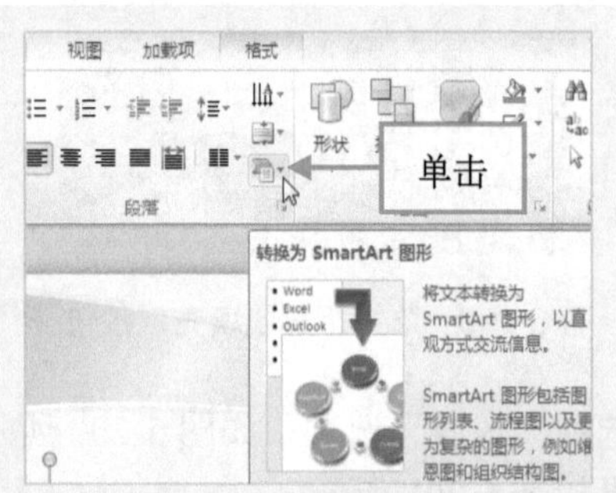

图 5-204　单击“转换为 SmartArt 图形”下拉按钮

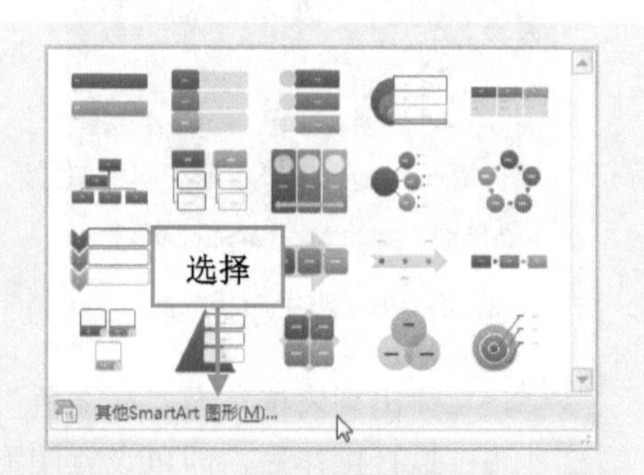

图 5-205　选择“其他 SmartArt 图形”选项

步骤 05　弹出“选择 SmartArt 图形”对话框，切换至“循环”选项卡，在中间的列表框中，选择“基本循环”选项，如图 5-206 所示。

步骤 06　单击“确定”按钮，即可将文本转换为 SmartArt 图形，调整图形大小和位置，如图 5-207 所示。

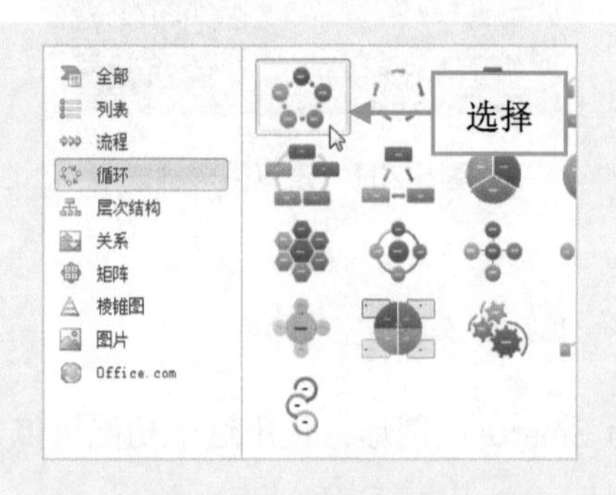

图 5-206　选择“基本循环”选项

图 5-207　将文本转换为 SmartArt 图形

步骤 07　选择编辑区中的单个文本图形，切换至“格式”面板，在“形状样式”选项板中，单击“其他”按钮，在弹出的列表框中，选择相应选项，如图 5-208 所示。

步骤 08 执行操作后，即可设置 SmartArt 图形，如图 5-209 所示。

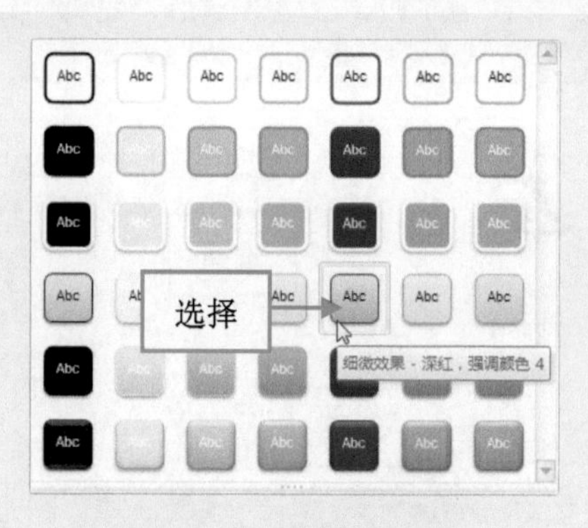

图 5-208 选择相应选项

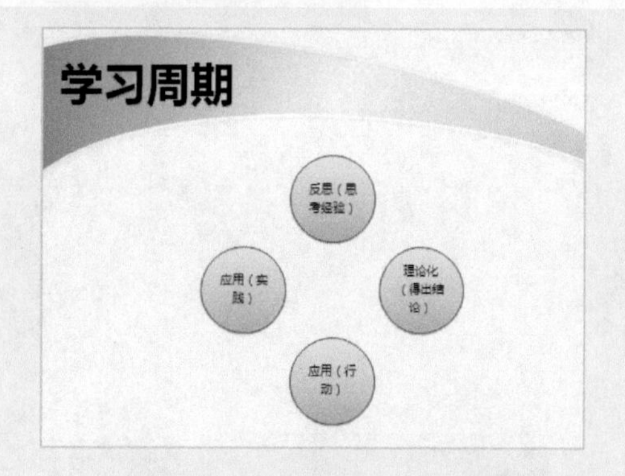

图 5-209 设置 SmartArt 图形

5.6 综合练兵——制作认识地球课件

在 PowerPoint 中，用户可以根据需要制作地球课件。下面向读者介绍制作地球课件的操作方法。

步骤 01 单击“文件”|“打开”命令，打开一个素材文件，如图 5-210 所示。

步骤 02 切换至“插入”面板，在“图像”选项板中，单击“剪贴画”按钮，如图 5-211 所示。

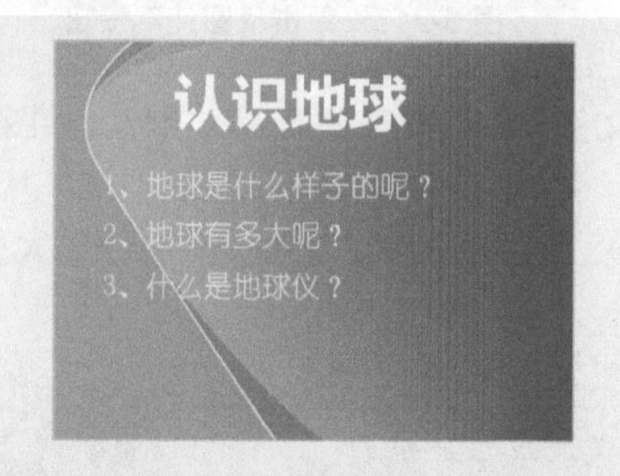

图 5-210 素材文件

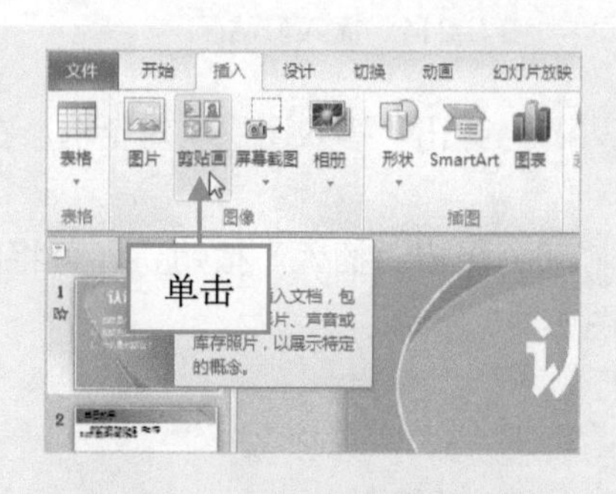

图 5-211 单击“剪贴画”按钮

步骤 03 弹出“剪贴画”任务窗格，在“剪贴画”任务窗格的“搜索文字”文本框中，输入“人物”文本，如图 5-212 所示。

步骤 04 单击“搜索”按钮，在下方的下拉列表框中显示出剪贴画的缩略图，选择需要插入的剪贴画，如图 5-213 所示。

步骤 05 单击鼠标左键，即可将剪贴画插入到幻灯片中，调整剪贴画的大小和位置，效果如图 5-214 所示。

步骤 06 关闭“剪贴画”任务窗格，切换至“插入”面板，单击“图像”选项板中的“图片”按钮，如图 5-215 所示。

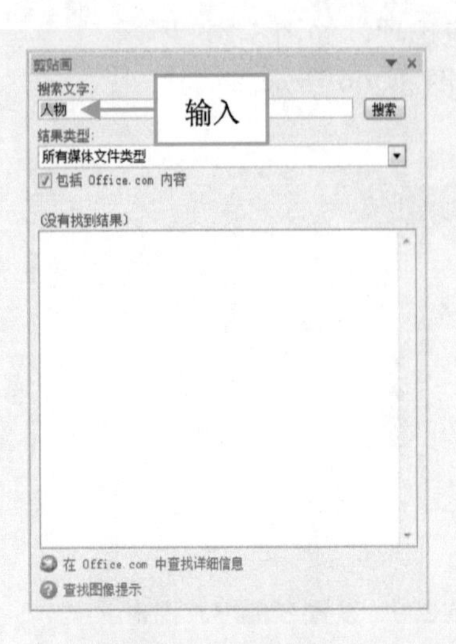

图 5-212 输入文本

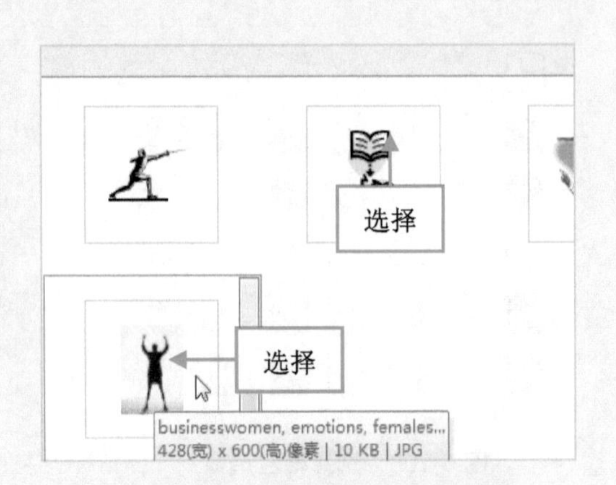

图 5-213 选择需要插入的剪贴画

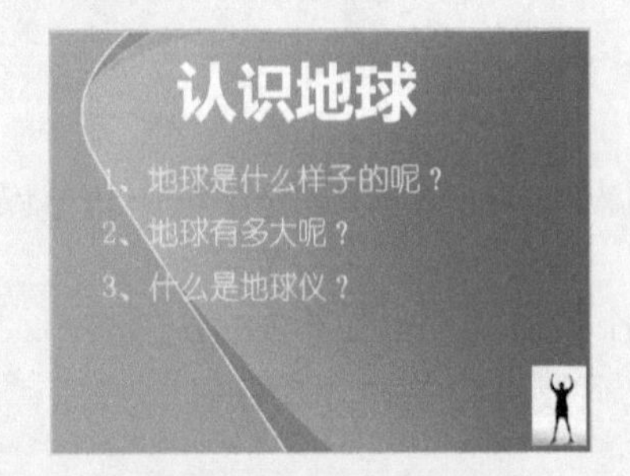

图 5-214 插入剪贴画

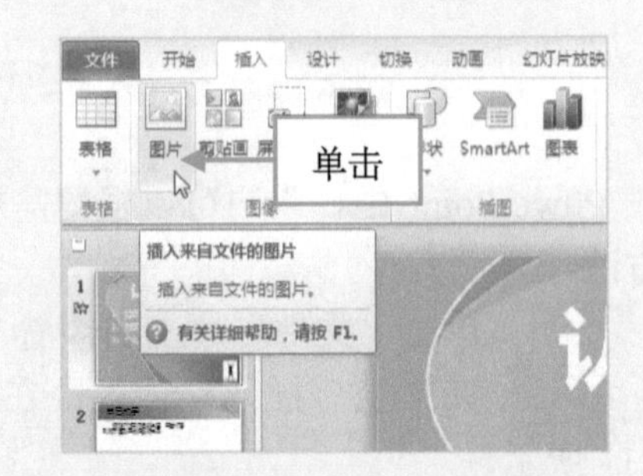

图 5-215 单击“图片”按钮

步骤07 弹出“插入图片”对话框，在相应文件夹中选择需要插入的图片，如图 5-216 所示。

步骤08 单击“插入”按钮，即可将图片插入到幻灯片中，调整图片至合适大小和位置，如图 5-217 所示。

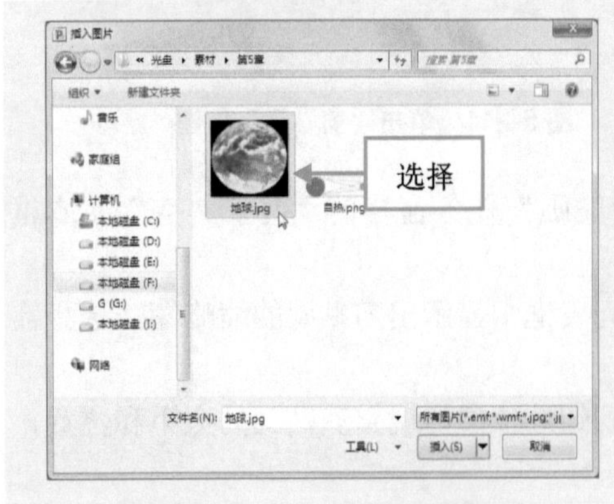

图 5-216 选择需要插入的图片

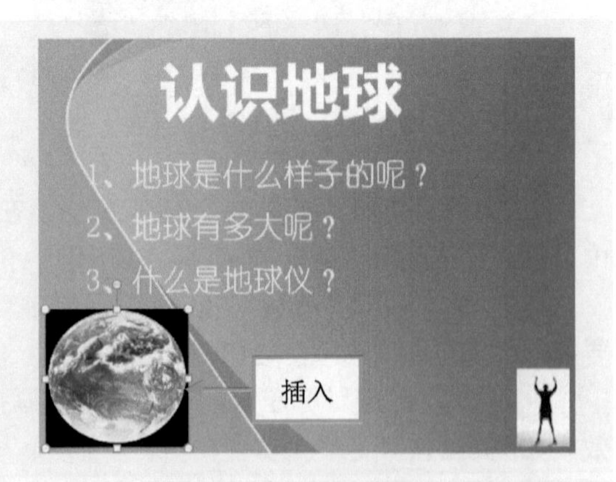

图 5-217 插入图片

步骤09 双击插入的图片，切换至“图片工具”中的“格式”面板，单击“调整”选项板中的“更正”下拉按钮，在弹出的列表中选择相应选项，如图 5-218 所示。

步骤10 执行操作后，即可调整图片的亮度和对比度，效果如图 5-219 所示。

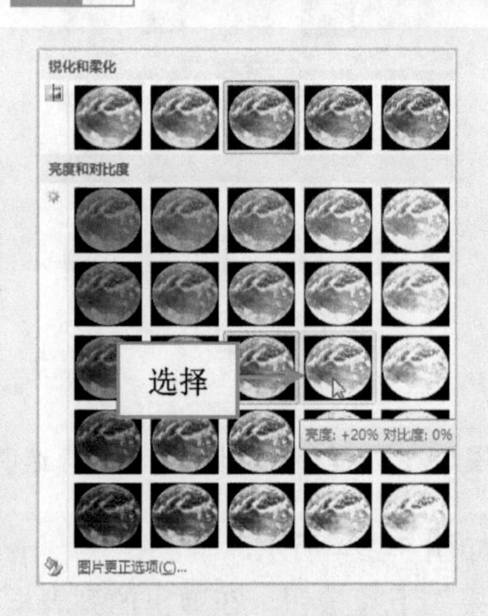

图 5-218 选择相应选项

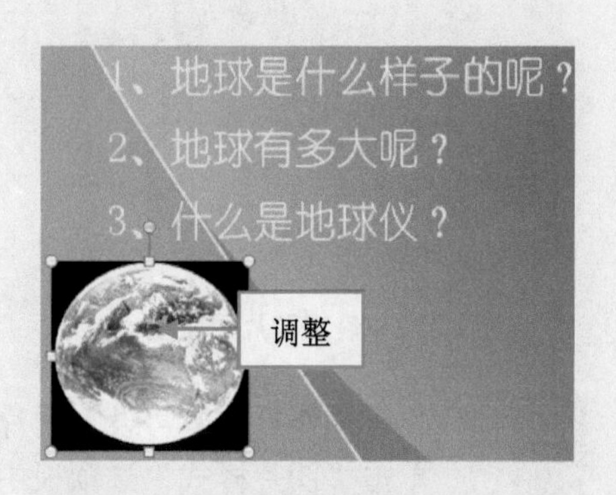

图 5-219 调整图片的亮度和对比度

步骤11 单击“调整”选项板中的“颜色”下拉按钮，在弹出的列表中的“颜色饱和度”选项区中，选择“饱和度：300%”选项，如图 5-220 所示。

步骤12 再次单击“调整”选项板中的“颜色”下拉按钮，在弹出的列表中，选择“设置透明色”选项，如图 5-221 所示。

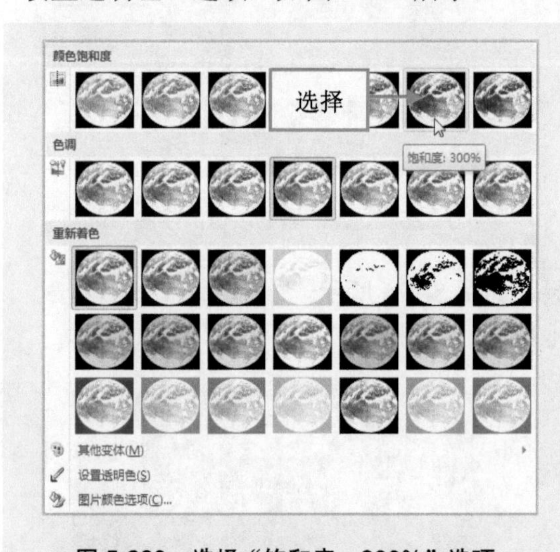

图 5-220 选择“饱和度：300%”选项

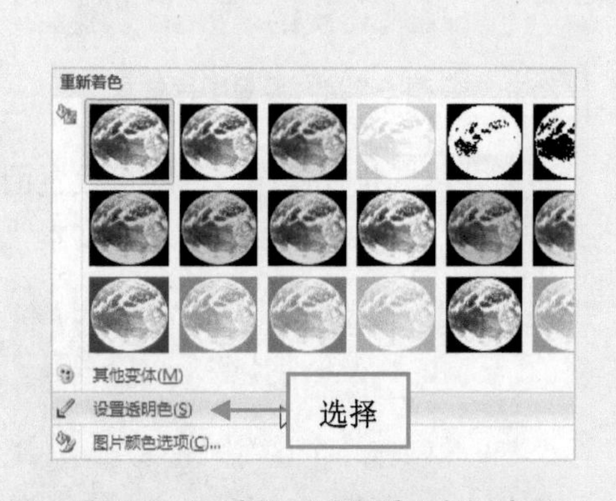

图 5-221 选择“设置透明色”选项

步骤13 在编辑区中的鼠标上方出现一个带箭头的签字笔形状，在图片的黑色部分单击鼠标左键，设置图片透明色，如图 5-222 所示。

步骤14 单击“图片样式”选项板中的“其他”按钮，在弹出的列表框中，选择“柔化边缘矩形”选项，如图 5-223 所示。

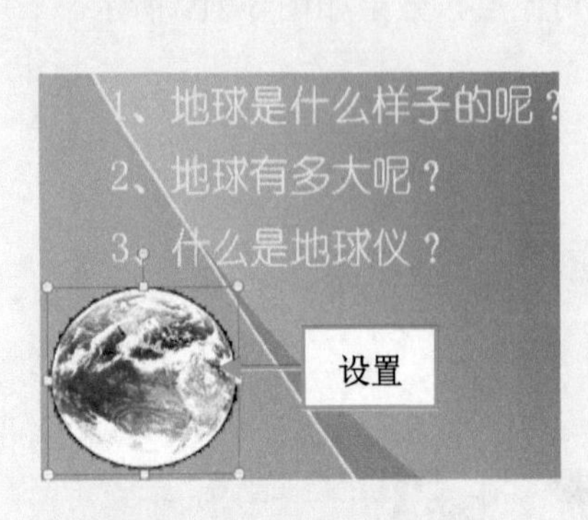

图 5-222　设置图片透明色

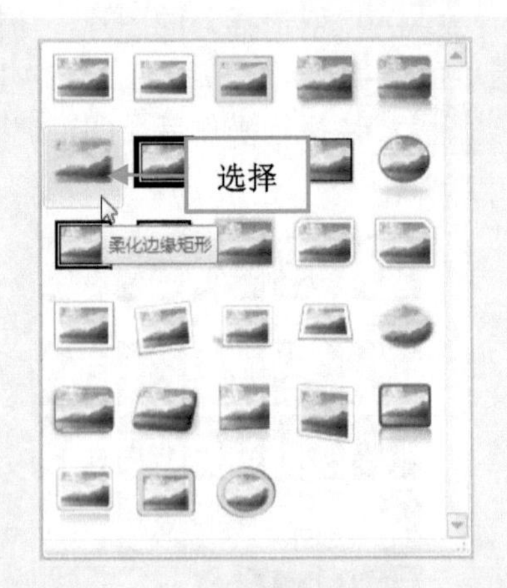

图 5-223　选择“柔化边缘矩形”选项

步骤 15　执行操作后，即可设置图片样式，效果如图 5-224 所示。

步骤 16　单击“图片样式”选项板中的“图片效果”下拉按钮，在弹出的列表框中，选择“映像”|“紧密映像，接触”选项，如图 5-225 所示。

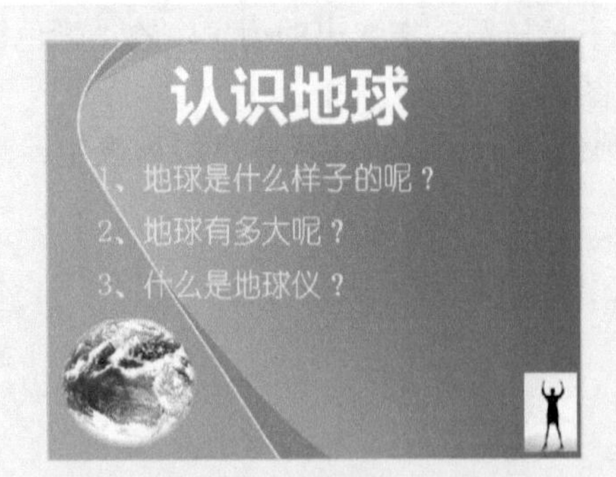

图 5-224　设置图片样式

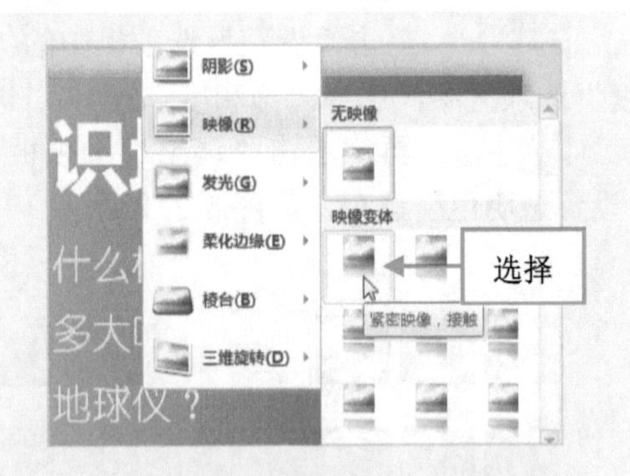

图 5-225　选择“紧密映像，接触”选项

步骤 17　执行操作后，即可设置图片效果，如图 5-226 所示。

步骤 18　在编辑区中，选择文本“认识地球”，如图 5-227 所示。

图 5-226　设置图片效果

图 5-227　选择文本

步骤19 切换至“绘图工具”中的“格式”面板，单击“形状样式”选项板中的“其他”按钮，在弹出的列表框中选择“强烈效果-金色，强调颜色 1”选项，如图 5-228 所示。

步骤20 执行操作后，即可设置文本形状样式，如图 5-229 所示。

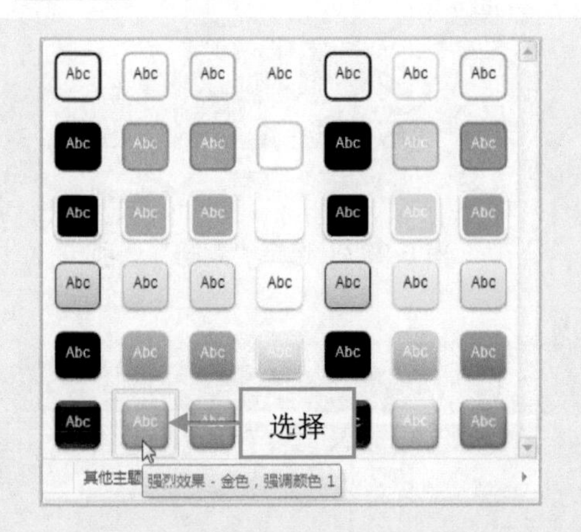

图 5-228 选择“强烈效果-金色，强调颜色 1”选项

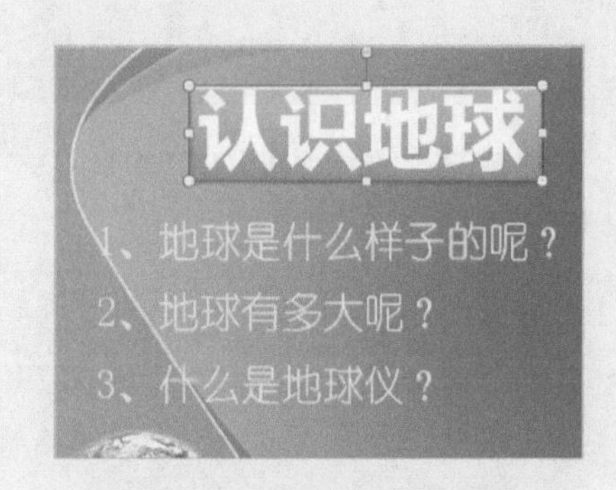

图 5-229 设置文本形状样式

步骤21 单击“形状样式”选项板中的“形状填充”下拉按钮，在弹出的列表框中的“主题颜色”选项区中，选择“深蓝，背景 2，淡色 40%”选项，如图 5-230 所示。

步骤22 执行操作后，即可设置文本形状填充，如图 5-231 所示。

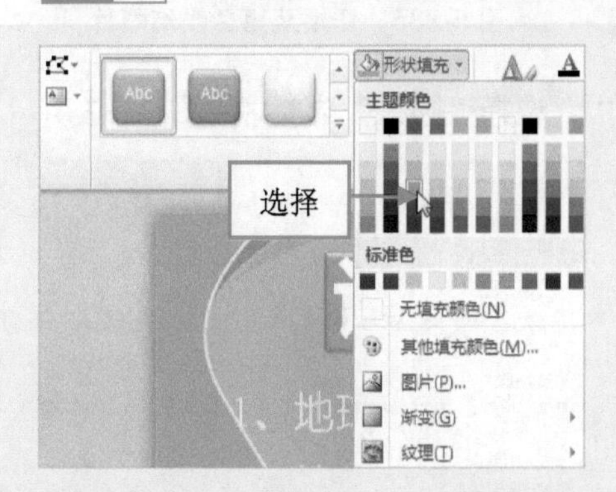

图 5-230 选择“深蓝，背景 2，淡色 40%”选项

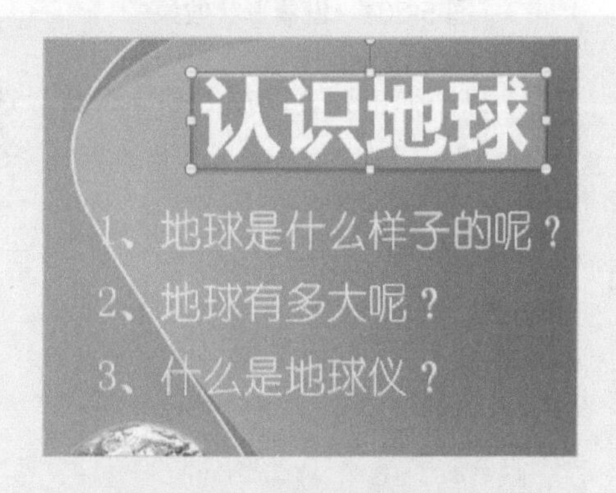

图 5-231 设置文本形状填充

步骤23 单击“形状样式”选项板中的“形状效果”下拉按钮，在弹出的列表框中选择“预设”|“预设 2”选项，如图 5-232 所示。

步骤24 执行操作后，即可设置形状预设，再次在弹出的“形状效果”列表框中，选择“棱台”|“柔圆”选项，如图 5-233 所示。

步骤25 执行操作后，即可设置形状效果，如图 5-234 所示。

步骤26 切换至第 2 张幻灯片，如图 5-235 所示。

步骤27 切换至“插入”面板，在“插图”选项板中，单击“形状”下拉按钮，如图 5-236 所示。

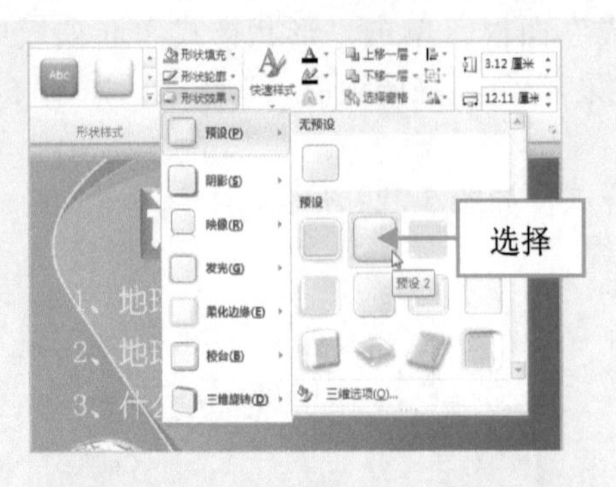

图 5-232　选择“预设 2”选项

图 5-233　选择“柔圆”选项

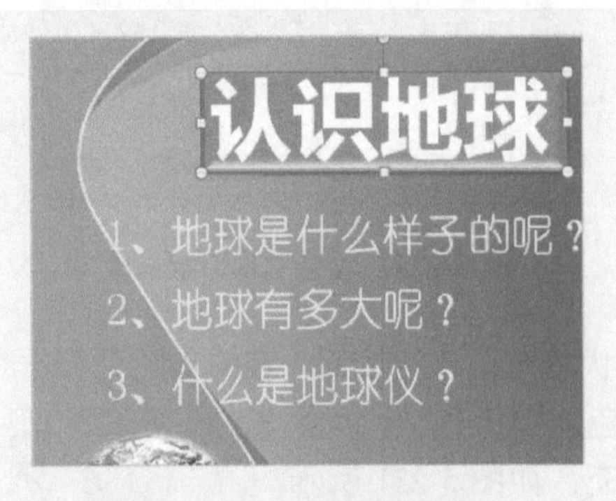

图 5-234　设置形状效果

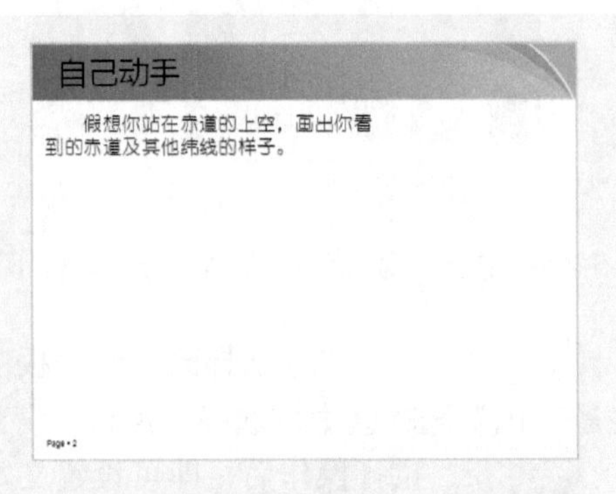

图 5-235　切换至第 2 张幻灯片

步骤 28　弹出列表，在“基本形状”选项区中，选择“椭圆”选项，如图 5-237 所示。

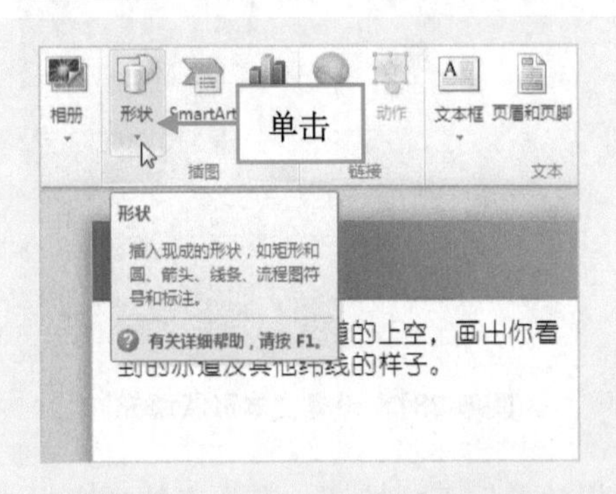

图 5-236　单击“形状”下拉按钮

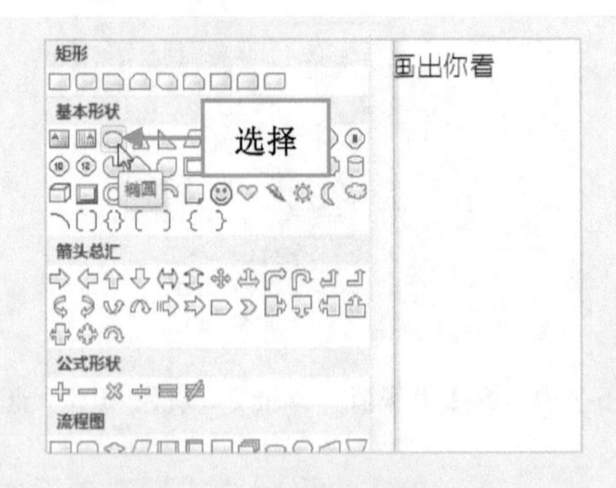

图 5-237　选择“椭圆”选项

步骤 29　在编辑区中的合适位置，单击鼠标左键并拖曳，绘制椭圆，如图 5-238 所示。

步骤 30　在“形状样式”选项板中，设置“形状填充”为白色，效果如图 5-239 所示。

步骤 31　切换至“插入”面板，单击“插图”选项板中的“形状”下拉按钮，在弹出的列表中选择“直线”选项，如图 5-240 所示。

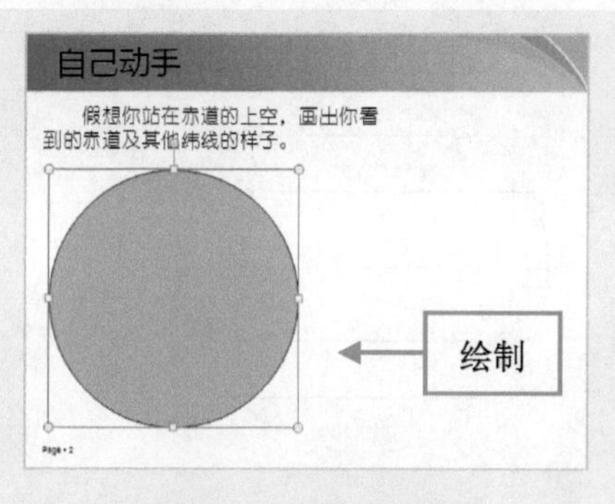

图 5-238 绘制椭圆

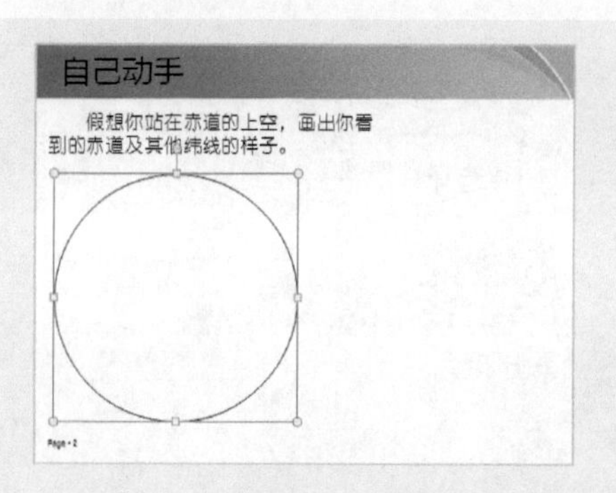

图 5-239 设置“形状填充”为白色

步骤32 在编辑区中的合适位置，单击鼠标左键并拖曳，绘制一条直线，如图 5-241 所示。

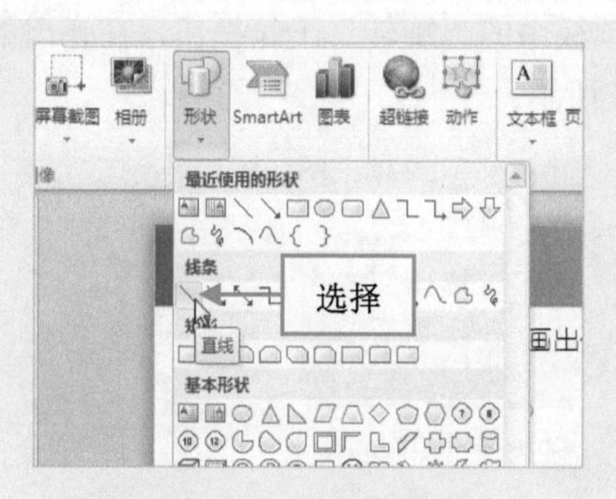

图 5-240 选择“直线”选项

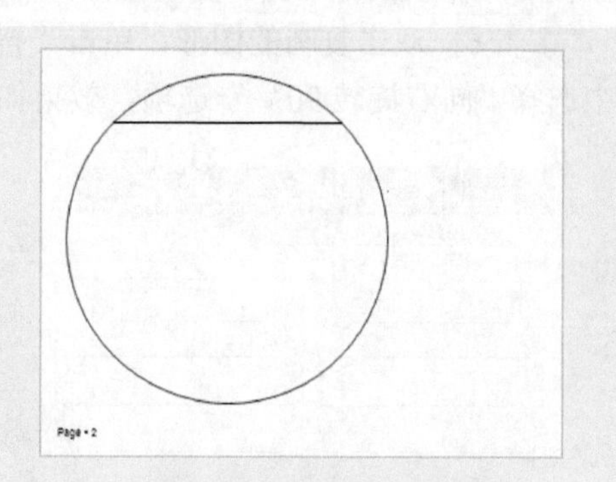

图 5-241 绘制一条直线

步骤33 用与上述同样的方法，绘制其他的直线，效果如图 5-242 所示。

步骤34 选择编辑区中的所有图形，如图 5-243 所示。

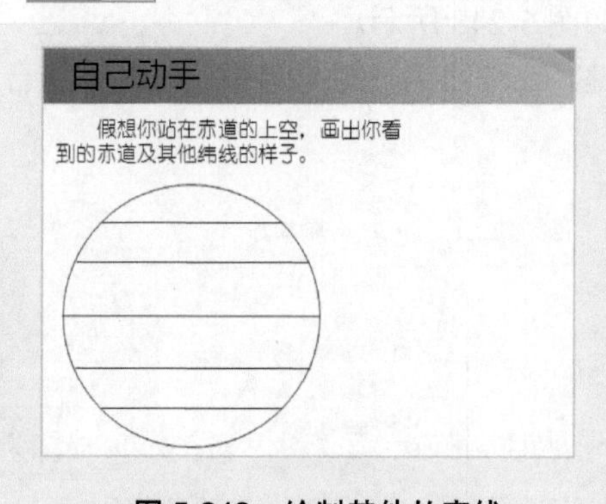

图 5-242 绘制其他的直线

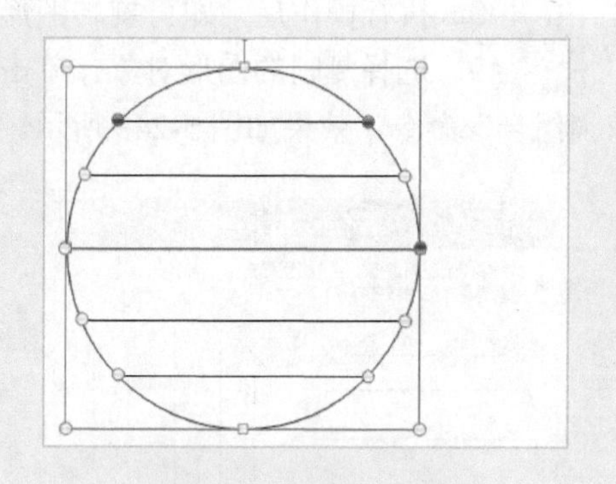

图 5-243 选择所有图形

步骤35 切换至“绘图工具”中的“格式”面板，单击“排列”选项板中的“组合”下拉按钮，在弹出的列表中选择“组合”选项，如图 5-244 所示。

步骤36 执行操作后，即可组合图形，效果如图 5-245 所示。

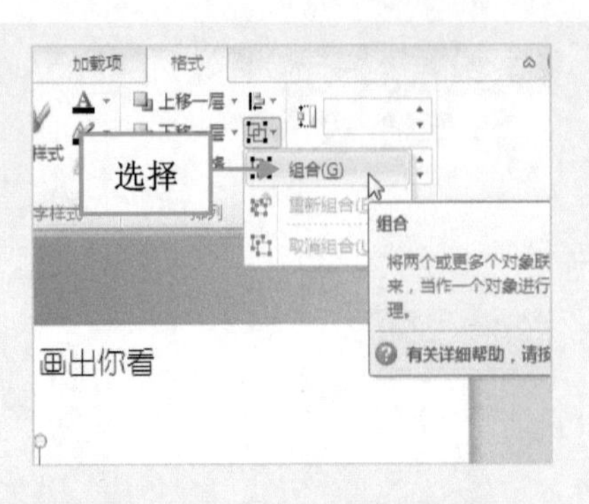

图 5-244　选择“组合”选项

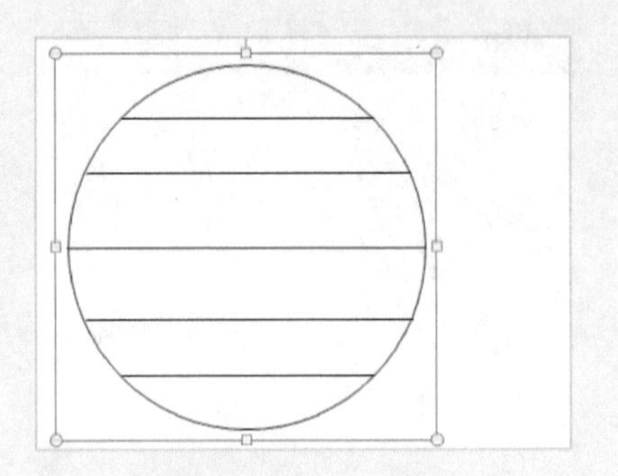

图 5-245　组合图形

步骤37　选择图形对象，按住 Ctrl＋Alt 组合键的同时，单击鼠标左键并拖曳，至合适位置后，释放鼠标左键，复制图形，如图 5-246 所示。

步骤38　双击复制的图形，单击“排列”选项板中的“旋转”下拉按钮，在弹出的列表中选择“向右旋转 90°”选项，效果如图 5-247 所示。

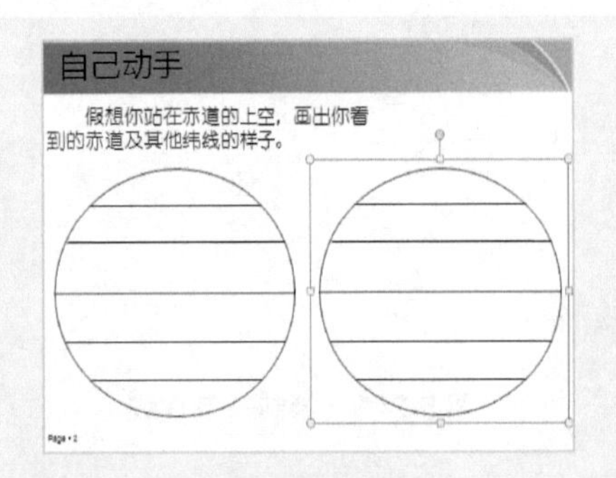

图 5-246　复制图形

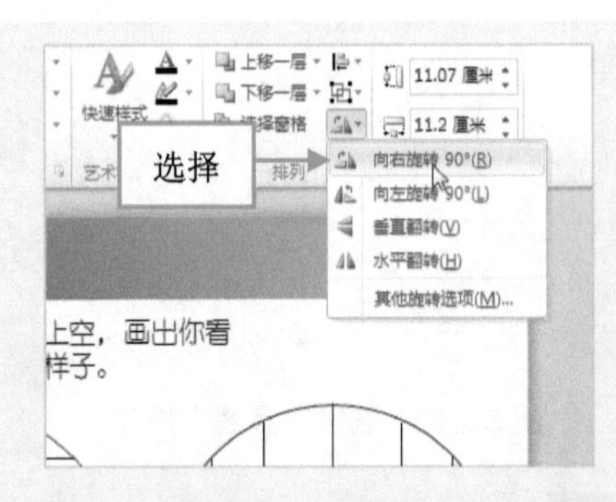

图 5-247　选择“向右旋转 90°”选项

步骤39　执行操作后，即可旋转图形，效果如图 5-248 所示。

步骤40　选择复制的图形对象，单击鼠标右键，在弹出的快捷菜单中，选择“组合”|“取消组合”命令，效果如图 5-249 所示。

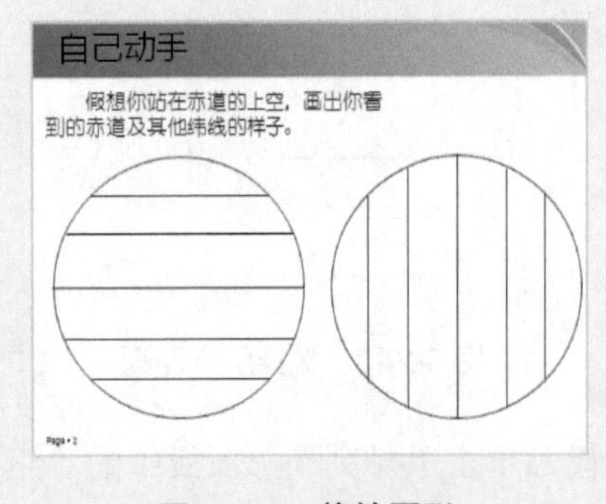

图 5-248　旋转图形

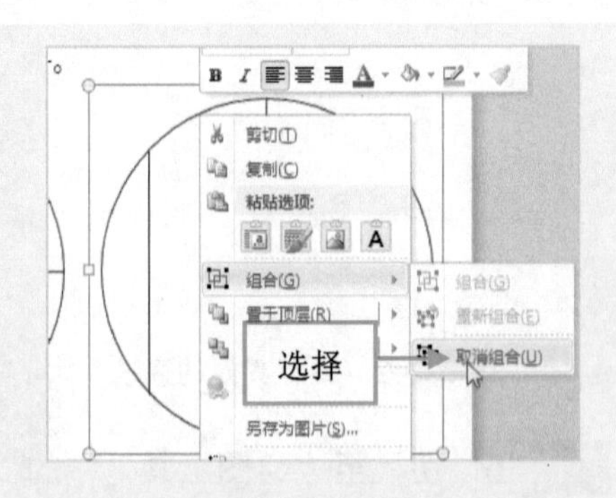

图 5-249　选择“取消组合”命令

步骤41　执行操作后，取消组合，删除多余的线条，如图 5-250 所示。

步骤42 分别在图形的下方，插入文本框，并输入相应字母，如图 5-251 所示，完成认识地球课件的制作。

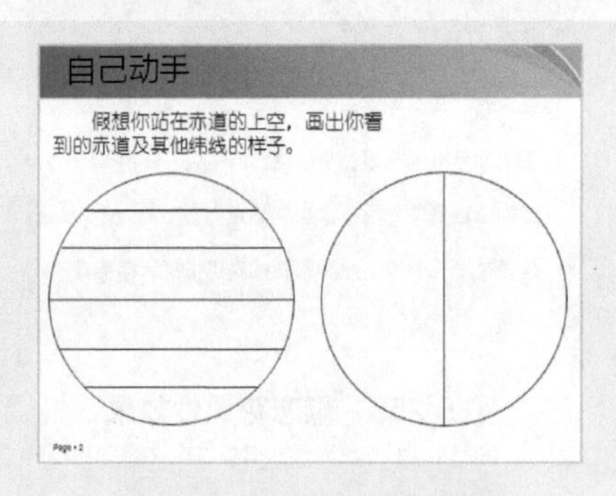

图 5-250 删除多余的线条

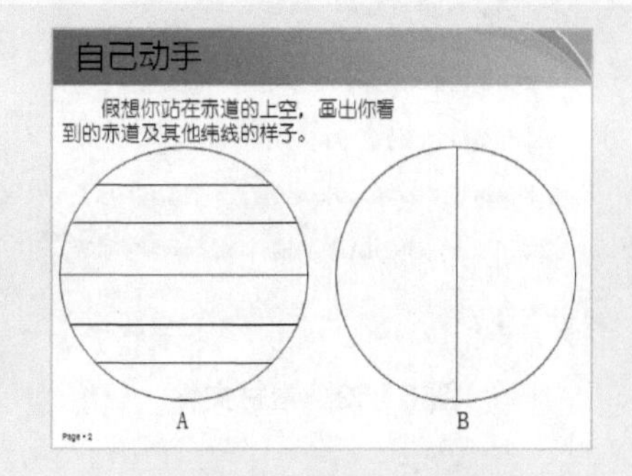

图 5-251 输入相应字母

5.7 本章习题

本章重点介绍了图形特效课件模板的操作方法，本节将通过填空题、选择题以及上机练习题，对本章的知识点进行回顾。

5.7.1 填空题

(1) 在幻灯片中插入剪贴画的方法有：占位符中插入和________。

(2) 在“剪贴画”窗格中，用户可以将软件自带的剪贴画通过________选项，将其收藏。

(3) 在 PowerPoint 2010 中，如果软件自带的图片不能满足用户制作课件的需求，则可以将________插入到演示文稿中。

5.7.2 选择题

(1) 在 PowerPoint 2010 中的“图片版式”列表框中包括(　　)种版式。

A. 10　　B. 30　　C. 40　　D. 50

(2) 在 PowerPoint 2010 中的“艺术效果”列表框中，为用户提供了(　　)种艺术效果。

A. 10　　B. 15　　C. 20　　D. 25

(3) 在 PowerPoint 2010 中，为了能够快速将多个图文对象之间的复杂关系简单化，也为了能够使单个的图像联系起来，用户可以选择在多个形状之间添加(　　)。

A. 公式　　B. 加号　　C. 减号　　D. 等于号

5.7.3 上机练习：音乐课件实例——设置蝶恋花课件艺术字效果

打开“光盘\素材\第 5 章”文件夹下的蝶恋花.pptx，如图 5-252 所示，尝试设置蝶恋花课件的艺术字效果，效果如图 5-253 所示。

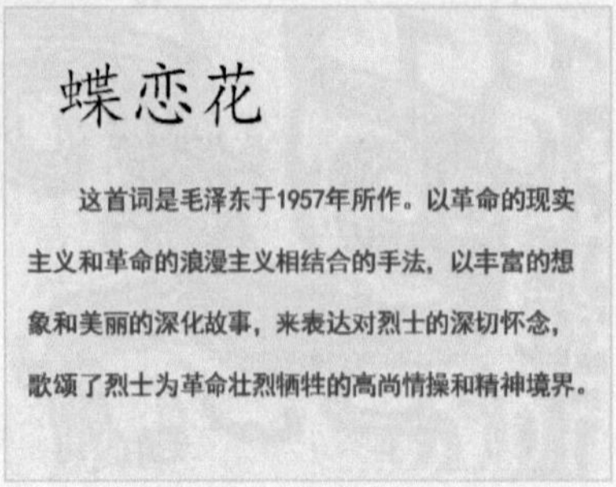

蝶恋花 这首词是毛泽东于1957年所作。以革命的现实主义和革命的浪漫主义相结合的手法，以丰富的想象和美丽的深化故事，来表达对烈士的深切怀念，歌颂了烈士为革命壮烈牺牲的高尚情操和精神境界。	蝶恋花 这首词是毛泽东于1957年所作。以革命的现实主义和革命的浪漫主义相结合的手法，以丰富的想象和美丽的深化故事，来表达对烈士的深切怀念，歌颂了烈士为革命壮烈牺牲的高尚情操和精神境界。
图 5-252　素材文件	图 5-253　蝶恋花课件效果

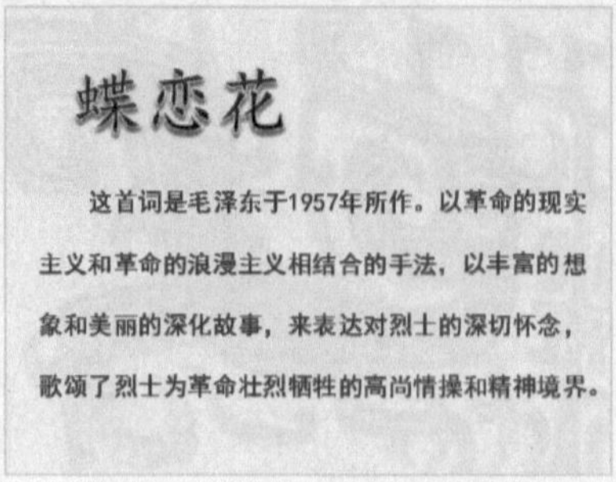

第 6 章

巧用表格：表格特效课件模板制作

在使用 PowerPoint 制作演示文稿时，通常会用到表格，例如，制作个人简历、财务报表、业绩统计表等。表格采用行列化形式，查看起来更方便。本章主要介绍创建课件中的表格、将外部表格导入课件中、设置课件表格效果以及设置课件表格文本样式等内容。

本章重点：

- 创建课件中的表格
- 导入外部表格至课件中
- 设置课件表格效果
- 设置课件表格文本样式
- 综合练兵——制作篮球比赛统计表课件

6.1 创建课件中的表格

表格是由行列交错的单元格组成的，用户可以在单元格中输入文字或数据，并对表格进行编辑。PowerPoint 支持多种插入表格的方式，可以在幻灯片中直接插入，也可以利用占位符插入。

6.1.1 实战——自动在洗衣机生产情况中插入表格

在 PowerPoint 2010 中，自动插入表格功能，能够方便用户完成表格的创建，提高在幻灯片中添加表格的效率。

步骤01 单击“文件”|“打开”命令，打开一个素材文件，如图 6-1 所示。

步骤02 切换至“插入”面板，在“表格”选项板中单击“表格”下拉按钮，如图 6-2 所示。

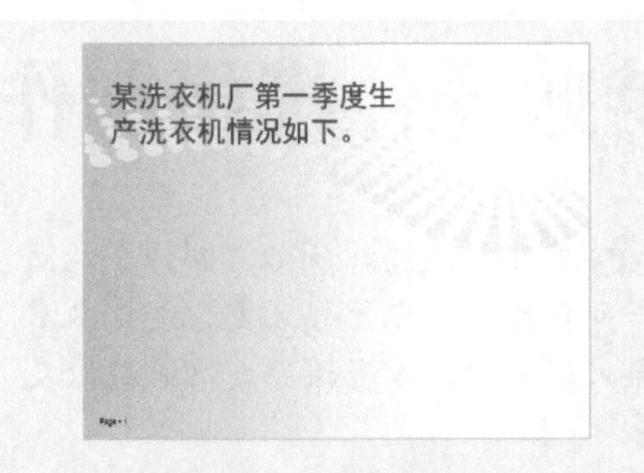

图 6-1 素材文件

图 6-2 单击“表格”下拉按钮

步骤03 在弹出的网格区域中，拖曳鼠标，选择需要创建表格的行、列数据，如图 6-3 所示。

步骤04 单击鼠标左键，即可插入表格，调整表格大小和位置，效果如图 6-4 所示。

图 6-3 选择需要创建表格的行、列数据

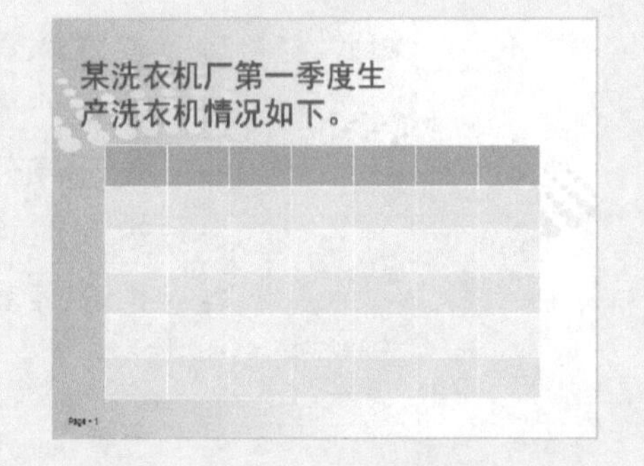

图 6-4 插入表格

试一试：根据以上操作步骤，用户可以尝试在幻灯片中自动插入表格。

6.1.2 实战——在化学成绩表中插入表格

在 PowerPoint 2010 中，如果用户需要插入行列数较多的表格，则可以通过“插入表格”选项进行插入。

步骤01 单击“文件”|“打开”命令，打开一个素材文件，如图 6-5 所示。

步骤02 切换至“插入”面板，在“表格”选项板中单击“表格”下拉按钮，在弹出的列表框中，选择“插入表格”命令，如图 6-6 所示。

图 6-5 素材文件

图 6-6 选择“插入表格”命令

步骤03 弹出“插入表格”对话框，设置“列数”为 8、“行数”为 7，单击“确定”按钮，如图 6-7 所示。

步骤04 执行操作后，即可在幻灯片中插入表格，调整表格大小和位置，效果如图 6-8 所示。

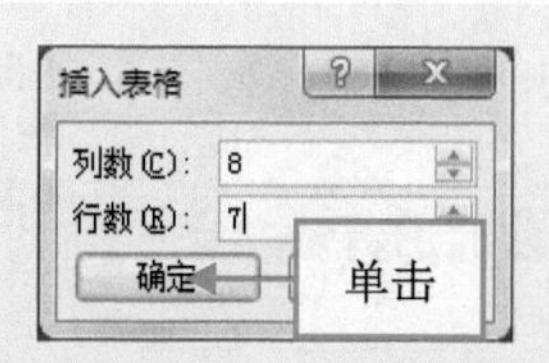

图 6-7 单击“确定”按钮

图 6-8 插入并调整表格

6.1.3 实战——绘制水的沸腾课件中的表格

在 PowerPoint 2010 中，当需要插入不规则的表格时，可以直接利用鼠标在幻灯片中进行绘制。

步骤01 单击“文件”|“打开”命令，打开一个素材文件，如图 6-9 所示。

步骤02 在“插入”面板中的“表格”选项板中，单击“表格”下拉按钮，在弹出的列表框中选择“绘制表格”命令，如图 6-10 所示。

图 6-9　素材文件

图 6-10　选择“绘制表格”命令

步骤 03　执行操作后，鼠标指针变成形状，在幻灯片中的合适位置，单击鼠标左键并拖曳，如图 6-11 所示。

步骤 04　至合适位置后释放鼠标左键，即可绘制出相应的表格边框，如图 6-12 所示。

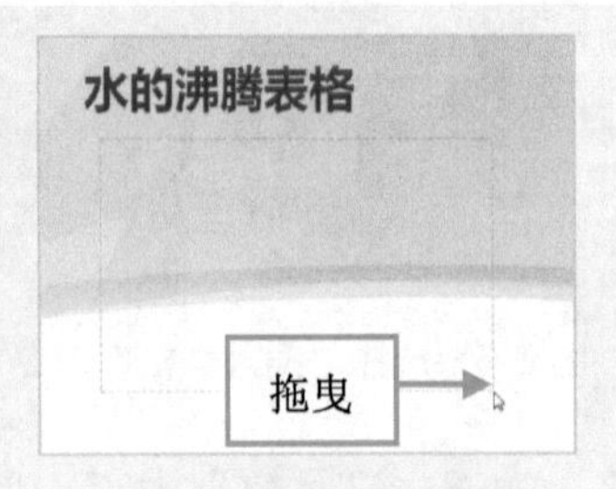

图 6-11　拖曳鼠标

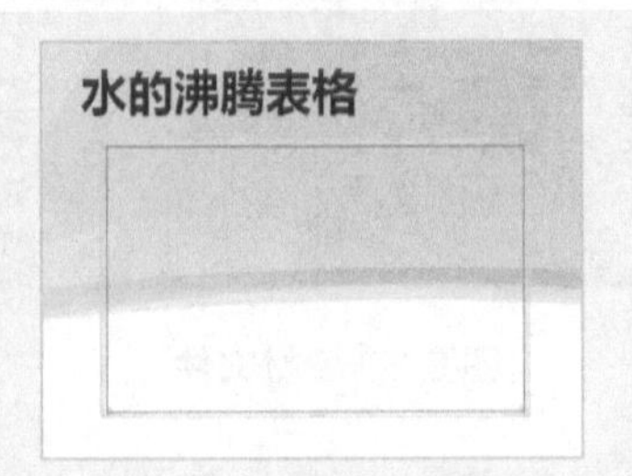

图 6-12　绘制表格边框

步骤 05　在表格方框中的合适位置，单击鼠标左键并拖曳，至合适大小后，释放鼠标左键，绘制一条边框线，如图 6-13 所示。

步骤 06　用与上述同样的方法，绘制另外 8 条同方向的边框线，如图 6-14 所示。

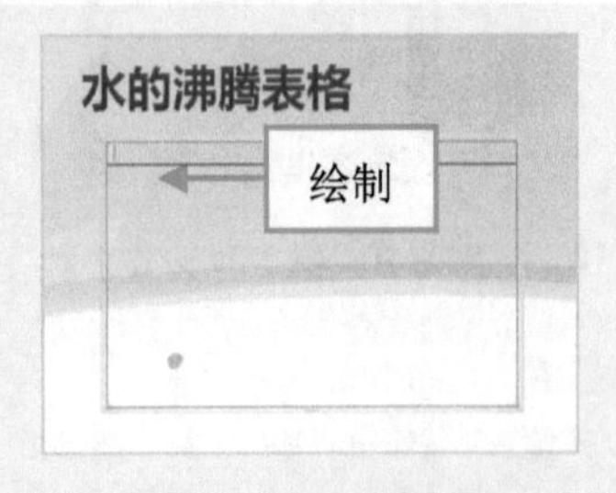

图 6-13　绘制一条边框线

图 6-14　绘制其他边框线

步骤 07　在表格第一行中的合适位置，单击鼠标左键并拖曳，至合适位置后，释放鼠标左键，绘制一条竖线，如图 6-15 所示。

步骤 08　用与上述同样的方法，绘制另外 6 条竖线，效果如图 6-16 所示。

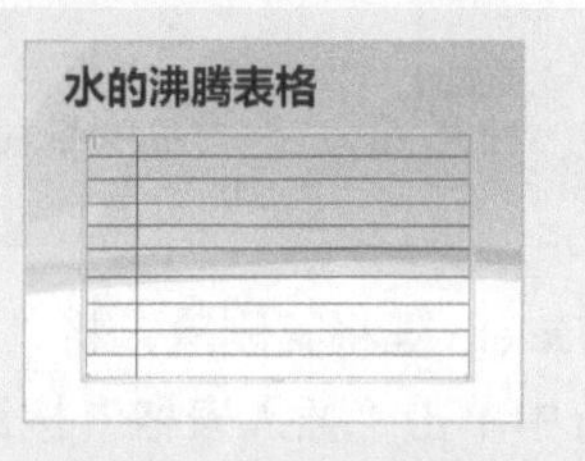

图 6-15 绘制一条竖线

图 6-16 绘制其他竖线

试一试：按照以上操作步骤，用户可以根据实际需要自己绘制表格。

6.1.4 实战——用占位符在数学成绩表课件中插入表格

在 PowerPoint 2010 中“标题和内容”幻灯片中的占位符包含插入表格、图表、剪贴画、图片、SmartArt 图形和影片等按钮，用户可以直接运用这些按钮快速创建相应内容。

步骤 01 单击“文件”|“打开”命令，打开一个素材文件，如图 6-17 所示。

步骤 02 在“开始”面板中的“幻灯片”选项板中单击“版式”下拉按钮，如图 6-18 所示。

图 6-17 素材文件

图 6-18 单击“版式”下拉按钮

步骤 03 在弹出的列表框中，选择“标题和内容”选项，如图 6-19 所示。

步骤 04 执行操作后，即可更换幻灯片版式，如图 6-20 所示。

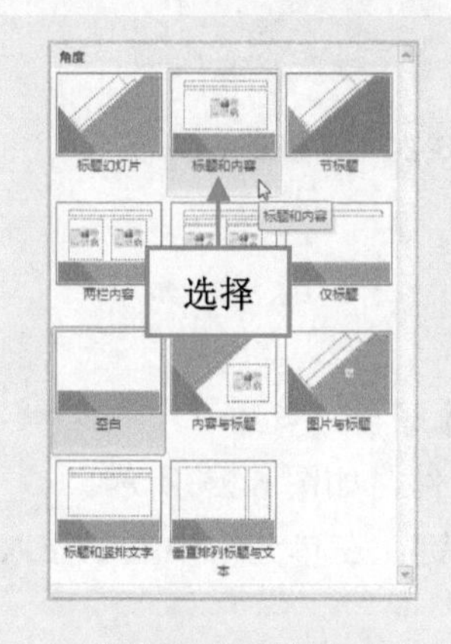

图 6-19 选择“标题和内容”选项

图 6-20 更换幻灯片版式

提示：在弹出的“版式”列表框中，包含 11 种样式，用户可以根据制作课件的实际需要，选择相对应的版式。

步骤 05 选中“单击此处添加标题”文本，按 Delete 键将其删除，将“单击此处添加文本”占位符进行微调，至合适位置后，在该占位符中单击“插入表格”按钮，如图 6-21 所示。

步骤 06 弹出“插入表格”对话框，设置“列数”为 6、“行数”为 5，单击“确定”按钮，如图 6-22 所示。

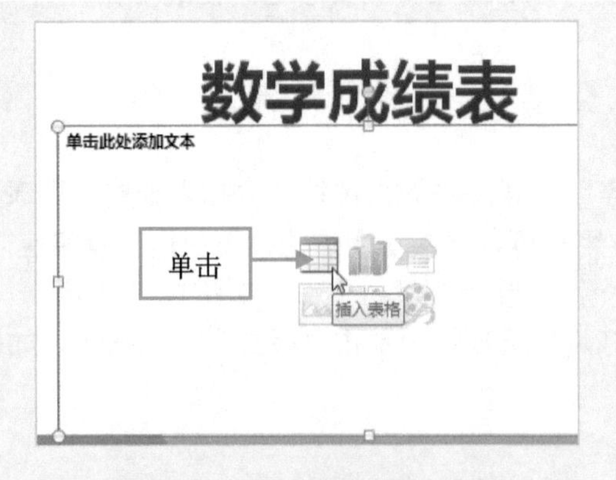

图 6-21 单击“插入表格”按钮

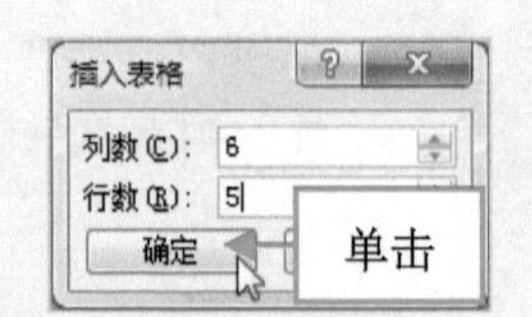

图 6-22 单击“确定”按钮

步骤 07 执行操作后，即可在编辑区中插入表格，如图 6-23 所示。

步骤 08 选中插入的表格，调整其大小和位置，效果如图 6-24 所示。

图 6-23 插入表格

图 6-24 调整表格

6.1.5 实战——在中考成绩排名表中输入文本

在幻灯片中建立了表格的基本结构以后，就可以输入文本了。

步骤 01 单击“文件”|“打开”命令，打开一个素材文件，如图 6-25 所示。

步骤 02 将鼠标指针移至第一个单元格上，单击鼠标左键，在单元格中显示插入点，输入文本“班级”，如图 6-26 所示。

步骤 03 用与上述同样的方法，输入其他文本，将多余的单元格删除，调整表格至合适位置和大小，效果如图 6-27 所示。

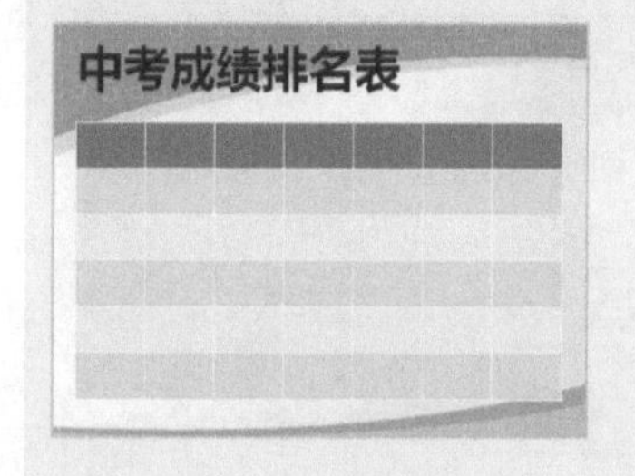

图 6-25 素材文件

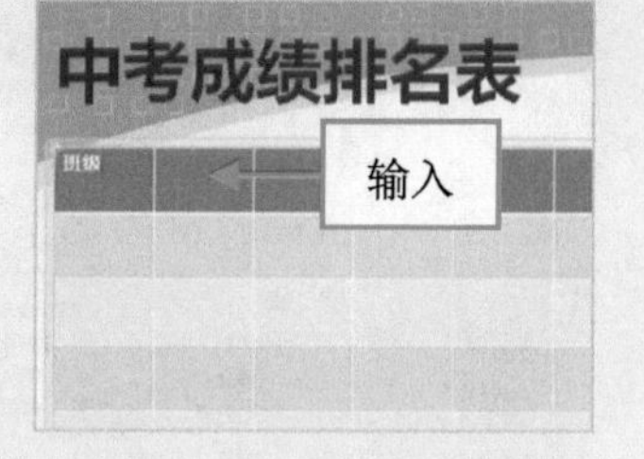

图 6-26 输入文本

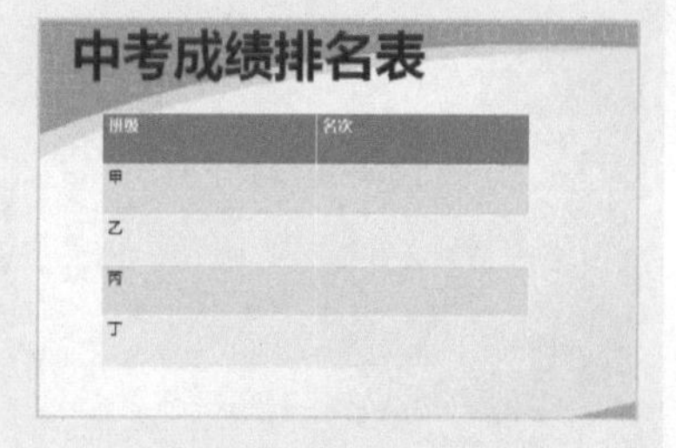

图 6-27 输入其他文本

提示：在向单元格中输入数据时，可以按 Enter 键结束一个段落并开始一个新的段落；如未按 Enter 键，当输入的数据将要超出单元格时，输入的数据会在当前单元格的宽度范围内自动换行，即下一个汉字或英文单词自动移到该单元格的下一行。

6.2 导入外部表格至课件中

PowerPoint 不仅可以创建表格、插入表格、手绘表格，还可以从外部导入表格，如从 Word 或 Excel 中导入表格。

6.2.1 实战——导入数据统计 Word 表格

在 PowerPoint 2010 中，用户可以将 Word 中的表格直接导入幻灯片，还可以对其进行细微的调整。

步骤 01 单击“文件”|“打开”命令，打开一个素材文件，如图 6-28 所示。

步骤 02 切换至“插入”面板，在“文本”选项板中，单击“对象”按钮，如图 6-29 所示。

图 6-28 素材文件

图 6-29 单击“对象”按钮

步骤 03 弹出“插入对象”对话框，选中“由文件创建”单选按钮，如图 6-30 所示。

步骤 04 单击“浏览”按钮，弹出“浏览”对话框，选择需要的文件，如图 6-31 所示。

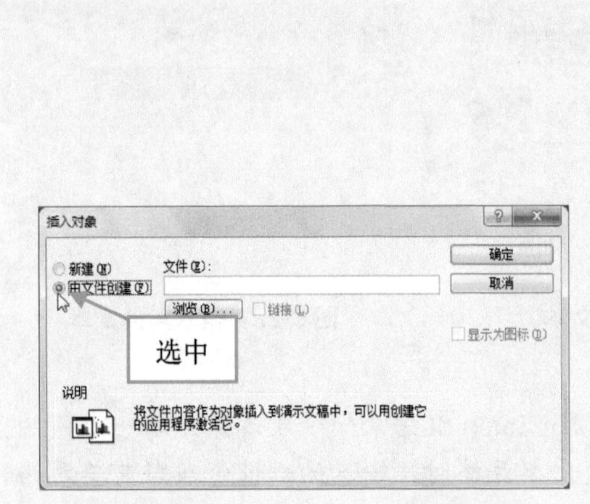

图 6-30　选中“由文件创建”单选按钮

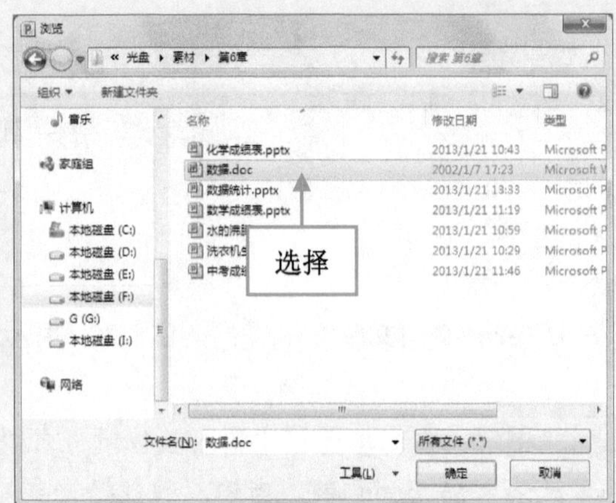

图 6-31　选择需要的文件

步骤 05 依次单击“确定”按钮，即可导入 Word 表格，效果如图 6-32 所示。

步骤 06 单击鼠标左键并拖曳表格边框，调整表格的大小与位置，效果如图 6-33 所示。

数据统计

	1	2	3	4	5
A	123	125	154	165	457
B	321	541	154	235	156
C	321	324	324	765	687
D	578	578	468	834	854
E	548	987	458	684	567
F	549	657	654	158	268

图 6-32　导入 Word 表格

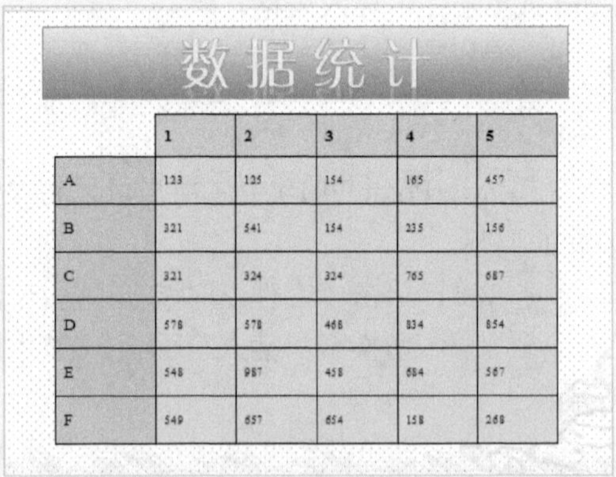

数据统计

	1	2	3	4	5
A	123	125	154	165	457
B	321	541	154	235	156
C	321	324	324	765	687
D	578	578	468	834	854
E	548	987	458	684	567
F	549	657	654	158	268

图 6-33　调整表格大小与位置

技巧： 在 PowerPoint 中导入外部表格后，为了表格的美观，还可以对单元格进行细微调整，另外也可以对其进行分布操作。

6.2.2 实战——复制历史成绩 Word 表格

在 Word 文档中复制表格后，可直接粘贴至 PowerPoint 中，然后在 PowerPoint 中根据需要进行编辑与处理。

步骤01 打开 Word 文档，选择需要复制的表格，如图 6-34 所示。

步骤02 单击鼠标右键，在弹出的快捷菜单中，选择“复制”命令，如图 6-35 所示。

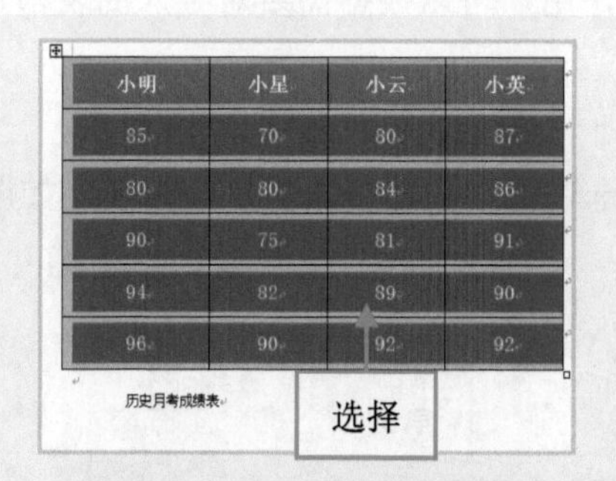

图 6-34　选择要复制的表格

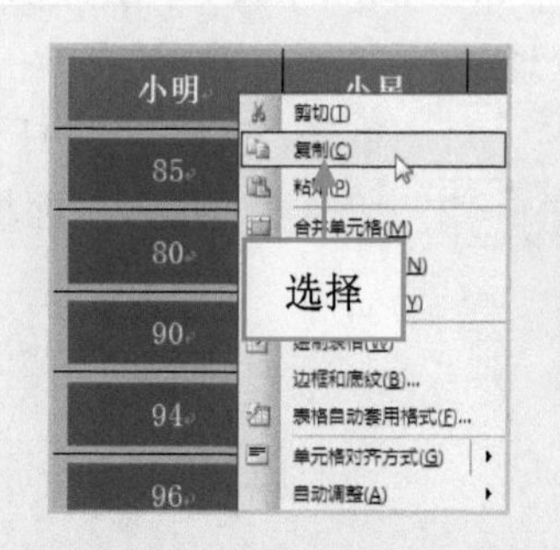

图 6-35　选择“复制”命令

步骤03 单击“文件”|“打开”命令，打开一个素材文件，如图 6-36 所示。

步骤04 在“开始”面板中的“剪贴板”选项板中，单击“粘贴”按钮，在弹出的列表框中，选择“保留源格式”选项，如图 6-37 所示。

图 6-36　素材文件

图 6-37　选择“保留源格式”选项

步骤05 执行操作后，即可粘贴表格，如图 6-38 所示。

步骤06 拖曳表格边框，调整表格的大小和位置，并设置“字号”为 40，效果如图 6-39 所示。

图 6-38　粘贴表格

图 6-39　调整表格

6.2.3 实战——导入销售数据 Excel 表格

在 PowerPoint 2010 中还可以导入 Excel 表格，用户可以根据需要对导入的表格进行编辑与处理。

步骤01 单击“文件”|“打开”命令，打开一个素材文件，如图 6-40 所示。

步骤02 切换至“插入”面板，在“文本”选项板中，单击“对象”按钮，如图 6-41 所示。

图 6-40 素材文件

图 6-41 单击“对象”按钮

步骤03 弹出“插入对象”对话框，选中“由文件创建”单选按钮，单击“浏览”按钮，如图 6-42 所示。

步骤04 弹出“浏览”对话框，选择合适的表格文件，效果如图 6-43 所示。

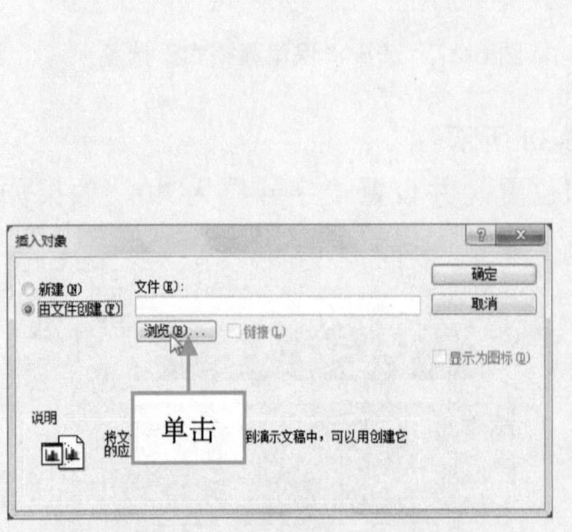

图 6-42 单击“浏览”按钮

图 6-43 选择合适的表格文件

步骤05 依次单击“确定”按钮，在幻灯片中插入表格，如图 6-44 所示。

步骤06 拖曳表格边框，调整表格的大小和位置，效果如图 6-45 所示。

图 6-44 插入表格

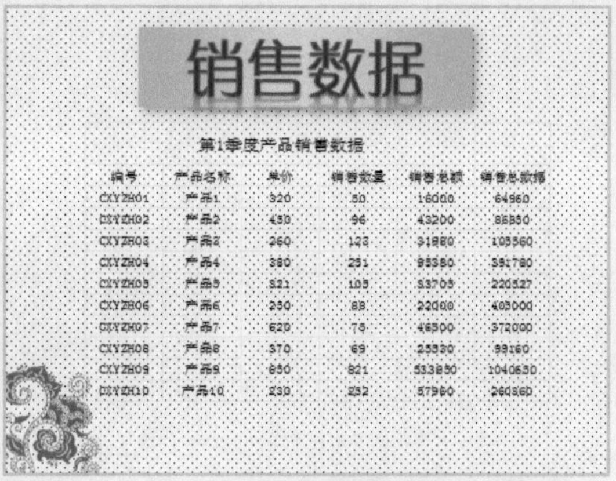

图 6-45 调整表格

6.3 设置课件表格效果

插入到幻灯片中的表格，不仅可以像文本框和占位符一样被选中、移动、调整大小，还可以为其添加底纹、边框样式、边框颜色以及表格特效等。

6.3.1 实战——设置课程安排表的主题样式

在“设计”面板中的“表格样式”选项板中，提供了多种表格的样式图案，能够快速更改表格的主题样式。

步骤 01 单击“文件”|“打开”命令，打开一个素材文件，如图 6-46 所示。

步骤 02 在编辑区中，选择需要设置主题样式的表格，如图 6-47 所示。

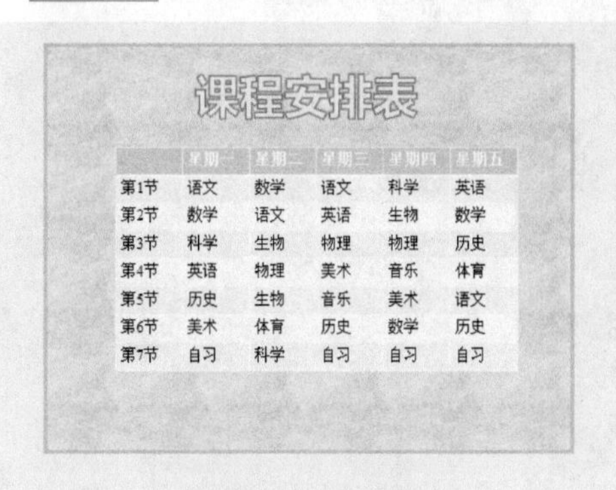

	星期一	星期二	星期三	星期四	星期五
第1节	语文	数学	语文	科学	英语
第2节	数学	语文	英语	生物	数学
第3节	科学	生物	物理	物理	历史
第4节	英语	物理	美术	音乐	体育
第5节	历史	生物	音乐	美术	语文
第6节	美术	体育	历史	数学	历史
第7节	自习	科学	自习	自习	自习

图 6-46 素材文件

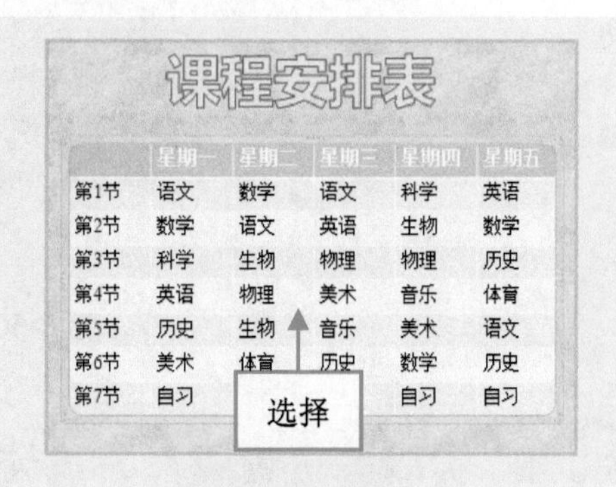

图 6-47 选择表格

步骤 03 切换至“表格工具”中的“设计”面板，在“表格样式”选项板中，单击“其他”下拉按钮，如图 6-48 所示。

步骤 04 在弹出的列表中，选择“主题样式 2-强调 2”选项，如图 6-49 所示。

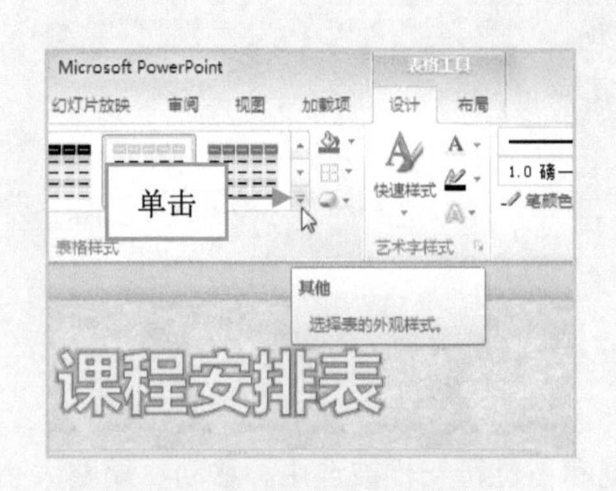

图 6-48　单击“其他”按钮

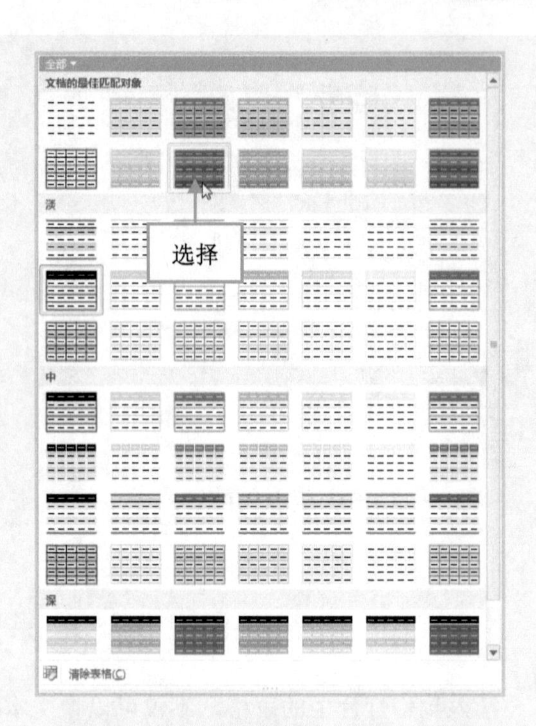

图 6-49　选择“主题样式 2-强调 2”选项

步骤 05　执行操作后，即可设置主题样式，如图 6-50 所示。

	星期一	星期二	星期三	星期四	星期五
第1节	语文	数学	语文	科学	英语
第2节	数学	语文	英语	生物	数学
第3节	科学	生物	物理	物理	历史
第4节	英语	物理	美术	音乐	体育
第5节	历史	生物	音乐	美术	语文
第6节	美术	体育	历史	数学	历史
第7节	自习	科学	自习	自习	自习

图 6-50　设置主题样式

6.3.2　实战——设置蒸发与沸腾表格底纹

表格的应用非常广泛，用户可以根据制作的课件为表格搭配相应的底纹，其中底纹有纯色、渐变、图片和纹理填充等样式，图片填充可支持多种图片格式。

步骤 01　单击“文件”|“打开”命令，打开一个素材文件，如图 6-51 所示。

步骤 02　在编辑区中选择需要设置底纹的表格，如图 6-52 所示。

图 6-51 素材文件

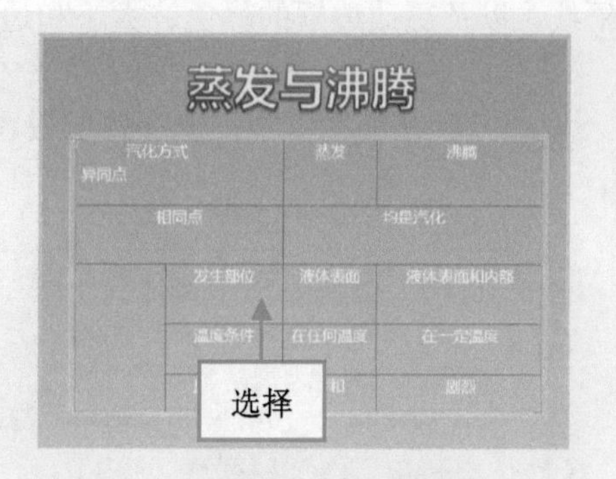

图 6-52 选择表格

步骤03 切换至“表格工具”中的“设计”面板，单击“表格样式”选项板中的“底纹”下拉按钮，如图 6-53 所示。

步骤04 在弹出的列表框中选择“蓝色，背景 1，深色 25%”选项，如图 6-54 所示。

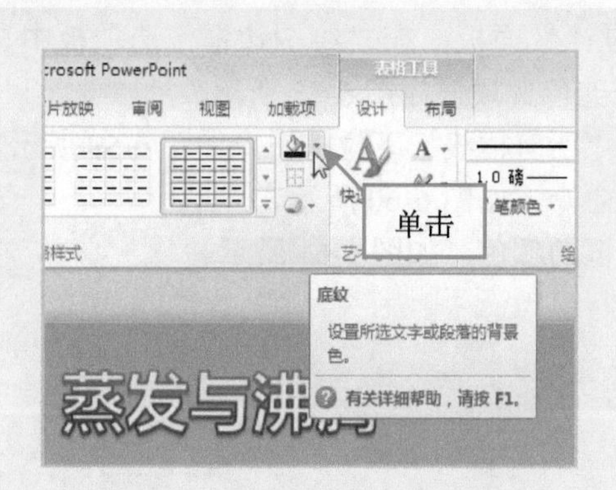

图 6-53 单击“底纹”下拉按钮

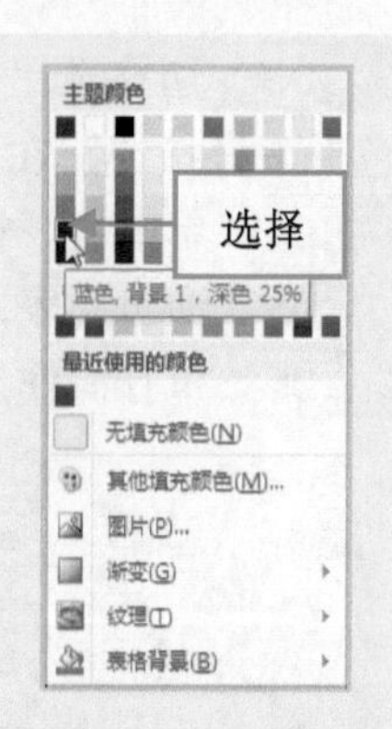

图 6-54 选择相应选项

注意：在弹出的“底纹”列表框中，不仅可以选择颜色选项，还可以选择图片、渐变色以及纹理进行填充。

步骤05 执行操作后，即可设置表格底纹，效果如图 6-55 所示。

注意：如果用户对主题样式中的底纹不满意，可以根据表格的主题样式来设置表格的底纹效果，底纹类型各式各样，用户可灵活运用。

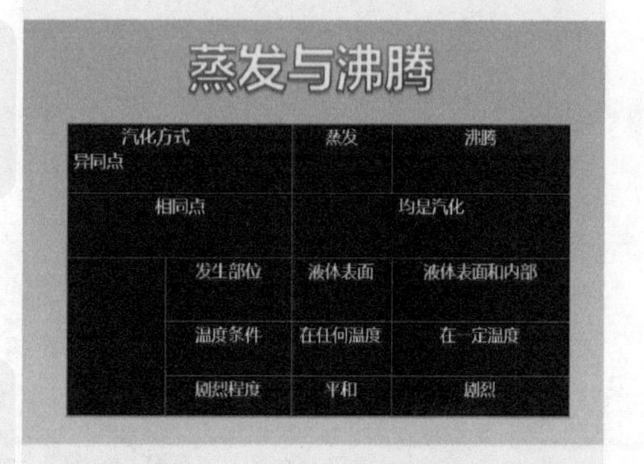

图 6-55 设置表格底纹

6.3.3 实战——设置雷雨表格的边框颜色

在 PowerPoint 2010 中，可以设置表格的边框颜色，能够单独给表格的一边或多边加上边框线，以及更改边框的颜色、大小和边框的样式。

步骤01 单击“文件”|“打开”命令，打开一个素材文件，如图 6-56 所示。

步骤02 在编辑区中，选择需要设置边框颜色的表格对象，如图 6-57 所示。

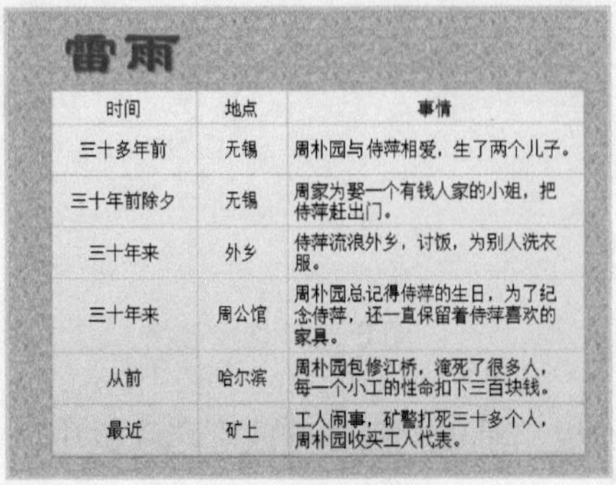

图 6-56 素材文件

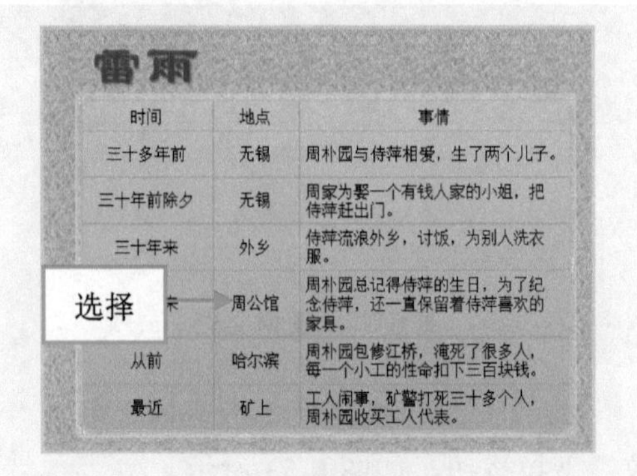

图 6-57 选择表格对象

步骤03 切换至“表格工具”中的“设计”面板，在“绘图边框”选项板中，单击“笔颜色”下拉按钮，在弹出的列表框中选择红色选项，如图 6-58 所示。

步骤04 单击“表格样式”选项板中的“所有框线”下拉按钮，如图 6-59 所示。

步骤05 弹出列表，选择“所有框线”命令，如图 6-60 所示。

步骤06 执行操作后，即可设置表格边框的颜色，如图 6-61 所示。

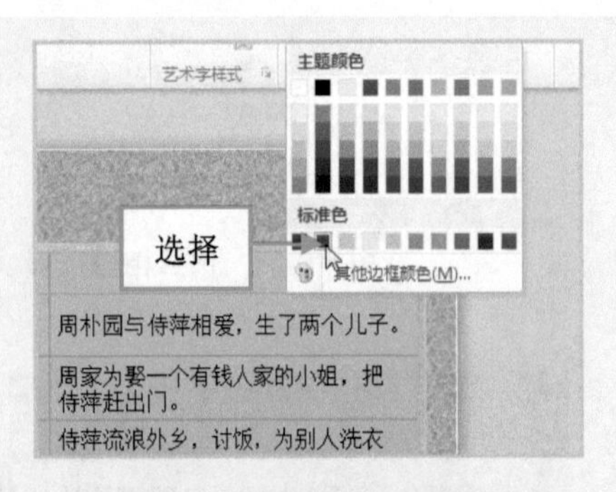

图 6-58 选择红色选项

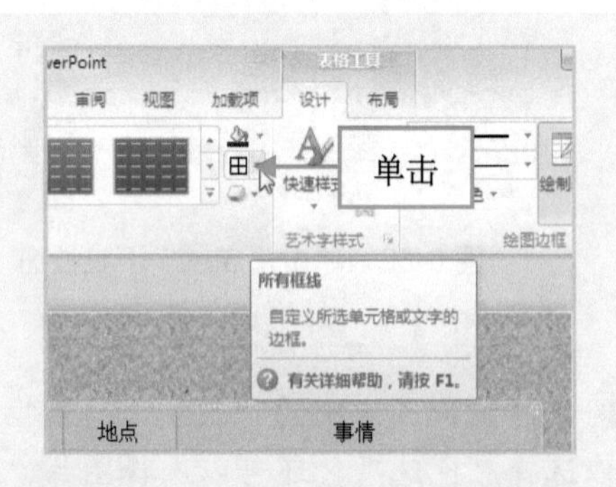

图 6-59 单击“所有框线”下拉按钮

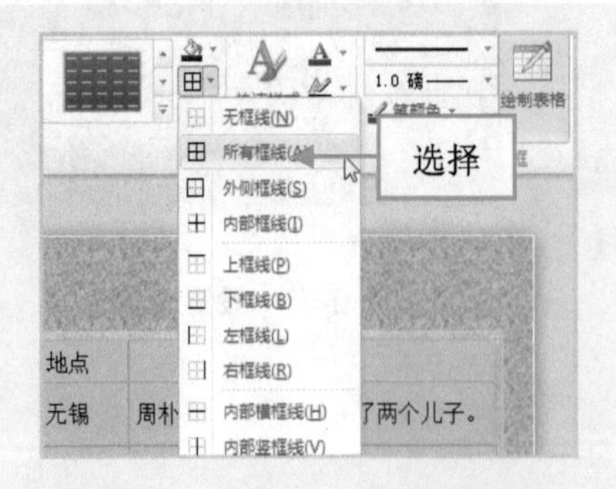

图 6-60 选择“所有框线”命令

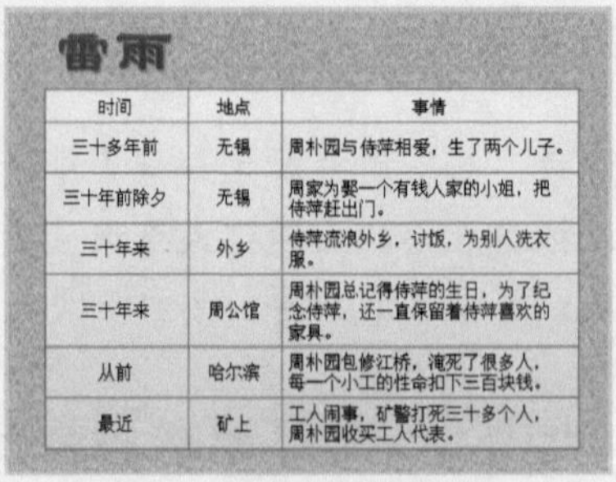

图 6-61 设置表格边框的颜色

6.3.4 实战——设置原子结构表格的宽度和线型

在 PowerPoint 2010 中，可以运用“绘图边框”选项板，对表格的宽度和线型进行设置。

步骤01 单击“文件”|“打开”命令，打开一个素材文件，如图 6-62 所示。

步骤02 在编辑区中选择需要设置宽度和线型的表格，如图 6-63 所示。

原子结构

电子层	原子轨道类型	原子轨道数目	可容纳电子数
1	1s	1	2
2	2S，2P	4	8
3	3S，3P,3d	9	18
4	4s,4p,4d,4f	16	32
n			

图 6-62　素材文件

原子结构

电子层	原子轨道类型	原子轨道数目	可容纳电子数
1	1s	1	2
2	2S，2P	4	8
3	3S，3P,3d	9	18
4	4s,4p,4d,4f	16	32
n			

选择

图 6-63　选择表格

步骤03 切换至“表格工具”中的“设计”面板，单击“绘图边框”选项板中的“笔画粗细”按钮，在弹出的列表框中选择“2.25 磅”选项，如图 6-64 所示。

步骤04 单击“笔样式”右侧的下拉按钮，在弹出的列表中选择合适的线型，如图 6-65 所示。

图 6-64　选择“2.25 磅”选项

图 6-65　选择合适的线型

步骤05 单击“表格样式”选项板中的“所有框线”按钮，在弹出的列表中选择“所有框线”命令，如图 6-66 所示。

步骤06 执行操作后，即可设置表格的宽度和线型，效果如图 6-67 所示。

表格样式
选择
原子结构
电子层
原子轨道类型
1
1s
2
2S，2P
无框线(N)
所有框线(A)
外侧框线(S)
内部框线(I)
上框线(P)
下框线(B)
左框线(L)
右框线(R)
内部横框线(H)
内部竖框线(V)
斜下框线(W)
斜上框线(U)

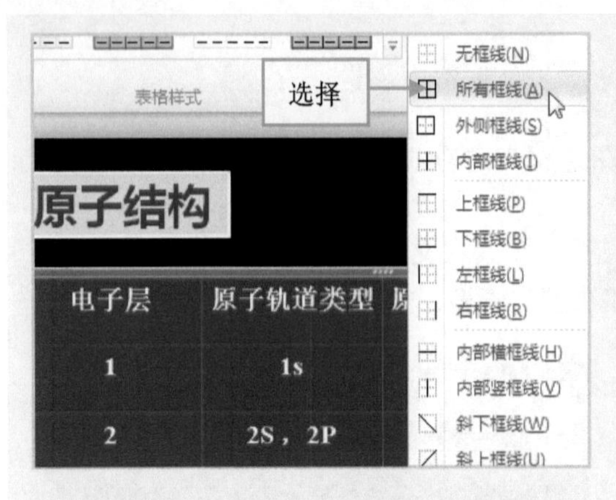

图 6-66　选择“所有框线”命令

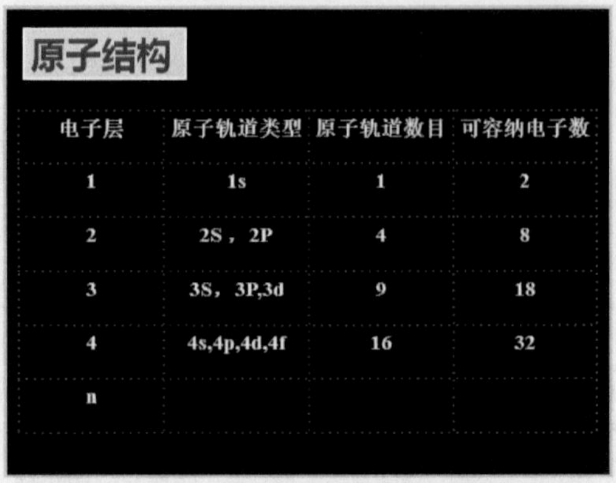

原子结构
电子层　原子轨道类型　原子轨道数目　可容纳电子数
1　1s　1　2
2　2S，2P　4　8
3　3S，3P,3d　9　18
4　4s,4p,4d,4f　16　32
n

图 6-67　设置表格的宽度和线型

技巧：用户可以使用“擦除”按钮删除单元格之间的边框。在“绘图边框”选项板中，单击“擦除”按钮或者当指针变为铅笔形状时按住 Shift 键的同时单击要删除的边框即可。

6.3.5　实战——设置秦汉成就课件文本对齐方式

用户可以根据自己的需求对表格中的文本进行设置，如设置表格中文本的对齐方式，使其看起来与表格更加协调。

步骤 01　单击“文件”|“打开”命令，打开一个素材文件，如图 6-68 所示。

步骤 02　在编辑区中选择表格中的文本，如图 6-69 所示。

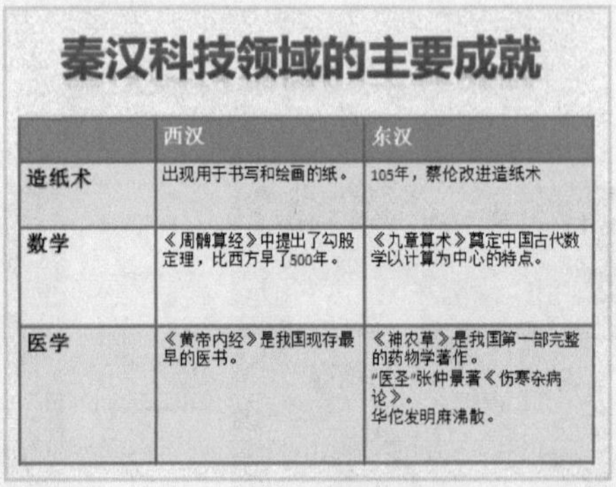

秦汉科技领域的主要成就
西汉
东汉
造纸术
出现用于书写和绘画的纸。
105年，蔡伦改进造纸术
数学
《周髀算经》中提出了勾股定理，比西方早了500年。
《九章算术》奠定中国古代数学以计算为中心的特点。
医学
《黄帝内经》是我国现存最早的医书。
《神农草》是我国第一部完整的药物学著作。
“医圣”张仲景著《伤寒杂病论》。
华佗发明麻沸散。

图 6-68　素材文件

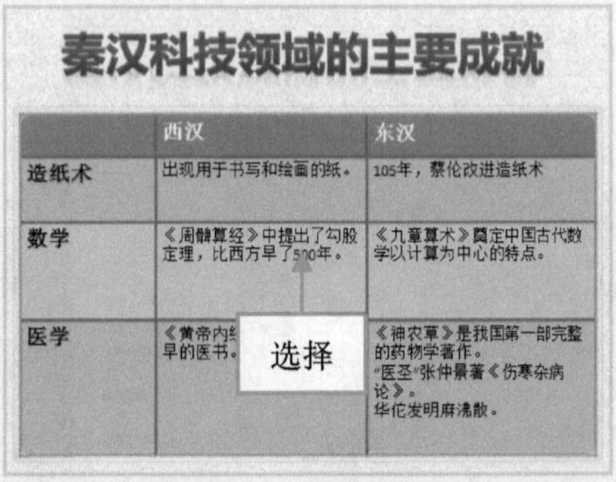

秦汉科技领域的主要成就
西汉
东汉
造纸术
出现用于书写和绘画的纸。
105年，蔡伦改进造纸术
数学
《周髀算经》中提出了勾股定理，比西方早了500年。
《九章算术》奠定中国古代数学以计算为中心的特点。
医学
选择
《神农草》是我国第一部完整的药物学著作。
“医圣”张仲景著《伤寒杂病论》。
华佗发明麻沸散。

图 6-69　选择文本

步骤 03　切换至“表格工具”中的“布局”面板，在“对齐方式”选项板中，单击“垂直居中”按钮，如图 6-70 所示。

步骤 04　执行操作后，即可设置文本的对齐方式，如图 6-71 所示。

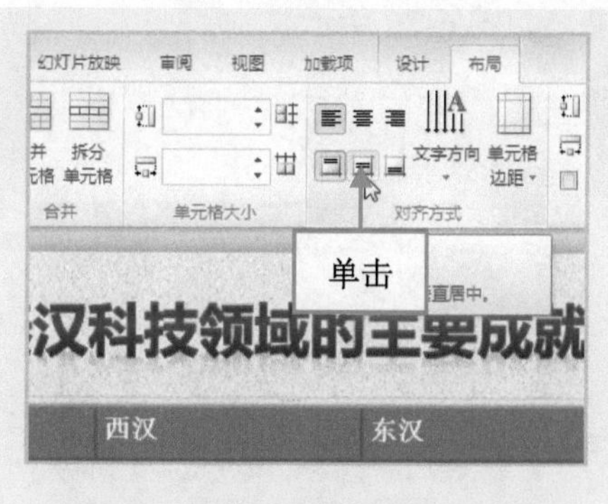

图 6-70 单击“垂直居中”按钮

秦汉科技领域的主要成就

	西汉	东汉
造纸术	出现用于书写和绘画的纸。	105年，蔡伦改进造纸术
数学	《周髀算经》中提出了勾股定理，比西方早了500年。	《九章算术》奠定中国古代数学以计算为中心的特点。
医学	《黄帝内经》是我国现存最早的医书。	《神农草》是我国第一部完整的药物学著作。“医圣”张仲景著《伤寒杂病论》。华佗发明麻沸散。

图 6-71 设置文本对齐方式

提示： 在“对齐方式”选项板中，用户还可以为表格中的文本设置“顶端对齐”和“底端对齐”等对齐方式。

6.3.6 实战——设置人口普查表格特效

在 PowerPoint 2010 中，在幻灯片中插入表格以后，用户可以对表格进行与艺术字图形一样的特效设置。

步骤 01 单击“文件”|“打开”命令，打开一个素材文件，如图 6-72 所示。

步骤 02 在编辑区中选择需要设置特效的表格，如图 6-73 所示。

步骤 03 切换至“绘图工具”中的“设计”面板，在“表格样式”选项板中，单击“效果”下拉按钮，如图 6-74 所示。

人口普查

字段名称	编号	标题	数据	字段名称	编号	标题	数据
姓名	01	A4: B4	C4: E4	姓名	05	A4: B4	C4: E4
出生日期	02	A4: B4	C4: E4	出生日期	06	A4: B4	C4: E4
移动电话	03	A4: B4	C4: E4	移动电话	07	A4: B4	C4: E4
电子邮件	04	A4: B4	C4: E4	电子邮件	08	A4: B4	C4: E4

图 6-72 素材文件

人口普查

字段名称	编号	标题	数据	字段名称	编号	标题	数据
姓名	01	A4: B4	C4: E4	姓名	05	A4: B4	C4: E4
出生日期	02	A4: B4	C4: E4	出生日期	06	A4: B4	C4: E4
移动电话	03	A4: B4	C4: E4	移动电话	07	A4: B4	C4: E4
电子邮件	04	A4: B4	C4: E4	电子邮件	08	A4: B4	C4: E4

图 6-73 选择表格

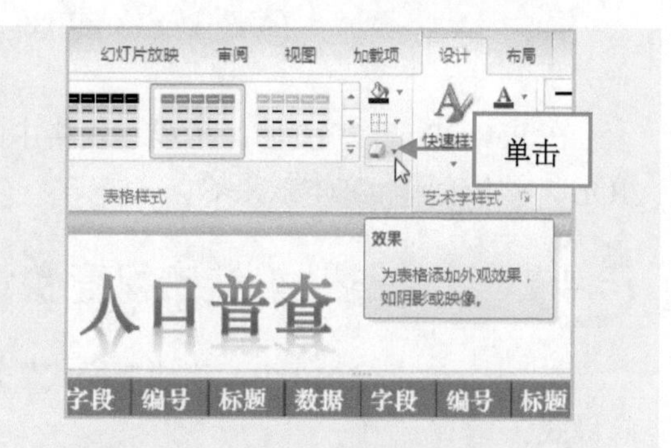

图 6-74 单击“效果”下拉按钮

步骤 04 在弹出的列表中选择“单元格凹凸效果”|“松散嵌入”选项，如图 6-75 所示。

步骤 05 执行操作后，即可设置表格凹凸效果，如图 6-76 所示。

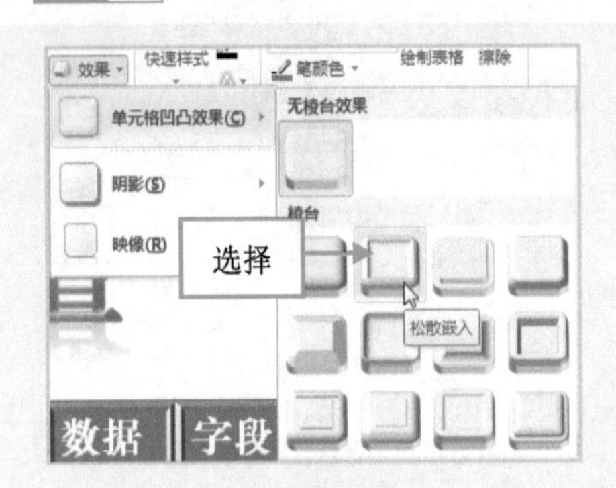

图 6-75 选择“松散嵌入”选项

图 6-76 单击“文本轮廓”按钮

步骤 06 再次单击“效果”下拉按钮，在弹出的列表框中，选择“阴影”|“向上偏移”选项，如图 6-77 所示。

步骤 07 执行操作后，即可设置表格效果，如图 6-78 所示。

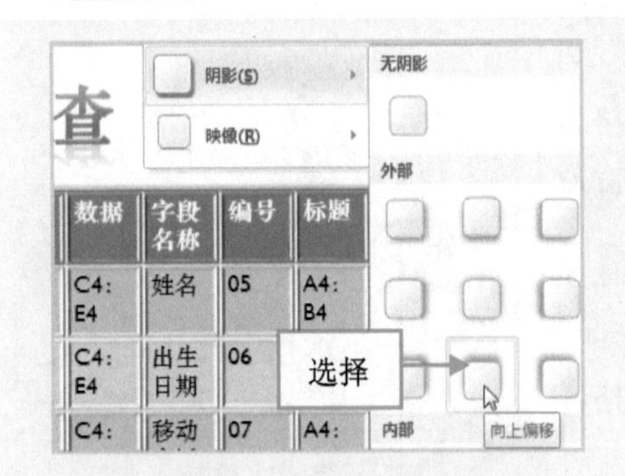

图 6-77 选择“向上偏移”选项

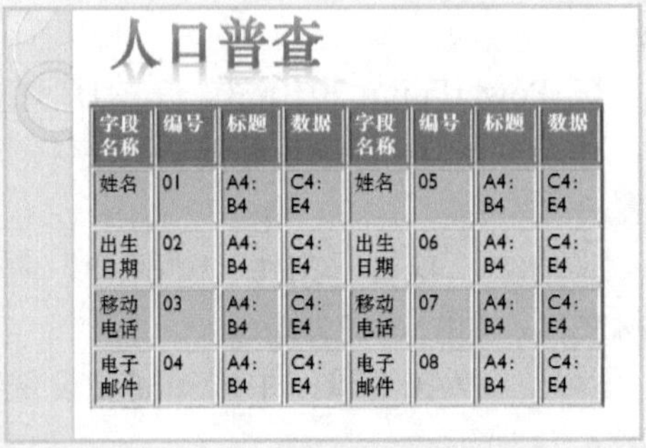

图 6-78 设置表格效果

6.4 设置课件表格文本样式

在 PowerPoint 2010 中，可以为表格中的文字设置艺术样式，包括设置快速样式、文本填充、文本轮廓和文本效果等。

6.4.1 实战——设置市场竞价课件快速样式

在 PowerPoint 2010 中，“快速样式”用来设置表格中的文本填充，颜色、轮廓和投影等样式。

步骤 01 单击“文件”|“打开”命令，打开一个素材文件，如图 6-79 所示。

步骤 02 在编辑区中选择需要设置样式的表格文本，如图 6-80 所示。

步骤 03 切换至“表格工具”中的“设计”面板，单击“艺术字样式”选项板中的“快速样式”下拉按钮，如图 6-81 所示。

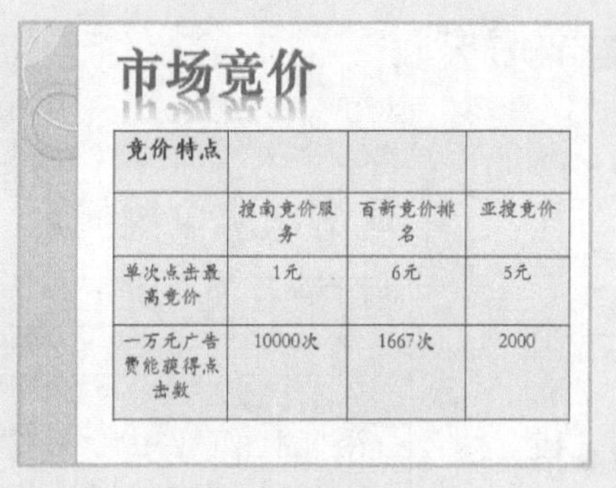

图 6-79　素材文件

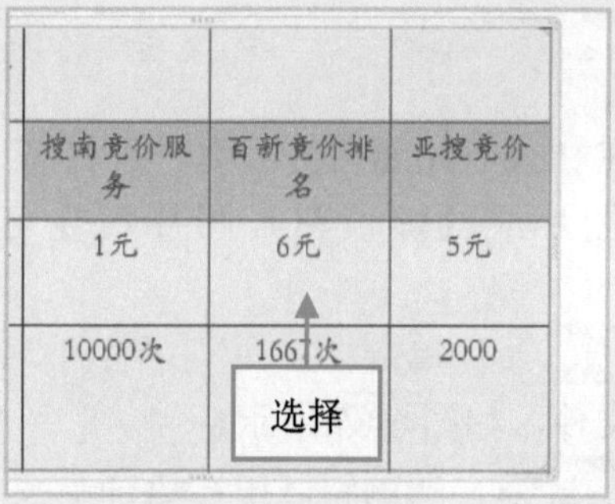

搜南竞价服务	百新竞价排名	亚搜竞价
1元	6元	5元
10000次	1667次	2000

选择

图 6-80　选择文本

步骤04　在弹出的列表中选择相应选项，如图 6-82 所示。

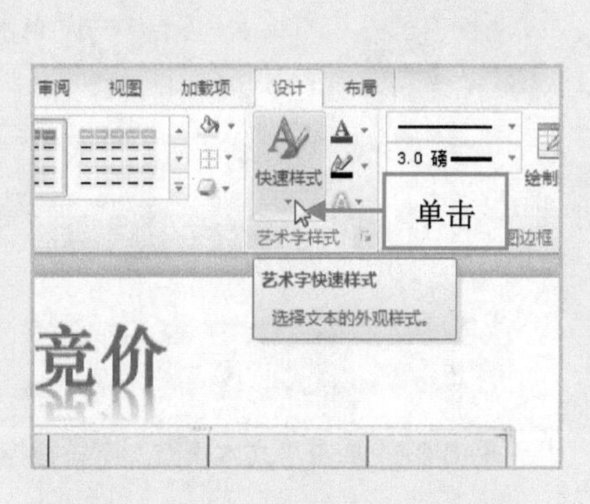

图 6-81　单击“快速样式”下拉按钮

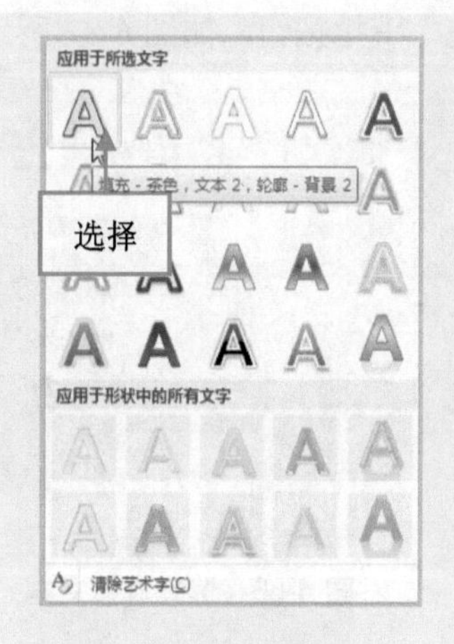

图 6-82　选择相应选项

步骤05　执行操作后，即可设置文本样式，如图 6-83 所示。

步骤06　用与上述同样的方法，设置其他文本的样式，效果如图 6-84 所示。

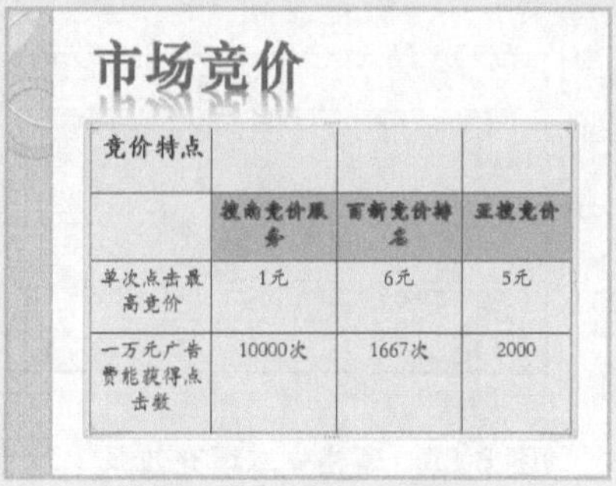

市场竞价

竞价特点			
	搜南竞价服务	百新竞价排名	亚搜竞价
单次点击最高竞价	1元	6元	5元
一万元广告费能获得点击数	10000次	1667次	2000

图 6-83　设置文本样式

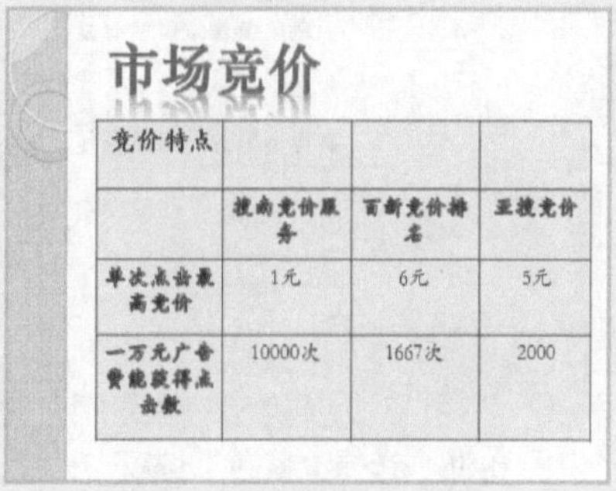

市场竞价

竞价特点			
	搜南竞价服务	百新竞价排名	亚搜竞价
单次点击最高竞价	1元	6元	5元
一万元广告费能获得点击数	10000次	1667次	2000

图 6-84　设置文本样式

试一试：根据以上操作步骤，用户可以尝试设置表格中文本的样式。

6.4.2 实战——设置市场调查表格文本填充

在 PowerPoint 2010 中，表格可以使用纯色、渐变、图片或纹理填充，图片填充可支持多种图片格式。

步骤01 单击“文件”|“打开”命令，打开一个素材文件，如图 6-85 所示。

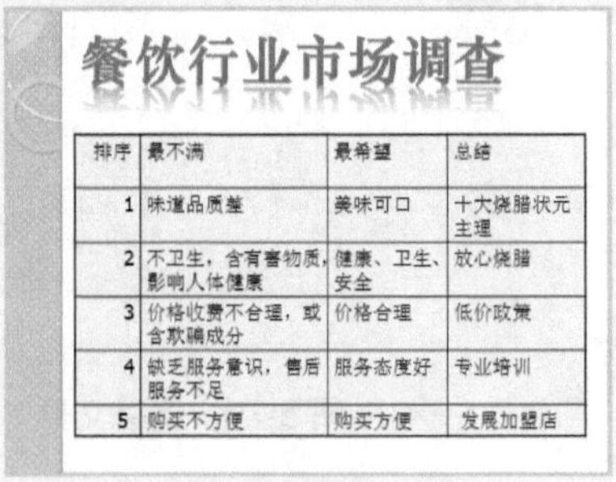

步骤02 在编辑区中，选择需要设置填充的表格文本，如图 6-86 所示，切换至“表格工具”中的“设计”面板。

步骤03 在“艺术字样式”选项板中，单击“文本填充”下拉按钮，如图 6-87 所示。

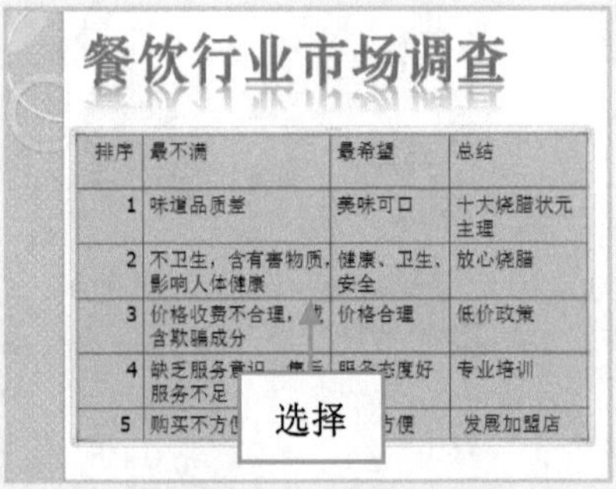

餐饮行业市场调查

排序	最不满	最希望	总结
1	味道品质差	美味可口	十大烧腊状元主理
2	不卫生，含有害物质，影响人体健康	健康、卫生、安全	放心烧腊
3	价格收费不合理，或含欺骗成分	价格合理	低价政策
4	缺乏服务意识，售后服务不足	服务态度好	专业培训
5	购买不方便	购买方便	发展加盟店

图 6-85 素材文件

图 6-86 选择表格文本

图 6-87 单击“文本填充”下拉按钮

步骤04 弹出列表，在“标准色”选项区中，选择“紫色”选项，如图 6-88 所示。

步骤05 执行操作后，即可设置表格文本填充，效果如图 6-89 所示。

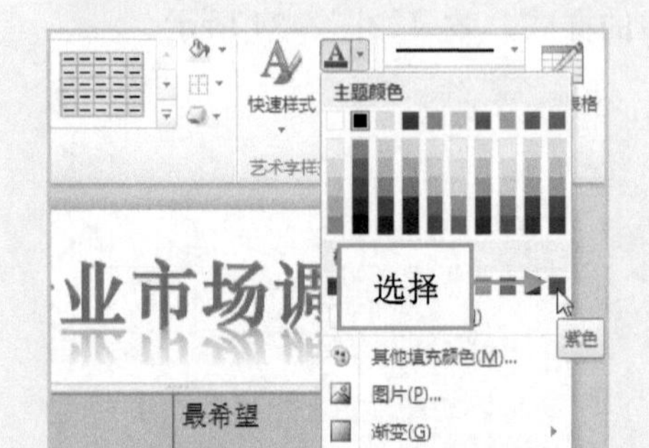

图 6-88 选择“紫色”选项

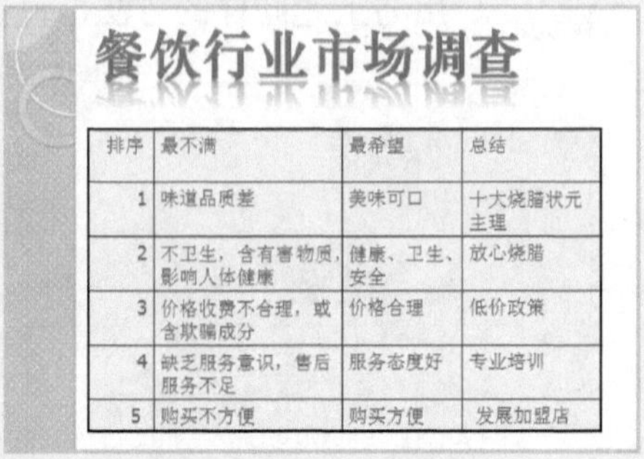

图 6-89 表格文本填充效果

技巧：表格中的文本除了可以用纯色填充外，还可以根据需要，设置文本填充为渐变、图片或纹理等。

6.4.3 实战——设置工业合成氨表格文本轮廓

在 PowerPoint 2010 中，为了能够快速地将多个图文对象之间的复杂关系简单化，也为了能够使单个的图像联系起来，用户可以选择在多个形状之间添加公式。

步骤 01 单击“文件”|“打开”命令，打开一个素材文件，如图 6-90 所示。

步骤 02 在编辑区中，选择需要设置轮廓的表格文本，如图 6-91 所示。

步骤 03 切换至“表格工具”中的“设计”面板，单击“艺术字样式”选项板中的“文本轮廓”下拉按钮，如图 6-92 所示。

*工业合成氨

	化学反应速率	化学平衡
温度	温度越高,反应速率越大	升高温度,平衡向吸热方向移动
气体压强	压强越大,反应速率越大	增大压强,平衡向气态物质系数减小的方向移动
催化剂	正催化剂加快反应速率	催化剂对平衡无影响
浓度	反应物浓度越大,反应速率越大	增大反应物浓度,平衡正向移动

图 6-90 素材文件

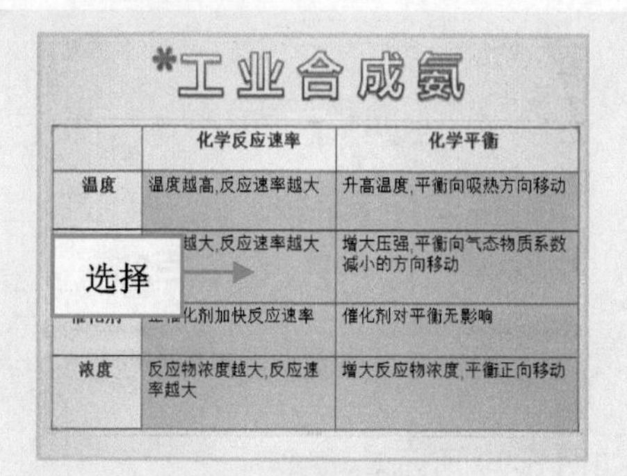

图 6-91 选择表格文本

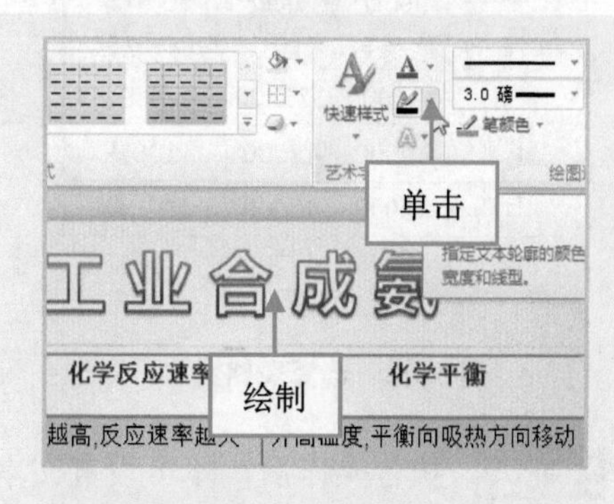

图 6-92 单击“文本轮廓”下拉按钮

步骤 04 在弹出的下拉列表的“主题颜色”选项区中，选择相应选项，如图 6-93 所示。

步骤 05 执行操作后，即可设置文本轮廓，效果如图 6-94 所示。

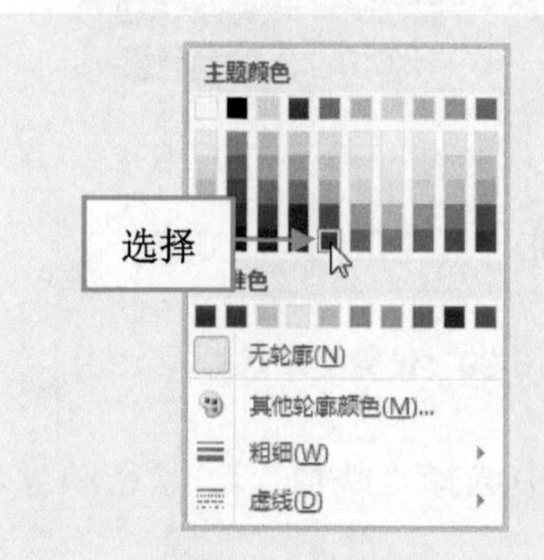

图 6-93 选择相应选项

*工业合成氨

	化学反应速率	化学平衡
温度	温度越高,反应速率越大	升高温度,平衡向吸热方向移动
气体压强	压强越大,反应速率越大	增大压强,平衡向气态物质系数减小的方向移动
催化剂	正催化剂加快反应速率	催化剂对平衡无影响
浓度	反应物浓度越大,反应速率越大	增大反应物浓度,平衡正向移动

图 6-94 文本轮廓效果

6.4.4 实战——设置空调生产情况表格文本效果

在 PowerPoint 2010 中，用户可以根据实际需要绘制笑脸等复杂的图形。下面介绍黑白对比课件中笑脸图形的绘制。

步骤01 单击“文件”|“打开”命令，打开一个素材文件，如图 6-95 所示。

步骤02 在编辑区中，选择需要设置效果的表格文本，如图 6-96 所示。

步骤03 切换至“表格工具”中的“设计”面板，单击“艺术字样式”选项板中的“文本效果”下拉按钮，如图 6-97 所示。

步骤04 在弹出的列表中选择“阴影”|“向下偏移”选项，如图 6-98 所示。

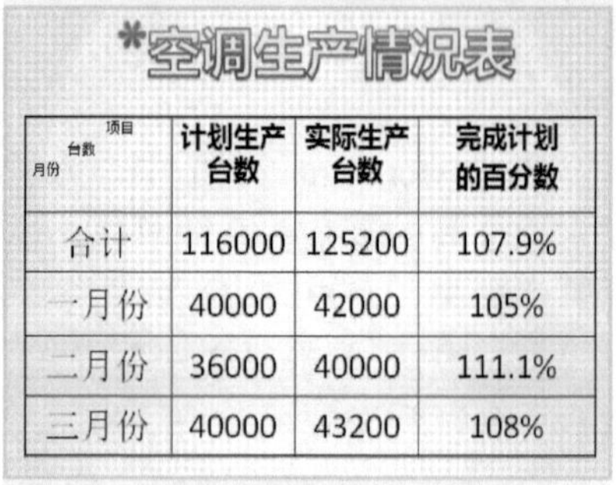

*空调生产情况表
项目
台数
月份
计划生产台数
实际生产台数
完成计划的百分数
合计
116000
125200
107.9%
一月份
40000
42000
105%
二月份
36000
40000
111.1%
三月份
40000
43200
108%

图 6-95　素材文件

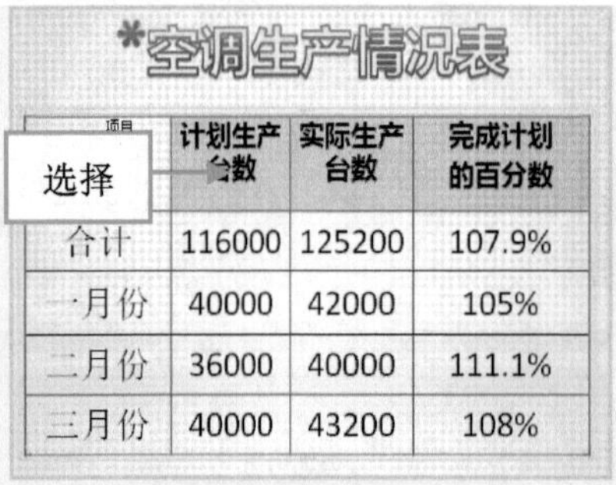

*空调生产情况表
选择
计划生产台数
实际生产台数
完成计划的百分数
合计
116000
125200
107.9%
一月份
40000
42000
105%
二月份
36000
40000
111.1%
三月份
40000
43200
108%

图 6-96　选择表格文本

单击
3.0 磅
文字效果
对文本应用外观效果(如阴影、发光、映像或三维旋转)。
空调生产情况
计划生产台数
实际生产台数
完成计划的百分数

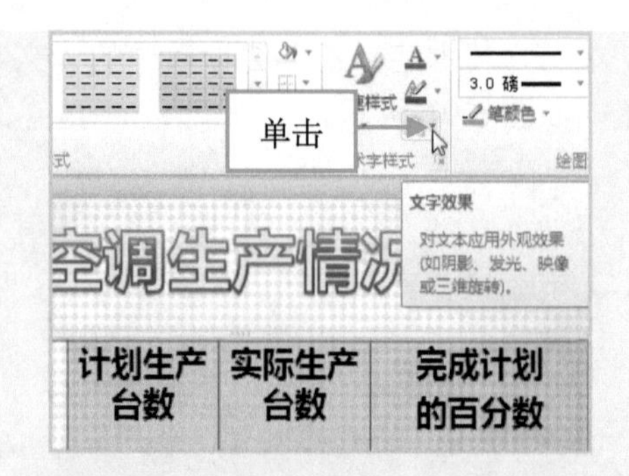

图 6-97　单击“文本效果”下拉按钮

步骤05 执行操作后，即可设置文本阴影，如图 6-99 所示。

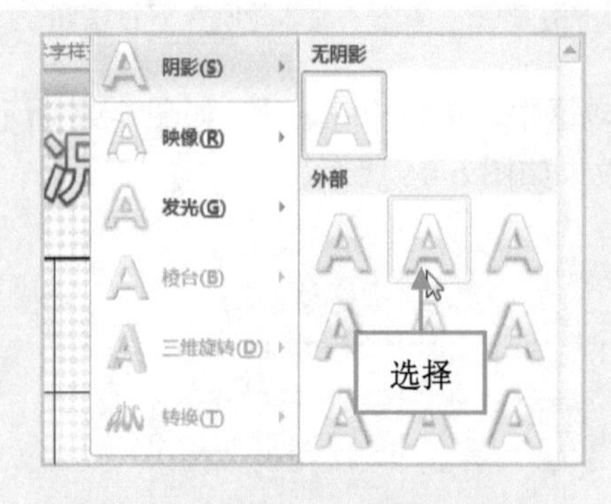

阴影(S)
映像(R)
发光(G)
棱台(B)
三维旋转(D)
转换(T)
无阴影
外部
选择

图 6-98　选择“向下偏移”选项

空调生产情况表
计划生产台数
实际生产台数
完成计划的百分数
设置
107.9%
40000
42000
105%

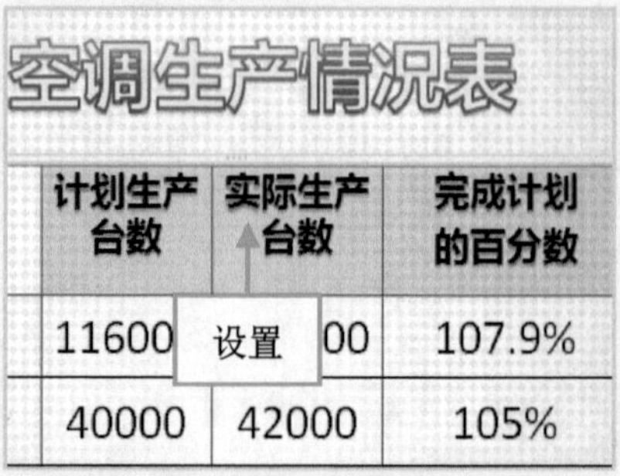

图 6-99　设置文本阴影

步骤06 单击“文本效果”下拉按钮，在弹出的列表中选择“映像”|“紧密映像，接触”选项，如图 6-100 所示。

步骤07 执行操作后，即可设置文本紧密映像，如图 6-101 所示。

步骤08 单击“文本效果”下拉按钮，在弹出的列表中选择“发光”|“青绿，5pt 发光，强调文字颜色 2”选项，如图 6-102 所示。

步骤09 执行操作后，即可设置文本效果，如图 6-103 所示。

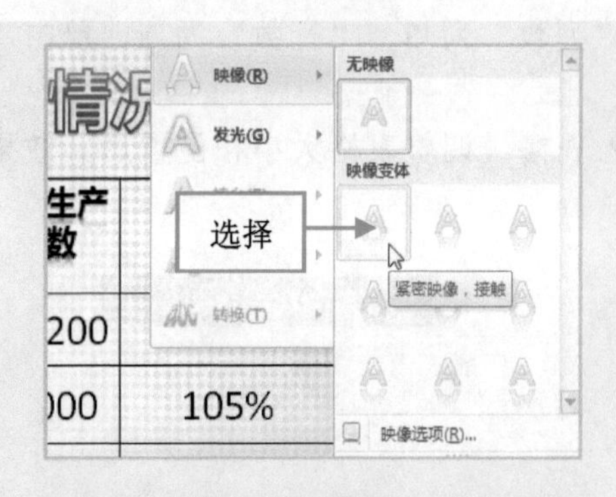

图 6-100　选择“紧密映像，接触”选项

图 6-101　设置文本紧密映像

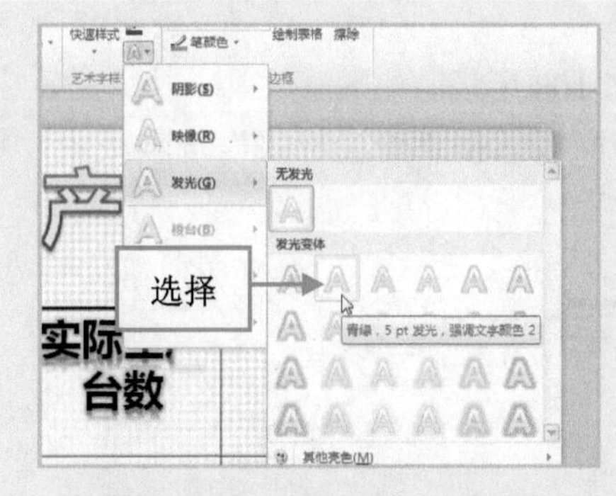

图 6-102　选择相应选项

*空调生产情况表

项目 台数 月份	计划生产台数	实际生产台数	完成计划的百分数
合计	116000	125200	107.9%
一月份	40000	42000	105%
二月份	36000	40000	111.1%
三月份	40000	43200	108%

图 6-103　设置文本效果

6.5　综合练兵——制作篮球比赛统计表课件

在 PowerPoint 中，用户可以根据需要制作篮球比赛统计表课件，下面介绍具体的操作方法。

步骤 01　单击“文件”|“打开”命令，打开一个素材文件，如图 6-104 所示。

步骤 02　切换至“插入”面板，在“表格”选项板中单击“表格”下拉按钮，在弹出的列表中选择“插入表格”命令，如图 6-105 所示。

图 6-104　素材文件

图 6-105　选择“插入表格”命令

步骤03 弹出“插入表格”对话框，设置“列数”为 3、“行数”为 8，单击“确定”按钮，如图 6-106 所示。

步骤04 执行操作后，即可在幻灯片中插入表格，调整表格大小和位置后，效果如图 6-107 所示。

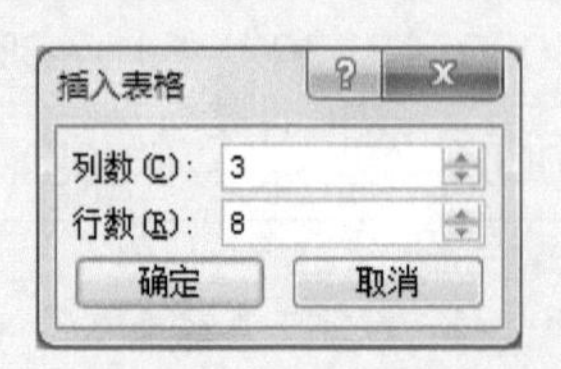

图 6-106 单击“确定”按钮

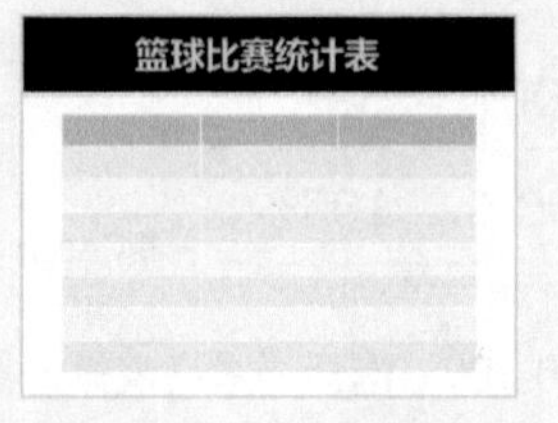

图 6-107 插入表格

步骤05 在编辑区，选择插入的表格，如图 6-108 所示。

步骤06 切换至“表格工具”中的“设计”面板，在“表格样式”选项板中，单击“其他”下拉按钮，如图 6-109 所示。

图 6-108 选择表格

图 6-109 单击“其他”下拉按钮

步骤07 在弹出的下拉列表中选择“主题样式 1-强调 6”选项，如图 6-110 所示。

步骤08 执行操作后，即可设置主题样式，如图 6-111 所示。

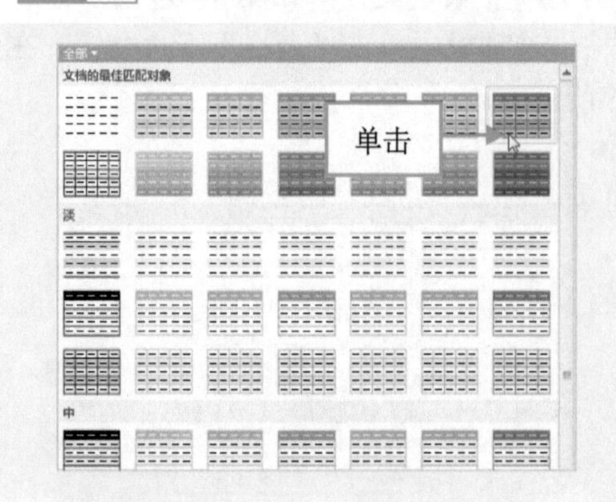

图 6-110 单击“其他”按钮

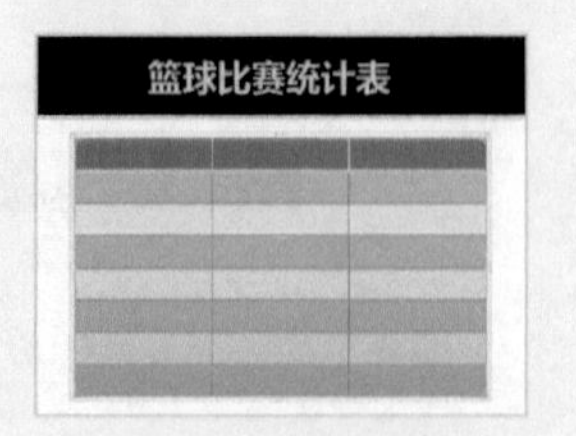

图 6-111 设置主题样式

步骤09 将鼠标指针放置在第 2 个单元格上，单击鼠标左键，在单元格中显示插入点，输入文本“北京队”，如图 6-112 所示。

步骤10 用与上述同样的方法，输入其他文本，如图 6-113 所示。

篮球比赛统计表

北京队

输入

图 6-112 输入文本

篮球比赛统计表

	北京队	上海队
前场篮板	20	17
后场篮板	26	30
快攻	4	7
扣篮	2	6
盖帽	1	9
失误	18	10
助攻	5	8

图 6-113 输入其他文本

步骤11 在编辑区，选择表格中的文本，如图 6-114 所示。

步骤12 在“开始”面板中的“字体”选项板中，设置“字体”为“微软雅黑”、“字号”为 28，效果如图 6-115 所示。

篮球比赛统计表

	北京队	上海队
前场篮板	20	17
后场篮板	26	30
快攻	4	7
扣篮	2	6
盖帽	1	9
失误	18	10
助攻	5	8

选择

图 6-114 选择文本

篮球比赛统计表

	北京队	上海队
前场篮板	20	17
后场篮板	26	30
快攻	4	7
扣篮	2	6
盖帽	1	9
失误	18	10
助攻	5	8

图 6-115 设置字体属性

步骤13 选择表格文本，切换至“表格工具”中的“布局”面板，如图 6-116 所示。

步骤14 单击“对齐方式”选项板中的“居中”按钮，如图 6-117 所示。

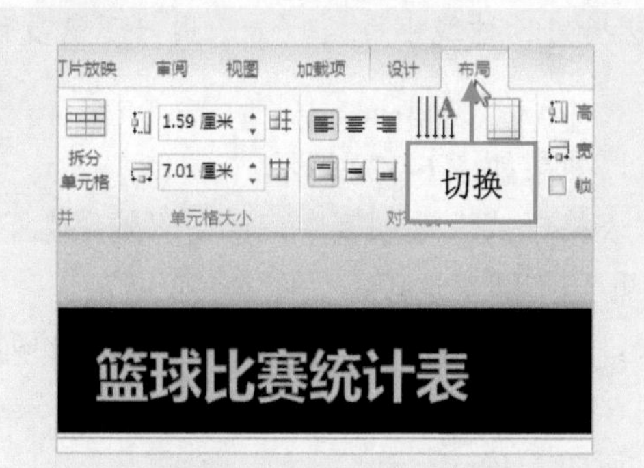

图 6-116 选择文本

图 6-117 单击“居中”按钮

步骤15 执行操作后，即可设置文本居中对齐，效果如图 6-118 所示。

步骤16 选择表格，切换至“表格工具”中的“设计”面板，在“绘图边框”选项板中，单击“笔颜色”下拉按钮，在弹出的列表中选择“紫色”选项，如图 6-119 所示。

篮球比赛统计表

	北京队	上海队
前场篮板	20	17
后场篮板	26	30
快攻	4	7
扣篮	2	6
盖帽	1	9
失误	18	10
助攻	5	8

图 6-118　设置文本居中对齐

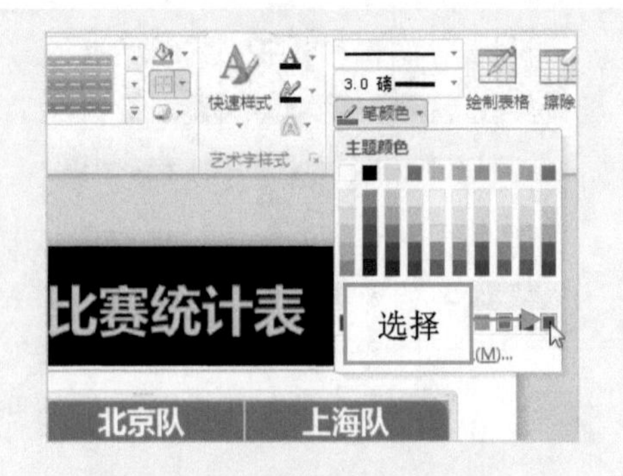

图 6-119　选择“紫色”选项

步骤17 执行操作后，即可设置线框颜色，单击“绘图边框”选项板中的“笔画粗细”按钮，在弹出的列表中选择“3.0 磅”选项，如图 6-120 所示。

步骤18 单击“表格样式”选项板中的“所有框线”按钮，在弹出的列表中选择“所有框线”命令，如图 6-121 所示。

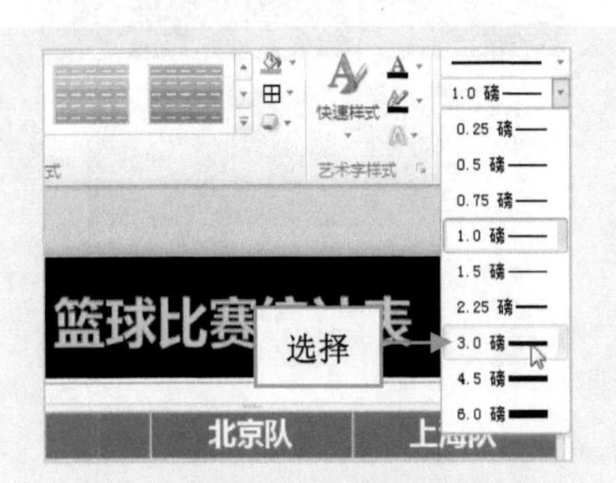

图 6-120　选择“3.0 磅”选项

图 6-121　选择“所有框线”命令

注意：在弹出的“所有边框”列表框中包括 12 种线框类型，如果用户不需要设置表格线框，则可以选择“无框线”选项。

步骤19 执行操作后，即可设置表格边框线，效果如图 6-122 所示。

步骤20 选择表格，在“设计”面板中的“表格样式”选项板中，单击“效果”下拉按钮，在弹出的列表框中，选择“单元格凹凸效果”|“圆”选项，如图 6-123 所示。

步骤21 执行操作后，设置单元格凹凸效果，单击“效果”下拉按钮，在弹出的列表框中，选择“阴影”|“左下斜偏移”选项，如图 6-124 所示。

步骤22 执行操作后，即可设置表格效果，如图 6-125 所示。

篮球比赛统计表

	北京队	上海队
前场篮板	20	17
后场篮板	26	30
快攻	4	7
扣篮	2	6
盖帽	1	9
失误	18	10
助攻	5	8

图 6-122　设置表格边框线

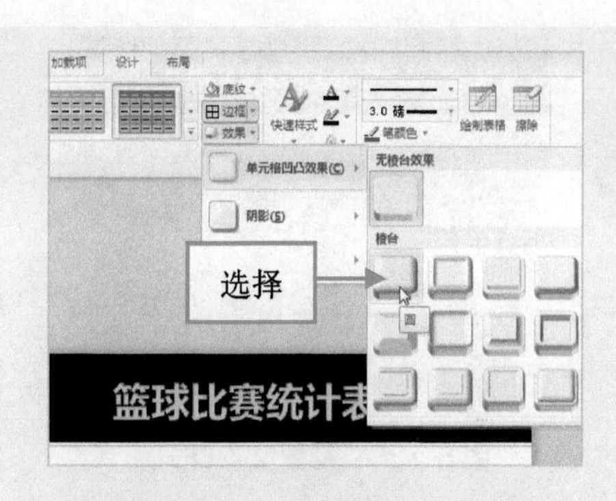

图 6-123　选择“圆”选项

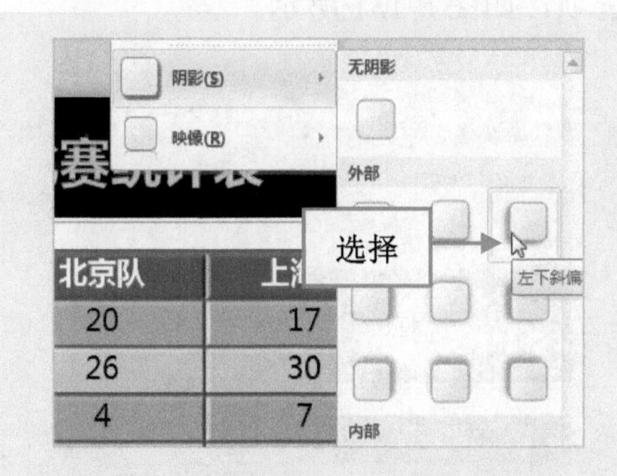

图 6-124　选择“左下斜偏移”选项

篮球比赛统计表

	北京队	上海队
前场篮板	20	17
后场篮板	26	30
快攻	4	7
扣篮	2	6
盖帽	1	9
失误	18	10
助攻	5	8

图 6-125　设置表格效果

步骤23　在编辑区，选择表格中的第一行文本，如图 6-126 所示。

步骤24　切换至“表格工具”中的“设计”面板，单击“艺术字样式”选项板中的“快速样式”下拉按钮，在弹出的列表中选择相应选项，如图 6-127 所示。

篮球比赛统计表

	北京队	上海队
场篮板	20	17
场篮板	选择	30
快攻		7
扣篮	2	6
盖帽	1	9

图 6-126　选择文本

图 6-127　选择相应选项

步骤25　执行操作后，即可设置文本样式，效果如图 6-128 所示。

步骤26　在编辑区，选择表格中的相应文本，如图 6-129 所示。

篮球比赛统计表

	北京队	上海队
前场篮板	20	17
后场篮板	26	30
快攻	4	7
扣篮	2	6
盖帽	1	9

图 6-128 设置文本样式

篮球比赛统计表

	北京队	上海队
前场篮板	20	17
后场篮板	26	30
快攻	4	7
扣篮	2	6
盖帽	1	9
失误	18	10
助攻		8

选择

图 6-129 选择文本

步骤27 单击“艺术字样式”选项板中的“文本轮廓”下拉按钮，如图 6-130 所示。

步骤28 在“标准色”选项区中，选择深红选项，如图 6-131 所示。

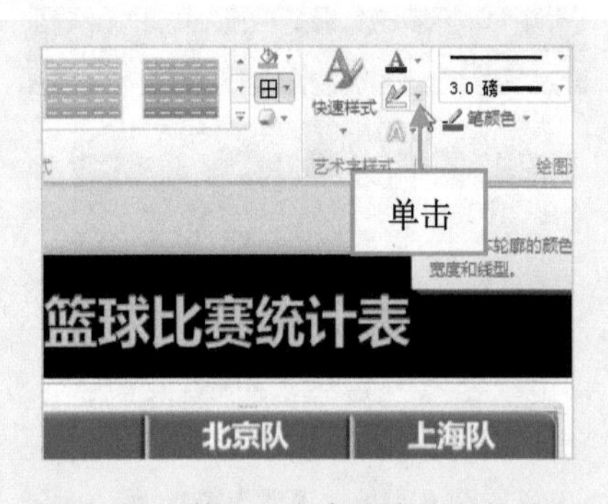

图 6-130 单击“文本轮廓”下拉按钮

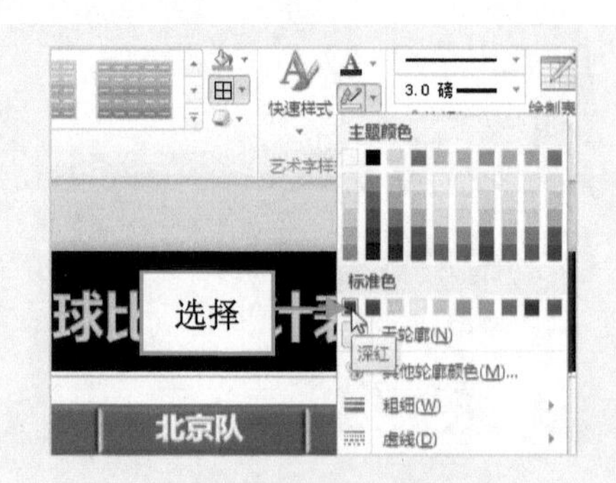

图 6-131 选择深红选项

步骤29 执行操作后，即可设置文本轮廓，效果如图 6-132 所示。

步骤30 单击“艺术字样式”选项板中的“文字效果”下拉按钮，在弹出的列表中选择“映像”|“紧密映像，接触”选项，如图 6-133 所示。

篮球比赛统计表

	北京队	上海队
前场篮板	20	17
后场篮板	26	30
快攻	4	7
扣篮	2	6
盖帽	1	9
失误	18	10
助攻	5	8

图 6-132 设置文本轮廓

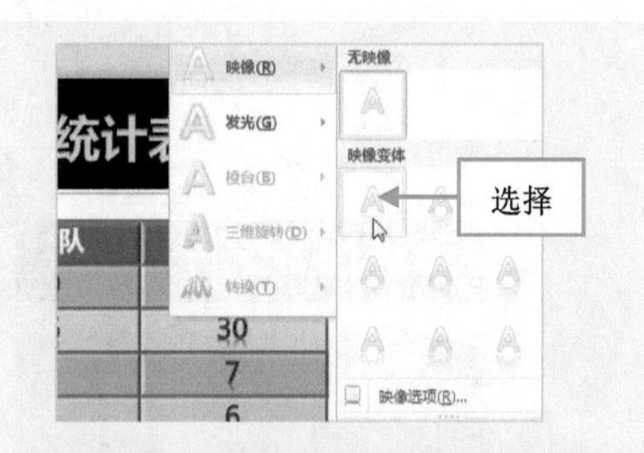

图 6-133 选择“紧密映像，接触”选项

技巧：在设置表格文本的映像效果时，如果用户对映像列表框中的效果不满意，可以选择“映像选项”选项，弹出“设置文本效果格式”对话框，在“映像”选项卡中，用户可以根据制作课件的需要，自行设置“预设”，调整“透明度”、“大小”、“距离”以及“虚化”等选项。

步骤31 在“艺术字样式”选项板中，单击“文字效果”下拉按钮，在弹出的列表框中，选择“发光”|“金色，5pt 发光，强调文字颜色 1”选项，效果如图 6-134 所示。

步骤32 执行操作后，即可设置表格文本效果，如图 6-135 所示，完成篮球比赛统计表课件的制作。

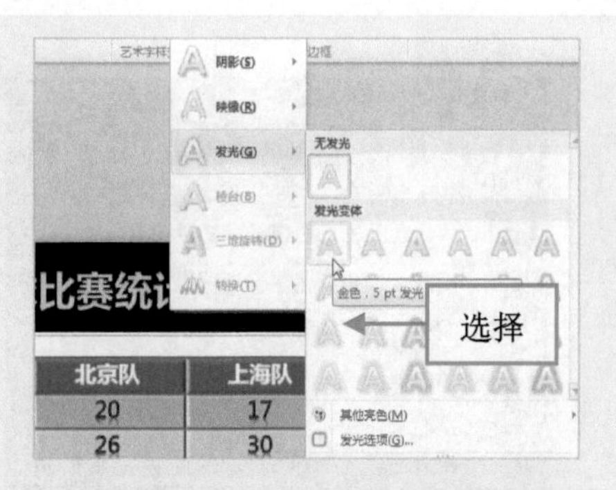

图 6-134 选择“金色，5pt 发光，强调文字颜色 1”选项

篮球比赛统计表

	北京队	上海队
前场篮板	20	17
后场篮板	26	30
快攻	4	7
扣篮	2	6
盖帽	1	9
失误	18	10
助攻	5	8

图 6-135 设置表格文本效果

6.6 本章习题

本章重点介绍了表格特效课件模板的制作方法，本节将通过填空题、选择题以及上机练习题，对本章的知识点进行回顾。

6.6.1 填空题

(1) 表格是由行列交错的单元格组成的，用户可以在单元格中输入________或数据。

(2) 在 PowerPoint 2010 中，当用户需要插入不规则的表格时，可以直接利用________在幻灯片中进行绘制。

(3) 在 PowerPoint 2010 中，用户在编辑所需的表格样式时，可运用________选项板，对表格的宽度和线型进行设置。

6.6.2 选择题

(1) 在 PowerPoint 2010 中，如果用户需要插入行列数较多的表格，则可以通过(　　)选项进入。

A. 表格　　B. 插入表格　　C. 绘制表格　　D. 鼠标

(2) 占位符中不包含(　　)按钮。

A. 插入表格　　B. 插入图表　　C. 剪贴画　　D. 形状

(3) 表格的应用非常广泛，用户可以根据制作的课件为表格搭配相应的底纹，其中底纹不包含(　　)选项。

A. 阴影　　B. 纯色　　C. 渐变　　D. 图片

6.6.3 上机练习：地理课件实例——制作人口问题课件

打开“光盘\素材\第 6 章”文件夹下的人口问题.pptx，如图 6-136 所示，尝试为人口问题课件插入表格并输入文本，效果如图 6-137 所示。

图 6-136 素材文件

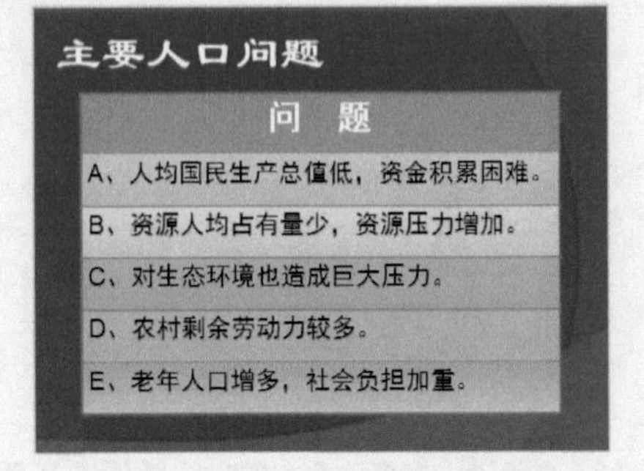

图 6-137 人口问题课件效果

第 7 章

生动图表：图表课件模板制作

图表具有较好的视觉效果，便于查看和分析数据的差异、类别及趋势预测。图表广泛应用在工作汇报和商务活动中，特别是表达某种趋势、某些变化或某些测量结果，使用图表来传达，更直观明了，能给观众留下深刻的印象。本章主要向读者介绍创建课件中的图表对象、编辑课件中的图表对象以及设置课件中的图表布局等内容。

本章重点：

- 创建课件中的图表对象
- 编辑课件中的图表对象
- 设置课件中的图表布局
- 综合练兵——制作中国水资源图表课件

7.1 创建课件中的图表对象

与文字相比，形象直观的图表更容易让人理解，插入至幻灯片中的图表使幻灯片的显示效果更加清晰，以简单易懂的方式反映数据间的关系。

7.1.1 实战——创建柱形图课件

在 PowerPoint 2010 中，柱形图是在垂直方向绘制出的长条图，可以包含多组的数据系列，其中分类为 X 轴，数值为 Y 轴。

步骤 01 新建演示文稿，切换至“插入”面板，在“插图”选项板中，单击“图表”按钮，如图 7-1 所示。

步骤 02 弹出“插入图表”对话框，选择“柱形图”选项，在“柱形图”选项区中，选择“簇状圆柱图”选项，如图 7-2 所示。

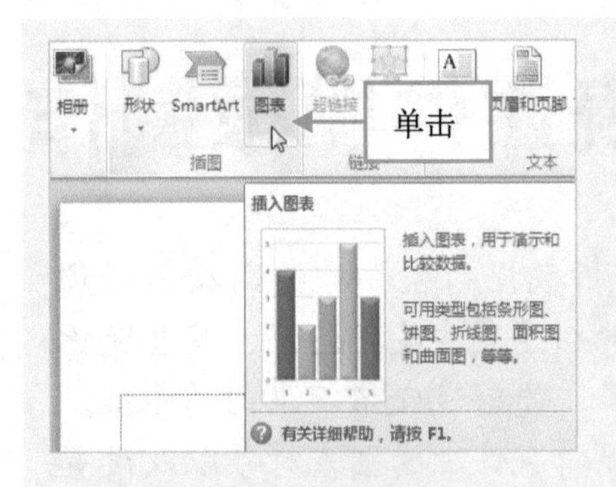

图 7-1 单击“图表”按钮

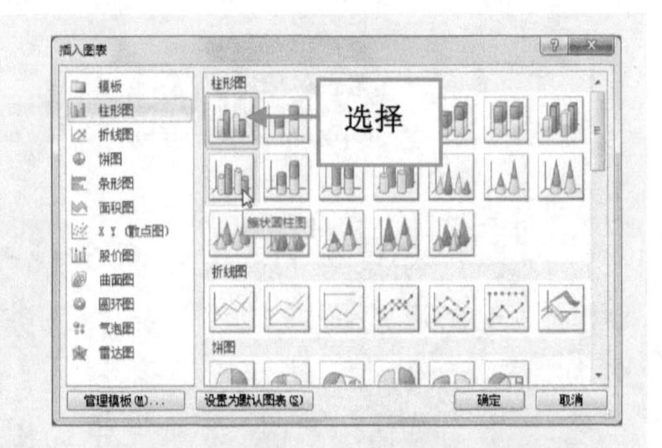

图 7-2 选择“簇状圆柱图”选项

步骤 03 单击“确定”按钮，系统将自动启动 Excel 应用程序，并在幻灯片中插入图表，如图 7-3 所示。

步骤 04 关闭 Excel 应用程序，在幻灯片中调整图表的大小与位置，效果如图 7-4 所示。

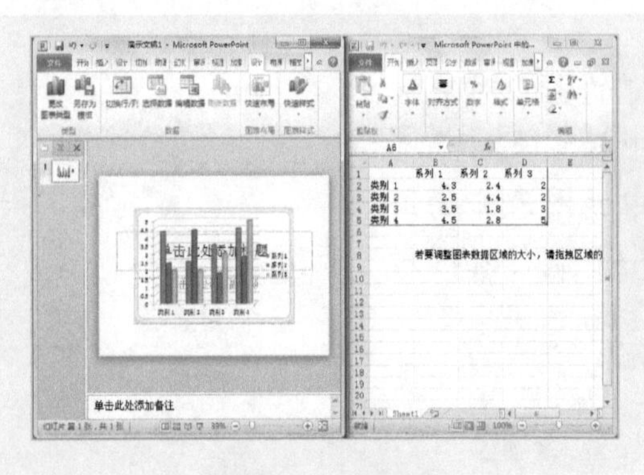

图 7-3 插入图表

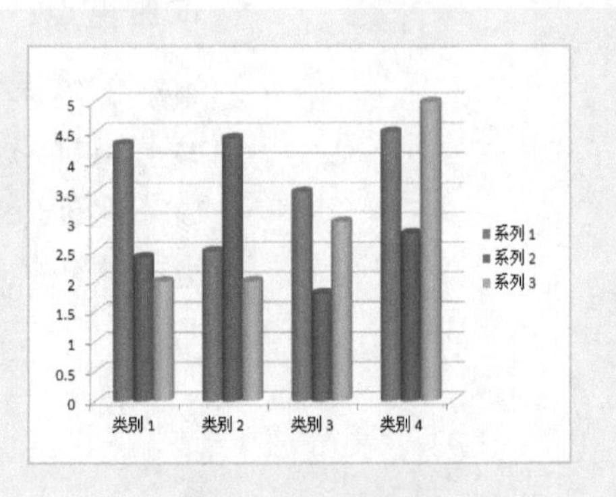

图 7-4 调整图表

试一试：根据以上操作步骤，用户可以尝试在幻灯片中创建图表。

7.1.2 实战——创建折线图课件

折线图主要是显示数据按均匀时间间隔变化的趋势，折线图包括普通折线图、堆积折线图、百分比堆积折线图、带数据标记的折线图、带数据标记的堆积折线图、带数据标记的百分比堆积折线图和三维折线图。

步骤01 单击“文件”|“打开”命令，打开一个素材文件，如图7-5所示。

步骤02 切换至“插入”面板，在“插图”选项板中，单击“图表”按钮，如图7-6所示。

图7-5 素材文件

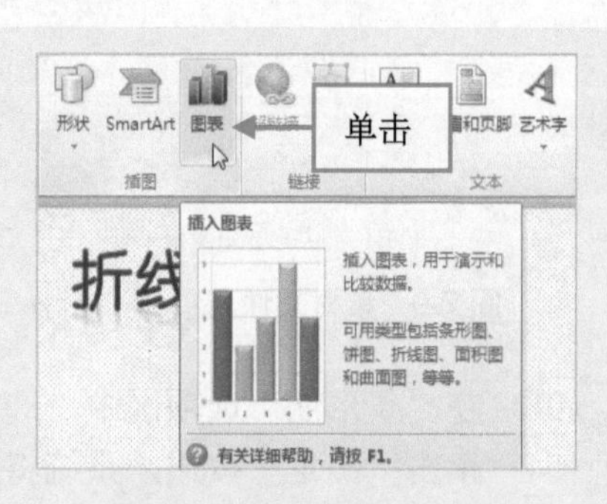

图7-6 单击“图表”按钮

步骤03 弹出“插入图表”对话框，选择“折线图”选项，在“折线图”选项区中，选择“堆积折线图”选项，如图7-7所示。

步骤04 单击“确定”按钮，系统将自动启动Excel应用程序，并在幻灯片中插入图表，关闭Excel应用程序，在幻灯片中调整图表的大小与位置，效果如图7-8所示。

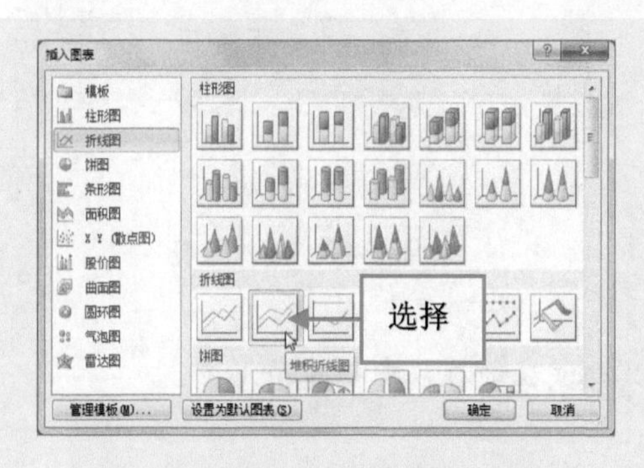

图7-7 选择“堆积折线图”选项

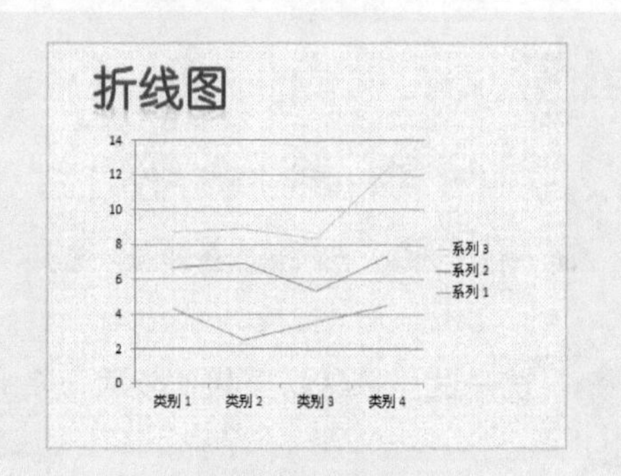

图7-8 插入图表

提示：在“插入图表”对话框中，用户可以将经常用到的图表设置为默认图表。

7.1.3 实战——创建条形图课件

条形图是指在水平方向绘出的长条图，同柱形图相似，也可以包含多组数据系列，但其分类名称在 Y 轴，数值在 X 轴，用来强调不同分类之间的差别。

步骤 01 单击“文件”|“打开”命令，打开一个素材文件，如图 7-9 所示。

步骤 02 调出“插入图表”对话框，选择“条形图”选项，如图 7-10 所示。

图 7-9 素材文件

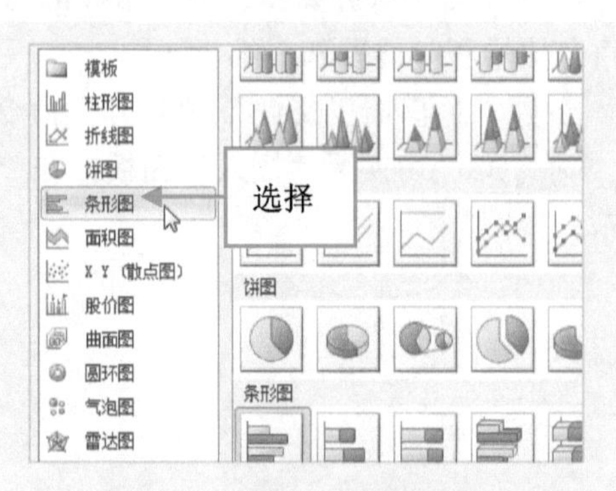

图 7-10 选择“条形图”选项

步骤 03 在“条形图”选项区中，选择“三维簇状条形图”选项，如图 7-11 所示。

步骤 04 单击“确定”按钮，系统将自动启动 Excel 应用程序，并在幻灯片中插入图表，关闭 Excel 应用程序，在幻灯片中调整图表的大小与位置，如图 7-12 所示。

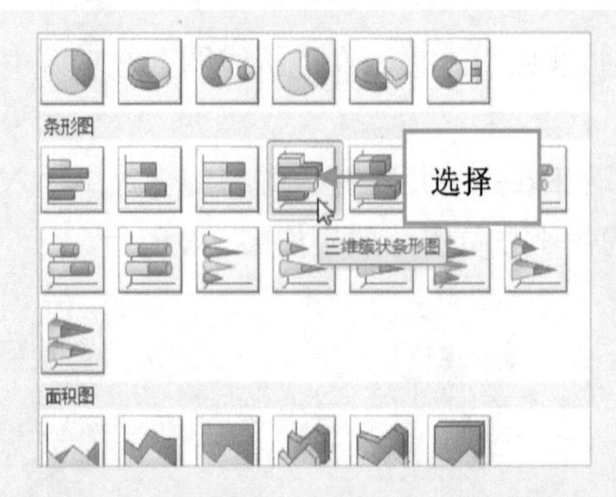

图 7-11 选择“三维簇状条形图”选项

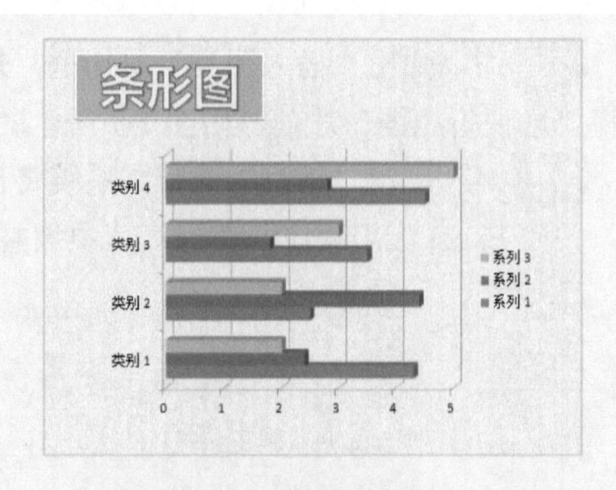

图 7-12 插入图表

试一试：根据以上操作步骤，用户可以尝试在幻灯片中创建条形图。

7.1.4 实战——创建面积图课件

在 PowerPoint 2010 中，面积图与折线图相似，只是将连线与分类轴之间用图案填充，可以显示多组数据系列，主要用来显示不同数据系列之间的关系。

步骤 01 单击“文件”|“打开”命令，打开一个素材文件，如图 7-13 所示。

步骤02 切换至“插入”面板，在“插图”选项板中单击“图表”按钮，弹出“插入图表”对话框，如图7-14所示。

步骤03 选择“面积图”选项，在“面积图”选项区中，选择“面积图”选项，如图7-15所示。

步骤04 单击“确定”按钮，系统将自动启动Excel应用程序，并在幻灯片中插入图表，关闭Excel应用程序，在幻灯片中调整图表的大小与位置，如图7-16所示。

图7-13 素材文件

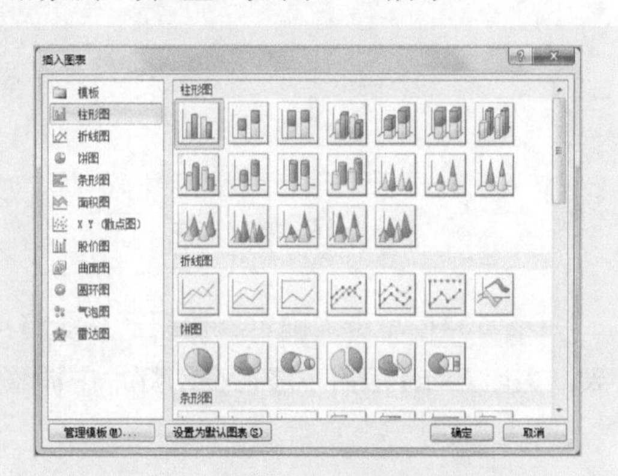

图7-14 弹出“插入图表”对话框

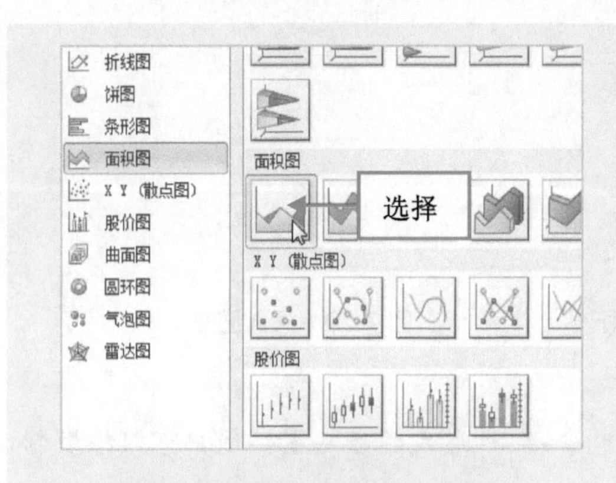

图7-15 选择“面积图”选项

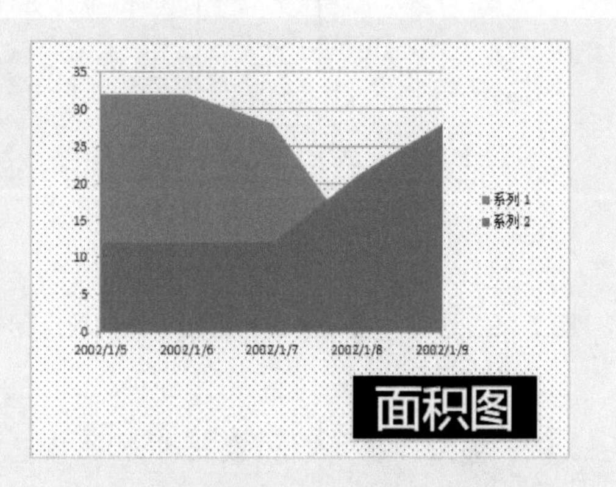

图7-16 插入图表

提示：面积图强调的是数据的变动量，而不是时间的变动率。

7.1.5 实战——创建散点图课件

在PowerPoint 2010中，散点图主要将数据用锚点的方式描绘在二维坐标轴上，该图表的X轴和Y轴均是数据轴。

步骤01 单击“文件”|“打开”命令，打开一个素材文件，如图7-17所示。

步骤02 调出“插入图表”对话框，选择“XY(散点图)”选项，如图7-18所示。

步骤03 在“XY(散点图)”选项区中，选择“带平滑线和数据标记的散点图”选项，如图 7-19 所示。

图 7-17　素材文件

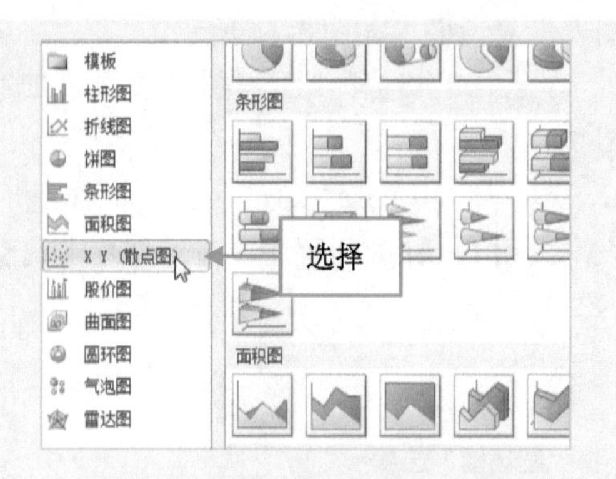

图 7-18　选择“XY(散点图)”选项

步骤04　单击“确定”按钮，系统将自动启动 Excel 应用程序，并在幻灯片中插入图表，关闭 Excel 应用程序，在幻灯片中调整图表的大小与位置，如图 7-20 所示。

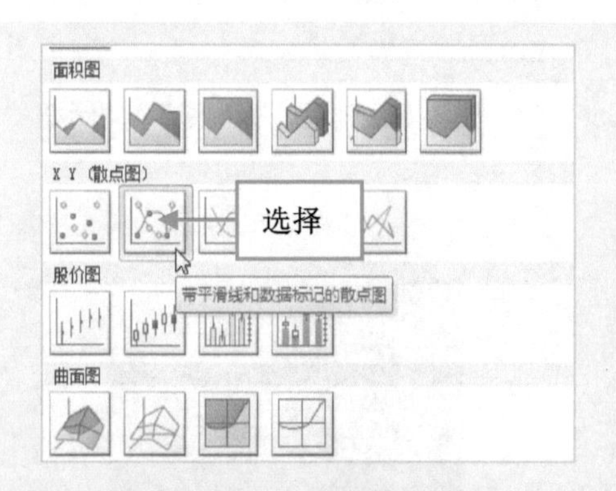

图 7-19　选择“带平滑线和数据标记的散点图”选项

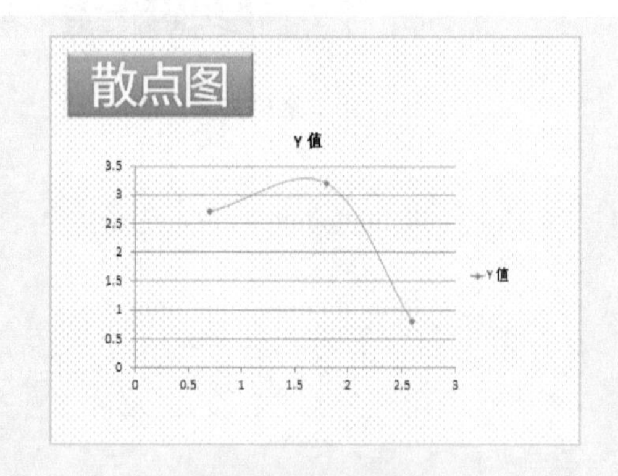

图 7-20　插入图表

提示：在“X Y(散点图)”选项区中，包含 5 种形式的散点图，用户可以根据制作课件的需求，选择合适的散点图。

7.1.6　实战——创建圆环图课件

在 PowerPoint 2010 中，圆环图主要是将不同的数据系列绘制在不同半径的同心圆环上，而各个数据系列中的数据点百分比显示在对应的环形上。

步骤01　单击“文件”|“打开”命令，打开一个素材文件，如图 7-21 所示。

步骤02　调出“插入图表”对话框，选择“圆环图”选项，如图 7-22 所示。

步骤03　在“圆环图”选项区中，选择“分离型圆环图”选项，如图 7-23 所示。

步骤04　单击“确定”按钮，系统将自动启动 Excel 应用程序，并在幻灯片中插入图表，关闭 Excel 应用程序，在幻灯片中调整图表的大小与位置，如图 7-24 所示。

图 7-21 素材文件

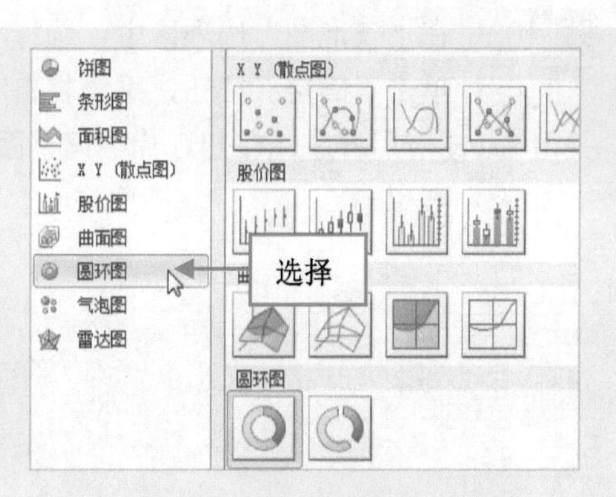

图 7-22 选择“圆环图”选项

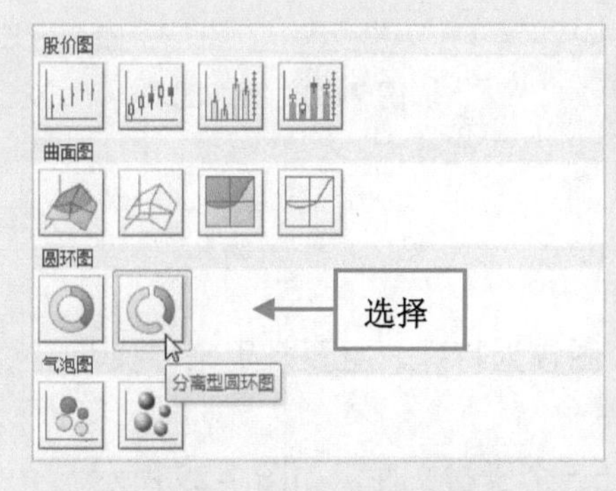

图 7-23 选择“分离型圆环图”选项

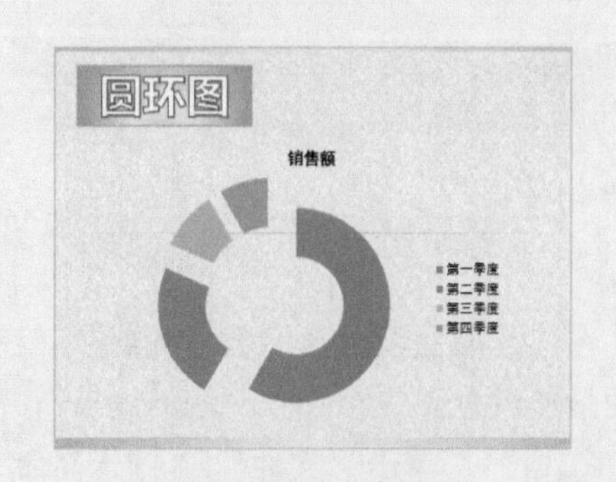

图 7-24 插入图表

7.1.7 实战——创建气泡图图表

在 PowerPoint 2010 中，气泡图主要用于比较成组的数值。下面将详细介绍制作气泡图图表的操作方法。

步骤 01 单击“文件”|“打开”命令，打开一个素材文件，如图 7-25 所示。

步骤 02 调出“插入图表”对话框，选择“气泡图”选项，如图 7-26 所示。

图 7-25 素材文件

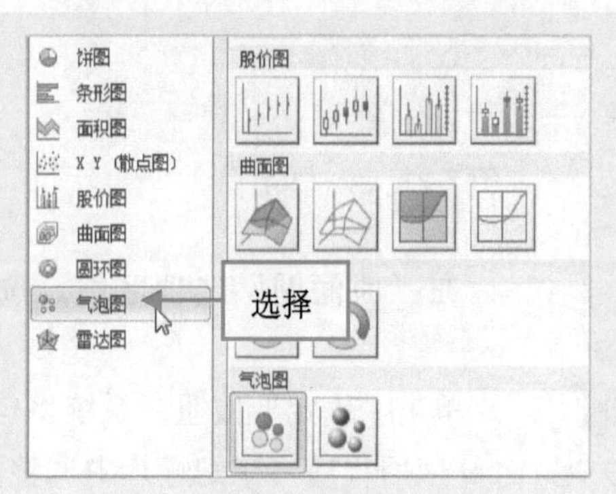

图 7-26 选择“气泡图”选项

步骤03 在“气泡图”选项区中，选择“三维气泡图”选项，如图 7-27 所示。

步骤04 单击“确定”按钮，系统将自动启动 Excel 应用程序，并在幻灯片中插入图表，关闭 Excel 应用程序，在幻灯片中调整图表的大小与位置，如图 7-28 所示。

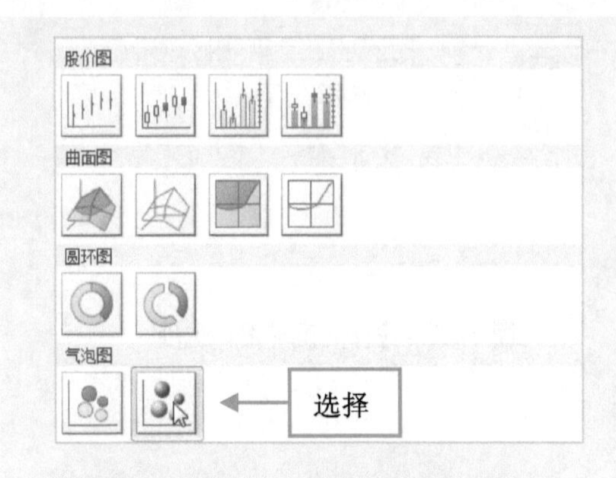

图 7-27 选择“三维气泡图”选项

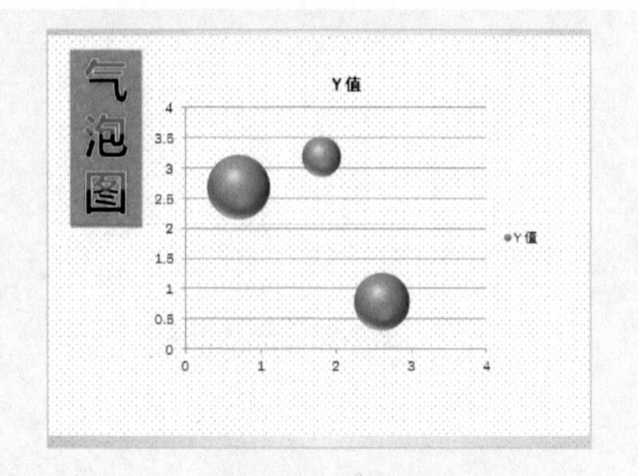

图 7-28 插入图表

7.1.8 实战——创建曲面图课件

在连续的曲面上显示数值的趋势，三维曲面图较为特殊，主要是用来寻找两组数据之间的最佳组合。

步骤01 单击“文件”|“打开”命令，打开一个素材文件，如图 7-29 所示。

步骤02 调出“插入图表”对话框，选择“曲面图”选项，如图 7-30 所示。

图 7-29 素材文件

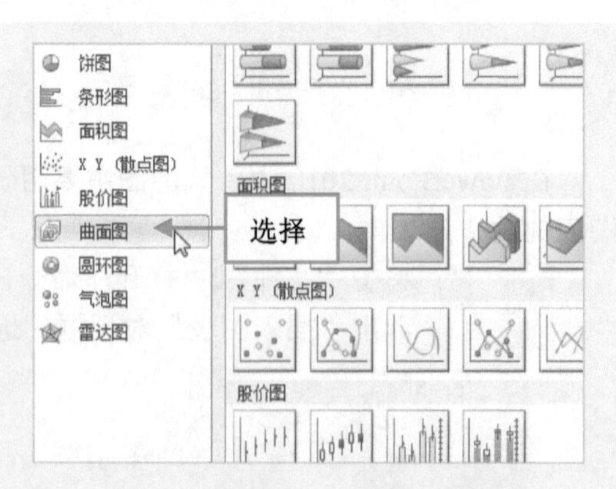

图 7-30 选择“曲面图”选项

步骤03 在“曲面图”选项区中，选择“三维曲面图(框架图)”选项，如图 7-31 所示。

步骤04 单击“确定”按钮，系统将自动启动 Excel 应用程序，并在幻灯片中插入图表，关闭 Excel 应用程序，在幻灯片中调整图表的大小与位置，如图 7-32 所示。

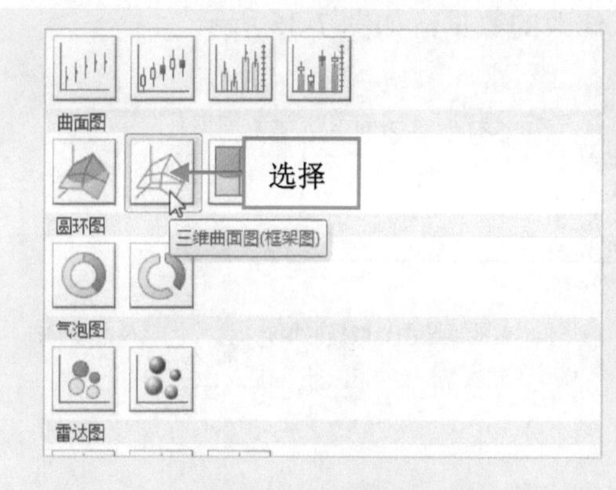

图 7-31 选择“三维曲面图(框架图)”选项

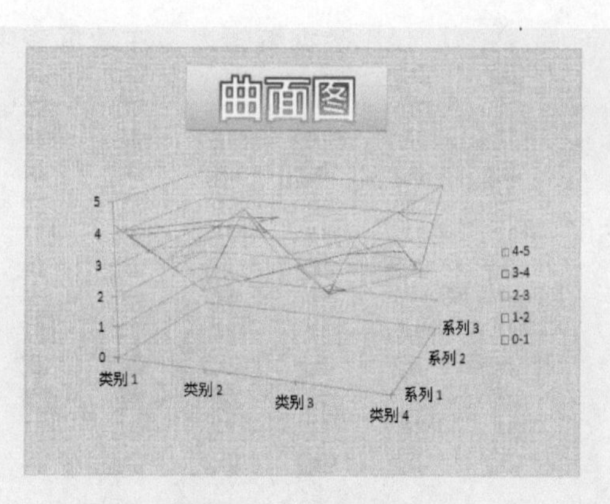

图 7-32 插入图表

7.2 编辑课件中的图表对象

当样本数据表及其对应的图表出现后，用户可在系统提供的样本数据表中完全按自己的需要重新输入图表数据。

7.2.1 实战——输入数据表课件中的数据

定义完数据系列以后，即可向数据表中输入数据，输入的数据可以是标签(即分类名和数据系列名)，也可以是创建图表用的实际数值，当样本数据表及其对应的图表出现后，用户可在系统提供的样本数据表中完全按自己的需要重新输入图表数据。

步骤01 单击“文件”|“打开”命令，打开一个素材文件，如图 7-33 所示。

步骤02 在编辑区中选择图表，如图 7-34 所示。

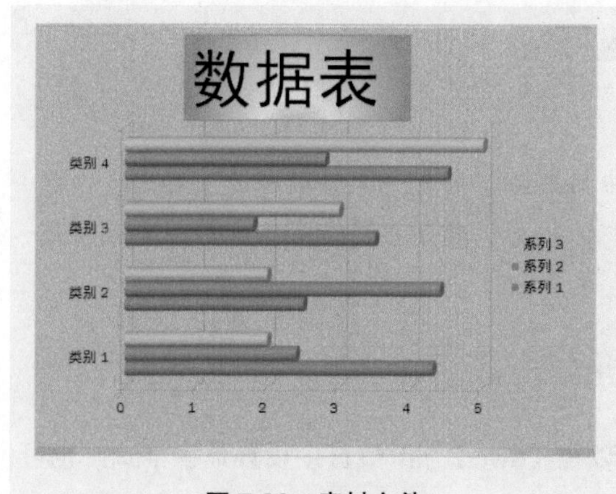

图 7-33 素材文件

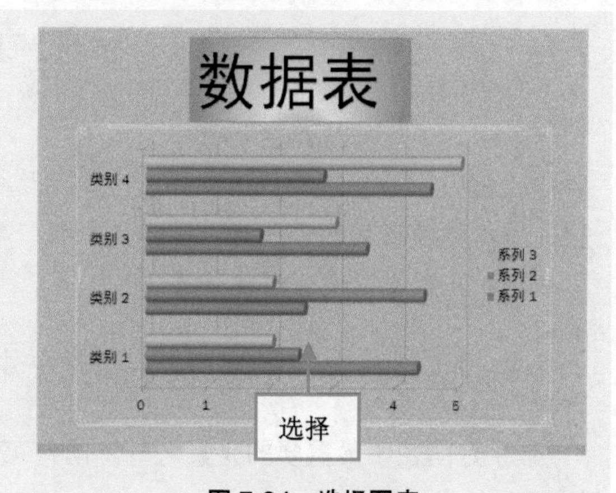

图 7-34 选择图表

步骤03 切换至“图表工具”中的“设计”面板，在“数据”选项板中，单击“编辑数据”按钮，如图 7-35 所示。

步骤04 弹出数据编辑表，在数据表中输入修改的数据，如图 7-36 所示。

图 7-35 单击“编辑数据”按钮

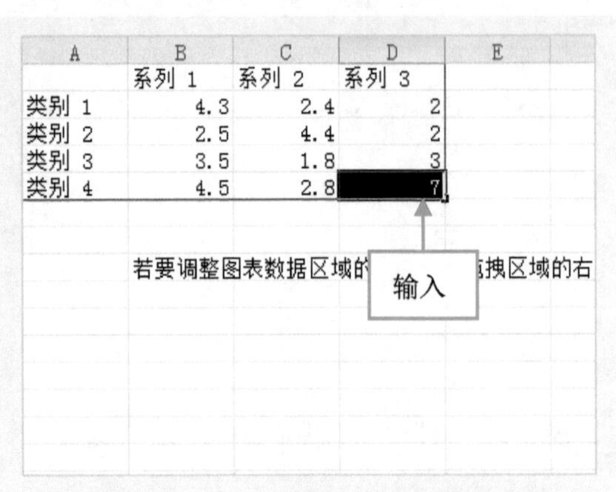

A	B	C	D	E
	系列 1	系列 2	系列 3	
类别 1	4.3	2.4	2	
类别 2	2.5	4.4	2	
类别 3	3.5	1.8	3	
类别 4	4.5	2.8	7	

图 7-36 输入修改的数据

步骤05 设置完成后，即可以显示输入的数据图表，效果如图 7-37 所示。

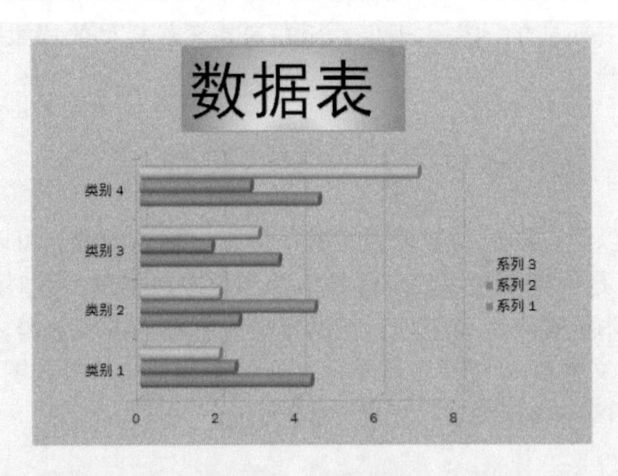

图 7-37 显示图表

技巧： 如果输入的数据太长，单元格中排列不下则尾部字符被隐藏，对过大的数值，将以指数形式显示，对过多的小数位，将依据当时的列宽进行舍入，可拖动列标题右边线扩充列宽以便查阅该数据。

7.2.2 实战——设置产品销售分析图表数字格式

数字是图表中最重要的元素之一，用户可以在 PowerPoint 中直接设置数字格式，也可以在 Excel 中进行设置。

步骤01 单击“文件”|“打开”命令，打开一个素材文件，如图 7-38 所示。

步骤02 在编辑区中选择图表，如图 7-39 所示。

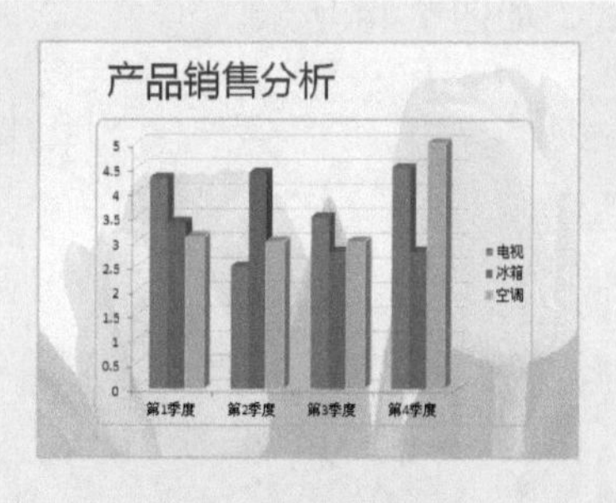

图 7-38 素材文件

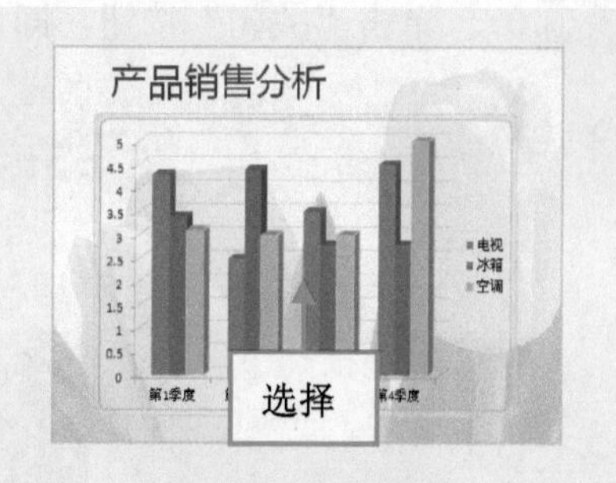

图 7-39 选择图表

步骤03 切换至“图表工具”中的“布局”面板，在“标签”选项板中，单击“数据标签”下拉按钮，如图 7-40 所示。

步骤04 在弹出的列表中选择“其他数据标签选项”命令，如图 7-41 所示。

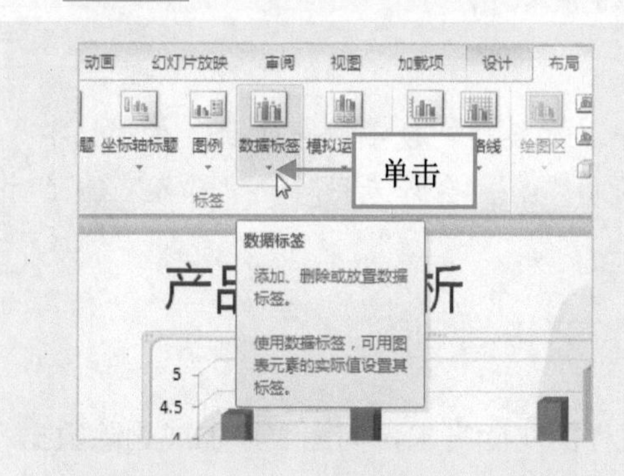

图 7-40 单击“数据标签”下拉按钮

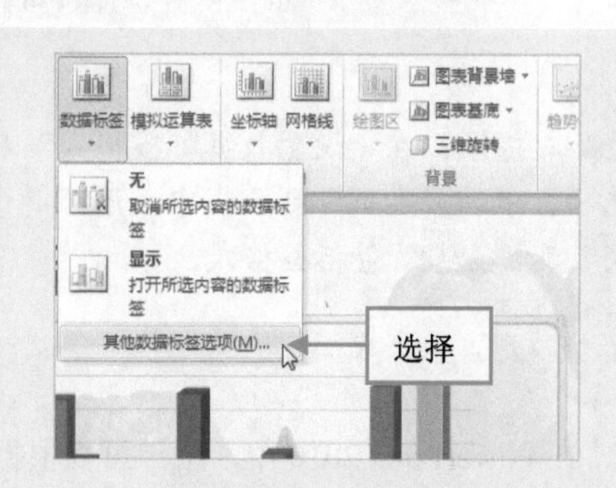

图 7-41 选择“其他数据标签选项”命令

步骤05 弹出“设置数据标签格式”对话框，切换至“数字”选项卡，如图 7-42 所示。

步骤06 在“数字”选项区中的“类别”列表框中，选择“数字”选项，如图 7-43 所示，在“数字”选项区中将显示数字的相关信息。

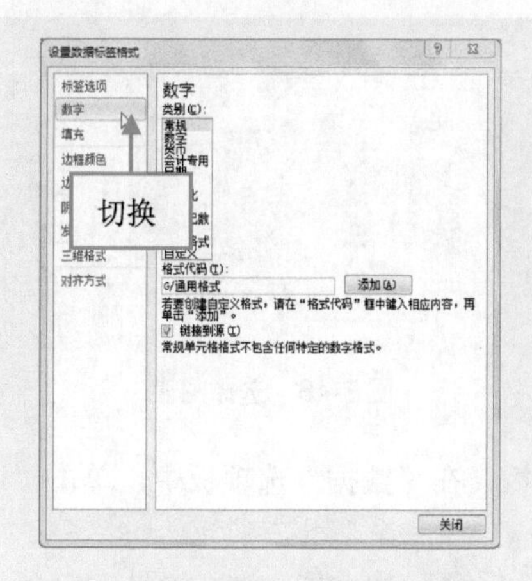

图 7-42 切换至“数字”选项卡

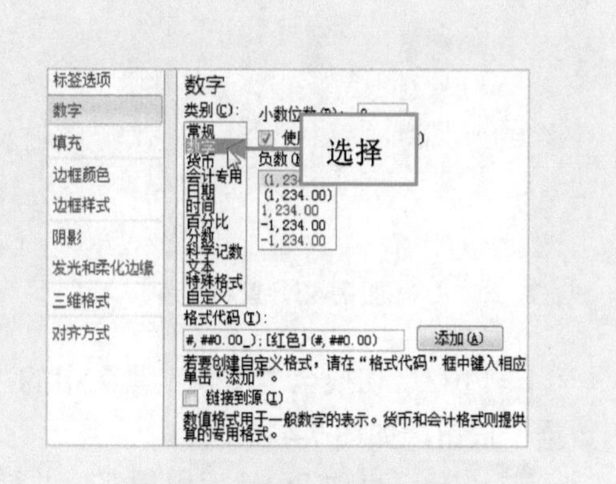

图 7-43 选择“数字”选项

步骤07 单击“关闭”按钮，即可设置数字格式，如图 7-44 所示。

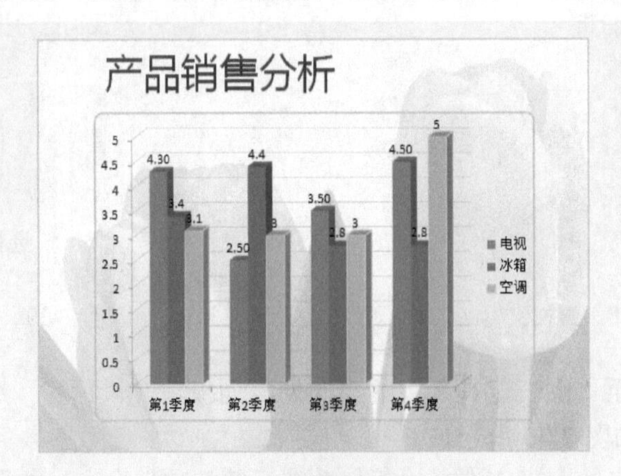

图 7-44 设置数字格式

提示：在“设置数据标签格式”对话框中，切换至“数字”选项卡，在“数字”选项区中的“类别”列表框中，还可以设置“货币”、“会计专用”、“日期”、“时间”和“分数”等标签格式。

7.2.3 实战——在系列数据分析中插入行或列

在 PowerPoint 2010 中，用户可以根据制作课件的实际需求，向图表添加或删除数据系列和分类信息。

步骤01 单击“文件”|“打开”命令，打开一个素材文件，如图 7-45 所示。

步骤02 在编辑区中选择图表，如图 7-46 所示。

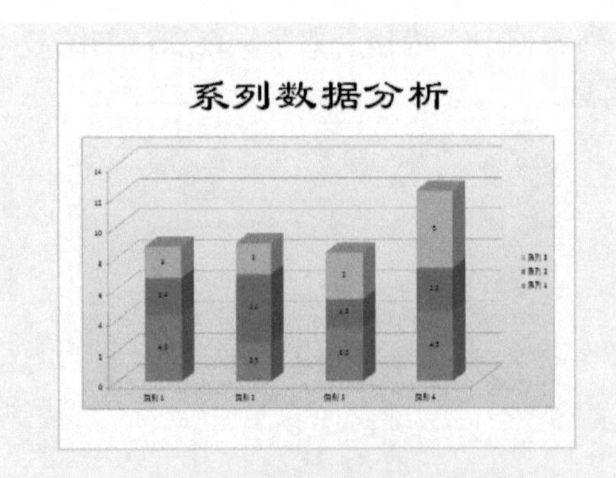

图 7-45 素材文件

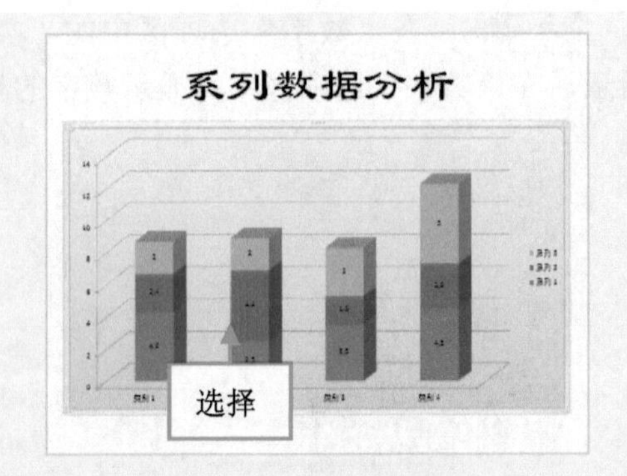

图 7-46 选择图表

步骤03 切换至“图表工具”中的“设计”面板，在“数据”选项板中，单击“选择数据”按钮，如图 7-47 所示。

步骤04 启动 Excel 应用程序，并弹出“选择数据源”对话框，效果如图 7-48 所示。

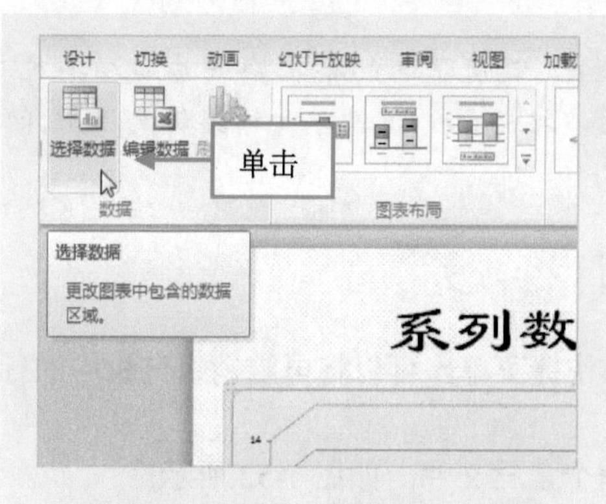

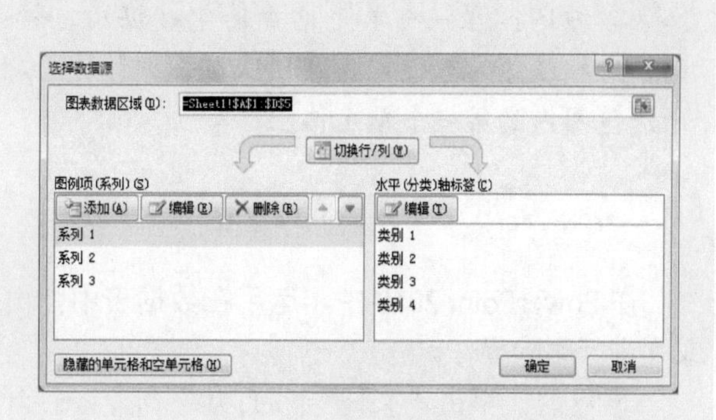

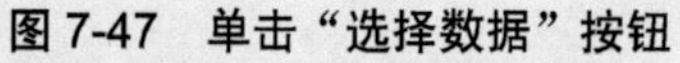

图 7-47　单击“选择数据”按钮

图 7-48　“选择数据源”对话框

步骤 05　在“图例项(系列)”列表框中，单击“添加”按钮，如图 7-49 所示。

步骤 06　弹出“编辑数据系列”对话框，在“系列名称”文本框中输入“类别 5”，如图 7-50 所示。

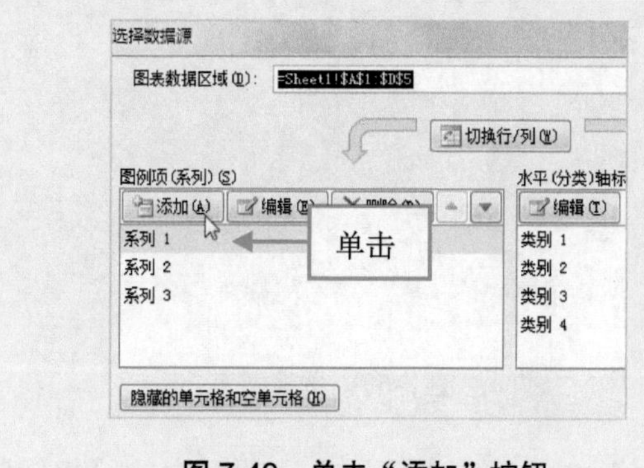

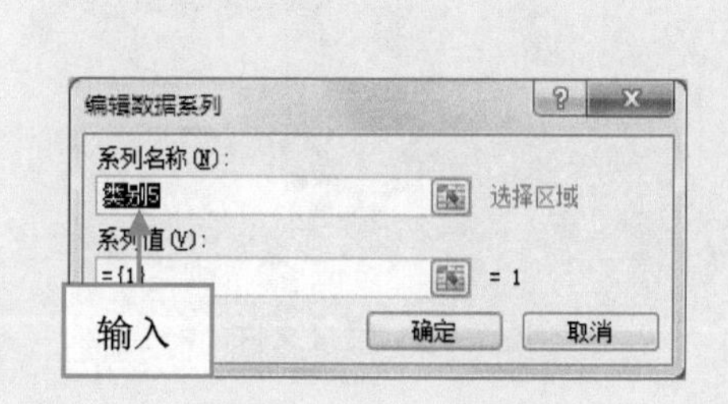

图 7-49　单击“添加”按钮

图 7-50　输入“类别 5”

步骤 07　依次单击“确定”按钮，然后关闭 Excel 应用程序，即可插入新行或列，效果如图 7-51 所示。

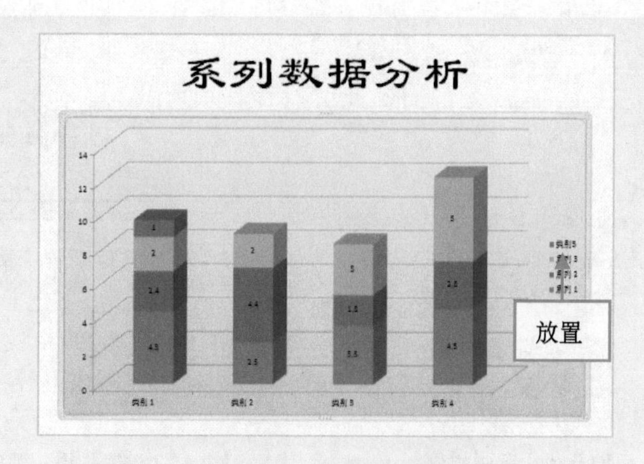

图 7-51　插入新行或列

技巧：在一个单元格中输完数据后，按 Enter 键使下面的单元格成为活动单元格，可继续输入数值，当在所选范围内输完数据后，按 Enter 键，单元格指针又返回到所选范围内的第一个单元格上。

7.2.4 实战——在电脑销售分析中删除行或列

在 PowerPoint 2010 中，运用在数据表中弹出的快捷菜单，可以将电脑销售分析中的行或列进行删除操作。

步骤 01 单击“文件”|“打开”命令，打开一个素材文件，如图 7-52 所示。

步骤 02 在编辑区中选择图表，如图 7-53 所示。

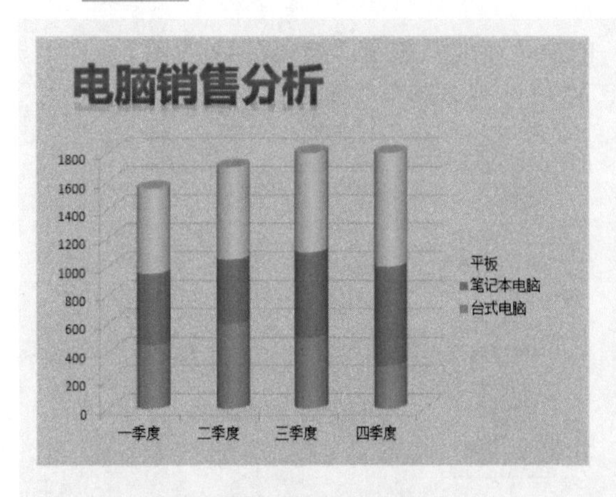

图 7-52 素材文件

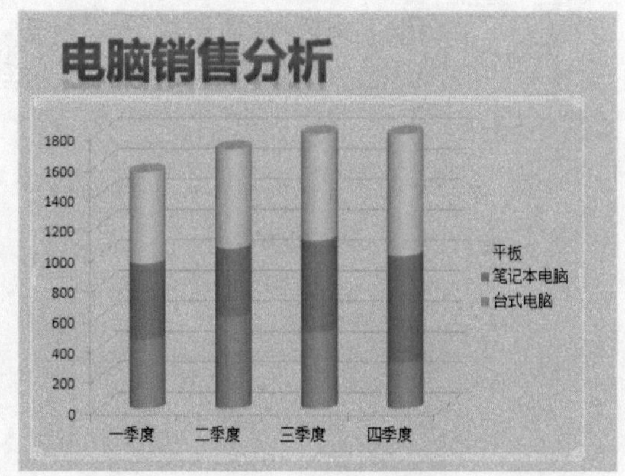

图 7-53 选择图表

步骤 03 在“图表工具”中的“设计”面板中，单击“数据”选项板中的“编辑数据”按钮，启动 Excel 应用程序，如图 7-54 所示。

步骤 04 在数据表中，选中“四季度”一行，如图 7-55 所示。

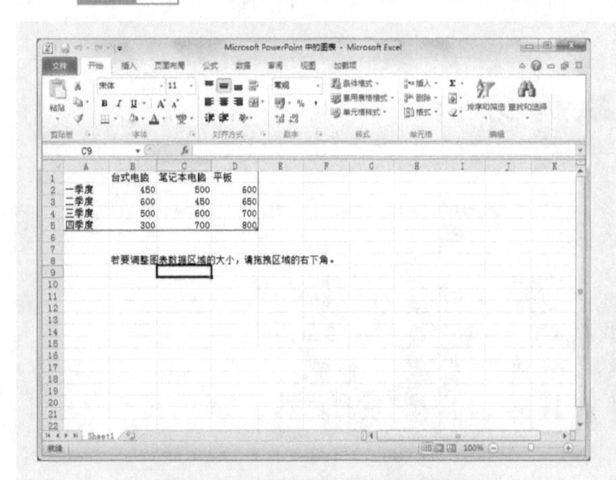

图 7-54 启动 Excel 应用程序

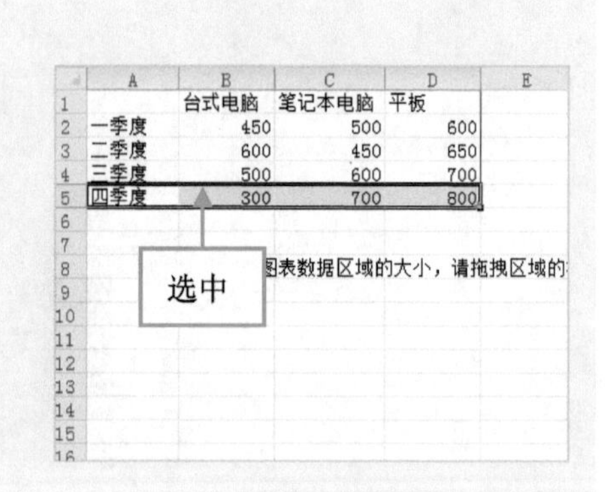

	台式电脑	笔记本电脑	平板
一季度	450	500	600
二季度	600	450	650
三季度	500	600	700
四季度	300	700	800

图 7-55 选中“四季度”一行

步骤05 单击鼠标右键，在弹出的快捷菜单中选择“删除”|“表行”命令，如图 7-56 所示。

步骤06 执行操作后，即可删除选择的一行，关闭 Excel 应用程序，效果如图 7-57 所示。

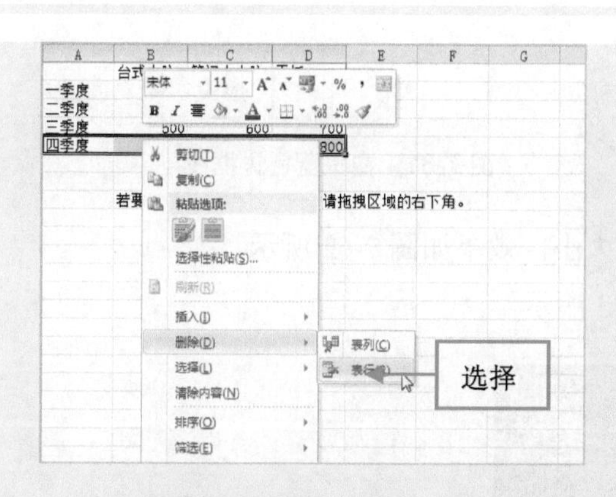

图 7-56 选择“表行”命令

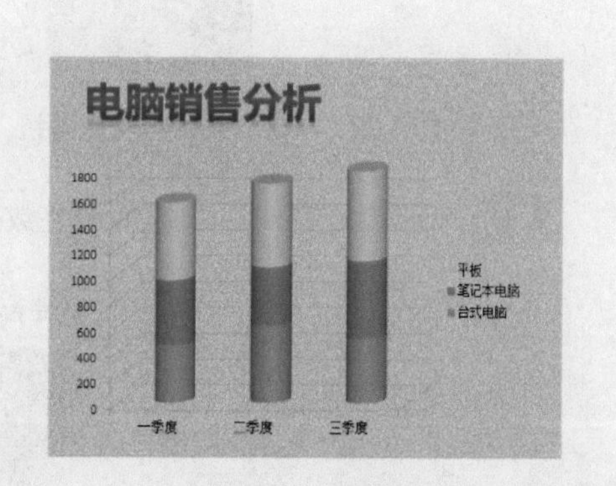

图 7-57 删除行

技巧：除了运用以上方法删除行或列以外，用户还可以通过选中数据表中的行或列，然后单击鼠标右键，在弹出的快捷菜单中，选择“清除内容”命令，即可清除所选择单元格中的数据。

7.2.5 实战——调整年度产量统计数据表的大小

在 PowerPoint 2010 中，用户还可以直接在 Excel 中调整数据表的大小，设置完成后，将显示在 PowerPoint 中。

步骤01 单击“文件”|“打开”命令，打开一个素材文件，如图 7-58 所示。

步骤02 在编辑区中选择图表，如图 7-59 所示。

步骤03 切换至“图表工具”中的“设计”面板，单击“数据”选项板中的“编辑数据”按钮，如图 7-60 所示。

步骤04 启动 Excel 应用程序，拖曳数据表右下角的蓝色边框线，如图 7-61 所示。

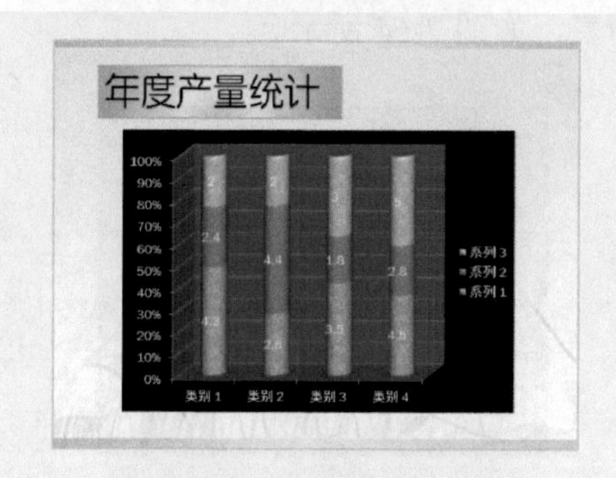

图 7-58 素材文件

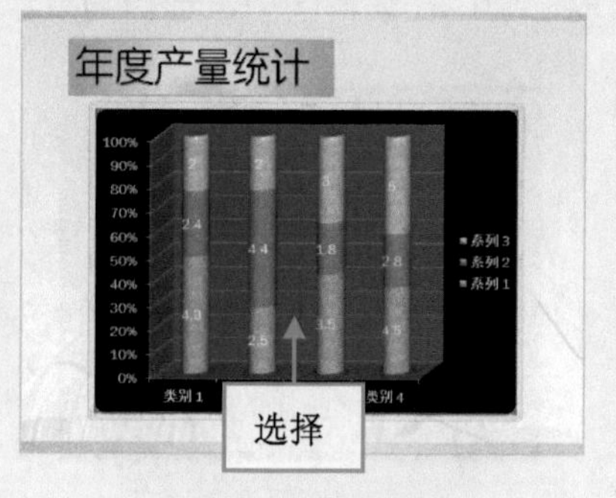

图 7-59 选择图表

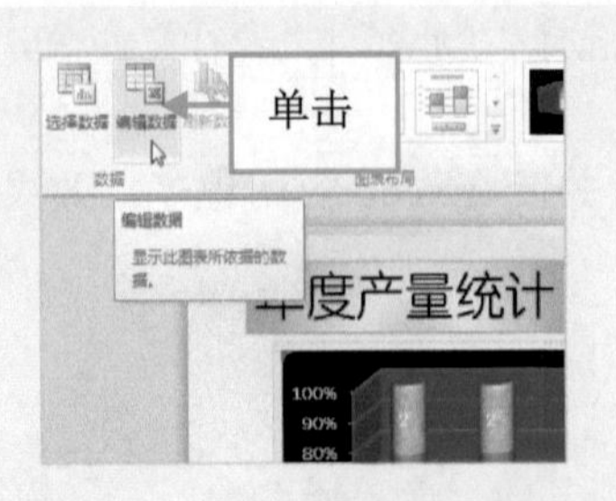

图 7-60　单击“编辑数据”按钮

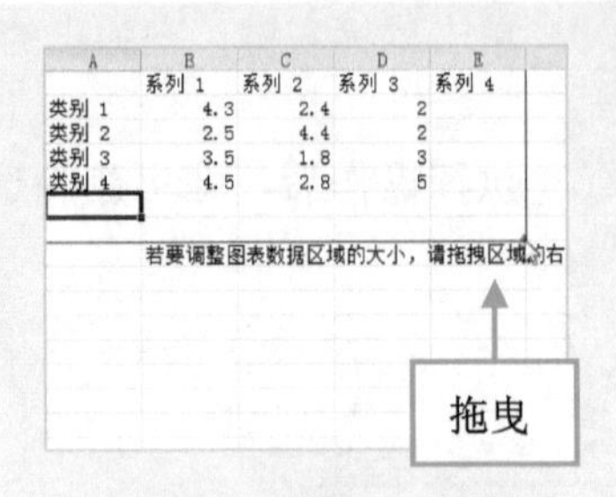

图 7-61　拖曳蓝色边框线

步骤05　设置完成后，即可调整数据表的大小，效果如图 7-62 所示。

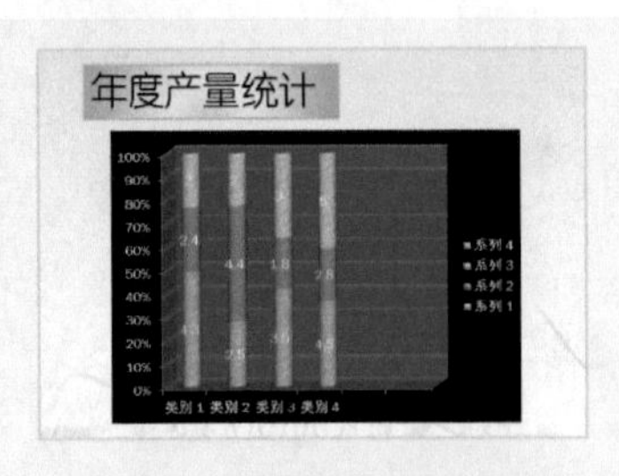

图 7-62　调整数据表的大小

7.3　设置课件中的图表布局

创建图表后，用户可以更改图表的外观，可以快速将一个预定义布局和图表样式应用到现有的图表中，而无需手动添加或更改图表元素或设置图表格式。PowerPoint 提供了多种预定的布局和样式(或快速布局、快速样式)，用户可以从中选择。

7.3.1　实战——为产品资料表添加图表标题

在 PowerPoint 2010 中，用户在创建完图表后，可以添加或更改图表标题。下面介绍添加图表标题的方法。

步骤01　单击“文件”|“打开”命令，打开一个素材文件，如图 7-63 所示。

步骤02　在编辑区中，选择需要添加标题的图表，如图 7-64 所示。

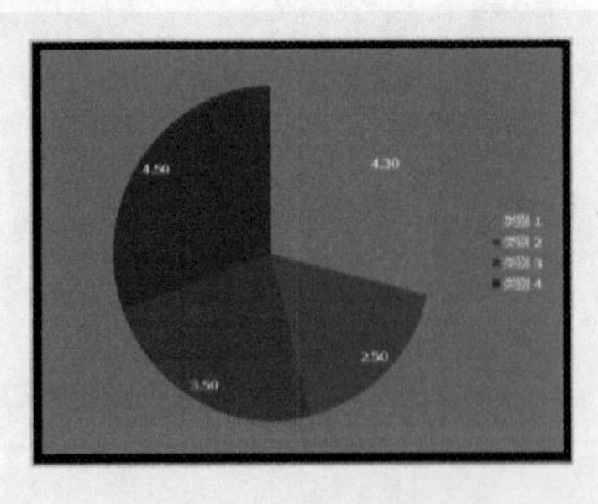
图 7-63　素材文件

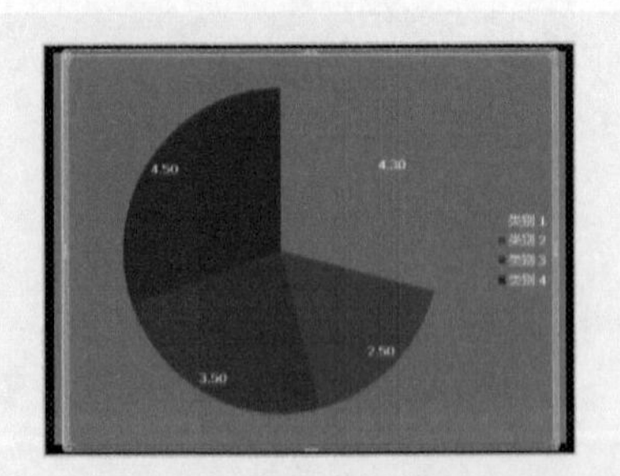
图 7-64　选择图表

步骤03 切换至“图表工具”中的“布局”面板，在“标签”选项板中，单击“图表标题”下拉按钮，在弹出的列表框中，选择“图表上方”命令，如图7-65所示。

步骤04 执行操作后，即可显示标题，如图7-66所示。

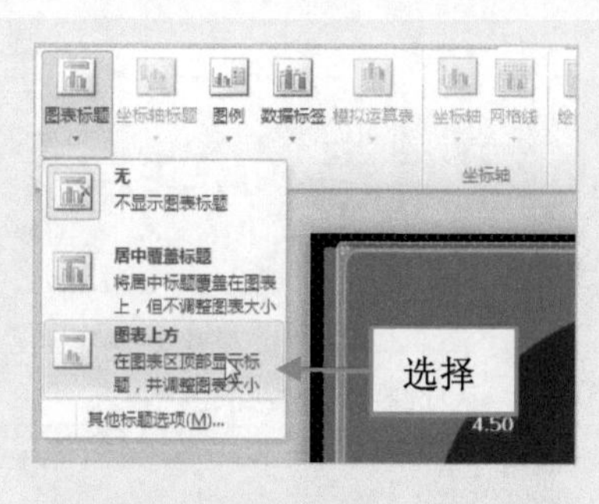

图7-65 选择“图表上方”命令

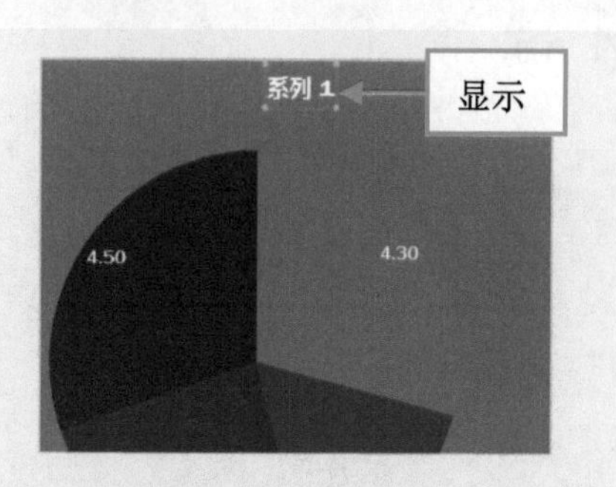

图7-66 显示标题

步骤05 在标题文本框中输入文字，效果如图7-67所示。

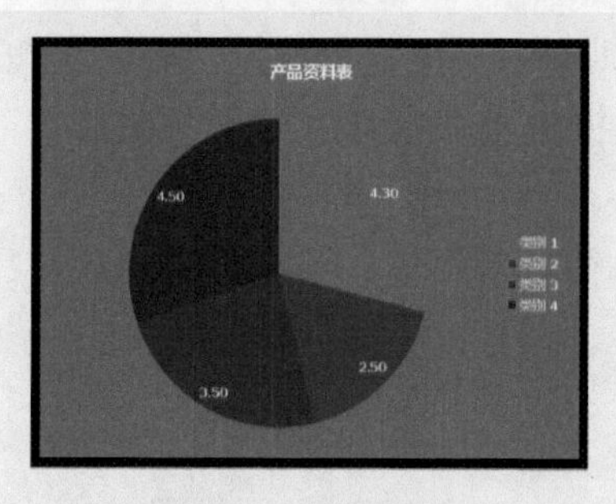

图7-67 输入文字

7.3.2 实战——为生产与销售量的对比添加坐标轴标题

在PowerPoint 2010中，用户在创建图表后，可以通过“坐标轴标题”按钮，对弹出的列表框中的各选项进行设置。

步骤01 单击“文件”|“打开”命令，打开一个素材文件，如图7-68所示。

步骤02 在编辑区中选择需要添加坐标轴标题的图表，如图7-69所示。

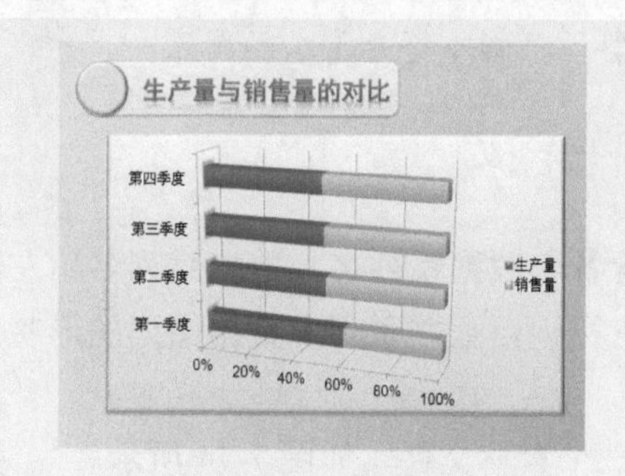

图7-68 素材文件

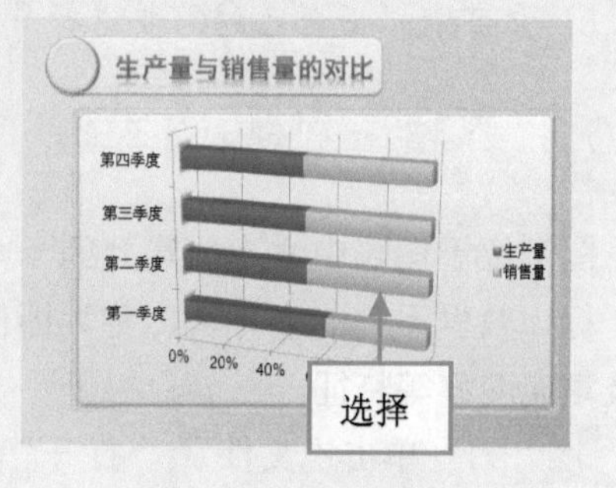

图7-69 选择图表

步骤03　切换至“图表工具”中的“布局”面板，在“标签”选项板中，单击“坐标轴标题”下拉按钮，如图 7-70 所示。

步骤04　在弹出的列表中选择“主要横坐标轴标题”|“坐标轴下方标题”选项，如图 7-71 所示。

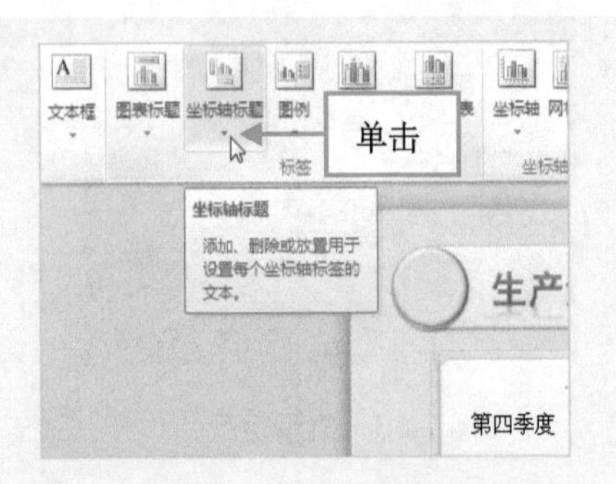

图 7-70　单击“坐标轴标题”下拉按钮

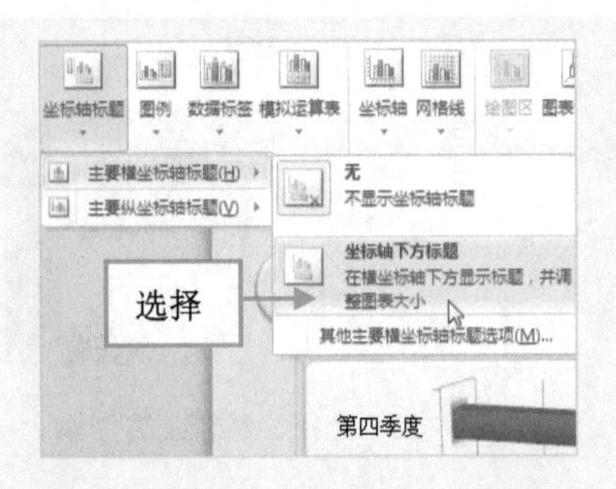

图 7-71　选择“坐标轴下方标题”选项

步骤05　执行操作后，即可添加坐标轴标题，如图 7-72 所示。

步骤06　在坐标轴文本框中输入文字，并设置文本“字号”为 30，效果如图 7-73 所示。

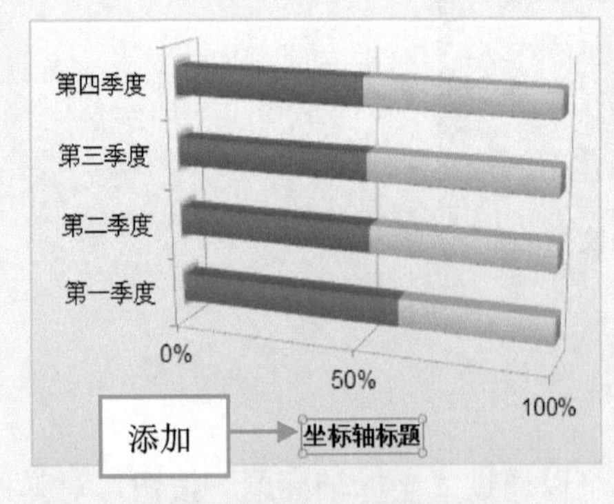

图 7-72　添加坐标轴标题

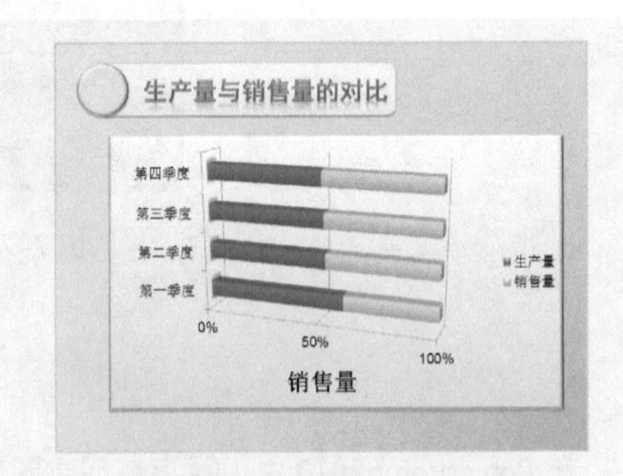

图 7-73　输入并设置文本

注意：图表数据表中允许用户导入其他软件生成的数据或电子表格，生产统计图表。用户可以根据自己的需要选择导入文件的类型，以制作符号需求的图表。

7.3.3　实战——设置季度销量统计图表图例

图例位于图表中适当位置处的一个方框，内含各个数据系列名，数据系列名称左侧有一个标识数据系列的小方块，称为图例项标识，它标识该数据系列中数据图形的形状、颜色及填充图案等特征。

步骤01　单击“文件”|“打开”命令，打开一个素材文件，如图 7-74 所示。

步骤02　在编辑区中选择需要设置图例的图表，如图 7-75 所示。

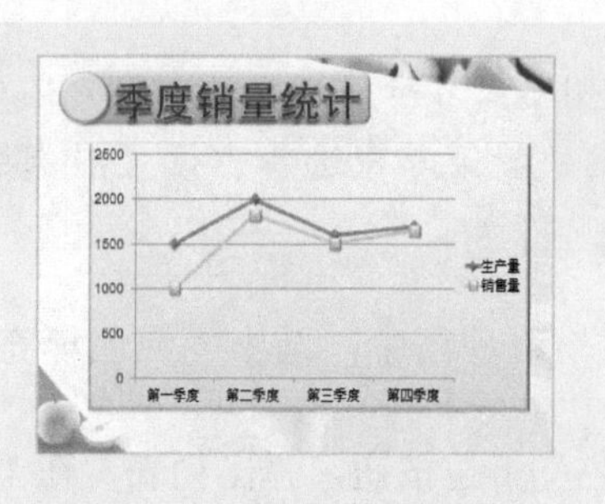

图 7-74　打开一个素材文件

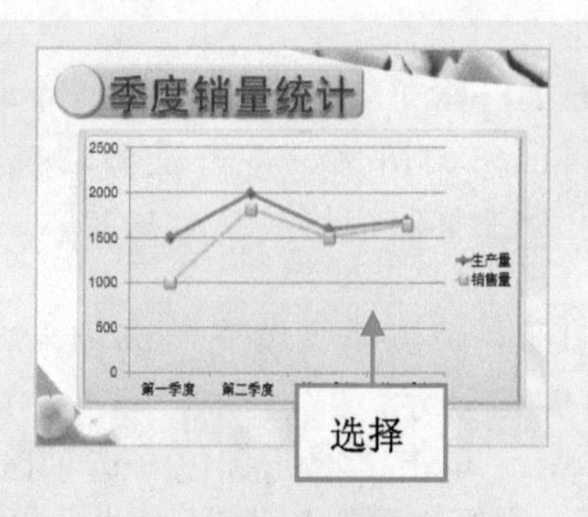

图 7-75　选择图表

步骤03　切换至“图表工具”中的“布局”面板，在“标签”选项板中，单击“图例”下拉按钮，如图 7-76 所示。

步骤04　在弹出的列表中选择“在左侧显示图例”选项，如图 7-77 所示。

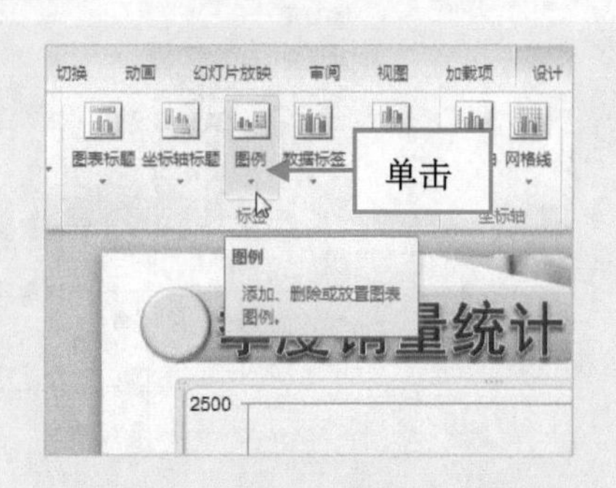

图 7-76　单击“图例”下拉按钮

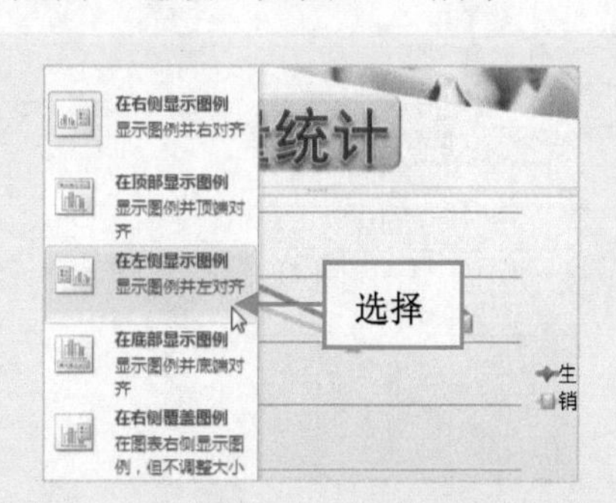

图 7-77　选择“在左侧显示图例”选项

注意：在弹出的“图例”列表框中，包括 6 种图例样式，另外如果用户不需要显示图例，则可以选择“无”选项，关闭图例。

步骤05　执行操作后，即可在左侧显示图例，如图 7-78 所示。

步骤06　双击图例，弹出“设置图例格式”对话框，如图 7-79 所示。

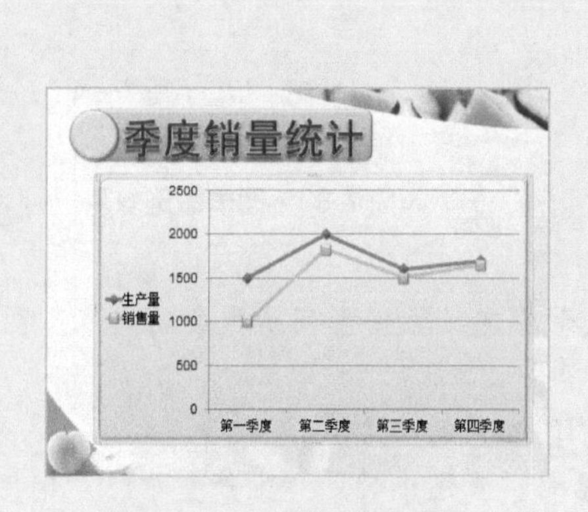

图 7-78　在左侧显示图例

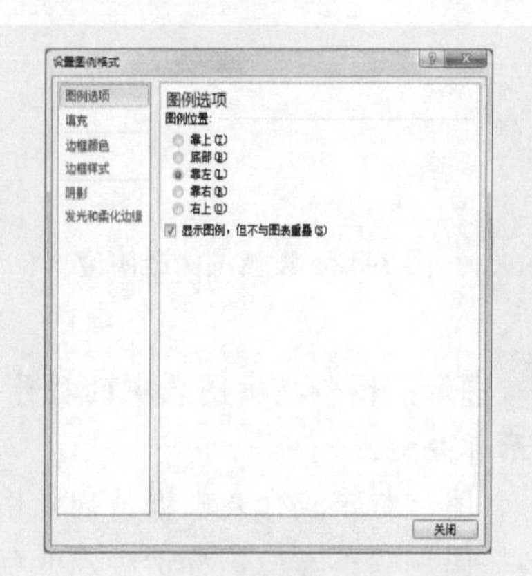

图 7-79　“设置图例格式”对话框

提示：除了运用以上方法，弹出“设置图例格式”对话框以外，用户还可以通过选择编辑区中的图例，单击鼠标右键，在弹出的快捷菜单中选择“设置图例格式”命令，弹出“设置图例格式”对话框。

步骤07 切换至“填充”选项卡，在“填充”选项区中，选中“纯色填充”单选按钮，如图 7-80 所示。

步骤08 单击“填充颜色”选项区中的“颜色”下拉按钮，弹出列表，在“标准色”选项区中，选择“深红”选项，设置图例填充颜色，如图 7-81 所示。

步骤09 在“透明度”右侧的滑块上，单击鼠标左键并向右拖曳，至 40%的位置处，释放鼠标左键，如图 7-82 所示。

步骤10 单击“关闭”按钮，即可设置图表图例，效果如图 7-83 所示。

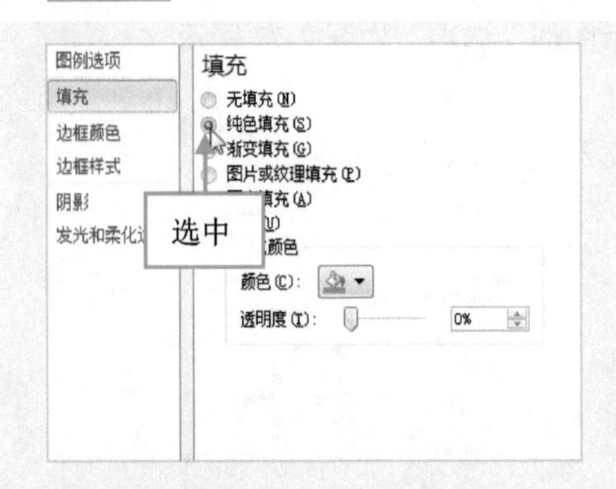

图 7-80 选中“纯色填充”单选按钮

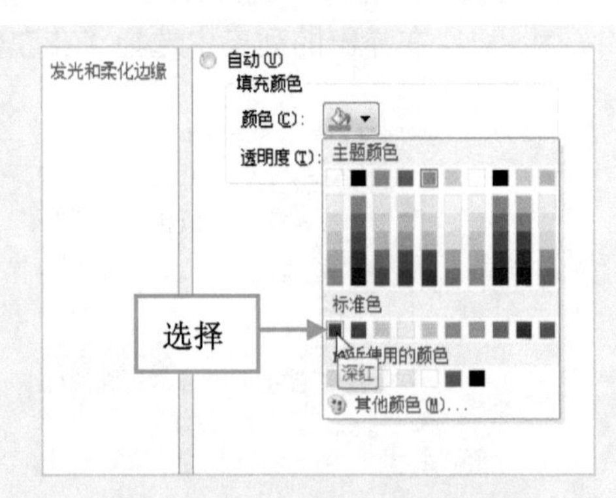

图 7-81 选择“深红”选项

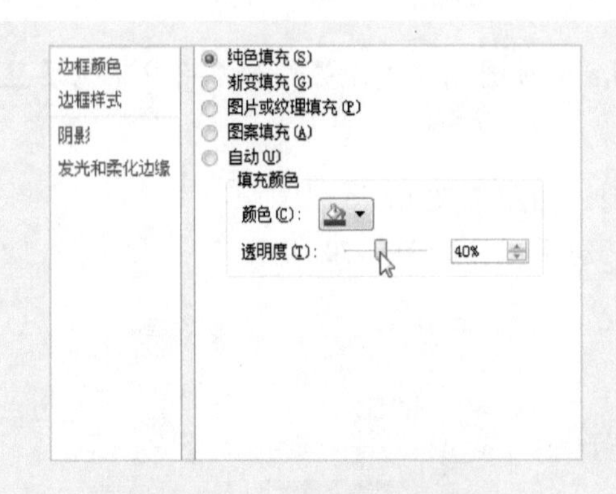

图 7-82 设置图例透明度

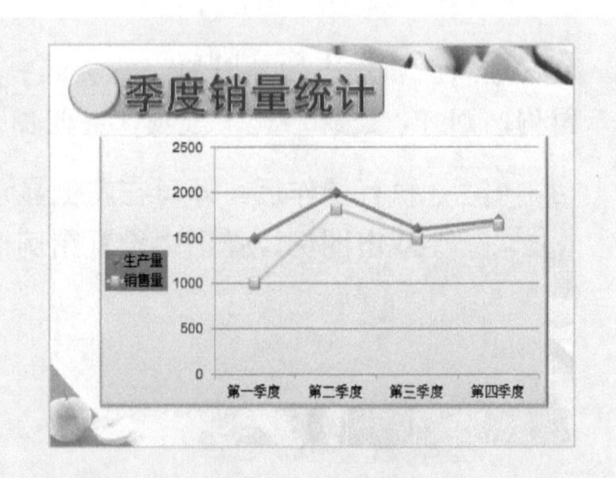

图 7-83 图表图例效果

提示：图例指出图表中的符号、颜色或形状定义数据系列所代表的内容。图例由以下两部分构成。

- 图例标示：代表数据系列的图案，即不同颜色的小方块。
- 图例项：与图例标示对应的数据系列名称，上图中的是“生产量”、“销售量”也就是说，一种图例标识只能对应一种图例项。

7.3.4 实战——添加消费者调查数据标签

数据标签是指将数据表中具体的数值添加到图表的分类系列上，使用此功能可以方便地设置坐标轴上的显示内容。

步骤01 单击“文件”|“打开”命令，打开一个素材文件，如图7-84所示。

步骤02 在编辑区中，选择需要添加数据标签的图表，如图7-85所示。

步骤03 切换至“图表工具”中的“布局”面板，单击“数据标签”下拉按钮，在弹出的列表框中，选择“其他数据标签选项”命令，如图7-86所示。

步骤04 弹出“设置数据标签格式”对话框，在“标签选项”选项区中，选中“系列名称”复选框、选中“值”复选框、选中“显示引导线”复选框以及选中“最佳匹配”单选按钮，如图7-87所示。

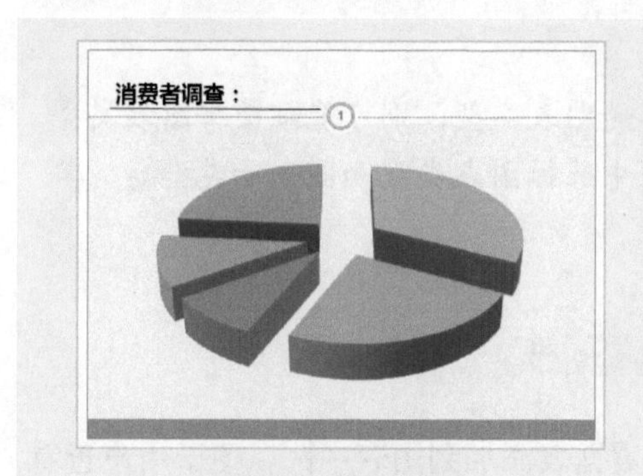

图7-84 素材文件

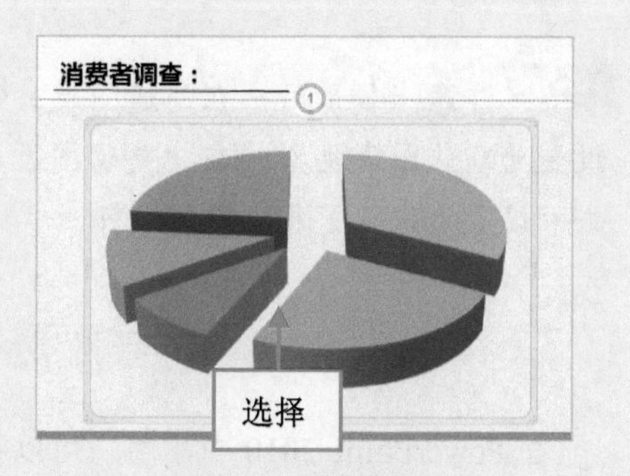

图7-85 选择图表

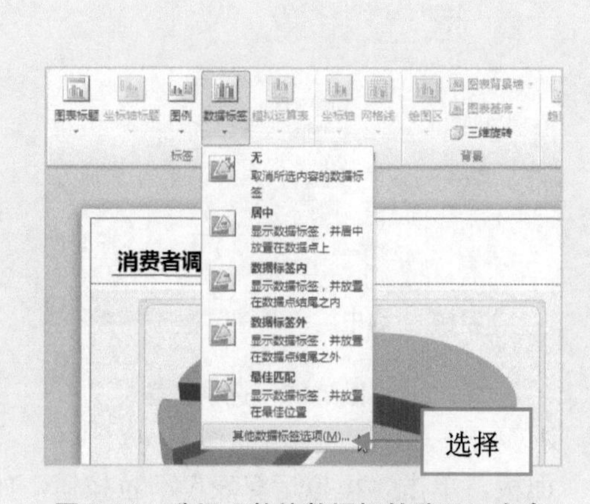

图7-86 选择“其他数据标签选项”命令

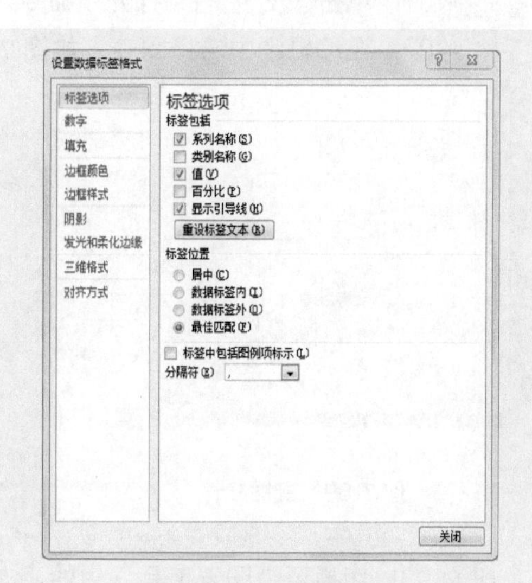

图7-87 设置各选项

步骤05 单击“关闭”按钮，即可添加数据标签，如图7-88所示。

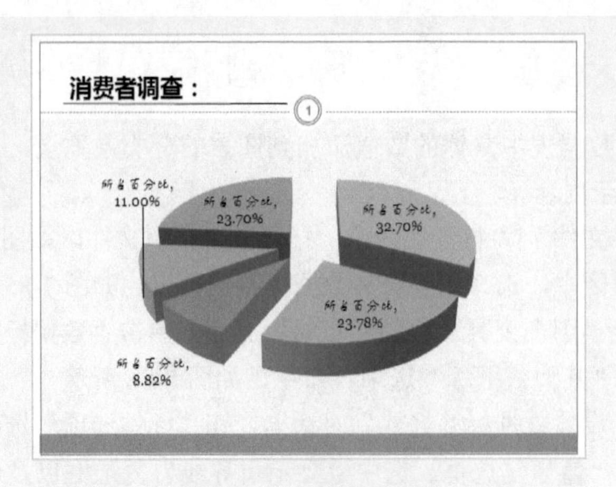

图 7-88　添加数据标签

注意：如果用户在创建图表时经常使用特定的图表类型，则可能希望将图表类型设置为默认图表类型。在“更改图表类型”对话框中选择图表类型和图表子类型后，单击“设置为默认图表”按钮即可。

7.3.5 实战——添加民意选举调查运算图表

在 PowerPoint 2010 中，用户可以将 Excel 中的数据表添加到图表中，以便于用户查看图表信息和数据。

步骤 01　单击“文件”|“打开”命令，打开一个素材文件，如图 7-89 所示。

步骤 02　在编辑区中选择图表，如图 7-90 所示。

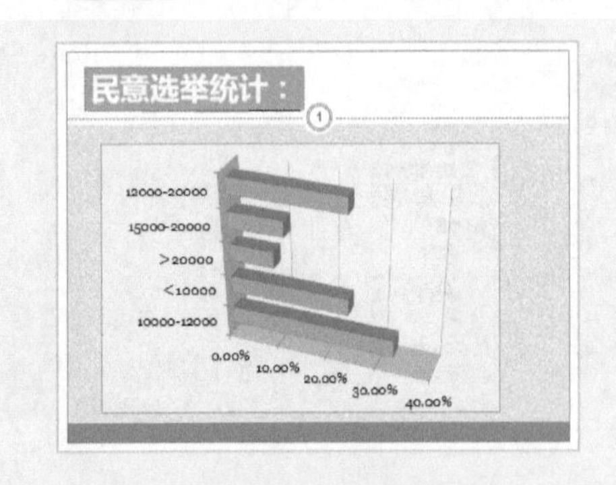

图 7-89　素材文件

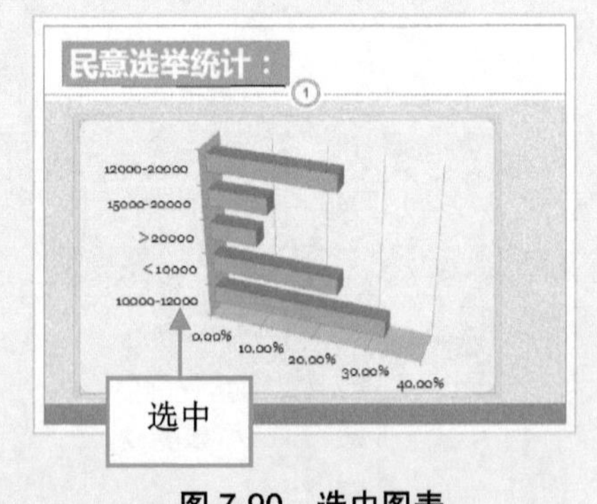

图 7-90　选中图表

步骤 03　切换至“图表工具”中的“布局”面板，单击“模拟运算表”下拉按钮，如图 7-91 所示。

步骤 04　在弹出的列表中选择“其他模拟运算表选项”命令，如图 7-92 所示。

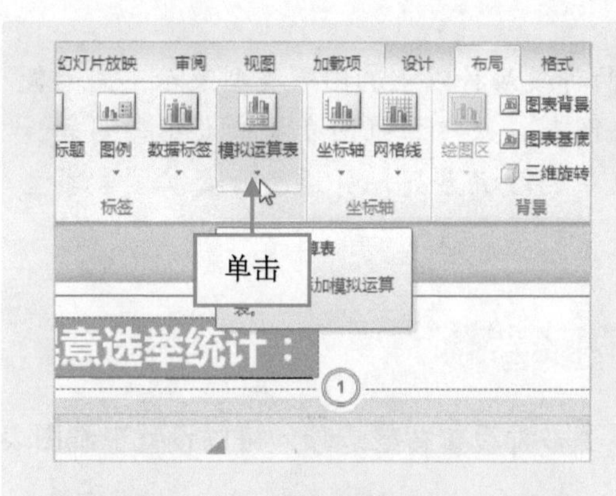

图 7-91 单击“模拟运算表”下拉按钮

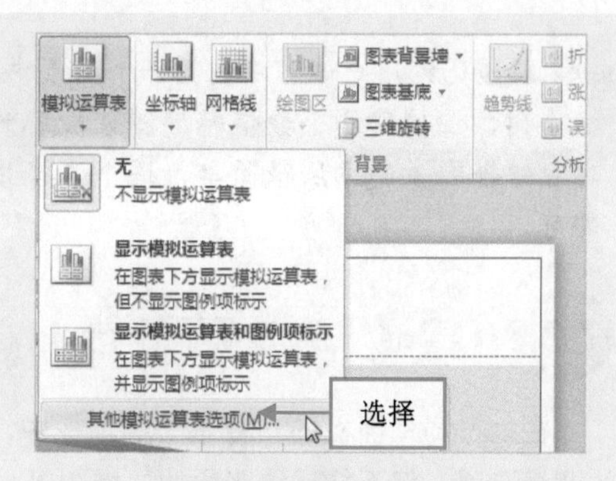

图 7-92 选择“其他模拟运算表选项”命令

步骤05 弹出“设置模拟运算表选项”对话框，切换至“填充”选项卡，在“填充”选项区中，选中“渐变填充”单选按钮，如图 7-93 所示。

步骤06 单击“预设颜色”右侧的下拉按钮，在弹出的列表中选择“薄雾浓云”选项，如图 7-94 所示。

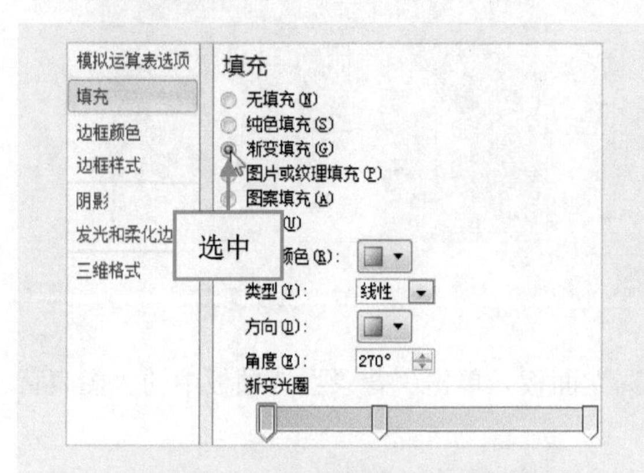

图 7-93 选中“渐变填充”单选按钮

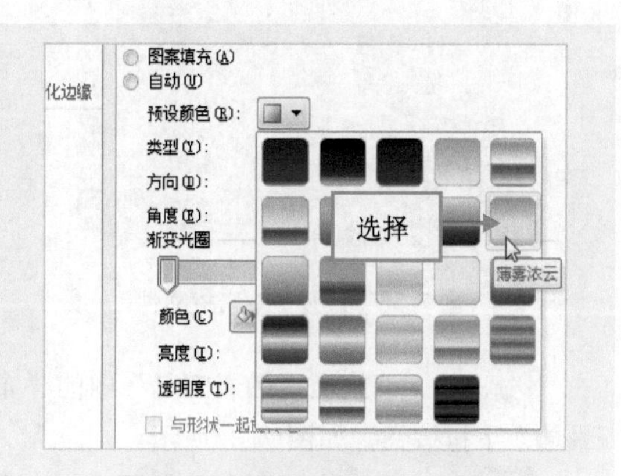

图 7-94 选择“薄雾浓云”选项

步骤07 单击“关闭”按钮，即可添加运算图表，如图 7-95 所示。

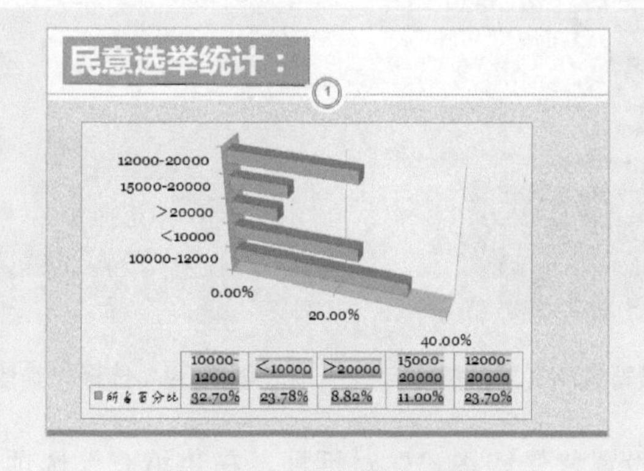

图 7-95 添加运算图表

技巧：用户还可以在同一个图表中使用两种或两种以上的图表类型表示不同的数据系列，但使用两个数值轴的图表被称为组合图表，只有二维图表能构成组合图表。建立组合图表的方法很简单，逐个选择该图表中的数据系列，并逐个改变其图表类型即可。

7.3.6 实战——设置国内生产总值图表背景

在“布局”面板的“背景”选项板中，提供了多种设置背景选项，可以设置三维图表的背景选项，但不能设置普通的二维图表。

步骤01 单击“文件”|“打开”命令，打开一个素材文件，如图 7-96 所示。

步骤02 在编辑区中选择需要设置背景的图表，如图 7-97 所示。

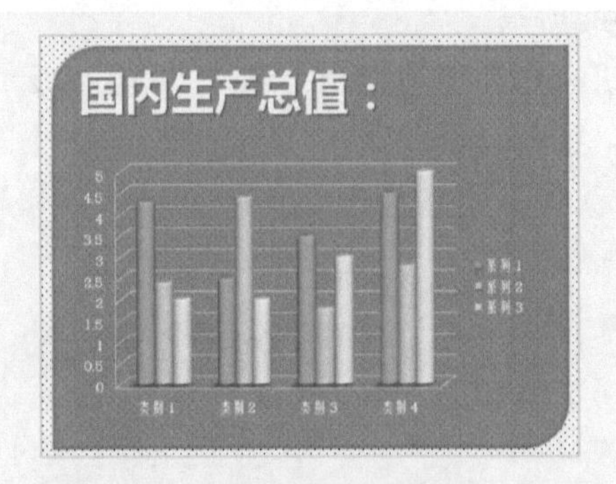

图 7-96 打开一个素材文件

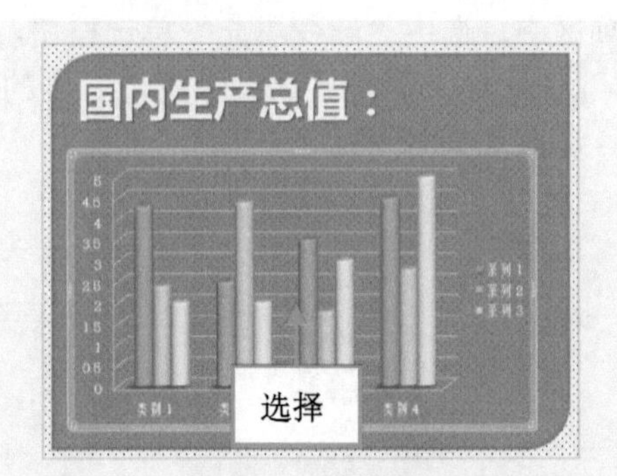

图 7-97 选择图表

步骤03 切换至“图表工具”中的“布局”面板，单击“背景”选项板中的“图表背景墙”下拉按钮，如图 7-98 所示。

步骤04 在弹出的列表中选择“其他背景墙选项”命令，如图 7-99 所示。

图 7-98 单击“图表背景墙”下拉按钮

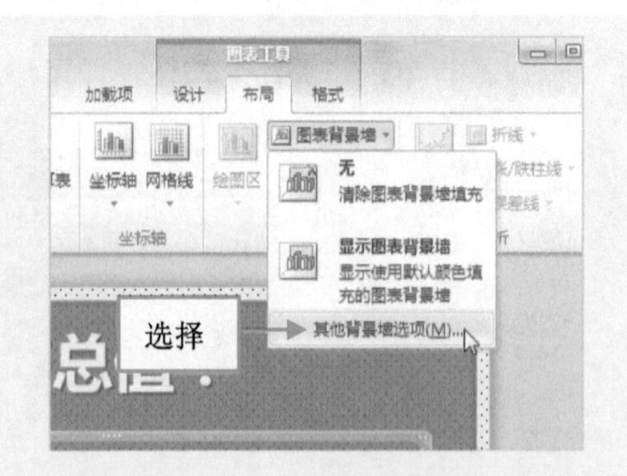

图 7-99 选择“其他背景墙选项”命令

步骤05 弹出“设置背景墙格式”对话框，在“填充”选项卡中的“填充”选项区中，选中“渐变填充”单选按钮，单击“预设颜色”右侧的下拉按钮，在弹出的列表中选择“茵茵绿原”选项，如图 7-100 所示。

步骤06 单击“关闭”按钮，即可设置背景墙颜色，如图 7-101 所示。

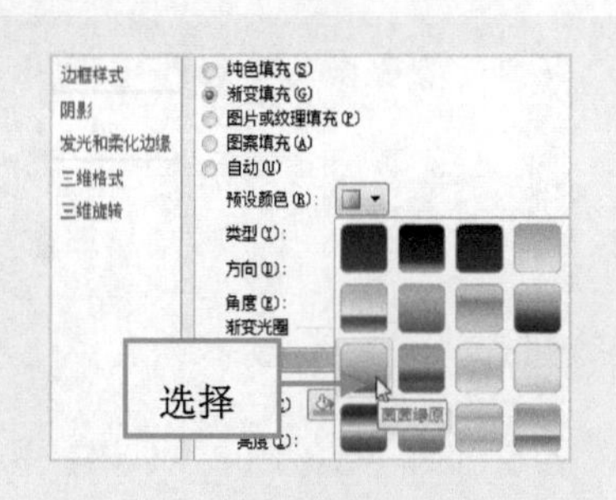

图 7-100 选择“茵茵绿原”选项

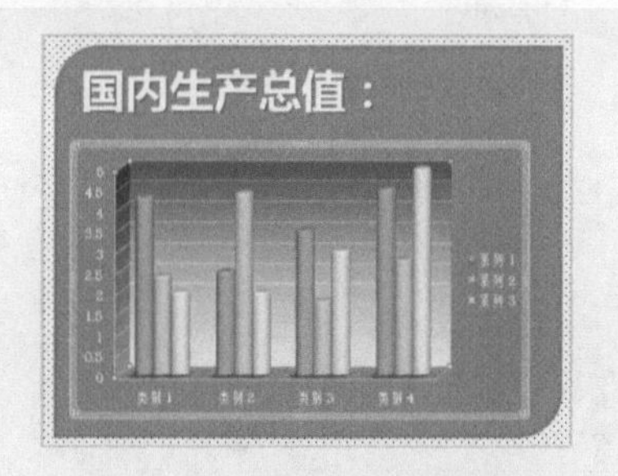

图 7-101 设置背景墙颜色

步骤07 在“背景”选项板中，单击“图表基底”下拉按钮，在弹出的列表中选择“其他基底选项”命令，如图 7-102 所示。

步骤08 弹出“设置基底格式”对话框，在“填充”选项区中，选中“纯色填充”单选按钮，在“填充颜色”选项区中，单击“颜色”右侧的下拉按钮，在弹出的列表中选择“浅绿”选项，如图 7-103 所示。

图 7-102 选择“其他基底选项”命令

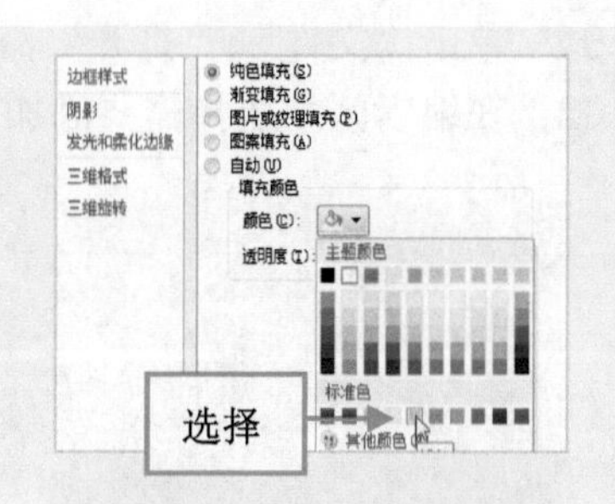

图 7-103 选择“浅绿”选项

步骤09 单击“关闭”按钮，即可设置图表基底，如图 7-104 所示。

步骤10 在“背景”选项板中，单击“三维旋转”按钮，如图 7-105 所示。

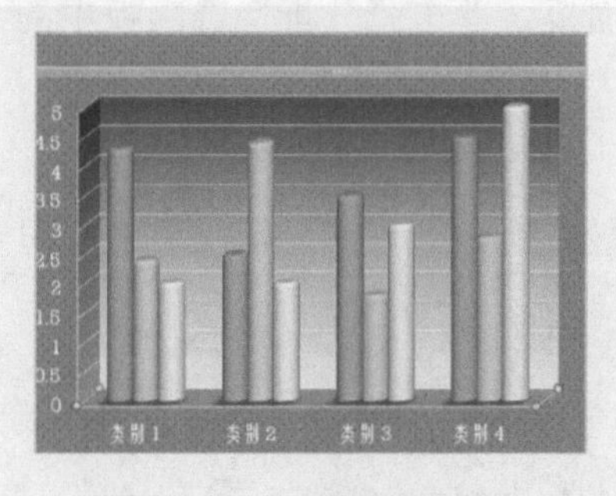

图 7-104 设置图表基底

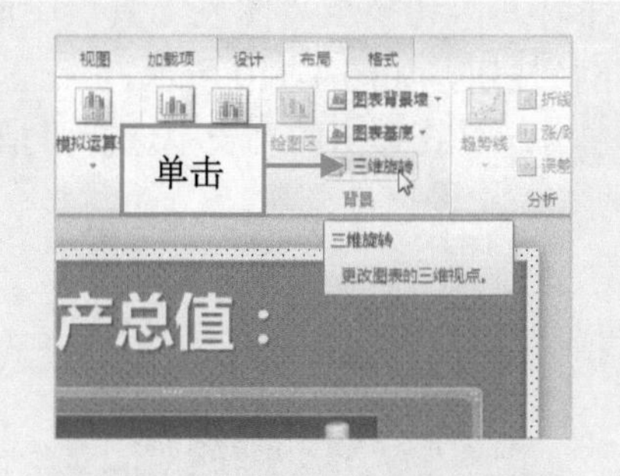

图 7-105 单击“三维旋转”按钮

步骤11 弹出“设置图表区格式”对话框，在“三维旋转”选项卡中的“旋转”选项区中，设置 X 为 45°、Y 为 30°，如图 7-106 所示。

步骤 12　单击“关闭”按钮，即可设置图表背景，效果如图 7-107 所示。

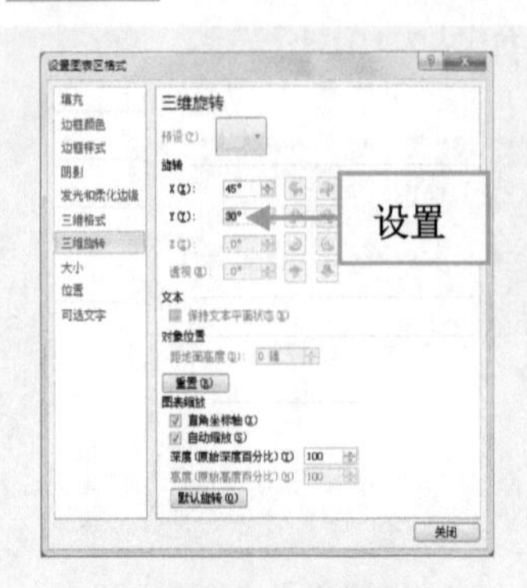

图 7-106　设置各选项

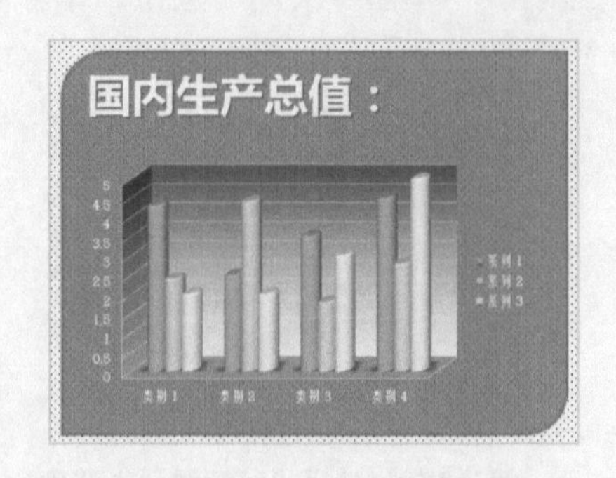

图 7-107　设置图表背景

7.3.7　实战——添加人均收入情况图表趋势线

在二维面积图、条形图、柱形图、折线图以及 XY 散点图中，可以增加趋势线，用以描述数据系列中数据值的总趋势，并可基于已存在的数据预见最近的将来数据点的情况。趋势线是数据趋势的图形表示形式，可用于分析、预测数据变化趋势。

步骤 01　单击“文件”|“打开”命令，打开一个素材文件，如图 7-108 所示。

步骤 02　在编辑区中选择需要添加趋势线的图表，如图 7-109 所示。

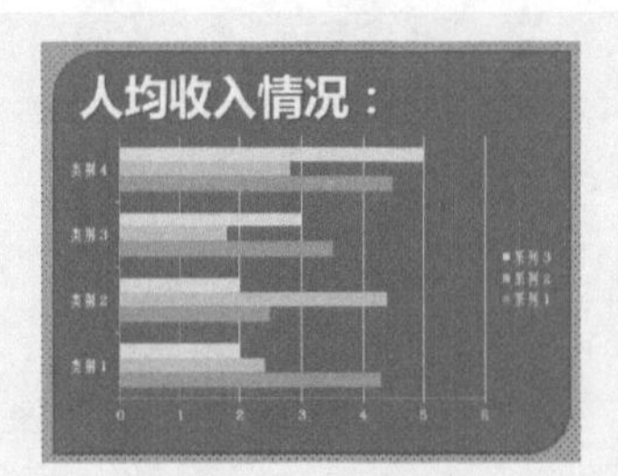

图 7-108　素材文件

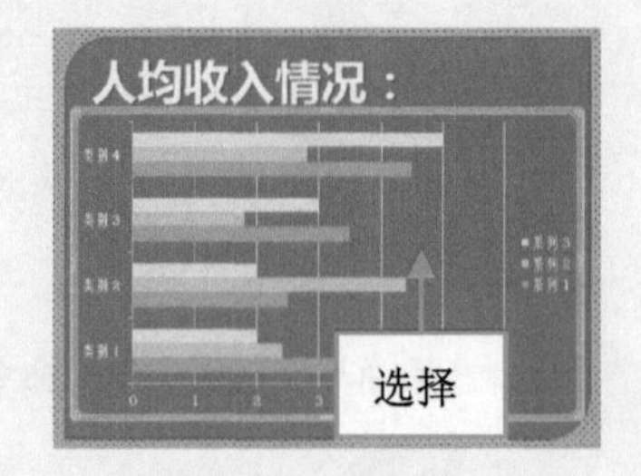

图 7-109　选择图表

步骤 03　切换至“图表工具”中的“布局”面板，单击“分析”选项板中的“趋势线”下拉按钮，如图 7-110 所示。

步骤 04　在弹出的列表中选择“指数趋势线”命令，如图 7-111 所示。

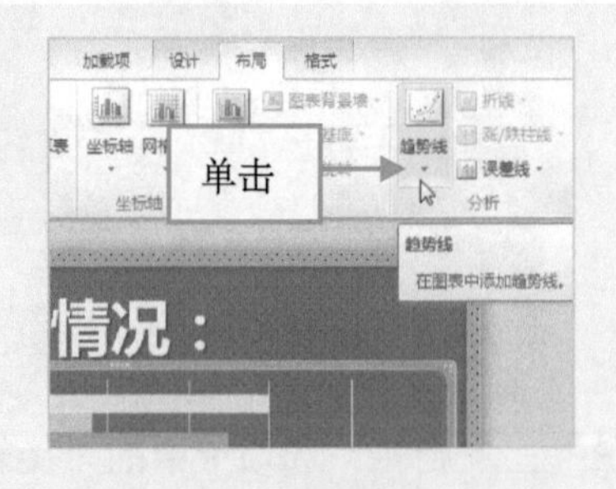

图 7-110　单击“趋势线”下拉按钮

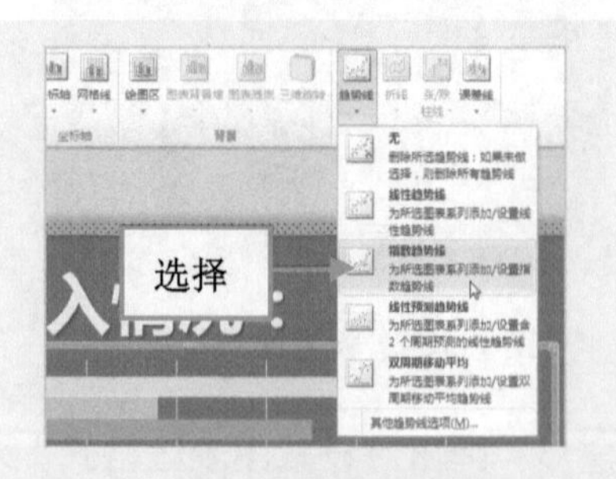

图 7-111　选择“指数趋势线”命令

提示：在图表中还可以插入误差线来描述数据中可能出现的小偏差，误差量有 3 种表示方法：标准误差误差线、百分比误差线以及标准偏差误差线。

步骤05 弹出“添加趋势线”对话框，在“添加基于系列的趋势线”列表框中，选择“系列 2”选项，如图 7-112 所示。

步骤06 单击“确定”按钮，即可在图表中添加趋势线，效果如图 7-113 所示。

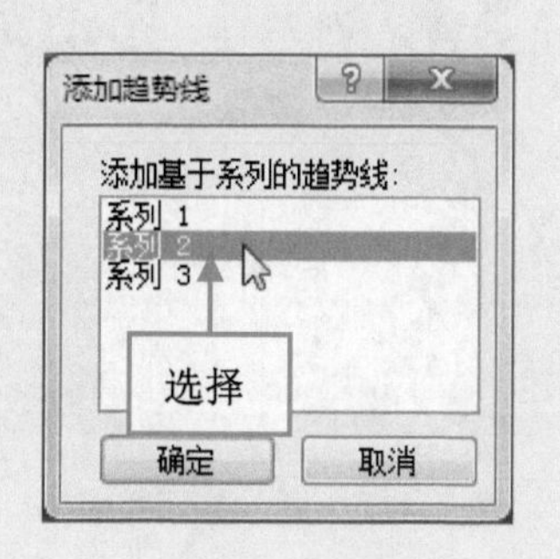

图 7-112 选择“系列 2”选项

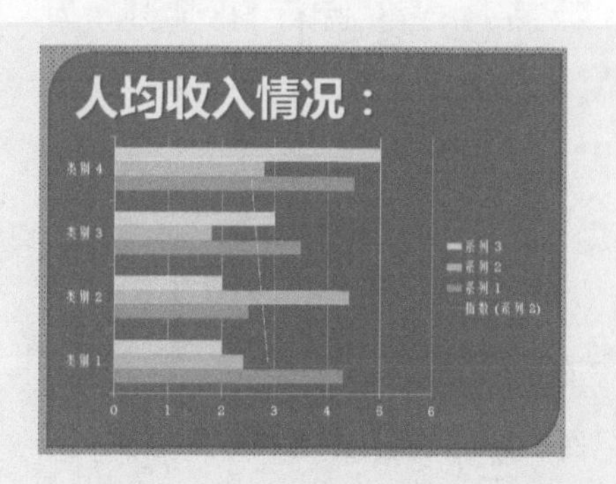

图 7-113 添加趋势线

技巧：要删除趋势线，可以先选中该趋势线，再按 Delete 键，或单击鼠标右键，在弹出的快捷菜单中选择“清除”命令。

7.4 综合练兵——制作中国水资源图表课件

在 PowerPoint 中，用户可以根据需要制作中国水资源图表课件。下面向读者介绍制作中国水资源图表课件的操作方法。

步骤01 单击“文件”|“打开”命令，打开一个素材文件，如图 7-114 所示。

步骤02 切换至第 2 张幻灯片，在“插入”面板中，单击“插图”选项板中的“图表”按钮，如图 7-115 所示。

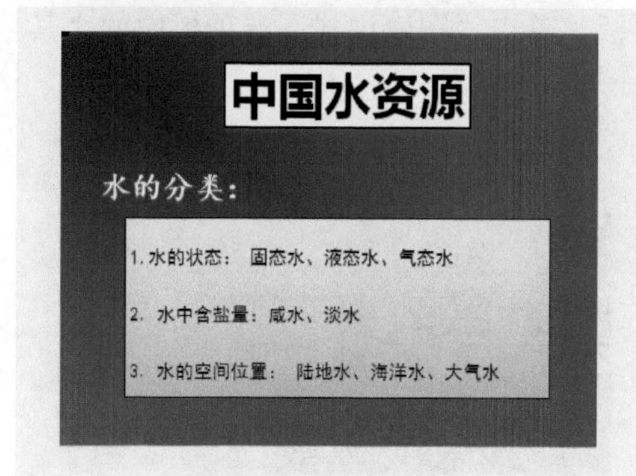

图 7-114 素材文件

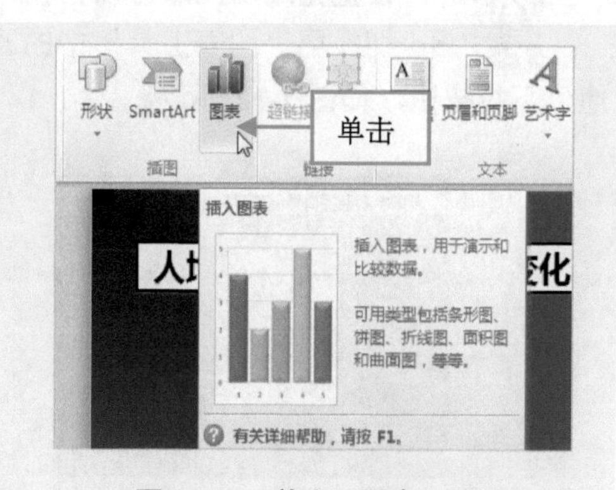

图 7-115 单击“图表”按钮

步骤03 弹出“插入图表”对话框，在“柱形图”选项区中，选择“簇状柱形图”选项，如图 7-116 所示。

步骤04 单击“确定”按钮，系统将自动启动 Excel 应用程序，并在幻灯片中插入图表，关闭 Excel 应用程序，在幻灯片中调整图表的大小与位置，效果如图 7-117 所示。

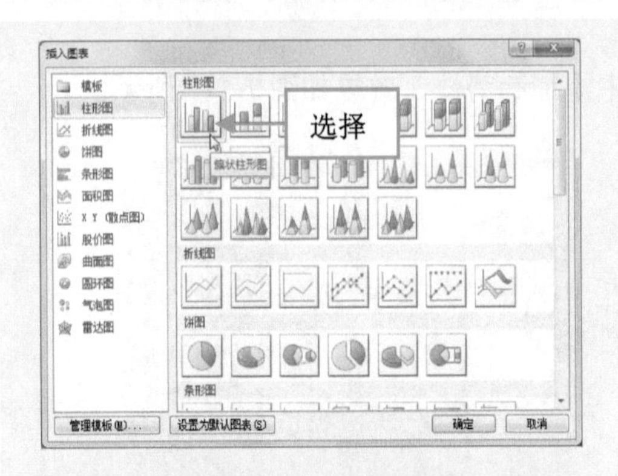

图 7-116 选择“簇状柱形图”选项

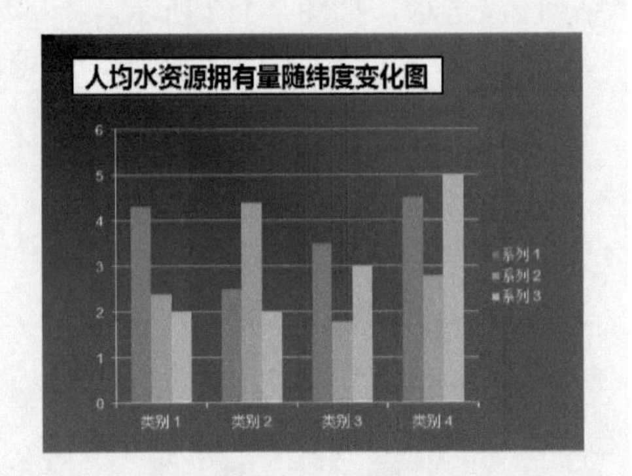

图 7-117 插入并调整表格

步骤05 选中图表，切换至“图表工具”中的“设计”面板，在“数据”选项板中，单击“编辑数据”按钮，如图 7-118 所示。

步骤06 弹出数据编辑表，在数据表中输入修改的数据，如图 7-119 所示。

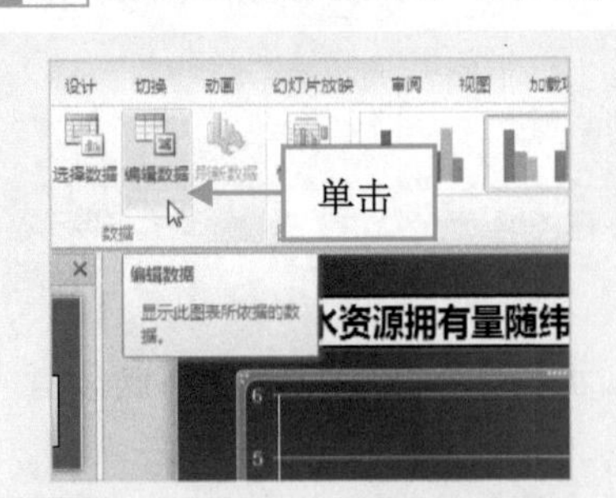

图 7-118 单击“编辑数据”按钮

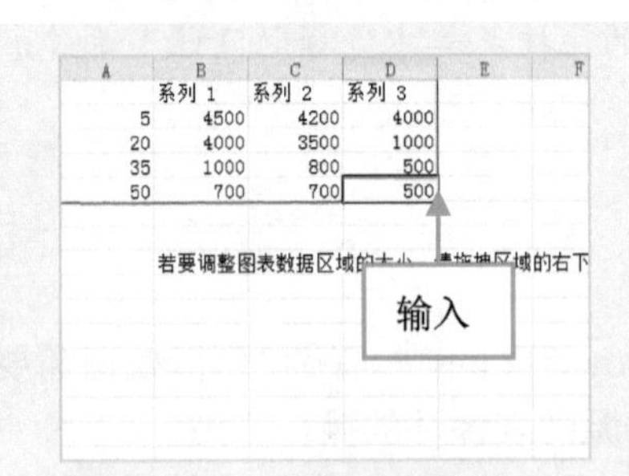

图 7-119 输入修改的数据

步骤07 设置完成后，即可以将输入的数据显示图表，如图 7-120 所示。

步骤08 切换至“图表工具”中的“设计”面板，单击“图表样式”选项板中的“其他”下拉按钮，如图 7-121 所示。

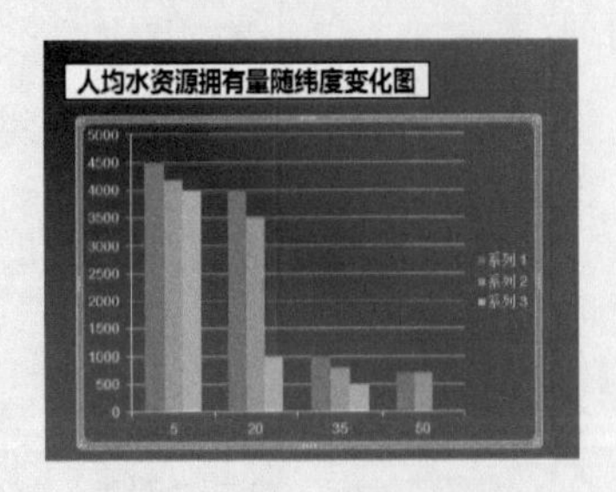

图 7-120 显示图表

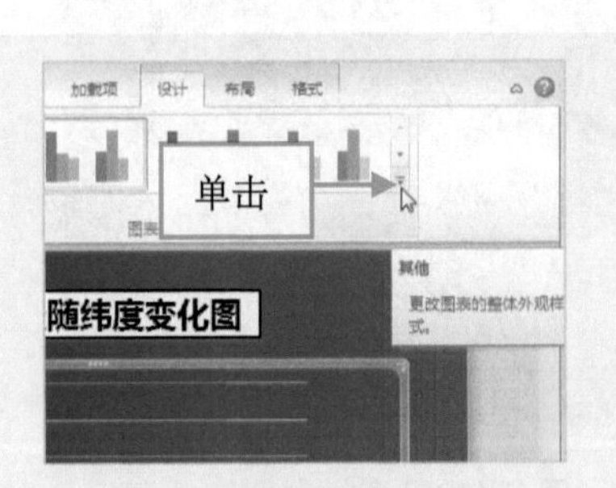

图 7-121 单击“其他”下拉按钮

步骤09 在弹出的列表中，选择“样式26”选项，如图7-122所示。

步骤10 执行操作后，设置图表样式，如图7-123所示。

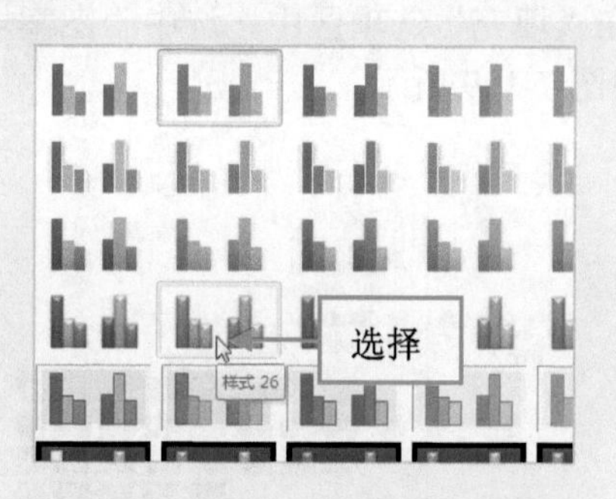

图7-122 选择“样式26”选项

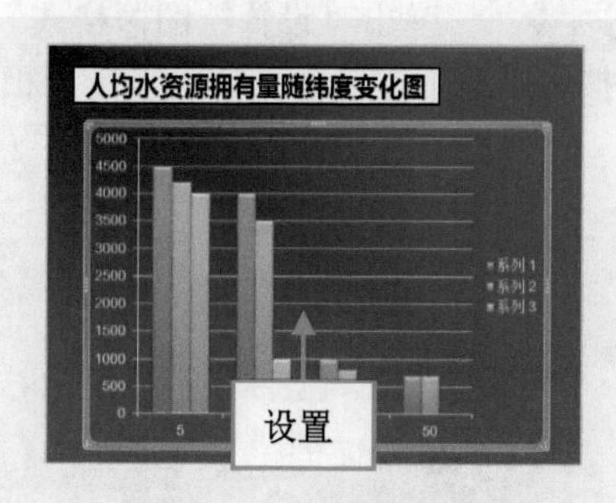

图7-123 设置图表样式

步骤11 切换至“图表工具”中的“布局”面板，在“标签”选项板中单击“图例”下拉按钮，在弹出的列表框中选择“其他图例选项”命令，如图7-124所示。

步骤12 弹出“设置图例格式”对话框，切换至“填充”选项卡，在“填充”选项区中，选中“纯色填充”单选按钮，如图7-125所示。

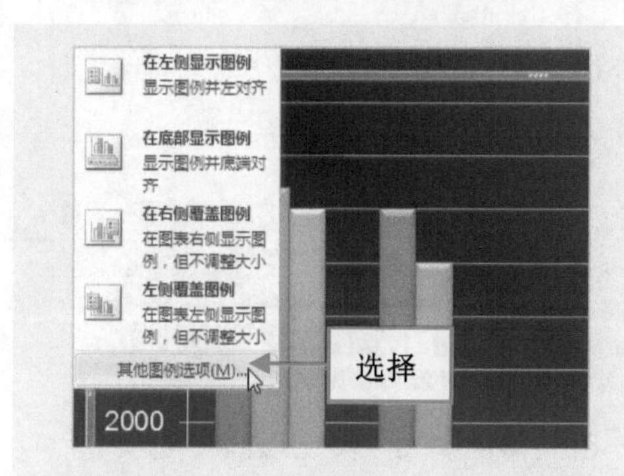

图7-124 选择“其他图例选项”命令

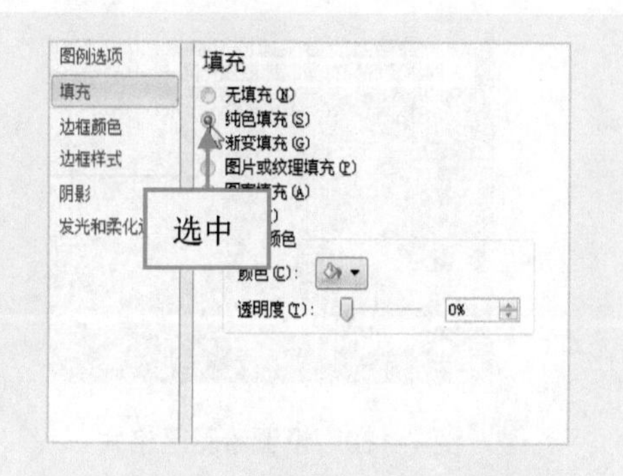

图7-125 选中“纯色填充”单选按钮

步骤13 在“填充颜色”选项区中，单击“颜色”右侧的下拉按钮，在弹出的列表框中，选择“金色，文字2，深色50%”选项，如图7-126所示。

步骤14 单击“关闭”按钮，设置图例颜色，如图7-127所示。

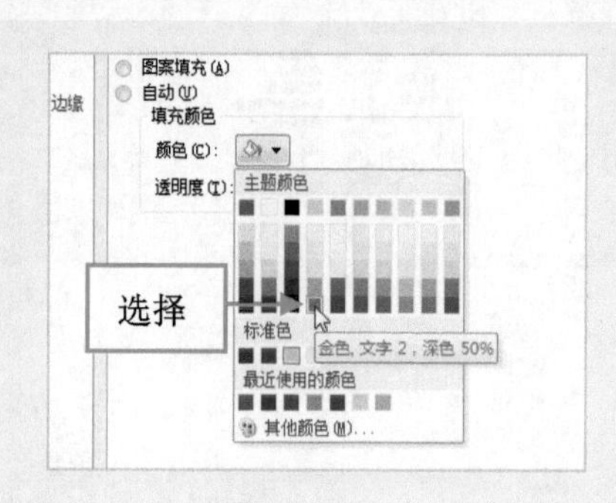

图7-126 选择“金色，文字2，深色50%”选项

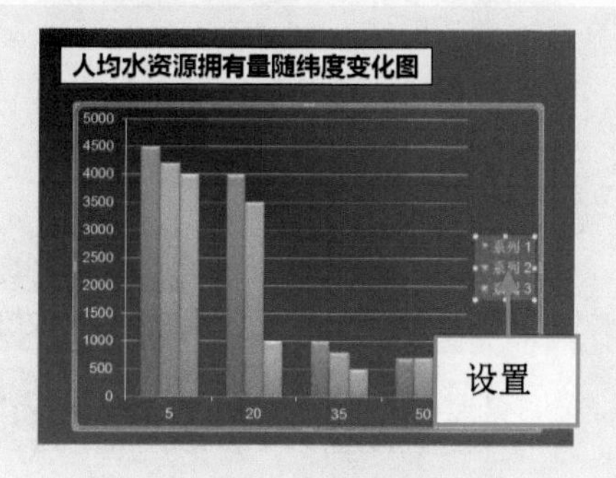

图7-127 设置图例颜色

步骤 15 单击“背景”选项板中的“绘图区”下拉按钮，在弹出的列表中选择“其他绘图区选项”命令，如图 7-128 所示。

步骤 16 弹出“设置绘图区格式”对话框，在“填充”选项区中，选中“图案填充”单选按钮，在下方的列表框中，选择相应选项，如图 7-129 所示。

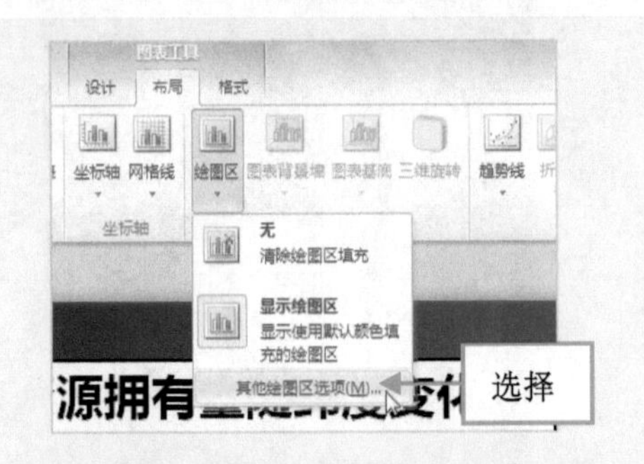

图 7-128 选择“其他绘图区选项”命令

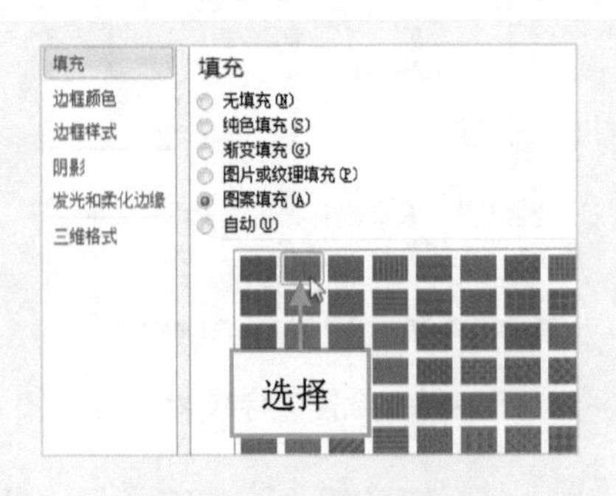

图 7-129 选择相应选项

步骤 17 执行操作后，即可设置绘图区格式，如图 7-130 所示。

步骤 18 单击“标签”选项板中的“模拟运算表”下拉按钮，如图 7-131 所示。

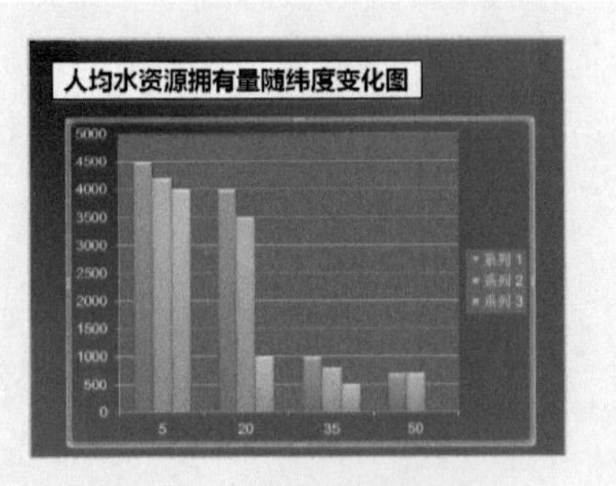

图 7-130 设置绘图区格式

图 7-131 单击“模拟运算表”选项卡

步骤 19 弹出列表，选择“其他模拟运算表选项”命令，如图 7-132 所示。

步骤 20 弹出“设置模拟运算表格式”对话框，切换至“填充”选项卡，如图 7-133 所示。

图 7-132 选择“其他模拟运算表选项”命令

图 7-133 切换至“填充”选项卡

步骤21 在“填充”选项区中，选中“纯色填充”单选按钮，如图7-134所示。

步骤22 单击“关闭”按钮，为图表添加模拟运算表，如图7-135所示，完成中国水资源图表课件的制作。

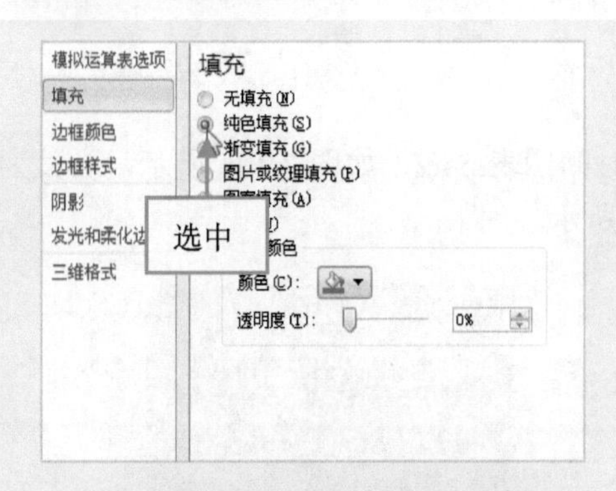

图7-134 选中“纯色填充”单选按钮

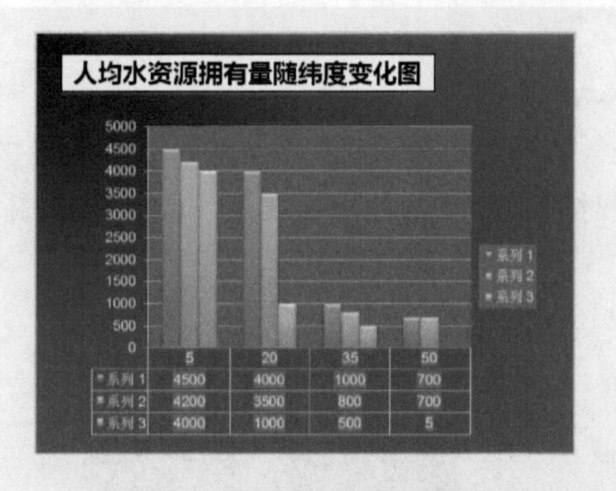

	5	20	35	50
系列1	4500	4000	1000	700
系列2	4200	3500	800	700
系列3	4000	1000	500	5

图7-135 添加模拟运算表

试一试：根据以上操作步骤，用户可以尝试在幻灯片中创建图表并进行相应的设置。

7.5 本章习题

本章重点介绍了图表课件模板制作的方法，本节将通过填空题、选择题以及上机练习题，对本章的知识点进行回顾。

7.5.1 填空题

(1) 在PowerPoint 2010中，________是在垂直方向绘制出的长条图，可以包含多组的数据系列。

(2) 散点图主要将数据用锚点的方式描绘在________上，该图表的X轴和Y轴均是数据轴。

(3) 在PowerPoint 2010中，用户还可以直接在________中调整数据表的大小，设置完成后，将显示在PowerPoint中。

7.5.2 选择题

(1) 条形图是指在水平方向绘出的长条图，同(   )图形相似。

A. 柱形图　　B. 折线图　　C. 面积图　　D. 散点图

(2) (   )是图表中最重要的元素之一，用户可以在PowerPoint中直接设置数字格式，也可以在Excel中进行设置。

A. 文本　　B. 数字　　C. 图片　　D. 图案

(3) 在 PowerPoint 2010 中，用户在创建图表后，可以通过(　　)按钮，在弹出的列表框中的各选项进行设置。

A. 横坐标轴　　B. 纵坐标轴　　C. 坐标轴　　D. 坐标轴标题

7.5.3 上机练习：科学课件实例——制作日照时间图表课件

打开“光盘\素材\第 7 章”文件夹下的日照时间图表.pptx，如图 7-136 所示，尝试为日照时间图表课件创建折线图表，效果如图 7-137 所示。

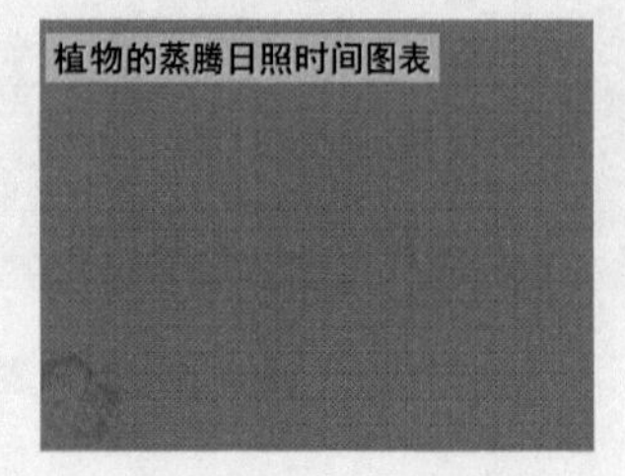

图 7-136　素材文件

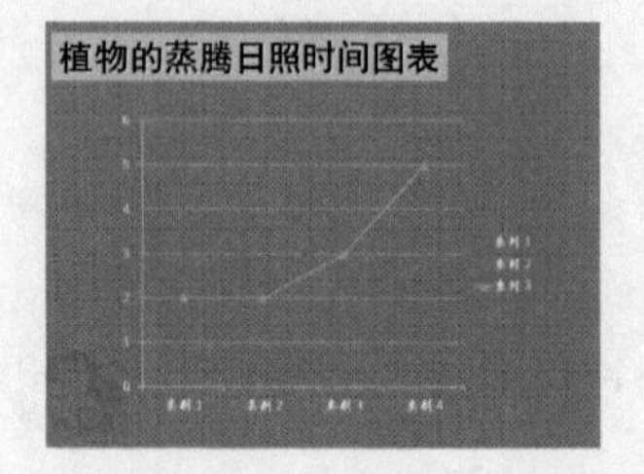

图 7-137　日照时间图表课件效果

第 8 章

音影并茂：媒体文件课件模板制作

在 PowerPoint 2010 中，除了可以在演示文稿中插入图片、形状以及表格以外，还可以在演示文稿中插入声音和视频。在演示文稿中加入适当的声音和视频，能使演示文稿变得更加生动。本章主要介绍插入和剪辑声音、视频以及动画的操作方法，希望读者可以熟练掌握。

本章重点：

- 插入和剪辑课件中的声音
- 插入和剪辑课件中的视频
- 插入和剪辑课件中的动画
- 综合练兵——制作聆听大自然课件

8.1 插入和剪辑课件中的声音

在制作演示文稿的过程中，特别是在制作宣传演示文稿时，可以为幻灯片添加适当的声音，用以配合图文，使演示文稿变得有声有色，更具感染力。当用户插入一个声音后，功能区会出现“播放”面板，在其下的“音频选项”选项板中可以对各选项进行设置，其中包括设置声音音量、声音的隐藏、声音连续播放以及声音播放模式等。

8.1.1 实战——为商务英语课件插入声音

添加文件中的声音就是将电脑中存在的声音插入到演示文稿中，具体操作如下。

步骤01 单击“文件”|“打开”命令，打开一个素材文件，如图 8-1 所示。

步骤02 切换至“插入”面板，在“媒体”选项板中，单击“音频”下拉按钮，在弹出的列表框中选择“文件中的音频”命令，如图 8-2 所示。

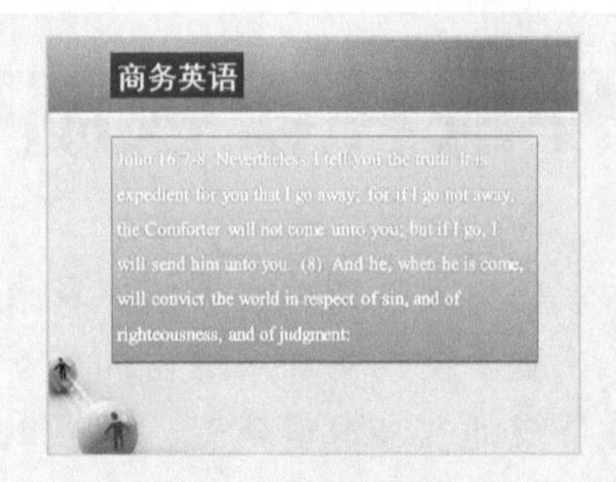

图 8-1 素材文件

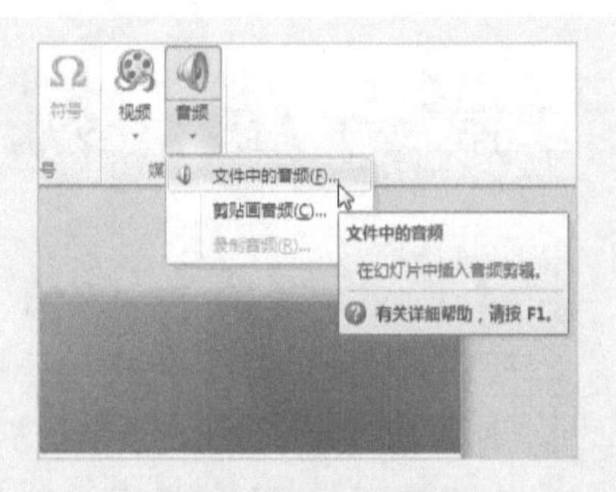

图 8-2 选择“文件中的音频”命令

步骤03 弹出“插入音频”对话框，选择需要插入的声音文件，如图 8-3 所示。

步骤04 单击“插入”按钮，即可插入声音，调整声音图标至合适位置，如图 8-4 所示，在播放幻灯片时即可听到插入的声音。

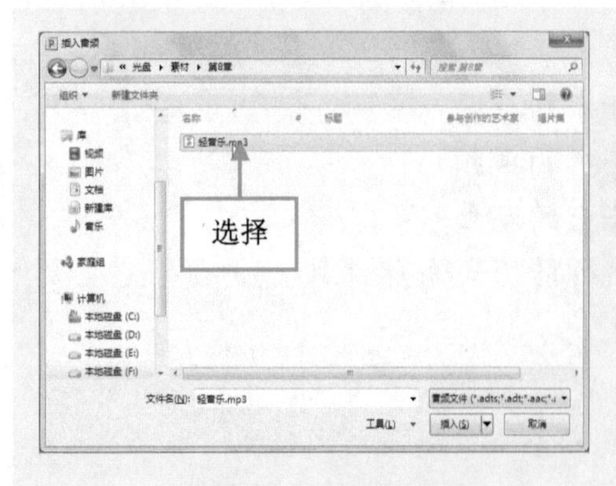

图 8-3 选择声音文件

图 8-4 插入声音

提示：演示文稿中可支持的多媒体格式有以下3类。

① 音乐和声音。

② 影片和GIF动画。

③ 语音旁白。

8.1.2 实战——为阿基米德原理课件插入声音

在PowerPoint 2010中，用户除了可以添加文件中的声音外，还可以添加剪辑管理器中的声音。

步骤01 单击“文件”|“打开”命令，打开一个素材文件，如图8-5所示。

步骤02 切换至“插入”面板，在“媒体”选项板中单击“音频”下拉按钮，在弹出的列表框中，选择“剪贴画音频”命令，如图8-6所示。

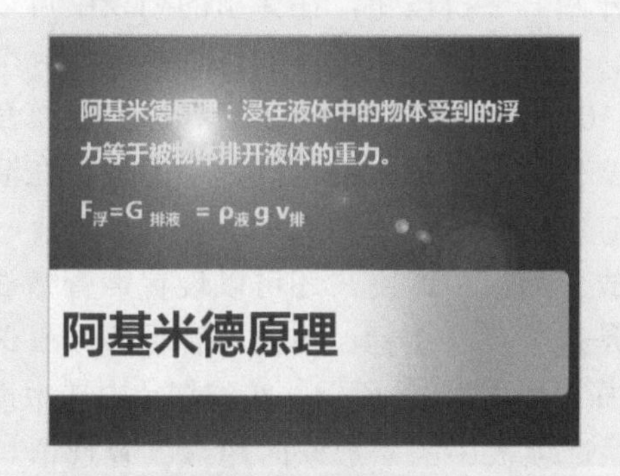

图8-5　素材文件

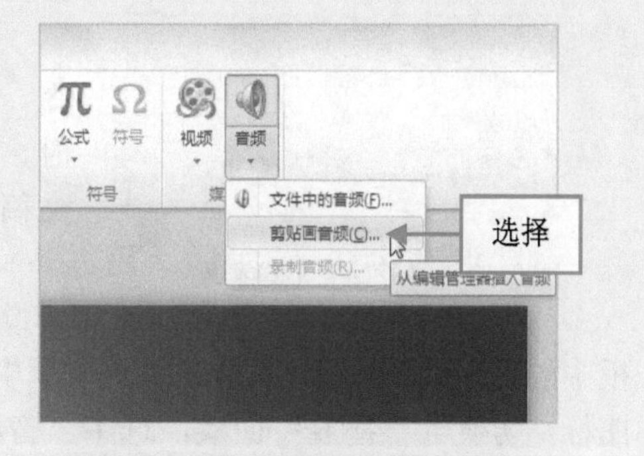

图8-6　选择“剪贴画音频”命令

步骤03 弹出“剪贴画”任务窗格，选择需要的剪贴画音频，如图8-7所示。

步骤04 单击鼠标左键，即可将剪贴画音频插入幻灯片中，调整图标至合适位置，如图8-8所示。

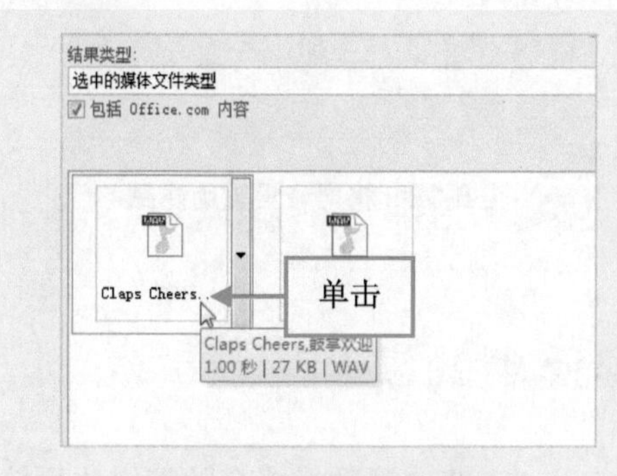

图8-7　选择剪贴画音频

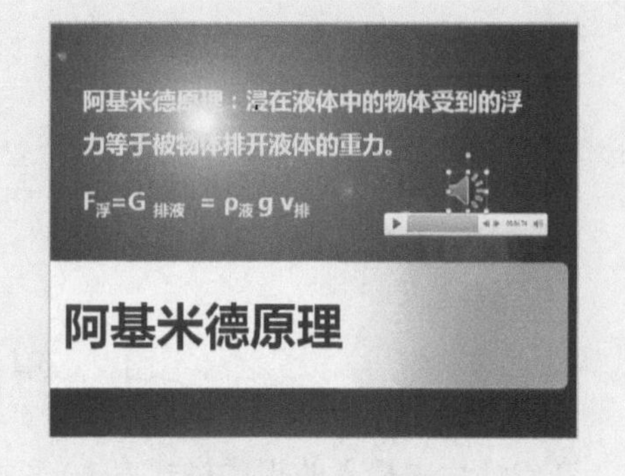

图8-8　插入音频

注意：当任务窗格中没有提供需要的声音剪辑时，选择窗格下方的“在Office.com 中查找详细信息”选项，即可在网上查找更多的声音剪辑。

8.1.3 设置声音连续播放

在幻灯片中选中声音图标，切换至“播放”面板，选中“音频选项”选项板中的“循环播放，直到停止”复选框，如图 8-9 所示。在放映幻灯片的过程中会自动循环播放，直到放映下一张幻灯片或停止放映为止。

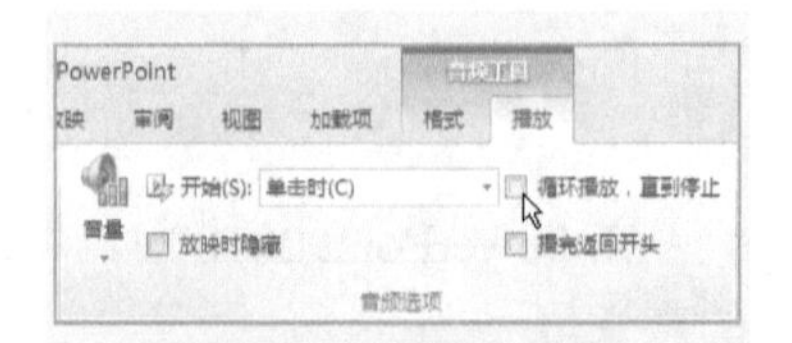

图 8-9 设置循环播放

8.1.4 设置声音播放模式

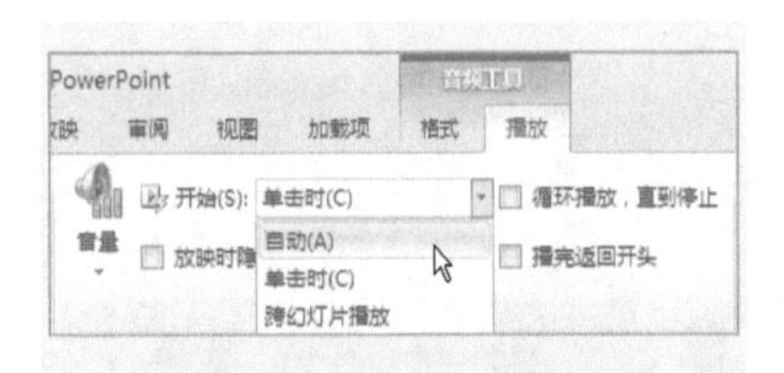

图 8-10 “开始”下拉列表

单击“开始”下拉按钮，在弹出的列表中可以看到“自动”、“单击时”、“跨幻灯片播放”3 个命令，如图 8-10 所示，当选择“跨幻灯片播放”命令时，该声音文件不仅在插入的幻灯片中有效，在演示文稿的所有幻灯片中均有效。

在“播放”面板中，用户还可以设置声音播放的音量，方法是选中声音图标，单击“音频选项”选项板中的“音量”按钮，在弹出的列表框中进行选择，如图 8-11 所示。在幻灯片中选中声音图标，切换至“播放”面板，选中“音频选项”选项板中的“放映时隐藏”复选框，如图 8-12 所示，在放映幻灯片的过程中会自动隐藏声音图标。

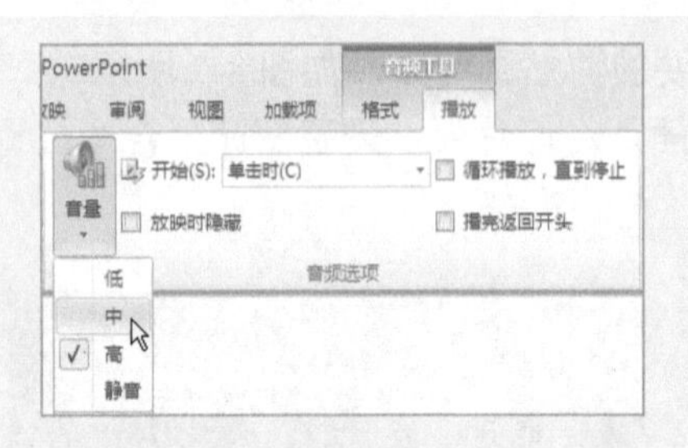

图 8-11 设置音量的大小

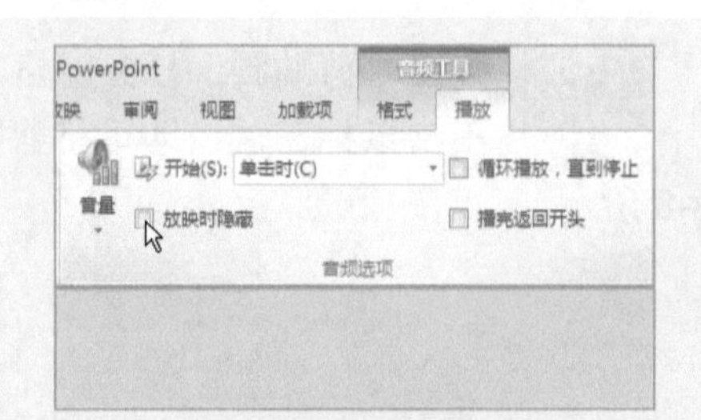

图 8-12 将声音设置为隐藏

8.2 插入和剪辑课件中的视频

在幻灯片中插入的视频格式有 10 多种，PowerPoint 支持的视频格式会随着媒体播放器的不同而不同，用户可从剪辑管理器或者外部文件中添加视频。

8.2.1 实战——为数据阶段说明课件添加视频

添加剪辑管理器中的视频包括插入本地剪辑库中的视频和 Office 官方网上的剪辑视频。PowerPoint 剪辑管理器中的视频和剪贴画一样，是系统自带的。

步骤01 单击“文件”|“打开”命令，打开一个素材文件，如图 8-13 所示。

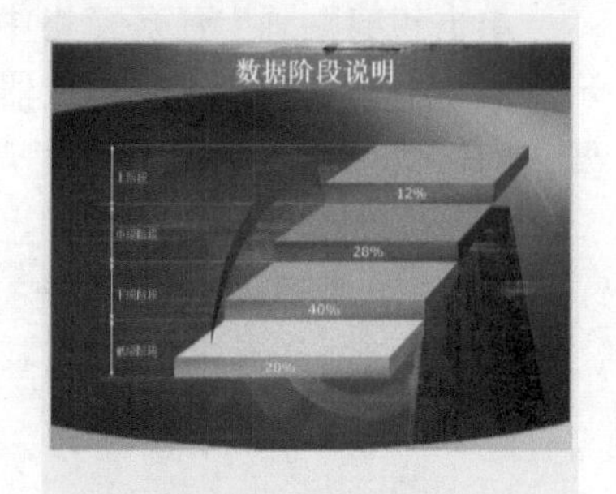

图 8-13 素材文件

步骤02 切换至“插入”面板，在“媒体”选项板中单击“视频”下拉按钮，如图 8-14 所示。

步骤03 选择“剪贴画视频”命令，如图 8-15 所示。

图 8-14 单击“视频”下拉按钮

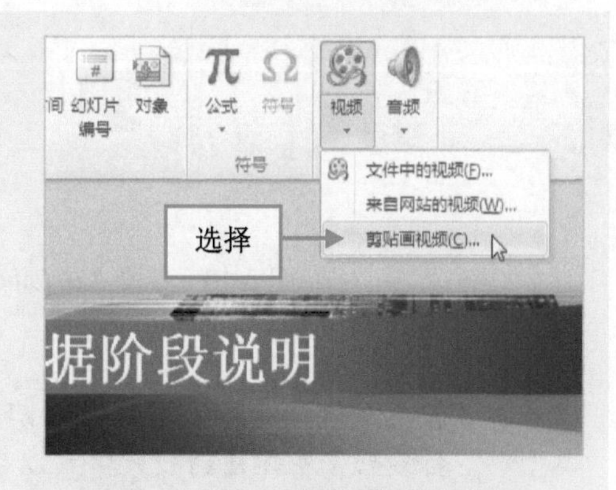

图 8-15 选择“剪贴画视频”命令

步骤04 在弹出的“剪贴画”任务窗格中，选择需要的视频，如图 8-16 所示。

步骤05 单击鼠标左键，即可插入视频，调整视频的大小与位置，如图 8-17 所示。

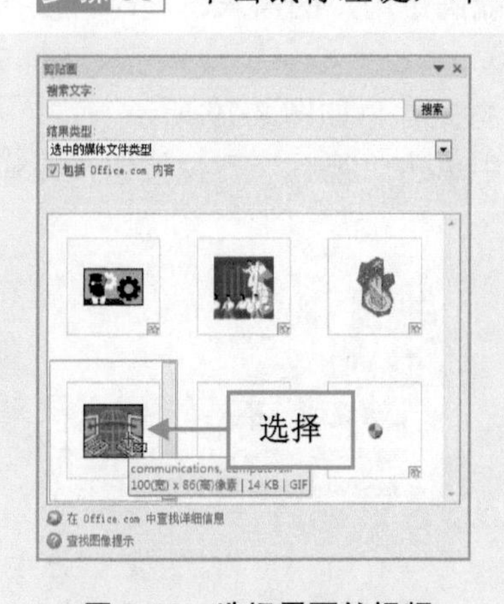

图 8-16 选择需要的视频

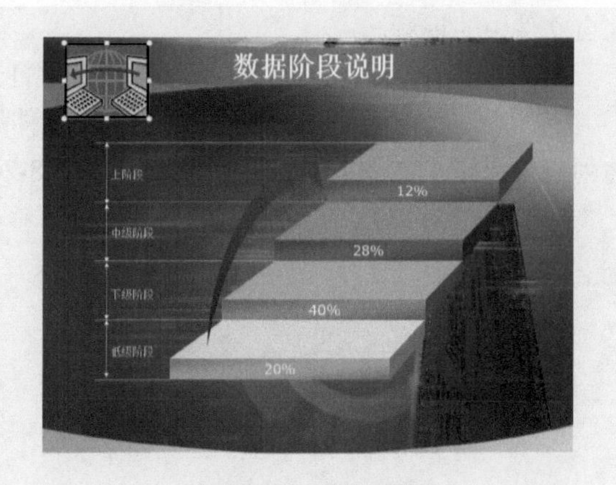

图 8-17 插入视频

8.2.2 插入网上动画

单击“剪贴画”任务窗格中的“在 Office.com 中查找详细信息”超链接，如图 8-18 所示，系统会自动启动 IE 浏览器，并打开 Office 的官方网站，用户可以在网上下载自己需要的 GIF 动画，然后根据前面介绍的方法将 GIF 动画插入演示文稿中。

图 8-18 单击“在 Office.com 中查找详细信息”超链接

注意：剪辑管理器将 GIF 动画归类为视频，单击“剪贴画”任务窗格中的“结果类型”下拉按钮，在弹出的列表中可以查看管理器中的视频文件类型。

8.2.3 实战——为海滩风光幻灯片插入视频

大多数情况下，PowerPoint 剪辑管理器中的视频不能满足用户的需求，此时可以插入来自文件中的视频。

步骤 01 单击“文件”|“打开”命令，打开一个素材文件，如图 8-19 所示。

步骤 02 切换至“插入”面板，在“媒体”选项板中单击“视频”下拉按钮，在弹出的列表中选择“文件中的视频”命令，如图 8-20 所示。

图 8-19 素材文件

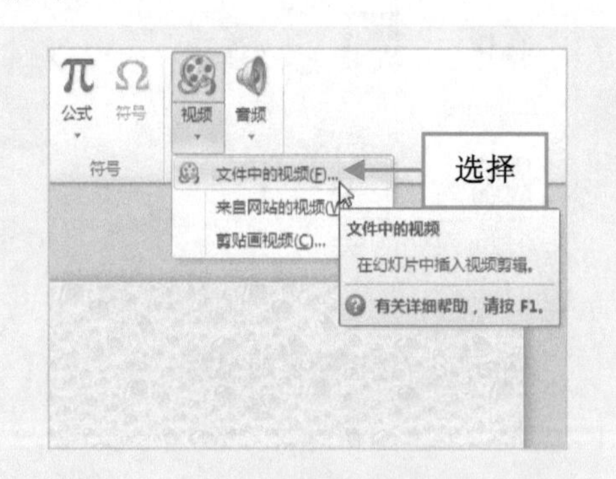

图 8-20 选择“文件中的视频”命令

步骤03 弹出“插入视频文件”对话框，在该对话框中选择需要插入的视频文件，如图 8-21 所示。

步骤04 单击“插入”按钮，即可插入视频文件，调整视频的大小和位置，效果如图 8-22 所示。

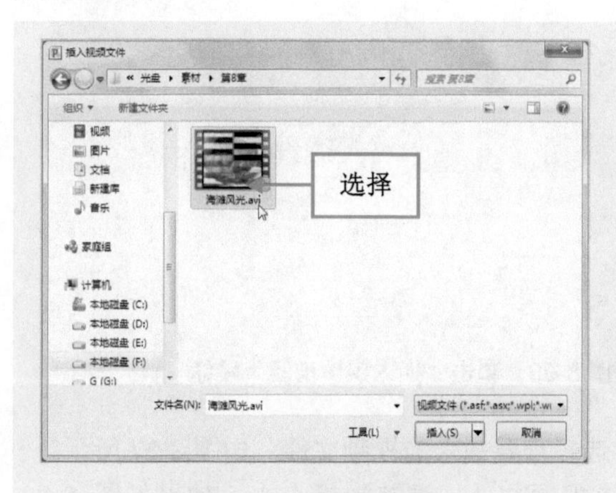

图 8-21 选择视频文件

图 8-22 插入视频

技巧：用户在插入文件中的视频时，在视频的下方会出现一个悬浮面板，如果不需要全屏观看视频，则可以在悬浮面板中，单击“播放/暂停”按钮，播放视频。

8.2.4 实战——为新视野幻灯片插入视频

在 PowerPoint 2010 中，用户不仅可以通过选项插入文件中的视频，还可以通过项目占位符进行视频的插入。

步骤01 单击“文件”|“打开”命令，打开一个素材文件，如图 8-23 所示。

步骤02 在“幻灯片”选项板中，单击“版式”下拉按钮，如图 8-24 所示。

图 8-23 素材文件

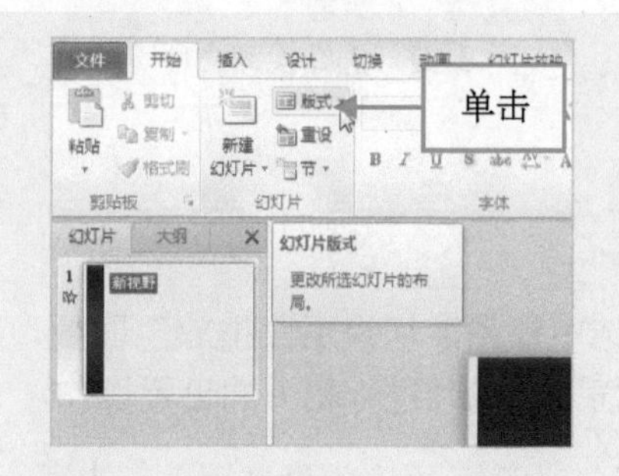

图 8-24 单击“版式”下拉按钮

步骤03 在弹出的列表中选择“标题和内容”选项，如图 8-25 所示。

步骤04 删除幻灯片中的“单击此处添加标题”文本框，单击占位符中的“插入媒体剪辑”按钮，效果如图 8-26 所示。

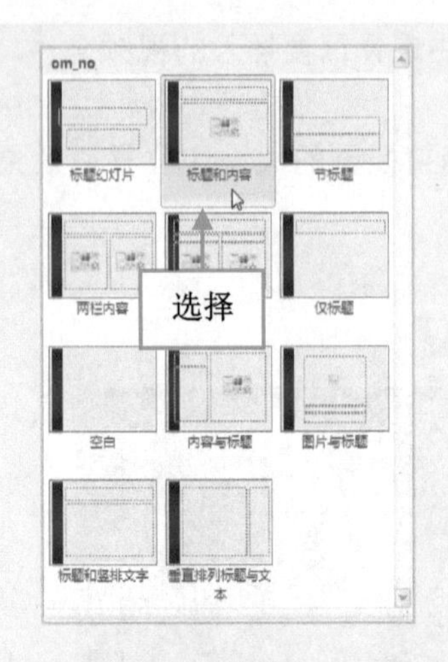

图 8-25　选择“标题和内容”选项

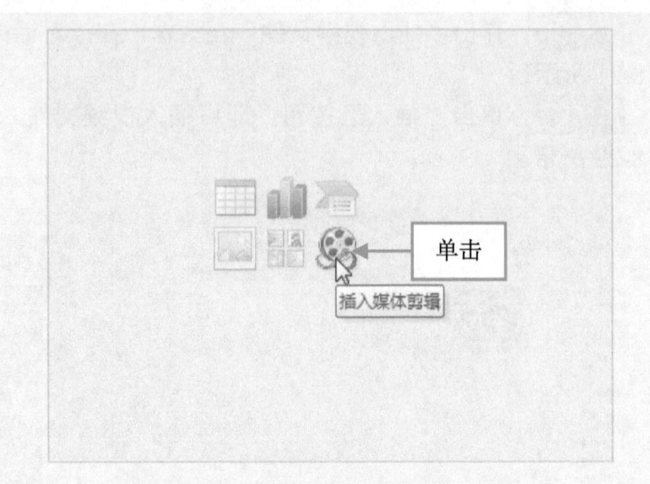

图 8-26　单击“插入媒体剪辑”按钮

步骤 05　弹出“插入视频文件”对话框，选择需要插入的视频文件，如图 8-27 所示。

步骤 06　单击“插入”按钮，即可插入该视频文件，调整视频大小，效果如图 8-28 所示。

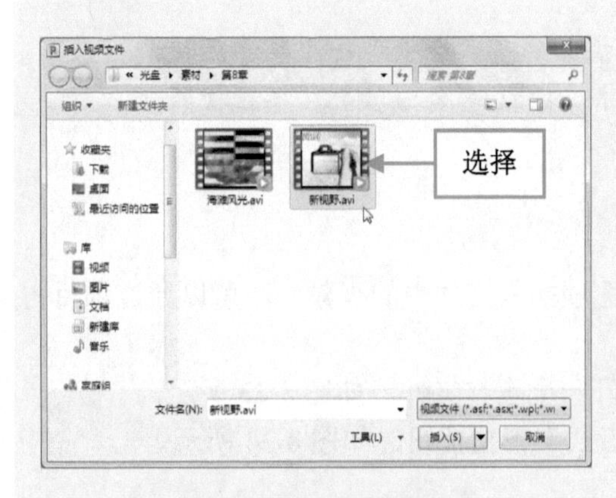

图 8-27　选择视频文件

图 8-28　插入视频

8.2.5 设置视频选项

选中视频，切换至“播放”面板，在“视频选项”选项板中，用户可以根据自己的需要对插入的视频进行相关的设置操作。

1. 设置视频播放为自动或单击时

设置视频播放，只需单击“视频选项”选项板中的“开始”下拉按钮，在弹出的列表中选择“自动”选项，如图 8-29 所示，即可设置自动播放视频。

设置视频播放为单击时播放，只需单击“视频选项”选项板中的“开始”下拉按钮，在弹出的列表框中选择“单击时”选项即可，如图 8-30 所示。

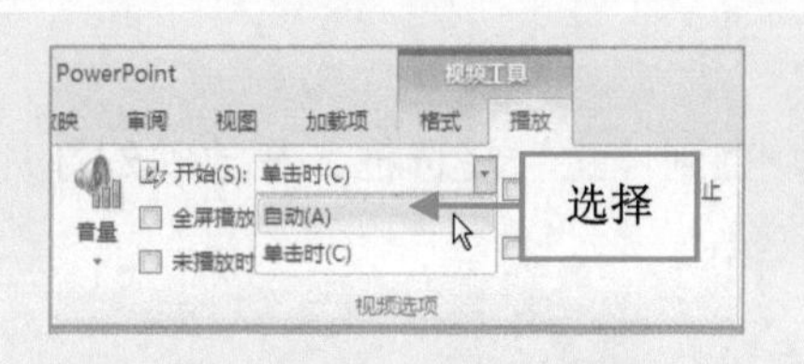

图 8-29 选择“自动”选项

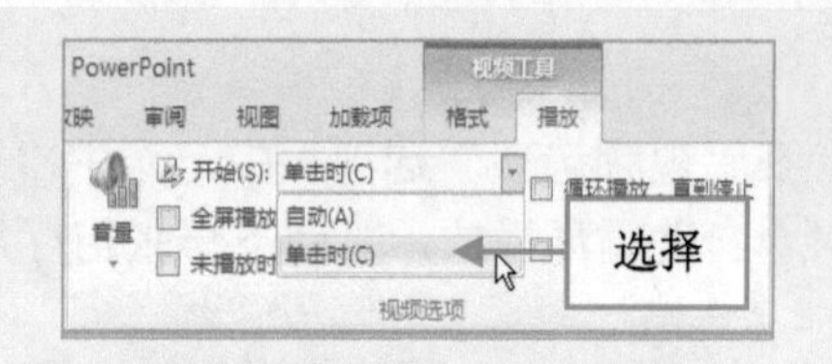

图 8-30 选择“单击时”选项

2. 调整视频尺寸

调整视频尺寸的方法有两种：选中视频，切换至“格式”面板，在“大小”选项板中直接输入宽度和高度的具体数值，即可设置视频的大小，如图 8-31 所示。单击“大小”选项板右下角的扩展按钮，会弹出“设置视频格式”对话框，在“大小”选项区中，输入宽度和高度的具体数值，即可设置视频的大小。

3. 设置全屏播放视频

在“视频选项”选项板中，选中“全屏播放”复选框，如图 8-32 所示，在播放时 PowerPoint 会自动将视频显示为全屏模式。

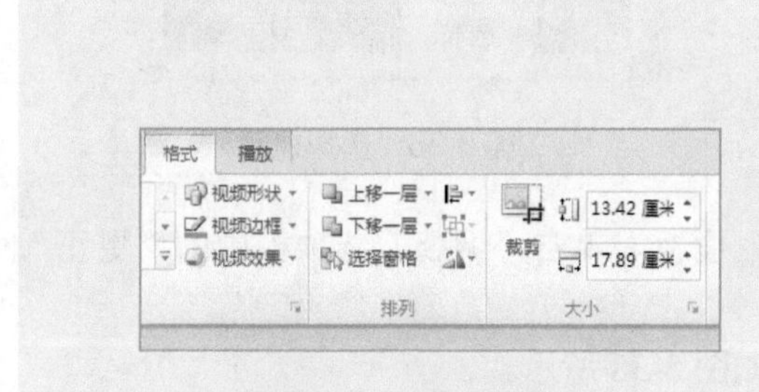

图 8-31 设置视频大小

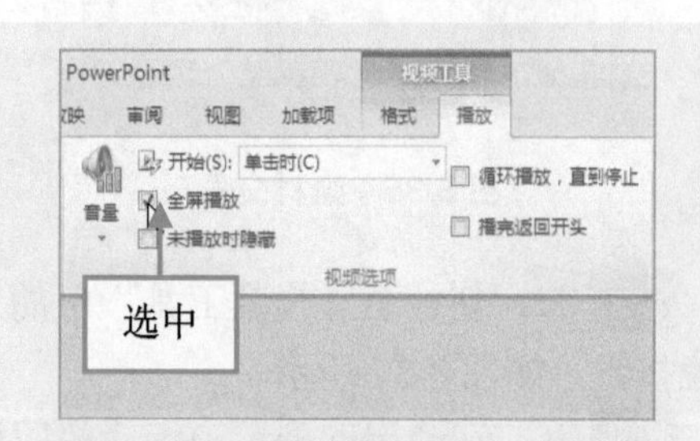

图 8-32 选中“全屏播放”复选框

4. 设置视频音量

在“音量”列表框中，用户可以根据需要选择“低”、“中”、“高”和“静音”4 个选项，对音量进行设置，如图 8-33 所示。

5. 设置视频倒带

将视频设置为播放后倒带，视频将自动返回到第一张幻灯片，并在播放一次后停止，方法是选中“视频选项”选项板中的“播完返回开头”复选框，如图 8-34 所示。

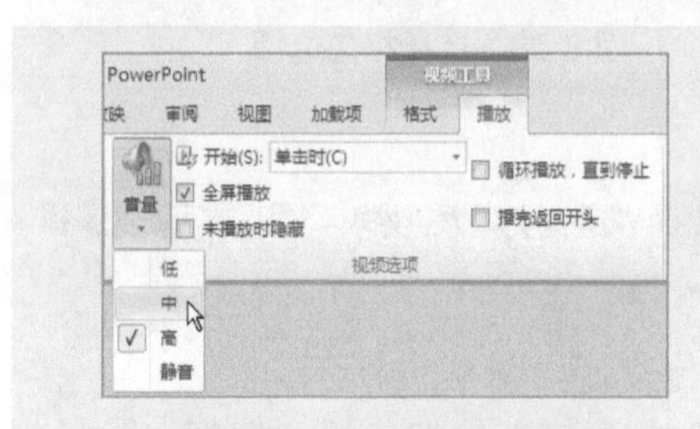

图 8-33 “音量”列表框

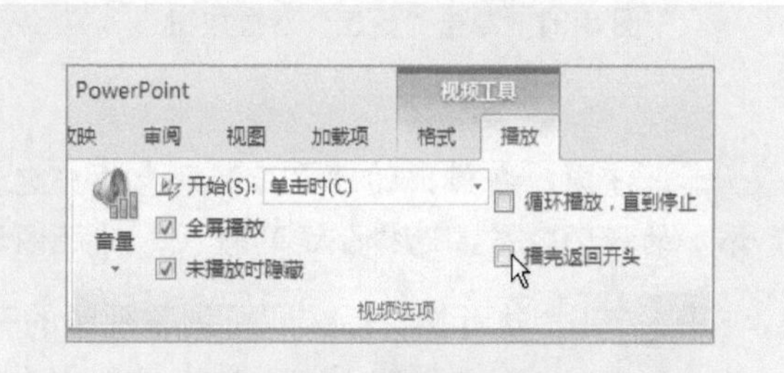

图 8-34 设置视频倒带

6. 快速设置视频循环播放

在“视频选项”选项板中，选中“循环播放，直到停止”复选框，在放映幻灯片时，视频会自动循环播放，直到下一张幻灯片才停止放映。

8.2.6 实战——调整游乐车视频的亮度和对比度

当导入的视频太暗或太亮时，可以用“调整”选项板中的相关操作对视频进行修复处理。

步骤01 单击“文件”|“打开”命令，打开一个素材文件，如图 8-35 所示。

步骤02 在编辑区选择需要调整亮度和对比度的视频，如图 8-36 所示。

图 8-35 素材文件

图 8-36 选择视频

步骤03 切换至“视频工具”中的“格式”面板，单击“调整”选项板中的“更正”下拉按钮，如图 8-37 所示。

步骤04 在弹出的列表中选择相应选项，如图 8-38 所示。

图 8-37 单击“更正”下拉按钮

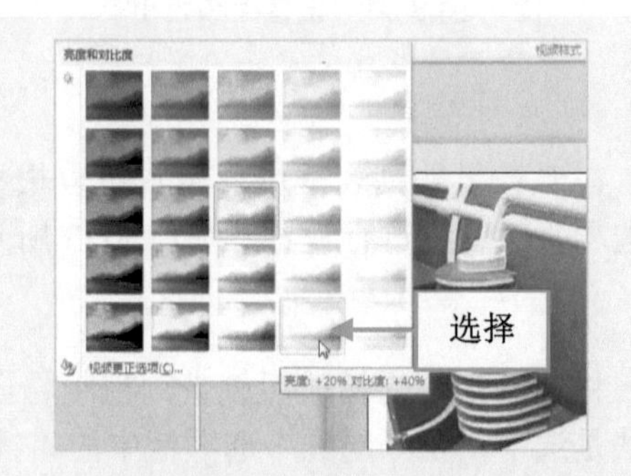

图 8-38 选择相应选项

注意：在弹出的“更正”列表框中包含 25 种亮度和对比度模式，用户可以根据添加的视频效果，选择合适的模式，对视频进行调整。

步骤05 执行操作后，即可调整视频的亮度和对比度，如图 8-39 所示。

步骤06 在视频的下方，单击悬浮面板中的“播放/暂停”按钮，播放视频，效果如图 8-40 所示。

图 8-39 调整视频的亮度和对比度

图 8-40 播放视频

试一试：根据以上操作步骤，尝试为添加的视频进行亮度和对比度的调整。

8.2.7 实战——设置装饰物视频颜色

在 PowerPoint 2010 中，若用户需要改变视频的颜色，可通过“重新着色”列表框中的各选项进行设置。

步骤01 单击“文件”|“打开”命令，打开一个素材文件，如图 8-41 所示。

步骤02 在编辑区选择需要设置颜色的视频，如图 8-42 所示。

图 8-41 素材文件

图 8-42 选择视频

步骤03 切换至“视频工具”中的“格式”面板，单击“调整”选项板中的“颜色”下拉按钮，如图 8-43 所示。

步骤04 在弹出的列表中选择“深红，强调文字颜色 5 浅色”选项，如图 8-44 所示。

图 8-43 单击“颜色”下拉按钮

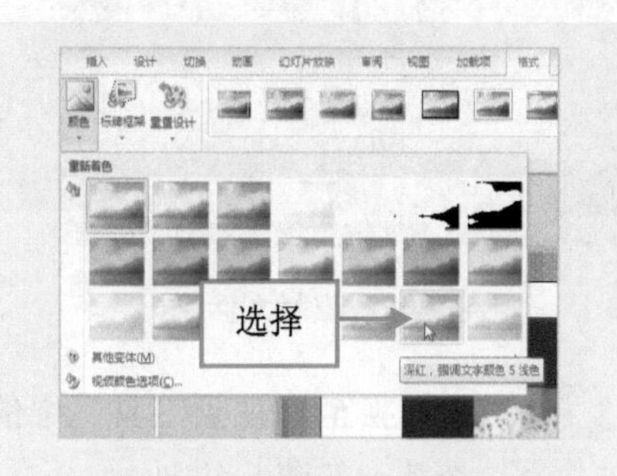

图 8-44 选择“深红，强调文字颜色 5 浅色”选项

技巧：在弹出的“颜色”列表框中，用户还可以选择“视频颜色选项”命令，在弹出的“设置视频格式”对话框中，对视频的属性进行设置。

步骤05 执行操作后，即可设置视频的颜色，如图 8-45 所示。

步骤06 在视频的下方，单击悬浮面板中的“播放/暂停”按钮，播放视频，效果如图 8-46 所示。

图 8-45 设置视频的颜色

图 8-46 播放视频

试一试：根据以上操作步骤，尝试为添加的视频设置颜色。

8.2.8 实战——设置花香视频样式

与图表及其他对象一样，PowerPoint 也为视频提供了视频样式，视频样式可以为视频应用不同的样式、形状和边框等。

步骤01 单击“文件”|“打开”命令，打开一个素材文件，如图 8-47 所示。

步骤02 在编辑区选择需要设置样式的视频，如图 8-48 所示。

图 8-47 素材文件

图 8-48 选择视频

步骤03 切换至“视频工具”中的“格式”面板，在“视频样式”选项板中，单击“其他”下拉按钮，如图 8-49 所示。

步骤04 在弹出的列表中选择“圆形对角，白色”选项，如图 8-50 所示。

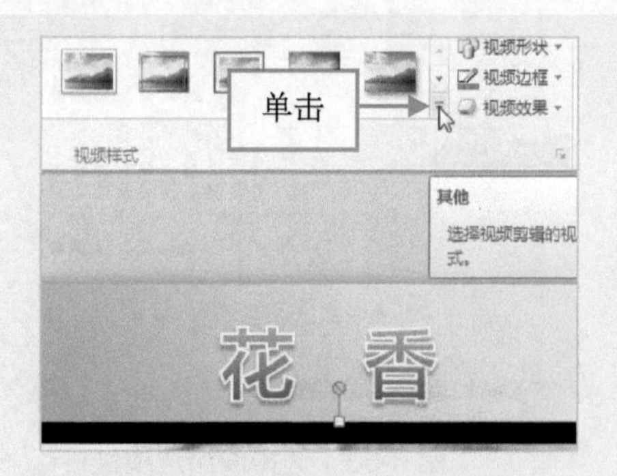

图 8-49 单击“其他”下拉按钮

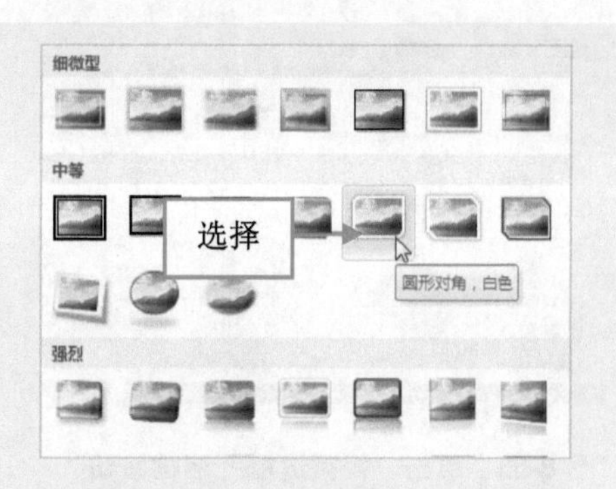

图 8-50 选择“圆形对角，白色”选项

步骤05 执行上述操作后，即可应用视频样式，如图 8-51 所示。

步骤06 在“视频样式”选项板中，单击“视频形状”下拉按钮，如图 8-52 所示。

图 8-51 应用视频样式

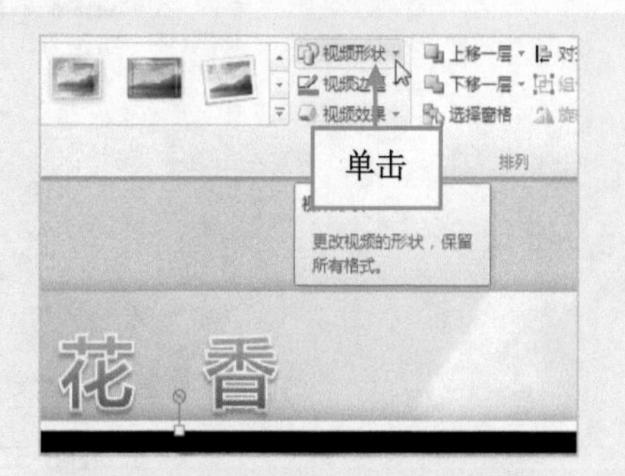

图 8-52 单击“视频形状”下拉按钮

步骤07 在“流程图”选项区中，选择“流程图：可选过程”选项，如图 8-53 所示。

步骤08 执行上述操作后，即可设置视频的形状，如图 8-54 所示。

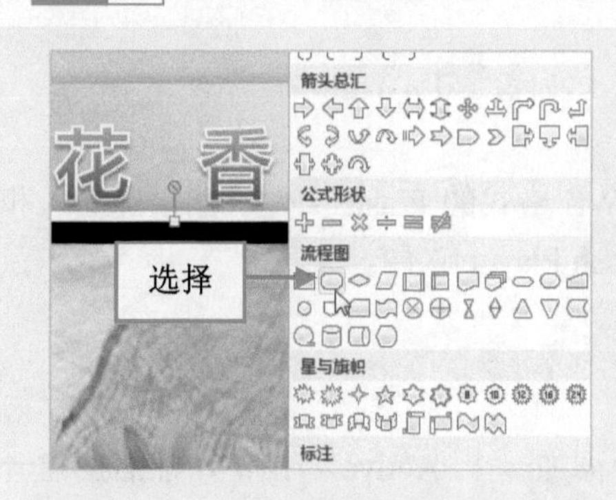

图 8-53 选择“流程图：可选过程”选项

图 8-54 设置视频形状

步骤09 单击“视频样式”选项板中的“视频边框”下拉按钮，如图 8-55 所示。

步骤10 弹出列表，在“标准色”选项区中，选择“浅绿”选项，如图 8-56 所示。

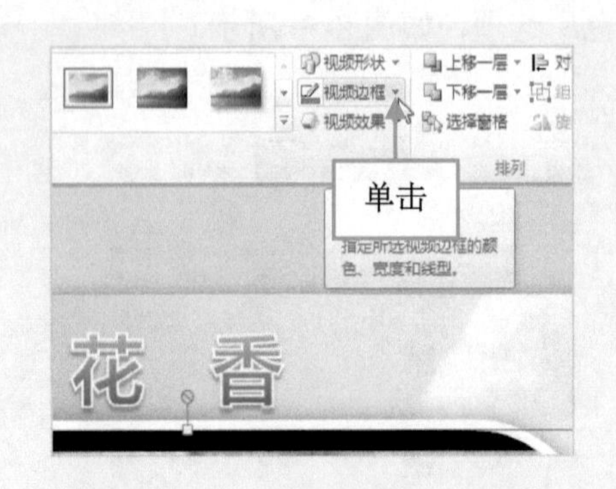

图 8-55 单击“视频边框”下拉按钮

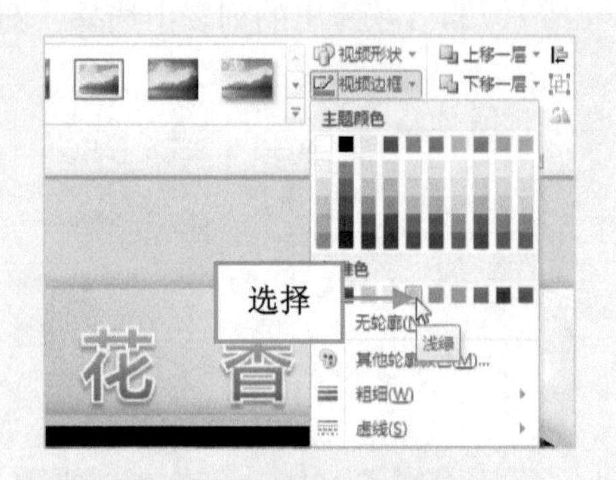

图 8-56 选择浅绿选项

步骤 11 设置完成后，视频将以设置的样式显示，效果如图 8-57 所示。

图 8-57 设置视频样式

提示： 影片都是以链接的方式插入的，如果要在另一台计算机上播放，则需要在复制演示文稿的同时复制它所链接的影片文件。

8.3 插入和剪辑课件中的动画

在 PowerPoint 2010 演示文稿中还可以插入 SWF 格式的 Flash 文件。能正确插入和播放 Flash 动画的前提是电脑中安装了最新版本的 Flash Player 软件。

8.3.1 实战——为城市夜景添加 Flash 动画

插入 Flash 动画的基本方法是先在演示文稿中添加一个 ActiveX 控件，然后创建一个从该控件指向 Flash 动画文件的链接。

步骤 01 启动演示文稿，在“开始”面板中的功能区上单击鼠标右键，在弹出的快捷菜单中选择“自定义功能区”命令，如图 8-58 所示。

步骤02 在弹出的“PowerPoint 选项”对话框中选中“开发工具”复选框，如图 8-59 所示。

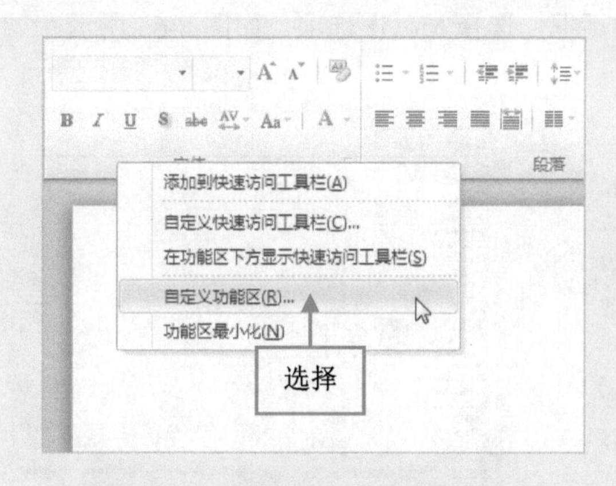

图 8-58 选择“自定义功能区”命令

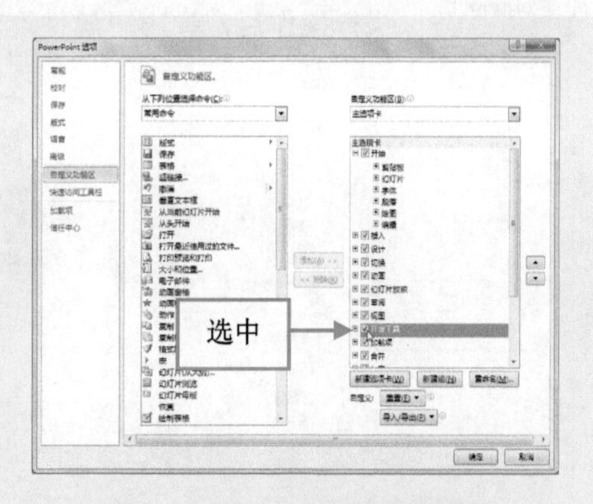

图 8-59 选中“开发工具”复选框

步骤03 单击“确定”按钮，即可在功能区中，显示“开发工具”面板，如图 8-60 所示。

步骤04 切换至“开发工具”面板，在“开发工具”面板中，单击“控件”选项板中的“其他控件”按钮，如图 8-61 所示。

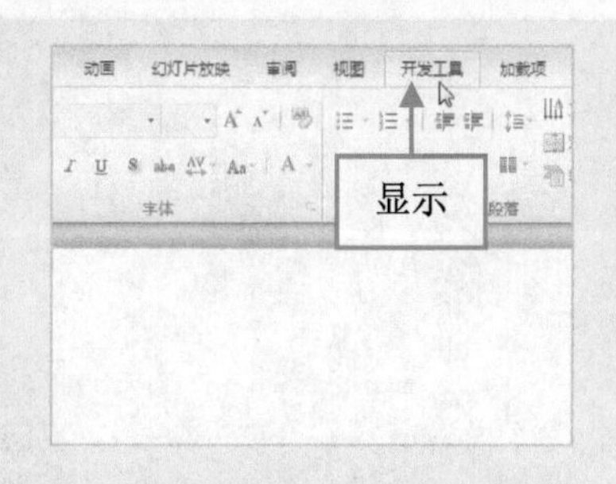

图 8-60 显示“开发工具”面板

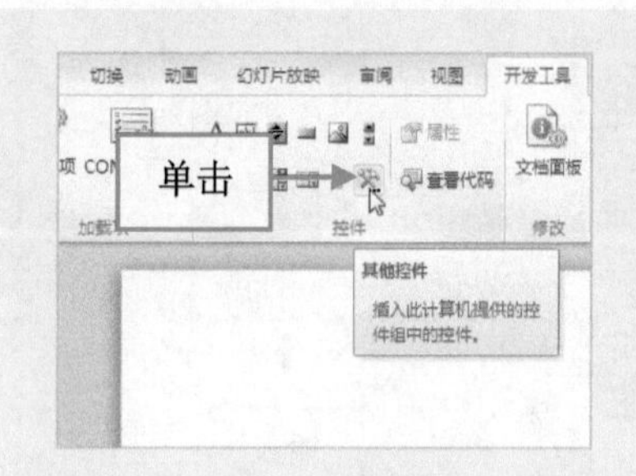

图 8-61 单击“其他控件”按钮

步骤05 弹出“其他控件”对话框，在该对话框中选择相应选项，如图 8-62 所示。

步骤06 单击“确定”按钮，然后在幻灯片上拖曳鼠标，绘制一个长方形的 Shockware Flash Object 控件，如图 8-63 所示。

图 8-62 选择相应选项

图 8-63 绘制一个长方形

步骤 07　在绘制的 Shockware Flash Object 控件上单击鼠标右键，在弹出的快捷菜单中选择“属性”命令，如图 8-64 所示。

步骤 08　执行操作后，弹出“属性”对话框，选择 Movie 选项，如图 8-65 所示。

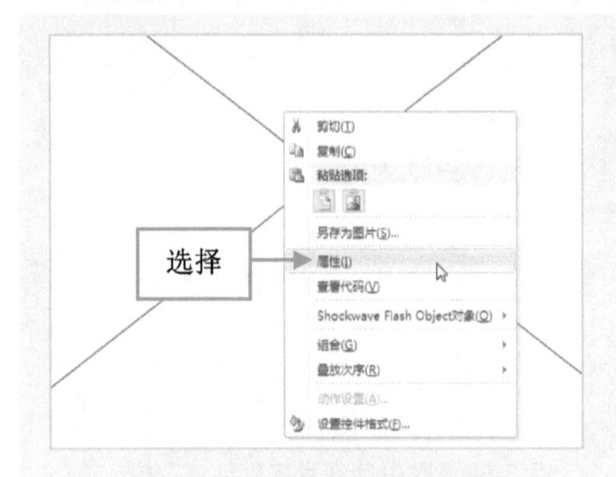

图 8-64　选择“属性”命令

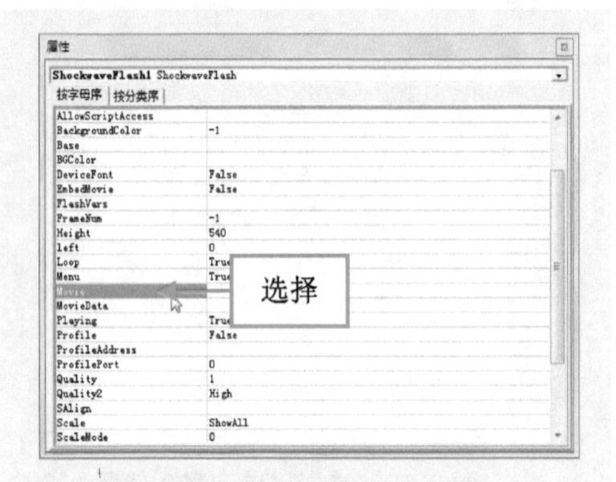

图 8-65　选择 Movie 选项

步骤 09　在 Movie 选项右侧的空白文本框中，输入需要插入的 Flash 文件路径和文件名，如图 8-66 所示。

步骤 10　关闭“属性”对话框，即可插入 Flash 动画，如图 8-67 所示。

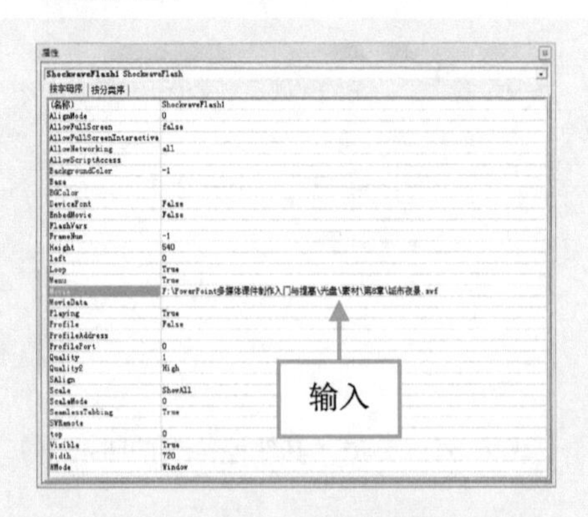

图 8-66　输入文件路径和文件名

图 8-67　插入 Flash 动画

提示：要在显示幻灯片时自动播放动画，还应该将 Playing 属性设置为 True，如果不希望重复播放动画，则应将 Loop 属性设置为 False，添加 Flash 动画后，只有在幻灯片放映视图中可见。

8.3.2　实战——放映蓝玫瑰 Flash 动画

在幻灯片中插入 Flash 动画以后，用户还可以在“幻灯片放映”面板中设置 Flash 动画的放映。

步骤 01　单击“文件”|“打开”命令，打开一个素材文件，切换至“幻灯片放映”

面板，如图 8-68 所示。

步骤02 在“开始放映幻灯片”选项板中，单击“从头开始”按钮，如图 8-69 所示。

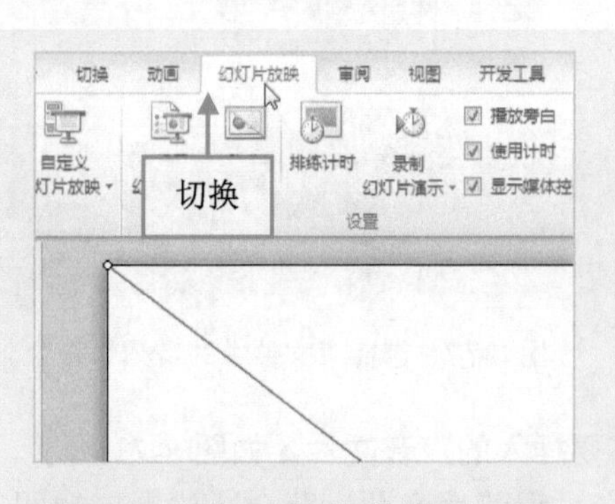

图 8-68 切换至“幻灯片放映”面板

图 8-69 单击“从头开始”按钮

步骤03 执行操作后，即可放映 Flash 动画，如图 8-70 所示。

图 8-70 放映 Flash 动画

注意： 如果要退出幻灯片放映状态并返回到普通视图，只需要按 Esc 键，预览动画效果后，Shockware Flash Object 控件将显示为动画的一个帧。

8.4 综合练兵——制作聆听大自然课件

在 PowerPoint 中，用户可以根据需要制作聆听大自然课件，下面介绍具体方法。

步骤01 单击“文件”|“打开”命令，打开一个素材文件，如图 8-71 所示。

步骤02 切换至“插入”面板，在“媒体”选项板中，单击“音频”下拉按钮，在弹出的列表框中，选择“文件中的音频”命令，如图 8-72 所示。

图 8-71　素材文件

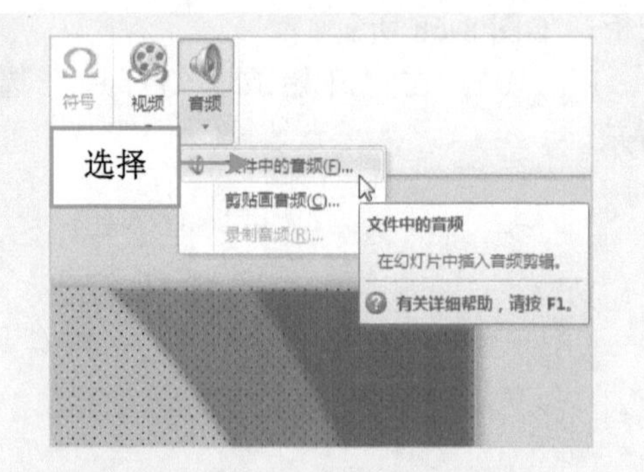

图 8-72　选择“文件中的音频”命令

步骤 03　弹出“插入音频”对话框，选择需要插入的声音文件，如图 8-73 所示。

步骤 04　单击“插入”按钮，即可插入声音，调整声音图标至合适位置，如图 8-74 所示，在播放幻灯片时即可听到插入的声音。

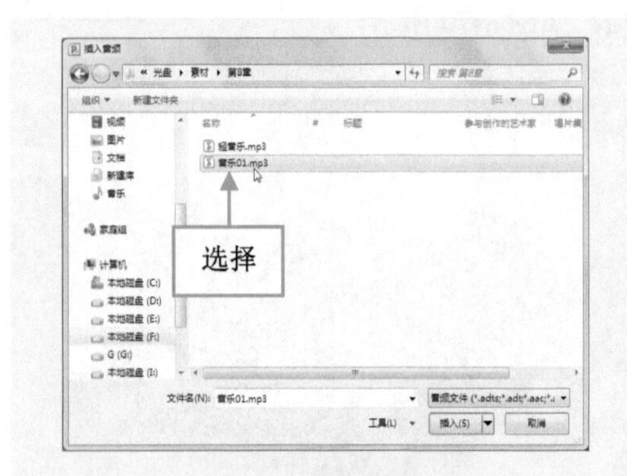

图 8-73　选择声音文件

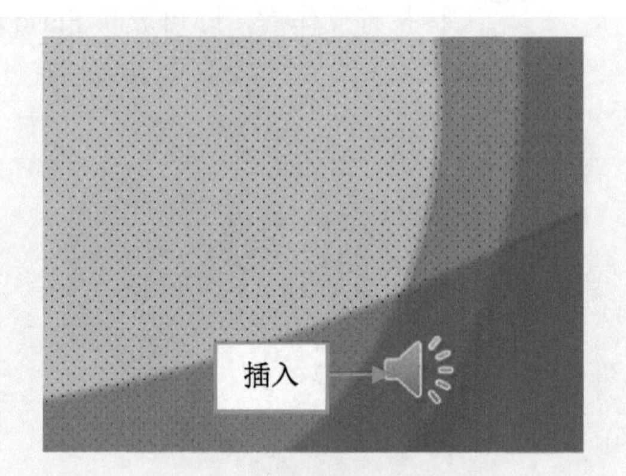

图 8-74　插入并调整表格

步骤 05　选中插入的声音文件，切换至“音频工具”中的“格式”面板，单击“图片样式”选项板中的“其他”下拉按钮，如图 8-75 所示。

步骤 06　在弹出的列表中选择“映像棱台，白色”选项，如图 8-76 所示。

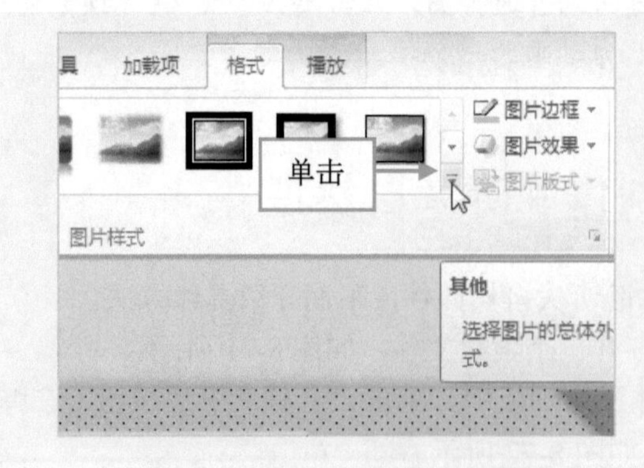

图 8-75　单击“其他”下拉按钮

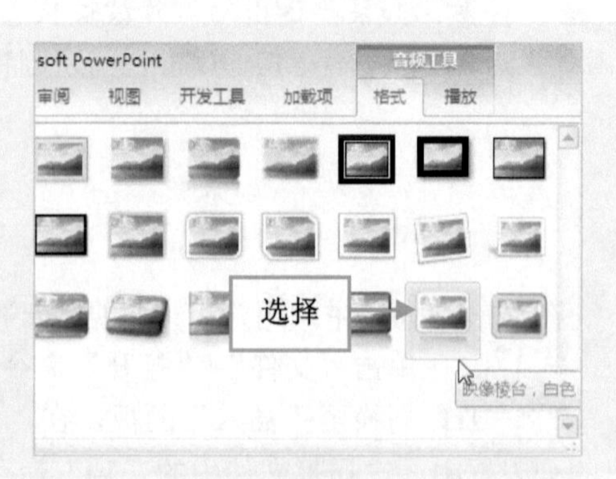

图 8-76　选择“映像棱台，白色”选项

步骤07 执行操作后，即可设置音频样式，效果如图 8-77 所示。

步骤08 单击“图片样式”选项板中的“图片边框”下拉按钮，在“标准色”选项区中选择“橙色”选项，如图 8-78 所示。

图 8-77 设置音频样式

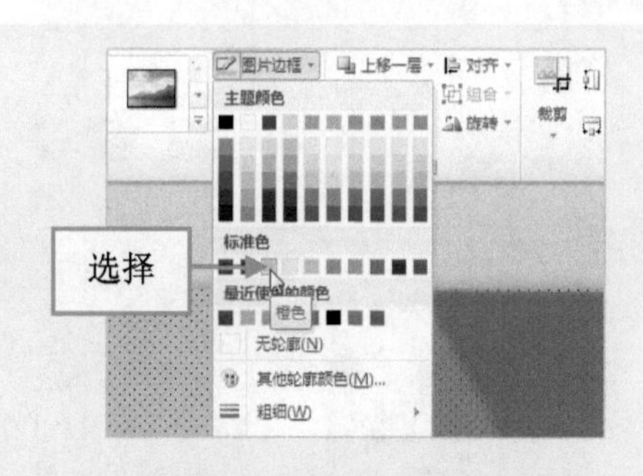

图 8-78 选择“橙色”选项

步骤09 执行操作后，即可设置音频边框效果，如图 8-79 所示。

步骤10 切换至“插入”面板，单击“媒体”选项板中的“视频”下拉按钮，在弹出的列表中选择“文件中的视频”命令，如图 8-80 所示。

图 8-79 设置音频边框效果

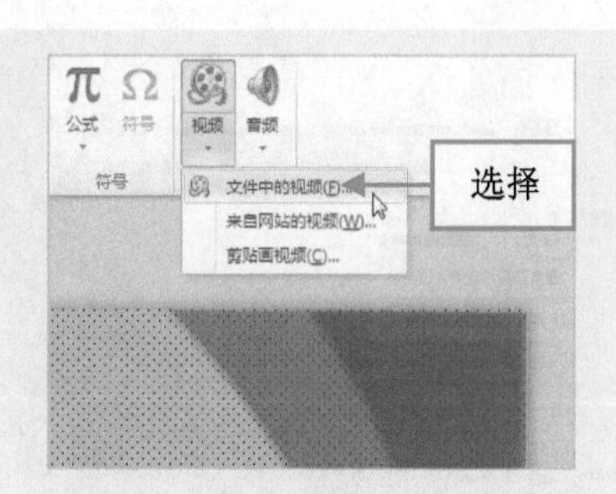

图 8-80 选择“文件中的视频”命令

步骤11 弹出“插入视频文件”对话框，在该对话框中选择需要插入的视频文件，如图 8-81 所示。

步骤12 单击“插入”按钮，即可插入视频文件，调整视频的大小和位置，如图 8-82 所示。

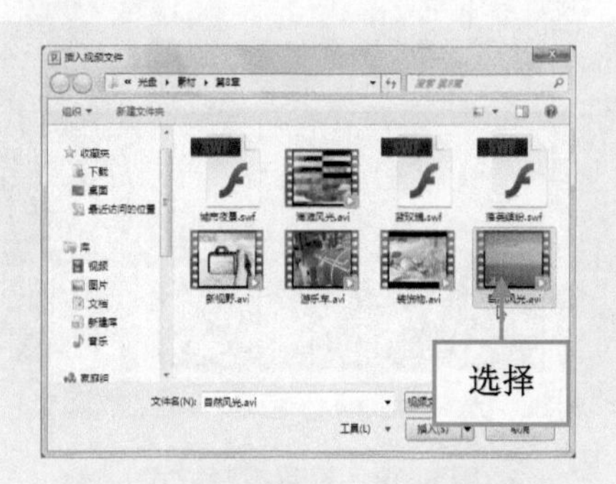

图 8-81 选择需要插入的视频文件

图 8-82 调整视频的大小和位置

步骤13 切换至“视频工具”中的“格式”面板，单击“调整”选项板中的“更正”下拉按钮，如图8-83所示。

步骤14 在“亮度和对比度”选项区中，选择相应选项，如图8-84所示。

图8-83 单击“更正”下拉按钮

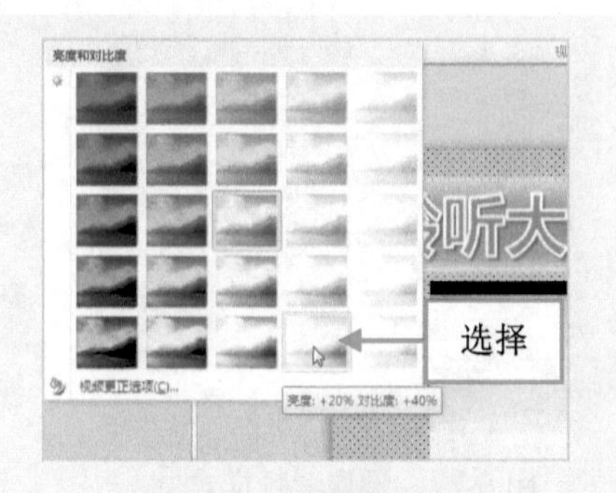

图8-84 选择相应选项

步骤15 执行上述操作后，图片的亮度和对比度效果如图8-85所示。

步骤16 在“视频样式”选项板中，单击“其他”下拉按钮，如图8-86所示。

图8-85 设置图片亮度和对比度

图8-86 单击“其他”下拉按钮

步骤17 在“细微型”选项区中，选择“简单框架，白色”选项，如图8-87所示。

步骤18 执行上述操作后，设置的视频样式效果如图8-88所示。

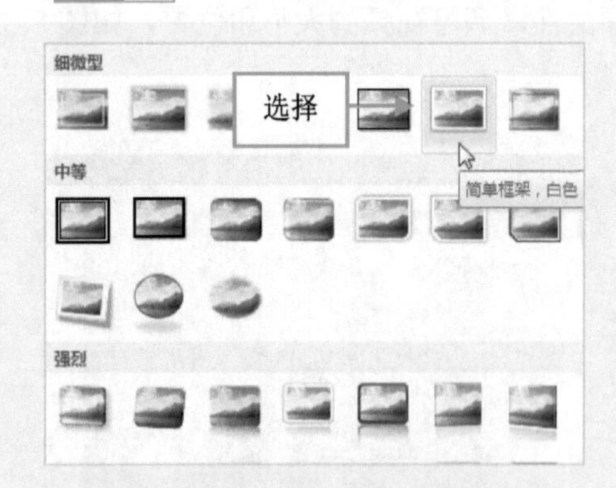

图8-87 选择“简单框架，白色”选项

图8-88 设置视频样式

步骤19 在“视频样式”选项板中，单击“视频形状”下拉按钮，如图 8-89 所示。

步骤20 在“星与旗帜”选项区中，选择“横卷形”选项，如图 8-90 所示。

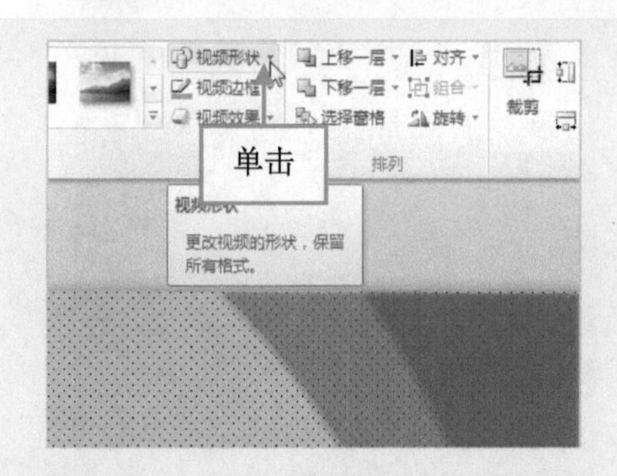

图 8-89 单击“视频形状”下拉按钮

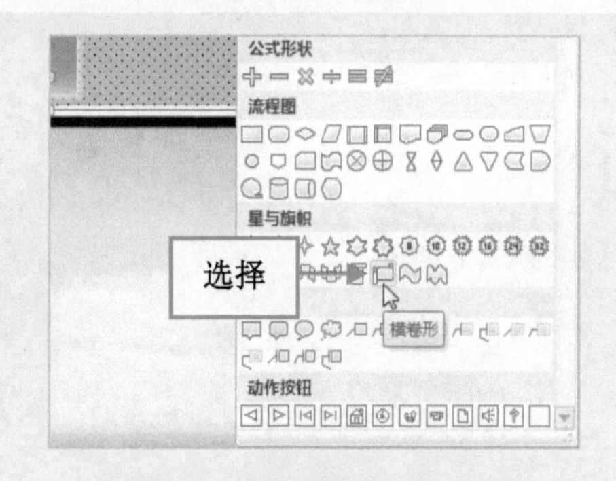

图 8-90 选择“横卷形”选项

步骤21 执行上述操作后，设置的视频形状如图 8-91 所示。

步骤22 单击“视频样式”选项板中的“视频效果”下拉按钮，如图 8-92 所示。

图 8-91 设置视频形状

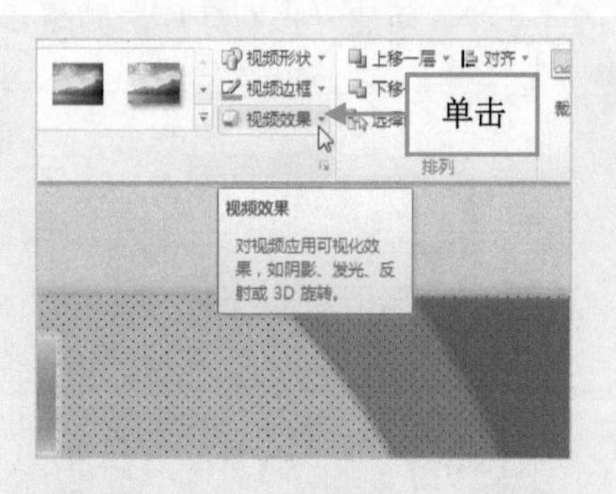

图 8-92 单击“视频效果”下拉按钮

步骤23 选择“阴影”|“右上斜偏移”选项，如图 8-93 所示。

步骤24 执行上述操作后，设置的视频阴影效果如图 8-94 所示。

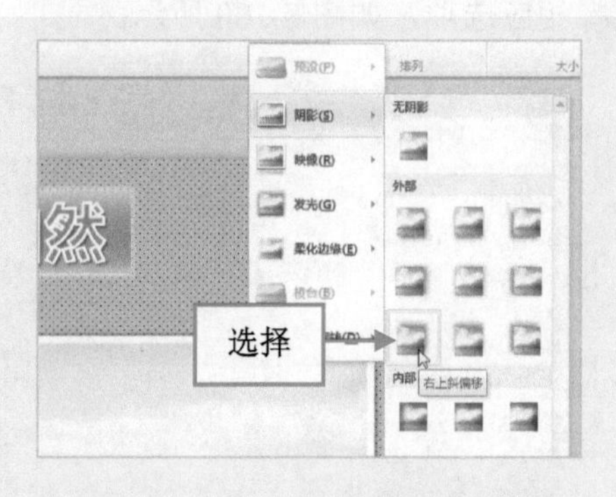

图 8-93 选择“右上斜偏移”选项

图 8-94 设置视频阴影

步骤25 单击“视频效果”下拉按钮，在弹出的列表中选择“发光”|“金色，18pt

发光，强调文字颜色 2”选项，如图 8-95 所示。

步骤 26　执行上述操作后，设置的视频发光效果如图 8-96 所示。

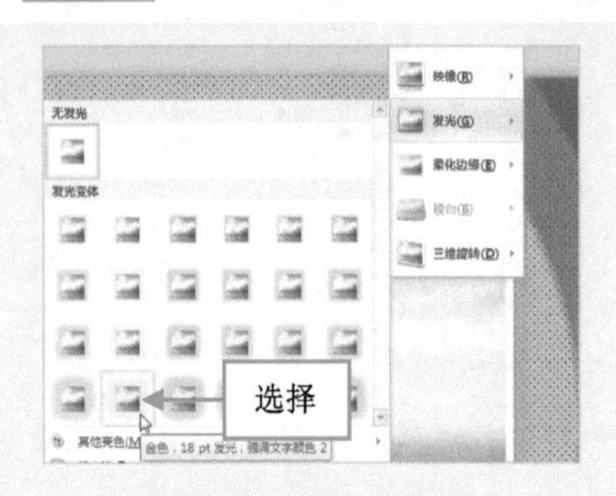

图 8-95　选择相应选项

图 8-96　设置视频发光效果

步骤 27　在“开始”面板中，单击“幻灯片”选项板中的“新建幻灯片”下拉按钮，在弹出的列表中选择“标题和内容”选项，如图 8-97 所示。

步骤 28　新建一张幻灯片，如图 8-98 所示，切换至“开发工具”面板。

图 8-97　选择“标题和内容”选项

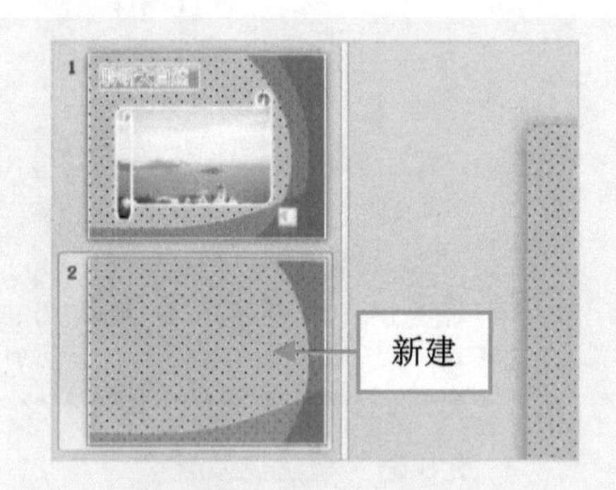

图 8-98　新建一张幻灯片

步骤 29　单击“控件”选项板中的“其他控件”按钮，如图 8-99 所示。

步骤 30　在弹出的“其他控件”对话框中选择相应选项，如图 8-100 所示。

图 8-99　单击“其他控件”按钮

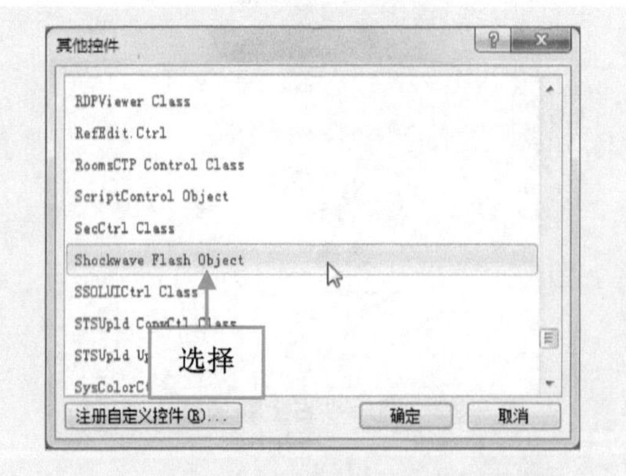

图 8-100　选择相应选项

步骤31 单击“确定”按钮，然后在幻灯片上拖曳鼠标，绘制一个长方形的Shockware Flash Object控件，如图8-101所示。

步骤32 在绘制的Shockware Flash Object控件上单击鼠标右键，在弹出的快捷菜单中选择“属性”命令，弹出“属性”对话框，选择Movie选项，如图8-102所示。

图8-101 绘制一个长方形

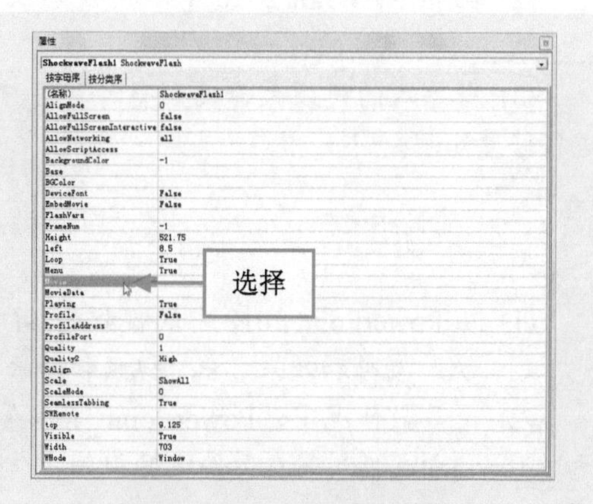

图8-102 选择Movie选项

步骤33 在Movie选项右侧的空白文本框中，输入需要插入的Flash文件路径和文件名，关闭“属性”对话框，即可插入Flash动画，切换至“幻灯片放映”面板，如图8-103所示。

步骤34 单击“开始放映幻灯片”选项板中的“从头开始”按钮，放映动画，如图8-104所示。

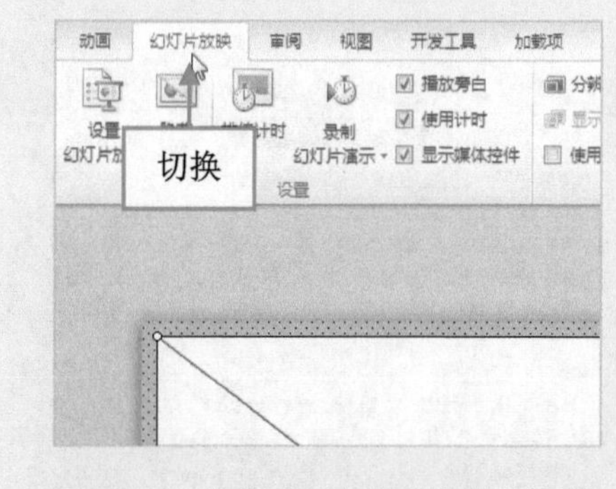

图8-103 切换至“幻灯片放映”面板

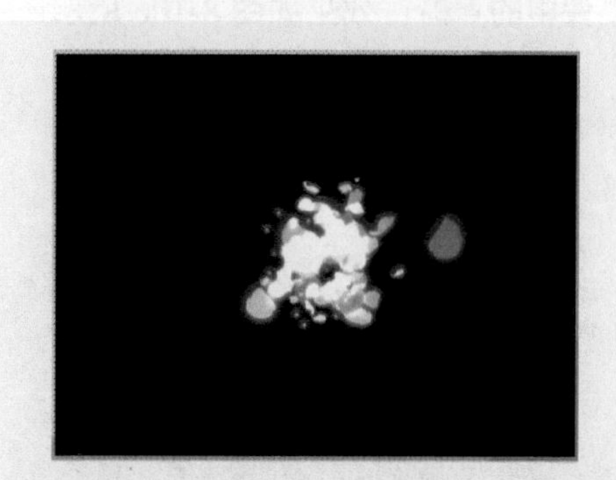

图8-104 放映动画

8.5 本章习题

本章重点介绍了制作多媒体文件课件模板的方法，本节将通过填空题、选择题以及上机练习题，对本章的知识点进行回顾。

8.5.1 填空题

(1) 当用户插入一个声音后，功能区中将出现________面板。

(2) 在 PowerPoint 2010 中，用户不仅可以通过选项插入文件中的视频，还可以通过________进行视频的插入。

(3) 当导入的视频太暗或太亮时，用户可以运用________选项板中的相关命令对视频进行修复处理。

8.5.2 选择题

(1) 在 PowerPoint 2010 中的视频包括(　　)两种。

A. 动画和效果　B. 视频和动画　C. 视频和文字　D. 音频和动画

(2) 大多数情况下，PowerPoint 剪辑管理器中的视频不能满足用户的需求，此时可以通过(　　)方式插入来自文件中的视频。

A. 选项　B. 占位符　C. 快捷键　D. 命令

(3) 视频样式可以使视频应用不同的样式效果、边框以及(　　)样式。

A. 旋转　B. 颜色　C. 阴影　D. 形状

8.5.3 上机练习：语文课件实例——为望岳课件插入文件中的声音

打开“光盘\素材\第 8 章”文件夹下的望岳.pptx，如图 8-105 所示，尝试为望岳课件插入文件中的声音，效果如图 8-106 所示。

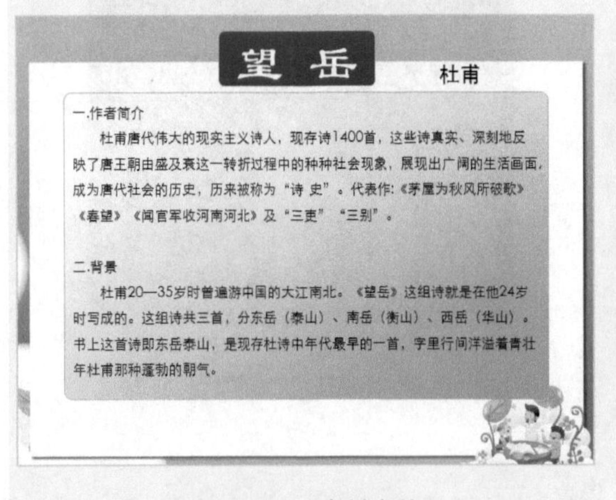

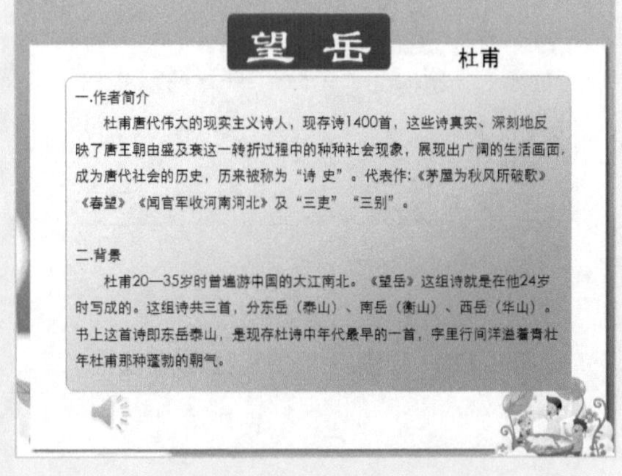

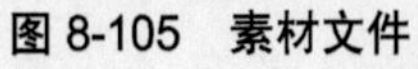

图 8-105　素材文件　　图 8-106　望岳课件效果

第 9 章

美化效果：显示效果课件模板制作

幻灯片的主题方案和背景画面，是决定一份演示文稿是否吸引人的首要因素，在 PowerPoint 中提供了大量的模板预设格式，通过这些格式，可以轻松制作出具有专业效果的演示文稿。本章主要向读者介绍设置课件中的主题、背景以及母版的操作方法，希望读者可以熟练掌握。

本章重点：

- 设置课件中的主题
- 设置课件中的背景
- 应用幻灯片母版
- 综合练兵——制作语法复习课件

9.1 设置课件中的主题

在 PowerPoint 2010 中提供了很多种幻灯片主题，用户可以直接在演示文稿中应用这些主题，色彩漂亮且与演示文稿内容协调是评判幻灯片是否成功的标准之一，所以用幻灯片配色来烘托主题是制作演示文稿的一个重要操作。

9.1.1 实战——为渡荆门送别课件设置内置主题模板

在制作演示文稿时，用户如果需要快速设置幻灯片的主题，可以直接使用 PowerPoint 中自带的主题效果。

步骤01 单击“文件”|“打开”命令，打开一个素材文件，如图 9-1 所示。

步骤02 切换至“设计”面板，单击“主题”选项板中的“其他”下拉按钮，如图 9-2 所示。

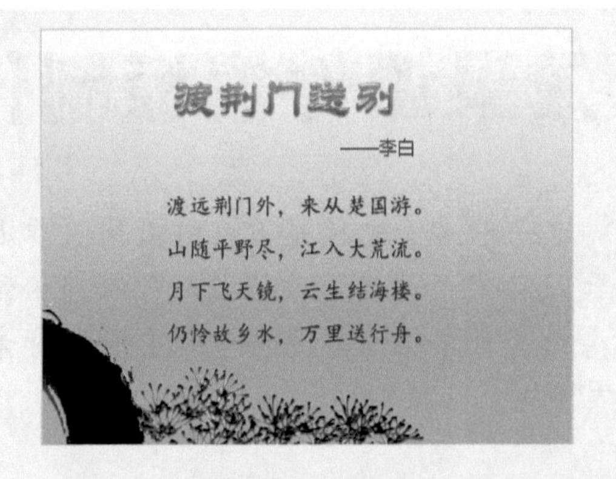

图 9-1 素材文件

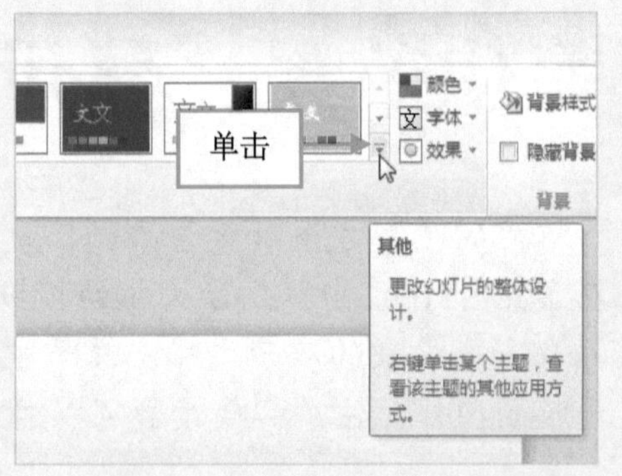

图 9-2 单击“其他”下拉按钮

步骤03 弹出列表，在“内置”选项区中，选择“奥斯汀”选项，如图 9-3 所示。

步骤04 执行操作后，即可应用内置主题，效果如图 9-4 所示。

图 9-3 选择“奥斯汀”选项

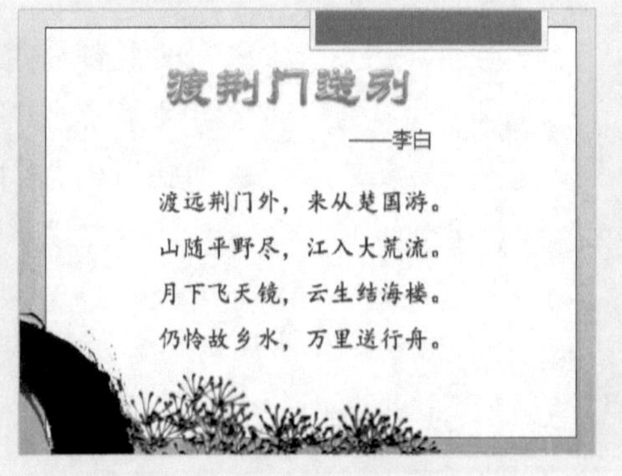

图 9-4 应用内置主题

提示：在“主题”下拉列表框中，包含了 44 种内置主题样式，用户可以根据制作课件的需求，选择相应的内置主题。

9.1.2 实战——将主题应用到数学公式课件选定幻灯片中

在一般情况下，用户选定主题后，演示文稿中所有的幻灯片都将应用该主题，如果只需要某一张幻灯片应用该主题，可以设置将主题应用到选定的幻灯片中。

步骤01 单击“文件”|“打开”命令，打开一个素材文件，如图 9-5 所示。

步骤02 切换至“设计”面板，单击“主题”选项板中的“其他”下拉按钮，如图 9-6 所示。

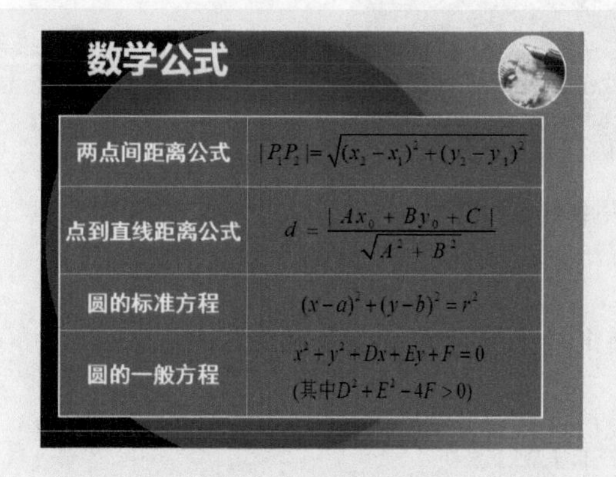

图 9-5 素材文件

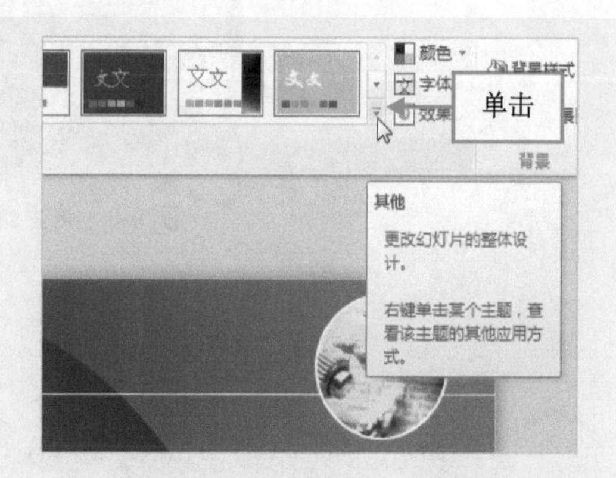

图 9-6 单击“其他”下拉按钮

步骤03 在弹出的列表中的“内置”选项区中，选择“透视”选项，如图 9-7 所示。

步骤04 单击鼠标右键，在弹出的快捷菜单中，选择“应用于选定幻灯片”命令，如图 9-8 所示。

图 9-7 选择“透视”选项

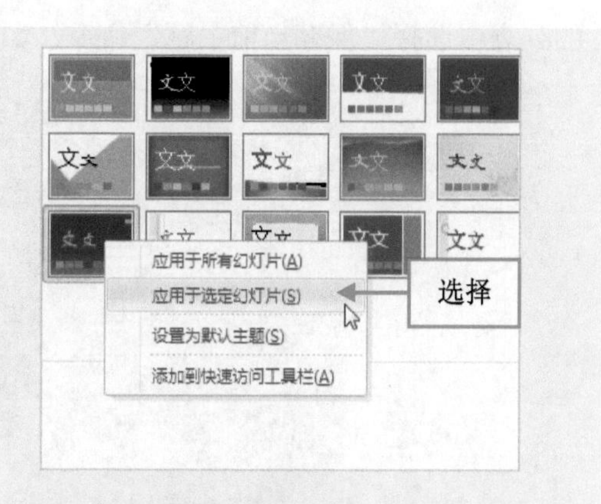

图 9-8 选择“应用于选定幻灯片”命令

注意：用户在选定的内置主题上，单击鼠标右键，在弹出的快捷菜单中，包含有3种应用模式，除了以上使用应用于选定幻灯片外，还包括将选中的内置主题应用于所有幻灯片，如果用户经常使用某一种主题，则可以选择“设置为默认主题”选项。

步骤05　执行操作后，即可将主题应用到选定幻灯片，效果如图9-9所示。

数学公式

两点间距离公式	$\lvert P_1P_2 \rvert = \sqrt{(x_2-x_1)^2+(y_2-y_1)^2}$
点到直线距离公式	$d = \frac{\lvert Ax_0+By_0+C \rvert}{\sqrt{A^2+B^2}}$
圆的标准方程	$(x-a)^2+(y-b)^2=r^2$
圆的一般方程	$x^2+y^2+Dx+Ey+F=0$ (其中$D^2+E^2-4F>0$)

图9-9　将主题应用到选定幻灯片

试一试：根据以上操作步骤，可以将选定的主题应用到制作的课件中。

9.1.3 实战——保存谈骨气课件中的主题

在PowerPoint 2010中，对于一些比较漂亮的主题，用户可以将其保存下来，方便以后再次使用。

步骤01　单击“文件”|“打开”命令，打开一个素材文件，如图9-10所示。

步骤02　切换至“设计”面板，单击“主题”选项板中的“其他”下拉按钮，在弹出的列表中选择“保存当前主题”命令，如图9-11所示。

图9-10　素材文件

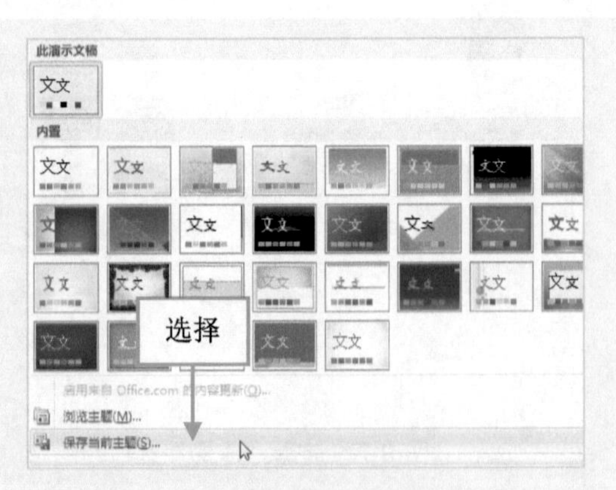

图9-11　选择“保存当前主题”命令

步骤03 弹出“保存当前主题”对话框，选择文件的保存路径，并在“文件名”右侧的文本框中，输入保存的主题名称，如图9-12所示。

图9-12 输入保存的主题名称

步骤04 单击“保存”按钮，即可将主题进行保存。

注意：如果用户需要查看保存的主题文件，只需再次打开“保存当前主题”对话框，即可查看。

9.1.4 实战——为三国课件应用硬盘中的模板

在PowerPoint 2010中，用户在制作演示文稿时，不仅可以应用内置的主题，还可以选择应用存储在硬盘中的幻灯片模板。

步骤01 单击“文件”|“打开”命令，打开一个素材文件，如图9-13所示。

步骤02 切换至“设计”面板，在“主题”选项板中单击“其他”下拉按钮，在弹出的列表中选择“浏览主题”命令，如图9-14所示。

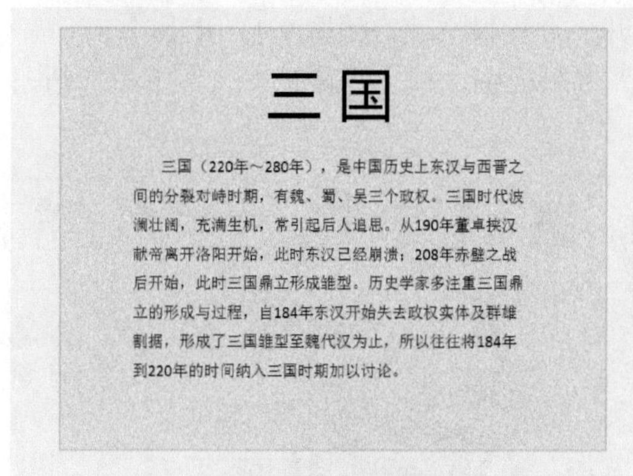

图9-13 素材文件

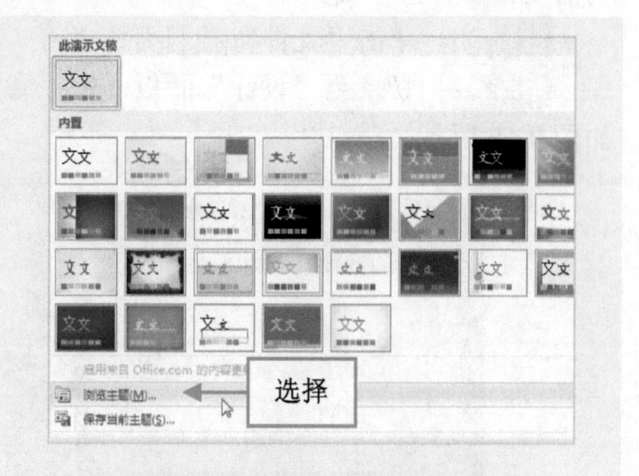

图9-14 选择“浏览主题”命令

步骤03 弹出“选择主题或主题文档”对话框，在对话框中的合适位置，选择相应选

项，如图 9-15 所示。

步骤 04 单击“应用”按钮，即可应用硬盘中的模板，调整幻灯片中的文本，效果如图 9-16 所示。

图 9-15 选择相应选项

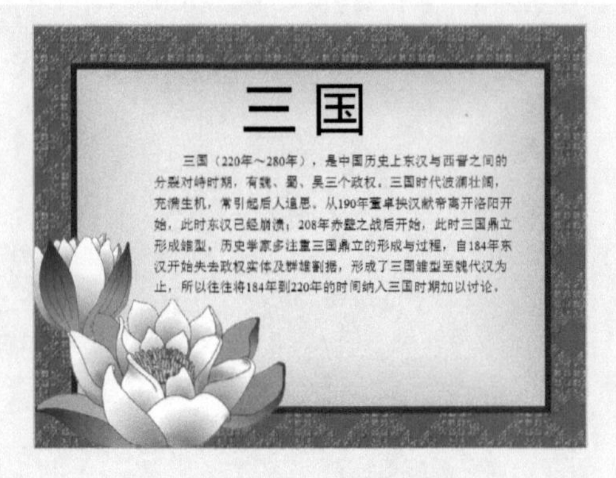

图 9-16 应用模板

试一试：根据以上操作步骤，可以自己应用硬盘中的模板。

9.2 设置课件中的背景

在设计演示文稿时，除了通过使用主题来美化演示文稿以外，还可以通过设置演示文稿的背景来制作具有观赏性的演示文稿。

9.2.1 实战——选择叶的结构背景样式

在 PowerPoint 2010 中的“背景样式”列表框中，提供了多种背景颜色样式，用户可根据需要设置背景样式。

步骤 01 单击“文件”|“打开”命令，打开一个素材文件，如图 9-17 所示。

步骤 02 切换至“设计”面板，在“背景”选项板中，单击“背景样式”下拉按钮，如图 9-18 所示。

图 9-17 素材文件

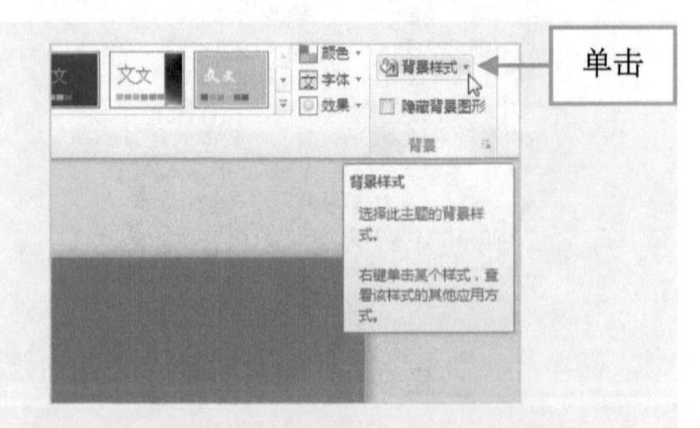

图 9-18 单击“背景样式”下拉按钮

步骤03 弹出列表，选择“样式 11”选项，如图 9-19 所示。

步骤04 执行操作后，即可应用选择的背景样式，如图 9-20 所示。

图 9-19 选择“样式 11”选项

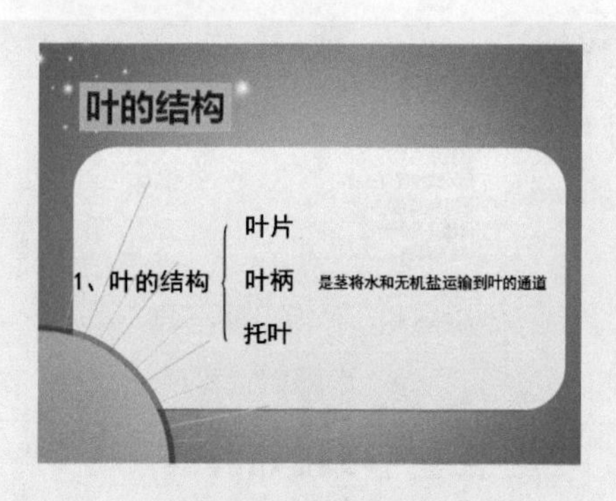

图 9-20 应用背景样式

技巧：若对设计的模板背景效果不满意，用户可以通过快速访问工具栏中的“撤销”按钮或按 Ctrl + Z 组合键，撤销背景设置操作。

9.2.2 实战——为效果检查课件自定义纯色背景样式

设置幻灯片母版的背景可以统一演示文稿中幻灯片的版式，应用主题后，用户还可以根据自己的喜好更改主题背景颜色。

步骤01 单击“文件”|“打开”命令，打开一个素材文件，如图 9-21 所示。

步骤02 切换至“设计”面板，单击“背景”选项板中的“背景样式”下拉按钮，在弹出的列表中选择“设置背景格式”命令，如图 9-22 所示。

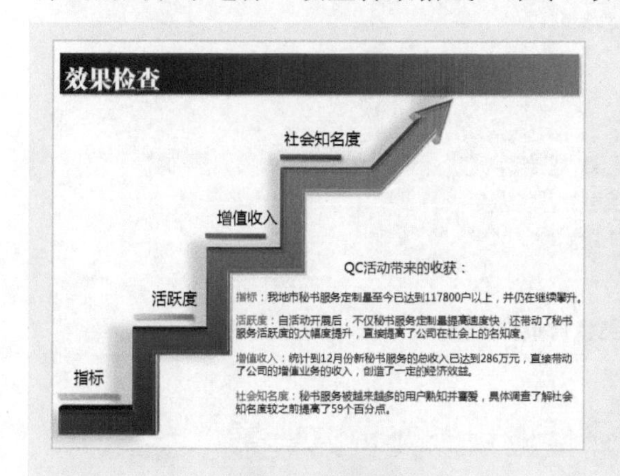

图 9-21 素材文件

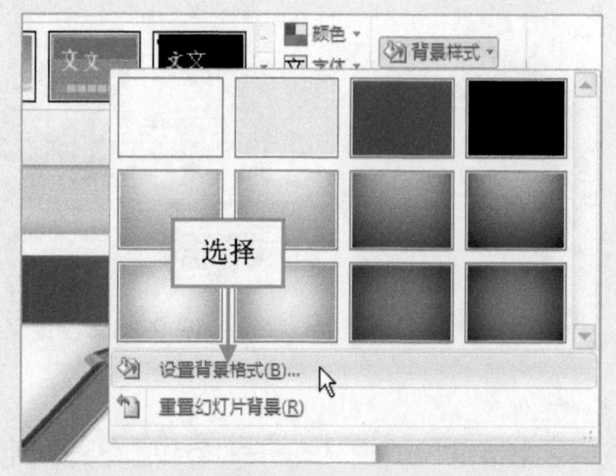

图 9-22 选择“设置背景格式”命令

步骤03 弹出“设置背景格式”对话框，在“填充”选项区中，选中“纯色填充”单选按钮，单击“颜色”右侧的下拉按钮，弹出列表，在“标准色”选项区中，选择“橙色”选项，如图 9-23 所示。

步骤04 执行操作后，设置背景颜色，单击“填充颜色”选项区中透明度滑块，并向右拖曳，至20%的位置处时，释放鼠标左键，设置背景透明度，如图9-24所示。

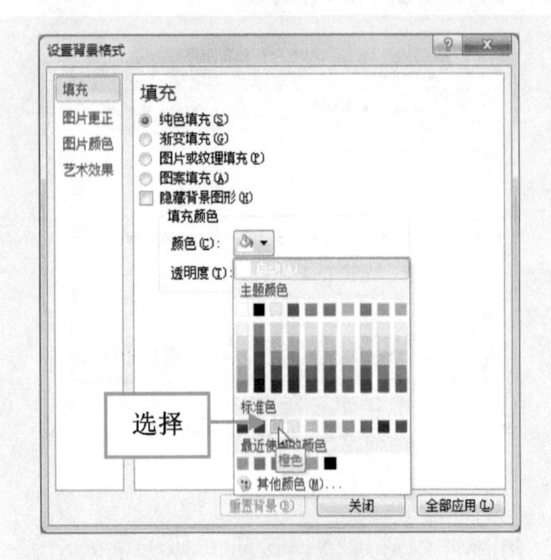

图9-23 选择“橙色”选项

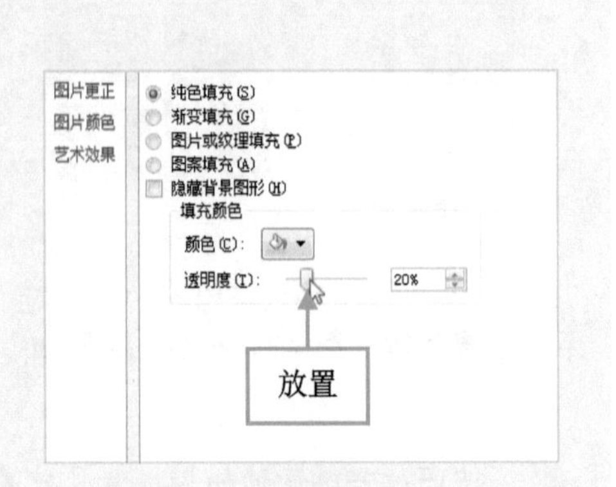

图9-24 设置背景透明度

技巧：在弹出的“设置背景格式”对话框中，用户在设置背景样式的透明度时，除了拖曳透明度滑块以外，还可以在右侧的文本框中，直接输入数值即可。

步骤05 单击“关闭”按钮，即可自定义纯色背景样式，效果如图9-25所示。

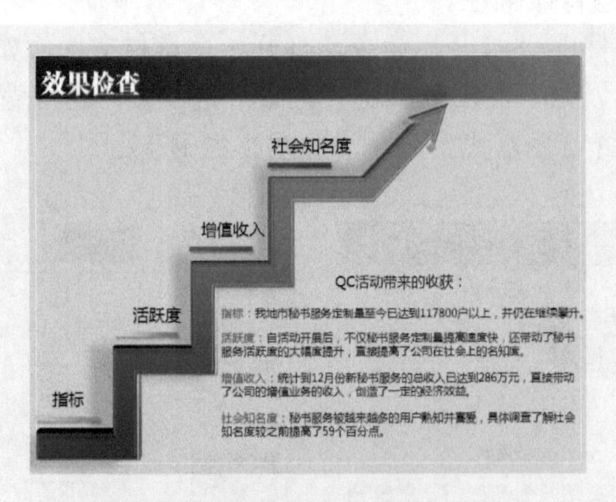

图9-25 自定义纯色背景样式效果

9.2.3 实战——为音乐唱法分类课件应用渐变填充背景

背景主题不仅能运用纯色背景，还可以运用渐变色对幻灯片进行填充，应用渐变填充可以丰富幻灯片的视觉效果。

步骤01 单击“文件”|“打开”命令，打开一个素材文件，如图9-26所示。

步骤02 切换至“设计”面板，单击“背景样式”下拉按钮，在弹出的列表中选择

“设置背景格式”命令，如图 9-27 所示。

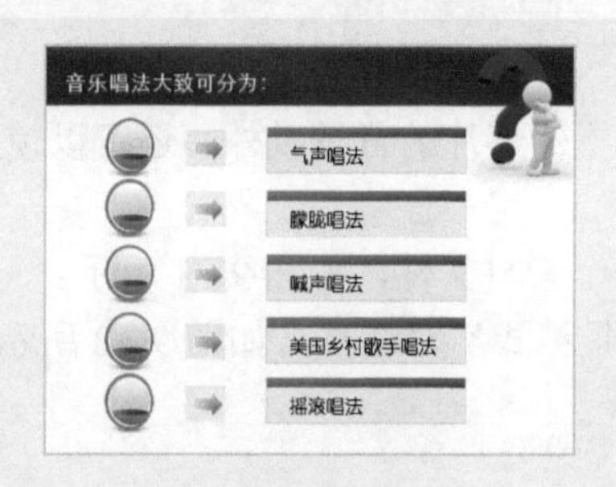

图 9-26　素材文件

图 9-27　选择“设置背景格式”命令

步骤03　弹出“设置背景格式”对话框，在“填充”选项区中，选中“渐变填充”单选按钮，如图 9-28 所示。

步骤04　单击“预设颜色”右侧的下拉按钮，在弹出的列表中选择“彩虹出岫Ⅱ”选项，如图 9-29 所示。

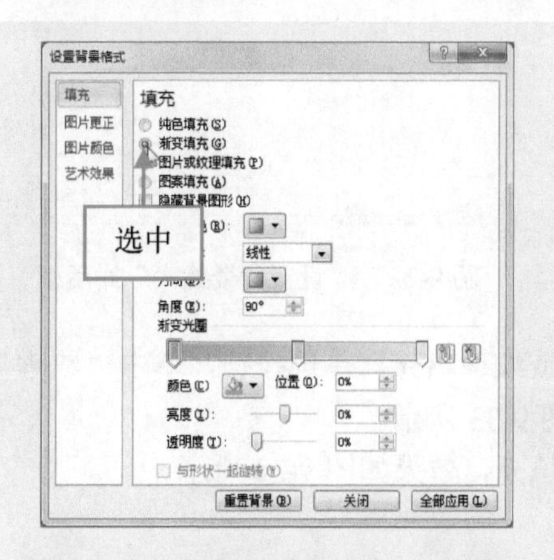

图 9-28　选中“渐变填充”单选按钮

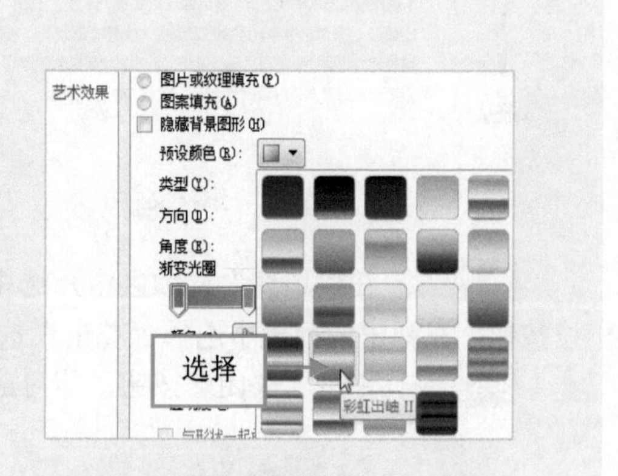

图 9-29　选择“彩虹出岫Ⅱ”选项

步骤05　单击“关闭”按钮，即可填充渐变颜色背景，效果如图 9-30 所示。

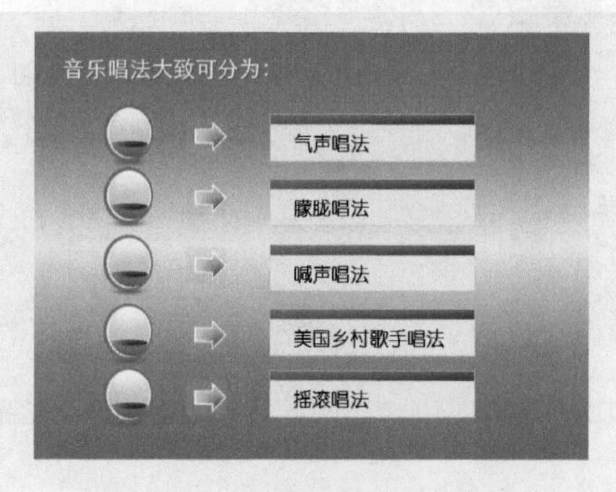

图 9-30　填充渐变颜色背景效果

9.2.4 实战——为浮力课后习题课件应用纹理填充背景

在 PowerPoint 2010 中，除了以上 3 种方法来设置幻灯片的背景以外，还可以使用纹理作为背景。

步骤01 单击“文件”|“打开”命令，打开一个素材文件，如图 9-31 所示。

步骤02 切换至“设计”面板，调出“设置背景格式”对话框，如图 9-32 所示。

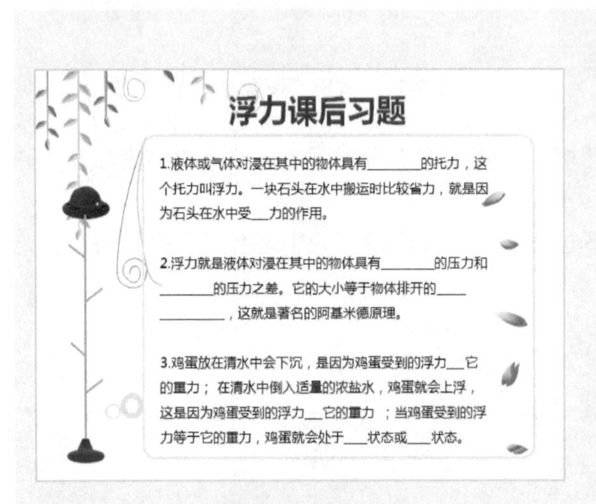

图 9-31　素材文件

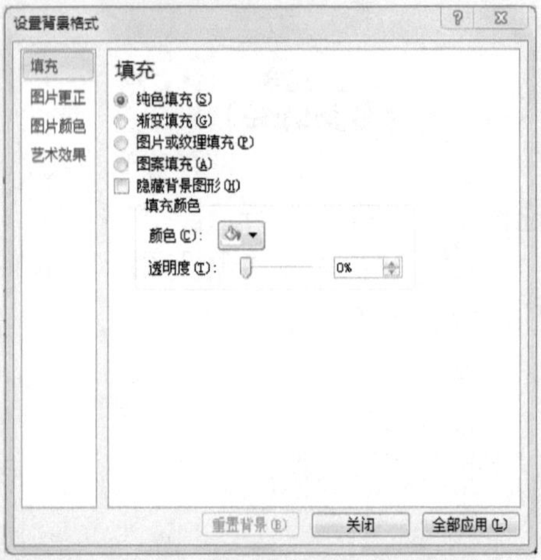

图 9-32　“设置背景格式”对话框

步骤03 在“填充”选项区中，选中“图片或纹理填充”单选按钮，单击“纹理”下拉按钮，在弹出的列表中选择“花束”选项，如图 9-33 所示。

步骤04 单击“关闭”按钮，即可应用纹理填充，效果如图 9-34 所示。

图 9-33　选择“花束”选项

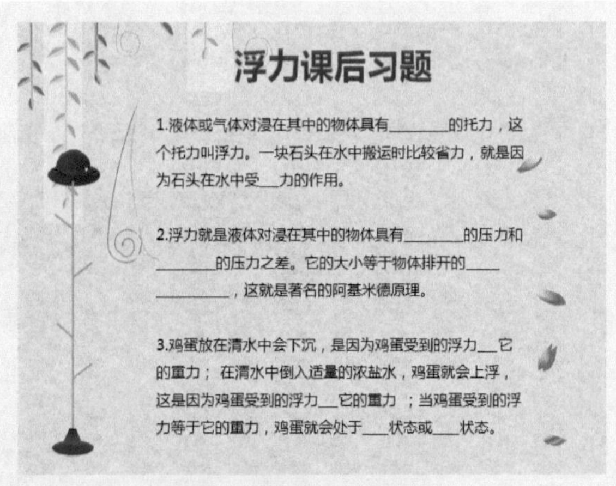

图 9-34　应用纹理填充

试一试：根据以上的操作步骤，可以自己为制作的课件应用纹理填充背景。

9.2.5 实战——为视觉图形课件应用图片填充背景

除了运用颜色作为幻灯片的背景外，用户还可以运用图片对背景进行装饰，一个精美的设计模板少不了背景图片的修饰。

步骤01 单击“文件”|“打开”命令，打开一个素材文件，如图9-35所示。

步骤02 在编辑区中，单击鼠标右键，在弹出的快捷菜单中，选择“设置背景格式”命令，如图9-36所示。

视觉图形

一. 同构图形

是指把不同的但相互间有联系的元素巧妙地结合在一起。

二. 元素替代

指保持图形的基本特征，但其中某一部分被其他相类似的形状所替换的组合方式。

图9-35 素材文件

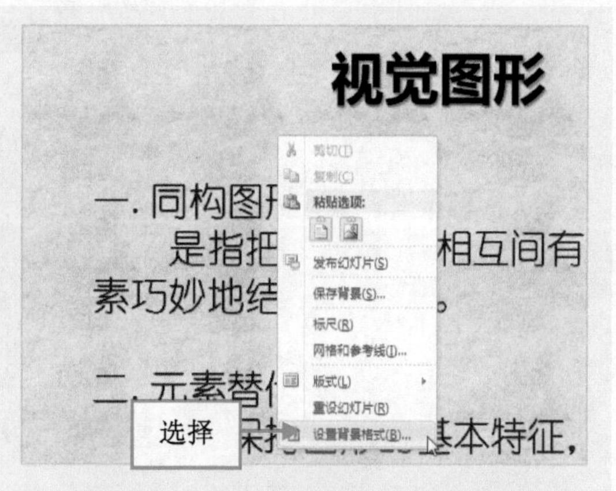

图9-36 选择“设置背景格式”命令

技巧：除了以上方法，选择“设置背景格式”命令以外，用户还可以在“背景”选项板中，单击“背景样式”下拉按钮，在弹出的列表中选择“设置背景格式”命令。

步骤03 弹出“设置背景格式”对话框，单击“文件”按钮，如图9-37所示。

步骤04 弹出“插入图片”对话框，在合适位置选择需要插入的图片，如图9-38所示。

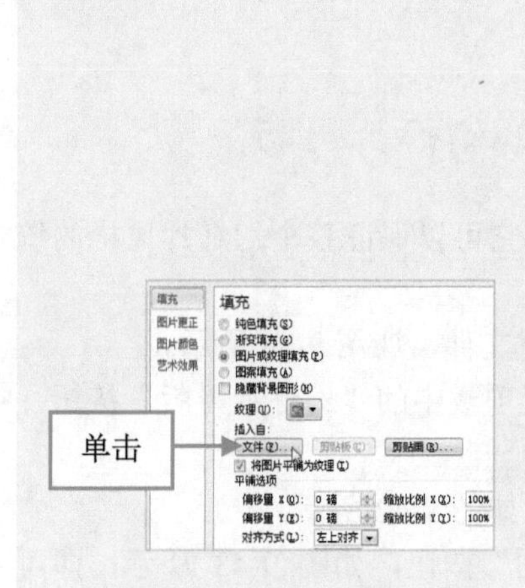

图9-37 单击“文件”按钮

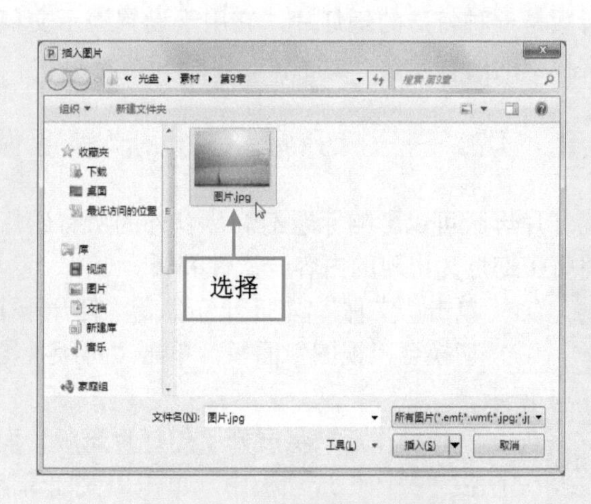

图9-38 选择需要插入的图片

技巧：在“设置背景格式”对话框中，选中“图片或纹理填充”单选按钮以后，在下方将出现相应选项，用户不仅可以单击“文件”按钮，插入来自文件中的图片，还可以单击“剪贴画”按钮，插入来自剪贴画中的图片。

步骤05 单击“插入”按钮，返回到“设置背景格式”对话框，单击“关闭”按钮，即可应用图片填充背景，效果如图 9-39 所示。

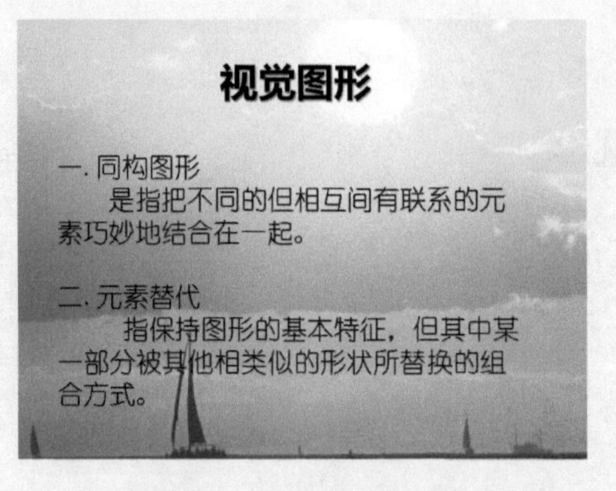

图 9-39　应用图片填充背景

提示：用户可以根据实际需要在幻灯片母版视图中添加、删除或移动背景图片，如果希望让艺术图形显示在每张幻灯片中，只需将图形置于幻灯片母版上，此时该对象将出现在每张幻灯片的相同位置上，而不必在每张幻灯片中重复添加。

9.3　应用幻灯片母版

母版是一种特殊的幻灯片，它用于设置演示文稿中每张幻灯片的预设格式，母版控制演示文稿中的所有元素，如字体、字行和背景等。

9.3.1　实战——打开音乐歌词欣赏课件中的幻灯片母版

幻灯片母版可以影响标题幻灯片以外的所有幻灯片，它可以保证整个幻灯片风格的统一，将每张幻灯片出现的内容一次性编辑。

步骤01 单击“文件”|“打开”命令，打开一个素材文件，如图 9-40 所示。

步骤02 切换至“视图”面板，单击“母版视图”选项板中的“幻灯片母版”按钮，如图 9-41 所示。

步骤03 执行操作后，将展开“幻灯片母版”面板，如图 9-42 所示。

步骤04 在“关闭”选项板中，单击“关闭母版视图”按钮，如图 9-43 所示，即可退出“幻灯片母版”视图。

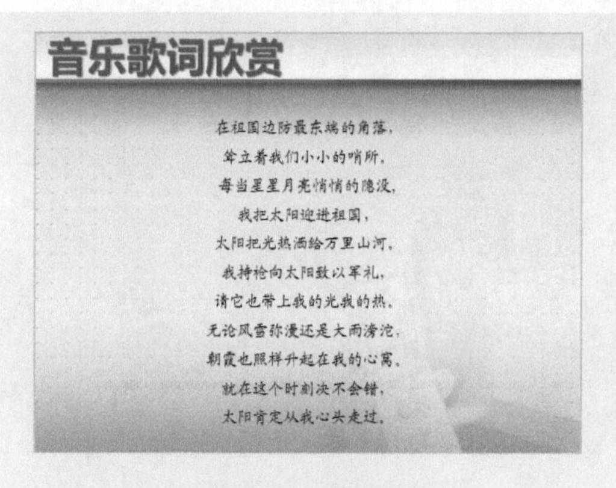

图 9-40 素材文件

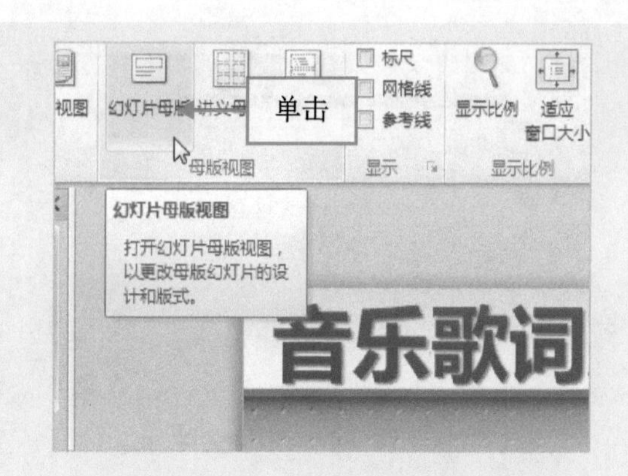

图 9-41 单击“幻灯片母版”按钮

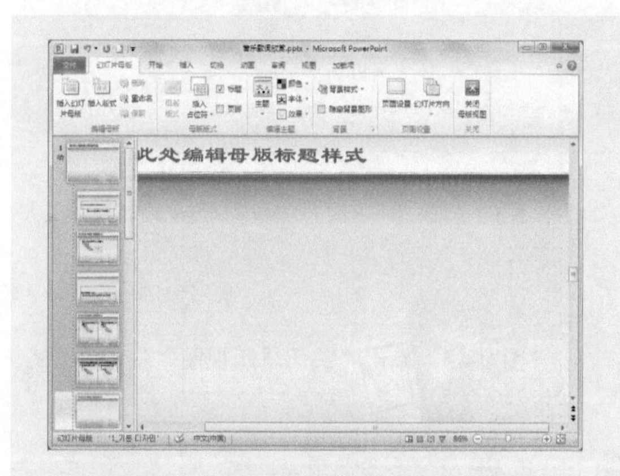

图 9-42 展开“幻灯片母版”面板

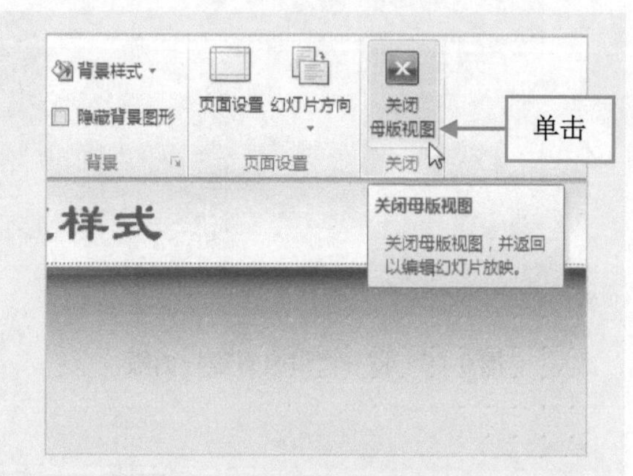

图 9-43 单击“关闭母版视图”按钮

提示： 在幻灯片母版视图下，用户可以看到所有可以输入内容的区域，如标题占位符、副标题占位符以及母版下方的页脚占位符。

9.3.2 实战——打开一般现在时课件中的讲义母版

讲义母版是用来控制讲义的打印格式，它允许在一张讲义中设置几张幻灯片，并设置页眉、页脚和页码等基本信息。

步骤01 单击“文件”|“打开”命令，打开一个素材文件，如图 9-44 所示。

步骤02 切换至“视图”面板，单击“母版视图”选项板中的“讲义母版”按钮，如图 9-45 所示。

步骤03 执行操作后，将展开“讲义母版”面板，如图 9-46 所示。

步骤04 在“关闭”选项板中，单击“关闭母版视图”按钮，如图 9-47 所示，即可退出“讲义母版”视图。

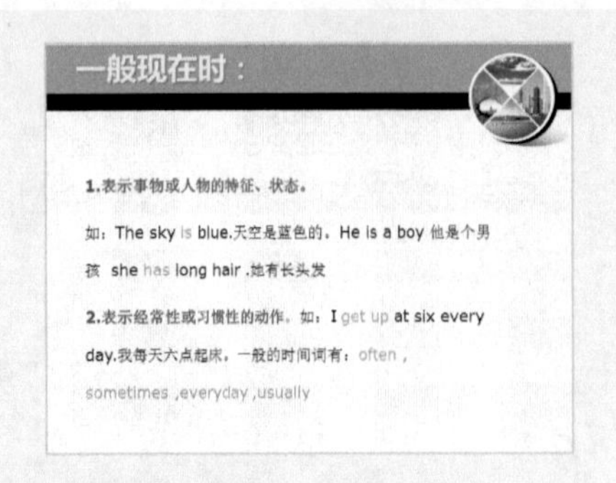

图 9-44　素材文件

图 9-45　单击“讲义母版”按钮

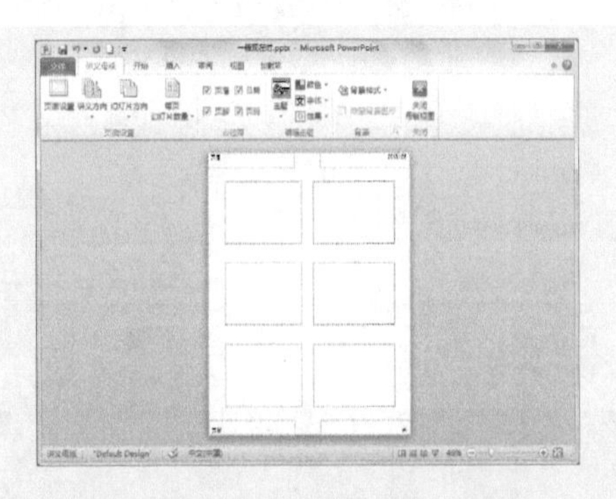

图 9-46　展开“讲义母版”面板

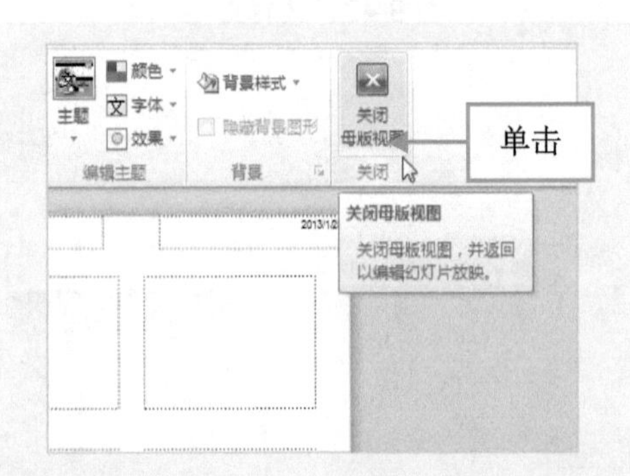

图 9-47　单击“关闭母版视图”按钮

9.3.3　实战——打开时间介词的用法课件中的备注母版

备注母版主要是用来设置幻灯片的备注格式，用来作为演示者在演示时的提示和参考，备注栏中的内容还可以单独打印出来。

步骤 01　单击“文件”|“打开”命令，打开一个素材文件，如图 9-48 所示。

步骤 02　切换至“视图”面板，单击“母版视图”选项板中的“备注母版”按钮，即可展开“备注母版”面板，效果如图 9-49 所示。

图 9-48　素材文件

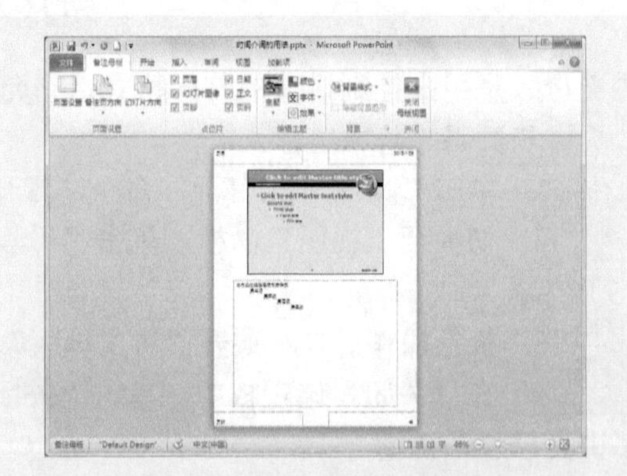

图 9-49　展开“备注母版”面板

注意：当用户退出备注母版时，对备注母版所做的修改将应用到演示文稿中的所有备注页上，只有在备注视图下，才能查看对备注母版所做的修改。

9.3.4 实战——更改圆归纳总结课件中的母版版式

更改幻灯片母版时，若对单张幻灯片进行更改后，修改的母版将被保留。在应用设计模板时，会在演示文稿上添加幻灯片母版。通常，模板也包含标题母版，可以在标题母版上更改具有“标题幻灯片”版式的幻灯片。

步骤01 单击“文件”|“打开”命令，打开一个素材文件，如图9-50所示。

步骤02 切换至“视图”面板，单击“母版视图”选项板中的“幻灯片母版”按钮，如图9-51所示。

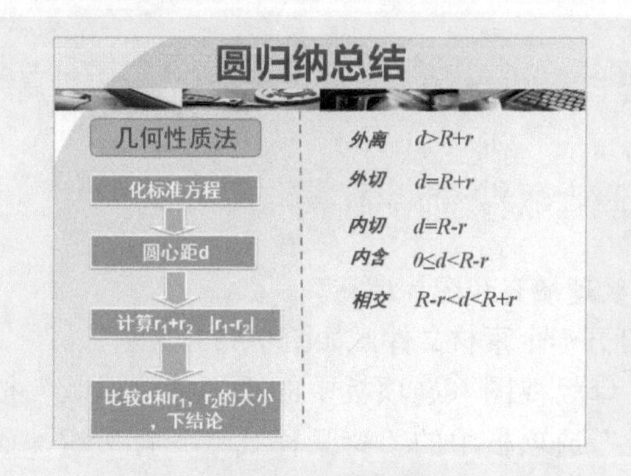

图9-50 素材文件

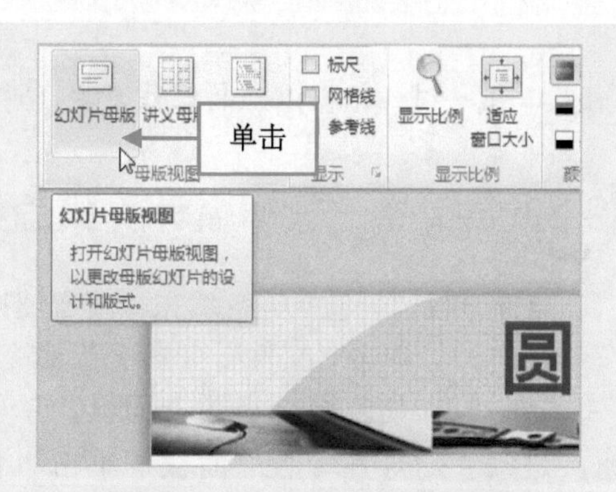

图9-51 单击“幻灯片母版”按钮

步骤03 切换至“幻灯片母版”面板，选择需要更改的幻灯片，如图9-52所示。

步骤04 选中文本，在自动浮出的工具栏中，设置“字体”为“微软雅黑”、“字号”为45、“字体颜色”为紫色，如图9-53所示。

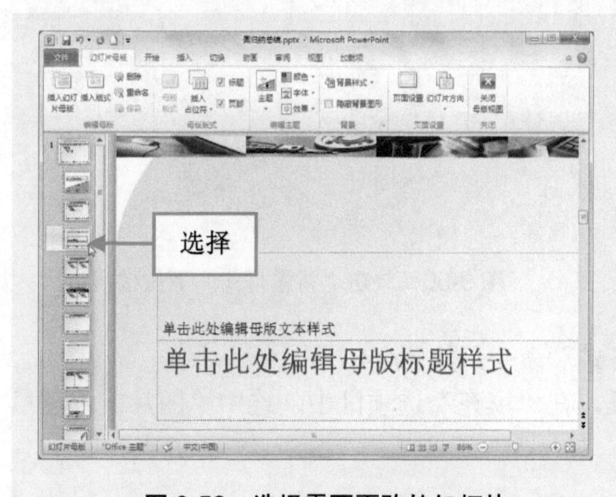

图9-52 选择需要更改的幻灯片

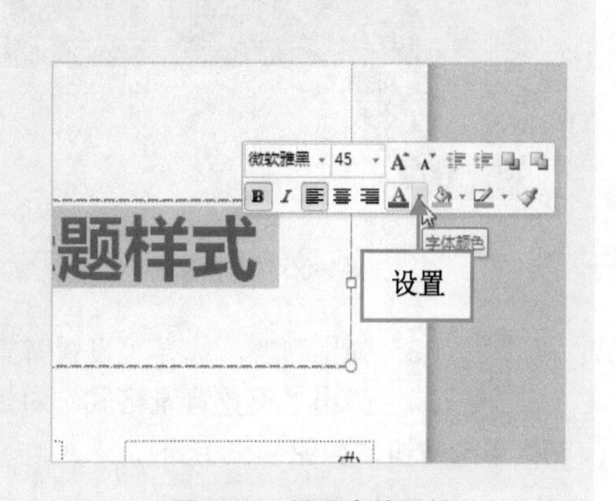

图9-53 设置字体属性

步骤05 执行操作后，即可更改母版版式，效果如图 9-54 所示。

图 9-54 更改母版版式效果

试一试：根据以上的操作步骤，可以自己更改课件母版版式。

9.3.5 实战——编辑计算机理论基础课件母版背景

设置母版背景包括纯色填充、渐变填充、纹理填充和图片填充。

步骤01 单击“文件”|“打开”命令，打开一个素材文件，如图 9-55 所示。

步骤02 切换至“视图”面板，单击“母版视图”选项板中的“幻灯片母版”按钮，进入“幻灯片母版”面板，单击“背景”选项板中的“背景样式”下拉按钮，如图 9-56 所示。

图 9-55 素材文件

图 9-56 单击“背景样式”下拉按钮

步骤03 弹出列表，选择“设置背景格式”命令，如图 9-57 所示。

步骤04 弹出“设置背景格式”对话框，在“填充”选项区中，选中“图片或纹理填充”单选按钮，如图 9-58 所示。

图 9-57 选择“设置背景格式”命令

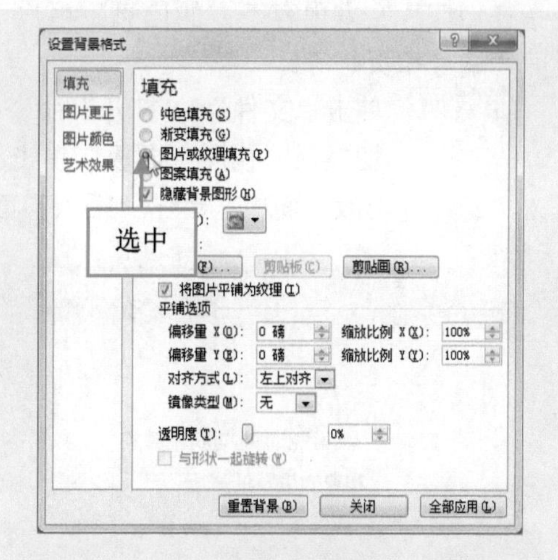

图 9-58 选中“图片或纹理填充”单选按钮

注意：在母版中增加背景对象将出现在所有幻灯片背景上，在母版中可删除所有幻灯片上的背景对象。

步骤 05 单击“纹理”下拉按钮，在弹出的列表中选择“羊皮纸”选项，如图 9-59 所示。

步骤 06 单击“关闭”按钮，即可设置幻灯片母版背景，如图 9-60 所示。

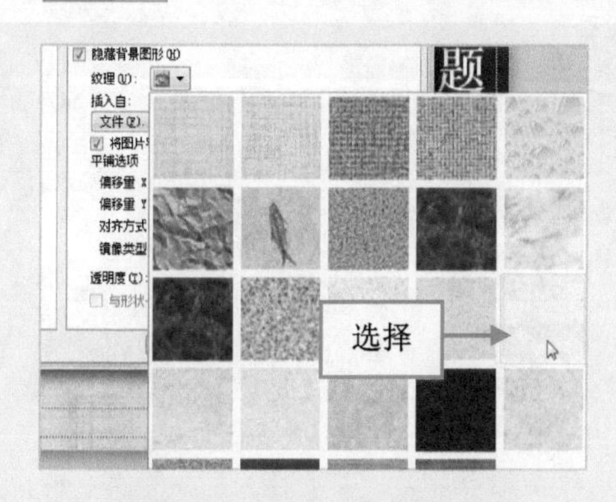

图 9-59 选择“羊皮纸”选项

图 9-60 设置幻灯片母版背景

注意：在弹出的“设置背景格式”对话框中，用户可以选择插入自文件中的图片，作为母版背景，但要注意的是在“幻灯片母版”中插入图片的情况下，如果单击“关闭母版视图”按钮，就不能对幻灯片背景进行编辑。

9.3.6 实战——设置赤壁之战分析课件的页眉和页脚

在幻灯片母版中，还可以添加页眉和页脚。页眉是幻灯片文本内容上方的信息，页脚是指在幻灯片文本内容下方的信息。用户可以利用页眉和页脚来为每张幻灯片添加日期、时间、编号和页码等。

步骤01 单击“文件”|“打开”命令，打开一个素材文件，如图9-61所示。

步骤02 切换至“视图”面板，单击“母版视图”选项板中的“幻灯片母版”按钮，进入“幻灯片母版”面板，单击“插入”面板中的“页眉和页脚”按钮，如图9-62所示。

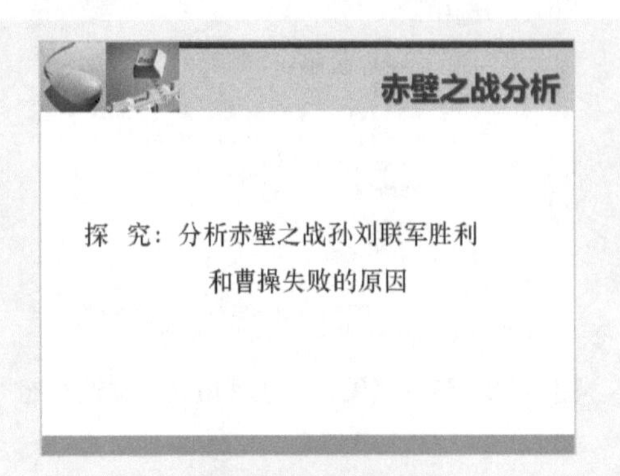

图9-61 素材文件

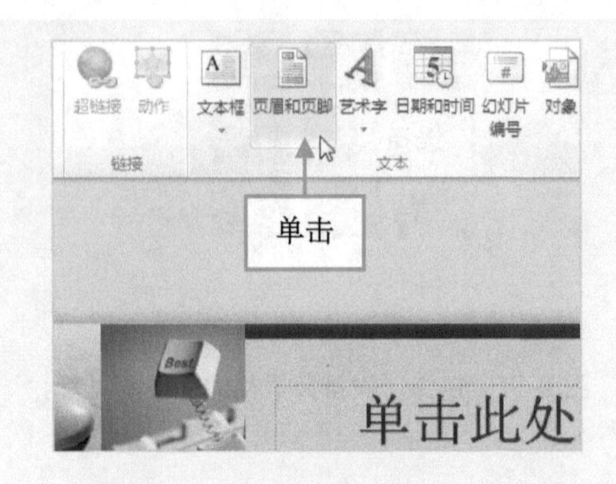

图9-62 单击“页眉和页脚”按钮

步骤03 弹出“页眉和页脚”对话框，选中“日期和时间”复选框，选中“自动更新”单选按钮，如图9-63所示。

步骤04 选中“幻灯片编号”复选框和“页脚”复选框，并在页脚文本框中输入“历史课件”，然后选中“标题幻灯片中不显示”复选框，如图9-64所示。

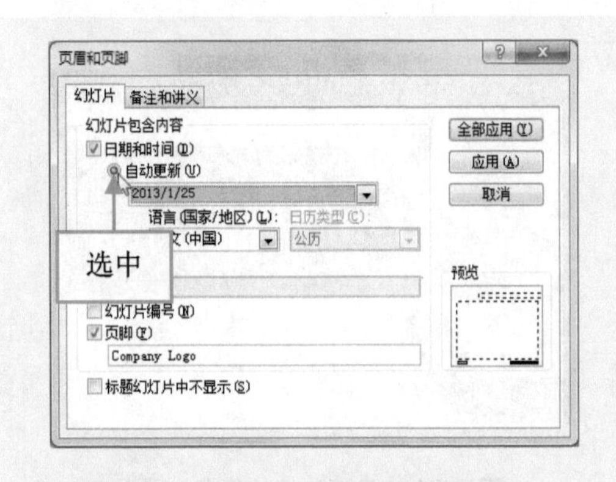

图9-63 选中“自动更新”单选按钮

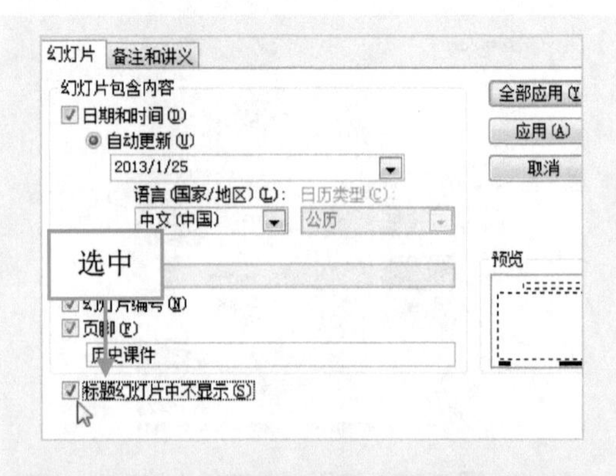

图9-64 选中“标题幻灯片中不显示”复选框

步骤05 单击“全部应用”按钮，所有的幻灯片中都将添加页眉和页脚，如图9-65所示。

步骤06 选中页脚，在自动浮出的工具栏中，设置“字体”为“黑体”、“字号”为24号，效果如图9-66所示。

步骤07 切换至“幻灯片母版”面板，单击“关闭”选项板中的“关闭母版视图”按钮，即可预览添加页眉和页脚后的效果，如图9-67所示。

图 9-65 添加页眉和页脚

图 9-66 设置字体属性效果

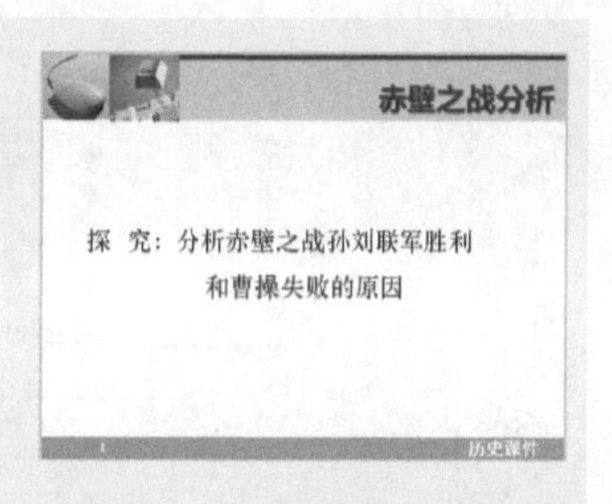

图 9-67 预览页眉和页脚效果

注意：“页眉和页脚”对话框中的“日期和时间”复选框：如果用户想让所加的日期与幻灯片放映的日期一致，则选中“自动更新”单选按钮；如果想显示演示文稿完成日期，则选中“固定”单选按钮，并输入日期。在每一张幻灯片的“页脚”文本框中，用户都可以添加需要显示的文本信息内容。

9.3.7 实战——设置电解原理的应用与分析课件项目符号

在 PowerPoint 2010 中，项目符号是文本中经常用到的，在幻灯片母板中同样可以设置项目符号。

步骤 01 单击“文件”|“打开”命令，打开一个素材文件，如图 9-68 所示。

步骤 02 切换至“视图”面板，单击“母版视图”选项板中的“幻灯片母版”按钮，进入“幻灯片母版”面板，选择幻灯片母版，如图 9-69 所示。

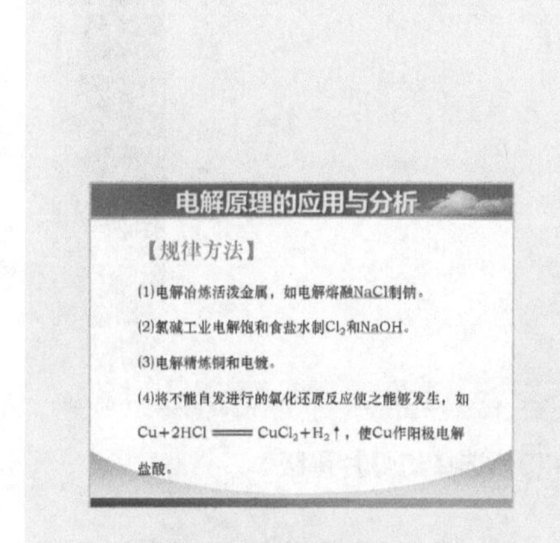

图 9-68 素材文件

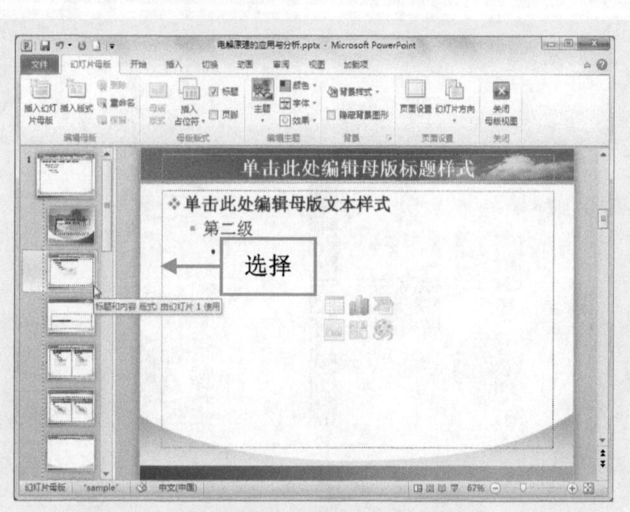

图 9-69 选择幻灯片母版

步骤 03 选中幻灯片中的文本，单击鼠标右键，在弹出的快捷菜单中，选择“项目符号”选项，在弹出的列表中选择“带填充效果的钻石形项目符号”选项，如图 9-70 所示。

步骤 04 执行操作后，即可设置项目符号，效果如图 9-71 所示。

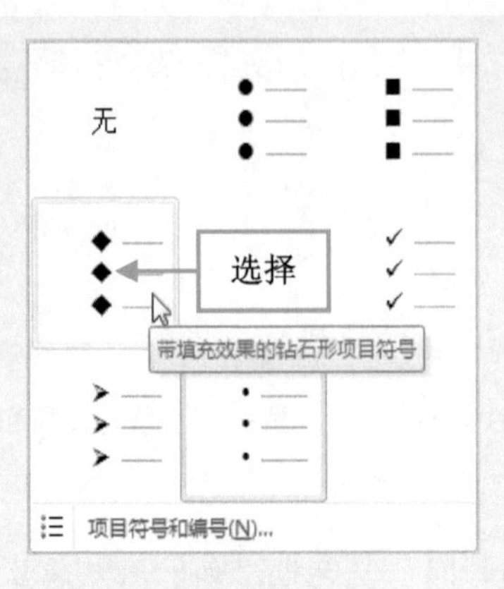

图 9-70　选择“带填充效果的钻石形项目符号”选项

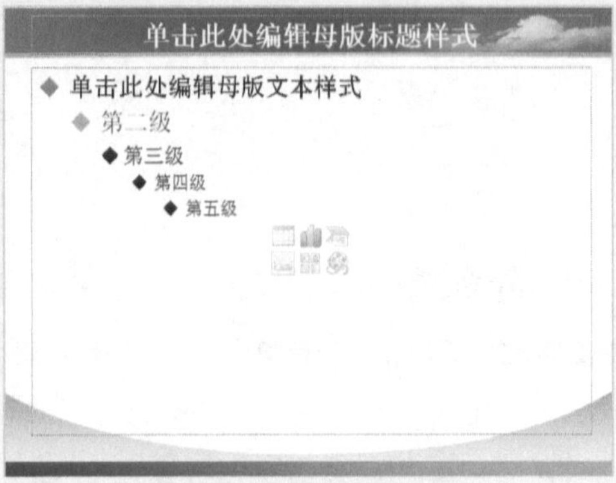

图 9-71　设置项目符号

9.3.8 实战——在唐宋文学课件幻灯片母版中插入占位符

在幻灯片母版中，当用户选择了母版版式以后，会发现母版都是自带了占位符格式的，如果用户不满意程序所带的占位符格式，则可以选择自行插入占位符。

步骤 01　单击“文件”|“打开”命令，打开一个素材文件，如图 9-72 所示。

步骤 02　切换至“视图”面板，单击“母版视图”选项板中的“幻灯片母版”按钮，进入“幻灯片母版”面板，选择需要插入占位符的幻灯片母版，如图 9-73 所示。

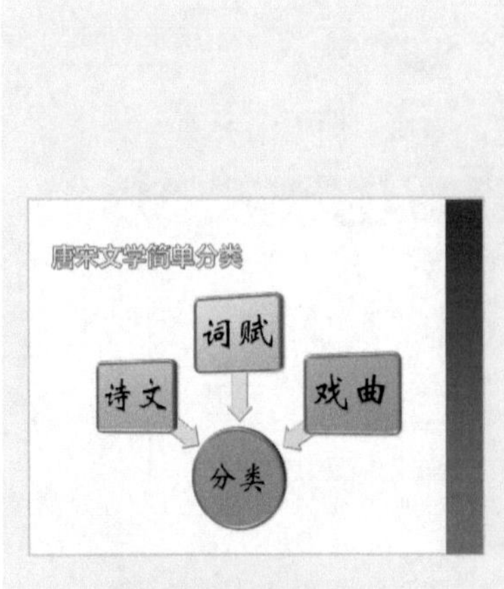

图 9-72　素材文件

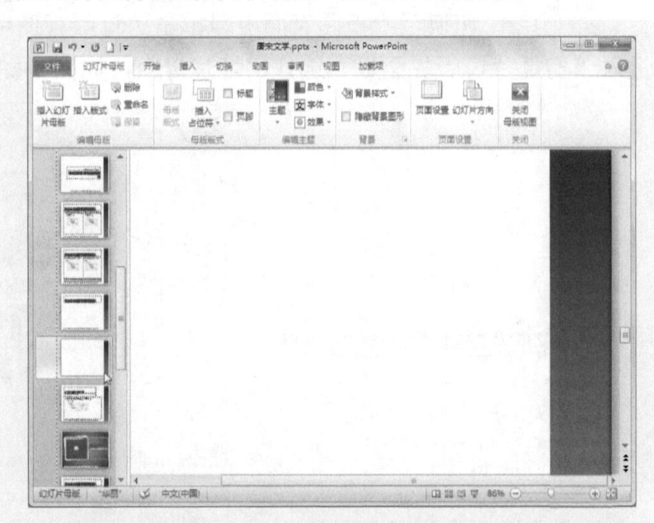

图 9-73　选择幻灯片母版

步骤 03　在“母版版式”选项板中，单击“插入占位符”下拉按钮，如图 9-74 所示。

步骤 04　在弹出的列表中选择“表格”命令，效果如图 9-75 所示。

步骤 05　此时鼠标指针呈十字状，在幻灯片中的合适位置，单击鼠标左键并拖曳，如图 9-76 所示。

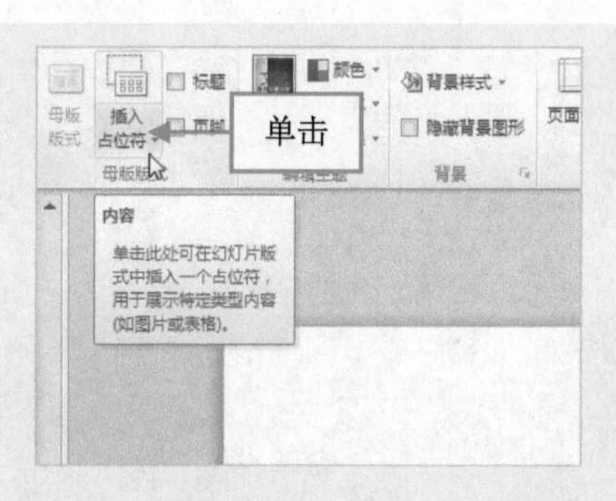

图 9-74 单击“插入占位符”下拉按钮

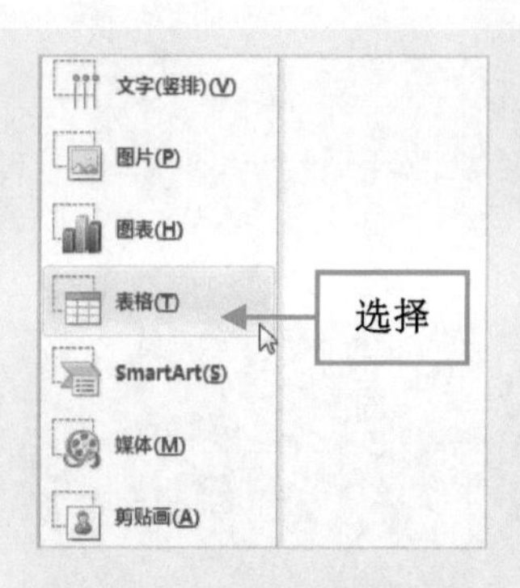

图 9-75 选择“表格”命令

步骤 06 至合适位置后，释放鼠标左键，即可插入相应大小的占位符，效果如图 9-77 所示。

图 9-76 单击鼠标左键并拖曳

图 9-77 插入占位符

提示：如果要忽略其中的背景图形，可以通过在“幻灯片母版”选项卡的“背景”组中，选中“隐藏背景图形”复选框即可。

9.3.9 实战——设置原子构造原理课件占位符属性

在 PowerPoint 2010 中，占位符、文本框及自选图形对象具有相似的属性，如大小、填充颜色以及线型等，设置它们的属性操作是相似的。

步骤 01 单击“文件”|“打开”命令，打开一个素材文件，如图 9-78 所示。

步骤 02 切换至“视图”面板，单击“母版视图”选项板中的“幻灯片母版”按钮，进入“幻灯片母版”面板，选择需要编辑占位符的幻灯片母版，如图 9-79 所示。

步骤 03 在标题占位符中单击鼠标右键，在弹出的快捷菜单中，选择“设置形状格式”命令，如图 9-80 所示。

步骤 04 弹出“设置形状格式”对话框，在“填充”选项区中，选中“纯色填充”单选按钮，如图 9-81 所示。

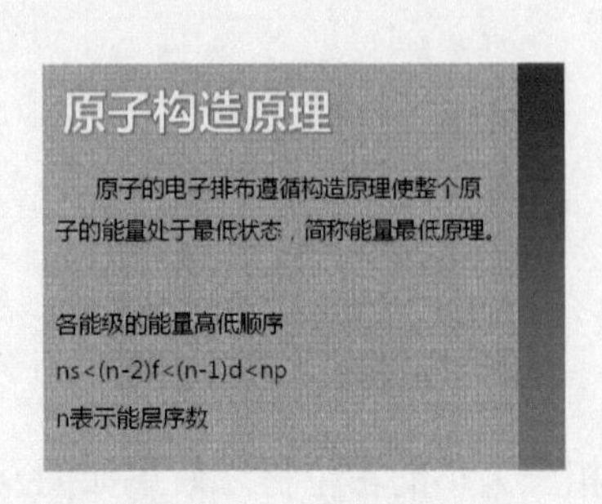

图 9-78 素材文件

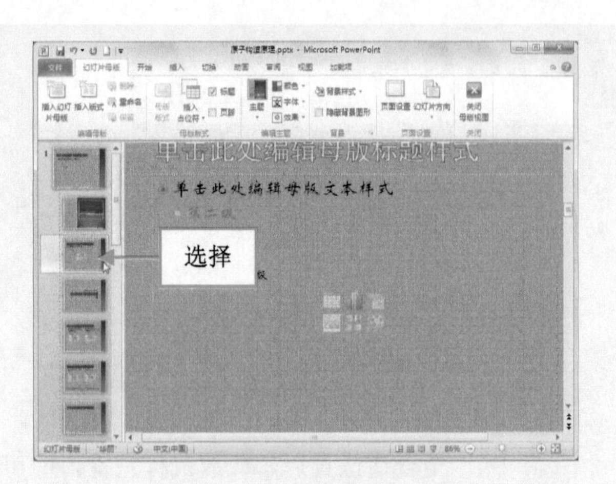

图 9-79 选择幻灯片母版

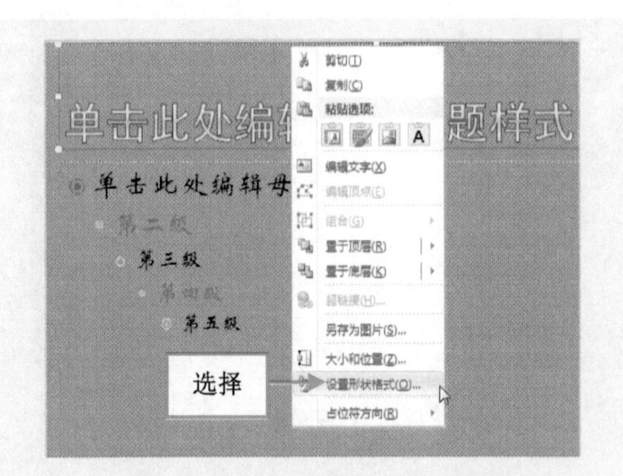

图 9-80 选择“设置形状格式”命令

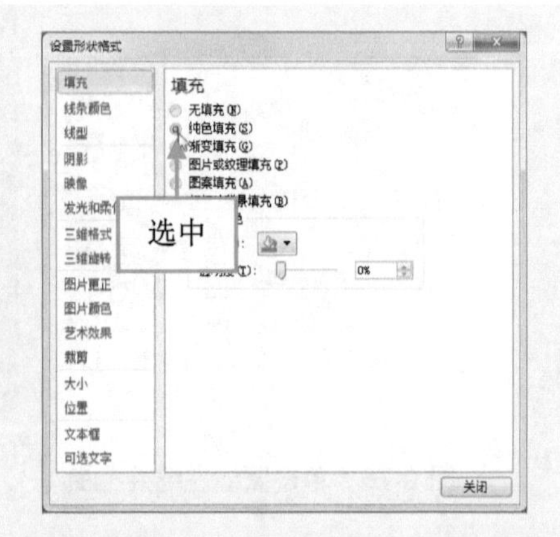

图 9-81 选中“纯色填充”单选按钮

步骤05 在“填充颜色”选项区中，单击“颜色”右侧的下拉按钮，在弹出的列表中选择“粉红，文字 2”选项，如图 9-82 所示。

步骤06 单击“关闭”按钮，即可设置占位符属性，效果如图 9-83 所示。

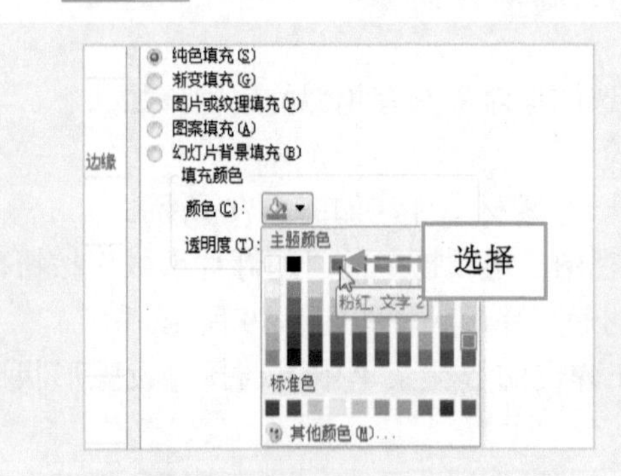

图 9-82 选择“粉红，文字 2”选项

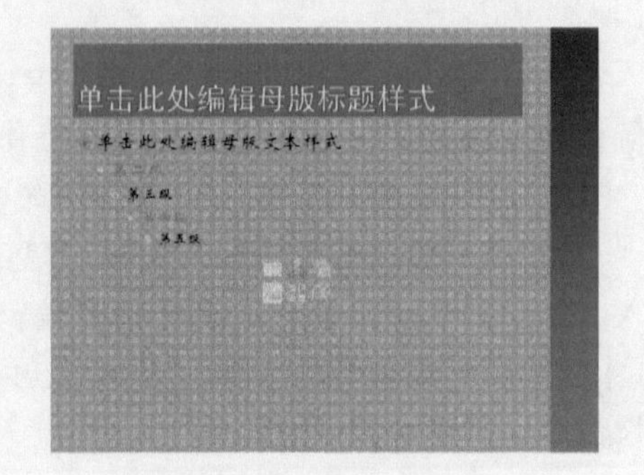

图 9-83 设置占位符属性

9.3.10 应用讲义母版

讲义母版是用来控制讲义的打印格式，它允许在一张讲义中设置几张幻灯片，并设置页眉、页脚和页码等基本信息。

如果要更改“讲义母版”中页眉和页脚内的文本、日期或页码的外观、位置和大小，就要更改讲义母版。在每一张幻灯片的板式中，如果不希望页眉和页脚的文本、日期或幻灯片编号在幻灯片中显示，则只能将页眉和页脚应用于讲义而不是幻灯片中。

打开演示文稿，切换至“视图”面板，单击“讲义母版”按钮，即可进入“讲义母版”视图，单击“讲义方向”下拉按钮，在弹出的列表中选择“横向”命令，如图 9-84 所示，执行操作后，即可设置讲义方向，如图 9-85 所示。

单击“页面设置”选项板中的“每页幻灯片数量”下拉按钮，在弹出的列表中选择“4 张幻灯片”命令，如图 9-86 所示。执行操作后，即可设置每页幻灯片数量，如图 9-87 所示。

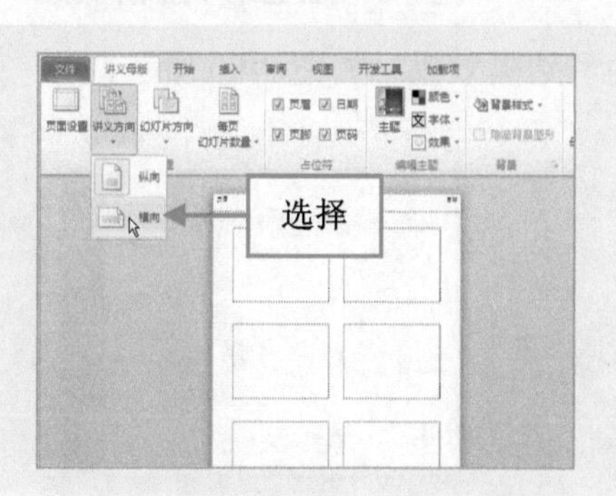

图 9-84　选择“横向”命令

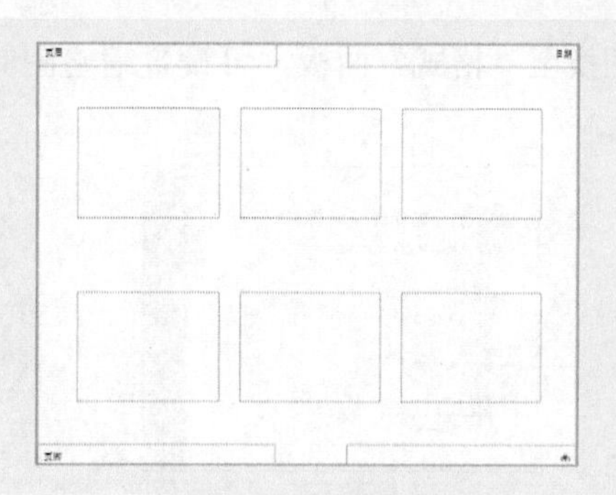

图 9-85　设置讲义方向

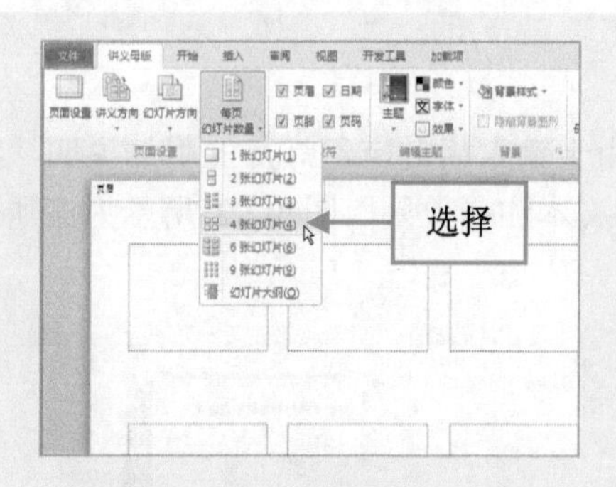

图 9-86　选择“4 张幻灯片”命令

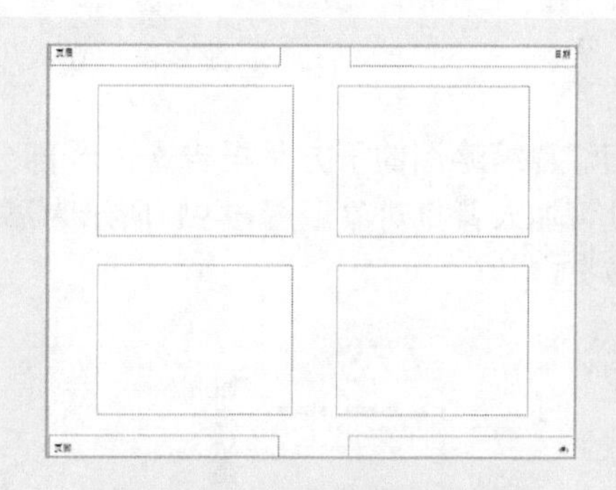

图 9-87　设置每页幻灯片数量

9.3.11 应用备注母版

备注母版主要用来设置幻灯片的备注格式，一般是用于打印输出的，所以备注母版的设置大多也和打印页面相关。PowerPoint 为每张幻灯片都设置了一个备注页，供演讲人添加备注，备注母版用于控制报告人注释的显示内容和格式，使多数注释有统一的外观。

要显示备注母版，可在“视图”面板中，单击“备注母版”按钮，即可显示备注母版视图，如图 9-88 所示。备注母版的上方是幻灯片缩略图，选中该缩略图，拖曳其四周的控制点，可调整缩略图的大小，效果如图 9-89 所示。

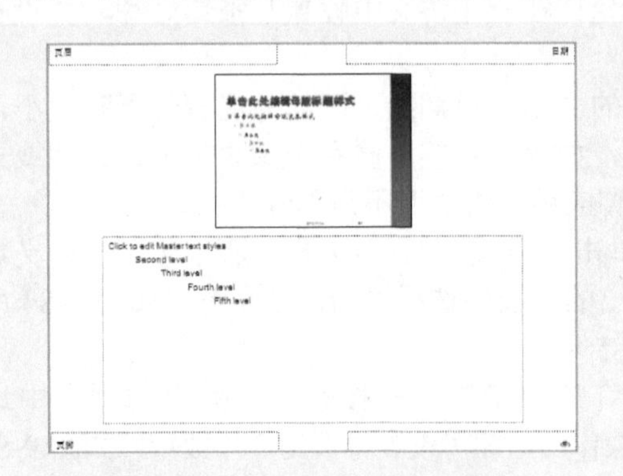

图 9-88　“备注母版”视图

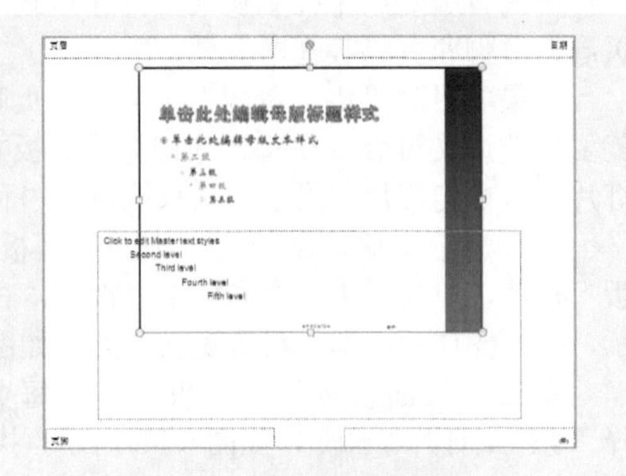

图 9-89　调整缩略图的大小

切换至“格式”面板，可设置缩略图的颜色和边框效果，如图 9-90 所示。

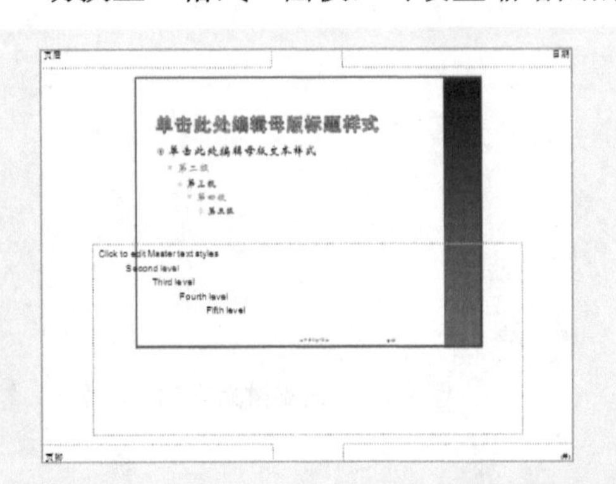

图 9-90　设置“备注母版”后的效果

幻灯片缩略图的下方是报告人注释部分，用于输入相对应幻灯片的附加说明，其余的空白处可加入背景对象。图 9-91 所示为添加的文本注释效果，图 9-92 所示为添加的图片注释效果。

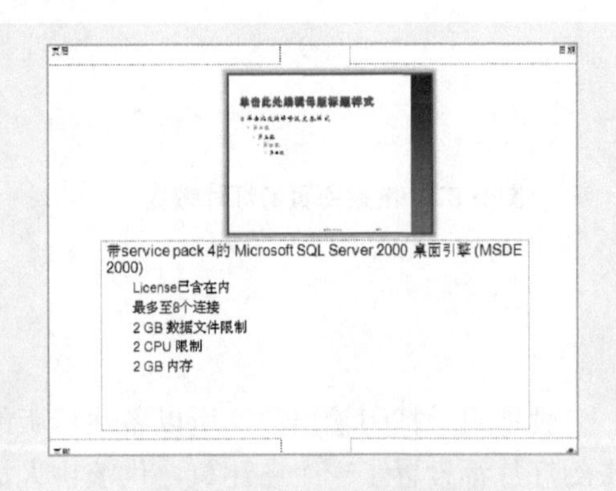

图 9-91　添加的文本注释

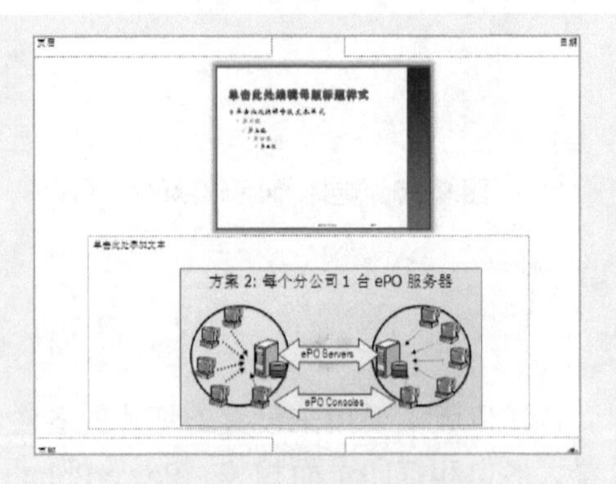

图 9-92　添加的图片注释

试一试：根据以上的操作步骤，可以尝试在幻灯片母版中进行相应设置。

9.4 综合练兵——制作语法复习课件

在 PowerPoint 中，用户可以根据需要制作语法复习课件。下面向读者介绍制作语法复习课件的操作方法。

步骤01 单击“文件”|“打开”命令，打开一个素材文件，如图 9-93 所示。

步骤02 切换至“设计”面板，在“主题”选项板中，单击“其他”下拉按钮，如图 9-94 所示。

步骤03 弹出列表，在“内置”选项区中，选择“图钉”选项，如图 9-95 所示。

步骤04 执行操作后，即可为幻灯片应用内置主题，效果如图 9-96 所示。

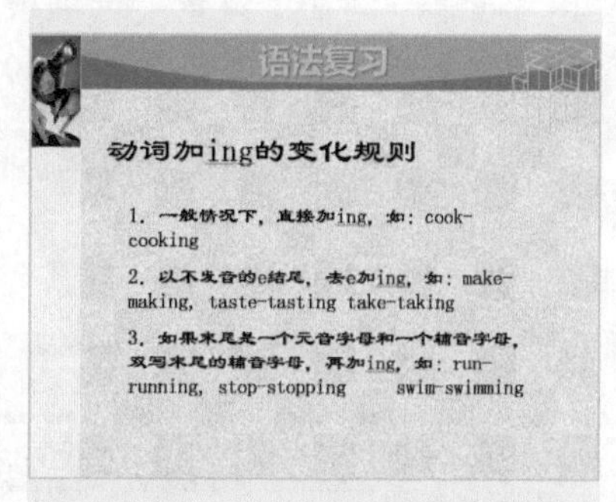

图 9-93 素材文件

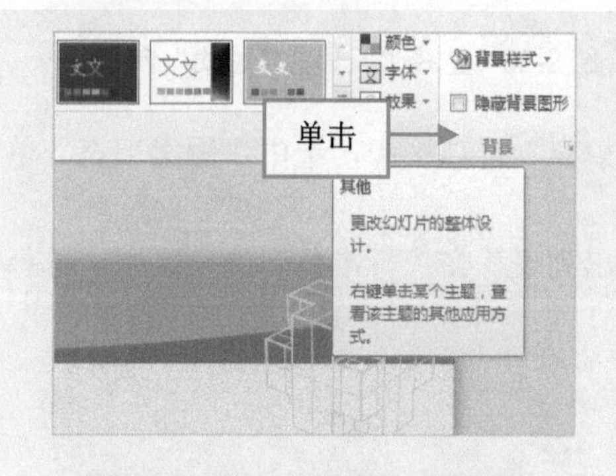

图 9-94 单击“其他”下拉按钮

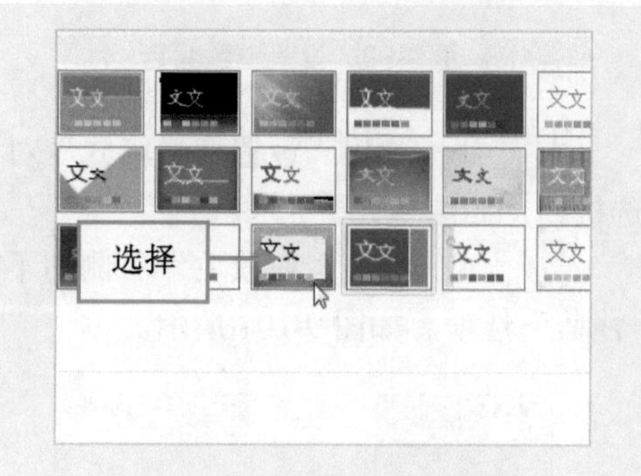

图 9-95 选择“图钉”选项

步骤05 在“主题”选项板中，单击“颜色”下拉按钮，在弹出的列表中选择“凤舞九天”选项，如图 9-97 所示。

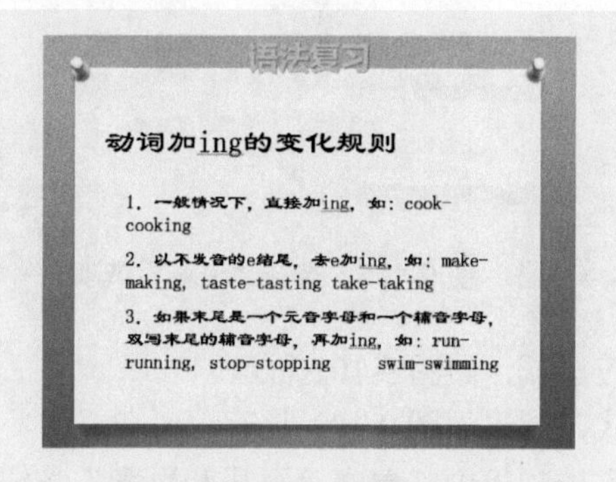

图 9-96 应用内置主题效果

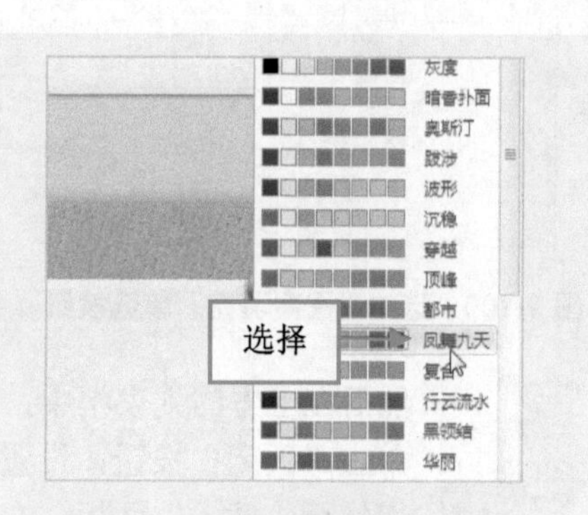

图 9-97 选择“凤舞九天”选项

步骤06 执行操作后，即可设置主题颜色，效果如图 9-98 所示。

提示：在弹出的“颜色”下拉列表框中，包含有 21 种主题颜色，如果用户对软件自带的颜色不满意，则可以选择“新建主题颜色”命令，在弹出的“新建主题颜色”对话框中，用户可以自行设置主题颜色。

步骤07 在“背景”选项板中，单击“背景样式”下拉按钮，在弹出的列表中选择“设置背景格式”命令，如图 9-99 所示。

图 9-98 设置主题颜色

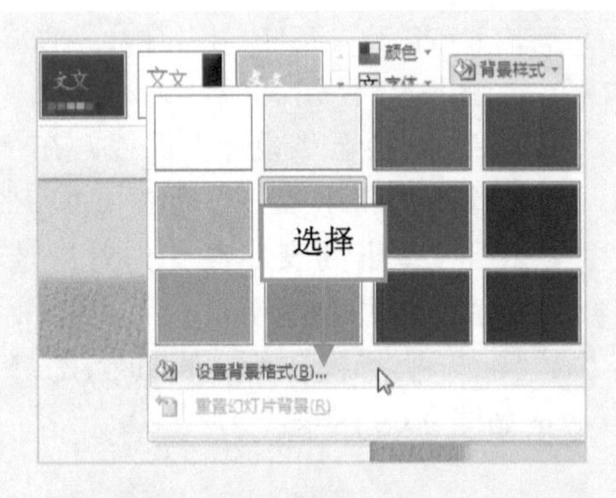

图 9-99 选择“设置背景格式”命令

步骤08 弹出“设置背景格式”对话框，在“填充”选项区中，选中“图案填充”单选按钮，如图 9-100 所示。

步骤09 单击“前景色”右侧的下拉按钮，弹出列表，在“标准色”选项区中，选择“浅蓝”选项，如图 9-101 所示。

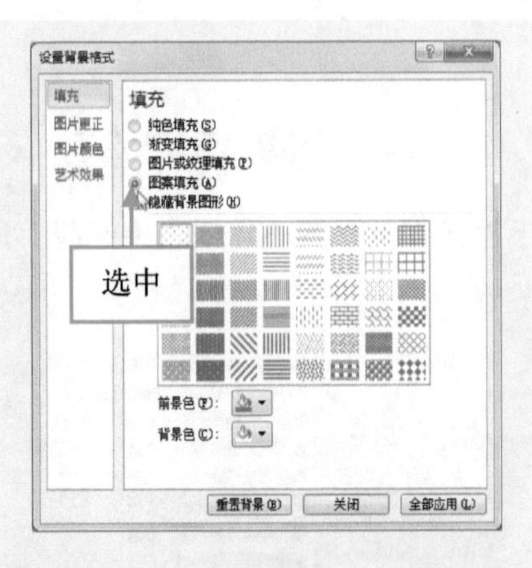

图 9-100 选中“图案填充”单选按钮

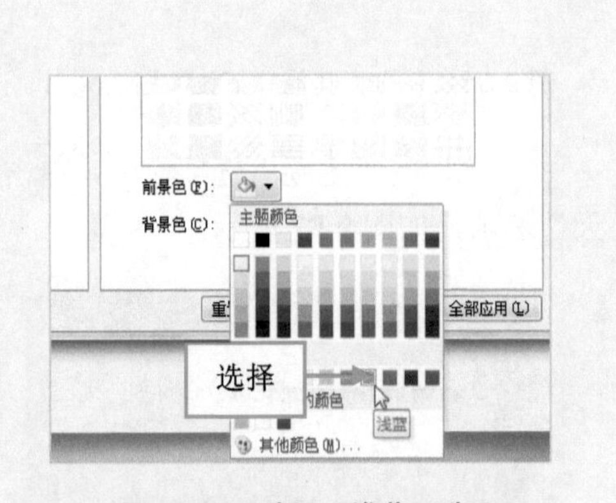

图 9-101 选择“浅蓝”选项

步骤10 然后在上方的列表框中，选择相应选项，如图 9-102 所示。

步骤11 单击“关闭”按钮，设置背景格式，效果如图 9-103 所示。

步骤12 切换至“插入”面板，在“文本”选项板中，单击“页眉和页脚”按钮，如图 9-104 所示。

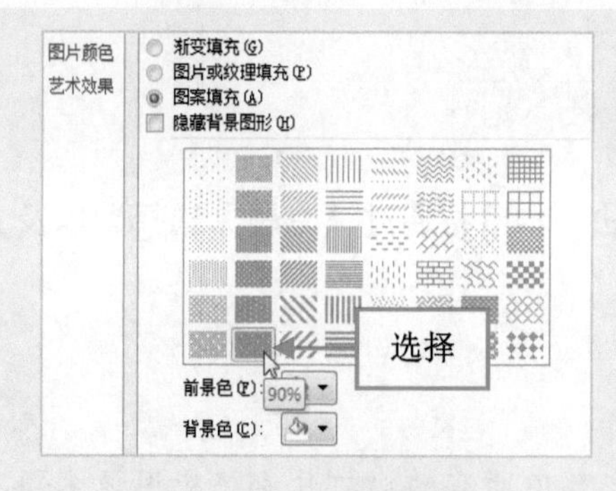

图 9-102 选择相应选项

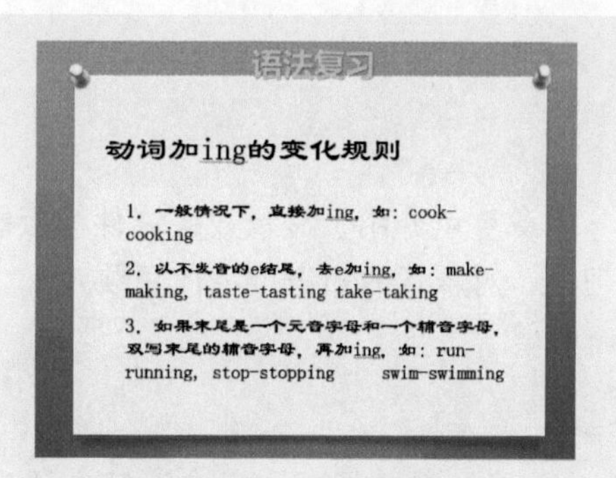

图 9-103 设置背景格式

步骤13 弹出“页眉和页脚”对话框，选中“日期和时间”复选框，如图 9-105 所示。

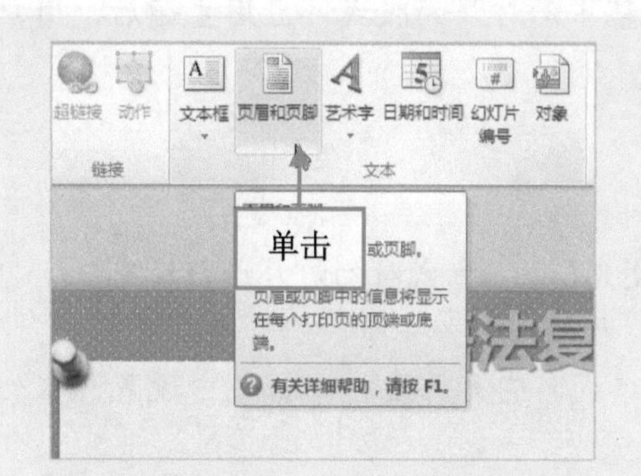

图 9-104 单击“页眉和页脚”按钮

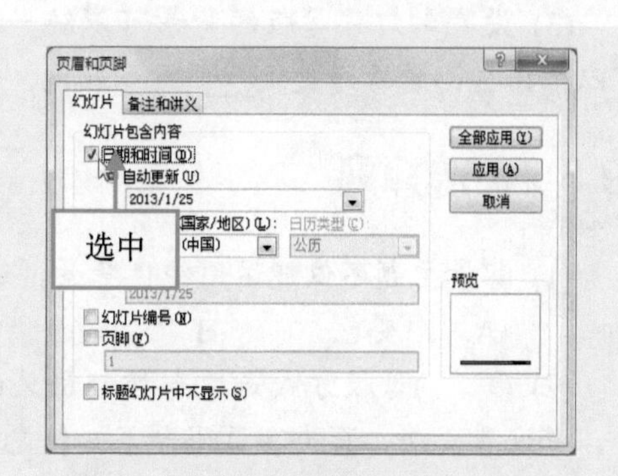

图 9-105 选中“日期和时间”复选框

步骤14 选中“幻灯片编号”复选框和“页脚”复选框，在“页脚”下方的文本框中，输入文本“英语课件”，如图 9-106 所示。

步骤15 单击“全部应用”按钮，即可在幻灯片中添加页眉和页脚，如图 9-107 所示，完成语法复习课件的制作。

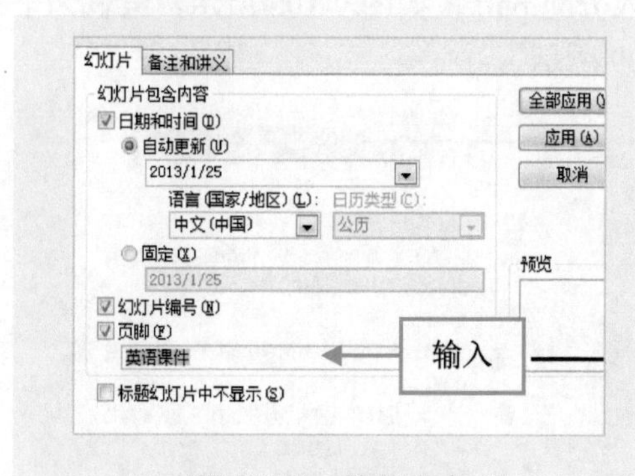

图 9-106 输入文本

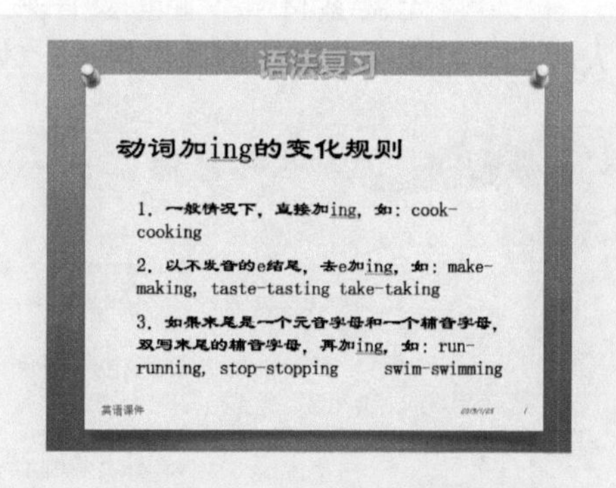

图 9-107 添加页眉和页脚

9.5 本 章 习 题

本章重点介绍了显示效果课件模板制作的方法，本节将通过填空题、选择题以及上机练习题，对本章的知识点进行回顾。

9.5.1 填空题

(1) 在一般情况下，用户选定主题后，演示文稿中所有的幻灯片都将应用该主题，如果只需要某一张幻灯片应用该主题，可以设置将主题应用到________的幻灯片中。

(2) 在 PowerPoint 2010 中，用户在制作演示文稿时，不仅可以应用内置的主题，还可以选择应用________的幻灯片模板。

(3) 设置幻灯片母版的背景可以统一演示文稿中幻灯片的版式，应用主题后，用户还可以根据自己的喜好更改________颜色。

9.5.2 选择题

(1) 背景主题不仅能运用纯色背景，还可以运用(　　)方式对幻灯片进行填充。

A. 渐变色　　B. 文本　　C. 视频　　D. 动画

(2) (　　)母版方式是用来控制讲义的打印格式，它允许在一张讲义中设置几张幻灯片，并设置页眉、页脚和页码等基本信息。

A. 阅读　　B. 备注　　C. 讲义　　D. 普通

(3) 模板也包含标题母版，可以在标题母版上更改具有(　　)版式的幻灯片。

A. 标题和内容　　B. 内容幻灯片　　C. 标题幻灯片　　D. 空白幻灯片

9.5.3 上机练习：政治课件实例——制作个人收入分配课件

打开“光盘\素材\第 9 章”文件夹下的个人收入分配.pptx，如图 9-108 所示，尝试为个人收入分配课件应用选定的幻灯片，效果如图 9-109 所示。

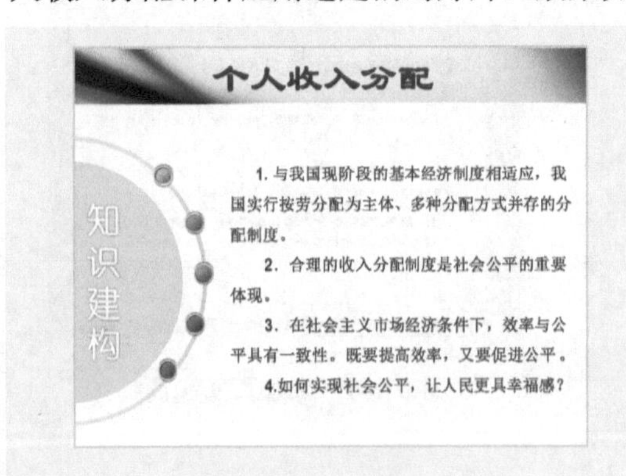

图 9-108　素材文件

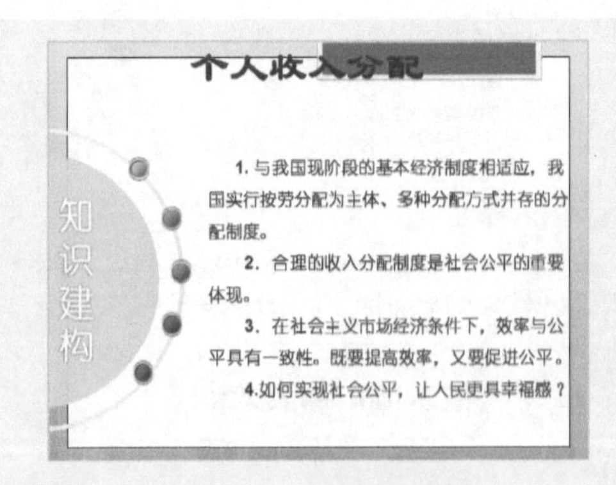

图 9-109　个人收入分配课件效果

第 10 章

神奇链接：超链接课件模板制作

超链接是指向特定位置或文件的一种链接方式，运用超链接可以指定程序的跳转位置，当放映幻灯片时，就可以在添加了动作的按钮或者超链接的文本上单击鼠标左键，程序就将自动跳至指定的幻灯片页面。本章主要向读者介绍创建超链接、编辑超链接以及链接到其他对象的操作方法。

本章重点：

- 创建课件中的超链接
- 编辑课件中的超链接
- 将课件链接到其他对象
- 综合练兵——制作夏商西周知识课件

10.1　创建课件中的超链接

超链接是指向特定位置或文件的一种链接方式，可以利用它指定程序的跳转位置。当放映幻灯片时，就可以在添加了动作按钮或者超链接的文本上单击该动作按钮，程序就将自动跳至指定的幻灯片页面。

10.1.1　实战——为汉代思想大一统课件插入超链接

在 PowerPoint 2010 中放映演示文稿时，为了方便切换到目标幻灯片中，可以在演示文稿中插入超链接。

步骤 01　单击“文件”|“打开”命令，打开一个素材文件，如图 10-1 所示。

步骤 02　在编辑区中选择“背景”文本，如图 10-2 所示。

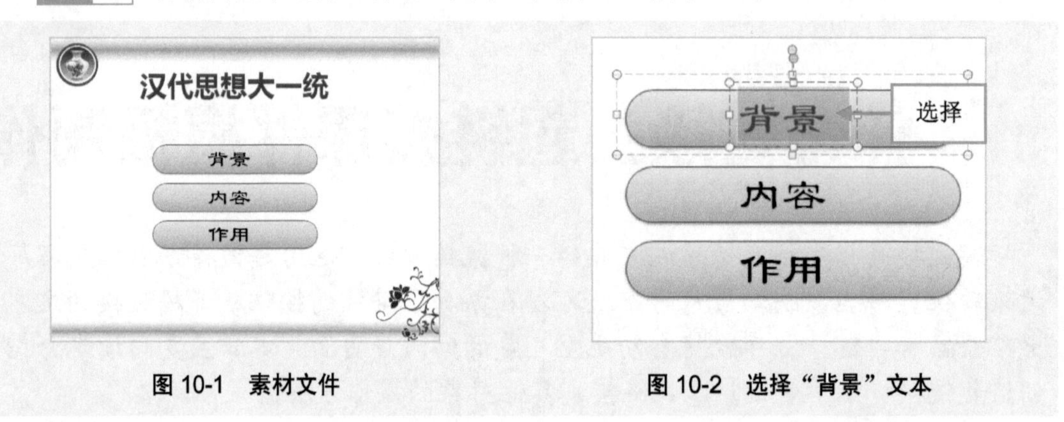

图 10-1　素材文件　　图 10-2　选择“背景”文本

步骤 03　切换至“插入”面板，在“链接”选项板中，单击“超链接”按钮，如图 10-3 所示。

步骤 04　弹出“插入超链接”对话框，在“链接到”列表框中，单击“本文档中的位置”按钮，如图 10-4 所示。

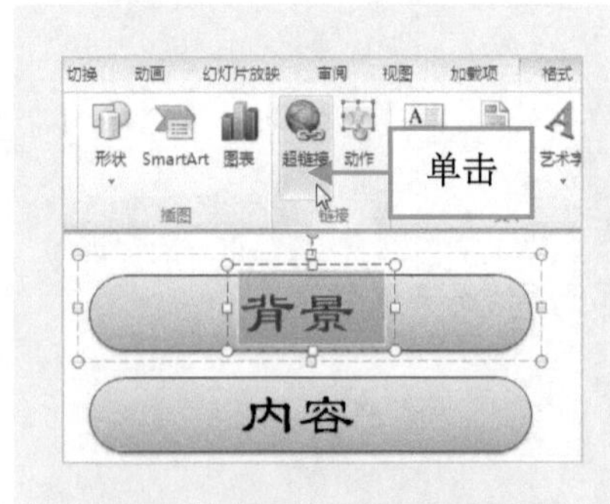

图 10-3　单击“超链接”按钮

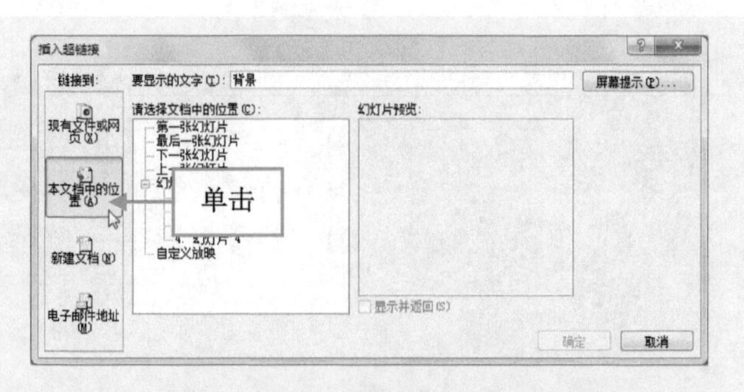

图 10-4　单击“本文档中的位置”按钮

技巧：除了运用以上方法弹出“插入超链接”对话框以外，用户还可以在选中的文本上单击鼠标右键，在弹出的快捷菜单中，选择“超链接”命令，即可弹出“插入超链接”对话框。

步骤05 然后在“请选择文档中的位置”选项区中的“幻灯片标题”下方，选择“幻灯片 2”选项，如图 10-5 所示。

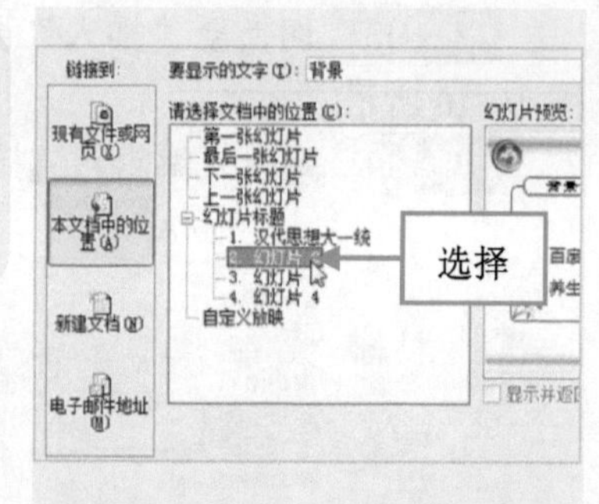

图 10-5　选择“幻灯片 2”选项

步骤06 单击“确定”按钮，即可在幻灯片中插入超链接，如图 10-6 所示。

步骤07 用与上述同样的方法，为幻灯片中的其他内容添加超链接，效果如图 10-7 所示。

图 10-6　插入超链接

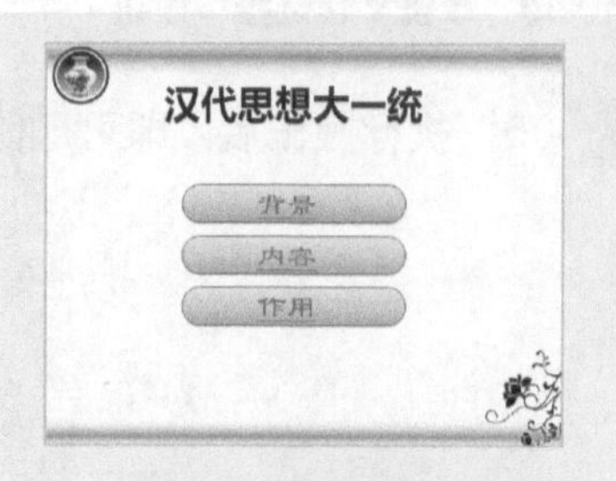

图 10-7　添加超链接

试一试：根据以上的操作步骤，可以自己在制作的课件中插入超链接。

10.1.2 实战——运用按钮删除聚落精讲课件中的超链接

在 PowerPoint 2010 中，用户可以通过单击“链接”选项板中的“超链接”按钮，达到删除超链接的目的。

步骤01 单击“文件”|“打开”命令，打开一个素材文件，如图 10-8 所示。

步骤02 在编辑区中，选择“自主学习目标”文本，如图 10-9 所示。

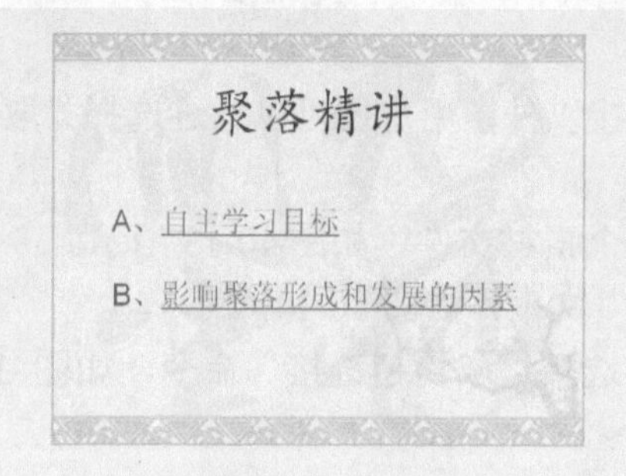

图 10-8　素材文件

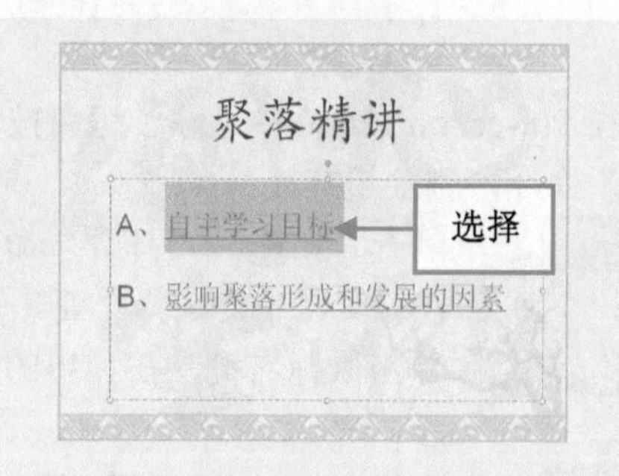

图 10-9　选择“自主学习目标”文本

步骤03 切换至“插入”面板，在“链接”选项板中，单击“超链接”按钮，如图 10-10 所示。

步骤04 弹出“编辑超链接”对话框，单击“删除链接”按钮，如图 10-11 所示。

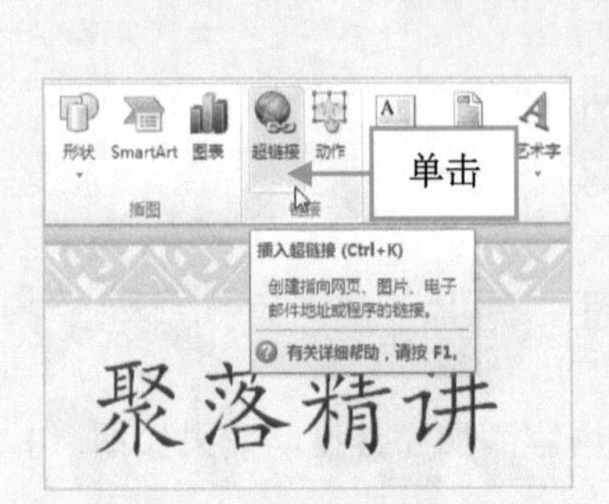

图 10-10 单击“超链接”按钮

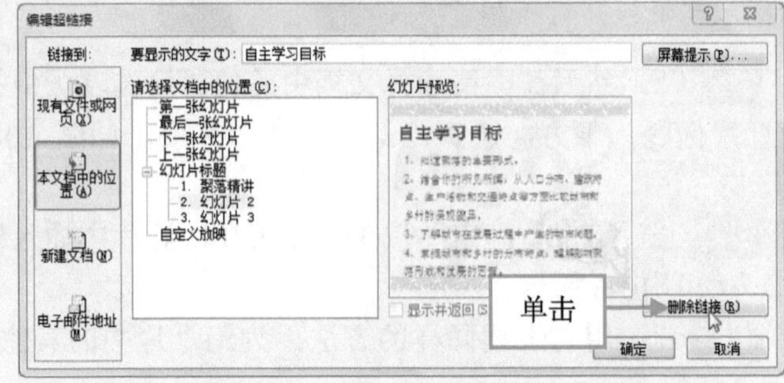

图 10-11 单击“删除链接”按钮

步骤05 执行操作后，即可删除超链接，效果如图 10-12 所示。

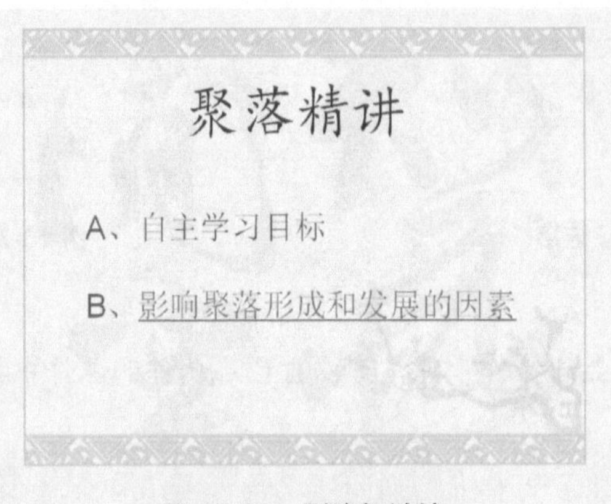

图 10-12 删除超链接

试一试：根据以上操作步骤，可以自己将不需要设置超链接的文本，进行删除操作。

10.1.3 实战——运用选项取消亚热带气候课件中的超链接

在 PowerPoint 2010 中，除了运用按钮删除超链接以外，用户还可以通过选择“取消超链接”命令，删除超链接。

步骤01 单击“文件”|“打开”命令，打开一个素材文件，如图 10-13 所示。

步骤02 在编辑区中，选择“亚热带气候特点”文本，如图 10-14 所示。

步骤03 单击鼠标右键，在弹出的快捷菜单中选择“取消超链接”命令，如图 10-15 所示。

步骤04 执行操作后，即可取消超链接，如图 10-16 所示。

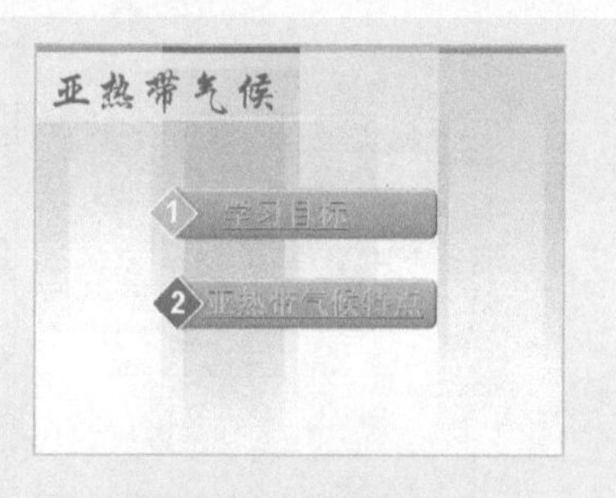

图 10-13　素材文件

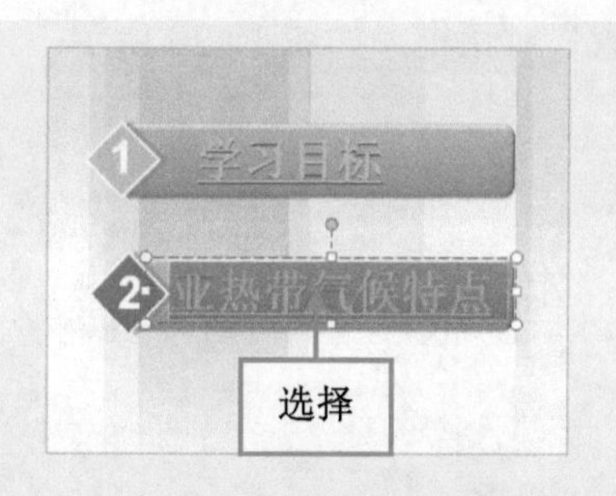

图 10-14　选择“亚热带气候特点”文本

图 10-15　选择“取消超链接”命令

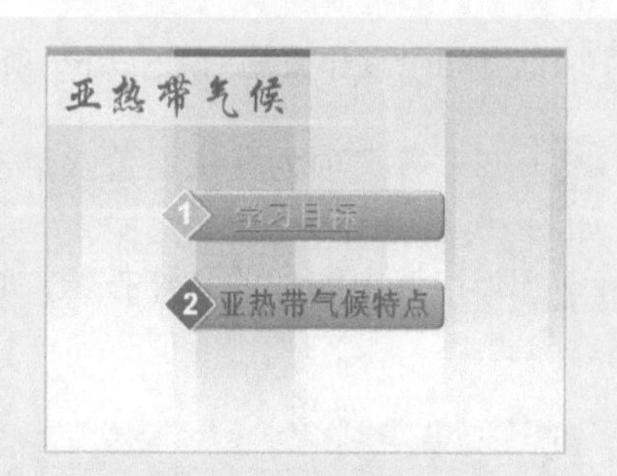

图 10-16　取消超链接

10.1.4 实战——运用形状在桃花源记课件中添加动作按钮

动作按钮是一种带有特定动作的图形按钮，应用这些按钮，可以快速实现在放映幻灯片时跳转的目的。

步骤01　单击“文件”|“打开”命令，打开一个素材文件，如图10-17所示。

步骤02　切换至“插入”面板，在“插图”选项板中，单击“形状”下拉按钮，如图10-18所示。

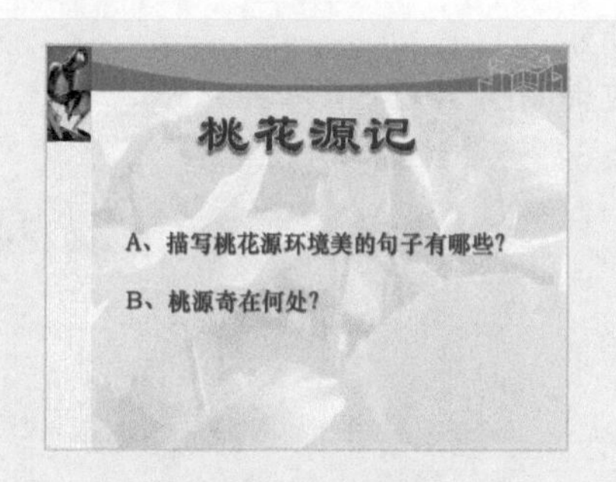

图 10-17　素材文件

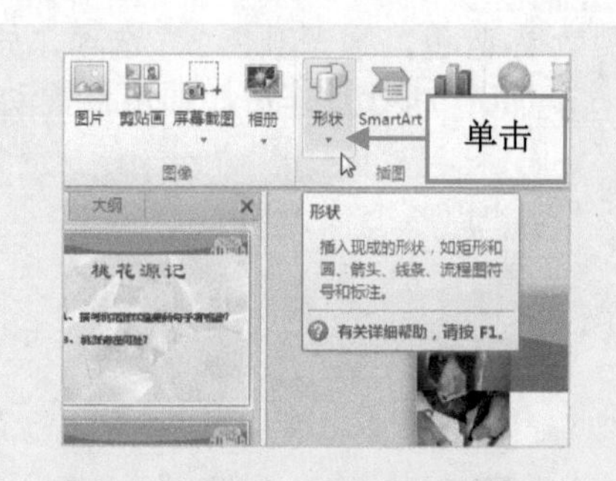

图 10-18　单击“形状”下拉按钮

步骤03　弹出列表，在“动作按钮”选项区中，单击“动作按钮：前进或下一项”按钮，如图10-19所示。

步骤04　鼠标指针呈十字形，在幻灯片的右下角绘制图形，释放鼠标左键，弹出“动作设置”对话框，如图 10-20 所示。

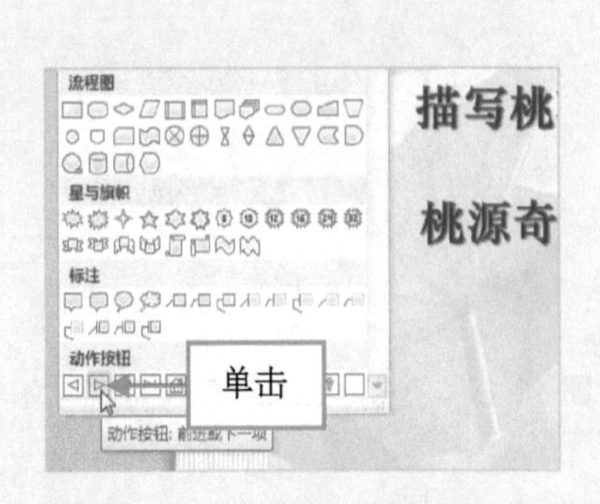

图 10-19　单击“动作按钮：前进或下一项”按钮

图 10-20　“动作设置”对话框

步骤05　各选项为默认设置，单击“确定”按钮，插入形状，并调整形状的大小和位置，如图 10-21 所示。

步骤06　选中添加的动作按钮，切换至“绘图工具”中的“格式”面板，如图 10-22 所示。

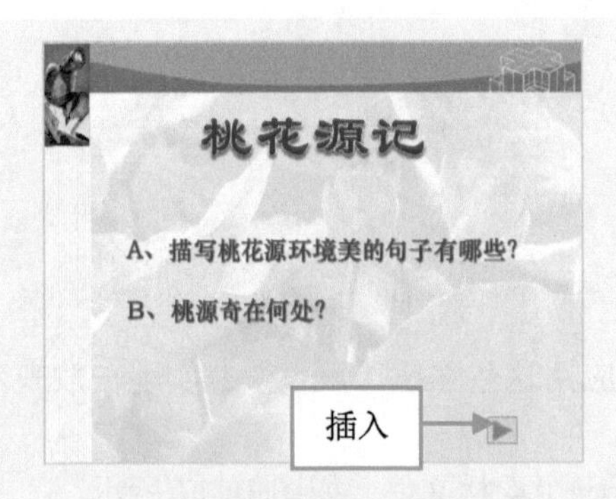

图 10-21　插入形状

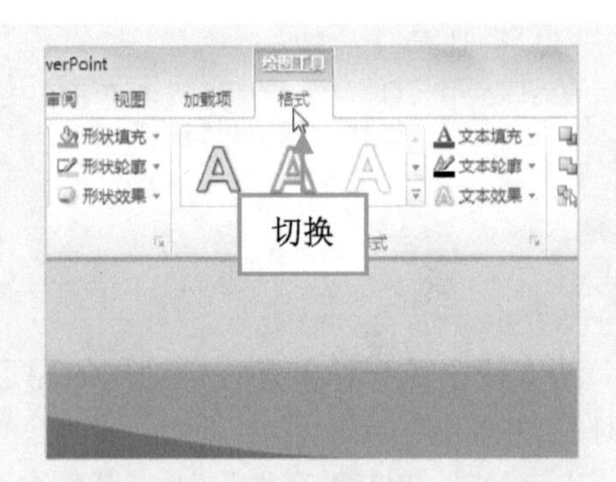

图 10-22　切换至“格式”面板

步骤07　在“形状样式”选项板中，单击“其他”下拉按钮，在弹出的列表中选择“强烈效果-蓝色，强调颜色 2”选项，如图 10-23 所示。

步骤08　执行操作后，即可设置动作按钮，效果如图 10-24 所示。

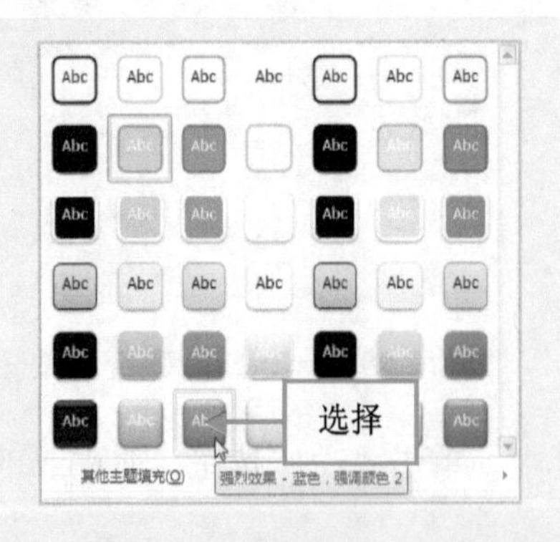

图 10-23　选择“强烈效果-蓝色，强调颜色 2”选项

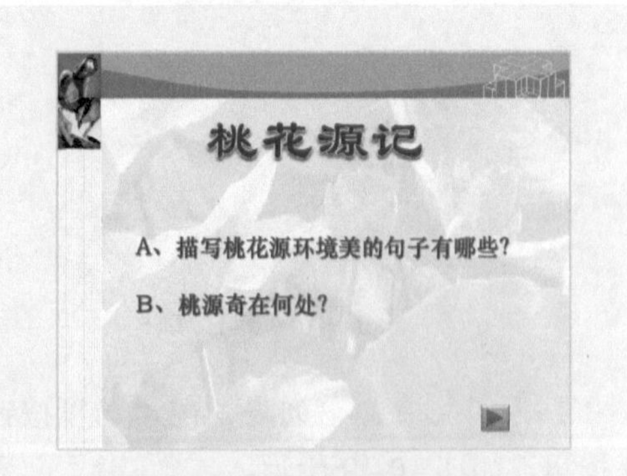

图 10-24　设置动作按钮

提示：动作与超链接的区别：超链接是将幻灯片中的某一部分与另一部分链接起来，它可以与本文档中的幻灯片链接，也可以链接到其他文件；插入动作只能与指定的幻灯片进行链接，它突出的是完成某一个动作。

10.1.5 实战——运用动作按钮在英语名词复习课件中添加动作

在 PowerPoint 2010 中，除了运用形状添加动作按钮以外，还可以选中对象，再插入“动作”按钮。

步骤01 单击“文件”|“打开”命令，打开一个素材文件，如图 10-25 所示。

步骤02 在编辑区中，选择需要添加动作的文本，如图 10-26 所示。

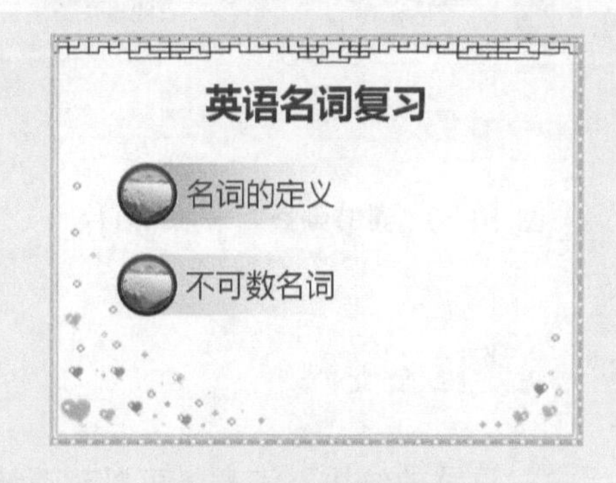

图 10-25 素材文件

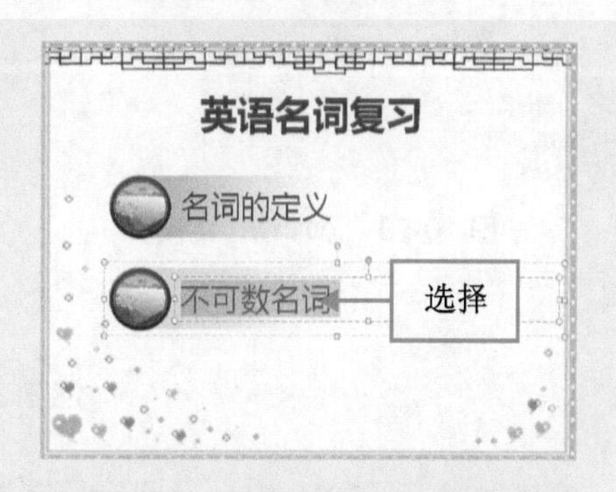

图 10-26 选择需要添加动作的文本

步骤03 切换至“插入”面板，在“链接”选项板中，单击“动作”按钮，如图 10-27 所示。

步骤04 弹出“动作设置”对话框，选中“超链接到”单选按钮，单击下方的下拉按钮，在弹出的下拉列表中选择“最后一张幻灯片”选项，如图 10-28 所示。

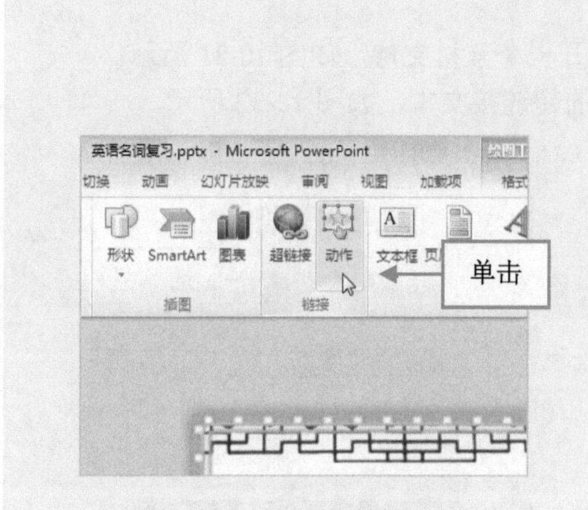

图 10-27 单击“动作”按钮

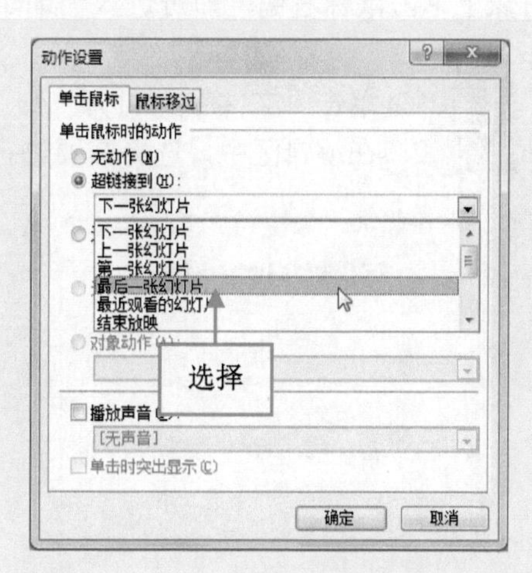

图 10-28 选择“最后一张幻灯片”选项

注意：用户可以根据选择课件中文本的实际情况，在“超链接到”下拉列表框中选择相对应的幻灯片进行链接。

步骤05 单击“确定”按钮，即可为选中的文本添加动作链接，如图 10-29 所示。

步骤06 在放映演示文稿时，只需单击幻灯片中的动作对象，即可跳转到最后一张幻灯片，如图 10-30 所示。

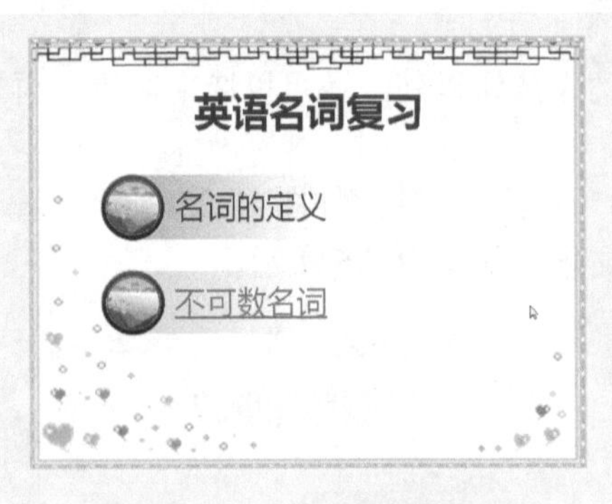

图 10-29 添加动作链接

图 10-30 跳转到最后一张幻灯片

10.2 编辑课件中的超链接

在 PowerPoint 2010 中，设置完超链接后，若用户对设置的结果不满意，可以对超链接进行修改，让链接更完整。

10.2.1 实战——更改溶液 PH 的计算课件中的超链接

“编辑超链接”对话框和“插入超链接”对话框是相同的，用户在选中已设置的超链接对象上单击鼠标右键，即可进入“编辑超链接”对话框，在此对话框中进行修改与编辑操作。

步骤01 单击“文件”|“打开”命令，打开一个素材文件，如图 10-31 所示。

步骤02 在编辑区中，选择需要进行更改的超链接文本，如图 10-32 所示。

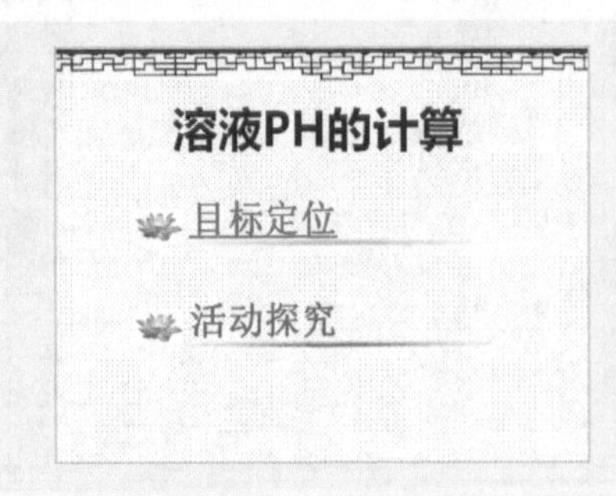

图 10-31 素材文件

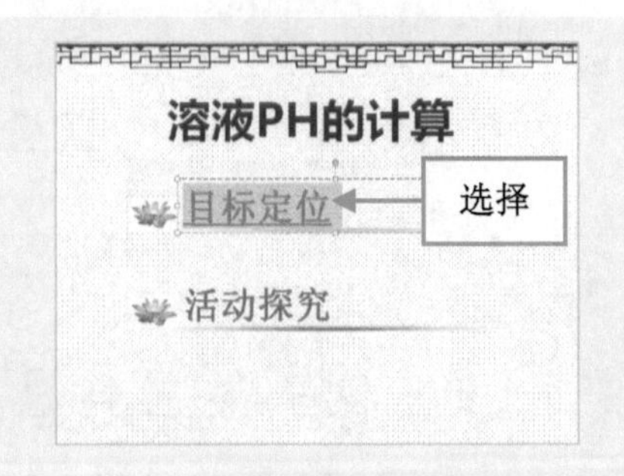

图 10-32 选择需要更改的超链接文本

步骤03 切换至“插入”面板，在“链接”选项板中，单击“超链接”按钮，如图10-33所示。

步骤04 弹出“编辑超链接”对话框，在“请选择文档中的位置”选项区中，选择“幻灯片2”选项，如图10-34所示。

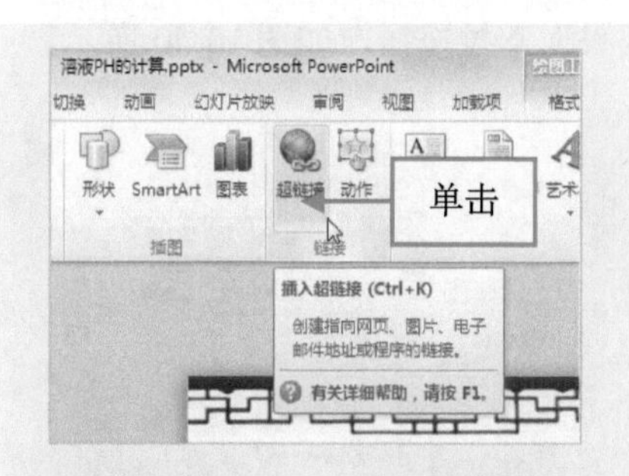

图10-33 单击“超链接”按钮

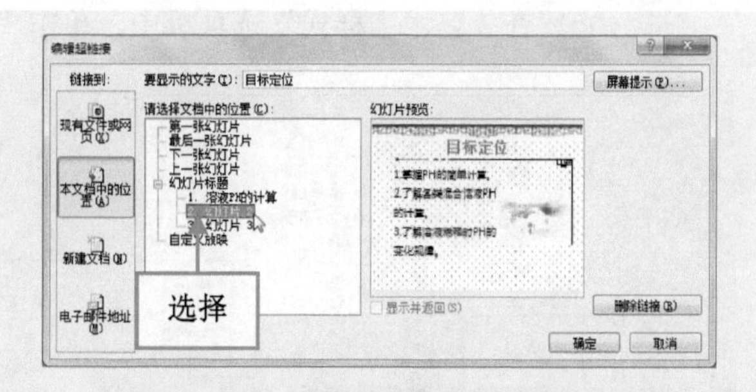

图10-34 选择“幻灯片2”选项

提示：在“请选择文档中的位置”列表框中，选择相应幻灯片选项以后，在右侧的“幻灯片预览”列表框中，将出现链接的新对象缩略图，用户可以在其中进行查看和确认链接对象的正确性。

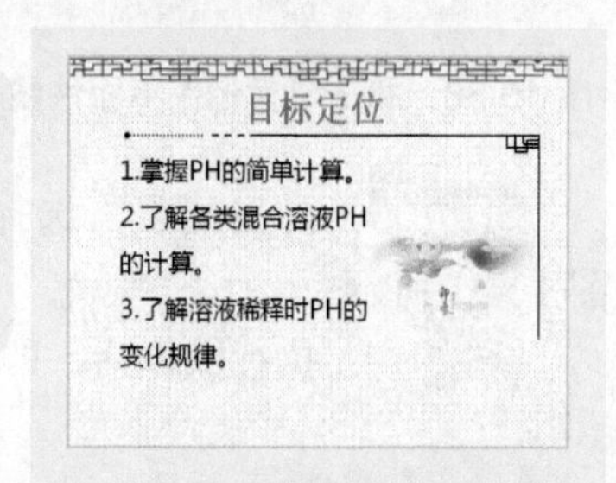

图10-35 链接到新幻灯片位置

步骤05 单击“确定”按钮，即可更改链接目标，在放映演示文稿时，只需单击幻灯片中的动作对象，即可跳转到链接的新幻灯片位置，如图10-35所示。

试一试：根据以上操作步骤，可以自己尝试对课件中的超链接进行更改。

10.2.2 实战——设置影响价格的因素课件中的超链接格式

在PowerPoint中，在为课件中的文本设置超链接以后，同样可以为超链接设置格式，以达到美化超链接的目的。

步骤01 单击“文件”|“打开”命令，打开一个素材文件，如图10-36所示。

步骤02 在编辑区中，选择需要设置超链接格式的文本，如图10-37所示。

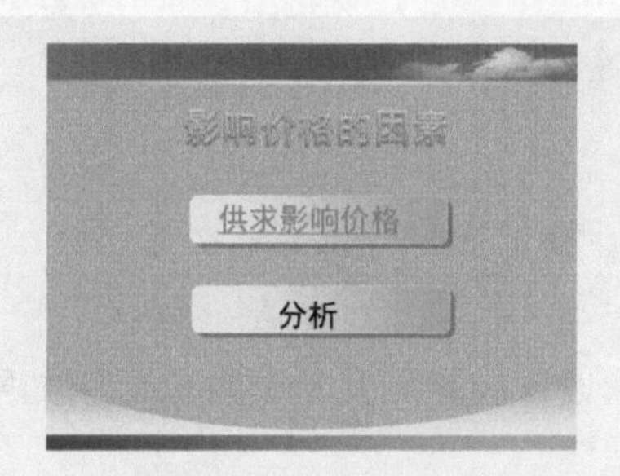

图10-36 素材文件

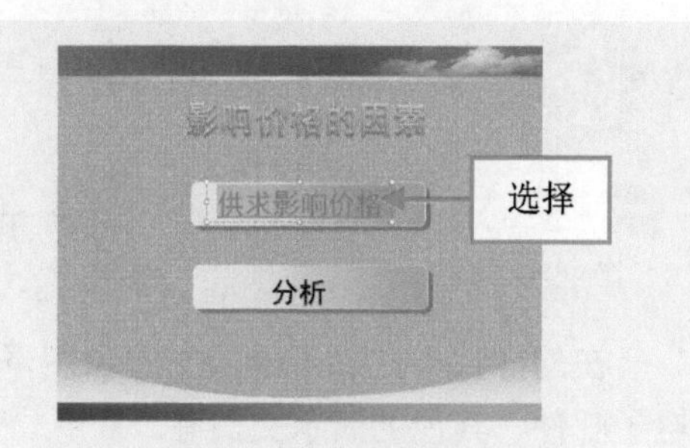

图10-37 选择文本

步骤03 切换至“绘图工具”中的“格式”面板，在“艺术字样式”选项板中，单击“其他”下拉按钮，如图 10-38 所示。

步骤04 在弹出的列表中选择“填充-橙色，强调文字颜色 2，粗糙棱台”选项，如图 10-39 所示。

步骤05 在“艺术字样式”选项板中，单击“文本效果”下拉按钮，如图 10-40 所示。

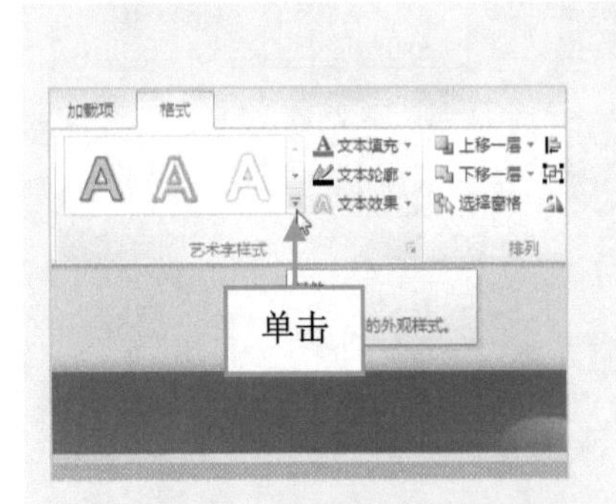

图 10-38 单击“其他”下拉按钮

图 10-39 选择相应选项

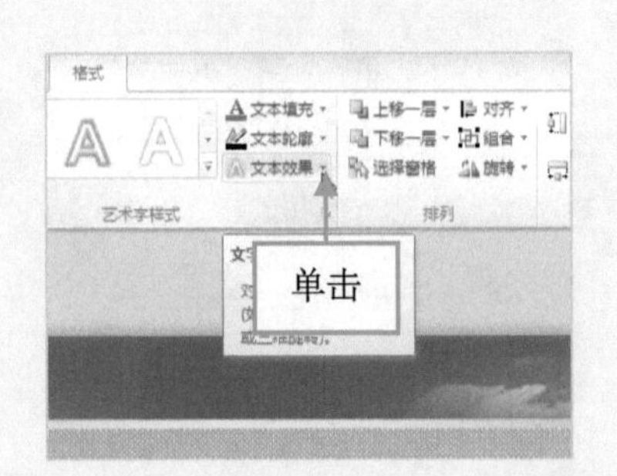

图 10-40 单击“文本效果”下拉按钮

步骤06 弹出列表，选择“发光”|“青绿，5pt 发光，强调文字颜色 1”选项，如图 10-41 所示。

步骤07 执行操作后，即可设置超链接格式，效果如图 10-42 所示。

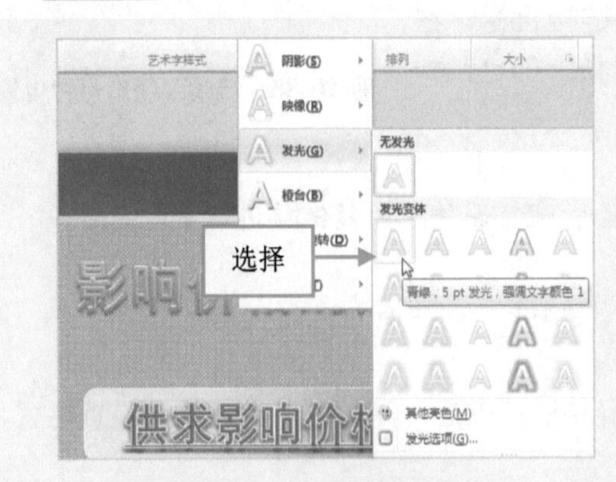

图 10-41 选择相应选项

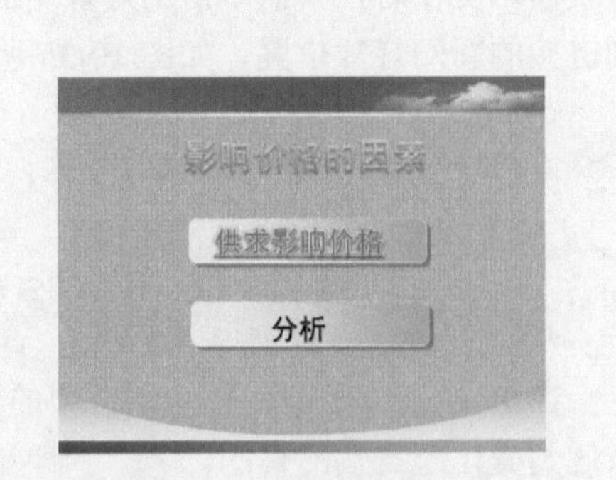

图 10-42 设置超链接格式

试一试：根据以上操作步骤，可以自己设置超链接格式。

10.3 将课件链接到其他对象

在幻灯片中，除了链接文本和图形以外，还可以设置链接到其他的对象，例如网页、电子邮件、其他的演示文稿等。

10.3.1 实战——链接到其他演示文稿

在 PowerPoint 2010 中，用户可以在选择的对象上，添加超链接到文件或其他演示文稿中。

步骤01 单击“文件”|“打开”命令，打开一个素材文件，如图 10-43 所示。

步骤02 在编辑区中，选择需要进行超链接的对象文本，如图 10-44 所示。

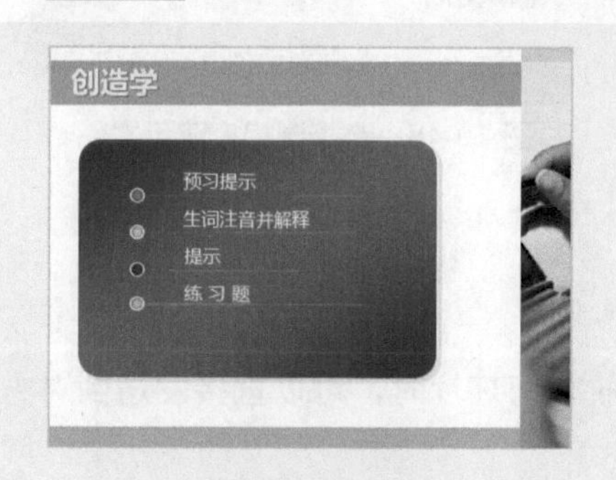

图 10-43 素材文件

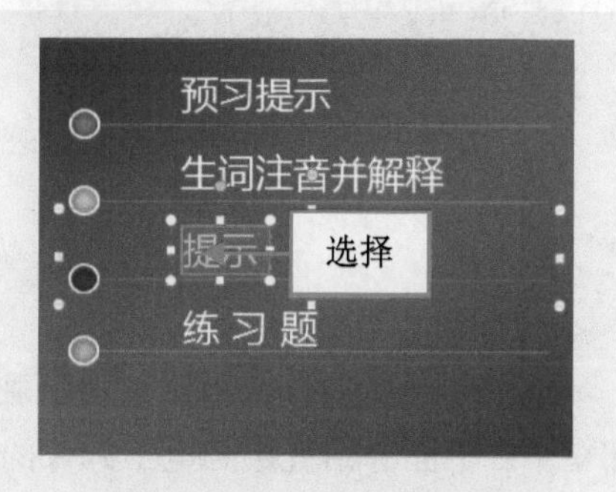

图 10-44 选择对象文本

步骤03 切换至“插入”面板，在“链接”选项板中单击“超链接”按钮，弹出“插入超链接”对话框，如图 10-45 所示。

步骤04 在“链接到”选项区中，单击“现有文件或网页”按钮，在“查找范围”下拉列表框中，选择需要链接演示文稿的位置，选择相应的演示文稿，如图 10-46 所示。

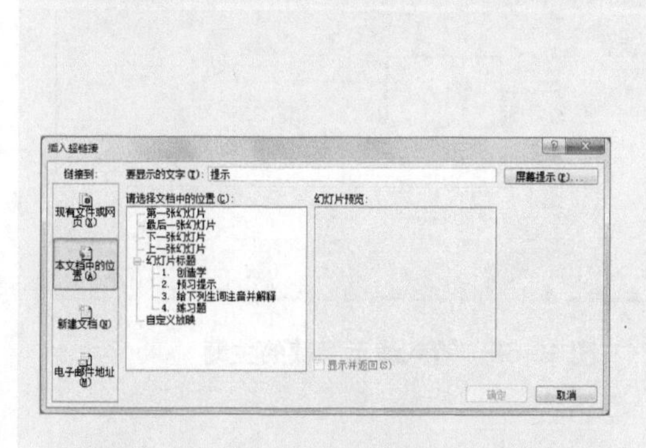

图 10-45 弹出“插入超链接”对话框

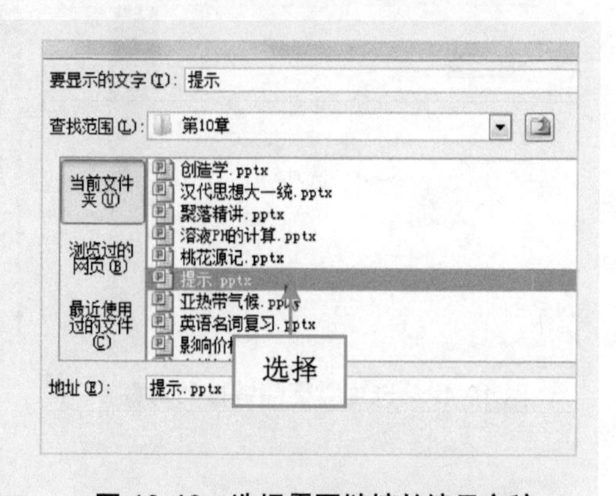

图 10-46 选择需要链接的演示文稿

步骤05 单击“确定”按钮，即可插入超链接，切换至“幻灯片放映”面板，在“开始放映幻灯片”选项板中，单击“从头开始”按钮，将鼠标移至“提示”文本对象时，如图 10-47 所示，鼠标呈 形状。

步骤06 在文本上单击鼠标左键，即可链接到相应演示文稿，如图 10-48 所示。

注意：只有在幻灯片中的对象才能添加超链接，讲义和备注等内容不能添加超链接。添加或修改超链接的操作只有在普通视图中的幻灯片中才能进行编辑。

图 10-47　鼠标位置

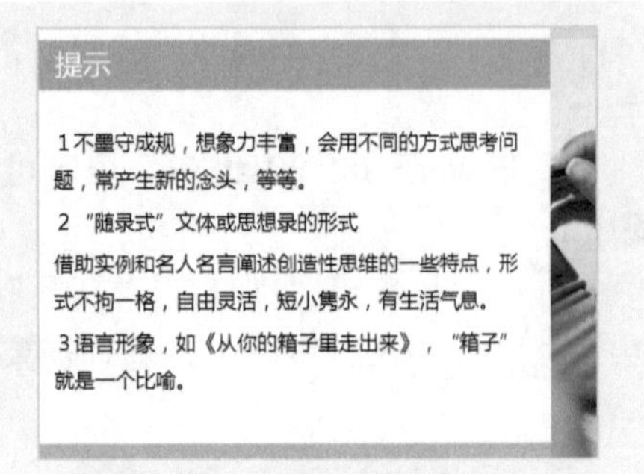

图 10-48　链接到相应演示文稿

10.3.2 链接到电子邮件

用户可以在幻灯片中加入电子邮件的链接，在放映幻灯片时，可以直接发送到对方的邮箱中。下面介绍链接到电子邮件的操作方法。

在打开的演示文稿中，选中需要设置超链接的对象，如图 10-49 所示，切换至“插入”面板，在“链接”选项板中单击“超链接”按钮，弹出“插入超链接”对话框，在“插入超链接”对话框中，选择“电子邮件地址”选项，在“电子邮件地址”文本框中输入邮件地址，然后在“主题”文本框中输入演示文稿的主题，如图 10-50 所示，单击“确定”按钮即可。

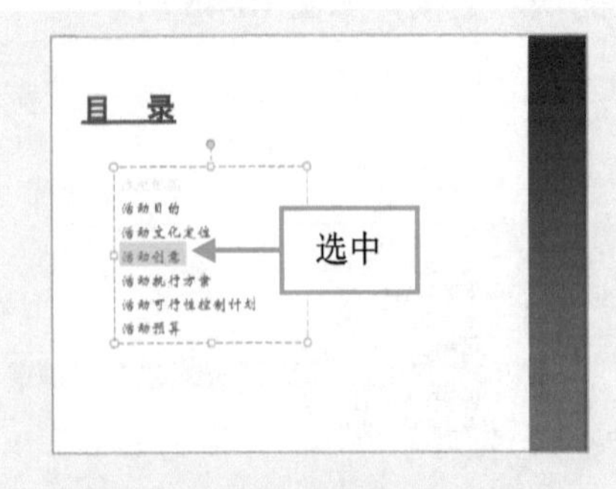

图 10-49　选中需要超链接的对象

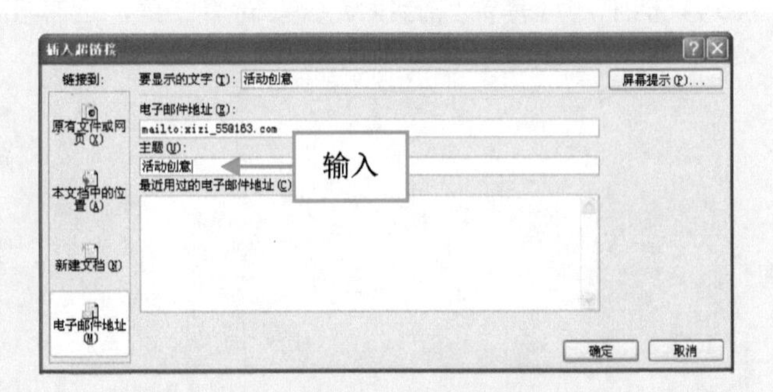

图 10-50　输入演示文稿的主题

10.3.3 链接到网页

用户还可以在幻灯片中加入指向 Internet 的链接，在放映幻灯片时可直接打开网页。下面介绍链接到网页的操作方法。

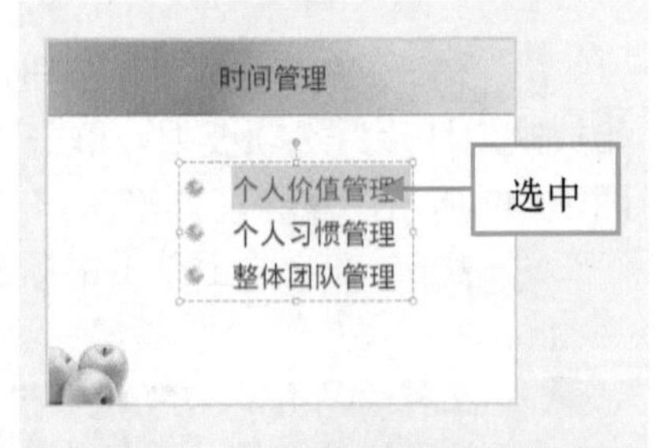

图 10-51　选中需要超链接的对象

在打开的演示文稿中，选中需要超链接的对象，如图 10-51 所示，切换至“插入”面板，单击“超链接”按钮，弹出“插入超链接”对话框，选择“原有文件或网页”链接类型，在“地址”文本框中输入网页地址，单击“确定”按钮即可。

10.3.4 链接到新建文档

用户还可以添加超链接到新建的文档，在调出的“插入超链接”对话框中，选择“新建文档”选项，如图 10-52 所示，在“新建文档名称”文本框中输入名称，单击“更改”按钮，即可更改文件路径，单击“确定”按钮，即可链接到新建文档。

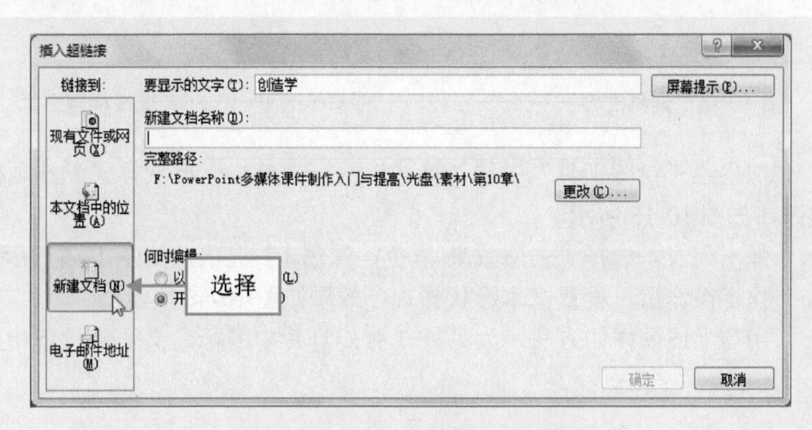

图 10-52 选择“新建文档”选项

10.3.5 设置屏幕提示

在幻灯片中插入超链接后，还可以设置屏幕提示，以便在幻灯片放映时显示提供。

选中需要超链接的对象，切换至“插入”面板，单击“超链接”按钮，弹出“插入超链接”对话框，单击“屏幕提示”按钮，弹出“设置超链接屏幕提示”对话框，在文本框中输入文字，如图 10-53 所示，单击“确定”按钮，返回到“插入超链接”对话框，选择插入超链接对象，即可插入屏幕提示文字。

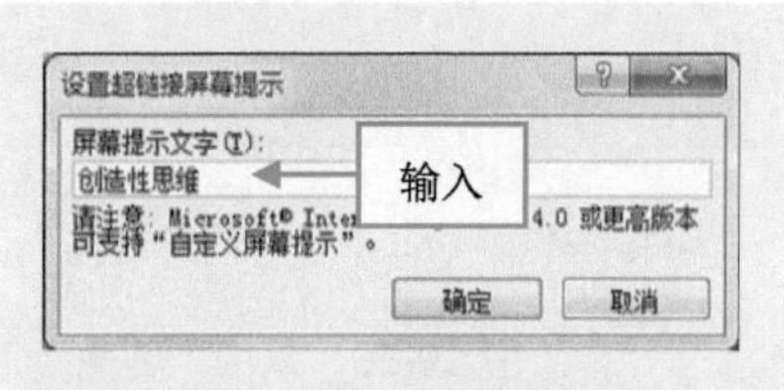

图 10-53 输入文字

10.4 综合练兵——制作夏商西周知识课件

在 PowerPoint 中，用户可以根据需要制作夏商西周知识课件。下面向读者介绍制作夏商西周知识课件的操作方法。

步骤 01 单击“文件”|“打开”命令，打开一个素材文件，如图 10-54 所示。

步骤 02 在编辑区中，选择标题文本，如图 10-55 所示。

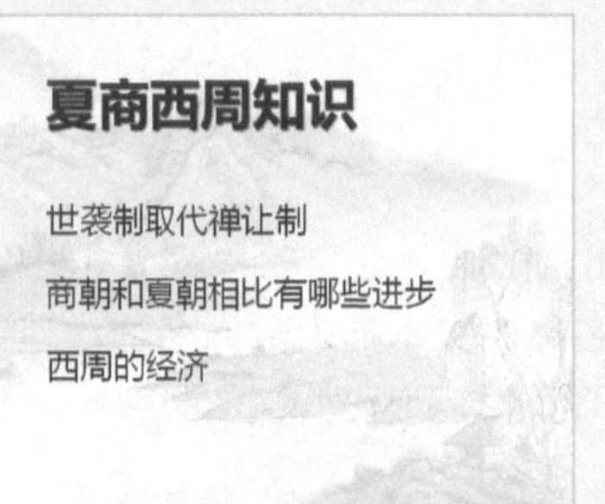

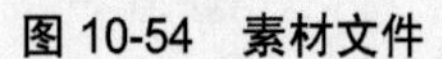
图 10-54 素材文件

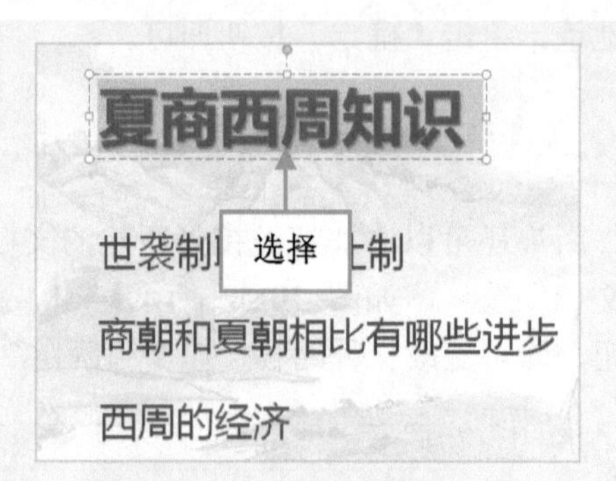

图 10-55 选择标题文本

步骤 03 切换至“绘图工具”中的“格式”面板，单击“形状样式”选项板中的“其他”下拉按钮，如图 10-56 所示。

步骤 04 弹出列表，选择“强烈效果-黑色，深色 1”选项，如图 10-57 所示。

步骤 05 执行操作后，设置文本形状样式，效果如图 10-58 所示。

步骤 06 用与上述同样的方法，为另外 3 张幻灯片中的标题文本，设置相应样式，如图 10-59 所示。

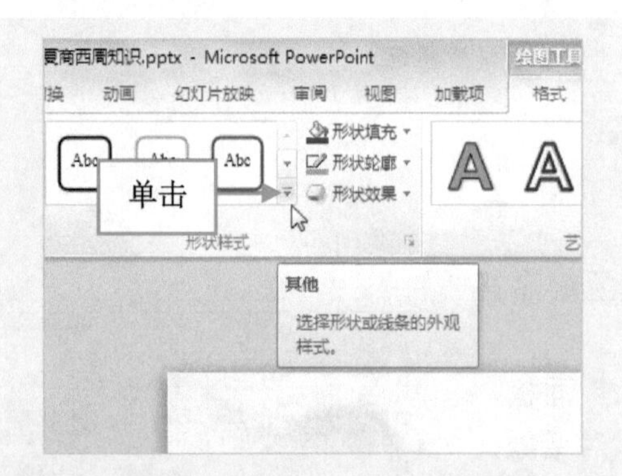

图 10-56 单击“其他”下拉按钮

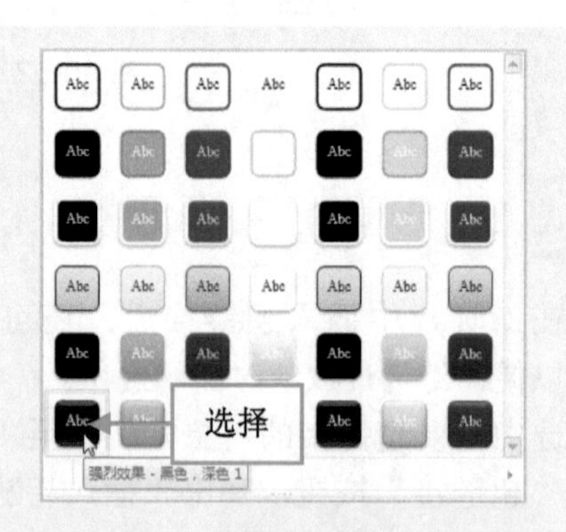

图 10-57 选择“强烈效果-黑色，深色 1”选项

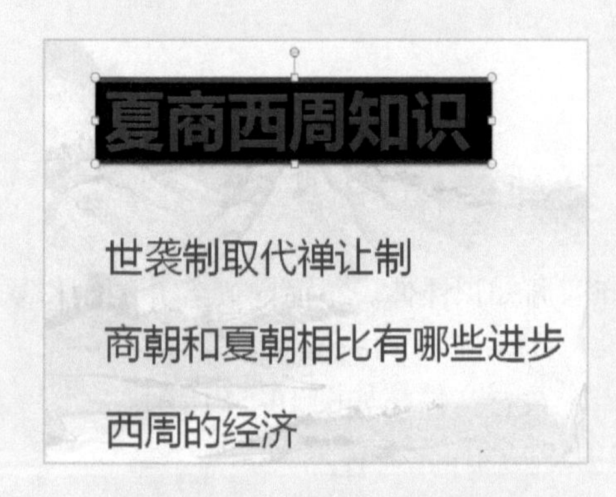

图 10-58 设置文本形状样式

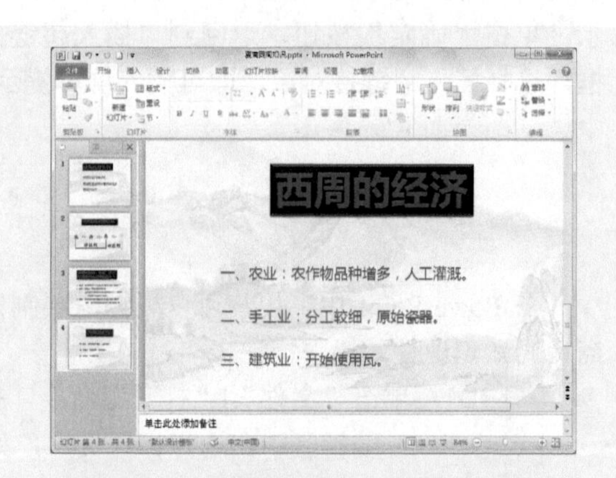

图 10-59 设置其他幻灯片文本样式

步骤07 切换至第1张幻灯片，选择相应文本，如图10-60所示。

步骤08 单击鼠标右键，在弹出的快捷菜单中，选择“超链接”命令，如图10-61所示。

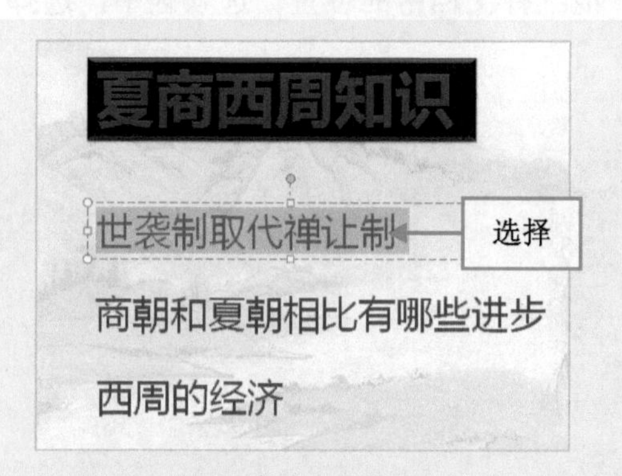

图10-60 选择相应文本

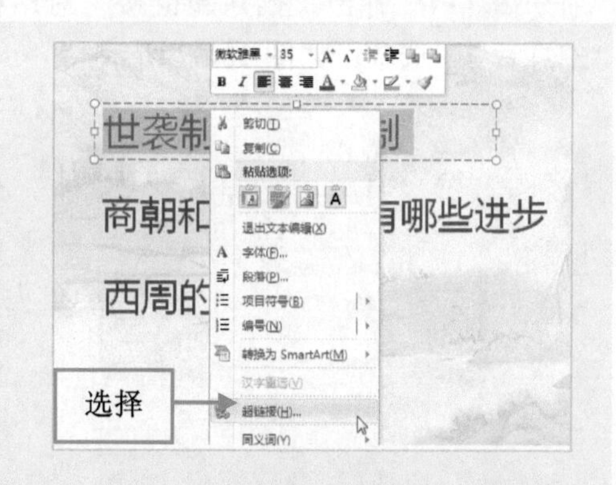

图10-61 选择“超链接”命令

步骤09 弹出“插入超链接”对话框，在“链接到”选项区中，单击“本文档中的位置”按钮，如图10-62所示。

步骤10 在“请选择文档中的位置”选项区中，选择“幻灯片2”选项，如图10-63所示。

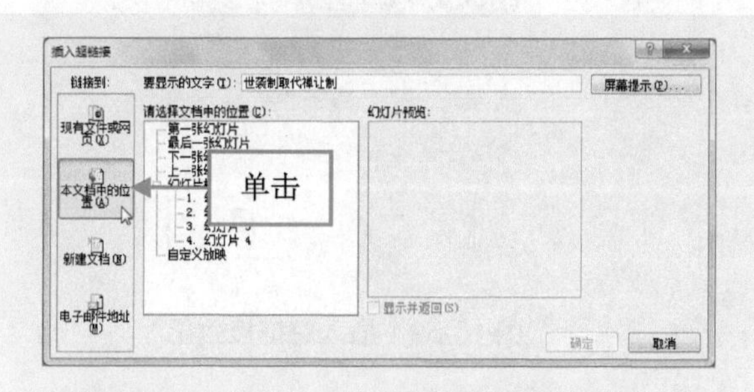

图10-62 单击“本文档中的位置”按钮

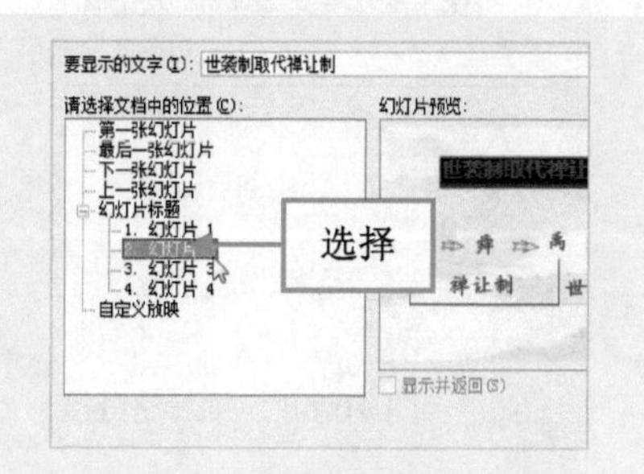

图10-63 选择“幻灯片2”选项

步骤11 单击“确定”按钮，即可为选择的文本添加超链接，如图10-64所示。

步骤12 在第1张幻灯片中，选择相应文本，如图10-65所示。

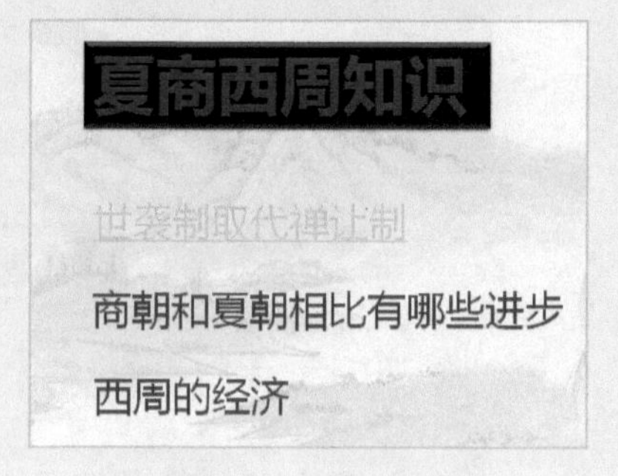

图10-64 添加超链接

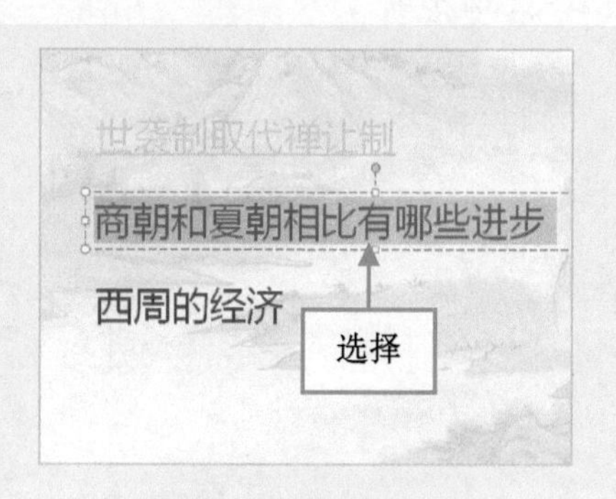

图10-65 选择相应文本

步骤 13　切换至“插入”面板，单击“链接”选项板中的“超链接”按钮，如图 10-66 所示。

步骤 14　弹出“插入超链接”对话框，在“请选择文档中的位置”选项区中，选择“幻灯片 3”选项，如图 10-67 所示。

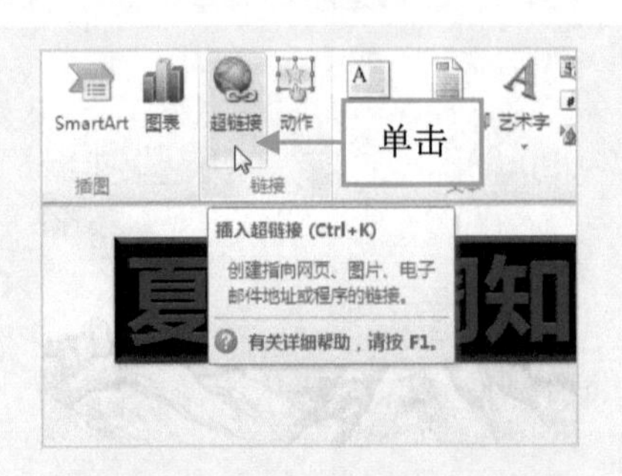

图 10-66　单击“超链接”按钮

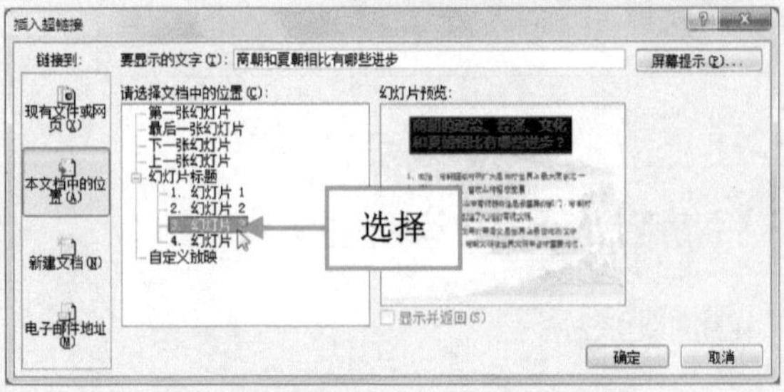

图 10-67　选择“幻灯片 3”选项

步骤 15　单击“确定”按钮，即可插入超链接，如图 10-68 所示。

步骤 16　用与上同样的方法，为“西周的经济”文本插入超链接，效果如图 10-69 所示。

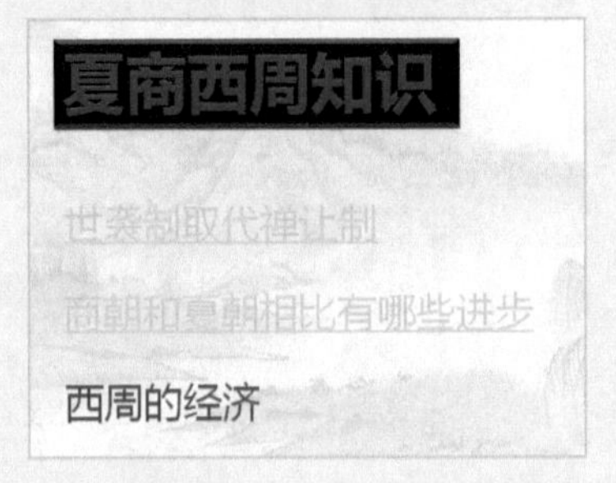

图 10-68　插入超链接

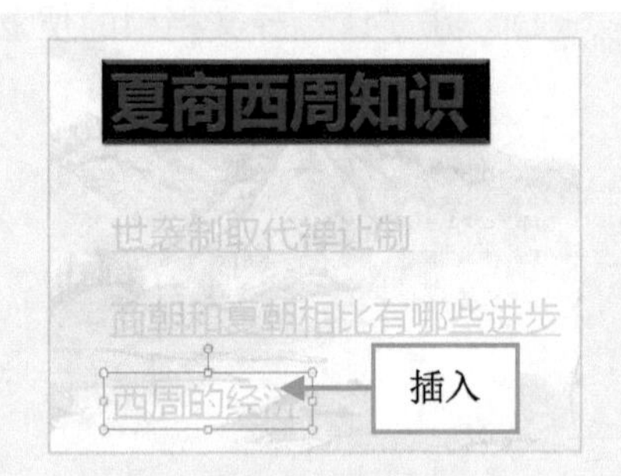

图 10-69　插入超链接效果

步骤 17　切换至第 4 张幻灯片，在“插入”面板中的“插图”选项板中，单击“形状”下拉按钮，如图 10-70 所示。

步骤 18　弹出列表，在“动作按钮”选项区中，选择“动作按钮：第一张”选项，如图 10-71 所示。

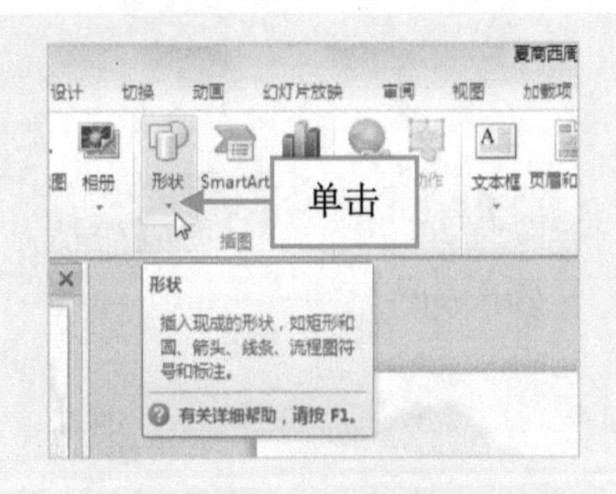

图 10-70　单击“形状”下拉按钮

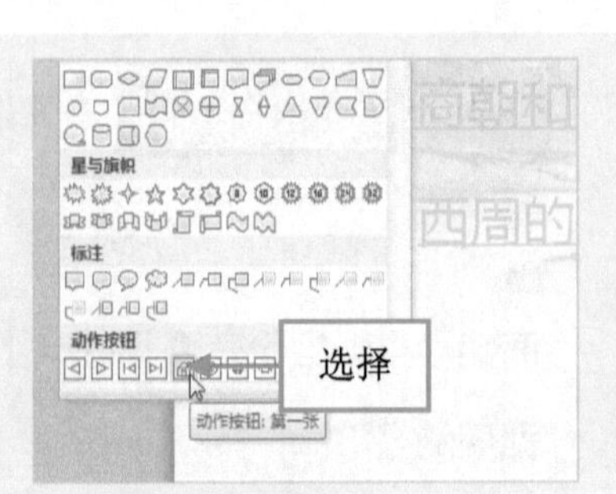

图 10-71　选择“动作按钮：第一张”选项

步骤19 鼠标指针呈十字形，在幻灯片的左下角绘制图形，释放鼠标左键，弹出“动作设置”对话框，如图 10-72 所示。

步骤20 各选项为默认设置，单击“确定”按钮，即可添加动作，如图 10-73 所示。

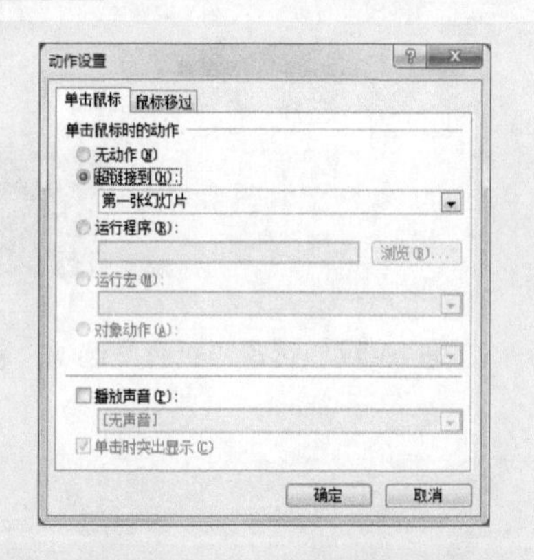

图 10-72 弹出“动作设置”对话框

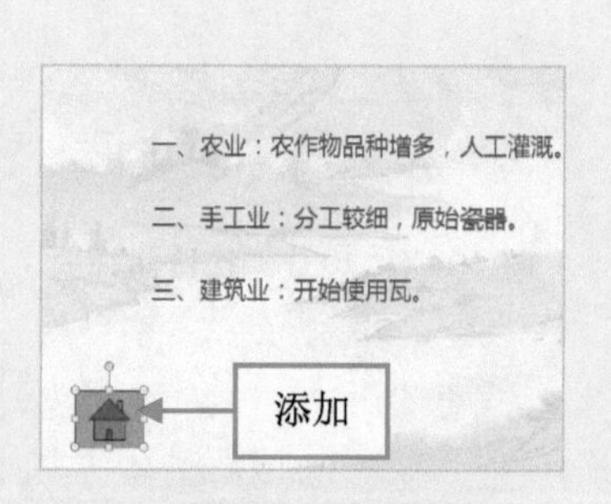

图 10-73 添加动作

步骤21 选择添加的动作，切换至“绘图工具”中的“格式”面板，在“形状样式”选项板中，单击“其他”下拉按钮，如图 10-74 所示。

步骤22 在弹出的列表中选择“细微效果-蓝色，强调颜色 2”选项，如图 10-75 所示。

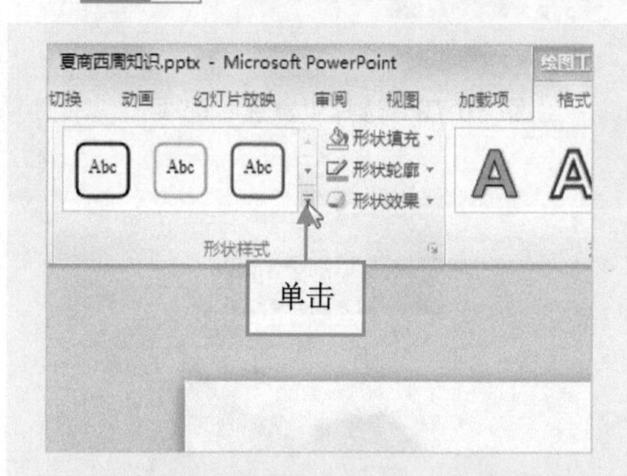

图 10-74 单击“其他”下拉按钮

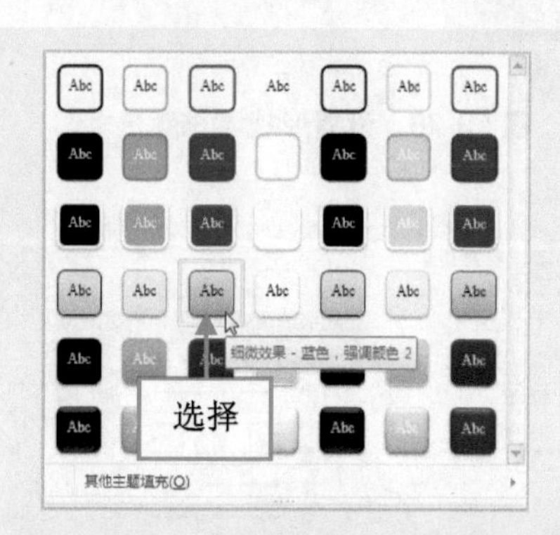

图 10-75 选择“细微效果-蓝色，强调颜色 2”选项

步骤23 执行操作后，即可设置动作按钮样式，如图 10-76 所示。

步骤24 单击“形状样式”选项板中的“形状填充”下拉按钮，弹出列表，在“标准色”选项区中，选择“红色”选项，如图 10-77 所示。

步骤25 执行操作后，设置形状填充颜色，如图 10-78 所示。

步骤26 单击“形状样式”选项板中的“形状轮廓”下拉按钮，弹出列表，在“标准色”选项板中，选择“黄色”选项，如图 10-79 所示。

步骤27 再次在弹出的“形状轮廓”列表框中，选择“粗细”|“1.5 磅”选项，如图 10-80 所示。

步骤28 执行操作后，即可设置形状填充轮廓，效果如图 10-81 所示。

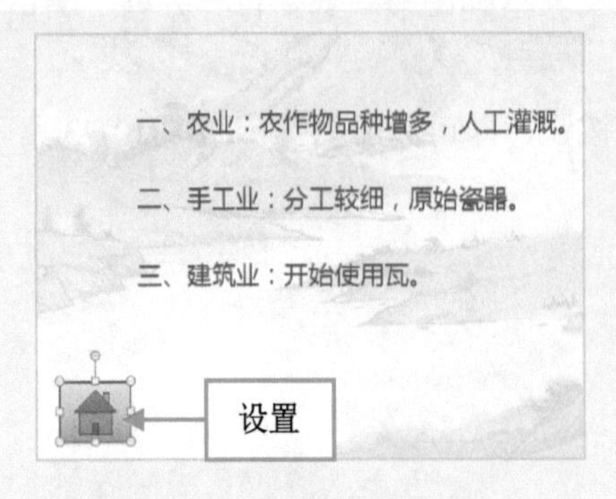

图 10-76　设置动作按钮样式

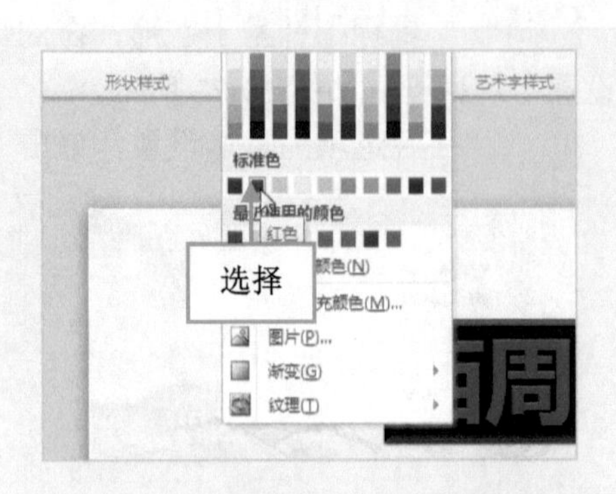

图 10-77　选择“红色”选项

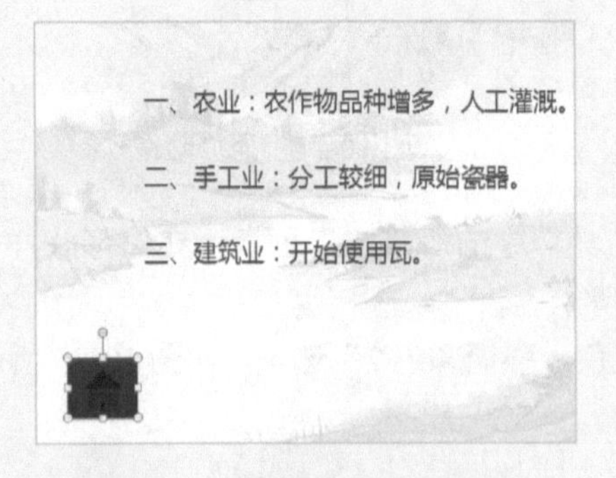

图 10-78　设置形状填充颜色

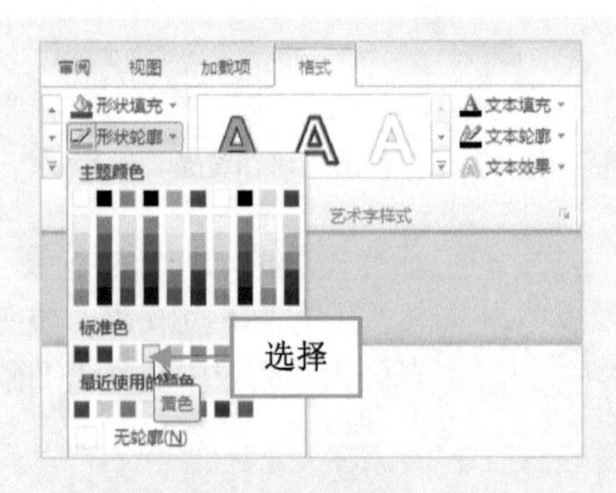

图 10-79　选择“黄色”选项

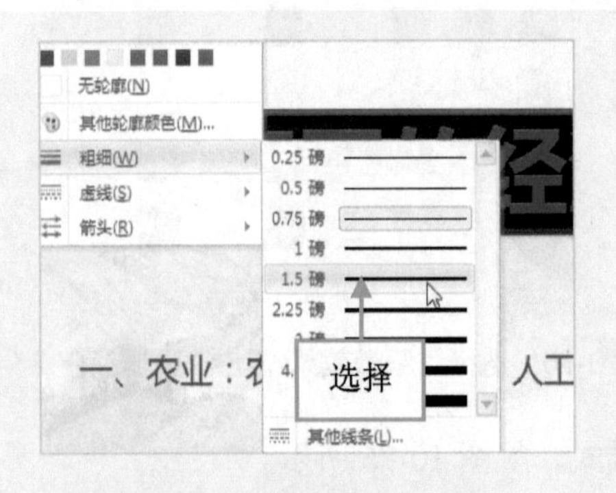

图 10-80　选择“1.5 磅”选项

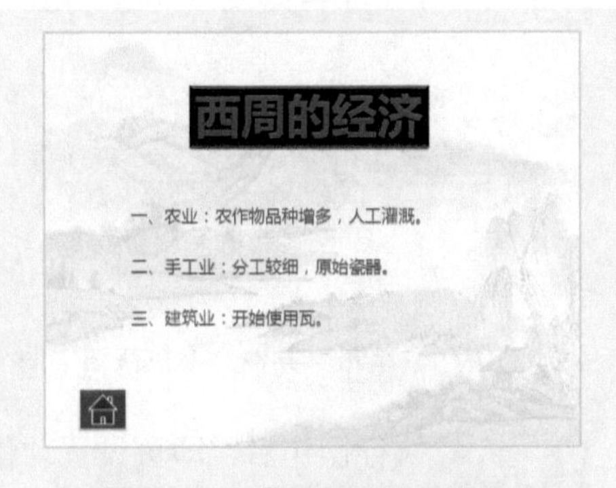

图 10-81　设置形状填充轮廓

步骤 29　切换至第 3 张幻灯片，在“插入”面板中的“插图”选项板中，单击“形状”下拉按钮，弹出列表，在“动作按钮”选项区中，选择“动作按钮：前进或下一项”选项，如图 10-82 所示。

步骤 30　鼠标指针呈十字形，在幻灯片的左下角绘制图形，释放鼠标左键，弹出“动作设置”对话框，各选项为默认设置，单击“确定”按钮，如图 10-83 所示。

步骤 31　执行操作后，即可在第 3 张幻灯片中，添加链接到下一张的动作按钮，如图 10-84 所示。

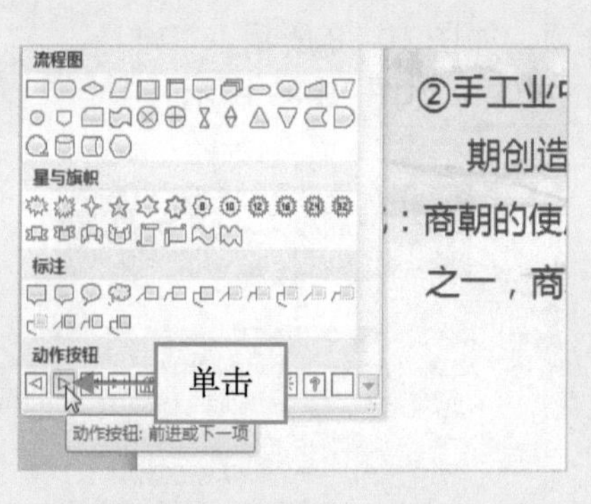

图 10-82 选择“动作按钮：前进或下一项”选项

图 10-83 单击“确定”按钮

步骤32 选中添加的动作按钮，切换至“绘图工具”中的“格式”面板，单击“形状样式”选项板中的“其他”下拉按钮，在弹出的列表中选择“强烈效果-绿色，强调颜色1”选项，如图 10-85 所示。

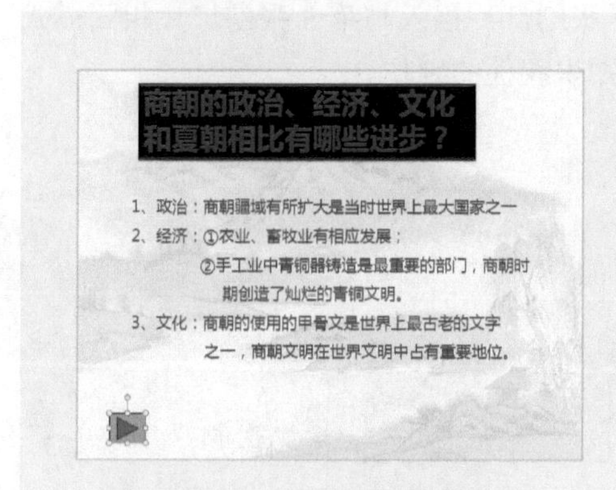

图 10-84 添加动作按钮

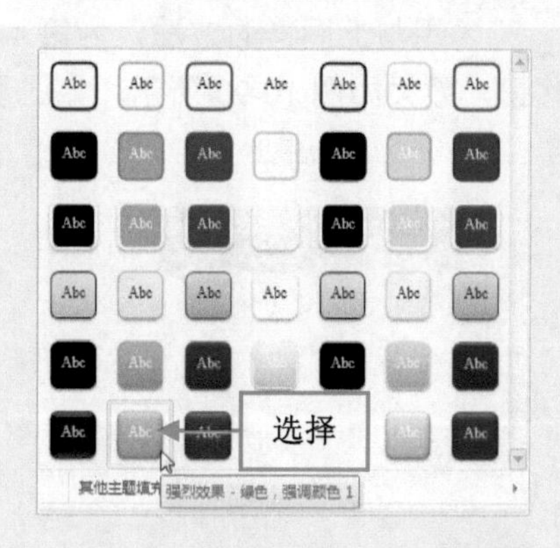

图 10-85 选择“强烈效果-绿色，强调颜色 1”选项

步骤33 执行操作后，设置形状样式，单击“形状样式”选项板中的“形状效果”下拉按钮，如图 10-86 所示。

步骤34 弹出列表，选择“预设”|“预设 2”选项，如图 10-87 所示。

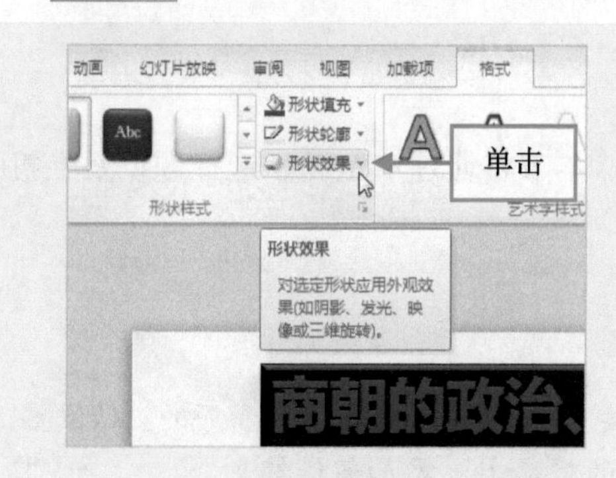

图 10-86 单击“形状效果”下拉按钮

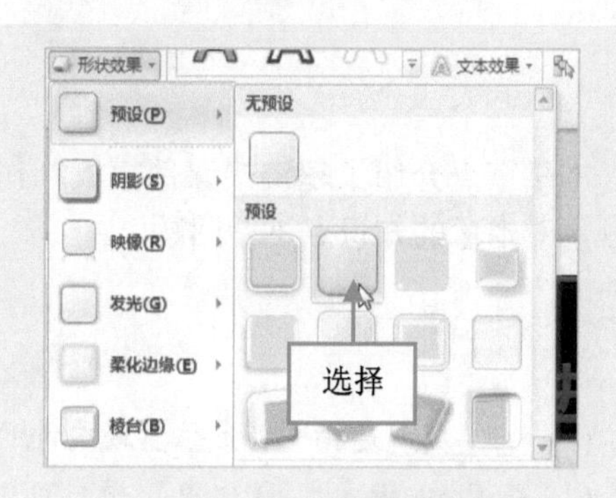

图 10-87 选择“预设 2”选项

步骤35 执行操作后，设置动作按钮的预设样式，再次在弹出的“形状效果”列表框中，选择“映像”|“紧密映像，4pt 偏移量”选项，如图 10-88 所示。

步骤36 执行操作后，即可设置动作按钮的效果，如图 10-89 所示。

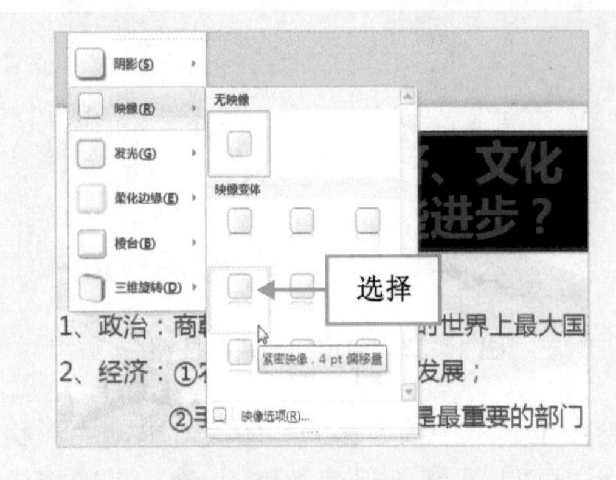

图 10-88 选择相应选项

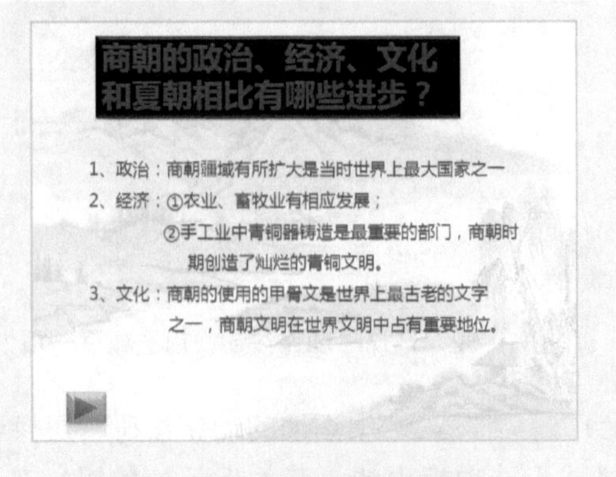

图 10-89 设置动作按钮效果

步骤37 用与上同样的方法，为第 1 张和第 2 张幻灯片插入与第 3 张幻灯片相同样式的动作按钮，效果如图 10-90 所示，完成夏商西周知识课件的制作。

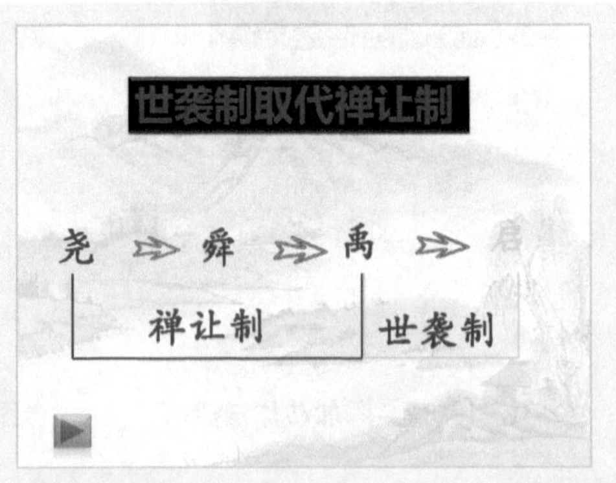

图 10-90 插入动作按钮

10.5 本章习题

本章重点介绍了超链接课件模板制作的方法，本节将通过填空题、选择题以及上机练习题，对本章的知识点进行回顾。

10.5.1 填空题

(1) ________是指向特定位置或文件的一种链接方式，可以利用它指定程序的跳转位置。

(2) 在 PowerPoint 2010 中，用户可以在选择的对象上，添加超链接到________或其他演示文稿中。

(3) ________是一种带有特定动作的图形按钮，应用这些按钮，可以快速实现在放映幻灯片时跳转的目的。

10.5.2 选择题

(1) 取消超链接的方法有(　　)种。

A. 1　　B. 2　　C. 3　　D. 4

(2) 在 PowerPoint 2010 中，除了运用按钮删除超链接以外，用户还可以通过选择(　　)选项，删除超链接。

A. “取消超链接”　　B. “删除超链接”　　C. “动作”　　D. “链接”

(3) 在幻灯片中插入超链接后，还可以设置(　　)方式，以在幻灯片放映时显示。

A. 内容提示　　B. 提示按钮　　C. 网页提示　　D. 屏幕提示

10.5.3 上机练习：历史课件实例——为历史探究课件插入超链接

打开“光盘\素材\第 10 章”文件夹下的历史探究课件.pptx，如图 10-91 所示，尝试为历史探究课件插入超链接，效果如图 10-92 所示。

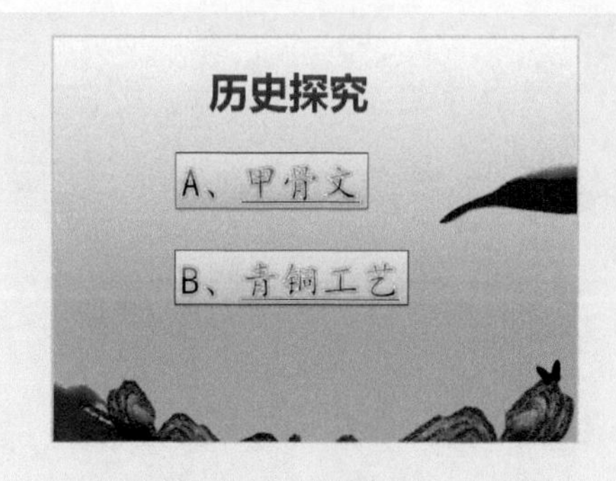

图 10-91　素材文件

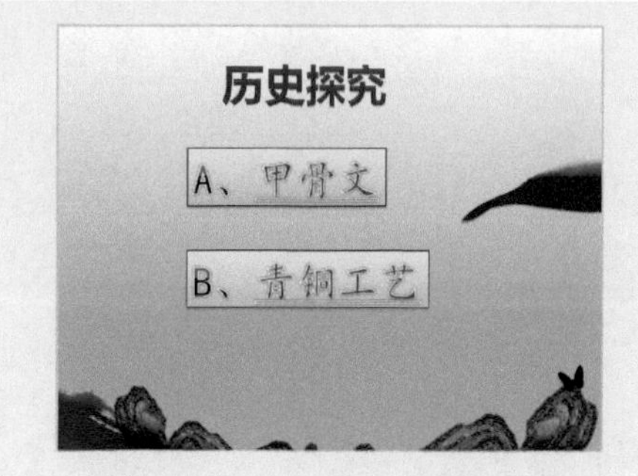

图 10-92　历史探究课件效果

第 11 章

动画传神：动画特效课件模板制作

PowerPoint 提供了多种幻灯片的动画样式，用户可以为演示文稿中的文本或图片等对象，添加特殊的视觉动画效果。本章主要向读者介绍添加课件动画效果、编辑课件动画效果以及设置课件动画技巧的操作方法。

本章重点：

- 添加课件动画效果
- 编辑课件动画效果
- 设置课件动画技巧
- 综合练兵——制作春江花月夜课件

11.1 添加课件动画效果

PowerPoint 中动画效果繁多，用户可以运用提供的动画效果，将幻灯片中的标题、文本、图表或图片等对象设置以动态的方式进行播放。

11.1.1 实战——为动植物欣赏课件添加飞入动画效果

动画是演示文稿的精华，在 PowerPoint 2010 中，飞入动画是最为常用的进入动画效果中的一种方式。下面介绍添加飞入动画效果的操作方法。

步骤01 单击“文件”|“打开”命令，打开一个素材文件，如图 11-1 所示。

步骤02 切换至第 2 张幻灯片，选择第 1 张图片，如图 11-2 所示。

图 11-1 素材文件

图 11-2 选择第 1 张图片

步骤03 切换至“动画”面板，在“动画”选项板中，单击“其他”下拉按钮，如图 11-3 所示。

步骤04 弹出列表，在“进入”选项区中，选择“飞入”动画效果，如图 11-4 所示。

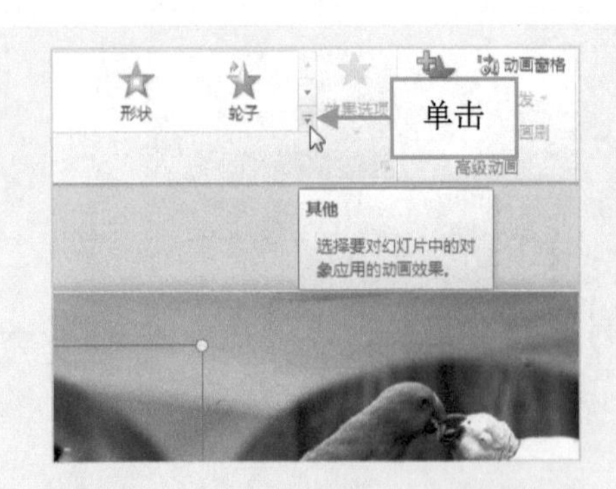

图 11-3 单击“其他”下拉按钮

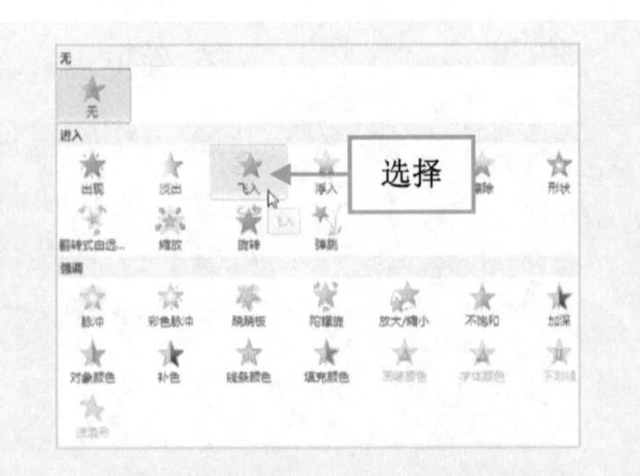

图 11-4 选择“飞入”动画效果

步骤05 单击“预览”选项板中的“预览”按钮，预览动画效果，如图 11-5 所示。

图 11-5 预览飞入动画效果

技巧： 除了运用以上方法可以预览动画效果以外，用户还可以切换至“幻灯片放映”面板，在“开始放映幻灯片”选项板中，单击“从头开始”按钮，也可预览动画效果。

步骤06 用与上述同样的方法，为第 2 张幻灯片中的另外两张图片添加飞入动画，单击“预览”按钮，预览动画效果，如图 11-6 所示。

图 11-6 预览其他图片飞入动画效果

技巧： 用户如果对“动画”列表框中的“进入”动画效果不满意，还可以选择“更多进入效果”，在弹出的“更改进入效果”对话框中，选择合适的进入动画效果。

11.1.2 实战——为心形茶杯课件添加玩具风车动画效果

在 PowerPoint 中的玩具风车进入动画效果，指的是幻灯片中的对象以 360° 旋转方式，逐渐显示出来。

步骤01 单击“文件”|“打开”命令，打开一个素材文件，如图 11-7 所示。

步骤02 在编辑区中，选择图片，如图 11-8 所示。

步骤03 切换至“动画”面板，单击“动画”选项板中的“其他”下拉按钮，在弹出的列表中选择“更多进入效果”选项，如图 11-9 所示。

图 11-7　素材文件

图 11-8　选择图片

步骤 04　弹出“更改进入效果”对话框，在“华丽型”选项区中，选择“玩具风车”选项，如图 11-10 所示。

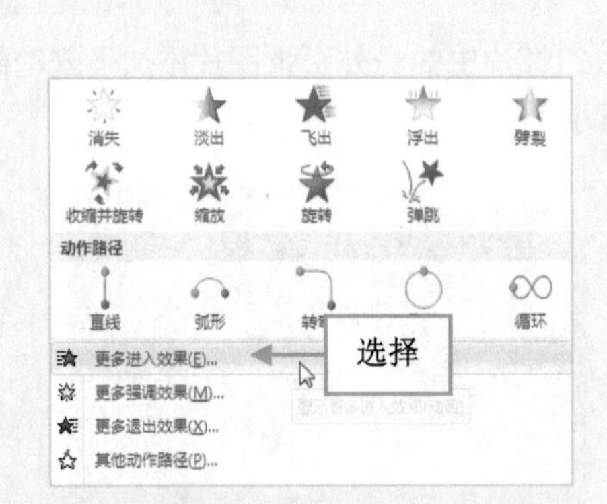

图 11-9　选择“更多进入效果”选项

图 11-10　选择“玩具风车”选项

步骤 05　单击“确定”按钮，即可添加玩具风车动画效果，单击“预览”选项板中的“预览”按钮，即可预览玩具风车动画效果，如图 11-11 所示。

图 11-11　预览玩具风车动画效果

试一试：根据以上操作步骤，将课件中的对象设置为玩具风车动画效果。

11.1.3 实战——为传统与文化课件添加十字形扩展动画效果

为幻灯片中的对象添加十字形扩展动画，可以让该对象在放映时以十字的形式从四周慢慢向中心显示。

步骤01 单击“文件”|“打开”命令，打开一个素材文件，如图11-12所示。

步骤02 在编辑区中，选择需要添加动画效果的文本对象，如图11-13所示。

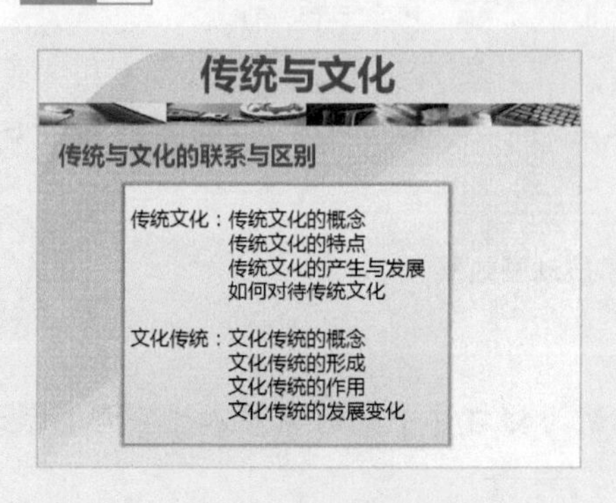

图11-12 素材文件

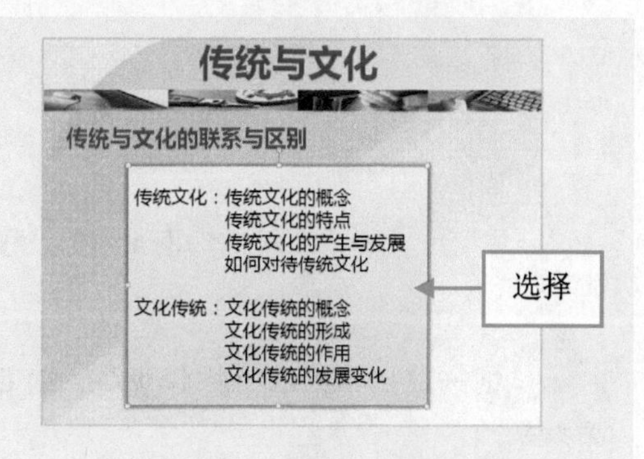

图11-13 选择文本对象

步骤03 切换至“动画”面板，单击“动画”选项板中的“其他”下拉按钮，在弹出的列表中选择“更多进入效果”选项，如图11-14所示。

步骤04 弹出“更改进入效果”对话框，在“基本型”选项区中，选择“十字形扩展”选项，如图11-15所示。

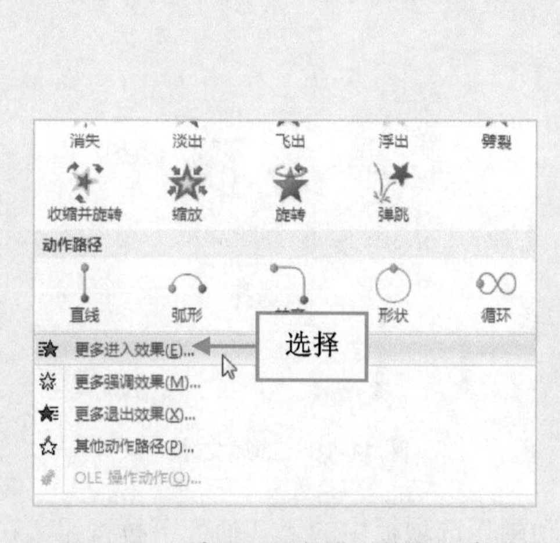

图11-14 选择“更多进入效果”选项

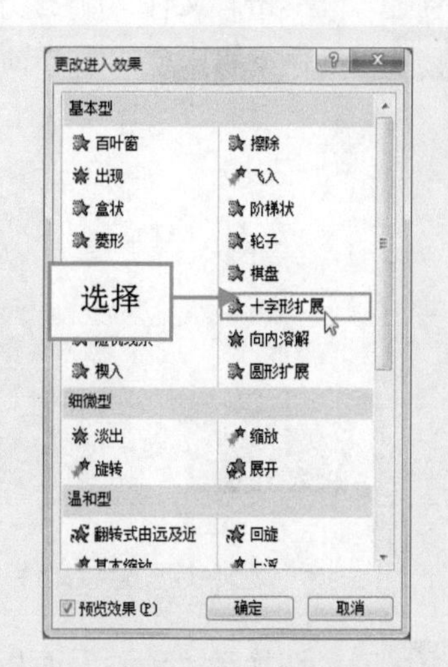

图11-15 选择“十字形扩展”选项

提示：在弹出的“更改进入效果”对话框中，包括四大类型的进入动画，分别是“基本型”、“细微型”、“温和型”以及“华丽型”。

步骤05 单击“确定”按钮，即可添加十字形扩展动画效果，单击“预览”选项板中的“预览”按钮，即可预览十字形扩展动画效果，如图11-16所示。

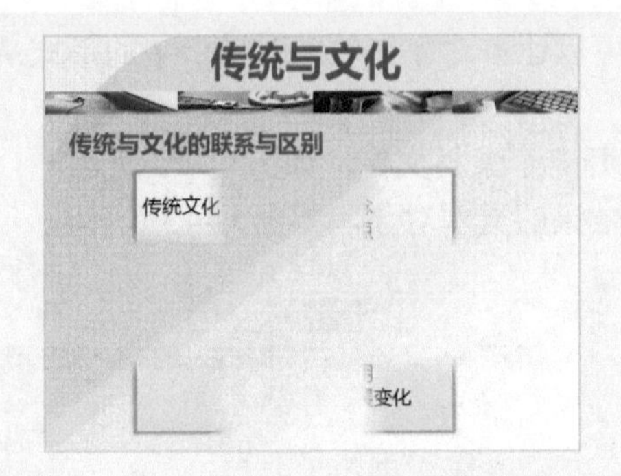

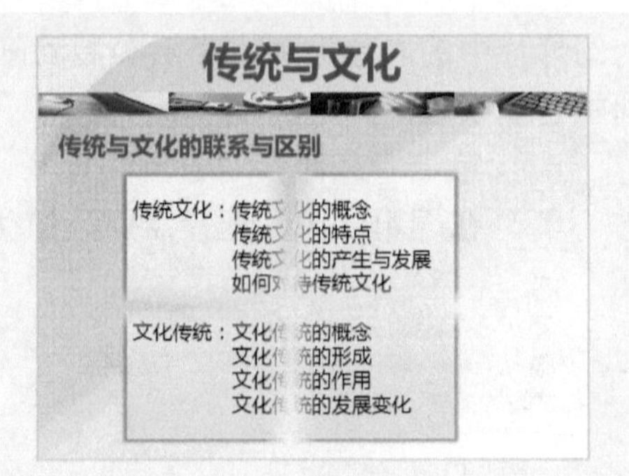

图11-16 预览十字形扩展动画效果

试一试：根据以上操作步骤，自己可以尝试为幻灯片中的对象添加十字形扩展动画效果。

11.1.4 实战——为产品推广添加缩放动画效果

运用进入动画中的缩放动画效果，是指应用该动画效果的对象，在进行幻灯片放映时，以由小变大的方式显示出来。

步骤01 单击“文件”|“打开”命令，打开一个素材文件，如图11-17所示。

步骤02 在编辑区中，选择需要添加动画效果的文本对象，如图11-18所示。

图11-17 素材文件

图11-18 选择文本对象

步骤03 切换至“动画”面板，单击“动画”选项板中的“其他”下拉按钮，在弹出的列表中选择“更多进入效果”选项，弹出“更改进入效果”对话框，如图11-19所示。

步骤04 在“细微型”选项区中，选择“缩放”选项，如图11-20所示。

步骤05 单击“确定”按钮，即可添加缩放动画效果，单击“预览”选项板中的“预览”按钮，即可预览缩放动画效果，如图11-21所示。

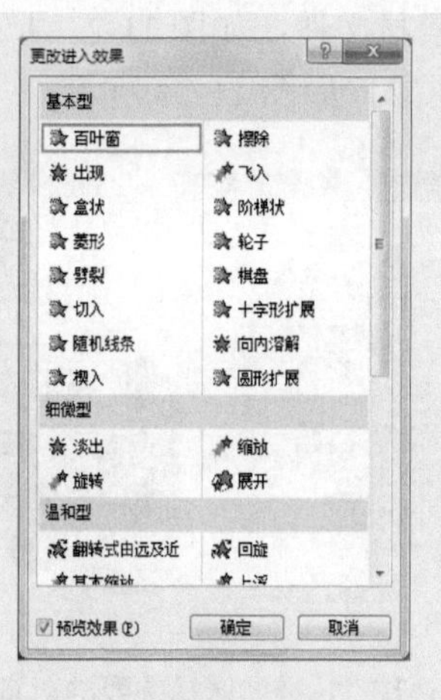

图 11-19 “更改进入效果”对话框

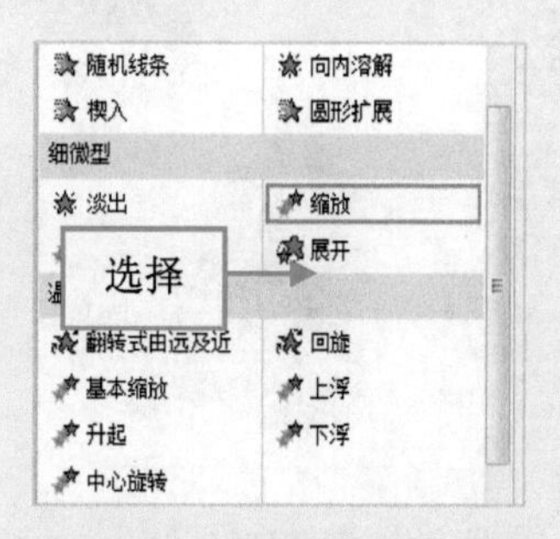

图 11-20 选择“缩放”选项

图 11-21 预览缩放动画效果

步骤06 用与上述同样的方法，为幻灯片中的两张图片设置与文本相同的动画效果，并预览添加的动画效果，如图 11-22 所示。

图 11-22 预览添加的动画效果

11.1.5 实战——为现代诗课件添加上浮动画效果

为幻灯片中的对象添加进入动画效果中的上浮动画后，该对象在进行放映时，将会以浮动的形式逐渐显示出来。

步骤01 单击“文件”|“打开”命令，打开一个素材文件，如图 11-23 所示。

步骤02 在编辑区中，选择需要添加浮动动画的对象，如图 11-24 所示。

图 11-23 素材文件

图 11-24 选择需要的对象

步骤03 切换至“动画”面板，调出“更改进入效果”对话框，在“温和型”选项区中，选择“上浮”选项，如图 11-25 所示。

步骤04 单击“确定”按钮，即可添加上浮动画效果，单击“预览”选项板中的“预览”按钮，即可预览上浮动画效果，如图 11-26 所示。

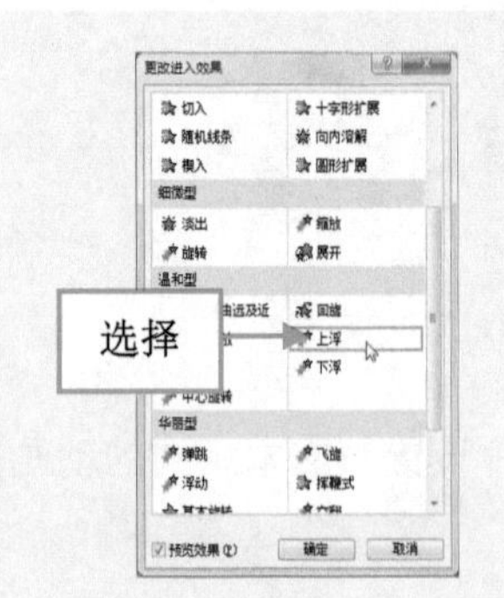

图 11-25 选择“上浮”选项

图 11-26 预览上浮动画效果

步骤05 用与上述同样的方法，为幻灯片中右侧的文本添加上浮动画效果，并预览添加的动画效果，如图 11-27 所示。

图 11-27 预览添加的动画效果

注意：在“更改进入效果”对话框中的“温和型”选项区中，用户不仅可以将幻灯片中的对象设置为“上浮”动画，同样还可以将其设置为“下浮”动画。“下浮”动画与“上浮”动画的区别主要在于对象出现的方向为相反方向。

11.1.6 实战——为季节的变化添加补色动画效果

在 PowerPoint 2010 中的补色动画，能够使运用该动画效果的对象，在放映时变换出多种的颜色。

步骤01 单击“文件”|“打开”命令，打开一个素材文件，如图 11-28 所示。

步骤02 在编辑区中，选择需要添加补色动画效果的文本，如图 11-29 所示。

图 11-28 素材文件

图 11-29 选择文本

步骤03 切换至“动画”面板，在“动画”选项板中，单击“其他”下拉按钮，如图 11-30 所示。

步骤04 弹出列表，在“强调”选项区中，选择“补色”选项，如图 11-31 所示。

图 11-30 单击“其他”下拉按钮

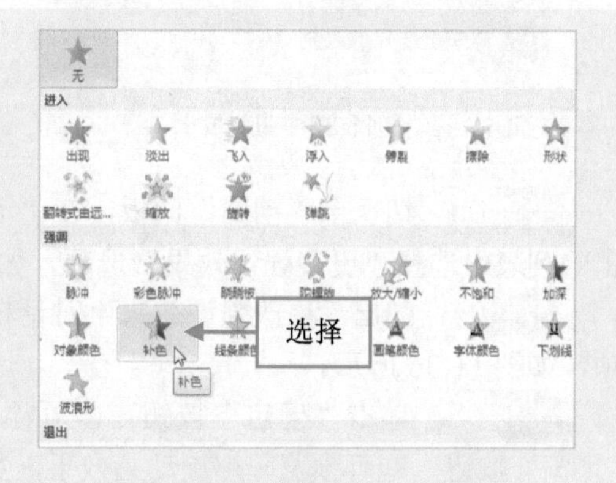

图 11-31 选择“补色”选项

步骤05 单击“确定”按钮，即可添加补色动画效果，单击“预览”选项板中的“预览”按钮，即可预览补色动画效果，如图 11-32 所示。

图 11-32 预览添加的动画效果

试一试：根据以上操作步骤，可以尝试将课件中的对象添加补色动画。

11.1.7 实战——为春夏秋冬添加陀螺旋动画效果

在 PowerPoint 2010 中，陀螺旋动画是指对象以顺时针的方向在原地进行旋转的效果。

步骤01 单击“文件”|“打开”命令，打开一个素材文件，如图 11-33 所示。

步骤02 在编辑区中，选择需要添加陀螺旋动画效果的图片，如图 11-34 所示。

图 11-33 素材文件

图 11-34 选择图片

步骤03 切换至“动画”面板，在“动画”选项板中，单击“其他”下拉按钮，在弹出的列表中选择“更多强调效果”选项，如图 11-35 所示。

步骤04 弹出“更改强调效果”对话框，在“基本型”选项区中，选择“陀螺旋”选项，如图 11-36 所示。

步骤05 单击“确定”按钮，即可添加陀螺旋动画效果，单击“预览”选项板中的“预览”按钮，即可预览陀螺旋动画效果，如图 11-37 所示。

步骤06 用与上述同样的方法，为幻灯片中的其他图片添加陀螺旋动画效果，并预览添加的动画效果，如图 11-38 所示。

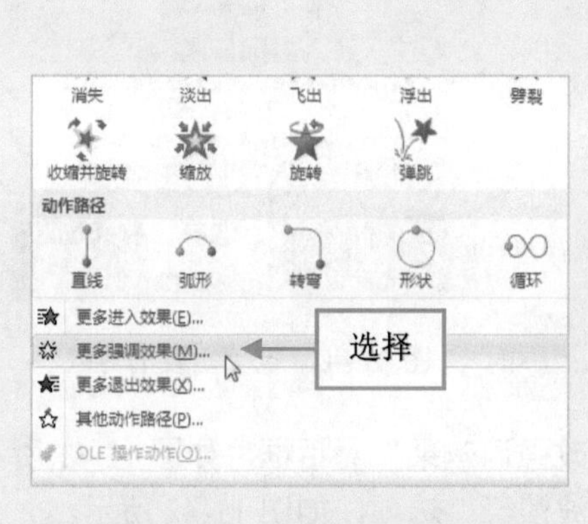

图 11-35　选择“更多强调效果”选项

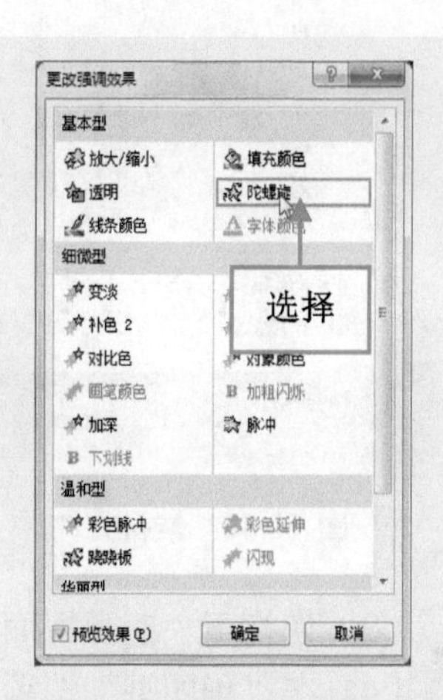

图 11-36　选择“陀螺旋”选项

图 11-37　预览陀螺旋动画效果

图 11-38　预览添加的动画效果

11.1.8　实战——为等式的基本性质课件添加波浪形动画效果

在 PowerPoint 2010 中，波浪形动画是指对象在添加该动画效果以后，将会在放映时以波浪起伏的形式再次显示一遍。

步骤 01　单击“文件”|“打开”命令，打开一个素材文件，如图 11-39 所示。

步骤 02　在编辑区中，选择需要添加波浪形动画效果的对象，如图 11-40 所示。

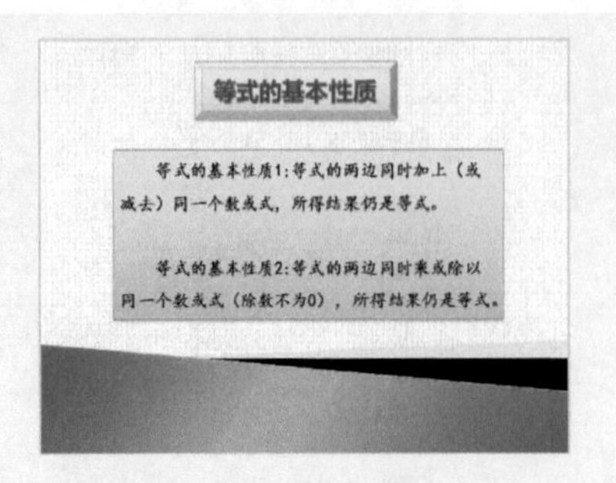

图 11-39　素材文件

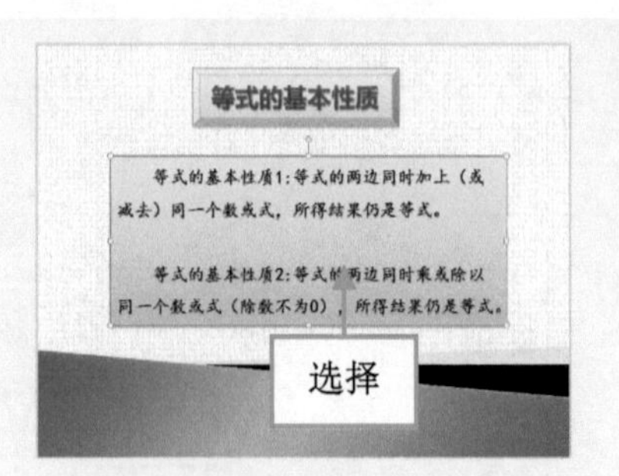

图 11-40　选项需要的对象

步骤03　切换至“动画”面板，调出“更改强调效果”对话框，如图 11-41 所示。

步骤04　在“华丽型”选项区中，选择“波浪形”选项，如图 11-42 所示。

图 11-41　“更多强调效果”对话框

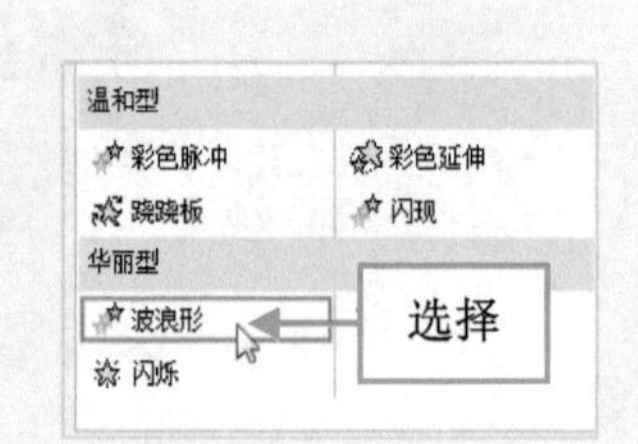

图 11-42　选择“波浪形”选项

注意：在“更改强调效果”对话框中的“华丽型”选项区中，包含有 3 种强调类型，分别是“波浪形”、“加粗展示”和“闪烁”。

步骤05　单击“确定”按钮，即可添加波浪形动画效果，单击“预览”选项板中的“预览”按钮，即可预览波浪形动画效果，如图 11-43 所示。

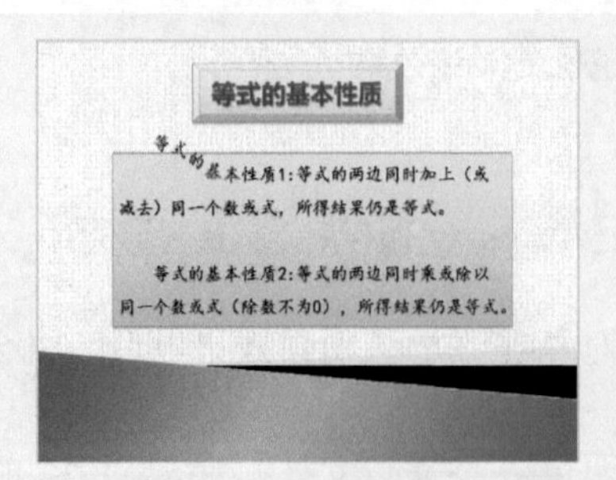

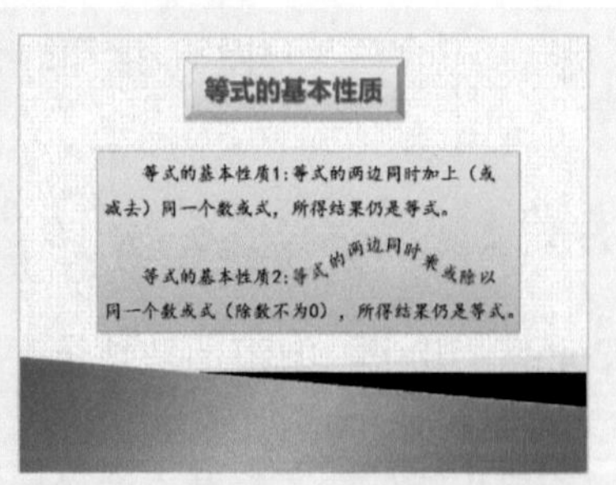

图 11-43　预览波浪形动画效果

11.1.9 实战——为京韵大鼓课件添加形状动画效果

在 PowerPoint 2010 中，用户可以根据制作课件的实际需要，将幻灯片中的对象，设置为形状动画效果。

步骤 01 单击“文件”|“打开”命令，打开一个素材文件，如图 11-44 所示。

步骤 02 在编辑区中，选择需要添加形状动画的对象，如图 11-45 所示。

步骤 03 切换至“动画”面板，在“动画”选项板中，单击“其他”下拉按钮，如图 11-46 所示。

步骤 04 弹出列表，在“退出”选项区中，选择“形状”选项，如图 11-47 所示。

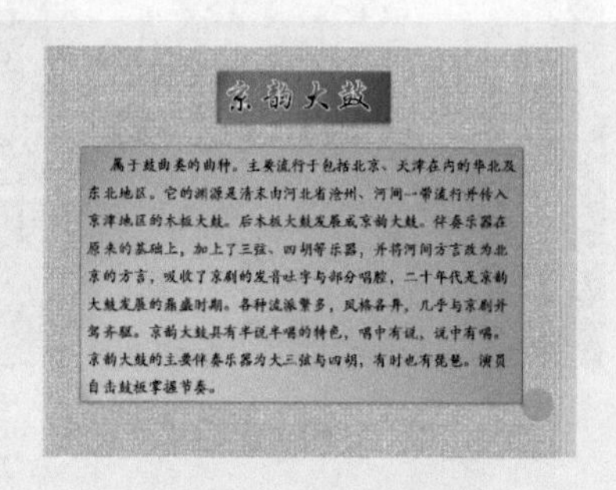

图 11-44 素材文件

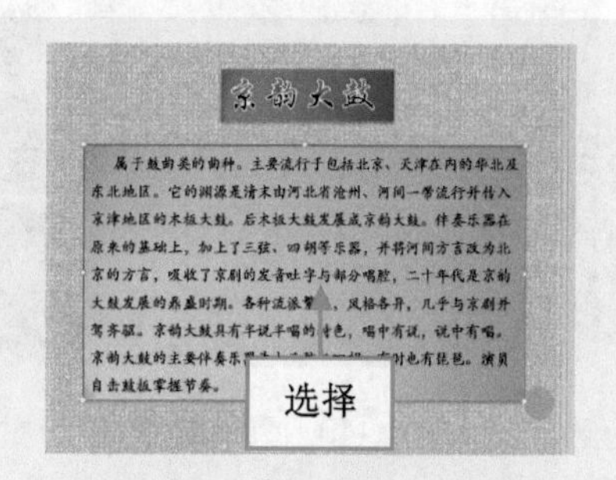

图 11-45 选择需要的对象

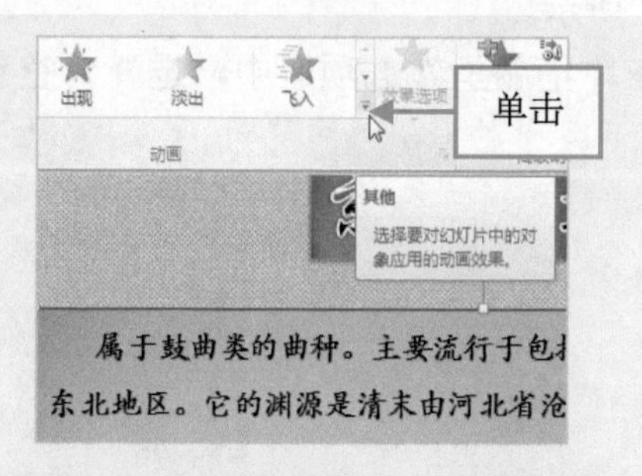

图 11-46 单击“其他”下拉按钮

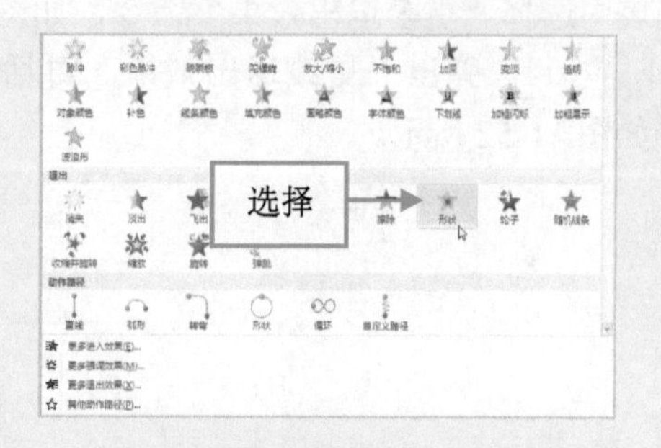

图 11-47 选择“形状”选项

步骤 05 执行操作后，即可添加形状动画效果，单击“预览”选项板中的“预览”按钮，即可预览形状动画效果，如图 11-48 所示。

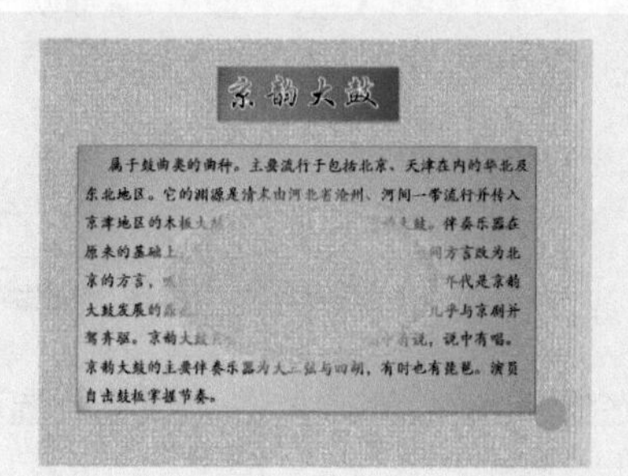

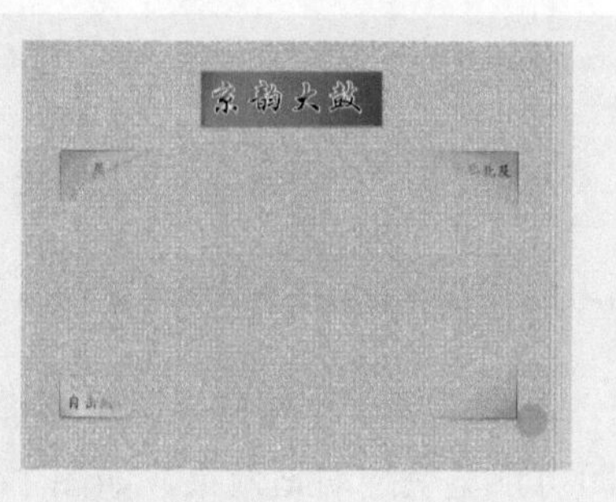

图 11-48 预览形状动画效果

11.1.10 实战——为苏州弹词课件添加空翻动画效果

在 PowerPoint 2010 中，为幻灯片中的对象添加空翻退出动画效果，可以让添加该动画效果的对象以翻转的方式退出屏幕。

步骤 01 单击“文件”|“打开”命令，打开一个素材文件，如图 11-49 所示。

步骤 02 在编辑区中，选择需要添加空翻动画的文本，如图 11-50 所示。

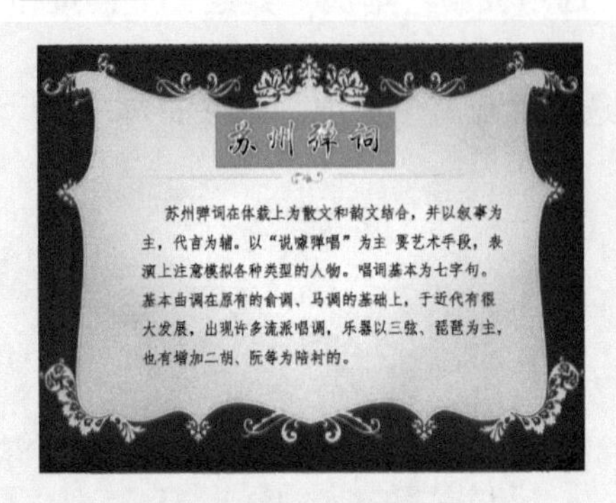

图 11-49 素材文件

图 11-50 选择文本

步骤 03 切换至“动画”面板，单击“动画”选项板中的“其他”下拉按钮，在弹出的列表中选择“更多退出效果”命令，如图 11-51 所示。

步骤 04 弹出“更改退出效果”对话框，在“华丽型”选项区中，选择“空翻”选项，如图 11-52 所示。

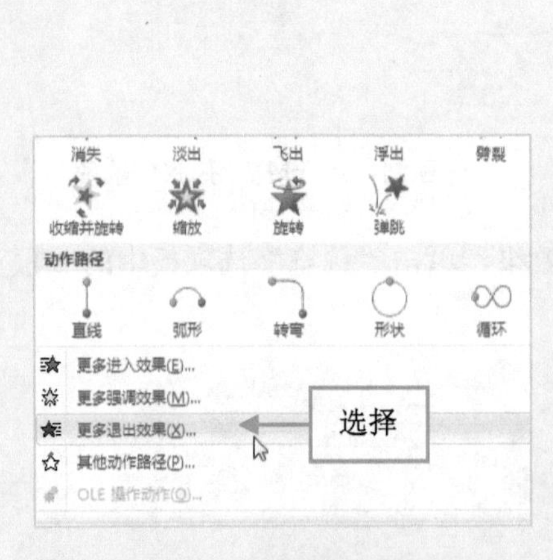

图 11-51 选择“更多退出效果”命令

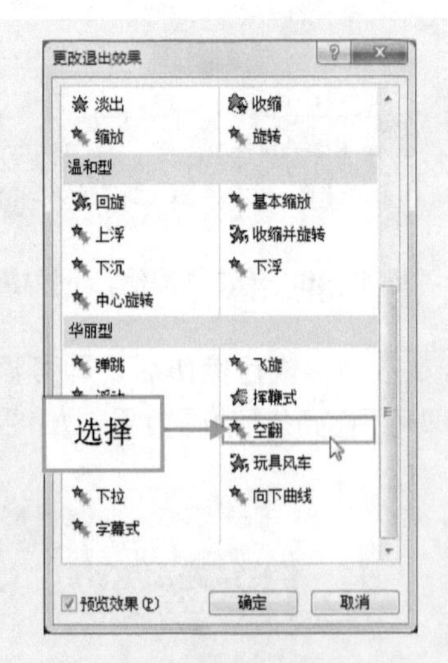

图 11-52 选择“空翻”选项

步骤 05 单击“确定”按钮，即可添加空翻动画效果，单击“预览”选项板中的“预览”按钮，即可预览空翻动画效果，如图 11-53 所示。

图 11-53　预览空翻动画效果

步骤06　用与上述同样的方法，为幻灯片中的其他对象添加空翻动画效果，并预览添加的动画效果，如图 11-54 所示。

图 11-54　预览添加的动画效果

11.1.11　实战——为美食欣赏添加百叶窗动画效果

在 PowerPoint 2010 中，用户还可以在“更改退出效果”对话框中，将幻灯片中的对象设置以百叶窗的形式退出屏幕。

步骤01　单击“文件”|“打开”命令，打开一个素材文件，如图 11-55 所示。

步骤02　在编辑区中，选择需要添加百叶窗动画效果的对象，如图 11-56 所示。

图 11-55　素材文件

图 11-56　选择需要的对象

步骤03 切换至“动画”面板，调出“更改退出效果”对话框，在“基本型”选项区中，选择“百叶窗”选项，如图 11-57 所示。

步骤04 单击“确定”按钮，即可添加百叶窗动画效果，单击“预览”选项板中的“预览”按钮，即可预览百叶窗动画效果，如图 11-58 所示。

步骤05 用与上述同样的方法，为幻灯片中的其他对象添加百叶窗动画效果，单击“预览”选项板中的“预览”按钮，预览添加的动画效果，如图 11-59 所示。

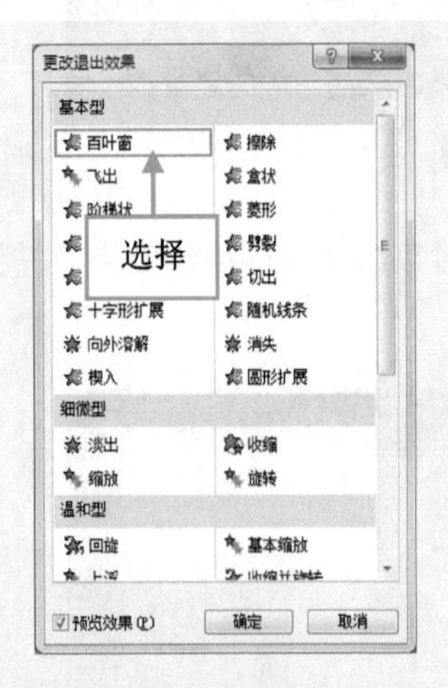

图 11-57　选择“百叶窗”选项

图 11-58　预览百叶窗动画效果

图 11-59　预览添加的动画效果

11.1.12 实战——为密度课件添加心形动画效果

在 PowerPoint 2010 中的“动作路径”动画中，用户可以将幻灯片中的文本或图形对象，设置心形动画效果。

步骤01 单击“文件”|“打开”命令，打开一个素材文件，如图 11-60 所示。

步骤02 在编辑区中，选择需要添加心形动画效果的文本，如图 11-61 所示。

步骤03 切换至“动画”面板，在“动画”选项板中，单击“其他”下拉按钮，在弹出的列表中选择“其他动作路径”命令，如图 11-62 所示。

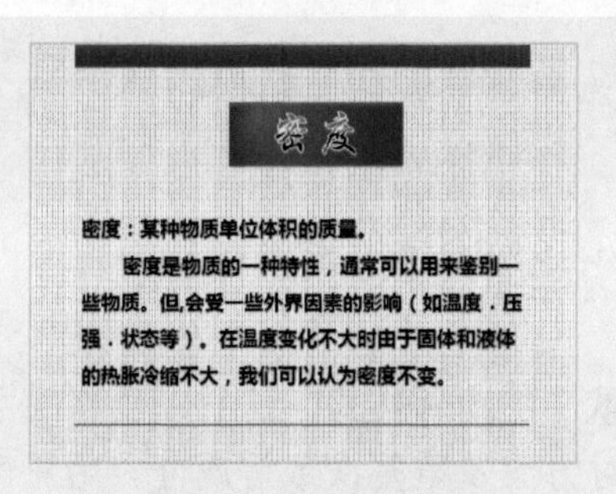

图 11-60　素材文件

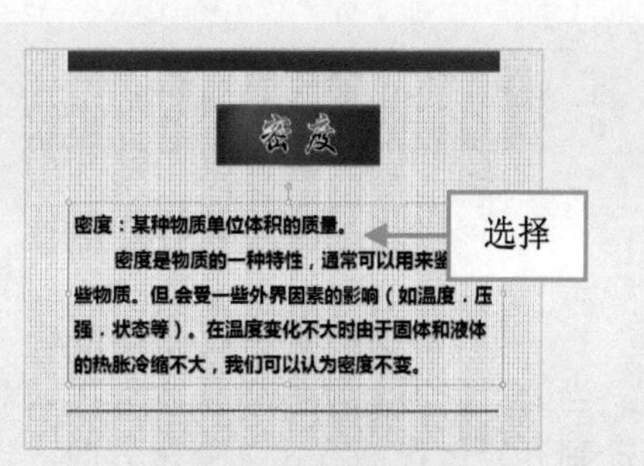

图 11-61　选择文本

步骤04　弹出“更改动作路径”对话框，在“基本”选项区中，选择“心形”选项，如图 11-63 所示。

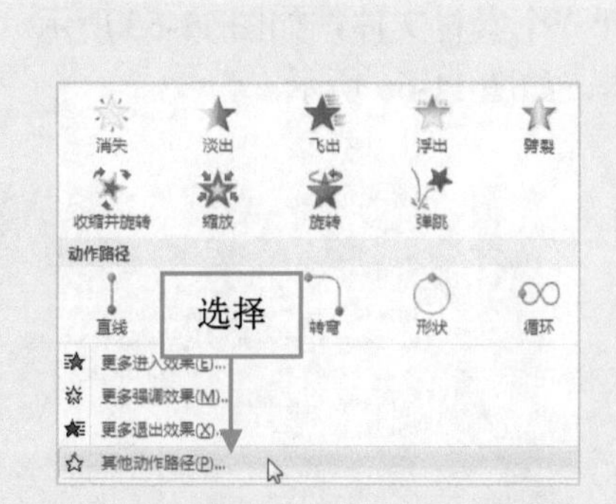

图 11-62　选择“其他动作路径”命令

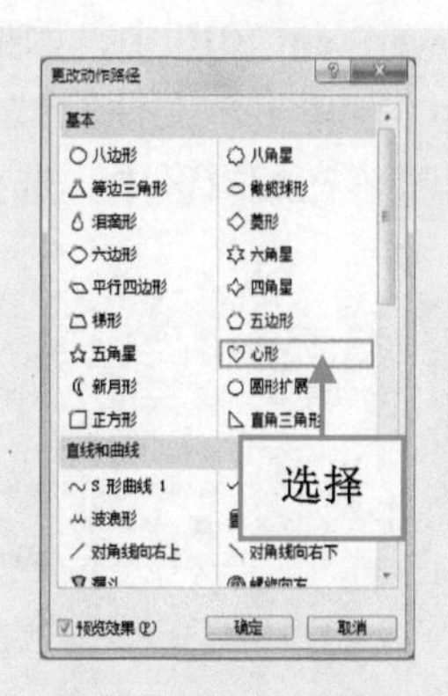

图 11-63　选择“心形”选项

提示：在“更改动作路径”对话框中，包含有 3 种动作路径选项区，分别是“基本”选项区、“直线和曲线”选项区和“特殊”选项区，用户可以在这些选项区中，选择自身中意的动作路径动画效果。

步骤05　单击“确定”按钮，即可添加心形动画效果，单击“预览”选项板中的“预览”按钮，即可预览心形动画效果，如图 11-64 所示。

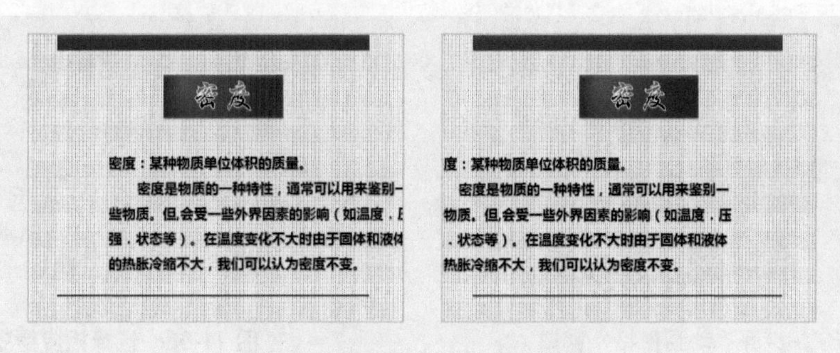

图 11-64　预览心形动画效果

试一试：根据以上操作步骤，可以自己尝试添加心形路径动画效果。

11.2　编辑课件动画效果

当为对象添加动画效果之后，该对象就应用了默认的动画格式。这些动画格式主要包括动画开始运行的方式、变化方向、运行速度、延时方案及重复次数等属性。用户可以根据幻灯片内容设置相应属性。

11.2.1　实战——修改中国人口特征课件中的动画效果

在 PowerPoint 2010 中，如果用户需要修改已设置的动画效果，可以在动画窗格中完成。

步骤01　单击“文件”|“打开”命令，打开一个素材文件，如图 11-65 所示。

步骤02　在编辑区中，选择幻灯片中的文本，如图 11-66 所示。

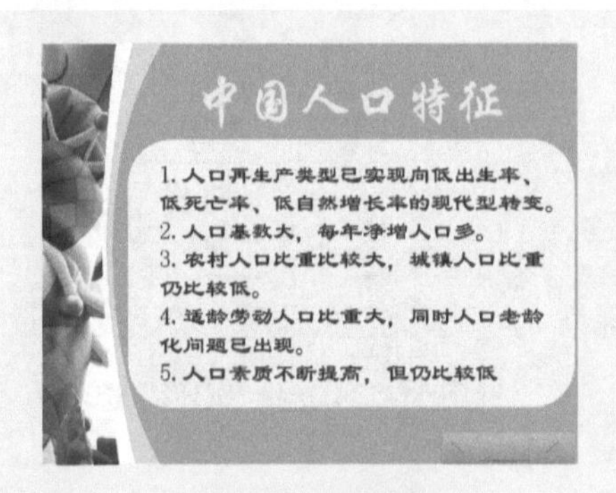

图 11-65　素材文件

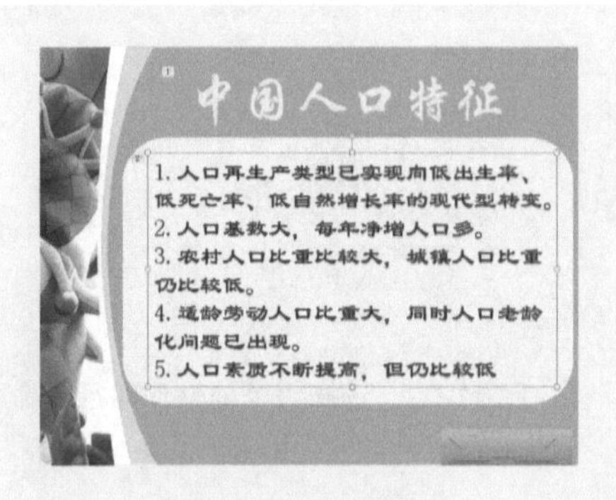

图 11-66　选择文本

步骤03　切换至“动画”面板，在“高级动画”选项板中，单击“动画窗格”按钮，如图 11-67 所示。

步骤04　打开“动画窗格”窗口，在下方的列表框中选择相应命令，如图 11-68 所示。

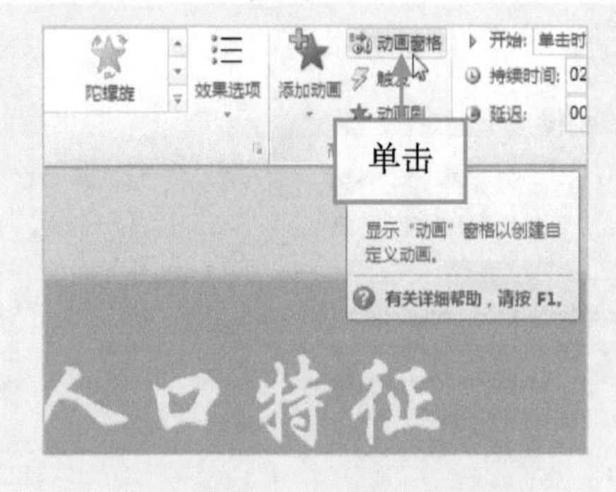

图 11-67　打开“动画窗格”窗口

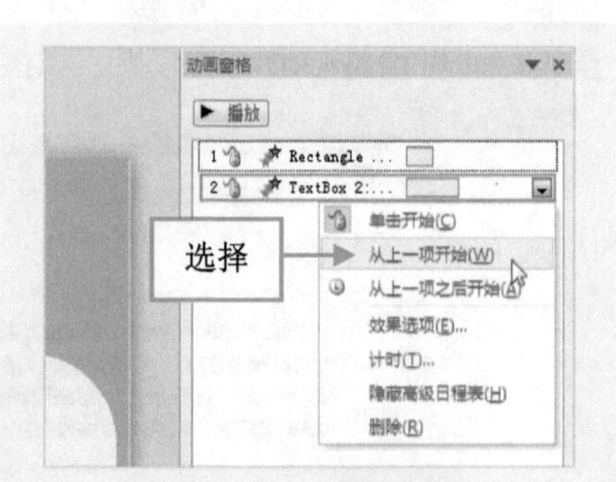

图 11-68　选择相应命令

提示：在“动画窗格”任务窗格中，用户还可以设置动画变换方向、运行速度。

步骤05 执行操作后，即可修改动画效果。

11.2.2 实战——设置计算机讲解框架课件中的动画效果选项

在 PowerPoint 2010 中，动画效果可以按系列、类别或元素放映，用户可以对幻灯片中的内容进行设置。

步骤01 单击“文件”|“打开”命令，打开一个素材文件，如图 11-69 所示。

步骤02 在编辑区中，选择相应的文本，如图 11-70 所示。

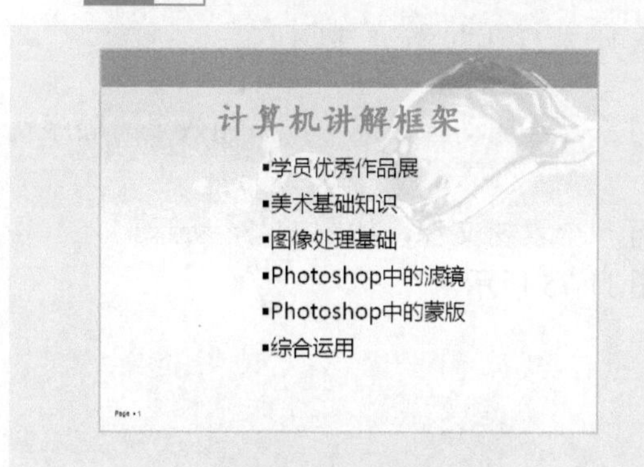

图 11-69 素材文件

图 11-70 选择文本

步骤03 切换至“动画”面板，在“动画”选项板中，单击“效果选项”下拉按钮，如图 11-71 所示。

步骤04 弹出列表，在“方向”选项区中，选择“缩小”命令，如图 11-72 所示。

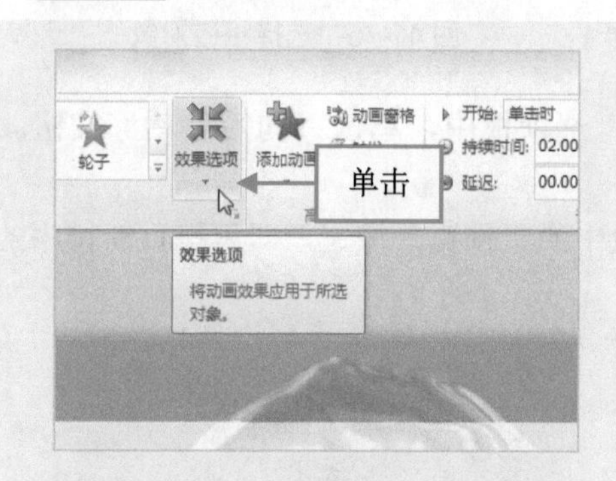

图 11-71 单击“效果选项”下拉按钮

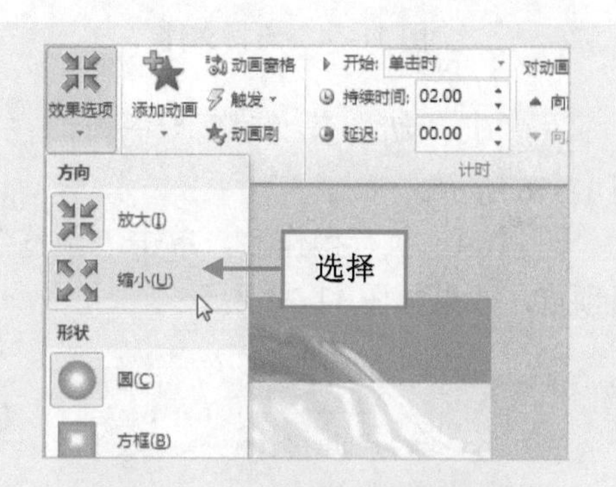

图 11-72 选择“缩小”命令

步骤05 执行操作后，即可设置动画效果选项，单击“预览”选项板中的“预览”按钮，预览动画效果，如图 11-73 所示。

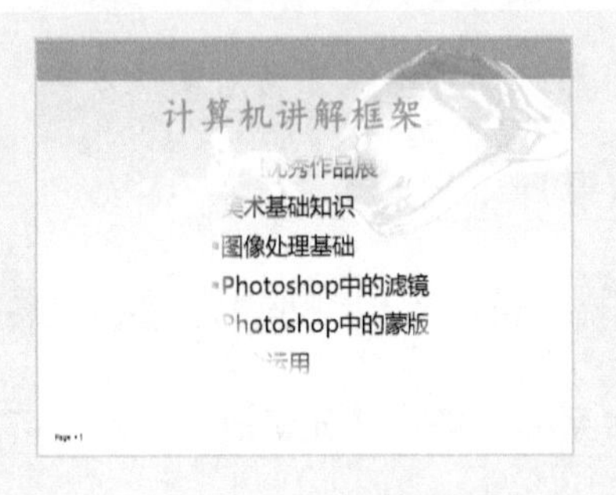

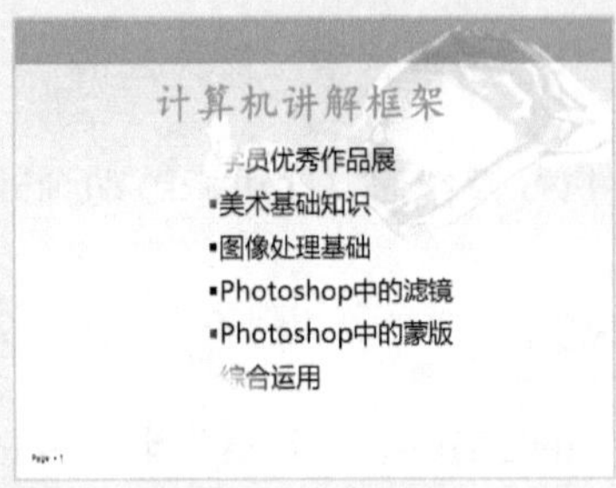

图 11-73　预览动画效果

11.2.3 实战——设置销售业绩比较中的动画播放顺序

在 PowerPoint 2010 中，若幻灯片中的多个对象已添加动画效果时，添加效果的顺序就是幻灯片放映时的播放顺序。

步骤 01　单击“文件”|“打开”命令，打开一个素材文件，如图 11-74 所示。

步骤 02　在编辑区中，选择相应对象，如图 11-75 所示。

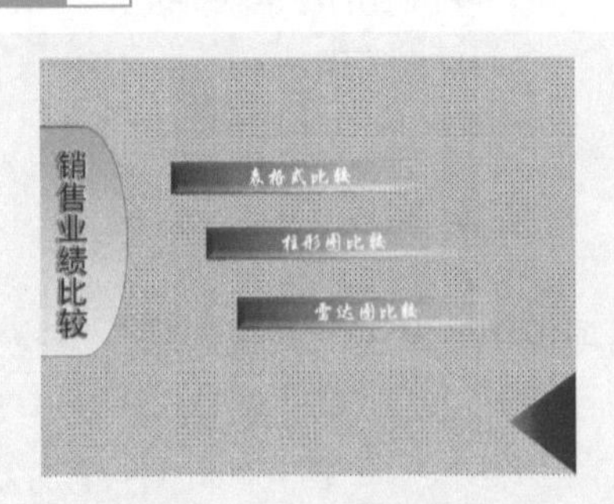

图 11-74　素材文件

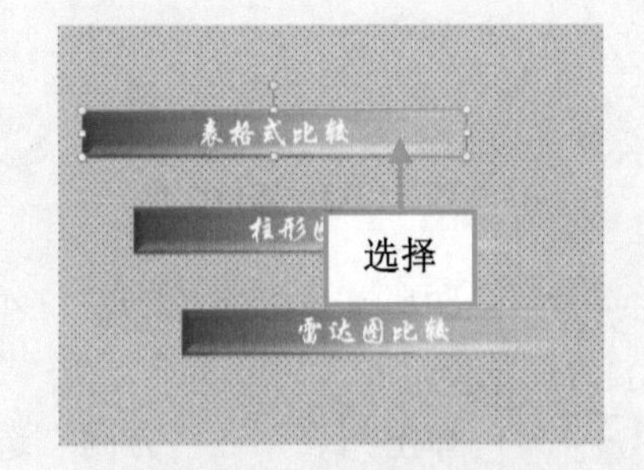

图 11-75　选择相应对象

步骤 03　切换至“动画”面板，在“计时”选项板中，单击“向后移动”按钮，如图 11-76 所示。

步骤 04　执行操作后，单击“预览”选项板中的“预览”按钮，即可按重新排序的动画预览，效果如图 11-77 所示。

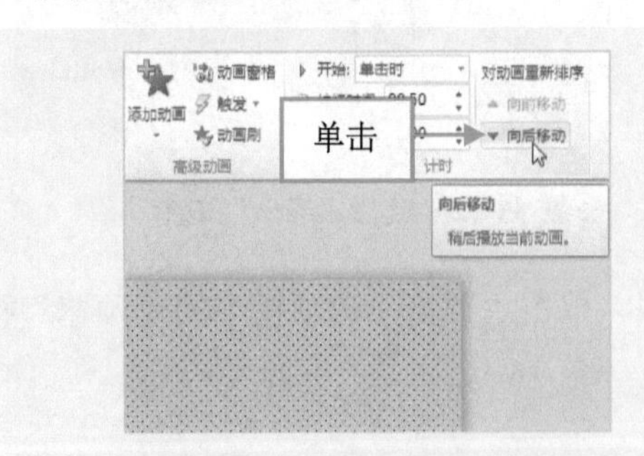

图 11-76　单击“向后移动”按钮

图 11-77　预览动画效果

11.2.4 实战——为费用分析设置动画计时

在 PowerPoint 2010 中，用户在“计时”选项卡中，可以设置幻灯片中动画计时中的相应属性。

步骤01 单击“文件”|“打开”命令，打开一个素材文件，如图 11-78 所示。

步骤02 在编辑区中，选择相应对象，如图 11-79 所示。

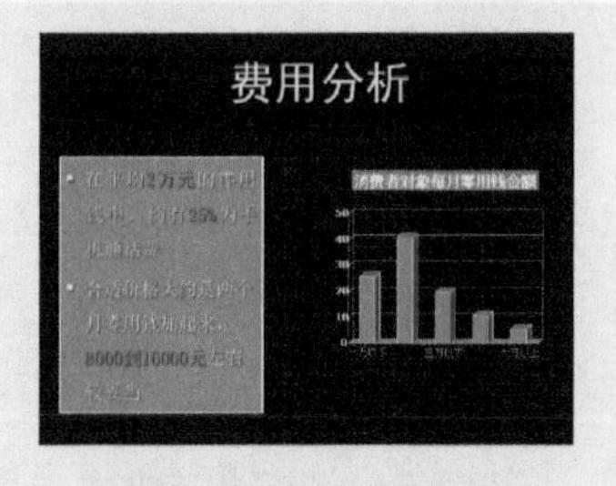

图 11-78 素材文件

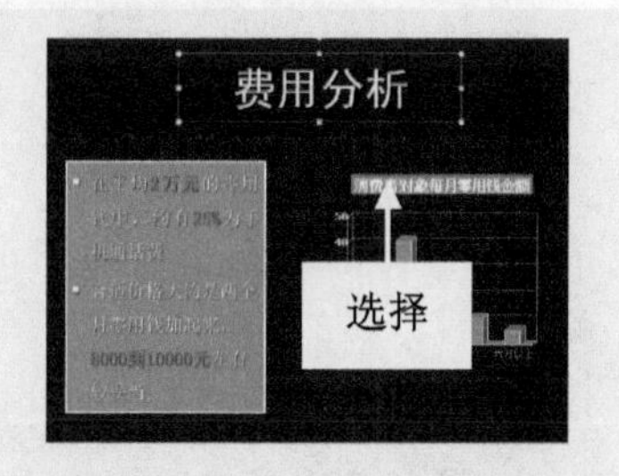

图 11-79 选择相应对象

步骤03 切换至“动画”面板，在“动画”选项板中，单击“显示其他效果选项”按钮，如图 11-80 所示。

步骤04 弹出“缩放”对话框，切换至“计时”选项卡，设置“开始”为“上一动画之后”、“延迟”为 2 秒、“期间”为“慢速(3 秒)”，如图 11-81 所示。

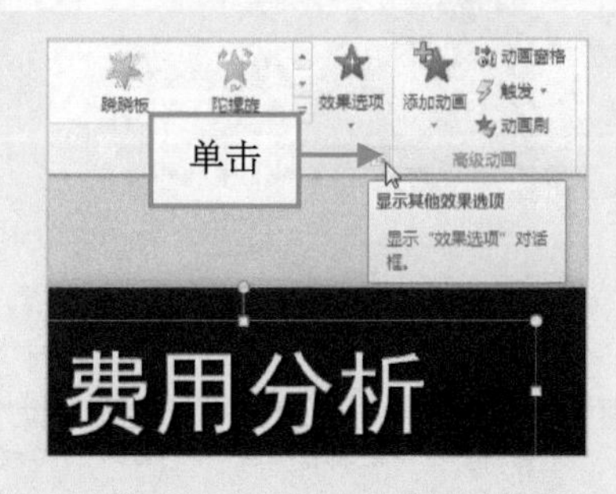

图 11-80 单击“显示其他效果选项”按钮

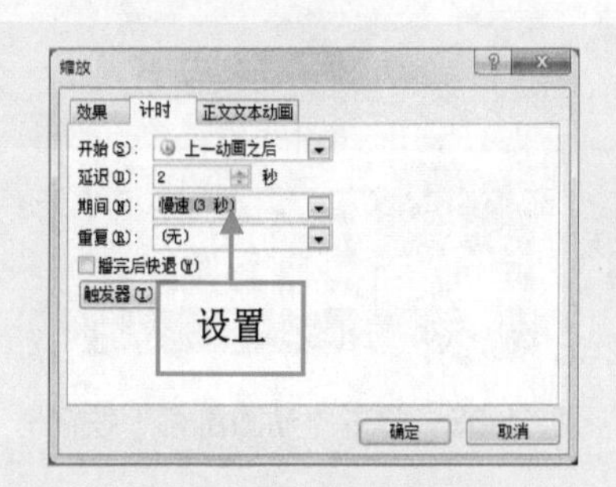

图 11-81 设置各选项

步骤05 单击“确定”按钮，即可设置动画计时，单击“预览”选项板中的“预览”按钮，即可预览动画效果，如图 11-82 所示。

图 11-82 预览动画效果

11.2.5 实战——在通讯工具改良品中显示或隐藏高级日程表

在 PowerPoint 2010 中，显示高级日程表后，在“动画窗格”中将会显示有色色块，用户拖动色块的位置，可以设置相应对象放映的时间。

步骤 01 单击“文件”|“打开”命令，打开一个素材文件，如图 11-83 所示。

步骤 02 在编辑区中，选择相应文本，如图 11-84 所示。

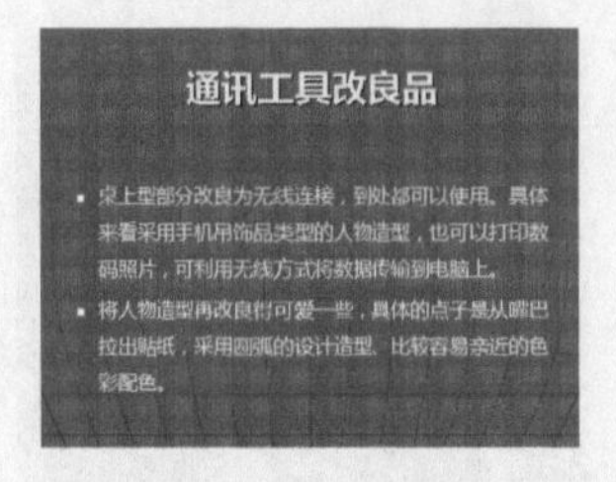

图 11-83 素材文件

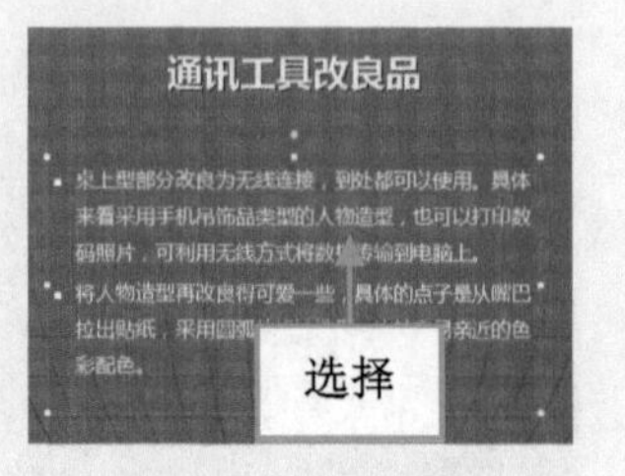

图 11-84 选择相应文本

步骤 03 切换至“动画”面板，单击“高级动画”选项板中的“动画窗格”按钮，如图 11-85 所示。

步骤 04 在打开的“动画窗格”中，单击“桌上型部分改良”下拉按钮，在弹出的列表中选择“显示高级日程表”命令，如图 11-86 所示。

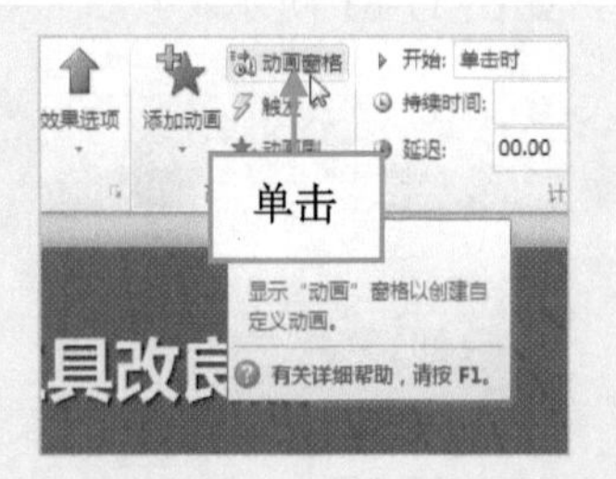

图 11-85 单击“动画窗格”按钮

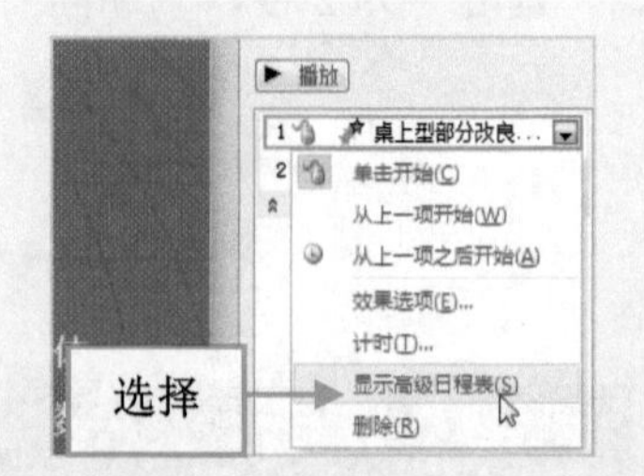

图 11-86 选择“显示高级日程表”命令

步骤 05 执行操作后，在“动画窗格”中显示动画计时的高级日程表，将鼠标指针移到合适位置，然后单击鼠标左键并拖曳，设置动画结束时间为 2.0 秒，如图 11-87 所示。

步骤 06 执行操作后，在“动画窗格”中单击“播放”按钮，即可播放动画效果，如图 11-88 所示。

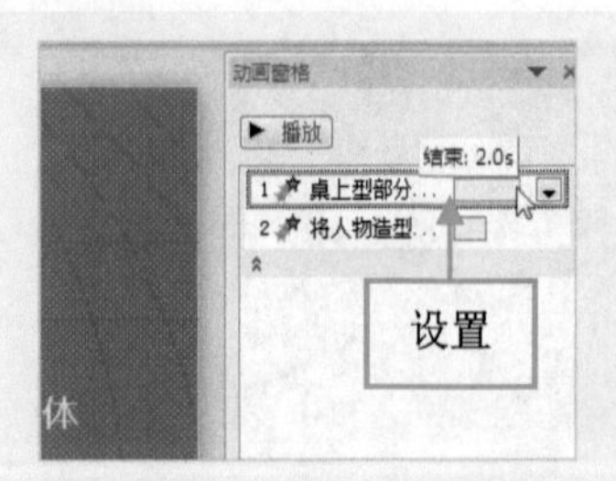

图 11-87 设置动画结束时间

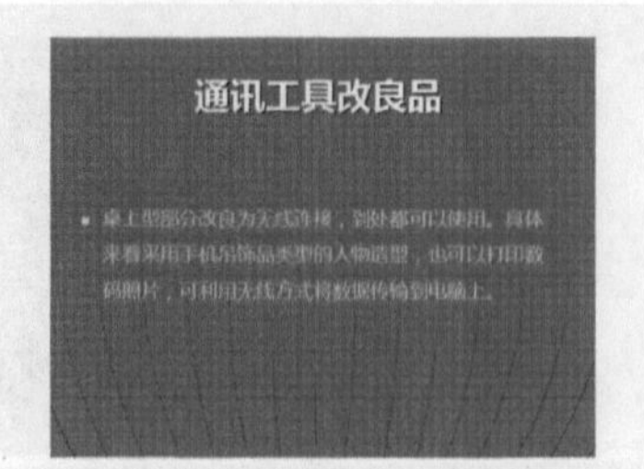

图 11-88 播放动画效果

11.3 设置课件动画技巧

在 PowerPoint 2010 中的动作路径动画，不仅提供了大量预设路径效果，用户还可以自定义动画路径。

11.3.1 实战——为天气与气候课件绘制动作路径动画

PowerPoint 为用户提供了几种常用幻灯片对象的动画效果，除此之外用户还可以自定义较复杂的动画效果，使画面更生动。

步骤01 单击“文件”|“打开”命令，打开一个素材文件，如图 11-89 所示。

步骤02 在编辑区中，选择需要绘制动画的对象，如图 11-90 所示。

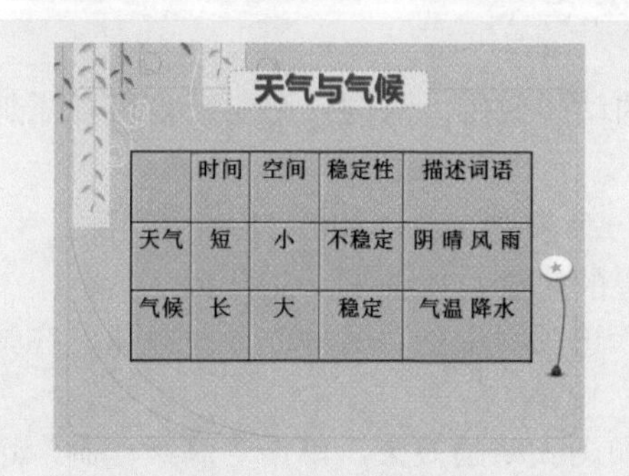

图 11-89 素材文件

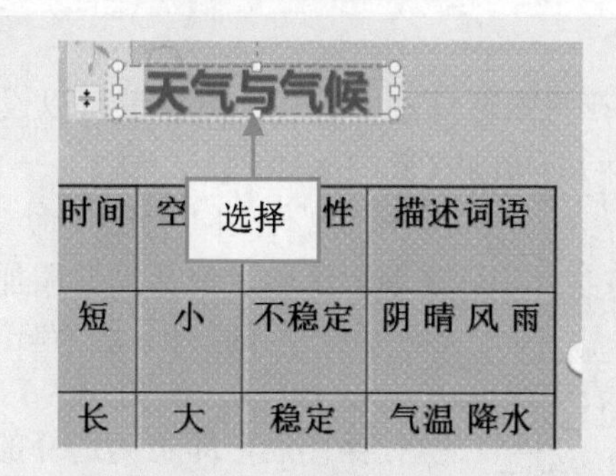

图 11-90 选择对象

步骤03 切换至“动画”面板，单击“动画”选项板中的“其他”下拉按钮，在弹出的列表中的“动作路径”选项区中，选择“自定义路径”选项，如图 11-91 所示。

步骤04 在幻灯片中的合适位置，拖曳鼠标绘制动画路径，如图 11-92 所示。

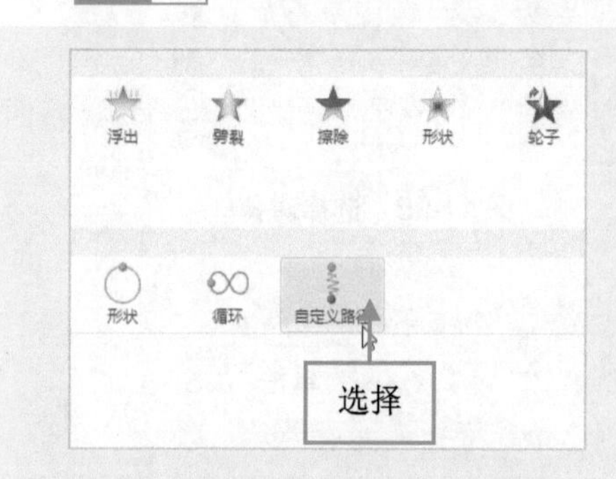

图 11-91 选择“自定义路径”选项

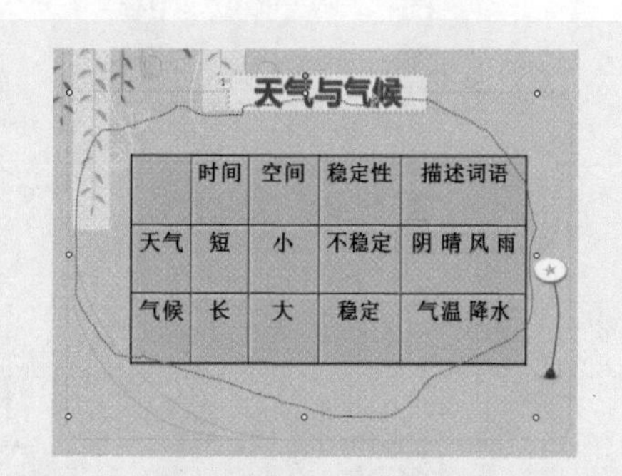

图 11-92 绘制动画路径

技巧： 当绘制完一段开放路径时，动作路径起始端将显示一个绿色标志，结束端将显示一个红色标志，两个标志以一条虚线连接。

步骤05　绘制完成后，单击“预览”选项板中的“预览”按钮，预览动画效果，如图 11-93 所示。

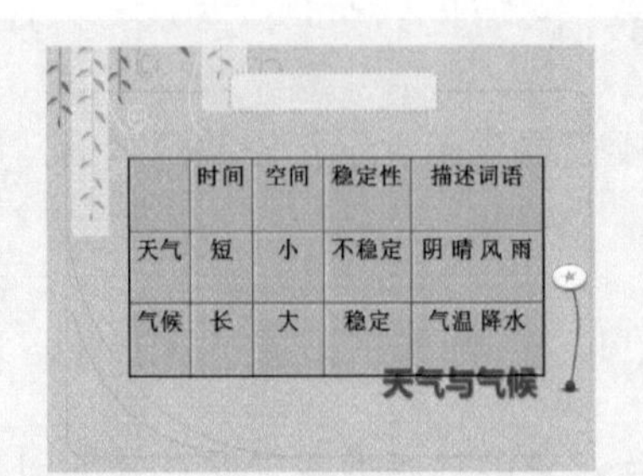

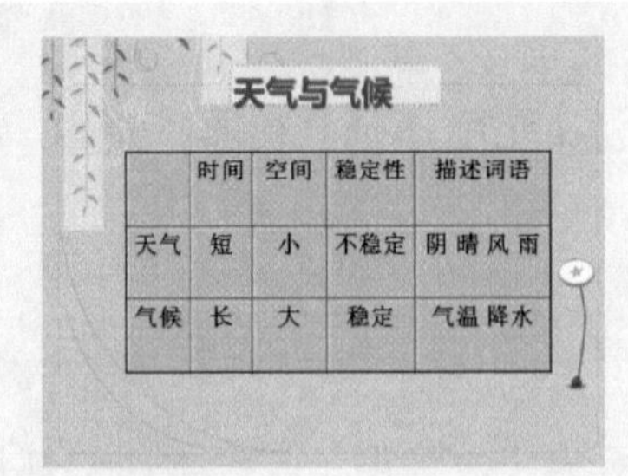

图 11-93　预览动画效果

11.3.2　实战——为春意盎然添加动画效果

在每张幻灯片中的各个对象都可以设置不同的动画效果，对同一个对象也可以添加两种不同的动画效果。

步骤01　单击“文件”|“打开”命令，打开一个素材文件，如图 11-94 所示。

步骤02　在编辑区中，选择需要添加动画效果的对象，如图 11-95 所示。

步骤03　切换至“动画”面板，单击“动画”选项板中的“其他”下拉按钮，在弹出的列表中选择“飞入”选项，如图 11-96 所示。

步骤04　执行操作后，即可为选择的对象添加飞入动画效果，单击“高级动画”选项板中的“添加动画”下拉按钮，如图 11-97 所示。

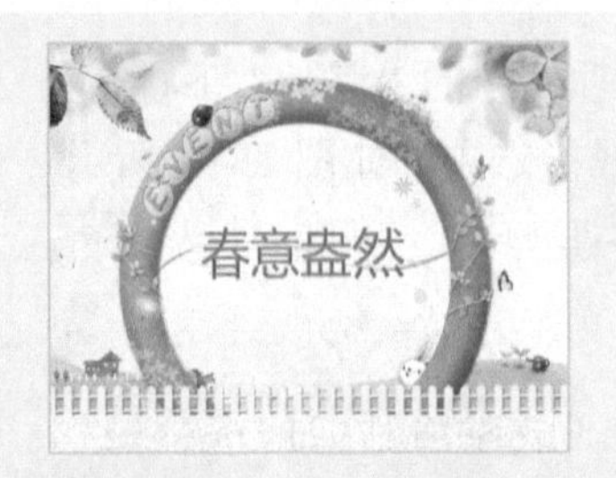

图 11-94　素材文件

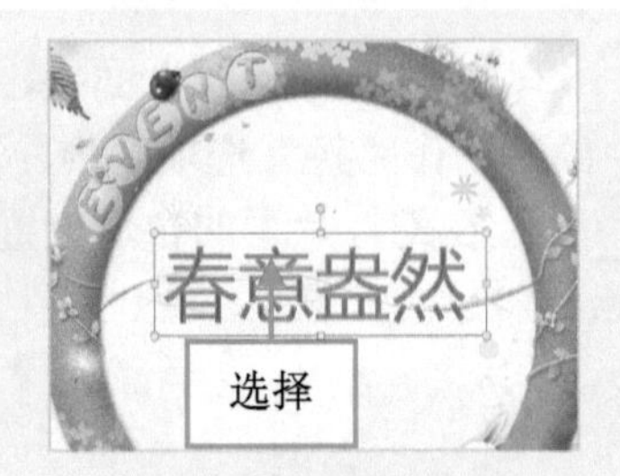

图 11-95　选择对象

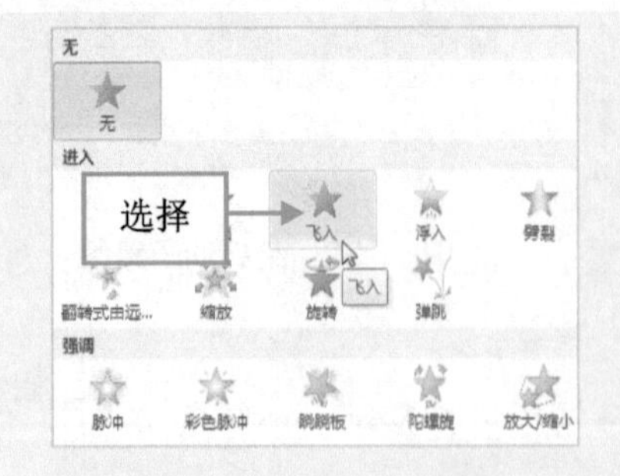

图 11-96　选择“飞入”选项

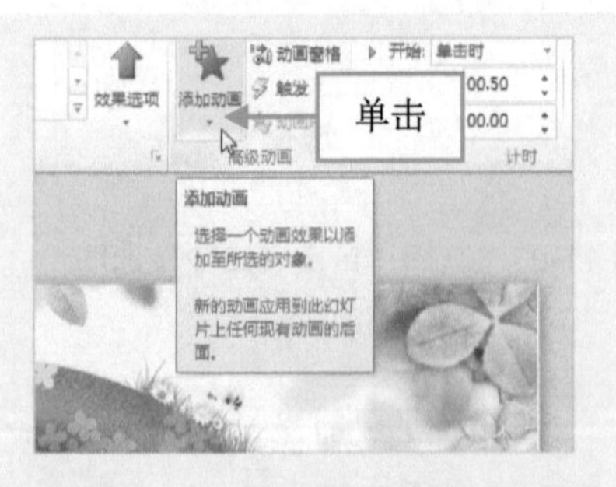

图 11-97　单击“添加动画”下拉按钮

步骤05 弹出列表，在“退出”选项区中，选择“收缩并旋转”选项，如图 11-98 所示。

步骤06 执行操作后，即可再次为文本对象添加动画效果，如图 11-99 所示。

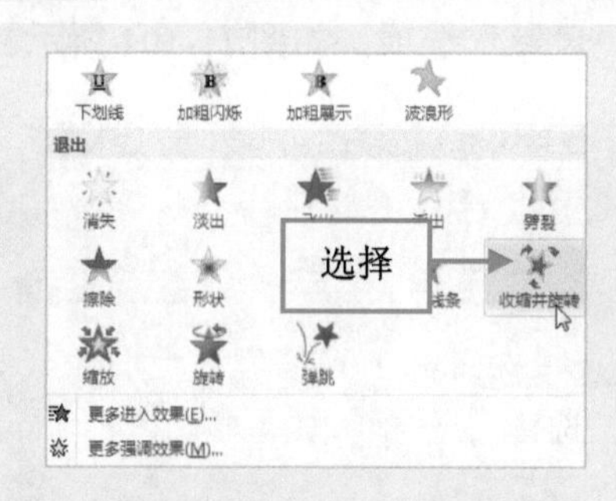

图 11-98 选择“收缩并旋转”选项

图 11-99 添加动画效果

步骤07 单击“预览”选项板中的“预览”按钮，即可按添加效果的顺序预览动画效果，如图 11-100 所示。

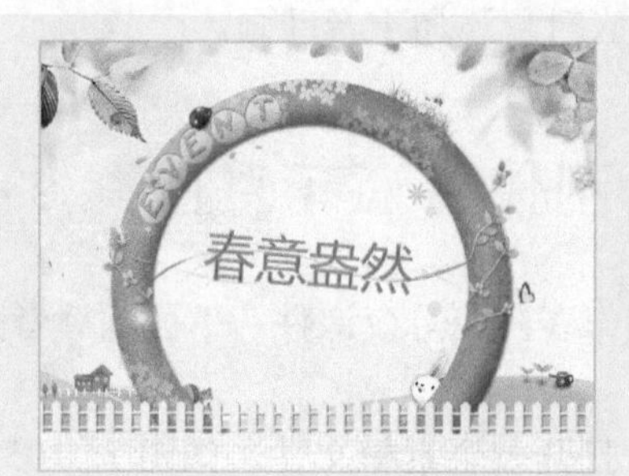

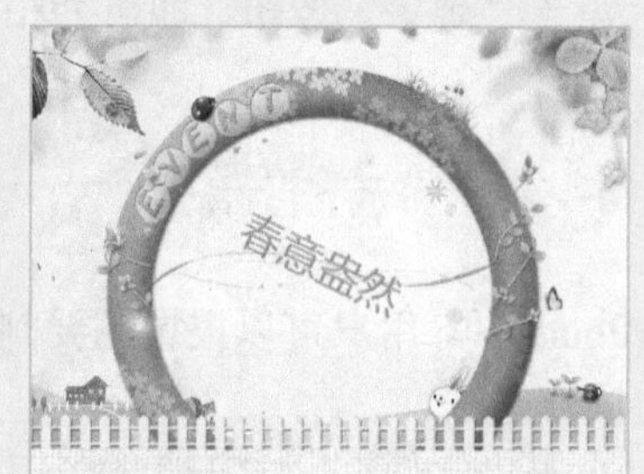

图 11-100 预览动画效果

11.3.3 实战——为缤纷季节添加动画声音

在 PowerPoint 2010 中的每张幻灯片的动画效果中，用户还可以添加相应的声音。

步骤01 单击“文件”|“打开”命令，打开一个素材文件，如图 11-101 所示。

步骤02 在编辑区中，选择需要添加动画声音的对象，如图 11-102 所示。

图 11-101 素材文件

图 11-102 选择对象

步骤03 切换至“动画”面板，单击“动画”选项板右下角的“显示其他效果选项”按钮，如图 11-103 所示。

步骤04 弹出“轮子”对话框，在“效果”选项卡中的“增强”选项区中，单击“声音”右侧的下拉按钮，在弹出的下拉列表框中选择“风铃”选项，如图 11-104 所示。

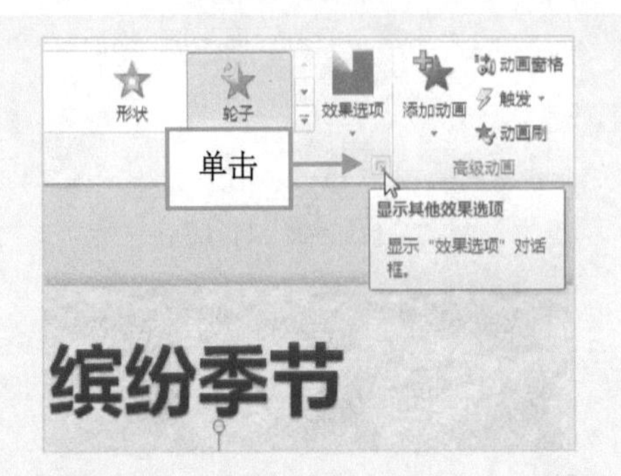

图 11-103 单击“显示其他效果选项”按钮

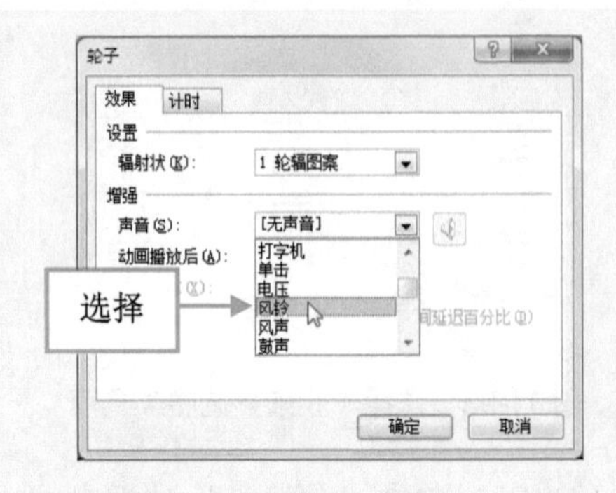

图 11-104 选择“风铃”选项

步骤05 单击“确定”按钮，即可为相应对象添加声音动画。

11.4 综合练兵——制作春江花月夜课件

在 PowerPoint 中，用户可以根据需要制作春江花月夜课件。下面向读者介绍制作春江花月夜课件的操作方法。

步骤01 单击“文件”|“打开”命令，打开一个素材文件，如图 11-105 所示。

步骤02 在第 1 张幻灯片中，选择相应对象，如图 11-106 所示。

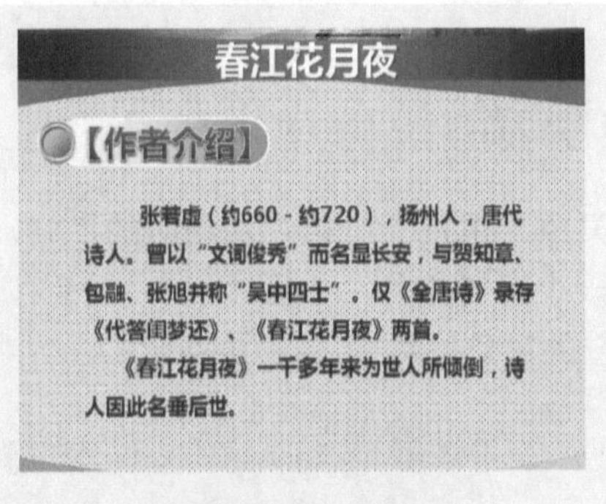

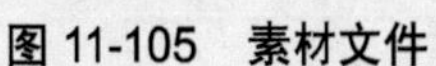
图 11-105 素材文件

图 11-106 选择相应对象

步骤03 切换至“动画”面板，在“动画”选项板中，单击“其他”下拉按钮，在弹出的列表中的“进入”选项区中，选择“浮入”选项，如图 11-107 所示。

步骤04 执行操作后，即可为对象添加浮入动画效果，选择文本对象，如图 11-108 所示。

步骤05 在“动画”选项板中，单击“其他”下拉按钮，在弹出的列表中选择“更多进入效果”命令，如图 11-109 所示。

步骤06 弹出“更改进入效果”对话框，在“华丽型”选项区中，选择“挥鞭式”选项，如图 11-110 所示。

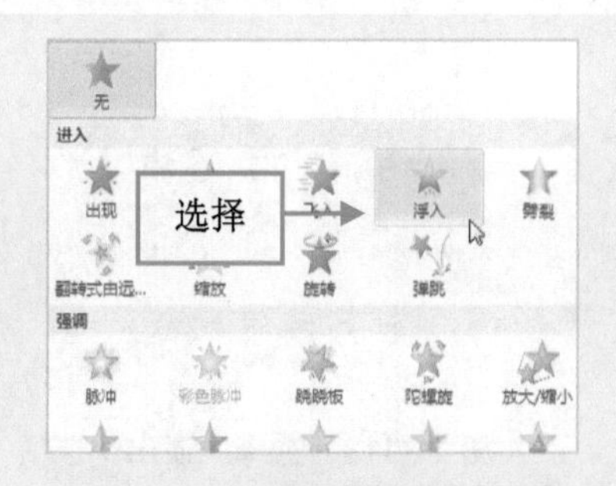

图 11-107 选择“浮入”选项

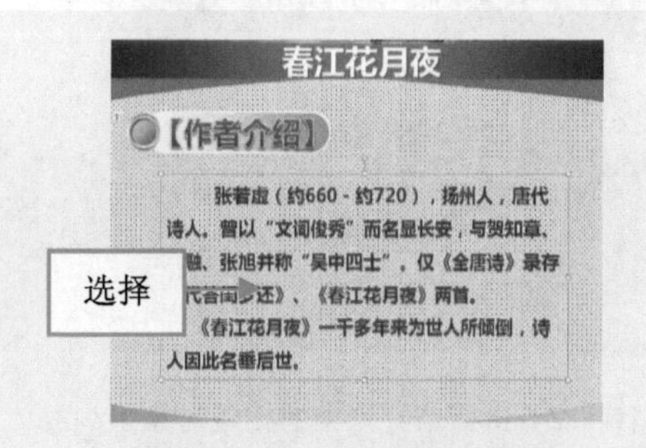

图 11-108 选择文本对象

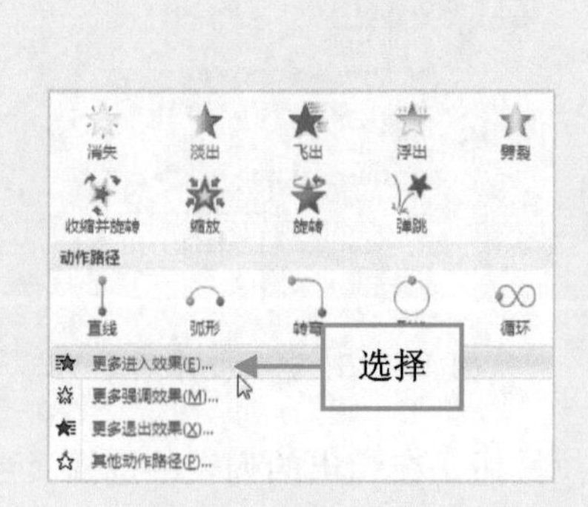

图 11-109 选择“更多进入效果”选项

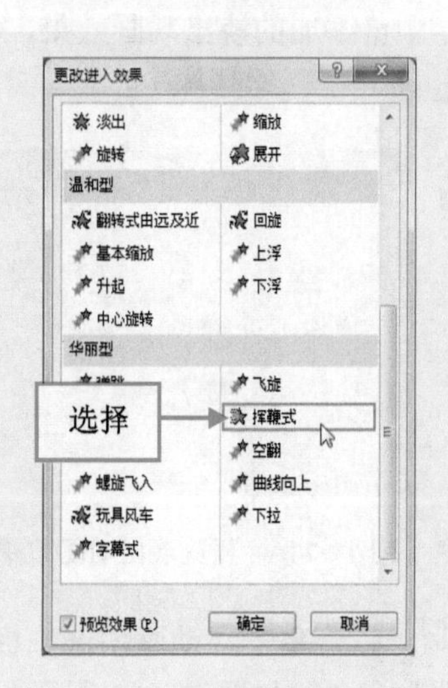

图 11-110 选择“挥鞭式”选项

步骤07 单击“确定”按钮，即可为文本添加动画效果，单击“预览”选项板中的“预览”按钮，预览动画效果，如图 11-111 所示。

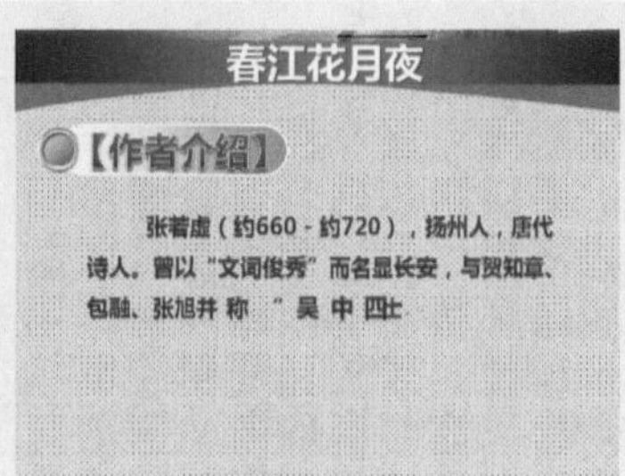

图 11-111 预览第 1 张幻灯片动画效果

步骤08 切换至第 2 张幻灯片，选择幻灯片中的相应对象，如图 11-112 所示。

步骤 09 在“动画”选项板中，单击“其他”下拉按钮，弹出列表，在“退出”选项区中，选择“淡出”选项，如图 11-113 所示。

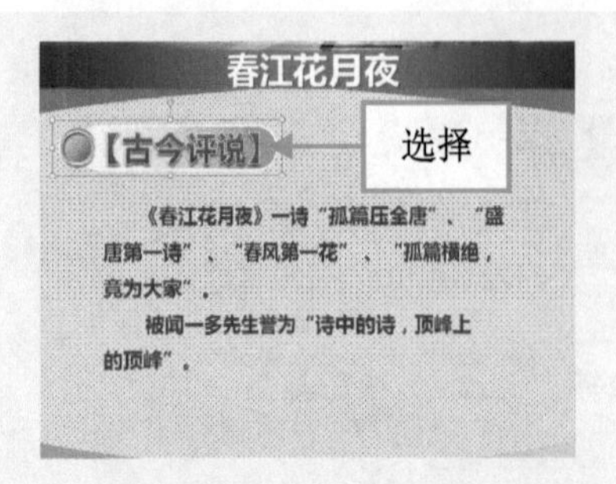

图 11-112 选择幻灯片中的相应对象

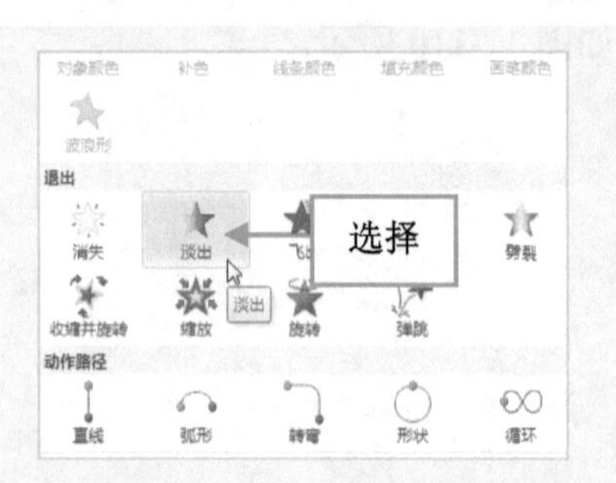

图 11-113 选择“淡出”选项

步骤 10 执行操作后，即可为对象添加动画效果，单击“预览”选项板中的“预览”按钮，预览添加的淡出动画效果，如图 11-114 所示。

步骤 11 在幻灯片中，选择文本对象，如图 11-115 所示。

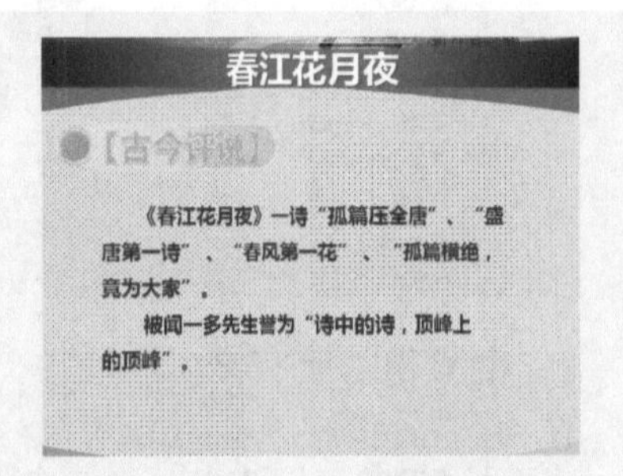

图 11-114 预览淡出动画效果

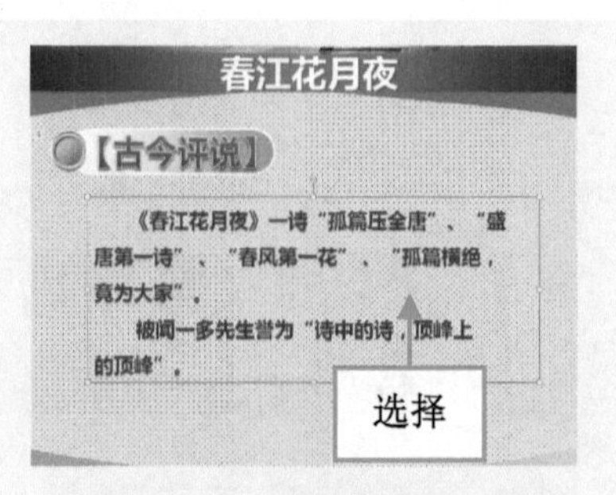

图 11-115 选择文本对象

步骤 12 单击“动画”选项板中的“其他”下拉按钮，在弹出的列表中选择“更多退出效果”命令，如图 11-116 所示。

步骤 13 弹出“更改退出效果”对话框，在“基本型”选项区中，选择“菱形”选项，如图 11-117 所示。

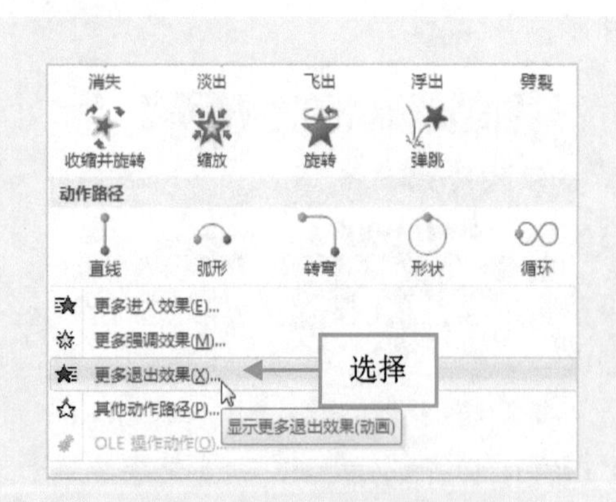

图 11-116 选择“更多退出效果”命令

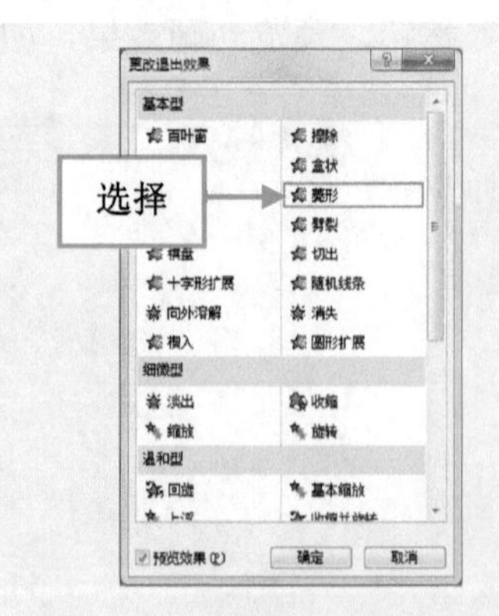

图 11-117 选择“菱形”选项

步骤14 单击“确定”按钮，即可为文本添加动画，单击“预览”选项板中的“预览”按钮，预览动画效果，如图11-118所示。

步骤15 切换至第3张幻灯片，选择相应文本，单击“动画”选项板中的“其他”下拉按钮，弹出列表，在“动作路径”选项区中，选择“弧形”选项，如图11-119所示。

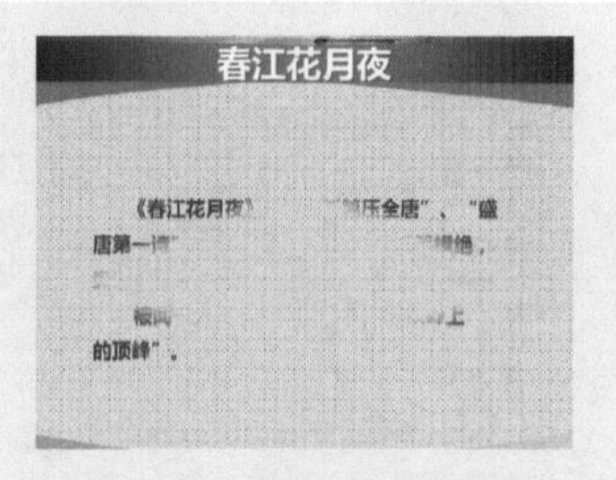

图11-118 预览动画效果

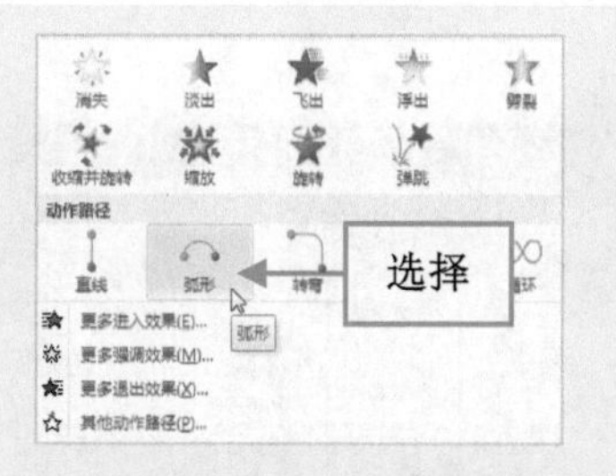

图11-119 选择“弧形”选项

步骤16 执行操作后，即可为对象设置弧形动画效果，如图11-120所示。

步骤17 在第3张幻灯片中，选择表格对象，如图11-121所示。

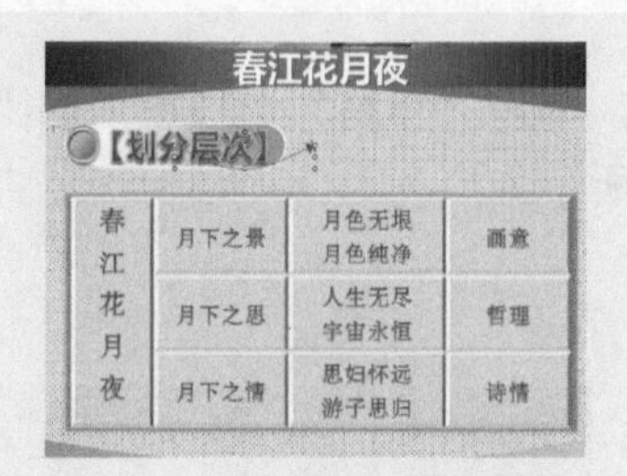

图11-120 设置弧形动画效果

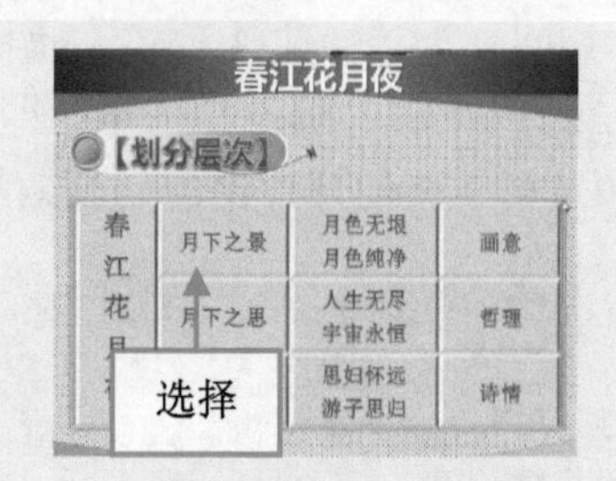

图11-121 选择表格

步骤18 在“动画”选项板中，单击“其他”下拉按钮，在弹出的列表中选择“其他动作路径”命令，如图11-122所示。

步骤19 弹出“更改动作路径”对话框，在“特殊”选项区中，选择“正方形结”选项，如图11-123所示。

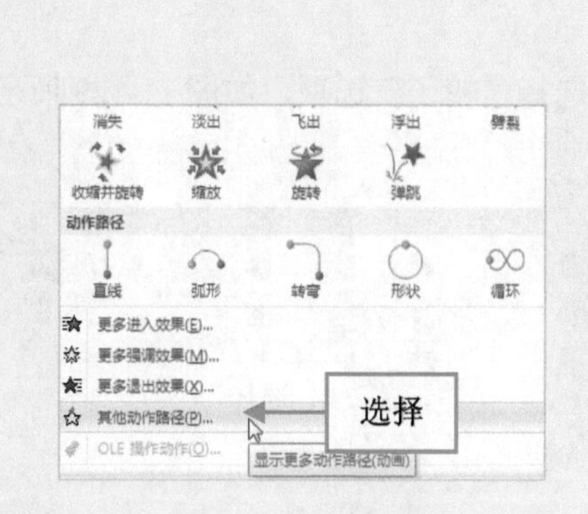

图11-122 选择“其他动作路径”命令

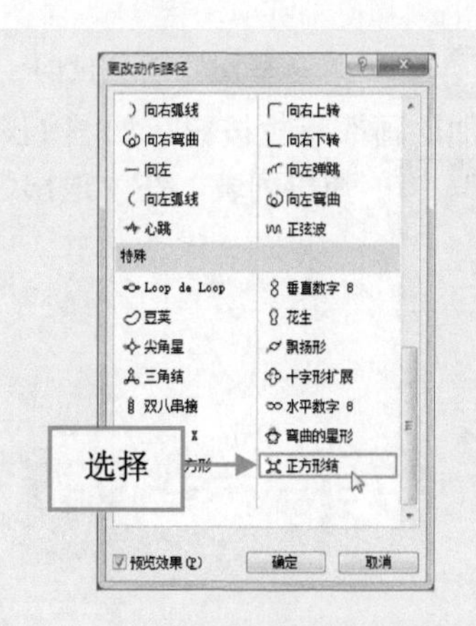

图11-123 选择“正方形结”选项

步骤20　单击“确定”按钮，即可为表格添加动作路径动画，如图 11-124 所示。

步骤21　选择表格对象，单击“动画”选项板中的“显示其他效果选项”按钮，弹出“正方形结”对话框，如图 11-125 所示。

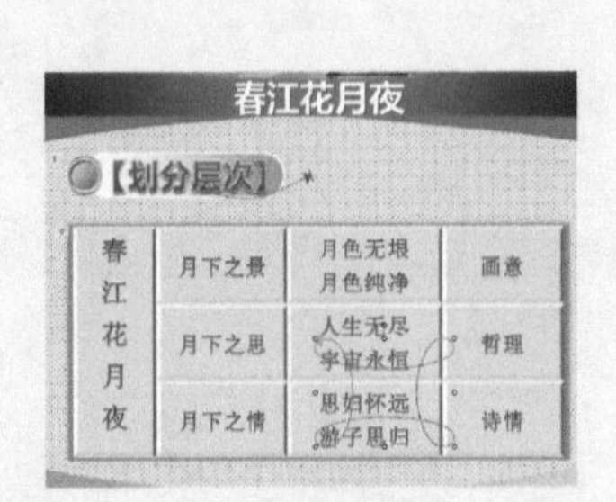

图 11-124　添加动作路径动画

图 11-125　“正方形结”对话框

步骤22　切换至“计时”选项卡，设置“开始”为“与上一动画同时”、“延迟”为 1 秒、“期间”为“慢速(3 秒)”，如图 11-126 所示。

步骤23　单击“确定”按钮，即可设置动画计时，单击“预览”选项板中的“预览”按钮，预览第 3 张幻灯片中的动画效果，如图 11-127 所示。

图 11-126　设置各选项

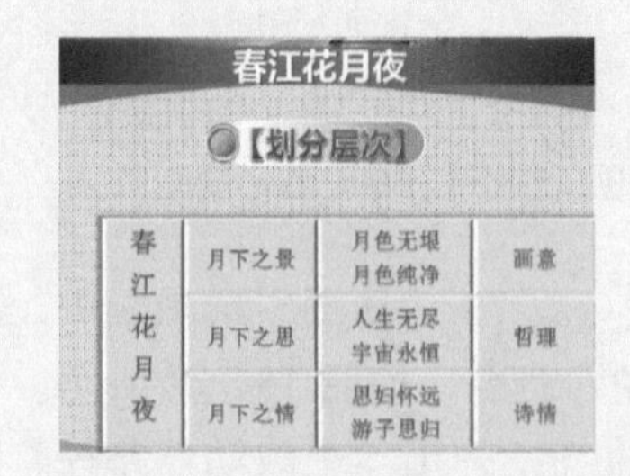

图 11-127　预览动画效果

步骤24　切换至第 1 张幻灯片，选中“作者介绍”文本，单击“高级动画”选项板中的“添加动画”下拉按钮，如图 11-128 所示。

步骤25　弹出列表，在“退出”选项区中，选择“轮子”选项，如图 11-129 所示。

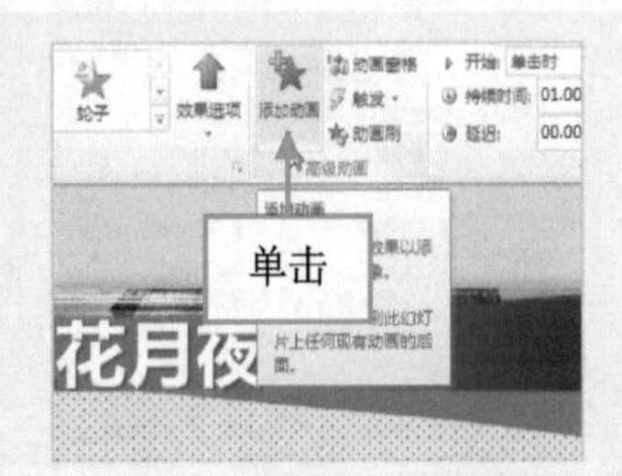

图 11-128　单击“添加动画”下拉按钮

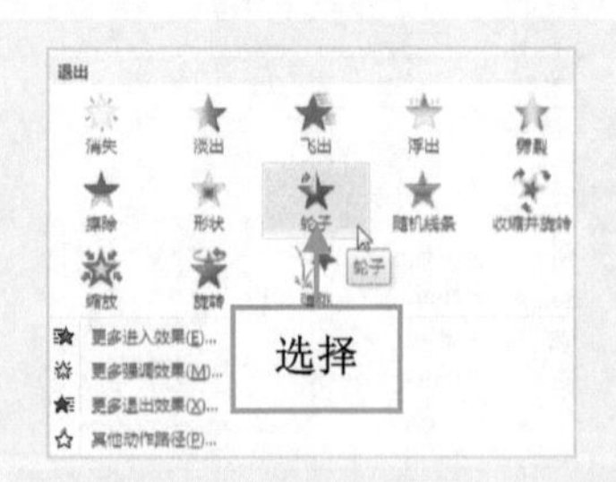

图 11-129　选择“轮子”选项

步骤26 执行操作后，即可为同一个对象添加两个动作效果，在“预览”选项板中单击“预览”按钮，预览动画效果，如图 11-130 所示，完成春江花月夜课件的制作。

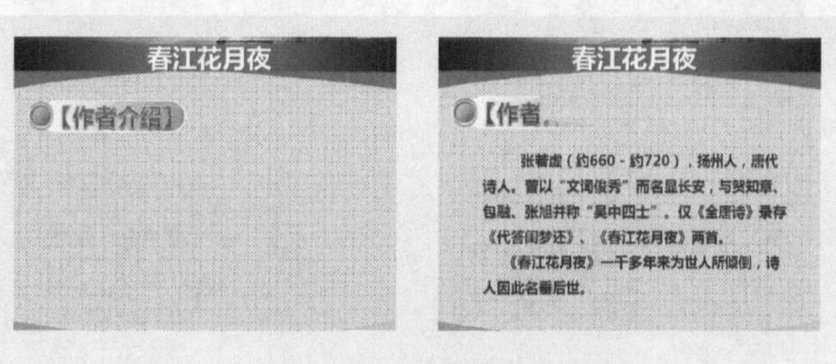

图 11-130 预览动画效果

11.5 本 章 习 题

本章重点介绍了动画特效课件模板制作的方法，本节将通过填空题、选择题以及上机练习题，对本章的知识点进行回顾。

11.5.1 填空题

(1) 在弹出的“更改进入效果”对话框中，包括________大类型的进入动画。

(2)“下浮”动画与“上浮”动画的区别主要在于对象出现的方向为________方向。

(3) 在“更改动作路径”对话框中，包含有 3 种动作路径选项区，分别是“基本”选项区、________选项区和“特殊”选项区。

11.5.2 选择题

(1) 在“更改强调效果”对话框中的“华丽型”选项区中，包含有(　　)种强调类型。

A. 1　　B. 3　　C. 5　　D. 8

(2) 在 PowerPoint 2010 中，显示高级日程表后，在“动画窗格”中将会显示(　　)样式的色块。

A. 黑色　　B. 无色　　C. 有色　　D. 白色

(3) 在 PowerPoint 2010 中的(　　)动画，能够让运用该动画效果的对象，在放映时变换出多种的颜色。

A. 补色　　B. 对比色　　C. 画笔颜色　　D. 不饱和

11.5.3 上机练习：音乐课件实例——为通俗音乐课件添加缩放动画

打开“光盘\素材\第 11 章”文件夹下的通俗音乐课件.pptx，如图 11-131 所示，尝试为通俗音乐课件添加缩放动画，效果如图 11-132 所示。

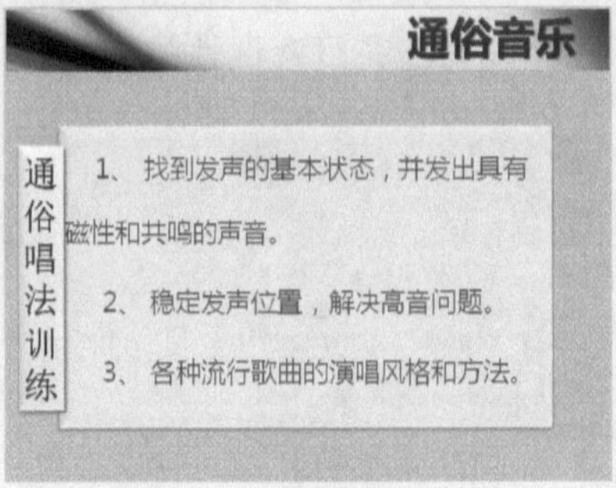

图 11-131　素材文件

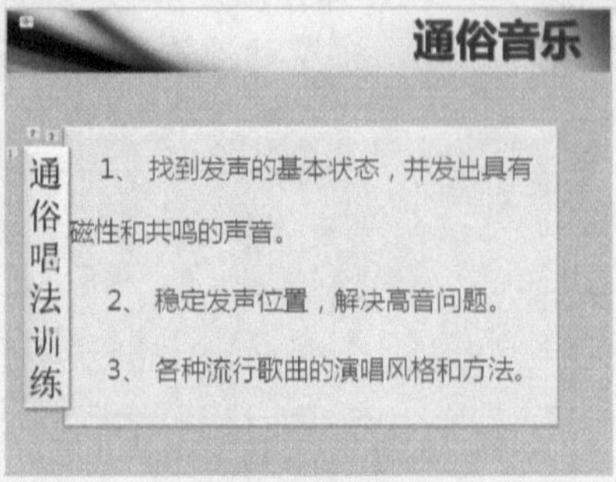

图 11-132　通俗音乐课件效果

第 12 章

炫彩动感：切换特效课件模板制作

在幻灯片中添加切换效果可以增加演示文稿的趣味性和观赏性，同时也能带动演讲气氛，软件本身提供了许多幻灯片的切换效果。本章主要向读者介绍制作细微型课件切换效果、制作华丽型课件切换效果、制作动态内容课件切换效果以及课件切换效果选项设置的操作方法。

本章重点：

- 制作细微型课件切换效果
- 制作华丽型课件切换效果
- 制作动态内容课件切换效果
- 课件切换声音效果选项设置
- 综合练兵——制作云南风光课件

12.1 制作细微型课件切换效果

在 PowerPoint 2010 中，用户可以为多张幻灯片设置动画切换效果，其中细微型切换效果中包括“切出”、“淡出”、“推进”、“擦除”和“分割”等 11 种切换样式，下面介绍应用细微型切换效果的操作方法。

12.1.1 实战——为白话文运动课件添加切出切换效果

在 PowerPoint 2010 中，切出切换效果是指将选择的幻灯片在放映模式下快速切换出来。

步骤 01 单击“文件”|“打开”命令，打开一个素材文件，如图 12-1 所示。

步骤 02 切换至“切换”面板，在“切换到此幻灯片”选项板中，单击“其他”下拉按钮，如图 12-2 所示。

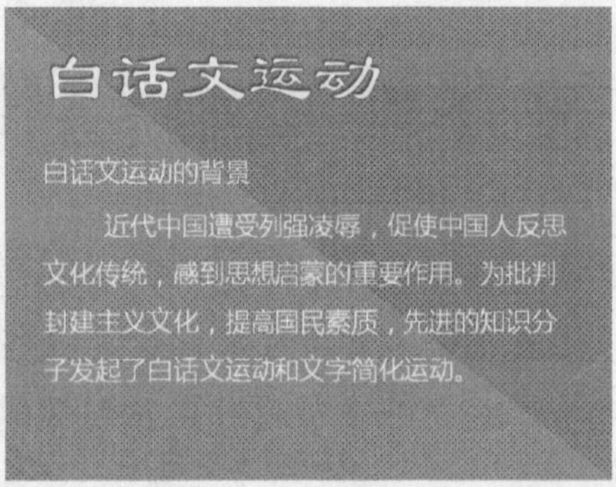

图 12-1 素材文件

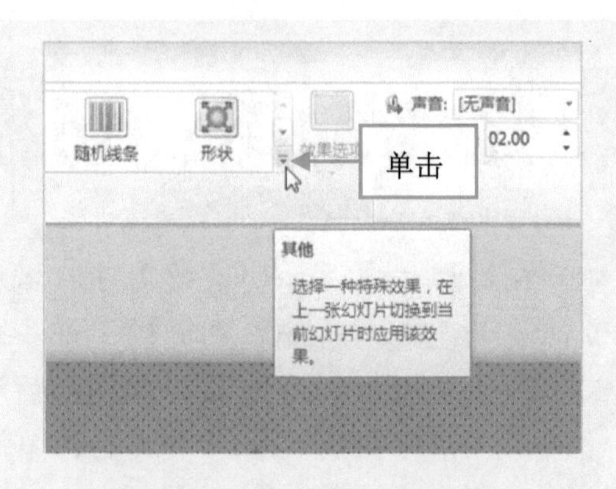

图 12-2 单击“其他”下拉按钮

步骤 03 弹出列表框，在“细微型”选项区中，选择“切出”选项，如图 12-3 所示。

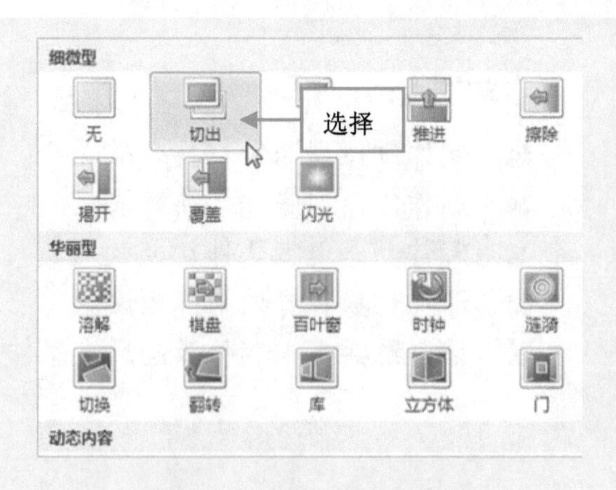

图 12-3 选择“切出”选项

技巧：在普通视图和幻灯片浏览视图中，都可以为幻灯片设置切换动画，但在幻灯片浏览视图下设置动画效果时，更容易把握演示文稿的整体风格。

步骤 04　在“预览”选项板中单击“预览”按钮，即可对该幻灯片的切换效果进行预览。

试一试：根据以上操作步骤，可以自己在课件中添加切出切换效果。

12.1.2 实战——为幂函数课件添加淡出切换效果

在 PowerPoint 2010 中，淡出切换是指被选择的幻灯片在放映模式下将会以平缓的形式显现出来。

步骤 01　单击“文件”|“打开”命令，打开一个素材文件，如图 12-4 所示。

步骤 02　切换至“切换”面板，在“切换到此幻灯片”选项板中，单击“其他”下拉按钮，弹出列表，在“细微型”选项区中，选择“淡出”选项，如图 12-5 所示。

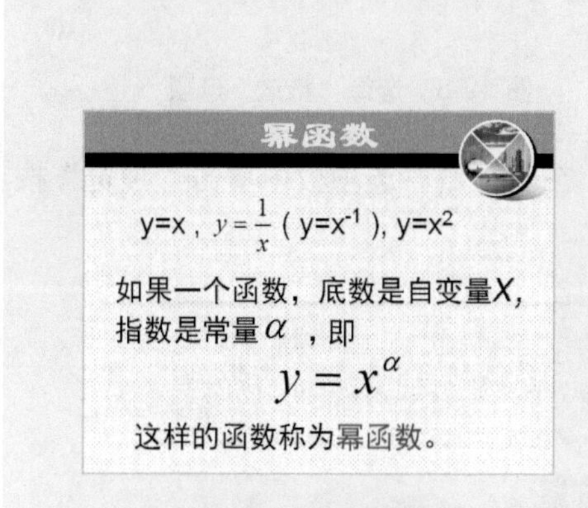

图 12-4　素材文件

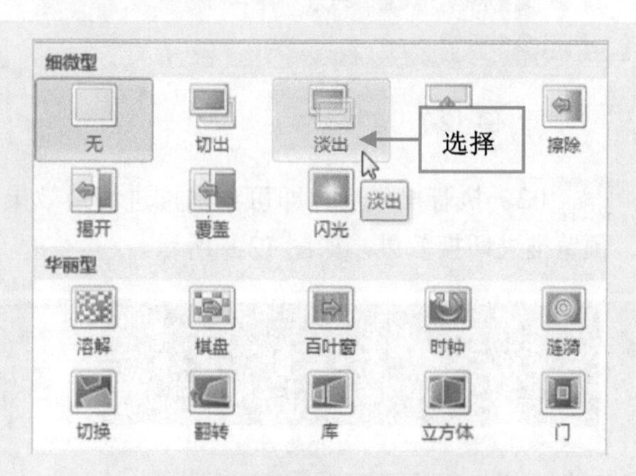

图 12-5　选择“淡出”选项

步骤 03　执行操作后，即可添加淡出切换效果，在“预览”选项板中单击“预览”按钮，预览淡出切换效果，如图 12-6 所示。

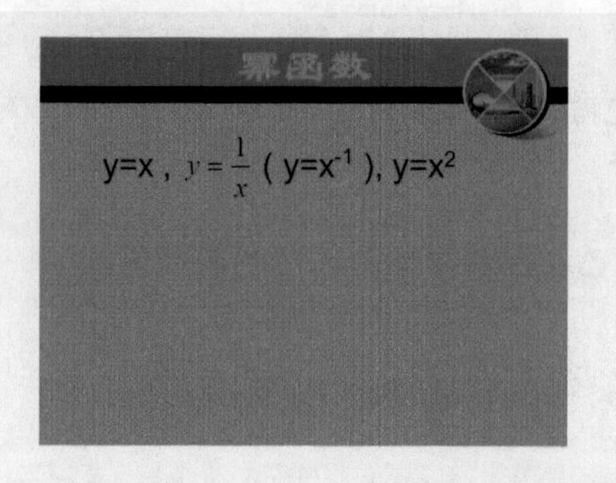

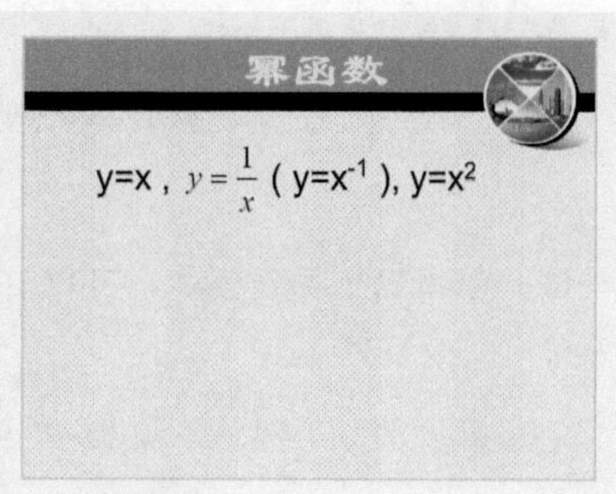

图 12-6　预览淡出切换效果

12.1.3 实战——为动词过去式课件添加推进切换效果

在 PowerPoint 2010 中，为某一张幻灯片添加推进切换效果以后，在幻灯片放映时，该张幻灯片将会从某一个方向逐渐推进显示出来。

步骤 01 单击“文件”|“打开”命令，打开一个素材文件，如图 12-7 所示。

步骤 02 切换至“切换”面板，单击“切换到此幻灯片”选项板中的“其他”下拉按钮，弹出列表，在“细微型”选项区中，选择“推进”选项，如图 12-8 所示。

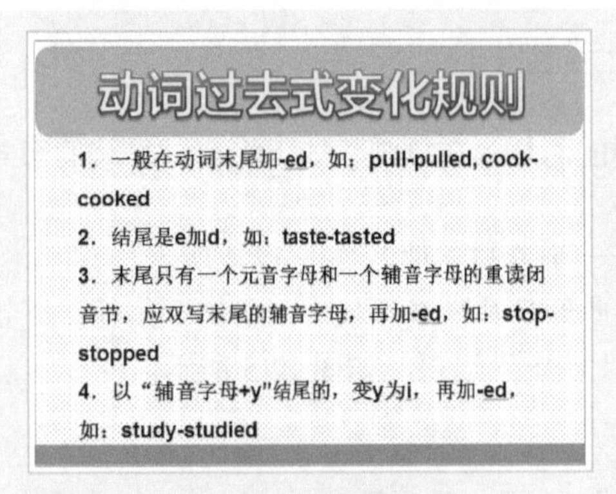

图 12-7 素材文件

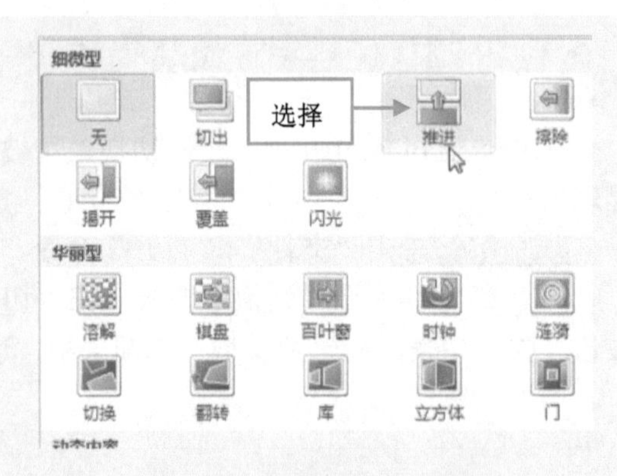

图 12-8 选择“推进”选项

步骤 03 执行操作后，即可添加推进切换效果，在“预览”选项板中单击“预览”按钮，预览推进切换效果，如图 12-9 所示。

图 12-9 预览推进切换效果

试一试：根据以上操作步骤，可以自己在课件中添加推进切换效果。

12.1.4 实战——为特殊疑问词课件添加分割切换效果

幻灯片中的分割切换效果，是将某张幻灯片以一个特定的分界线向特定的两个方向进行切割的动画效果。

步骤01 单击“文件”|“打开”命令，打开一个素材文件，如图 12-10 所示。

步骤02 切换至“切换”面板，单击“切换到此幻灯片”选项板中的“其他”下拉按钮，弹出列表，在“细微型”选项区中，选择“分割”选项，如图 12-11 所示。

步骤03 执行操作后，即可添加推进切换效果，在“预览”选项板中单击“预览”按钮，预览分割切换效果，如图 12-12 所示。

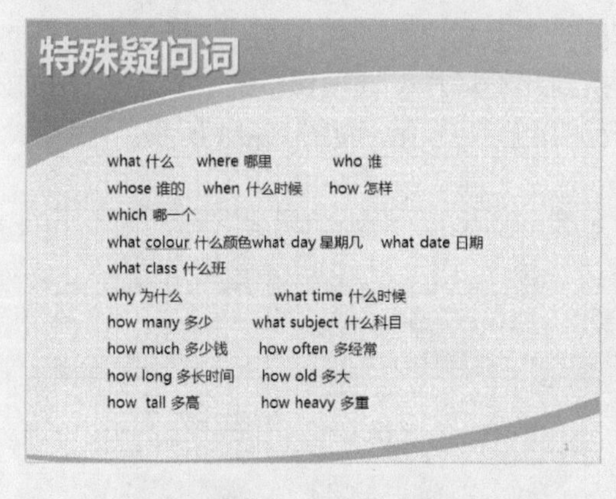

图 12-10 素材文件

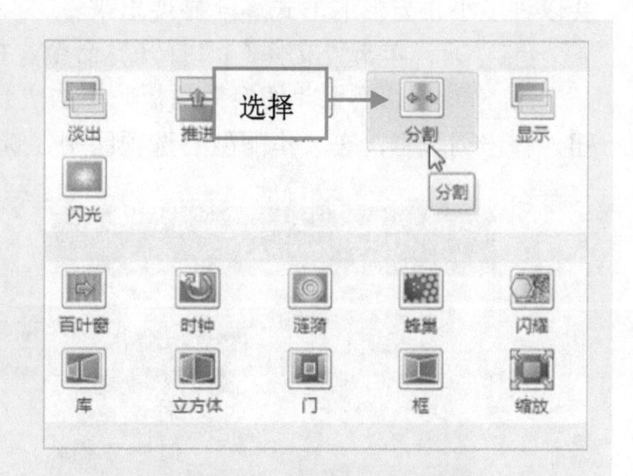

图 12-11 选择“分割”选项

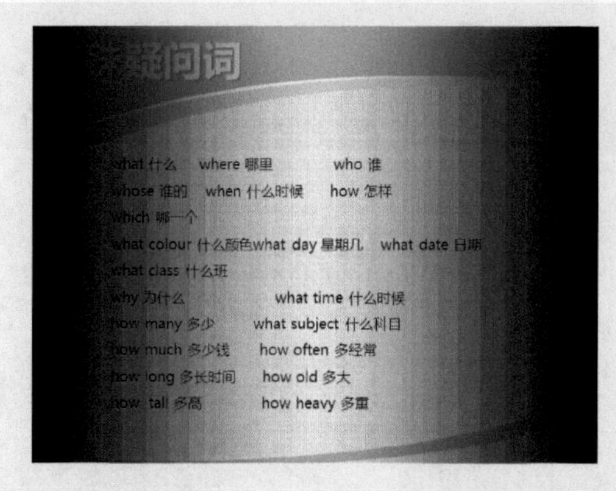

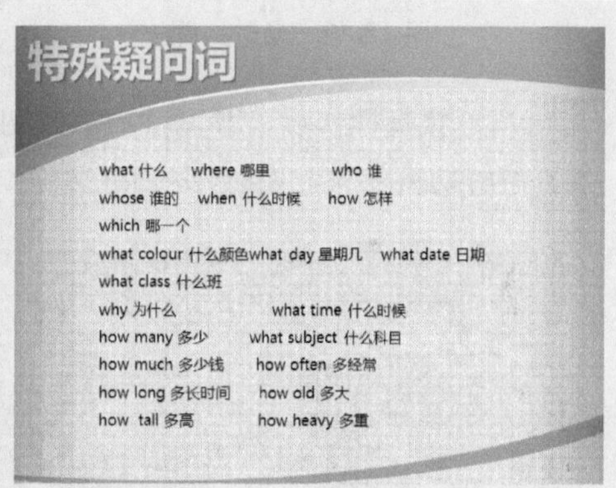

图 12-12 预览分割切换效果

提示： 在“细微型”选项区中，用户还可以将幻灯片的切换效果设置为“闪光”、“形状”、“揭开”以及“覆盖”等，每一种切换方式都有其特征，用户可以根据制作课件的实际需要，选择合适的细微型切换效果。

12.2 制作华丽型课件切换效果

在 PowerPoint 2010 中的切换特效中，“华丽型”选项区中的切换样式是比较常用的，在“华丽型”选项区中包含有“溶解”、“棋盘”、“百叶窗”、“时钟”、“涟漪”以及“闪耀”等在内的 16 种切换样式。下面介绍华丽型切换效果的操作方法。

12.2.1 实战——为提问的四种方式课件添加溶解切换效果

在 PowerPoint 2010 中，为某一张幻灯片设置溶解切换效果以后，该幻灯片在放映时将会以许多小正方形的形式逐渐显现出来。

步骤 01 单击“文件”|“打开”命令，打开一个素材文件，如图 12-13 所示。

步骤 02 切换至“切换”面板，单击“切换到此幻灯片”选项板中的“其他”下拉按钮，弹出列表框，在“华丽型”选项区中，选择“溶解”选项，如图 12-14 所示。

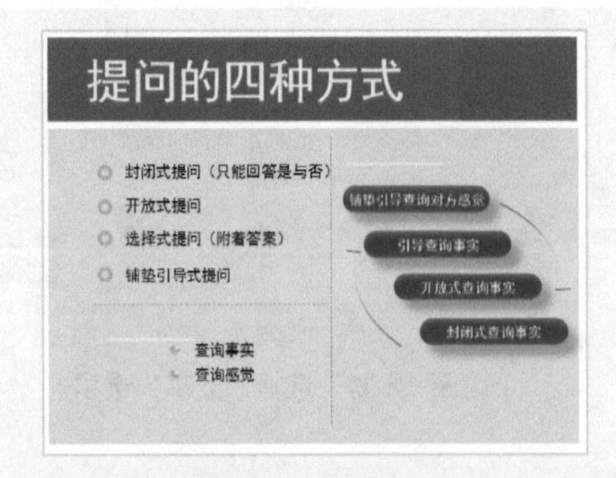

图 12-13　素材文件

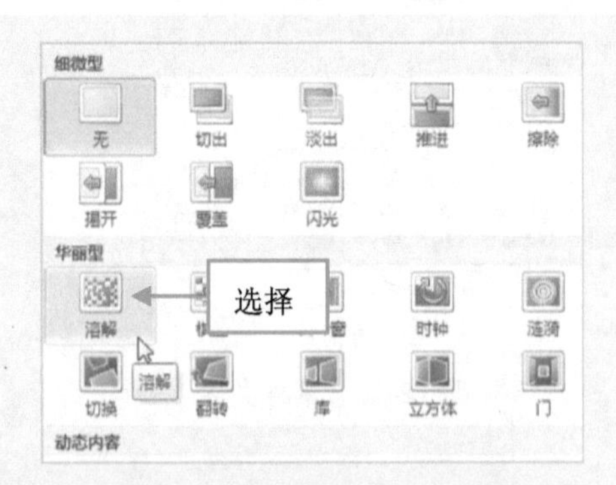

图 12-14　选择“溶解”选项

步骤 03 执行操作后，即可添加溶解切换效果，在“预览”选项板中单击“预览”按钮，预览溶解切换效果，如图 12-15 所示。

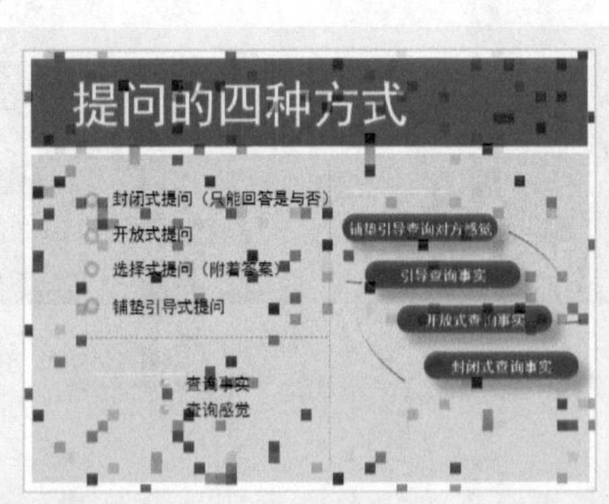

图 12-15　预览溶解切换效果

试一试：根据以上操作步骤，可以自己在课件中添加溶解切换效果。

12.2.2 实战——为名人解析课件添加棋盘切换效果

在 PowerPoint 2010 中，棋盘切换效果分别是将幻灯片从左至右，或者是从上至下进行棋盘格式样的切换。

步骤01 单击“文件”|“打开”命令，打开一个素材文件，如图 12-16 所示。

步骤02 切换至“切换”面板，单击“切换到此幻灯片”选项板中的“其他”下拉按钮，弹出列表，在“华丽型”选项区中，选择“棋盘”选项，如图 12-17 所示。

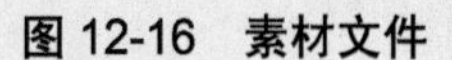

图 12-16 素材文件

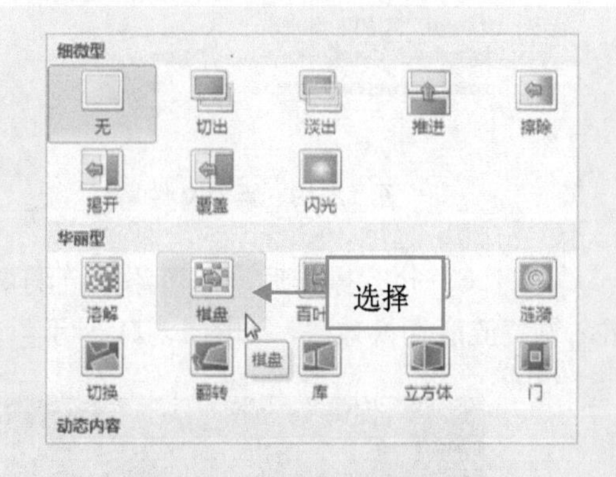

图 12-17 选择“棋盘”选项

步骤03 执行操作后，即可添加棋盘切换效果，在“预览”选项板中单击“预览”按钮，预览棋盘切换效果，如图 12-18 所示。

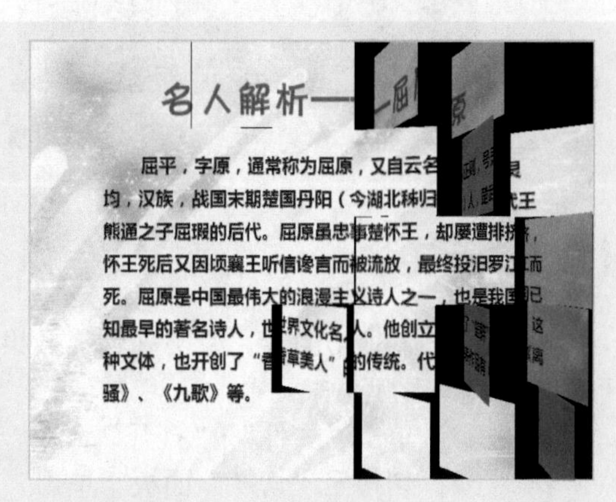

图 12-18 预览棋盘切换效果

12.2.3 实战——为祖国山川颂课件添加涟漪切换效果

在 PowerPoint 2010 中，涟漪切换特效，可以让幻灯片在放映时，以水波流动的形式显示出来。

步骤01 单击“文件”|“打开”命令，打开一个素材文件，如图 12-19 所示。

步骤02 切换至“切换”面板，单击“切换到此幻灯片”选项板中的“其他”下拉按钮，弹出列表，在“华丽型”选项区中，选择“涟漪”选项，如图 12-20 所示。

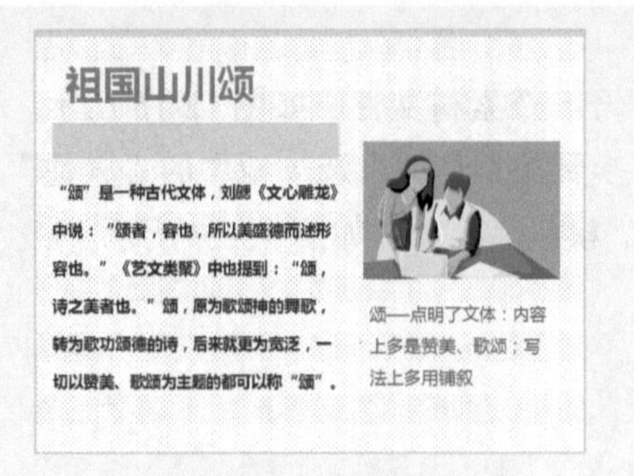

图 12-19　素材文件

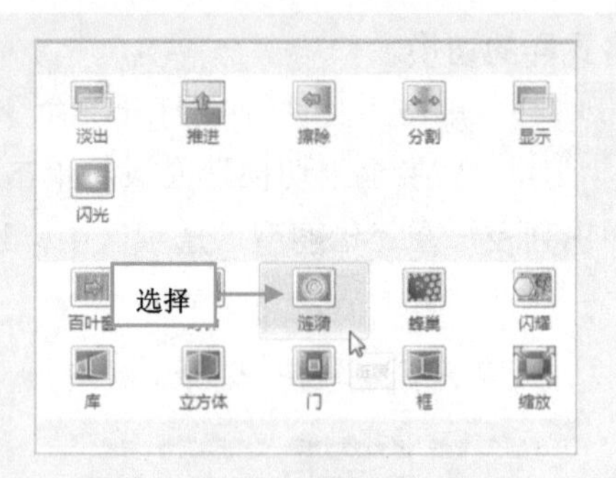

图 12-20　选择“涟漪”选项

步骤 03 执行操作后，即可添加涟漪切换效果，在“预览”选项板中单击“预览”按钮，预览涟漪切换效果，如图 12-21 所示。

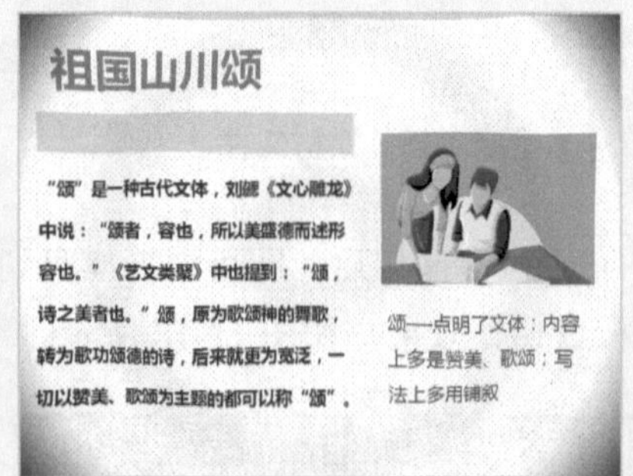

图 12-21　预览涟漪切换效果

12.2.4 实战——为词类活用课件添加立方体切换效果

在 PowerPoint 2010 中，立方体切换效果是指运用该切换效果的幻灯片，在放映时以方形的形式逐渐显示出来。

步骤 01 单击“文件”|“打开”命令，打开一个素材文件，如图 12-22 所示。

步骤 02 切换至“切换”面板，单击“切换到此幻灯片”选项板中的“其他”下拉按钮，弹出列表，在“华丽型”选项区中，选择“立方体”选项，如图 12-23 所示。

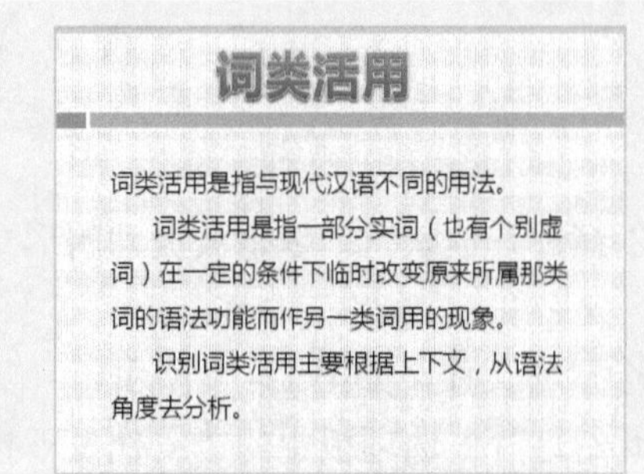

图 12-22　素材文件

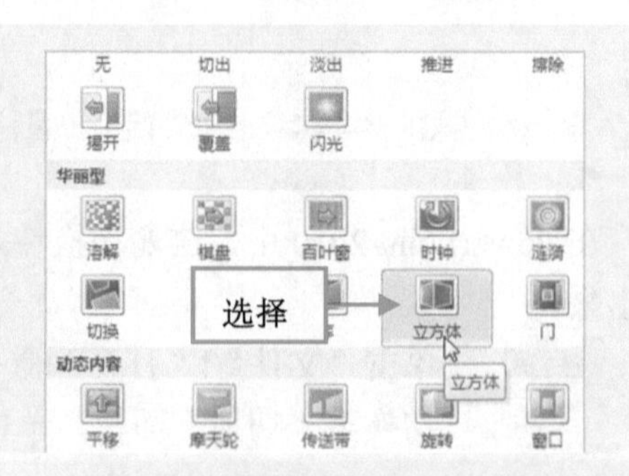

图 12-23　选择“立方体”选项

步骤03 执行操作后，即可添加立方体切换效果，在“预览”选项板中单击“预览”按钮，预览立方体切换效果，如图 12-24 所示。

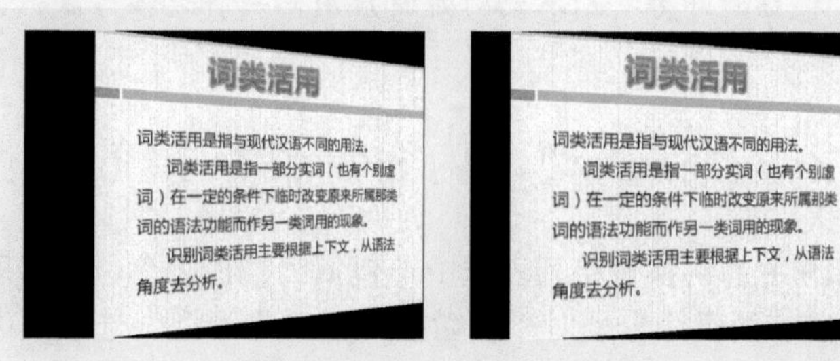

图 12-24 预览立方体切换效果

12.2.5 实战——为意动用法课件添加蜂巢切换效果

在 PowerPoint 2010 中，蜂巢切换效果是指运用该切换效果的幻灯片，在放映时以小六边形的样式由少到多，逐渐显示整张幻灯片。

步骤01 单击“文件”|“打开”命令，打开一个素材文件，如图 12-25 所示。

步骤02 切换至“切换”面板，单击“切换到此幻灯片”选项板中的“其他”下拉按钮，弹出列表，在“华丽型”选项区中，选择“蜂巢”选项，如图 12-26 所示。

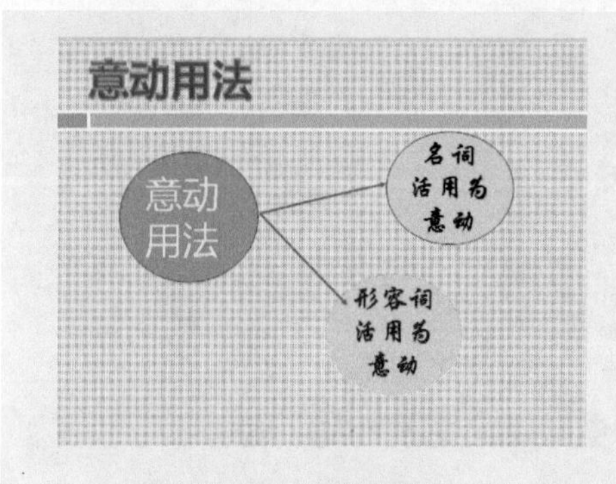

图 12-25 素材文件

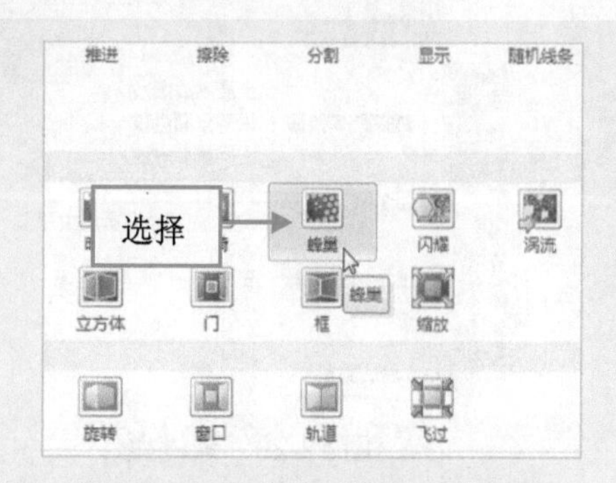

图 12-26 选择“蜂巢”选项

步骤03 执行操作后，即可添加蜂巢切换效果，在“预览”选项板中单击“预览”按钮，预览蜂巢切换效果，如图 12-27 所示。

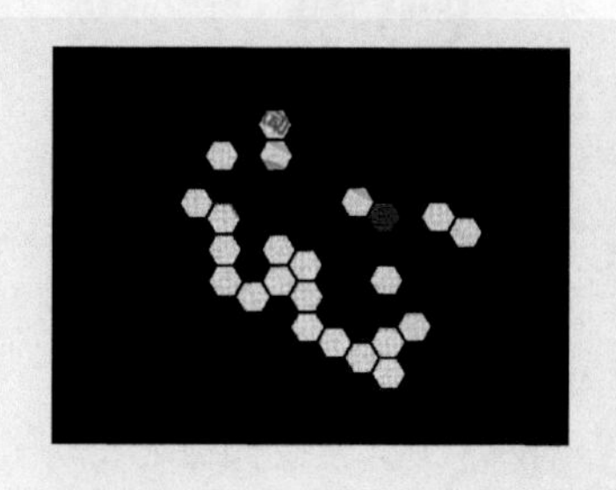

图 12-27 预览蜂巢切换效果

提示：演示文稿中的幻灯片也可运用同一种切换方式，用户可单击“计时”选项板中的“全部应用”按钮，即可将所有幻灯片都应用同一种切换方式。

12.3 制作动态内容课件切换效果

在 PowerPoint 2010 中的切换效果列表框中，包括“细微型”、“华丽型”以及“动态内容”3 种选项区，在前面已经分别对“细微型”与“华丽型”选项区中的部分切换效果进行了介绍，下面将介绍“动态内容”选项区中的切换效果。

12.3.1 实战——为解放战争课件添加平移切换效果

平移切换效果是指应用该切换效果的幻灯片，在进行放映时，整张幻灯片在淡出的同时，其他内容则以向上迅速移动的形式，显示整张幻灯片。

步骤 01 单击“文件”|“打开”命令，打开一个素材文件，如图 12-28 所示。

步骤 02 切换至“切换”面板，单击“切换到此幻灯片”选项板中的“其他”下拉按钮，弹出列表，在“动态内容”选项区中，选择“平移”选项，如图 12-29 所示。

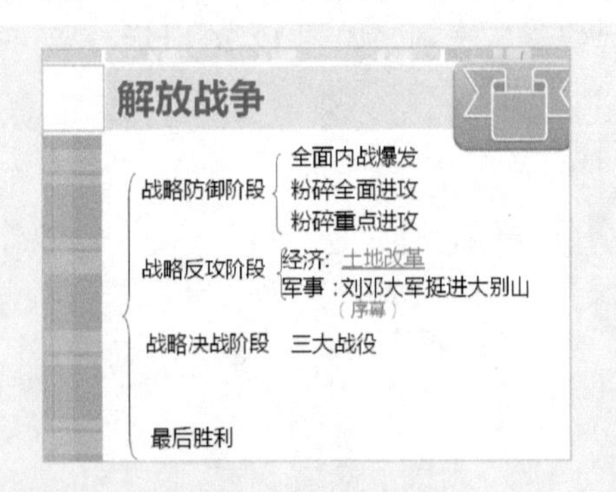

图 12-28 素材文件

图 12-29 选择“平移”选项

步骤 03 执行操作后，即可添加平移切换效果，在“预览”选项板中单击“预览”按钮，预览平移切换效果，如图 12-30 所示。

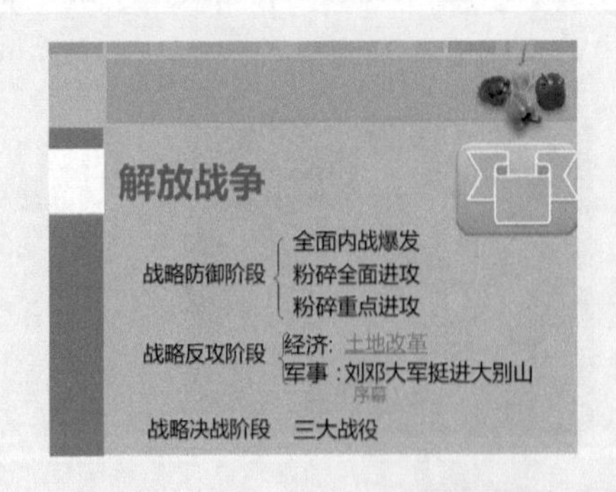

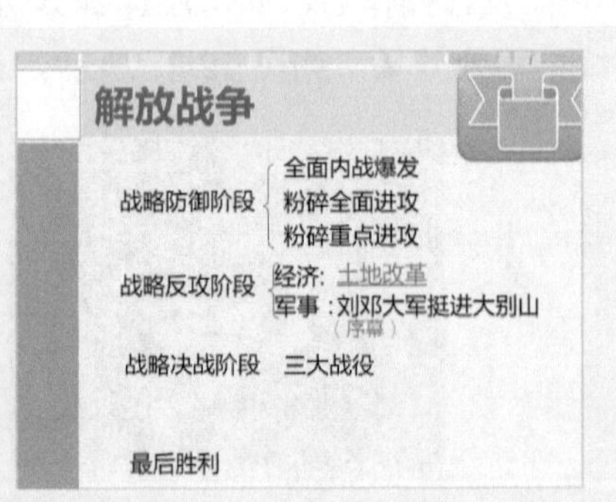

图 12-30 预览平移切换效果

12.3.2 实战——为抗战路线课件添加摩天轮切换效果

摩天轮效果是指幻灯片在放映时，整张幻灯片在淡出的同时，幻灯片中的其他对象则是以摩天轮旋转的方式显示出来。

步骤01 单击“文件”|“打开”命令，打开一个素材文件，如图12-31所示。

步骤02 切换至“切换”面板，单击“切换到此幻灯片”选项板中的“其他”下拉按钮，弹出列表，在“动态内容”选项区中，选择“摩天轮”选项，如图12-32所示。

抗战路线

	全面抗战路线	片面抗战路线
形成原因	中共代表广大人民的利益，能够发动群众，依靠群众	国民党代表大地主大资产阶级利益
依靠力量	依靠人民群众，并争取和动员一切抗日力量	单纯依靠国民政府和军队，以及美英等国的“外援”
影响	共产党领导的抗日武装和抗日根据地不断发展	国民党正面战场作战接连失利，丧师失地

图12-31 素材文件

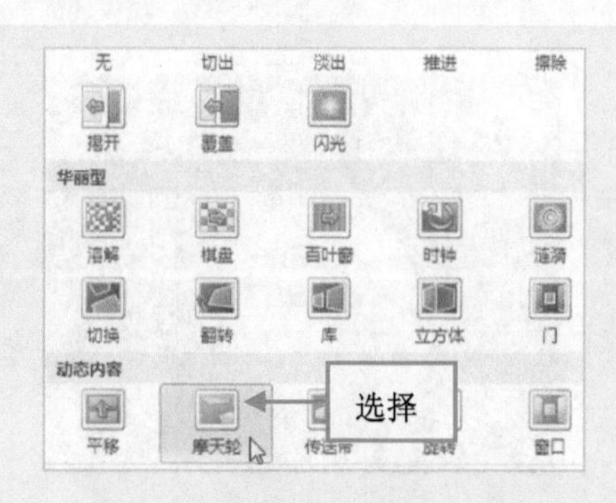

图12-32 选择“摩天轮”选项

步骤03 执行操作后，即可添加摩天轮切换效果，在“预览”选项板中单击“预览”按钮，预览摩天轮切换效果，如图12-33所示。

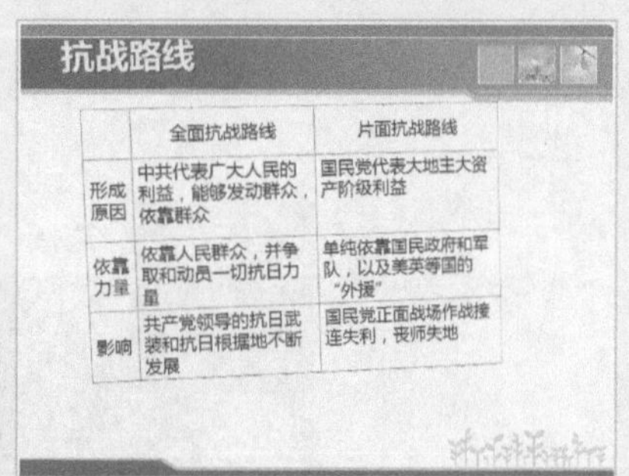
抗战路线

	全面抗战路线	片面抗战路线
形成原因	中共代表广大人民的利益，能够发动群众，依靠群众	国民党代表大地主大资产阶级利益
依靠力量	依靠人民群众，并争取和动员一切抗日力量	单纯依靠国民政府和军队，以及美英等国的“外援”
影响	共产党领导的抗日武装和抗日根据地不断发展	国民党正面战场作战接连失利，丧师失地

图12-33 预览摩天轮切换效果

12.4 课件切换声音效果选项设置

PowerPoint 2010为用户提供了多种切换声音，用户可以从“声音”下拉列表框中选择一种声音作为动画播放时的伴音，添加切换效果后，用户还可以根据需要设置切换速度、指针选项、切换与定位幻灯片。

12.4.1 实战——设置思想凝聚课件切换声音

PowerPoint 2010 为用户提供了多种切换声音，用户可以根据制作课件的实际需要，选择合适的切换声音。

步骤 01 单击“文件”|“打开”命令，打开一个素材文件，如图 12-34 所示。

步骤 02 切换至“切换”面板，单击“计时”选项板中的“声音”右侧的下拉按钮，如图 12-35 所示。

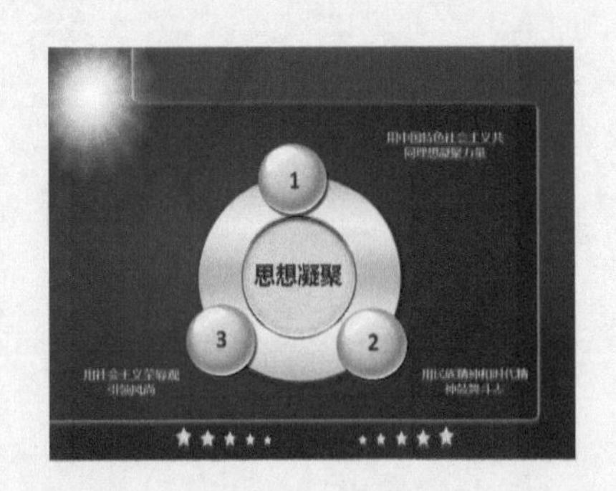

图 12-34 素材文件

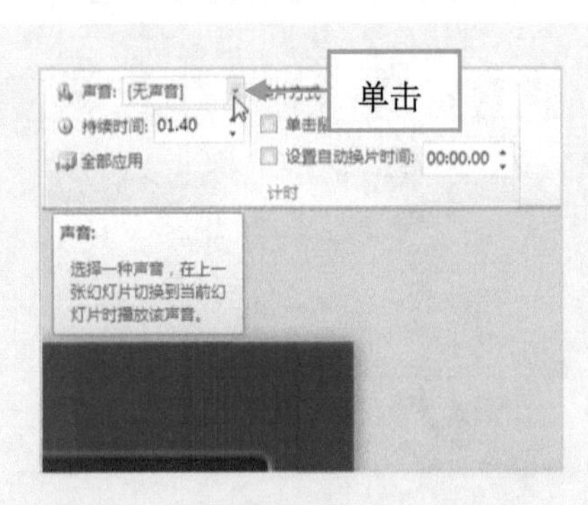

图 12-35 单击“声音”下拉按钮

步骤 03 弹出列表框，选择“风声”选项，如图 12-36 所示。

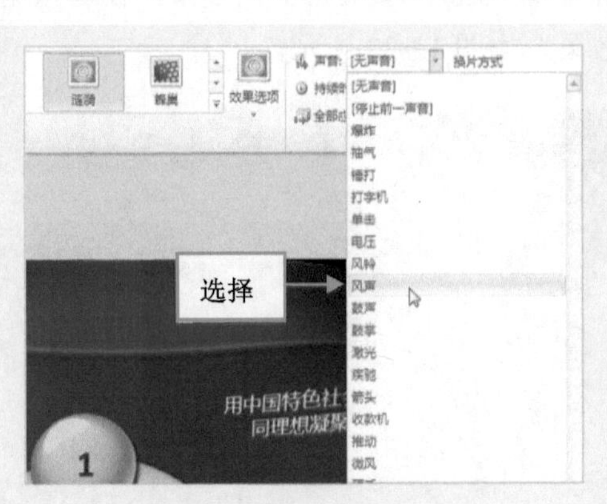

图 12-36 选择“风声”选项

步骤 04 执行操作后，即可在幻灯片中设置切换声音。

注意：当用户在幻灯片中设置第 1 张幻灯片的切换声音效果后，在“切换到此幻灯片”选项板中单击“全部应用”按钮，将应用于演示文稿中的所有幻灯片。

12.4.2 实战——设置溶液课件效果选项

在 PowerPoint 2010 中添加相应的切换效果以后，用户可以在“效果选项”列表框中，选择合适的切换方向。

步骤01 单击“文件”|“打开”命令，打开一个素材文件，如图12-37所示。

步骤02 切换至“切换”面板，单击“切换到此幻灯片”选项板中的“其他”下拉按钮，弹出列表，在“华丽型”选项区中，选择“百叶窗”选项，如图12-38所示。

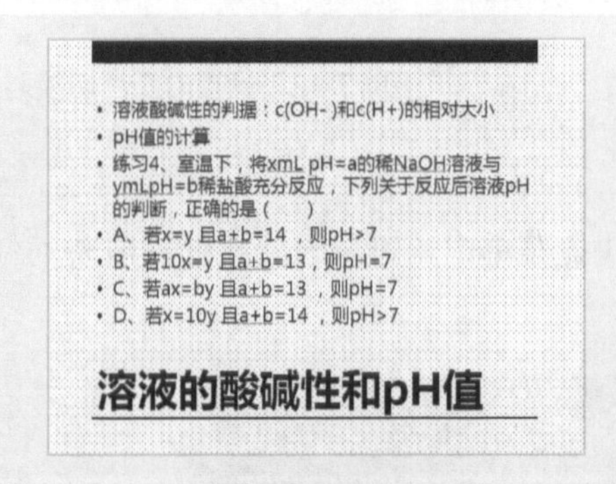

图12-37 素材文件

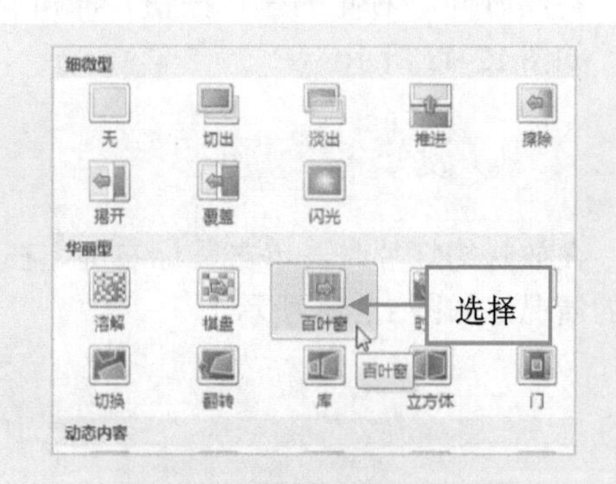

图12-38 选择“百叶窗”选项

步骤03 执行操作后，即可添加切换效果，单击“切换到此幻灯片”选项板中的“效果选项”按钮，如图12-39所示。

步骤04 弹出列表框，选择“水平”选项，如图12-40所示。

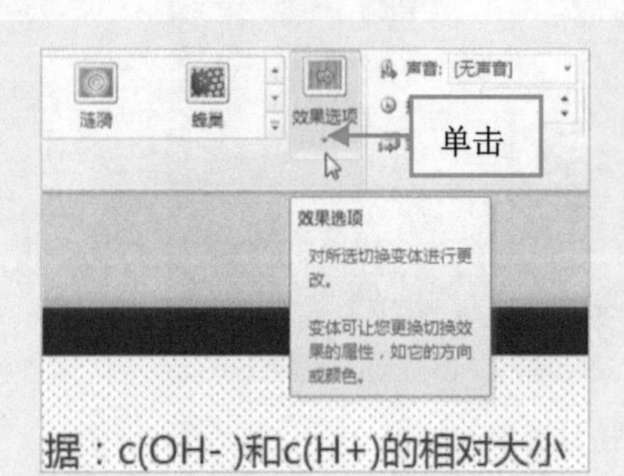

图12-39 单击“效果选项”按钮

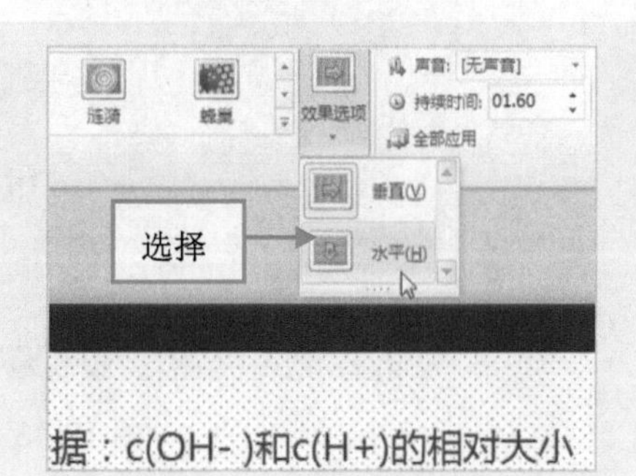

图12-40 选择“水平”选项

步骤05 执行操作后，即可设置效果选项，单击“预览”选项板中的“预览”按钮，预览动画效果，如图12-41所示。

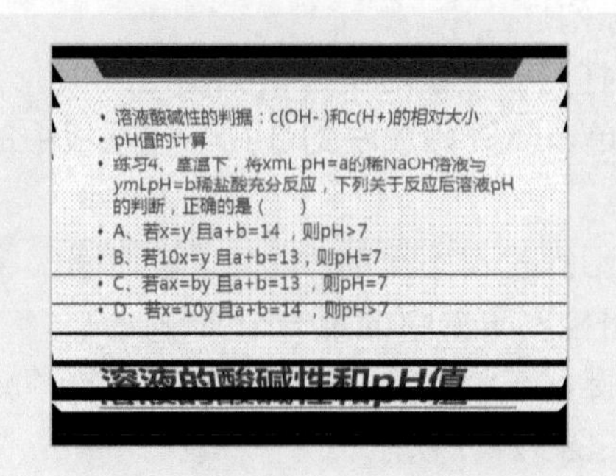

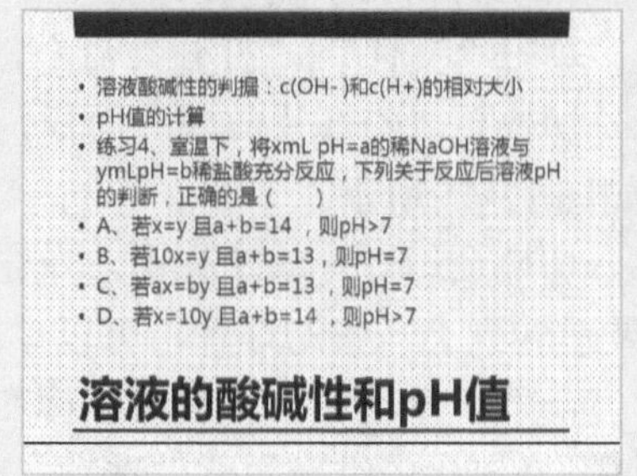

图12-41 预览动画效果

12.4.3 设置幻灯片切换时间

设置幻灯片切换速度，只需要单击“计时”选项板中的“持续时间”右侧的三角按钮，即可设置幻灯片切换时间，如图 12-42 所示。

图 12-42　设置幻灯片切换时间

12.4.4 设置指针选项

在放映幻灯片时，单击鼠标右键，在弹出的快捷菜单中，可以设置指针在放映幻灯片时的情况，如图 12-43 所示。

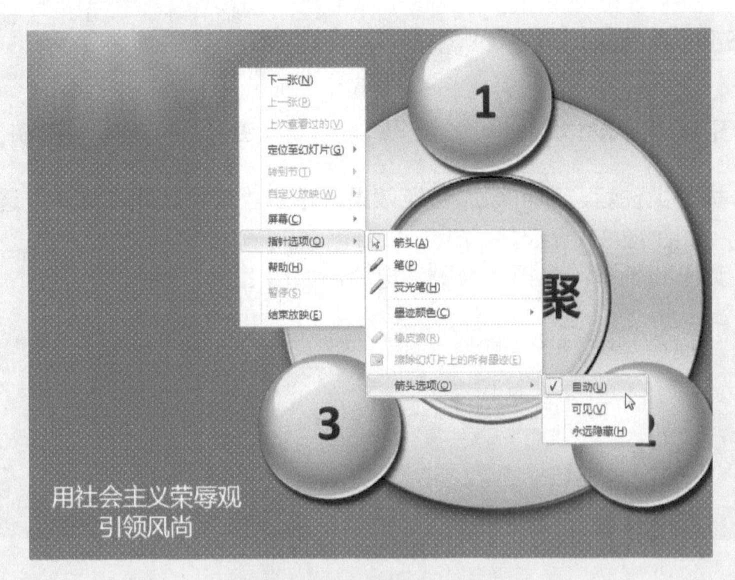

图 12-43　设置指针选项

12.4.5 实战——切换与定位维新思想幻灯片

切换与定位幻灯片是指在幻灯片放映的过程中，使用快捷菜单中的命令自由切换至上一张或者下一张幻灯片，或者直接定位至目标幻灯片中。

步骤 01　单击“文件”|“打开”命令，打开一个素材文件，如图 12-44 所示。

步骤 02　切换至“幻灯片放映”面板，单击“开始放映幻灯片”选项板中的“从头开始”按钮，如图 12-45 所示。

步骤 03　切换至幻灯片放映视图，单击幻灯片左下角的“下一页”按钮，如图 12-46 所示，如果要跳转到上一张幻灯片，可以单击控制菜单中的第一个按钮。

步骤 04　在第 2 个按钮上，单击鼠标右键，在弹出的快捷菜单中，选择“定位至幻灯片”|“19 世纪 90 年代的维新思想”选项，如图 12-47 所示。

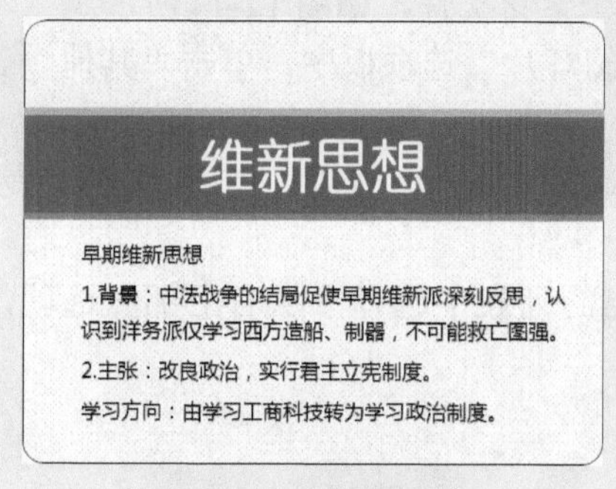

图 12-44 素材文件

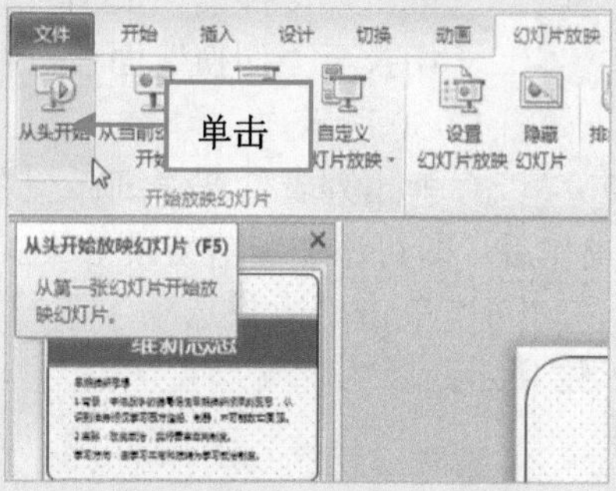

图 12-45 单击“从头开始”按钮

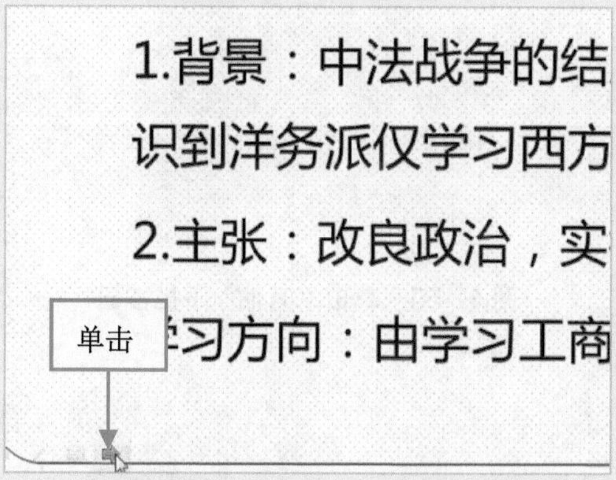

图 12-46 单击“下一页”按钮

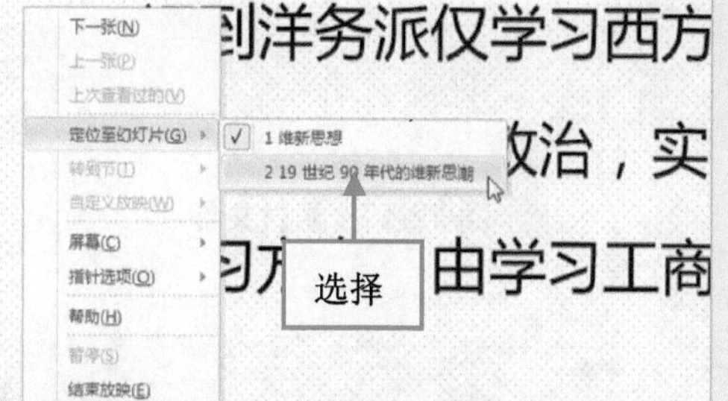

图 12-47 选择“19 世纪 90 年代的维新思想”选项

步骤 05 执行操作后，即可定位至相应幻灯片，效果如图 12-48 所示。

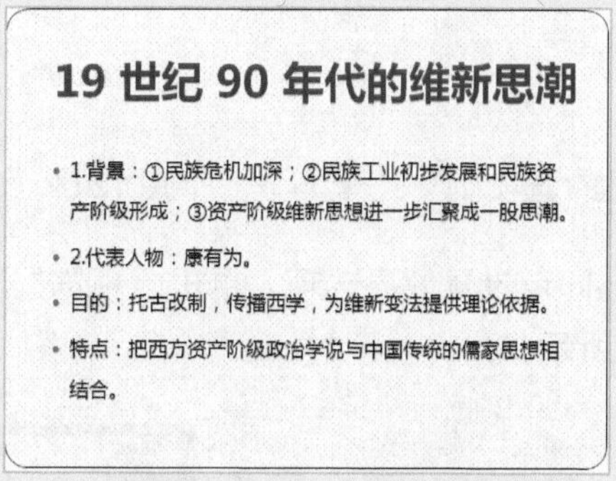

图 12-48 定位至相应幻灯片

12.5 综合练兵——制作云南风光课件

在 PowerPoint 中，用户可以根据需要制作云南风光课件。下面向读者介绍制作云南风光课件的操作方法。

步骤01 单击“文件”|“打开”命令，打开一个素材文件，如图 12-49 所示。

步骤02 切换至“切换”面板，在“切换到此幻灯片”选项板中，单击“其他”下拉按钮，如图 12-50 所示。

步骤03 弹出列表，在“细微型”选项区中，选择“覆盖”选项，如图 12-51 所示，执行操作后，即可添加覆盖切换效果。

步骤04 单击“效果选项”下拉按钮，在弹出的列表中选择“从右上部”选项，如图 12-52 所示。

图 12-49 素材文件

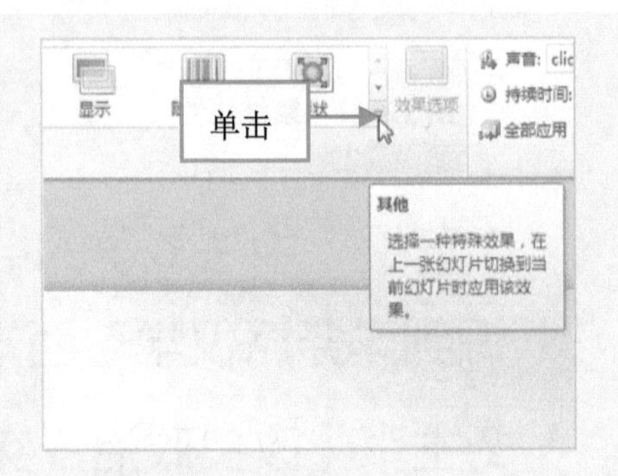

图 12-50 单击“其他”下拉按钮

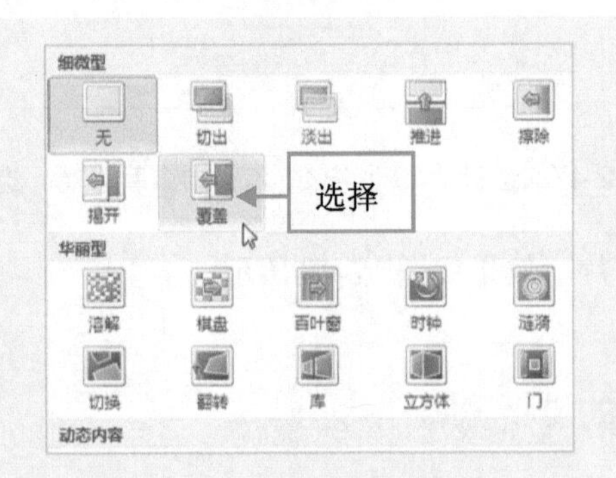

图 12-51 选择“覆盖”选项

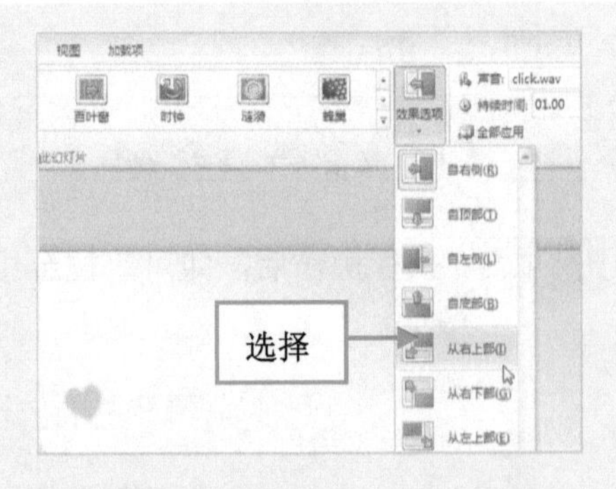

图 12-52 选择“从右上部”选项

步骤05 执行操作后，即可设置效果选项，单击“预览”选项板中的“预览”按钮，预览切换效果，如图 12-53 所示。

图 12-53 预览切换效果

步骤06 切换至第 2 张幻灯片，如图 12-54 所示，单击“切换到此幻灯片”选项板中的“其他”下拉按钮。

步骤07 弹出列表框，在“华丽型”选项区中，选择“闪耀”选项，如图 12-55 所示。

图 12-54 切换至第 2 张幻灯片

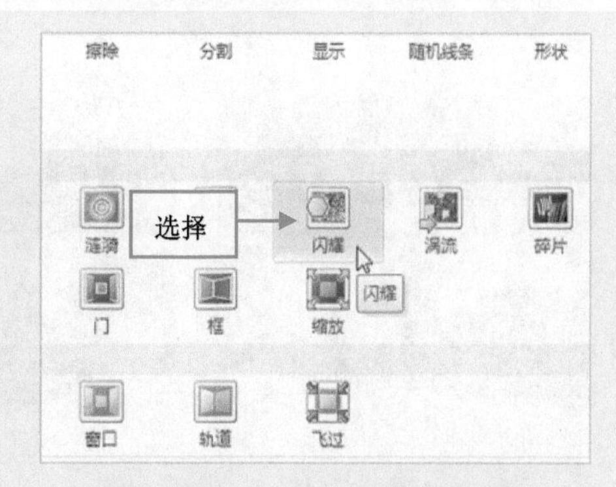

图 12-55 选择“闪耀”选项

步骤08 执行操作后，即可添加闪耀切换效果，单击“预览”选项板中的“预览”按钮，预览切换效果，如图 12-56 所示。

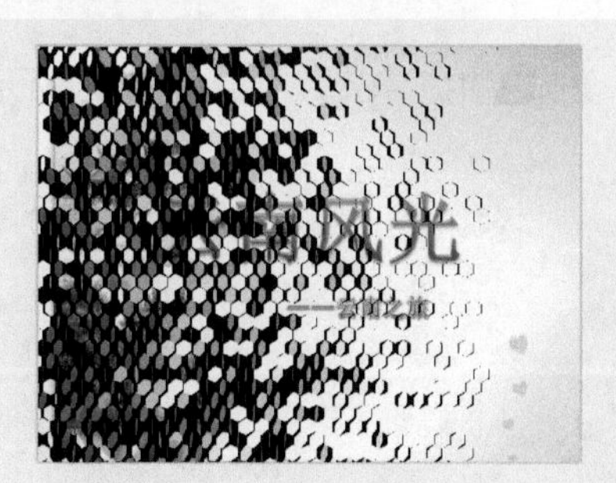

图 12-56 预览闪耀切换效果

步骤09 切换至第 3 张幻灯片，如图 12-57 所示，单击“切换到此幻灯片”选项板中的“其他”下拉按钮。

步骤10 弹出列表，在“动态内容”选项区中，选择“轨道”选项，如图 12-58 所示。

图 12-57 切换至第 3 张幻灯片

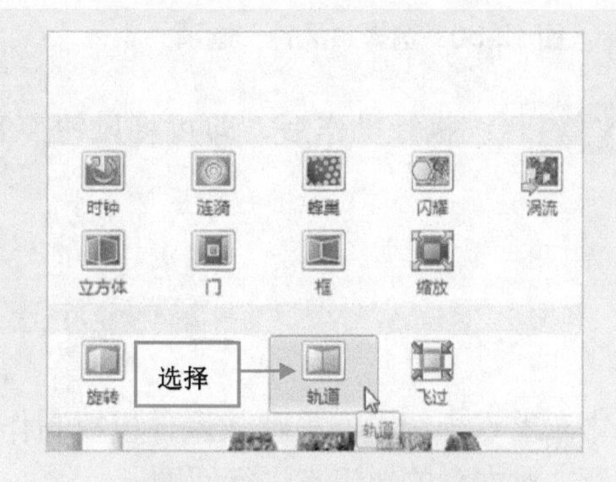

图 12-58 选择“轨道”选项

步骤 11　执行操作后，即可添加轨道切换效果，单击“预览”选项板中的“预览”按钮，即可预览轨道切换效果，如图 12-59 所示。

图 12-59　预览轨道切换效果

步骤 12　单击“计时”选项板中的“声音”下拉按钮，在弹出的列表中选择“风铃”选项，如图 12-60 所示。

步骤 13　在“计时”选项板中，单击“全部应用”按钮，如图 12-61 所示。

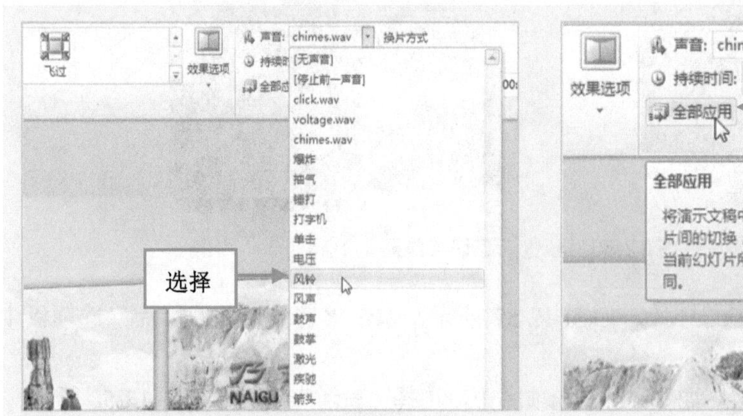

图 12-60　选择“风铃”选项

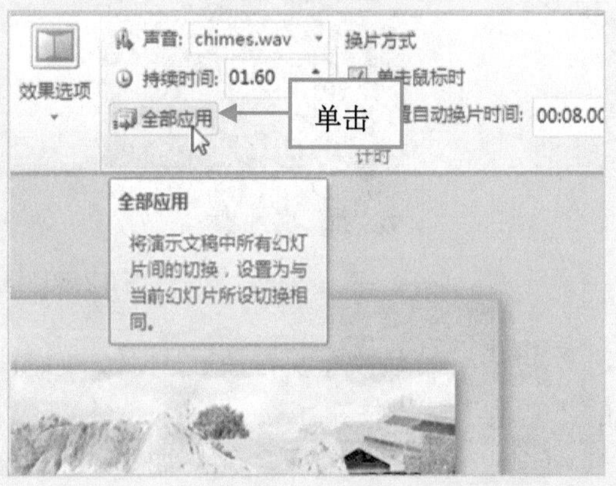

图 12-61　单击“全部应用”按钮

步骤 14　执行操作后，即可将风铃声音应用到所有幻灯片中，完成云南风光课件的制作。

12.6　本 章 习 题

本章重点介绍了切换特效课件模板制作的方法，本节将通过填空题、选择题以及上机练习题，对本章的知识点进行回顾。

12.6.1 填空题

(1) 幻灯片中的分割切换效果，是将某张幻灯片以一个特定的________向特定的两个方向进行切割的动画效果。

(2) 在 PowerPoint 2010 中添加相应的切换效果以后，用户可以在________列表框中，选择合适的切换方向。

(3) PowerPoint 2010 为用户提供了多种切换声音，用户可以从________下拉列表框中选择一种声音作为动画播放时的伴音。

12.6.2 选择题

(1) 细微型切换效果中包括“切出”、“淡出”、“推进”、“擦除”和“分割”等在内的(　　)种切换样式。

A. 9　　B. 10　　C. 11　　D. 12

(2) “华丽型”选项区中的切换样式是比较常用的，在“华丽型”选项区中包含有“溶解”、“棋盘”、“百叶窗”、“时钟”、“涟漪”以及“闪耀”等在内的(　　)种切换样式。

A. 15　　B. 16　　C. 17　　D. 18

(3) 在 PowerPoint 2010 中的切换效果列表框中，包括“细微型”、“华丽型”等在内的(　　)种选项区。

A. 6　　B. 5　　C. 4　　D. 3

12.6.3 上机练习：体育课件实例——制作健美操的特点课件

打开“光盘\素材\第 12 章”文件夹下的健美操运动的特点课件.pptx，如图 12-62 所示，尝试为健美操的特点课件添加碎片切换效果，如图 12-63 所示。

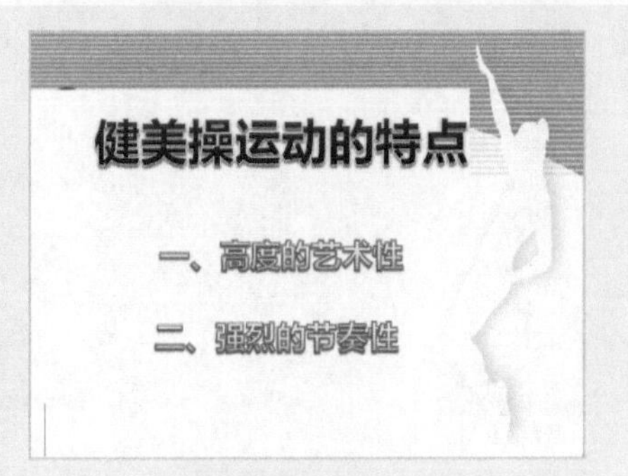

图 12-62　素材文件

图 12-63　健美操的特点课件效果

第 13 章

完美呈现：放映课件模板制作

PowerPoint 2010 中提供了多种放映和控制幻灯片的方法，如计时放映、跳转放映等。用户可以选择最为理想的放映速度与放映方式，使幻灯片在放映时结构清晰、流畅。本章主要向读者介绍进入多媒体课件放映、设置多媒体课件放映方式以及设置多媒体课件放映等内容的操作方法。

本章重点：

- 进入多媒体课件放映
- 设置多媒体课件的放映方式
- 设置多媒体课件放映
- 综合练兵——制作数词复习课件

13.1 进入多媒体课件放映

在 PowerPoint 中启动幻灯片放映就是打开要放映的演示文稿，在“幻灯片放映”面板中执行相应操作来启动幻灯片的放映。启动放映的方法有 3 种：第一种是从头开始放映幻灯片；第二种是从当前幻灯片开始播放；第三种是自定义幻灯片放映。

13.1.1 实战——从头开始放映花的结构课件

如果希望在演示文稿中从第一张开始依次进行放映，可以按 F5 键或单击“开始放映幻灯片”选项板中的“从头开始”按钮即可。

步骤01 单击“文件”|“打开”命令，打开一个素材文件，如图 13-1 所示。

步骤02 切换至“幻灯片放映”面板，单击“开始放映幻灯片”选项板中的“从头开始”按钮，如图 13-2 所示。

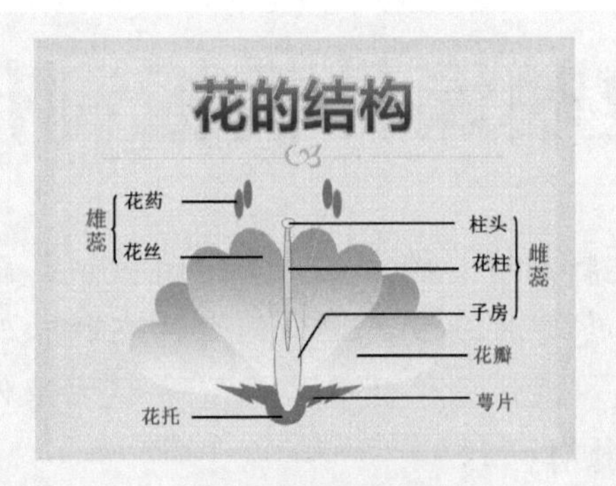

图 13-1 素材文件

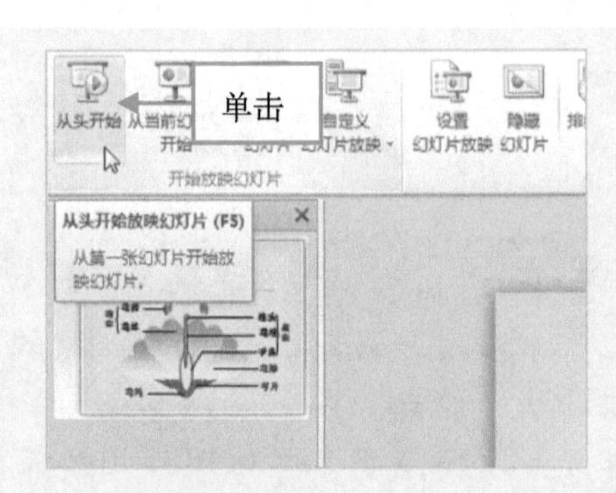

图 13-2 单击“从头开始”按钮

步骤03 执行操作后，即可从头开始放映幻灯片，如图 13-3 所示。

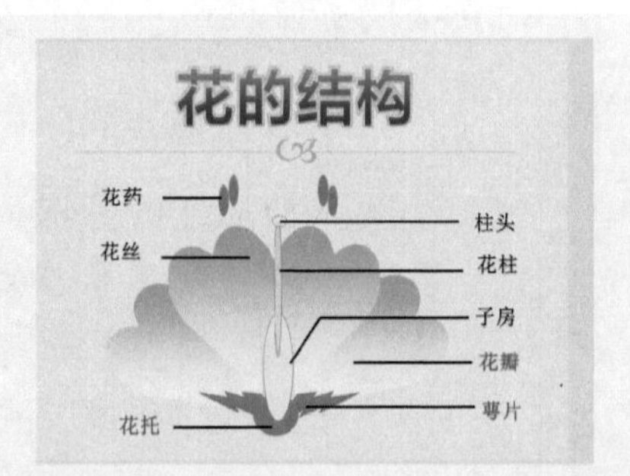

图 13-3 放映幻灯片

注意： 如果是从桌面上打开的放映文件，放映退出时，PowerPoint 会自动关闭并回到桌面上，如果从 PowerPoint 中启动，放映退出时，演示文稿仍然会保持打开状态，并可进行编辑。

13.1.2 实战——从当前幻灯片开始放映开花和结果课件

若用户需要从当前选择的幻灯片处开始放映，可以按 Shift+F5 组合键，或单击“开始放映幻灯片”选项板中的“从当前幻灯片开始”按钮。

步骤01 单击“文件”|“打开”命令，打开一个素材文件，如图 13-4 所示。

步骤02 进入第 2 张幻灯片，切换至“幻灯片放映”面板，单击“开始放映幻灯片”选项板中的“从当前幻灯片开始”按钮，如图 13-5 所示。

图 13-4 素材文件

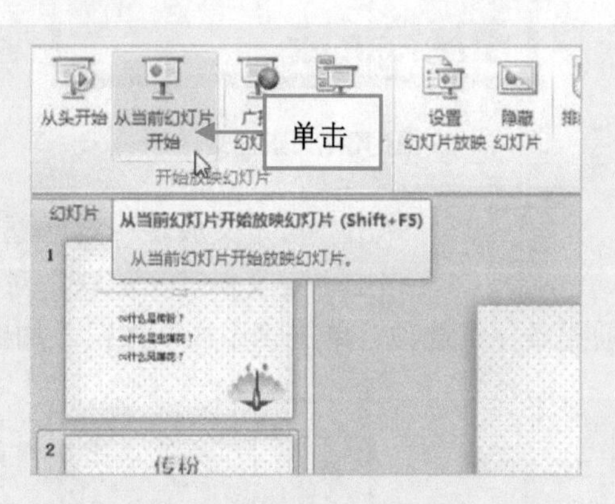

图 13-5 单击“从当前幻灯片开始”按钮

步骤03 执行操作后，即可从当前幻灯片处开始放映，如图 13-6 所示。

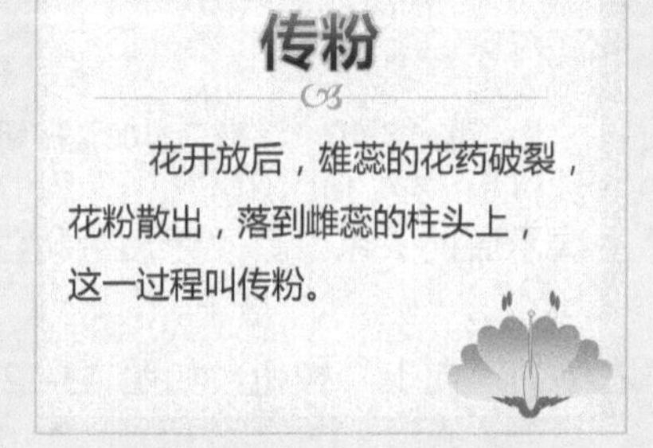

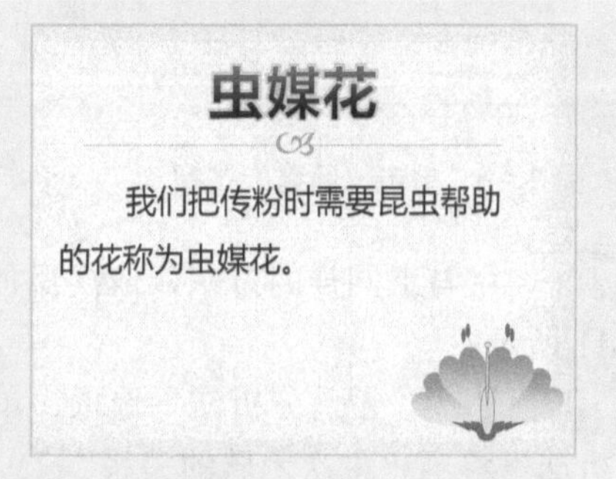

图 13-6 从当前幻灯片处开始放映

试一试：根据以上操作步骤，可以自己在课件中设置幻灯片从当前开始放映。

13.1.3 实战——自定义幻灯片放映矛盾分析法课件

自定义幻灯片放映是按设定的顺序播放，而不会按顺序依次放映每一种幻灯片，用户可在“定义自定义放映”对话框中设置幻灯片的放映顺序。

步骤01 单击“文件”|“打开”命令，打开一个素材文件，如图 13-7 所示。

步骤02 切换至“幻灯片放映”面板，单击“开始放映幻灯片”选项板中的“自定义幻灯片放映”下拉按钮，在弹出的列表中选择“自定义放映”选项，如图 13-8 所示。

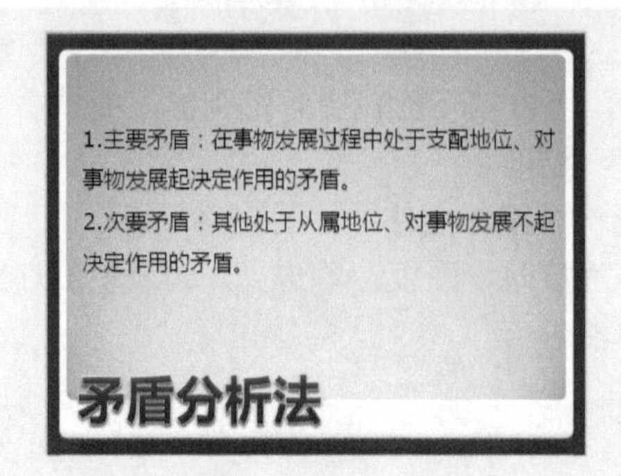

图 13-7　素材文件

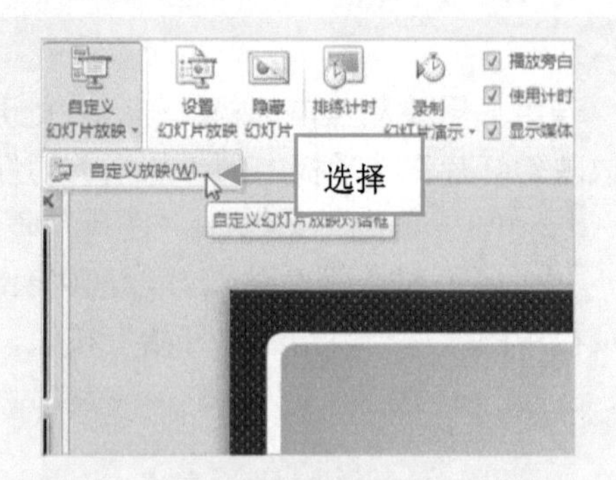

图 13-8　选择“自定义放映”选项

步骤 03　弹出“自定义放映”对话框，单击“新建”按钮，如图 13-9 所示。

步骤 04　弹出“定义自定义放映”对话框，在左边的列表框中选择“主次矛盾存在的前提条件”选项，单击“添加”按钮，如图 13-10 所示。

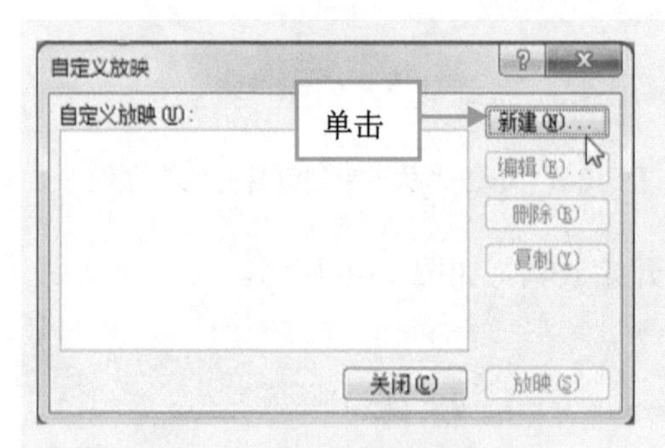

图 13-9　单击“新建”按钮

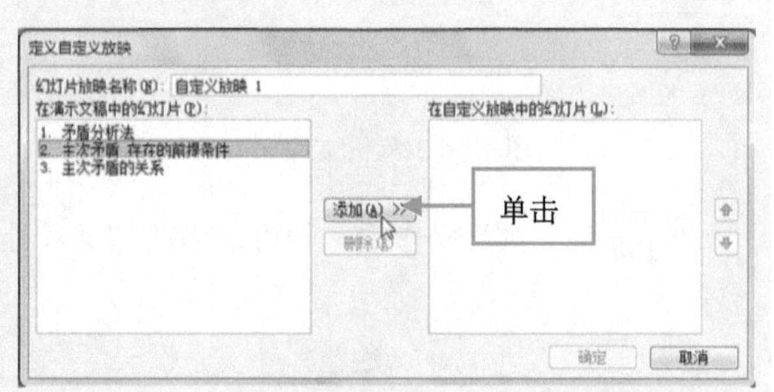

图 13-10　单击“添加”按钮

步骤 05　用与上同样的方法，依次添加“主次矛盾的关系”、“矛盾分析法”选项，如图 13-11 所示。

步骤 06　选择“矛盾分析法”选项，单击右侧的“向上”按钮，如图 13-12 所示，将“矛盾分析法”移至“主次矛盾的关系”上方。

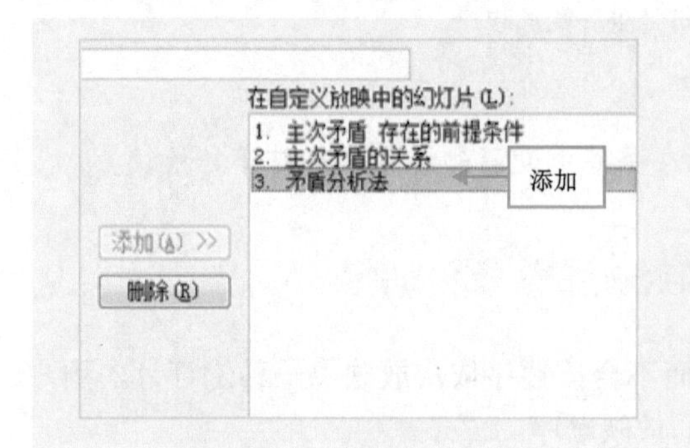

图 13-11　添加相应选项

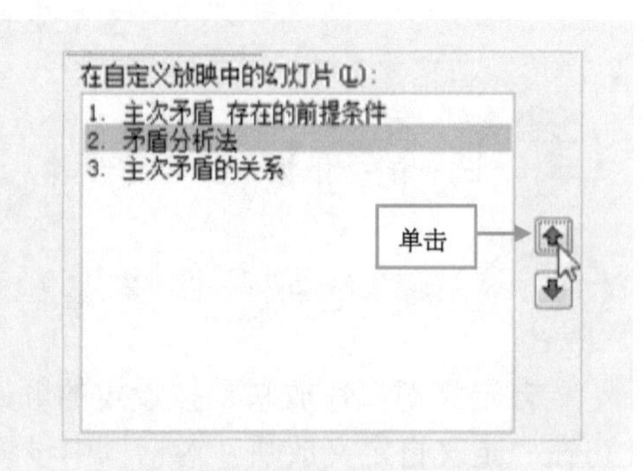

图 13-12　单击“向上”按钮

步骤07 单击“确定”按钮，返回“自定义放映”对话框，单击“放映”按钮，即可按自定义幻灯片顺序放映，如图 13-13 所示。

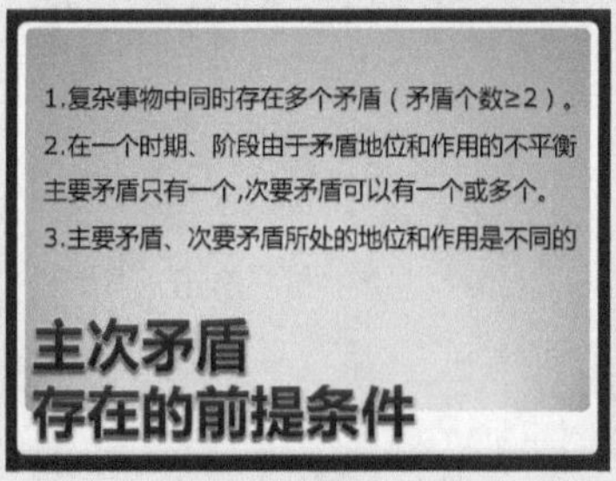

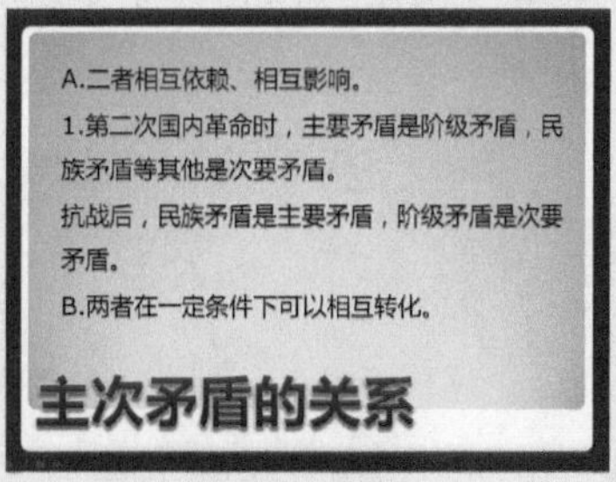

图 13-13 按自定义幻灯片顺序放映

试一试：根据以上操作步骤，可以自己在课件中自定义幻灯片放映顺序。

13.2 设置多媒体课件的放映方式

PowerPoint 提供了多种演示文稿的放映方式，最常用的是幻灯片页面的演示控制。制作好演示文稿后，需要查看制作好的成果，或让观众欣赏制作出的演示文稿，此时可以通过放映幻灯片来观看其的整体效果。

13.2.1 实战——演讲者放映工业化的起步课件

演讲者放映方式可全屏显示幻灯片，在演讲者自行播放时，演讲者具有完全的控制权，可采用人工或自动方式放映，也可以将演示文稿暂停，添加更多的细节或修改错误，还可以在放映过程中录下旁白。

步骤01 单击“文件”|“打开”命令，打开一个素材文件，如图 13-14 所示。

步骤02 切换至“幻灯片放映”面板，单击“设置”选项板中的“设置幻灯片放映”按钮，如图 13-15 所示。

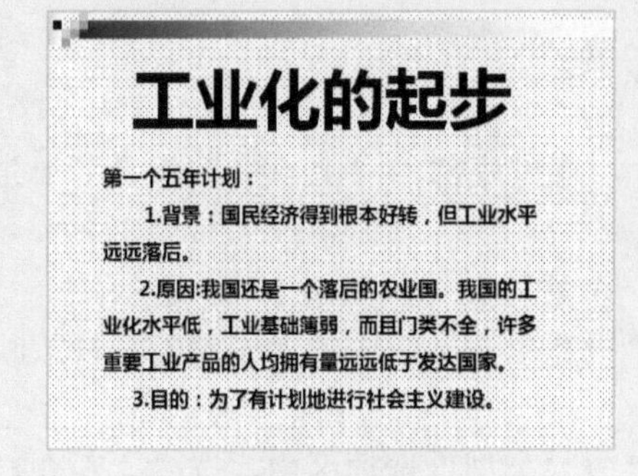

图 13-14 素材文件

图 13-15 单击“设置幻灯片放映”按钮

步骤03 弹出“设置放映方式”对话框，在“放映类型”选项区中，选中“演讲者放映(全屏幕)”单选按钮，如图 13-16 所示。

步骤04 单击“确定”按钮，单击“开始放映幻灯片”选项板中的“从头开始”按钮，如图 13-17 所示。

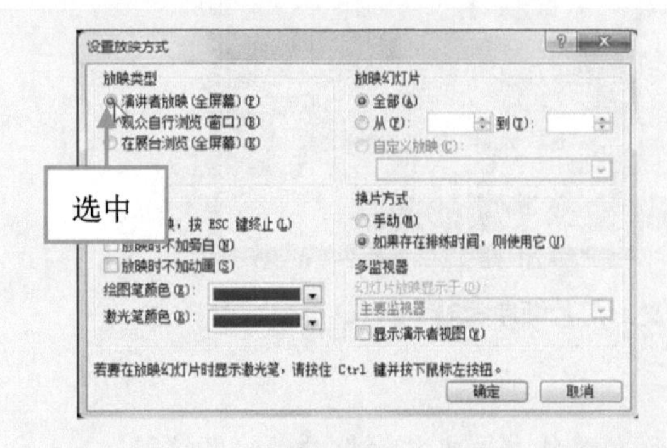

图 13-16 选中“演讲者放映(全屏幕)”单选按钮

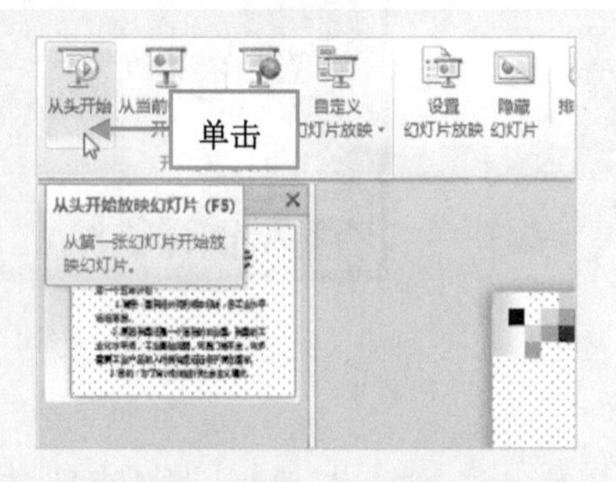

图 13-17 单击“从头开始”按钮

提示： 选中“演讲者放映(全屏幕)”单选按钮，可以全屏显示幻灯片，演讲者完全掌握幻灯片放映。

步骤05 执行操作后，即可开始放映幻灯片，如图 13-18 所示。

图 13-18 放映幻灯片

13.2.2 实战——观众自行浏览逻辑联结词课件

观众自行浏览方式将在标准窗口中放映幻灯片，通过底部的“上一张”和“下一张”按钮可选择放映的幻灯片。

步骤01 单击“文件”|“打开”命令，打开一个素材文件，如图 13-19 所示。

步骤02 切换至“幻灯片放映”面板，单击“设置”选项板中的“设置幻灯片放映”按钮，如图 13-20 所示。

步骤03 弹出“设置放映方式”对话框，在“放映类型”选项区中，选中“观众自行浏览(窗口)”单选按钮，如图 13-21 所示。

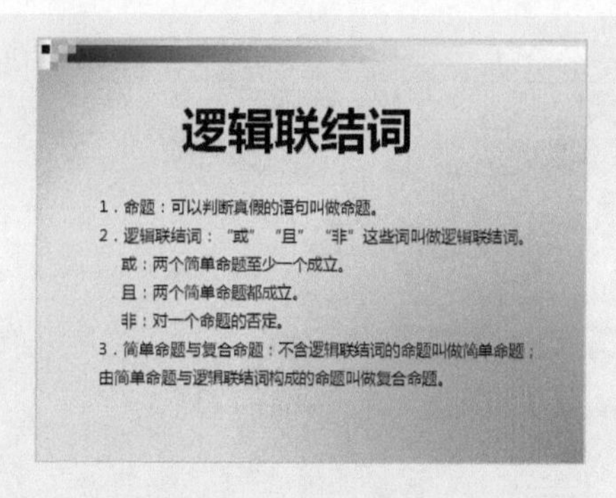

图 13-19　素材文件

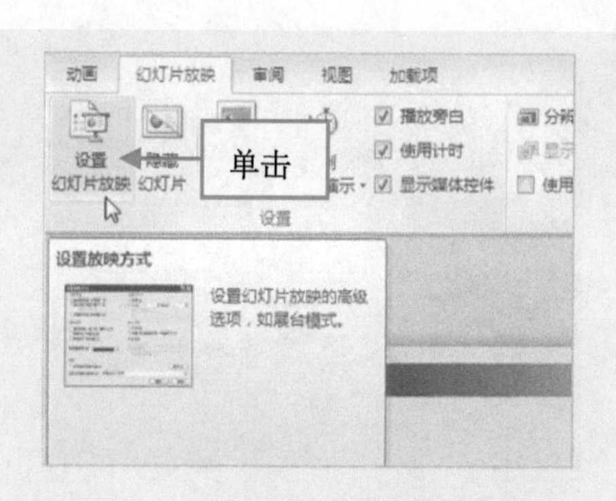

图 13-20　单击“设置幻灯片放映”按钮

步骤 04　单击“确定”按钮，单击“开始放映幻灯片”选项板中的“从头开始”按钮，即可开始放映幻灯片，如图 13-22 所示。

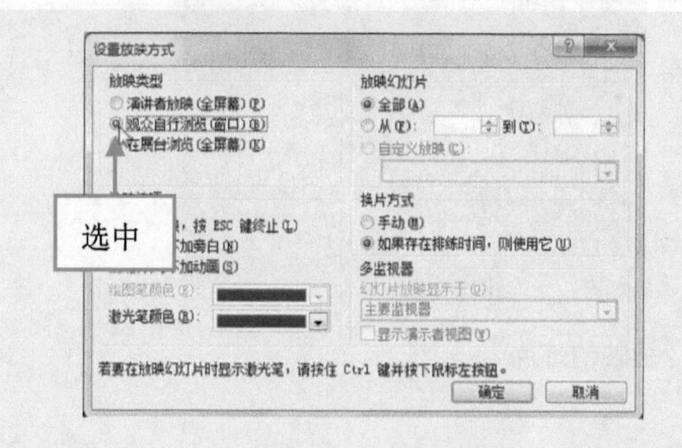

图 13-21　选中“观众自行浏览(窗口)”单选按钮

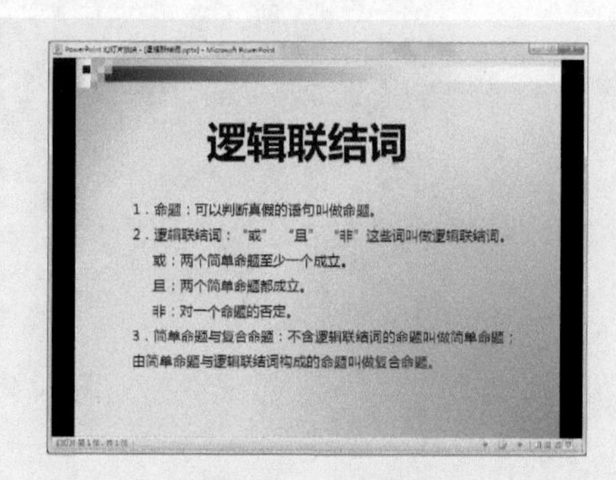

图 13-22　放映幻灯片

提示：在“设置放映方式”对话框中，选中“观众自行浏览(窗口)”单选按钮，在下方的“显示状态栏”复选框将会处于编辑状态并被选中。

13.2.3　实战——在展台浏览放映公司业务流程课件

设置为展台浏览方式后，幻灯片将自动运行全屏放映，并且循环放映演示文稿。在放映过程中，除了保留鼠标指针用于选择屏幕对象放映外，其他功能全部失效，按 Esc 键可终止放映。

步骤 01　单击“文件”|“打开”命令，打开一个素材文件，如图 13-23 所示。

步骤 02　切换至“幻灯片放映”面板，单击“设置”选项板中的“设置幻灯片放映”按钮，弹出“设置放映方式”对话框，在“放映类型”选项区中，选中“在展台浏览(全屏幕)”单选按钮，如图 13-24 所示。

步骤 03　单击“确定”按钮，即可更改放映方式，单击“开始放映幻灯片”选项板中的“从头开始”按钮，放映幻灯片，如图 13-25 所示。

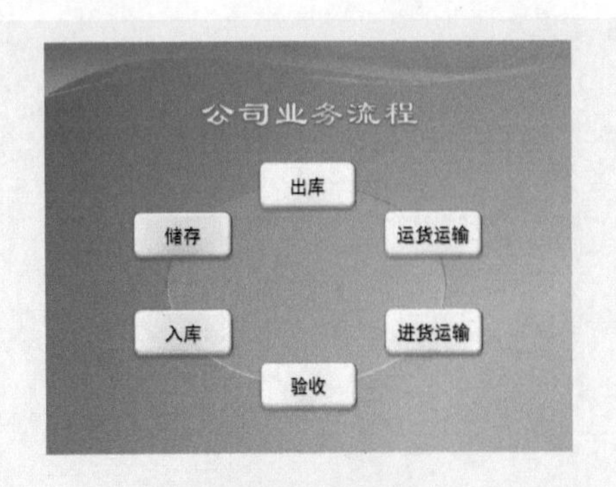

图 13-23　素材文件

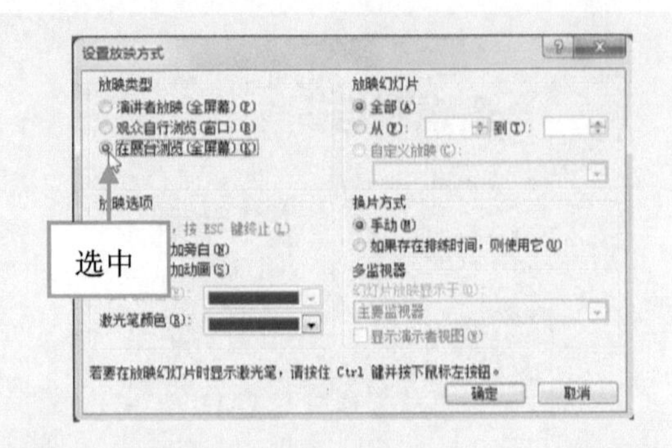

图 13-24　选中“在展台浏览(全屏幕)”单选按钮

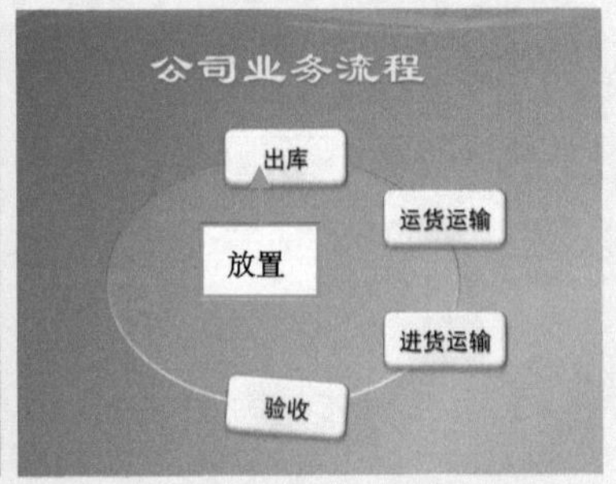

图 13-25　放映幻灯片

注意：运用展台浏览方式无法单击鼠标手动放映幻灯片，但可以通过单击超链接和动作按钮来切换，在展览会或会议中运行时，若无人管理幻灯片放映时，适合运用这种方式。

13.2.4　设置循环放映

设置循环放映幻灯片，只需要打开“设置放映方式”对话框，在“放映选项”选项区中，选中“循环放映，按Esc键终止”复选框，如图13-26所示，即可设置循环放映。

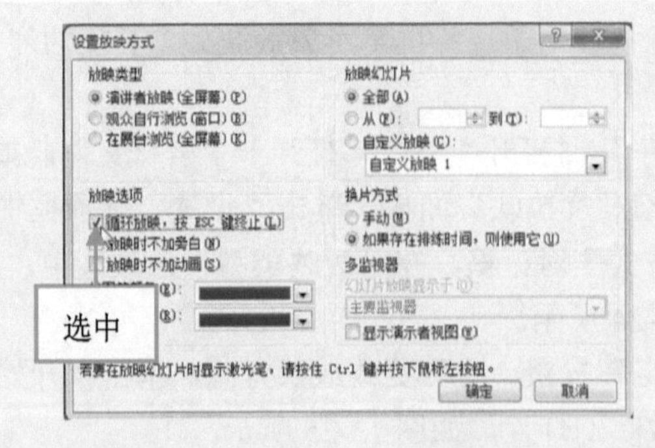

图 13-26　选中“循环放映，按Esc键终止”复选框

13.2.5 设置换片方式

在“设置放映方式”对话框中，还可以使用“换片方式”选项区中的选项来指定如何从一张幻灯片移动到另一张幻灯片，用户只需要打开“设置放映方式”对话框，在“换片方式”选项区中设定幻灯片放映时的换片方式，如选中“手动”单选按钮，如图 13-27 所示，单击“确定”按钮即可。

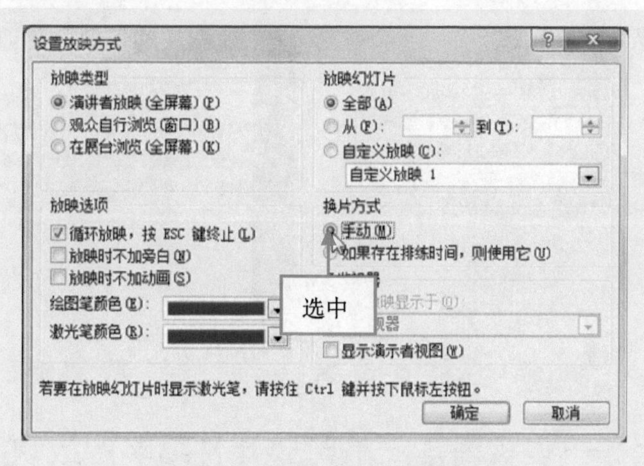

图 13-27　选中“手动”单选按钮

13.2.6 实战——放映软件介绍课件中的指定幻灯片

在 PowerPoint 2010 中，当用户制作完演示文稿后，在幻灯片放映时可以指定幻灯片的放映范围。

步骤 01　单击“文件”|“打开”命令，打开一个素材文件，如图 13-28 所示。

步骤 02　切换至“幻灯片放映”面板，单击“设置幻灯片放映”按钮，弹出“设置放映方式”对话框，设置“放映幻灯片”选项区中的各选项，如图 13-29 所示。

图 13-28　素材文件

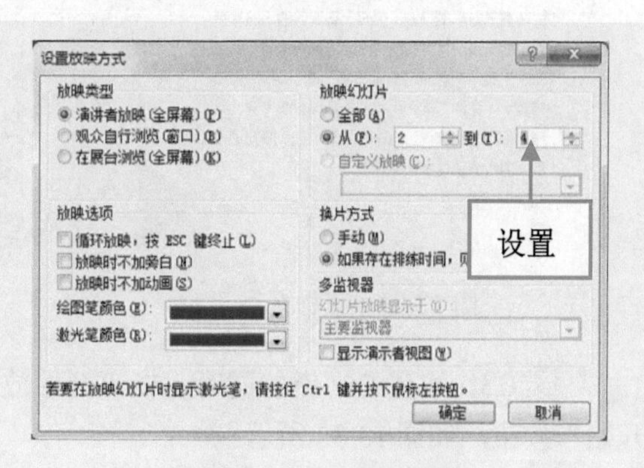

图 13-29　设置各选项

技巧：在打开的“设置放映方式”对话框中的“从”文本框中为空时，将从第一张幻灯片开始放映，“到”文本框中为空时，将放映到最后一个幻灯片，在“从”和“到”两个文本框中输入的编号相同时，将放映单个幻灯片。

步骤03 单击“确定”按钮，在“开始放映幻灯片”选项板中单击“从头开始”按钮，即可从第2页开始放映幻灯片，直到第4页结束，如图13-30所示。

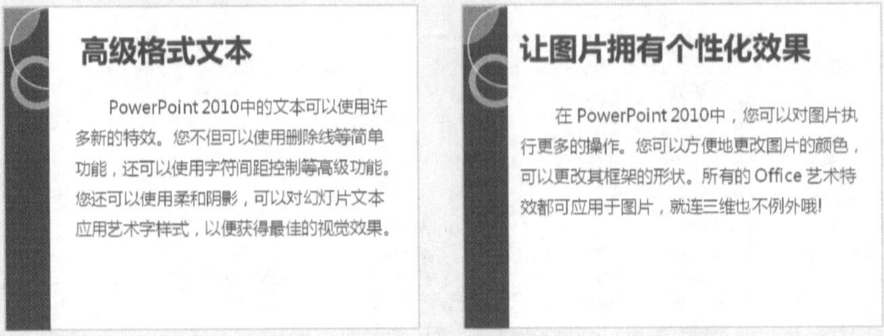

高级格式文本
PowerPoint 2010中的文本可以使用许多新的特效。您不但可以使用删除线等简单功能，还可以使用字符间距控制等高级功能。您还可以使用柔和阴影，可以对幻灯片文本应用艺术字样式，以便获得最佳的视觉效果。
让图片拥有个性化效果
在 PowerPoint 2010中，您可以对图片执行更多的操作。您可以方便地更改图片的颜色，可以更改其框架的形状。所有的 Office 艺术特效都可应用于图片，就连三维也不例外哦!

图 13-30 放映幻灯片

13.2.7 实战——设置海洋石油污染课件缩略图放映

使用幻灯片缩略图放映，可以让 PowerPoint 在屏幕的左上角显示幻灯片的缩略图，从而方便在编辑时预览幻灯片效果。

步骤01 单击“文件”|“打开”命令，打开一个素材文件，如图13-31所示。

步骤02 切换至“幻灯片放映”面板，选择第2张幻灯片，如图13-32所示。

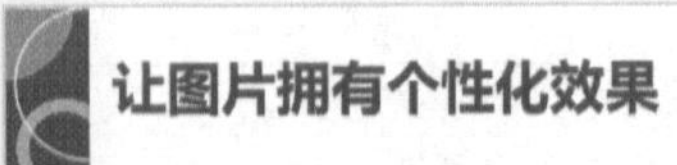

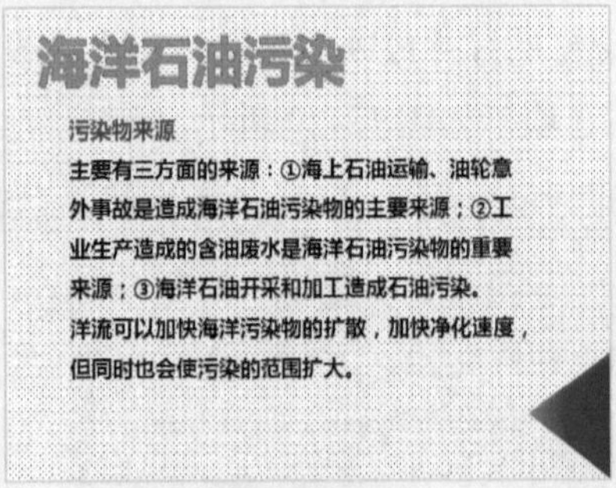

海洋石油污染
污染物来源
主要有三方面的来源：①海上石油运输、油轮意外事故是造成海洋石油污染物的主要来源；②工业生产造成的含油废水是海洋石油污染物的重要来源；③海洋石油开采和加工造成石油污染。
洋流可以加快海洋污染物的扩散，加快净化速度，但同时也会使污染的范围扩大。

图 13-31 素材文件

方法
措施
存在的问题或注意事项
喷洒强效洗涤剂，使石油分散
不宜在近岸或渔场周围使用
选择
状石灰，使其沉
危害海洋生物
吸收
利用麦秆、泥炭、聚苯乙烯等物质吸收石油，然后集中处理
只能在静水环境中进行

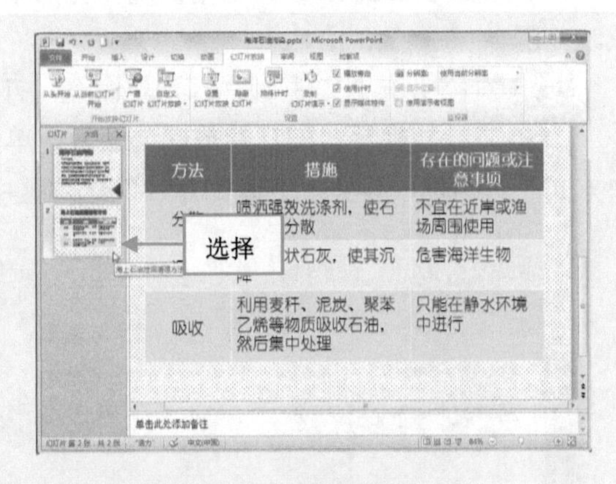

图 13-32 选择第2张幻灯片

步骤03 按住 Ctrl 键的同时，在“开始放映幻灯片”选项板中，单击“从当前幻灯片开始”按钮，如图13-33所示。

步骤04 执行操作后，即可设置幻灯片缩略图放映，如图13-34所示。

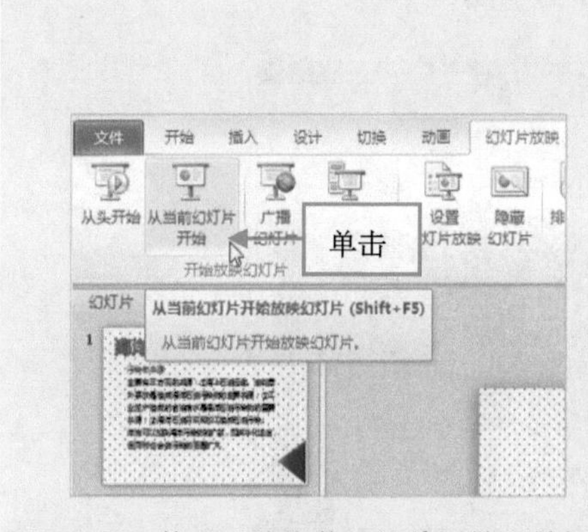

图 13-33　单击“从当前幻灯片开始”按钮

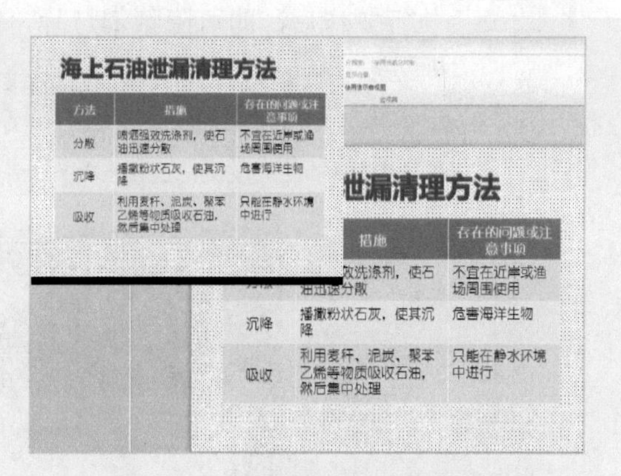

图 13-34　设置幻灯片缩略图放映

技巧：在放映幻灯片时，在放映区域中单击鼠标左键，即可切换到下一张幻灯片，另外用户还可以单击放映面板左下角的切换按钮。

13.3　设置多媒体课件放映

在 PowerPoint 2010 中，用户可以设置幻灯片隐藏和显示、设置演示文稿排练计时和录制旁白等。

13.3.1　实战——隐藏和显示垃圾对环境的影响课件

隐藏幻灯片就是将演示文稿中的某一部分幻灯片隐藏起来，在放映的时候将不会放映隐藏的幻灯片。

步骤 01　单击“文件”|“打开”命令，打开一个素材文件，如图 13-35 所示。

步骤 02　切换至“幻灯片放映”面板，在“设置”选项板中，单击“隐藏幻灯片”按钮，如图 13-36 所示。

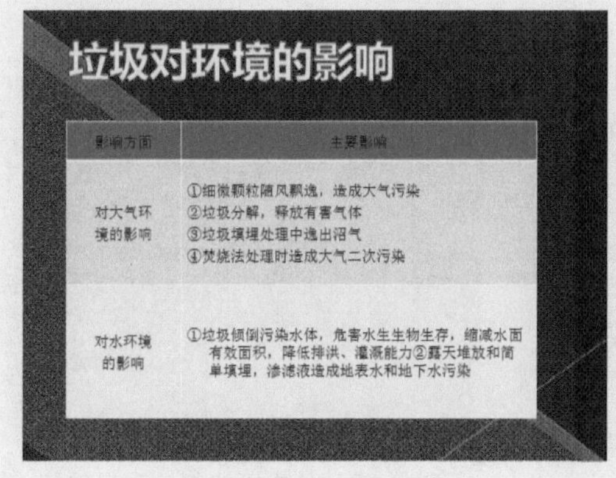

图 13-35　素材文件

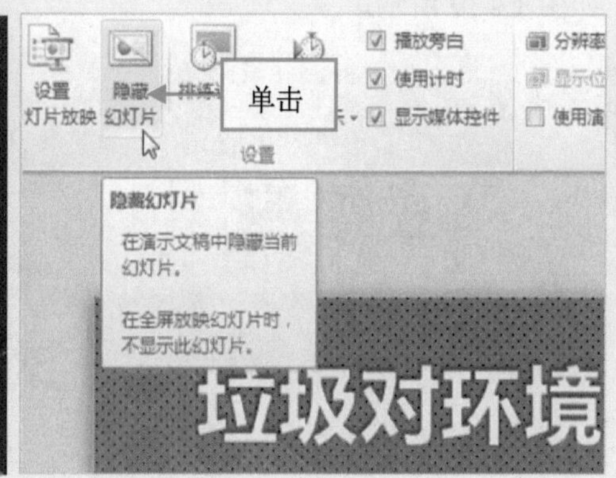

图 13-36　单击“隐藏幻灯片”按钮

步骤03 执行操作后，即可隐藏幻灯片，如图 13-37 所示。

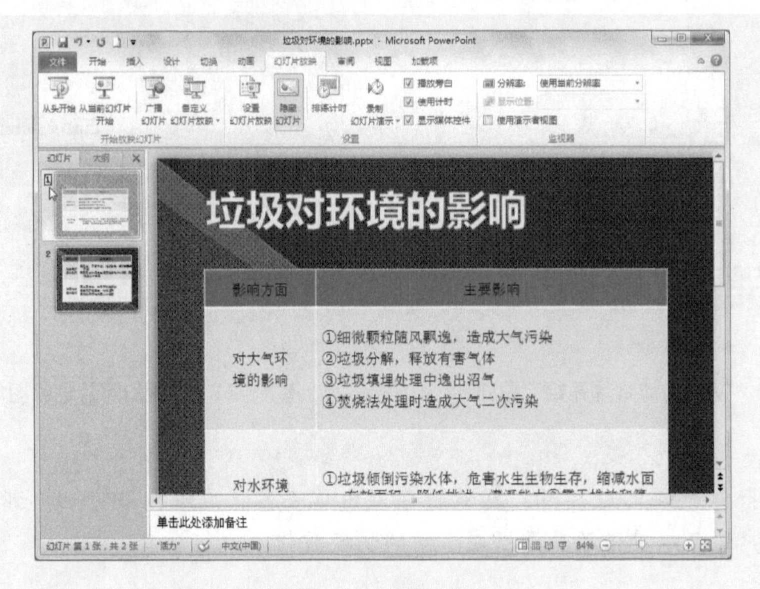

图 13-37　隐藏幻灯片

提示：被隐藏的幻灯片编号上将显示一个带有斜线的灰色小方框，即表示该幻灯片在正常放映时不会被显示，只有当用户单击了指向的超链接或动作按钮后才会被显示，选中被隐藏的幻灯片，再次单击“隐藏幻灯片”按钮，即可显示该幻灯片。

13.3.2 实战——设置儿童相册排练计时

运用“排练计时”功能可以让演讲者确切了解每一张幻灯片需要讲解的时间，以及整个演示文稿的总放映时间。

步骤01 单击“文件”|“打开”命令，打开一个素材文件，如图 13-38 所示。

步骤02 切换至“幻灯片放映”面板，在“设置”选项板中，单击“排练计时”按钮，如图 13-39 所示。

图 13-38　素材文件

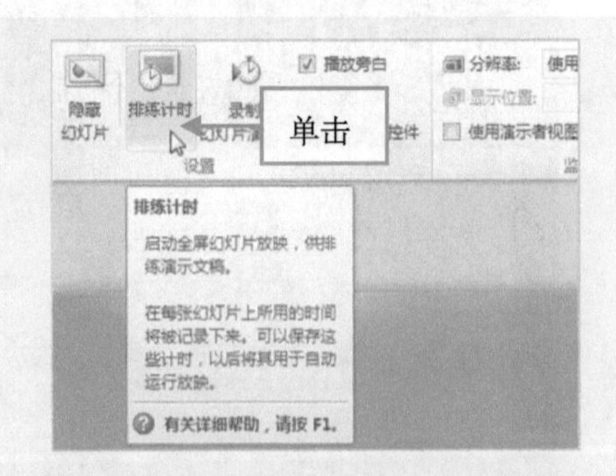

图 13-39　单击“排练计时”按钮

步骤03 演示文稿将自动切换至幻灯片放映状态，此时演示文稿左上角将弹出“录制”对话框，如图 13-40 所示。

步骤04 演讲者根据需要对每一张幻灯片进行手动切换，“录制”工具栏将对每张幻灯片播放的时间进行计时，演示文稿放映完成后，弹出信息提示框，单击“是”按钮，演示文稿将切换至幻灯片浏览视图，如图 13-41 所示，从幻灯片浏览视图中可以看到每张幻灯片下方均显示各自的排练时间。

图 13-40 “录制”对话框

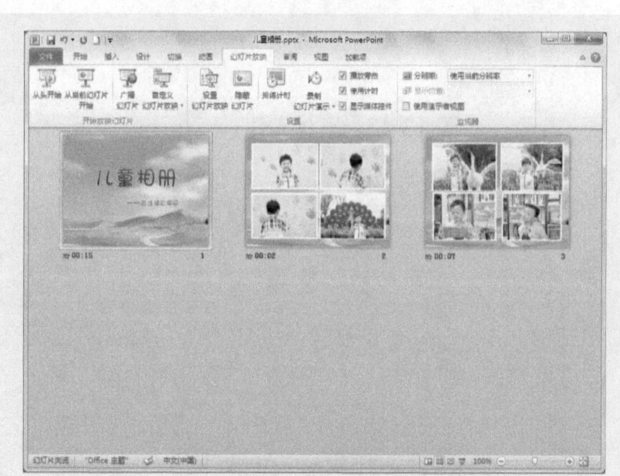

图 13-41 幻灯片浏览视图

技巧： 用户在放映幻灯片时可以选择是否启用设置好的排练时间。具体方法是：在“幻灯片放映”面板中的“设置”选项板中单击“幻灯片放映”按钮，弹出“设置放映方式”对话框，如果在对话框的“换片方式”选项区中选中“手动”单选按钮，则存在的排练计时不起作用，在放映幻灯片时只有通过单击鼠标左键、按键盘上的 Enter 键或空格键才能切换幻灯片。

13.3.3 实战——为财务状况录制旁白

在 PowerPoint 2010 中，用户还可以录制旁白，录制的旁白将会在幻灯片放映的状态下一同播放。

步骤01 单击“文件”|“打开”命令，打开一个素材文件，如图 13-42 所示。

步骤02 切换至“幻灯片放映”面板，在“设置”选项板中，单击“录制幻灯片演示”下拉按钮，在弹出的列表中选择“从头开始录制”命令，如图 13-43 所示。

步骤03 弹出“录制幻灯片演示”对话框，仅选中“旁白和激光笔”复选框，单击“开始录制”按钮，如图 13-44 所示。

步骤04 执行操作后，幻灯片切换至放映模式，在左上角弹出“录制”对话框，在幻灯片中的任意位置单击鼠标左键，即可切换至下一张幻灯片继续录制旁白，如图 13-45 所示。

图 13-42　素材文件

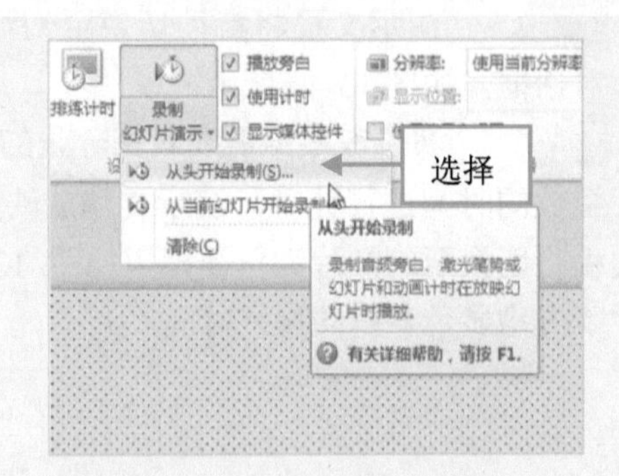

图 13-43　选择“从头开始录制”选项

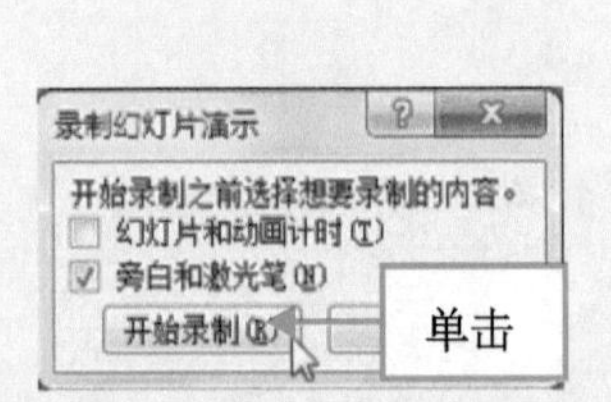

图 13-44　单击“开始录制”按钮

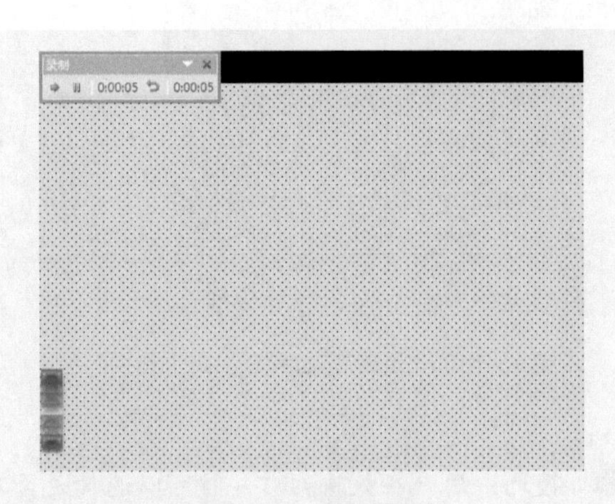

图 13-45　录制旁白

步骤 05　录制完成后，演示文稿将切换至幻灯片浏览视图，如图 13-46 所示。

步骤 06　切换至“视图”面板，单击“演示文稿视图”选项板中的“普通视图”按钮，演示文稿切换至普通视图，在添加了旁白的幻灯片的右下角将显示一个声音图标，如图 13-47 所示。

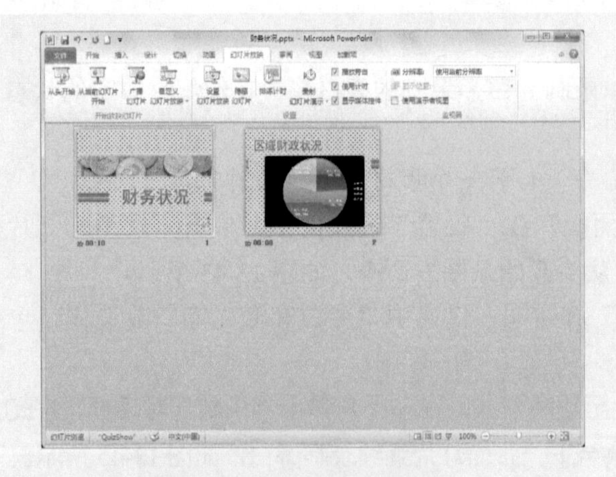

图 13-46　幻灯片浏览视图

图 13-47　显示声音图标

13.4 综合练兵——制作数词复习课件

在 PowerPoint 中，用户可以根据需要制作数词复习课件。下面向读者介绍制作数词复习课件的操作方法。

步骤01 单击“文件”|“打开”命令，打开一个素材文件，如图 13-48 所示。

步骤02 切换至“幻灯片放映”面板，单击“开始放映幻灯片”选项板中的“自定义幻灯片放映”下拉按钮，在弹出的列表框中，选择“自定义放映”选项，如图 13-49 所示。

图 13-48 素材文件

图 13-49 选择“自定义放映”选项

步骤03 弹出“自定义放映”对话框，单击“新建”按钮，弹出“定义自定义放映”对话框，在左侧的列表框中，选择“数词的构成”选项，如图 13-50 所示。

步骤04 单击“添加”按钮，用与上同样的方法，依次添加“基本用法”、“数词复习”选项，如图 13-51 所示。

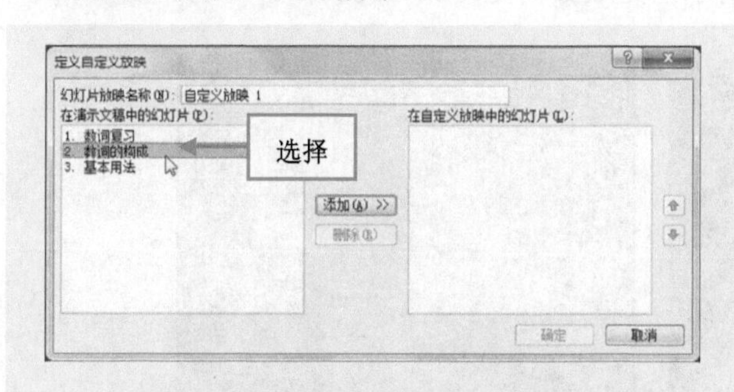

图 13-50 选择“数词的构成”选项

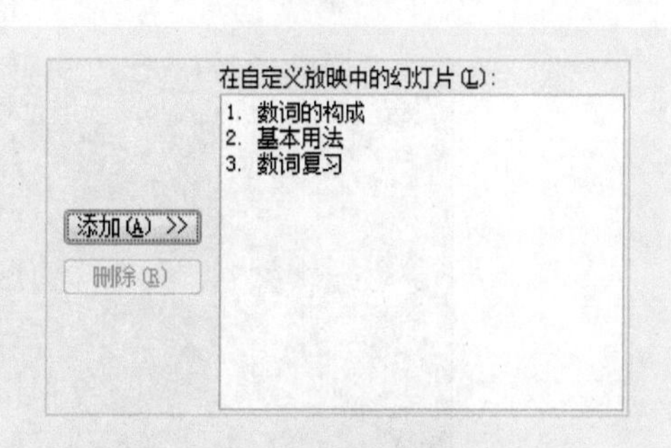

图 13-51 依次添加相应选项

步骤05 单击“确定”按钮，返回到“自定义放映”对话框，单击“放映”按钮，幻灯片将按照自定义顺序开始放映，效果如图 13-52 所示。

步骤06 切换至第 2 张幻灯片，单击“设置”选项板中的“设置幻灯片放映”按钮，如图 13-53 所示。

步骤07 弹出“设置放映方式”对话框，在“放映类型”选项区中，选中“观众自行浏览(窗口)”复选框，如图 13-54 所示。

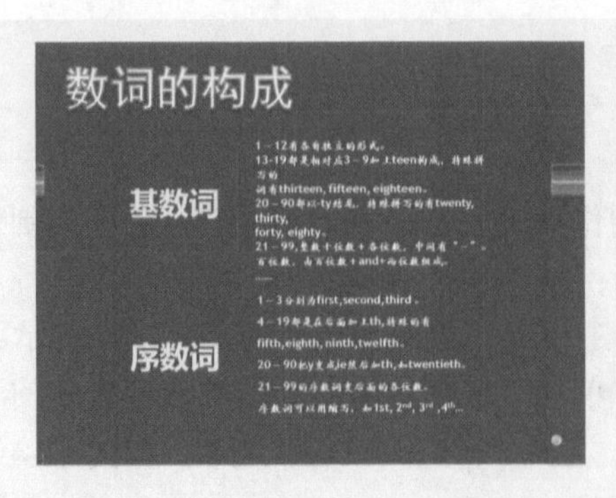

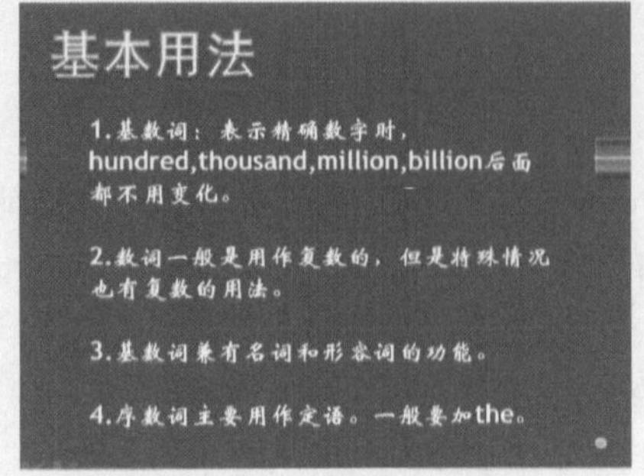

图 13-52　幻灯片放映

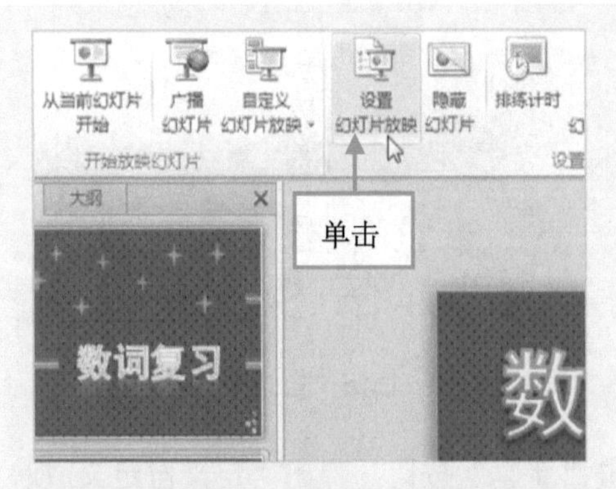

图 13-53　单击“设置幻灯片放映”按钮

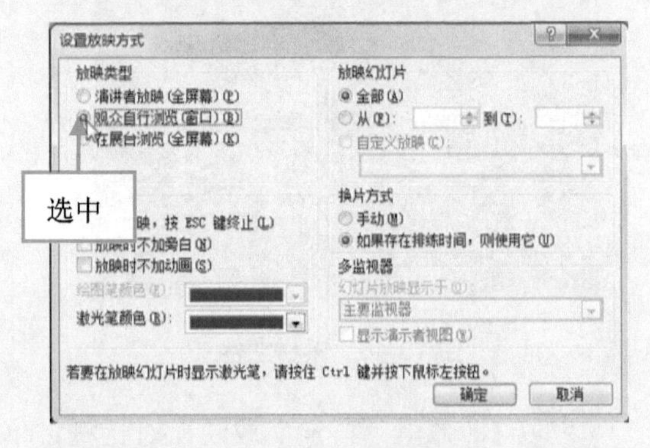

图 13-54　选中“观众自行浏览(窗口)”复选框

步骤 08　单击“确定”按钮，单击“开始放映幻灯片”选项板中的“从头开始”按钮，即可开始放映幻灯片，如图 13-55 所示，完成数词复习课件的制作。

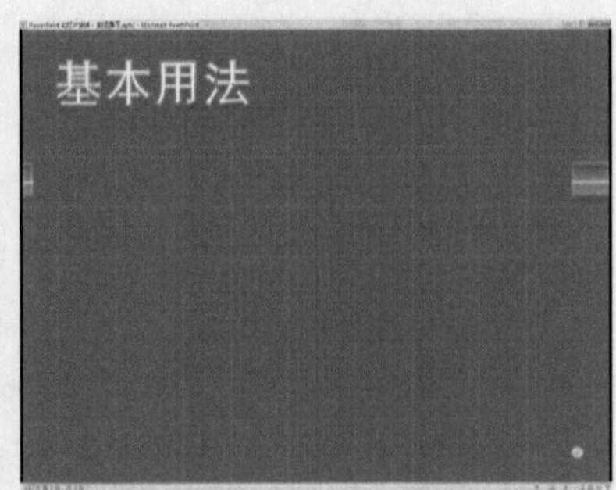

图 13-55　放映幻灯片

13.5 本章习题

本章重点介绍了放映课件模板制作的方法，本节将通过填空题、选择题以及上机练习题，对本章的知识点进行回顾。

13.5.1 填空题

(1) 启动放映的方法有 3 种：第一种是从头开始放映幻灯片；第二种是从当前幻灯片开始播放；第三种是________。

(2) 若用户需要从当前选择的幻灯片处开始放映，可以按________组合键，或单击“开始放映幻灯片”选项板中的“从当前幻灯片开始”按钮。

(3) 运用________功能可以让演讲者确切了解每一张幻灯片需要讲解的时间。

13.5.2 选择题

(1) 如果希望在演示文稿中从第一张开始依次进行放映，可以按(　　)键放映。

A. F5　　B. F4　　C. F3　　D. F2

(2) 演讲者放映方式可全屏显示幻灯片，在演讲者自行播放时，演讲都具有完整的控制权，可采用(　　)方式放映。

A. 人工　　B. 自动　　C. 人工或自动

(3) 观众自行浏览方式将在标准窗口中放映幻灯片，通过底部的(　　)按钮可选择放映的幻灯片。

A. “上一张”　　B. “下一张”　　C. “上一张”和“下一张”

13.5.3 上机练习：生物课件实例——制作果实和种子的形成课件

打开“光盘\素材\第 13 章”文件夹下的果实和种子的形成课件.pptx，如图 13-56 所示。尝试为果实和种子的形成课件设置从当前幻灯片开始放映，如图 13-57 所示。

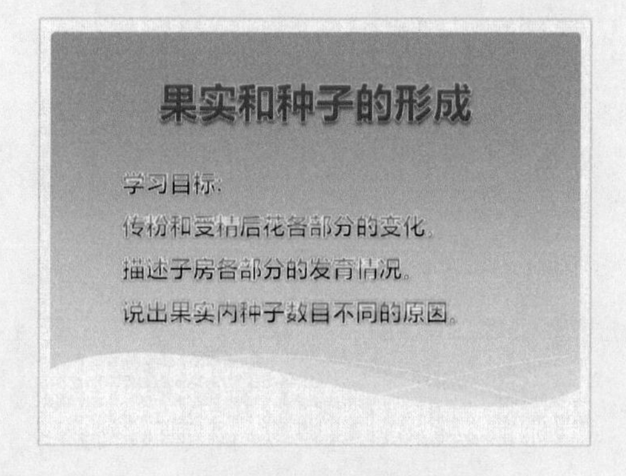

图 13-56　素材文件

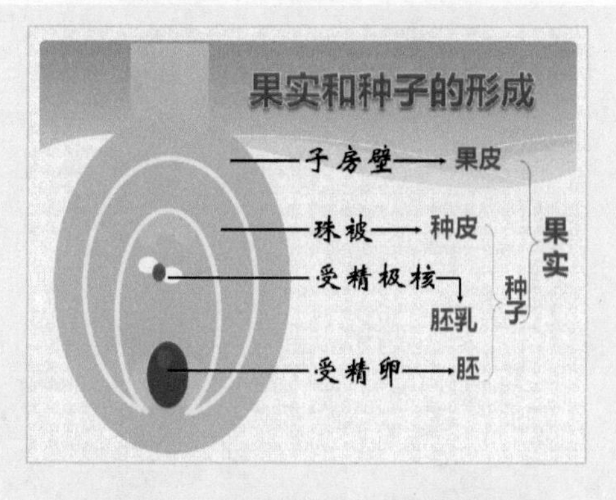

图 13-57　果实和种子的形成课件效果

第 14 章

打印课件：设置与打印课件模板制作

在 PowerPoint 2010 中，演示文稿制作好以后，可以将整个演示文稿中的部分幻灯片、讲义、备注页和大纲等打印出来。本章主要向读者介绍设置课件打印页面和打印多媒体课件等内容的操作方法。

本章重点：

- 设置课件打印页面
- 打印多媒体课件
- 综合练兵——制作四季如歌课件

14.1　设置课件打印页面

通过打印页面设置，可以设置用于打印的幻灯片大小、方向和其他版式，幻灯片每页只打印一张，在打印前，应先调整好大小，以适合各种纸张大小，还可以自定义打印的方式。

14.1.1　实战——设置太阳系课件的大小

在 PowerPoint 2010 中打印演示文稿前，用户可以根据自己的需要，对打印页面大小进行设置。

步骤01　单击“文件”|“打开”命令，打开一个素材文件，如图 14-1 所示。

步骤02　切换至“设计”面板，单击“页面设置”选项板中的“页面设置”按钮，如图 14-2 所示。

图 14-1　素材文件

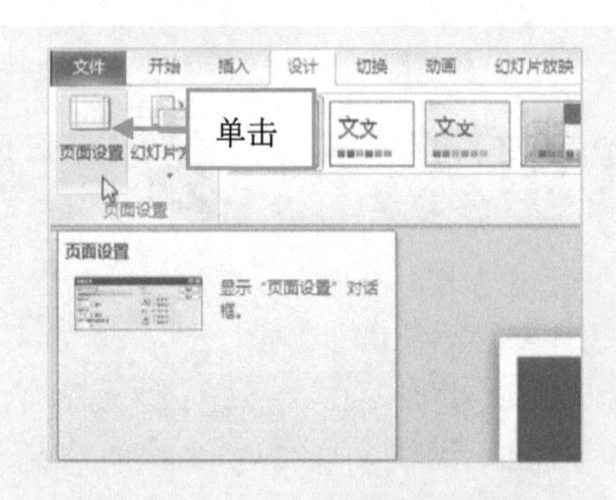

图 14-2　单击“页面设置”按钮

步骤03　弹出“页面设置”对话框，单击“幻灯片大小”下拉按钮，在弹出的下拉列表中选择“A4 纸张(210×297 毫米)”选项，如图 14-3 所示。

步骤04　单击“确定”按钮，即可设置幻灯片的大小，如图 14-4 所示。

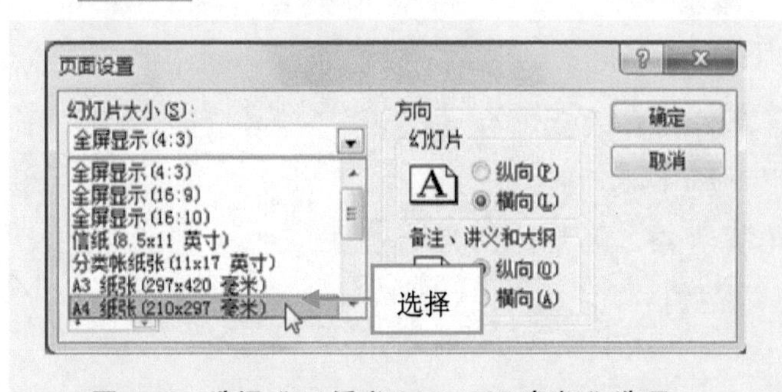

图 14-3　选择“A4 纸张(210×297 毫米)”选项

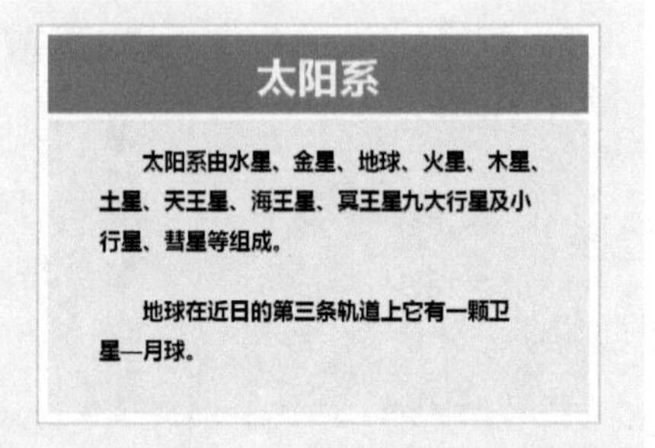

图 14-4　设置幻灯片的大小

试一试：根据以上操作步骤，可以自己在课件中设置大小。

14.1.2 实战——设置探测射线的方法课件的方向

设置文稿中幻灯片的方向，只需要选中“页面设置”对话框中“方向”选项区中的“横向”或“纵向”单选按钮即可。

步骤01 单击“文件”|“打开”命令，打开一个素材文件，如图14-5所示。

步骤02 切换至“设计”面板，单击“页面设置”选项板中的“页面设置”按钮，如图14-6所示。

图14-5 素材文件

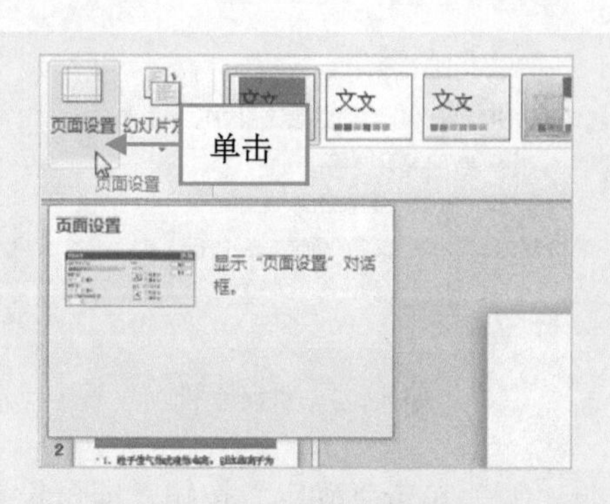

图14-6 单击“页面设置”按钮

步骤03 弹出“页面设置”对话框，在“方向”选项区中，选中“幻灯片”选项区中的“纵向”单选按钮，如图14-7所示。

步骤04 单击“确定”按钮，即可设置幻灯片方向，效果如图14-8所示。

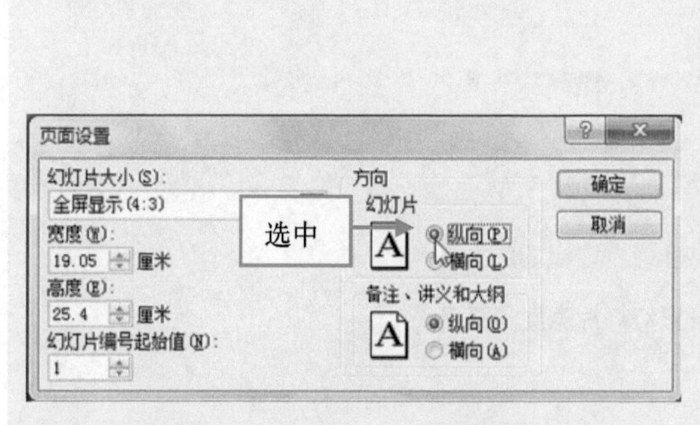

图14-7 选中“纵向”单选按钮

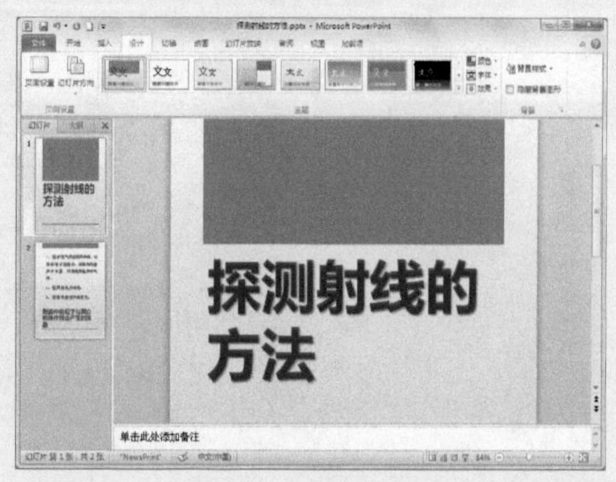

图14-8 设置幻灯片方向

试一试：根据以上操作步骤，可以自己在课件中设置幻灯片方向。

14.1.3 实战——设置光和颜色课件的宽度和高度

在PowerPoint 2010中，用户还可以在调出的“页面设置”对话框中，设置幻灯片的宽度和高度。

步骤01 单击“文件”|“打开”命令，打开一个素材文件，如图 14-9 所示。

步骤02 切换至“设计”面板，单击“页面设置”选项板中的“页面设置”按钮，弹出“页面设置”对话框，设置“宽度”为 28 厘米、“高度”为 16 厘米，如图 14-10 所示。

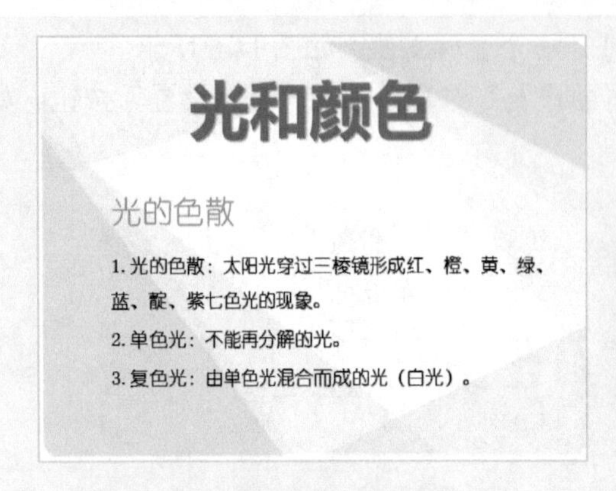

图 14-9 素材文件

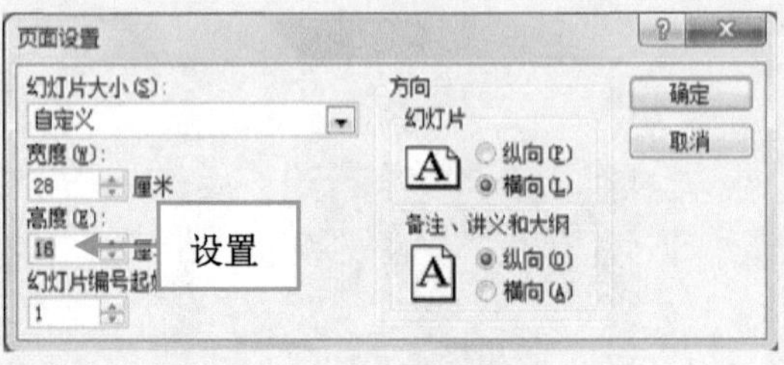

图 14-10 设置数值

步骤03 单击“确定”按钮，即可设置幻灯片宽度和高度，如图 14-11 所示。

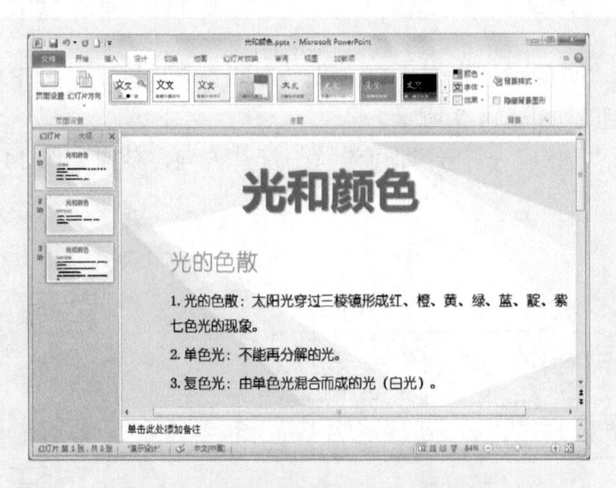

图 14-11 设置幻灯片宽度和高度

14.1.4 设置幻灯片编号起始值

设置文稿中幻灯片编号起始值，只需要打开“页面设置”对话框，然后在“幻灯片编号起始值”数值框中输入幻灯片的起始编号，如图 14-12 所示，即可设置幻灯片编号的起始值。

提示：在“页面设置”对话框中设置的起始编号，对整个演示文稿中的所有幻灯片、备注、讲义和大纲均有效。

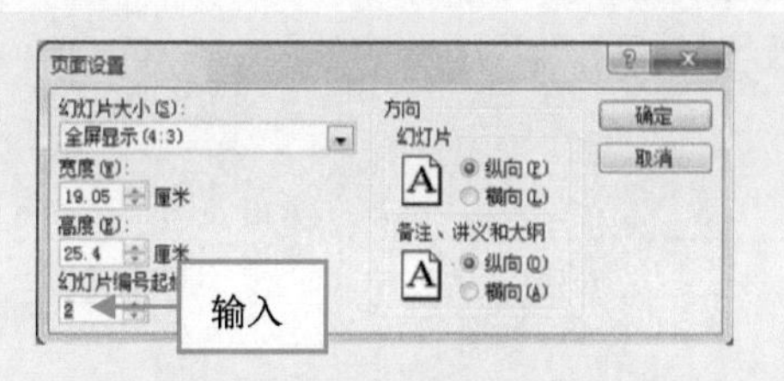

图 14-12　输入起始编号

14.2　打印多媒体课件

在 PowerPoint 2010 中，可以将制作好的演示文稿打印出来。在打印时，根据不同的目的将演示文稿打印为不同的形式，常用的打印稿形式有幻灯片、讲义、备注和大纲视图。

14.2.1　实战——设置基础生态学课件打印选项

在 PowerPoint 2010 中的“打印预览”面板中，用户可以根据制作课件的实际需要设置打印选项。

步骤01　单击“文件”|“打开”命令，打开一个素材文件，如图 14-13 所示。

步骤02　单击“文件”|“打印”命令，如图 14-14 所示。

图 14-13　素材文件

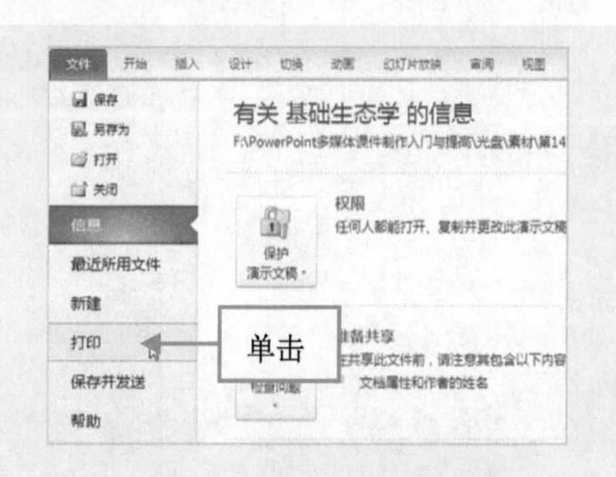

图 14-14　单击“打印”命令

步骤03　切换至“打印”选项卡，即可预览打印效果，如图 14-15 所示。

步骤04　在“设置”选项区中，单击“打印全部幻灯片”下拉按钮，在弹出的列表中，选择“打印当前幻灯片”选项，如图 14-16 所示。

提示：单击“打印全部幻灯片”下拉按钮，在弹出的列表中，用户还可以选择“自定义范围”，将需要的某一特定范围的幻灯片进行打印。

步骤05　执行操作后，即可设置打印选项。

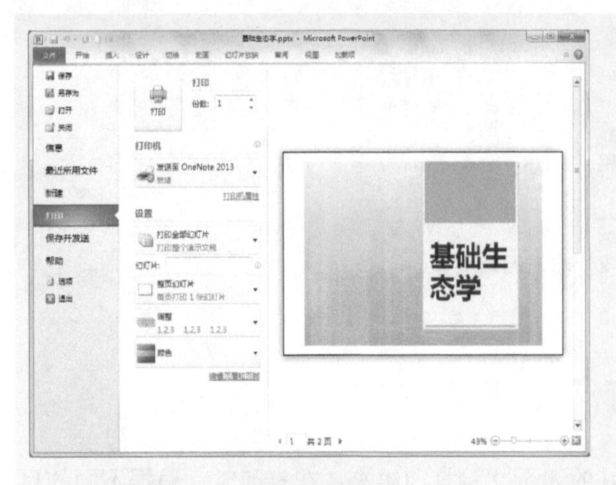

图 14-15　预览打印效果

图 14-16　选择“打印当前幻灯片”选项

14.2.2　实战——设置环境类型课件打印内容

设置打印内容是指打印幻灯片、讲义、备注或是大纲视图，单击“设置”选项区中的“整页幻灯片”下拉按钮，在弹出的列表中用户可以根据自己的需求选择打印的内容。

步骤 01　单击“文件”|“打开”命令，打开一个素材文件，如图 14-17 所示。

步骤 02　单击“文件”|“打印”命令，切换至“打印”选项卡，如图 14-18 所示。

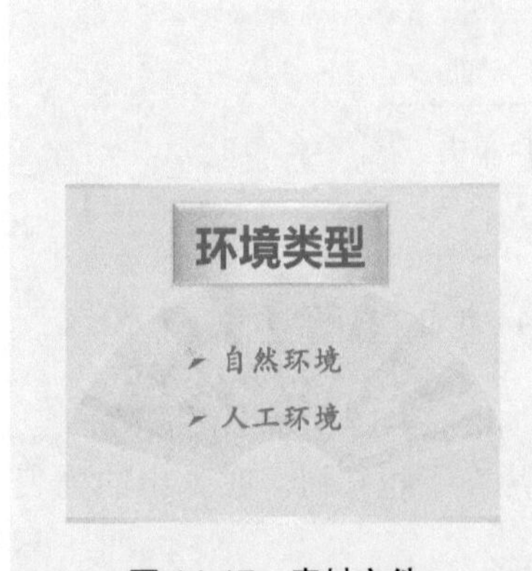

图 14-17　素材文件

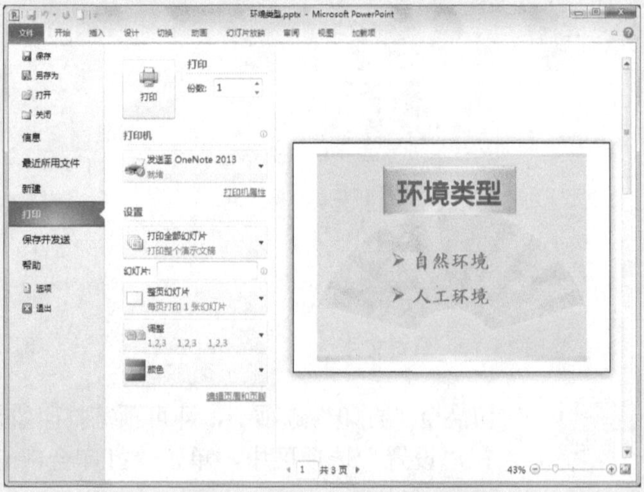

图 14-18　切换至“打印”选项卡

步骤 03　在“设置”选项区中，单击“整页幻灯片”下拉按钮，弹出下拉列表，在“讲义”选项区中，选择“3 张幻灯片”选项，如图 14-19 所示。

步骤 04　执行操作后，即可显示 3 张竖排放置的幻灯片，如图 14-20 所示。

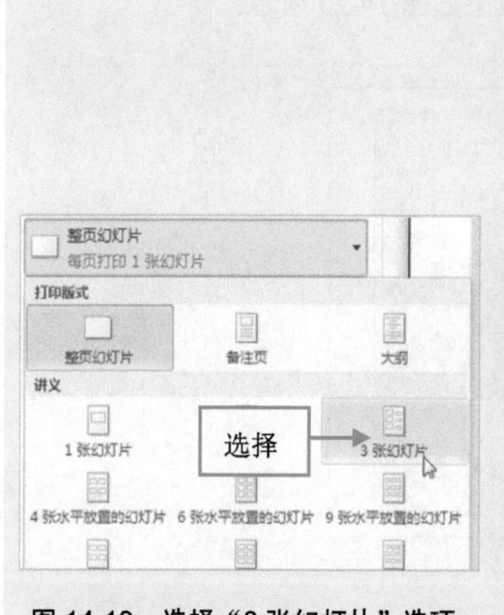

图 14-19 选择“3 张幻灯片”选项

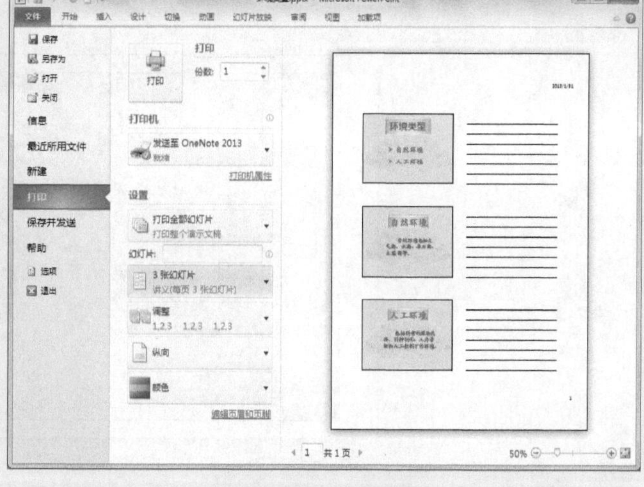

图 14-20 显示预览

提示：单击“整页幻灯片”下拉按钮，弹出列表，打印页面会根据用户选择的幻灯片数量自行设置好版式。

14.2.3 实战——设置人工环境课件打印边框

如要选择“幻灯片加框”选项，只有在打印“幻灯片”、“备注页”和“大纲视图”的时候才能被激活。

步骤01 单击“文件”|“打开”命令，打开一个素材文件，如图 14-21 所示。

步骤02 单击“文件”|“打印”命令，切换至“打印”选项卡，单击“整页幻灯片”下拉按钮，在弹出的列表中选择“幻灯片加框”命令，如图 14-22 所示。

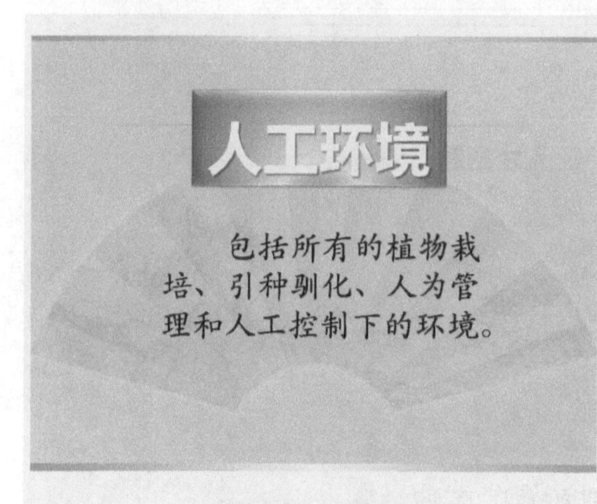

图 14-21 素材文件

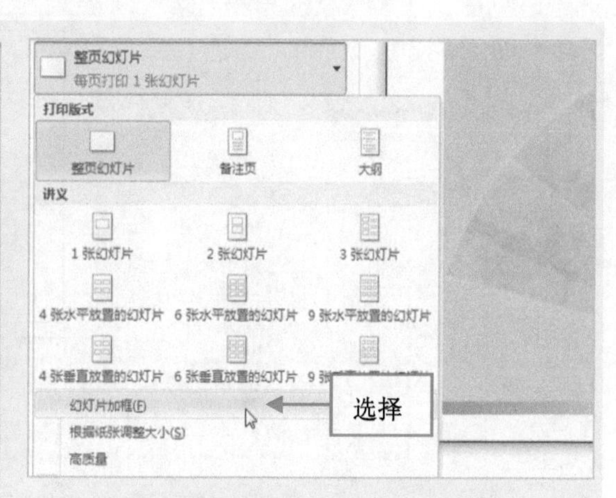

图 14-22 选择“幻灯片加框”命令

步骤03 执行操作后，即可为幻灯片添加边框，效果如图 14-23 所示。

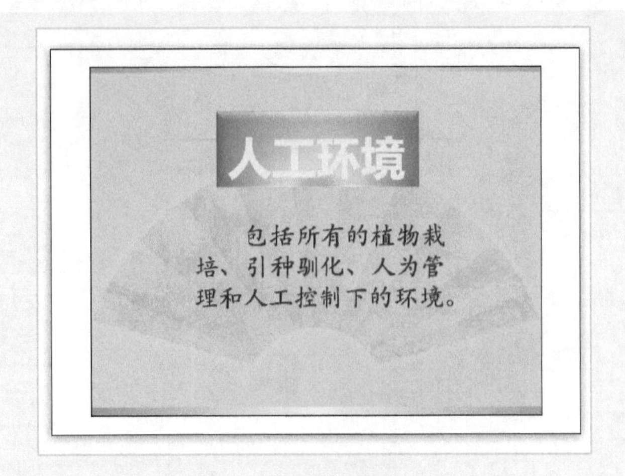

图 14-23 添加边框

14.2.4 双面打印演示文稿

在 PowerPoint 2010 中，用户可以将演示文稿中的幻灯片，设置为双面打印，具体操作方法如下。

启动 PowerPoint 2010，单击“文件”|“打印”命令，切换至“打印”选项卡，单击“单面打印”按钮，在弹出的列表中选择“双面打印”选项，如图 14-24 所示，即可以双面打印演示文稿。

图 14-24 选择“双面打印”选项

14.2.5 打印多份演示文稿

在 PowerPoint 2010 中，用户如果需要将在幻灯片中制作的课件打印多份，则在“副本”右侧的文本框中，设置相应的数值即可，具体操作方法如下。

单击“文件”|“打印”命令，单击“副本”右侧的三角形按钮，即可设置打印份数，如图 14-25 所示。

图 14-25　设置打印份数

14.3　综合练兵——制作四季如歌课件

在 PowerPoint 中，用户可以根据需要制作四季如歌课件。下面向读者介绍制作四季如歌课件的操作方法。

步骤 01　单击“文件”|“打开”命令，打开一个素材文件，如图 14-26 所示。

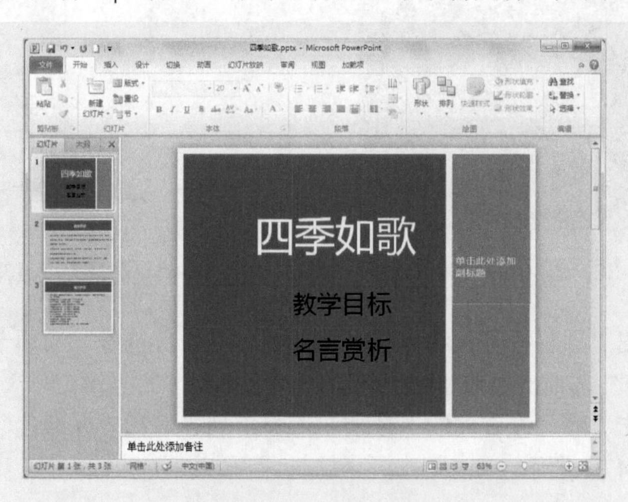

图 14-26　素材文件

步骤02 在第 1 张幻灯片中的“单击此处添加副标题”文本框中，输入文本，如图 14-27 所示。

步骤03 选中输入的文本，在“开始”面板中的“字体”选项板中，设置“字体”为“华文行楷”、“字号”为 22，单击“文字阴影”按钮，效果如图 14-28 所示。

步骤04 用与上同样的方法，设置标题文本“字体”为“隶书”、“字号”为 100，单击“文字阴影”按钮，效果如图 14-29 所示。

图 14-27　输入文本

图 14-28　设置文本属性

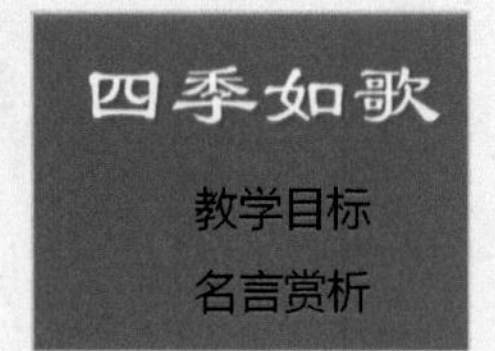

图 14-29　设置标题文本属性

步骤05 在编辑区中，选中“教学目标”与“名言赏析”文本对象，如图 14-30 所示。

步骤06 在“开始”面板中的“段落”选项板中，单击“项目符号”下拉按钮，弹出列表框，选择“项目符号和编号”命令，如图 14-31 所示。

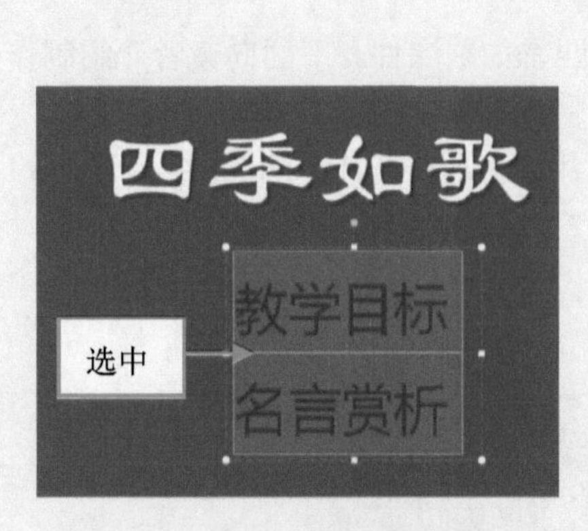

图 14-30　选中相应文本

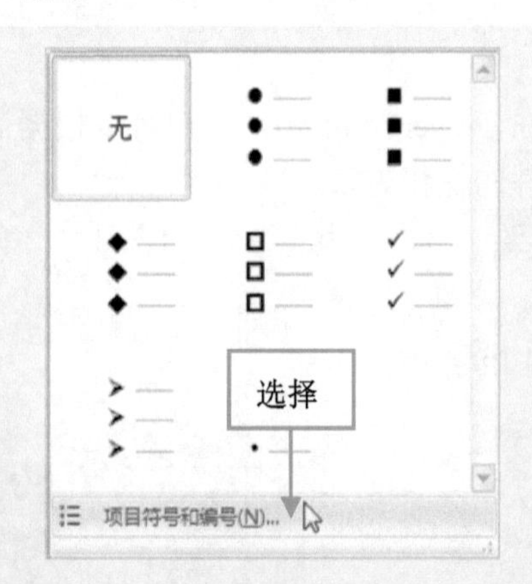

图 14-31　选择“项目符号和编号”命令

步骤07 弹出“项目符号和编号”对话框，在“项目符号”选项卡中的列表框中，选择“箭头项目符号”选项，如图 14-32 所示。

步骤08 单击“颜色”右侧的下拉按钮，弹出列表，在“标准色”选项区中选择“黄色”选项，如图 14-33 所示。

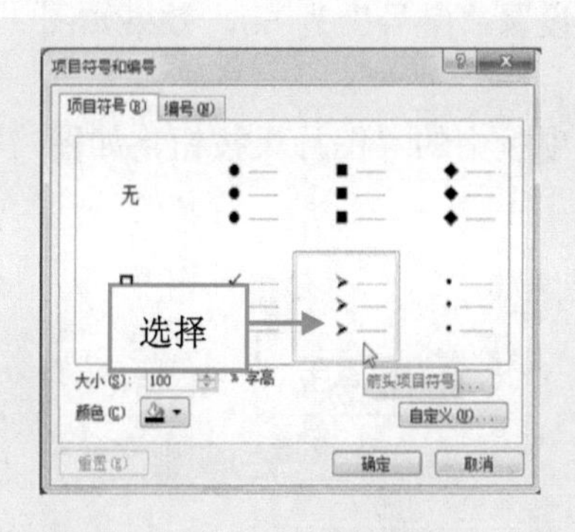

图 14-32　选择“箭头项目符号”选项

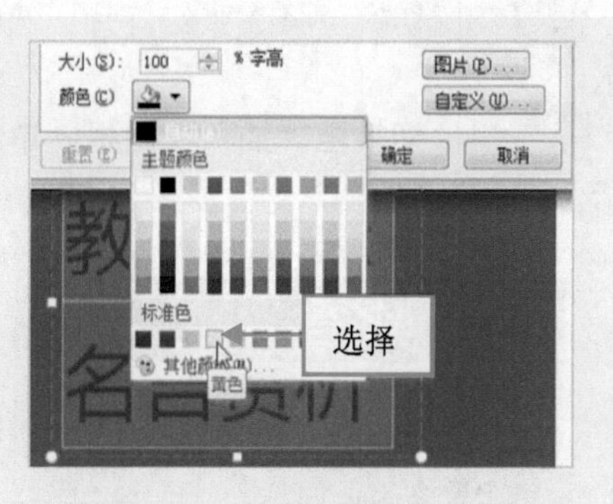

图 14-33　选择“黄色”选项

步骤 09　单击“确定”按钮，即可为文本添加项目符号，调整文本大小和位置，效果如图 14-34 所示。

步骤 10　切换至第 2 张幻灯片，设置标题文本“字号”为 60，在编辑区中，选中相应文本，如图 14-35 所示。

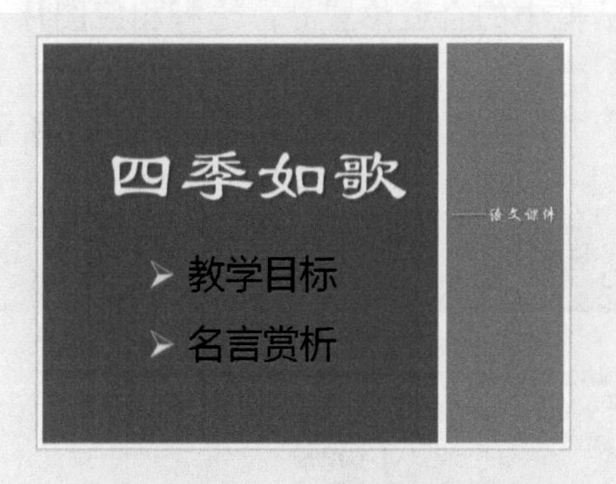

图 14-34　添加项目符号

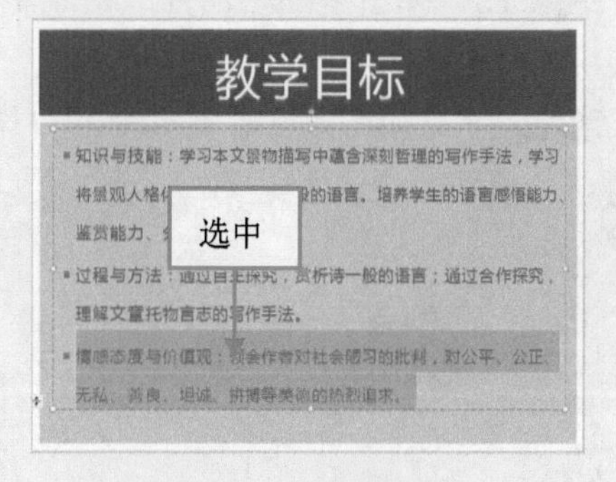

图 14-35　选中相应文本

步骤 11　单击“字体”选项板右下角的“字体”按钮，弹出“字体”对话框，设置“下划线线型”为“粗线”、“下划线颜色”为“红色，文字 2”，如图 14-36 所示。

步骤 12　单击“确定”按钮，即可为文本设置下划线，如图 14-37 所示。

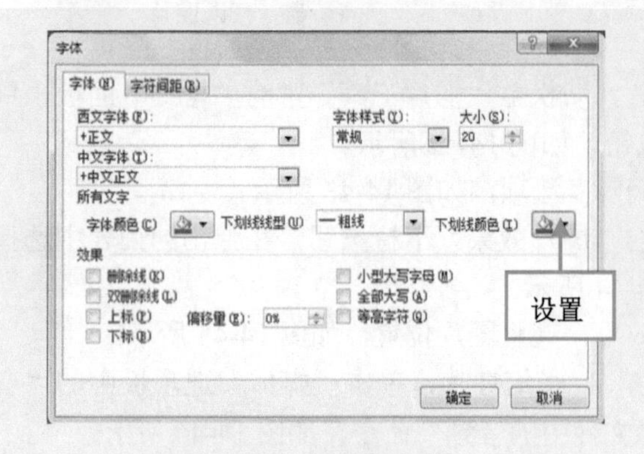

图 14-36　设置各选项

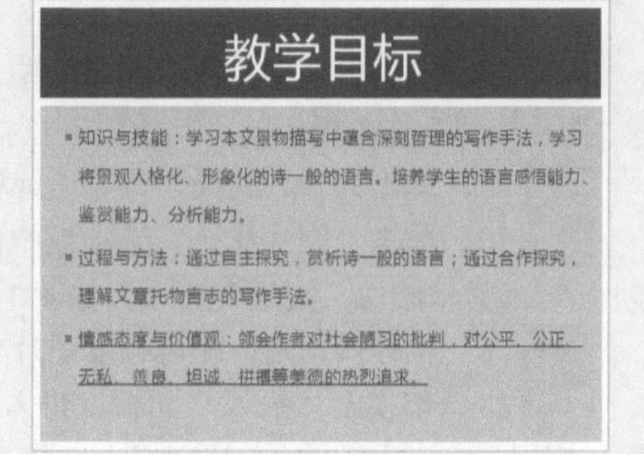

图 14-37　设置下划线

步骤 13 切换至第 3 张幻灯片，选中标题文本，设置“字号”为 60，效果如图 14-38 所示。

步骤 14 切换至“插入”面板，单击“图像”选项板中的“图片”按钮，如图 14-39 所示。

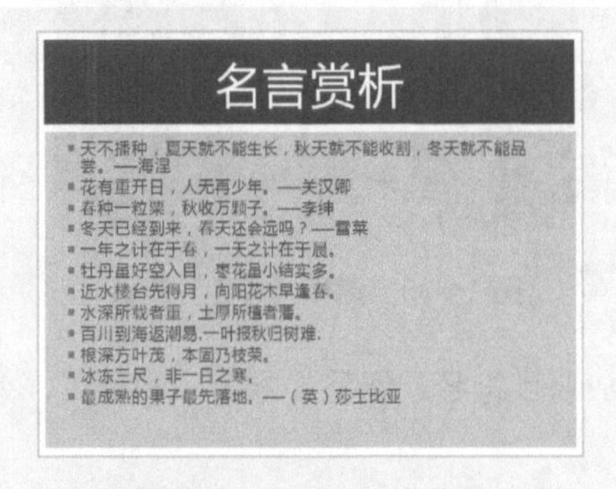

图 14-38 设置标题文本

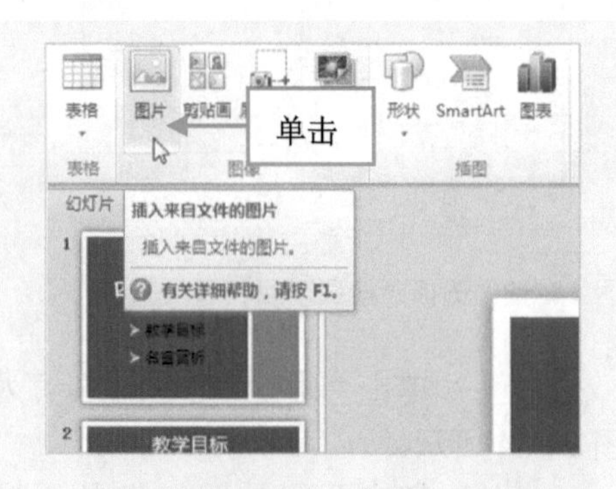

图 14-39 单击“图片”按钮

步骤 15 弹出“插入图片”对话框，在对话框中的合适位置处，选择相应图片，如图 14-40 所示。

步骤 16 单击“插入”按钮，即可插入图片，并调整其大小和位置，如图 14-41 所示。

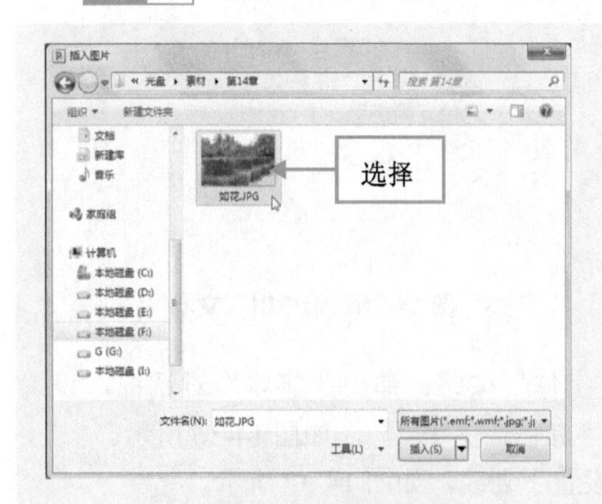

图 14-40 选择相应图片

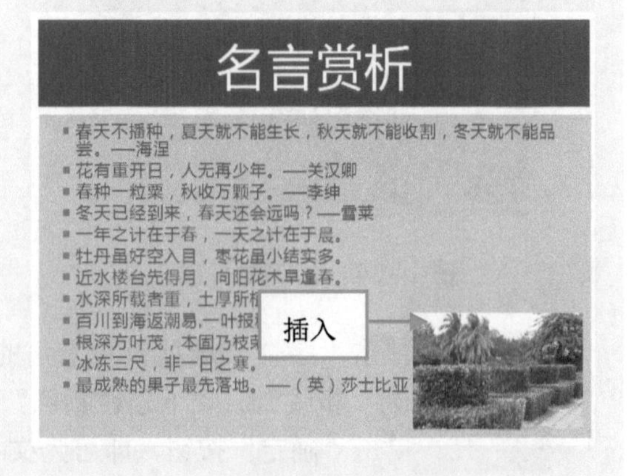

图 14-41 插入图片

步骤 17 在编辑区中，选择插入的图片，切换至“图片工具”中的“格式”面板，单击“图片样式”选项板中的“其他”下拉按钮，如图 14-42 所示。

步骤 18 弹出列表，选择“柔化边缘椭圆”选项，如图 14-43 所示。

步骤 19 单击“图片样式”选项板中的“图片效果”下拉按钮，在弹出的列表中选择“映像”|“紧密映像，接触”选项，如图 14-44 所示。

步骤 20 执行操作后，即可设置图片效果，调整图片位置，如图 14-45 所示。

步骤 21 切换至“插入”面板，进入第 1 张幻灯片，单击“媒体”选项板中的“音频”下拉按钮，在弹出的下拉列表中选择“文件中的音频”命令，如图 14-46 所示。

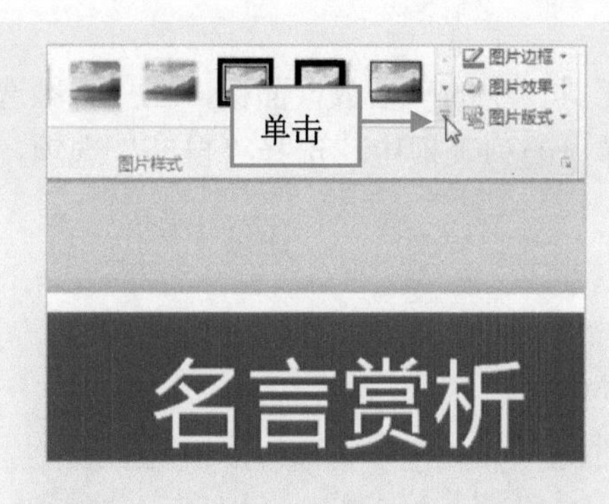

图 14-42 单击“其他”下拉按钮

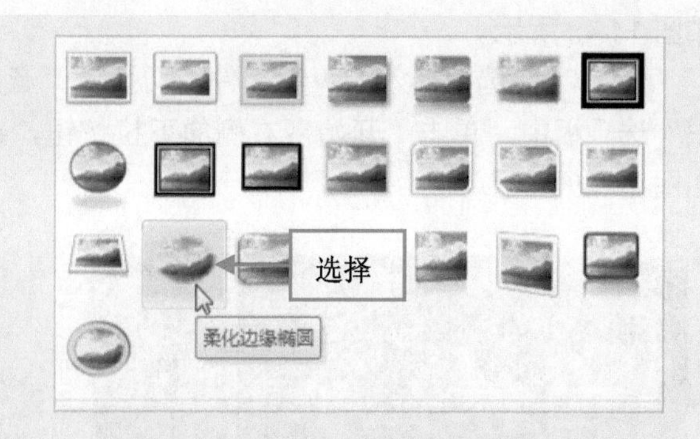

图 14-43 选择“柔化边缘椭圆”选项

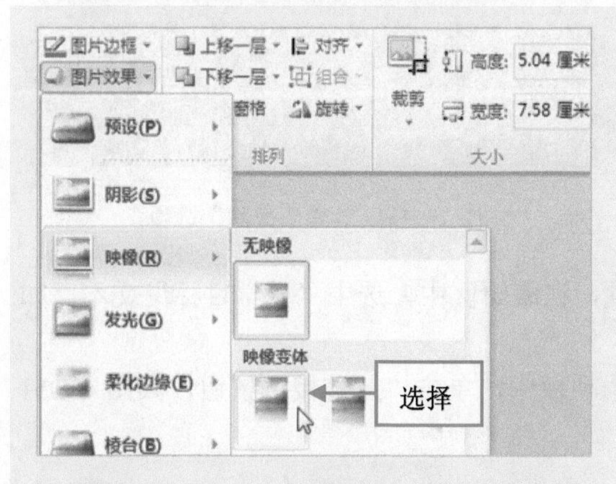

图 14-44 选择“紧密映像，接触”选项

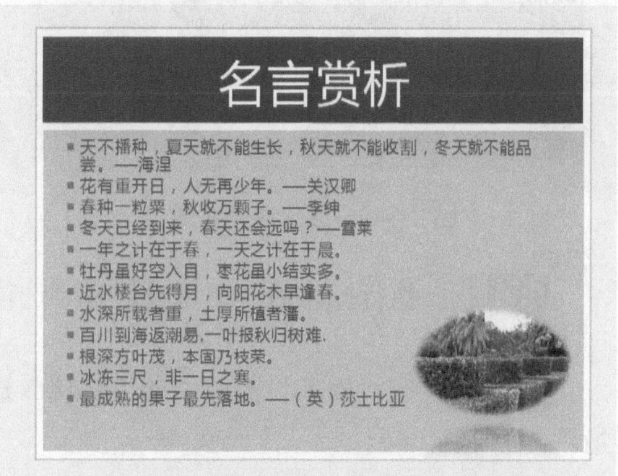

图 14-45 设置图片效果

步骤22 弹出“插入音频”对话框，在对话框中的合适位置，选择音频文件，如图 14-47 所示。

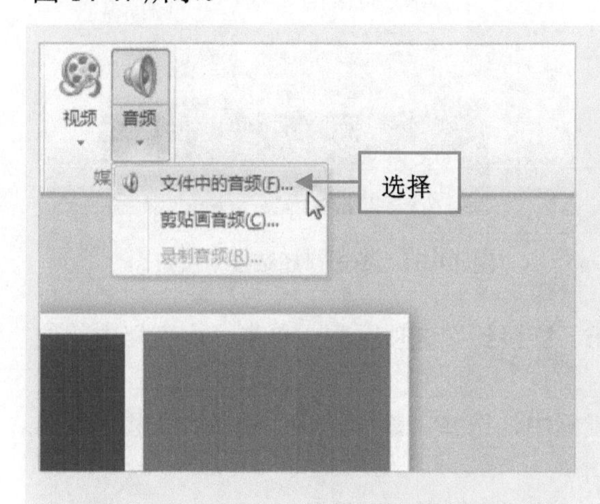

图 14-46 选择“文件中的音频”命令

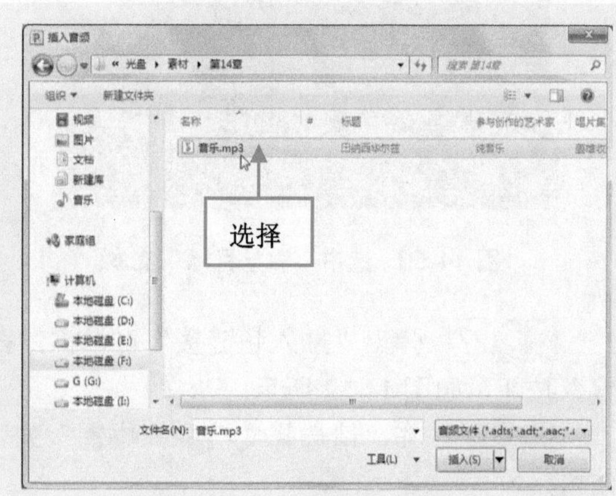

图 14-47 选择音频文件

步骤23 单击“插入”按钮，即可在幻灯片中插入音频文件，调整音频至合适位置，

如图 14-48 所示。

步骤24 选中插入的声音文件，切换至“音频工具”中的“播放”面板，在“音频选项”选项板中，单击“开始”右侧的下拉按钮，在弹出的列表框中，选择“自动”选项，如图 14-49 所示。

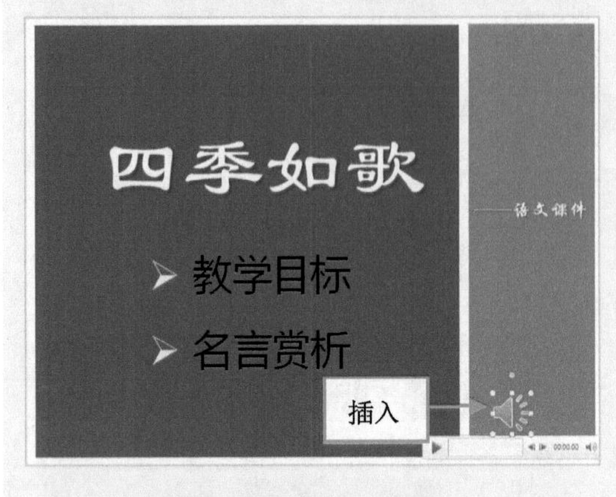

图 14-48 插入音频文件

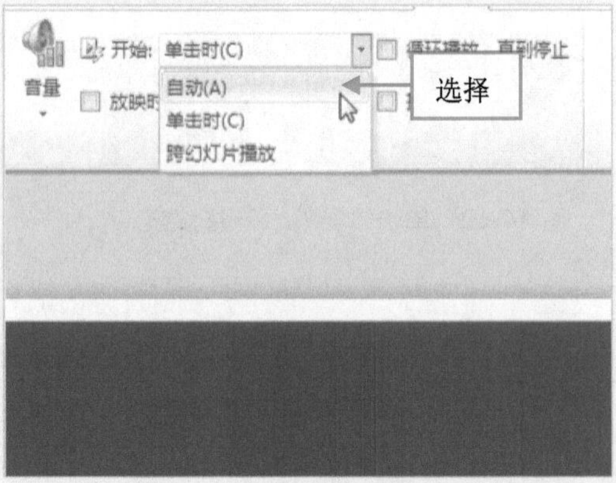

图 14-49 选择“自动”选项

步骤25 执行操作后，即可设置音频选项，在编辑区中，选中“教学目标”文本，如图 14-50 所示。

步骤26 在“插入”面板中的“链接”选项板中，单击“超链接”按钮，如图 14-51 所示。

图 14-50 选中“教学目标”文本

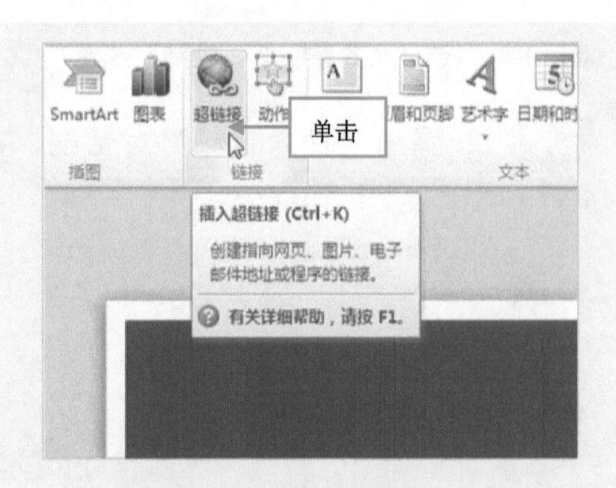

图 14-51 单击“超链接”按钮

步骤27 弹出“插入超链接”对话框，在“链接到”选项区中，单击“本文档中的位置”按钮，如图 14-52 所示。

步骤28 在“请选择文档中的位置”列表框中，选择“教学目标”选项，如图 14-53 所示。

步骤29 单击“确定”按钮，即可添加超链接，如图 14-54 所示。

步骤30 在编辑区中选中“名言赏析”文本对象，单击鼠标右键，在弹出的快捷菜单中，选择“超链接”命令，如图 14-55 所示。

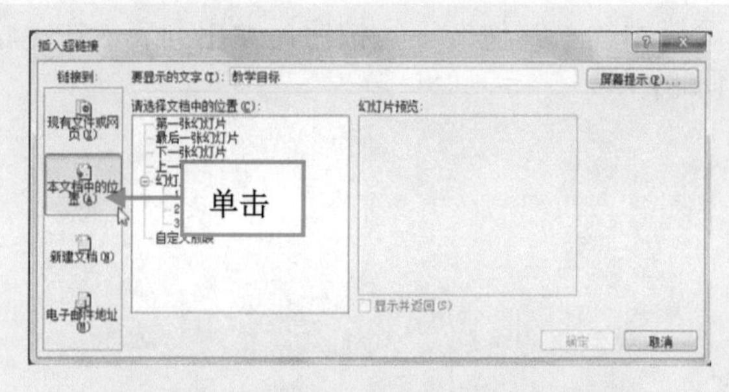

图 14-52　单击“本文档中的位置”按钮

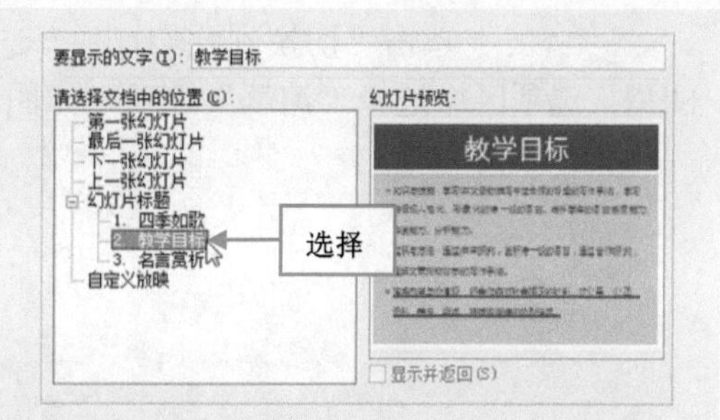

图 14-53　选择“教学目标”选项

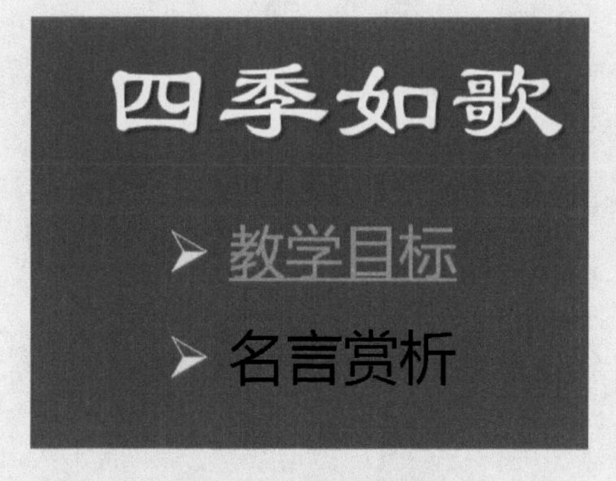

图 14-54　添加超链接

图 14-55　选择“超链接”命令

步骤31　弹出“插入超链接”对话框，在“请选择文档中的位置”列表框中选择“名言赏析”选项，如图 14-56 所示。

步骤32　单击“确定”按钮，即可设置文本超链接，如图 14-57 所示。

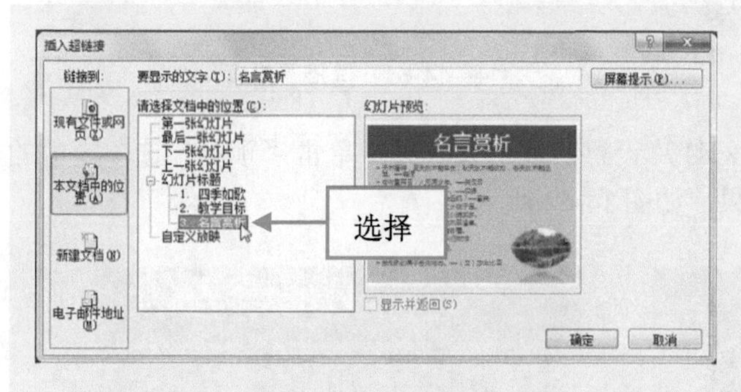

图 14-56　选择“名言赏析”选项

图 14-57　设置文本超链接

步骤33　切换至“切换”面板，单击“切换到此幻灯片”选项板中的“其他”下拉按钮，如图 14-58 所示。

步骤34　弹出列表，在“细微型”选项区中，选择“闪光”选项，如图 14-59 所示。

步骤35　执行操作后，即可为幻灯片设置闪光切换效果，切换至第 2 张幻灯片，如图 14-60 所示。

步骤36 单击“切换到此幻灯片”选项板中的“其他”下拉按钮，弹出列表，在“华丽型”选项区中选择“溶解”选项，如图 14-61 所示。

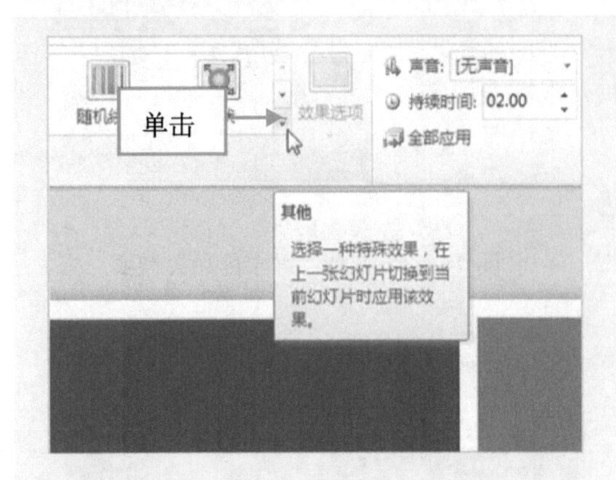

图 14-58 单击“其他”下拉按钮

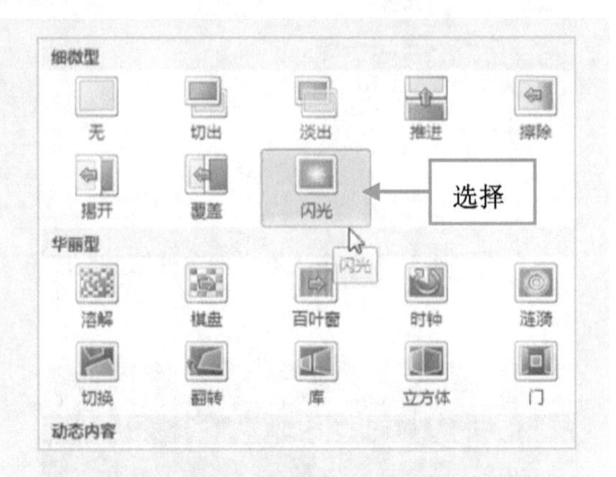

图 14-59 选择“闪光”选项

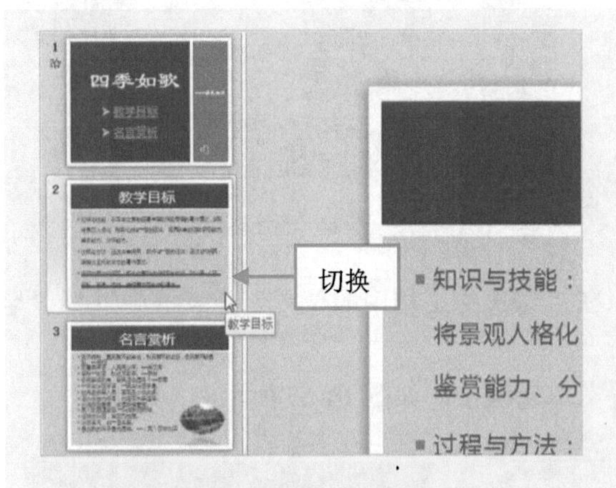

图 14-60 切换至第 2 张幻灯片

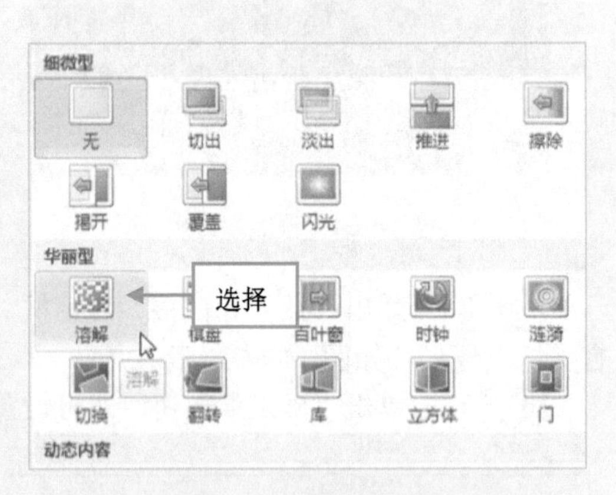

图 14-61 选择“溶解”选项

步骤37 执行操作后，即可为幻灯片设置溶解切换效果，单击“预览”选项板中的“预览”按钮，即可预览溶解切换效果，如图 14-62 所示。

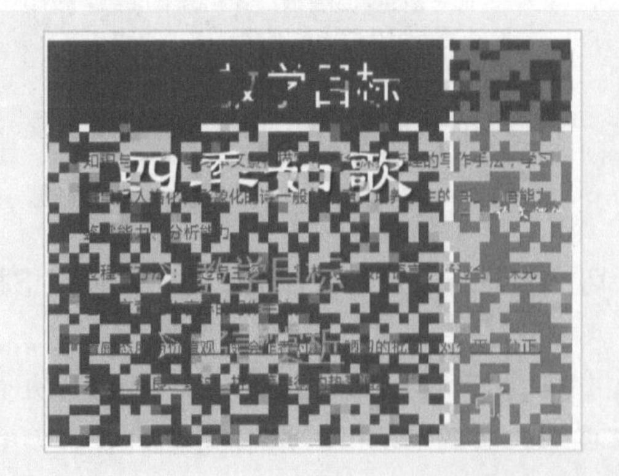
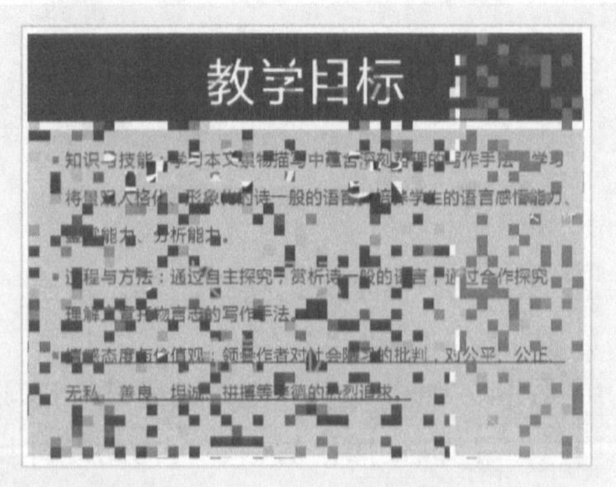

图 14-62 预览溶解切换效果

步骤38 切换至第3张幻灯片，单击“切换到此幻灯片”选项板中的“其他”下拉按钮，弹出列表，在“动态内容”选项区中，选择“传送带”选项，如图14-63所示。

步骤39 执行操作后，即可添加传送带切换效果，单击“预览”选项板中的“预览”按钮，预览传送带切换效果，如图14-64所示。

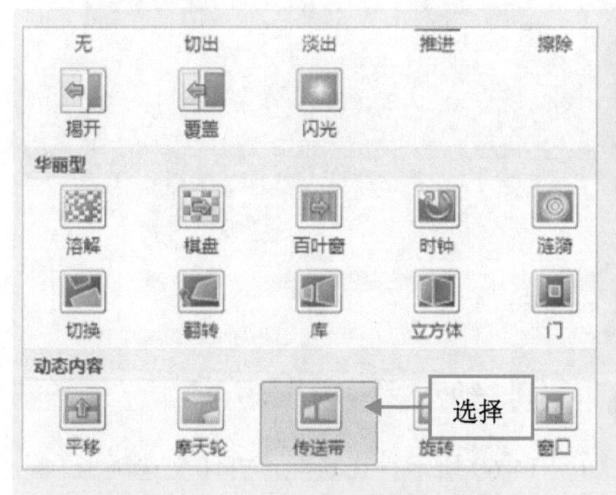

图14-63　选择“传送带”选项

图14-64　预览传送带切换效果

技巧：为幻灯片添加切换效果以后，用户还可以切换至“幻灯片放映”面板，单击“开始放映幻灯片”选项板中的“从当前幻灯片开始”按钮，预览切换效果。

步骤40 切换至“设计”面板，单击“页面设置”选项板中的“页面设置”按钮，如图14-65所示。

步骤41 弹出“页面设置”对话框，单击“幻灯片大小”下拉按钮，在弹出的下拉列表中选择“自定义”选项，如图14-66所示。

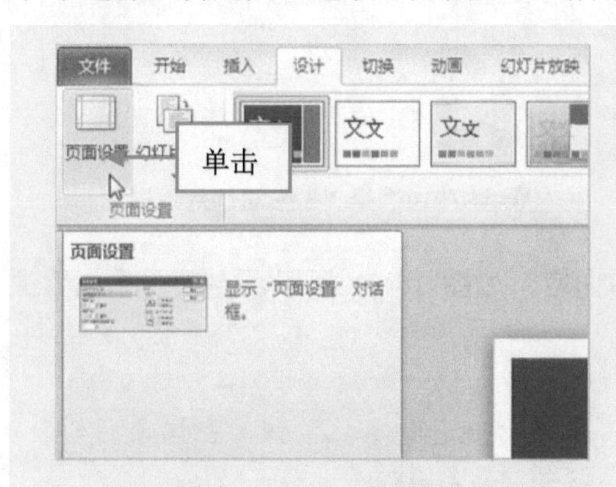

图14-65　单击“页面设置”按钮

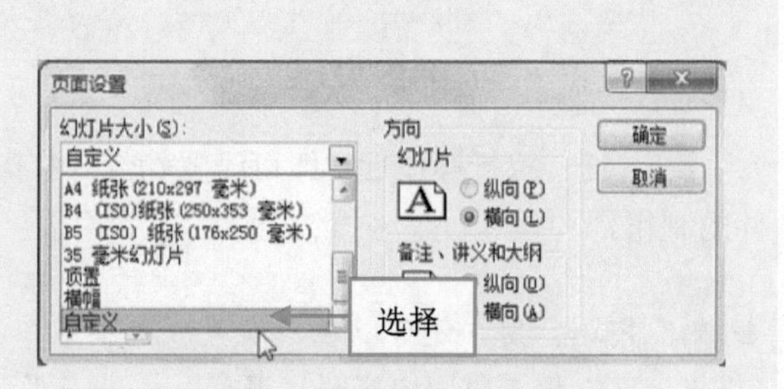

图14-66　选择“自定义”选项

步骤42 在“页面设置”对话框中，设置“宽度”为30厘米、“高度”为18厘米，如图14-67所示。

步骤43 单击“确定”按钮，即可设置幻灯片打印页面，如图14-68所示。

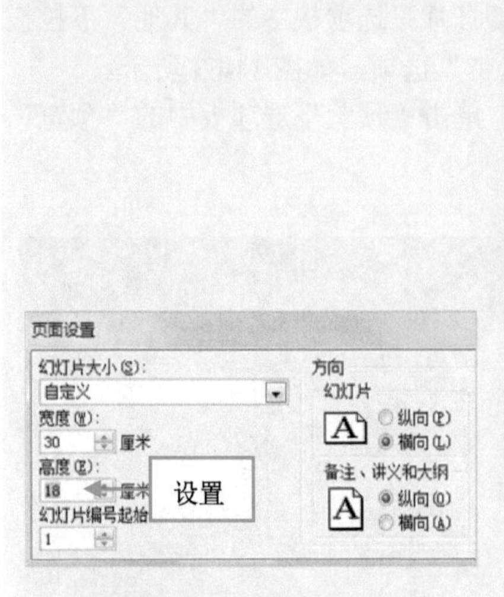

图 14-67　设置各数值

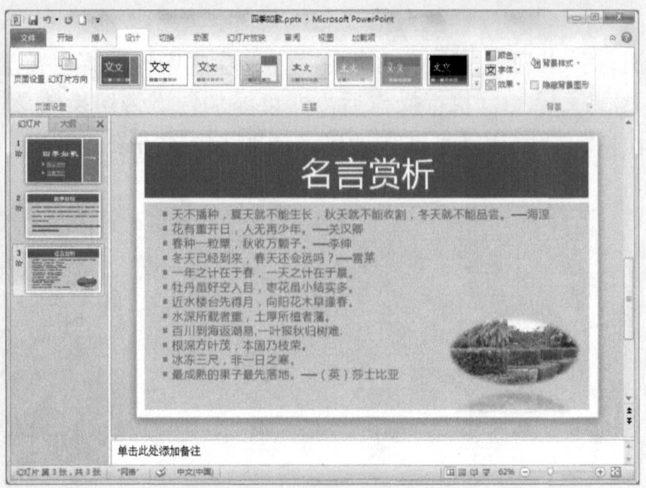

图 14-68　设置幻灯片打印页面

步骤44　单击“文件”|“打印”命令，如图 14-69 所示，切换至“打印”选项卡。

步骤45　单击“设置”选项区中的“整页幻灯片”下拉按钮，在弹出的列表中选择“3 张幻灯片”选项，如图 14-70 所示。

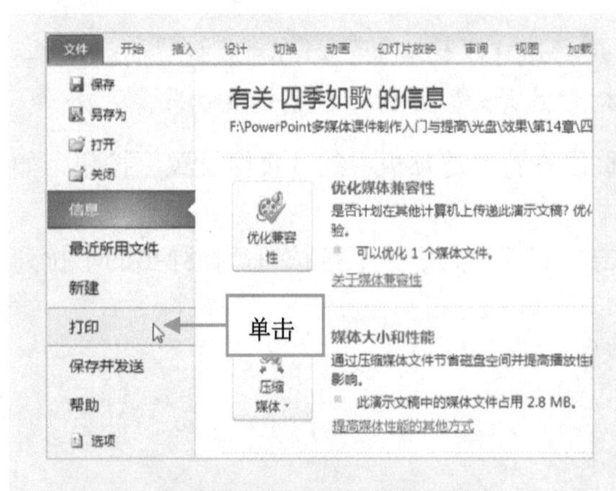

图 14-69　单击“打印”命令

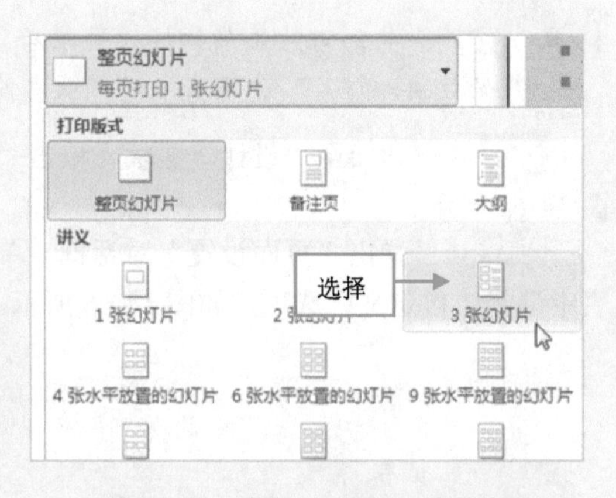

图 14-70　选择“3 张幻灯片”选项

步骤46　执行操作后，即可设置幻灯片打印内容，如图 14-71 所示，完成四季如歌课件的制作。

技巧：用户还可以在“设置”选项区中，单击“颜色”下拉按钮，在弹出的列表框中，可以设置打印内容为“颜色”、“灰度”或者“纯白色”。

图 14-71　设置幻灯片打印内容

14.4　本章习题

本章重点介绍了设置与打印课件模板制作的方法，本节将通过填空题、选择题以及上机练习题，对本章的知识点进行回顾。

14.4.1　填空题

(1) 设置文稿中幻灯片的方向，只需要选中________对话框中“方向”选项区中的“横向”或“纵向”单选按钮即可。

(2) 单击“打印全部幻灯片”下拉按钮，在弹出的列表中用户还可以选择________，将需要的某一特定的幻灯片进行打印。

(3) 通过________设置，可以设置用于打印的幻灯片大小、方向和其他版式。

14.4.2　选择题

(1) 在“页面设置”对话框中的“幻灯片大小”下拉列表框中，包含有(　　)种页面大小样式。

A. 13　　B. 14　　C. 15　　D. 16

(2) 在 PowerPoint 2010 中，对制作完成的课件进行打印方向的设置时，有(　　)种方法。

A. 2　　B. 3　　C. 3　　D. 4

(3) 选择“幻灯片加框”选项，只有在打印“幻灯片”、“备注页”和(　　)视图模式下的时候才能被激活。

A. “阅读视图”　B. “大纲视图”　C. “普通视图”　D. “讲义母版”

14.4.3 上机练习：美术课件实例——设置透视课件页面大小

打开“光盘\素材\第 14 章”文件夹下的透视课件.pptx，如图 14-72 所示。尝试设置透视课件的页面“宽度”为 30 厘米、“高度”为 27 厘米，如图 14-73 所示。

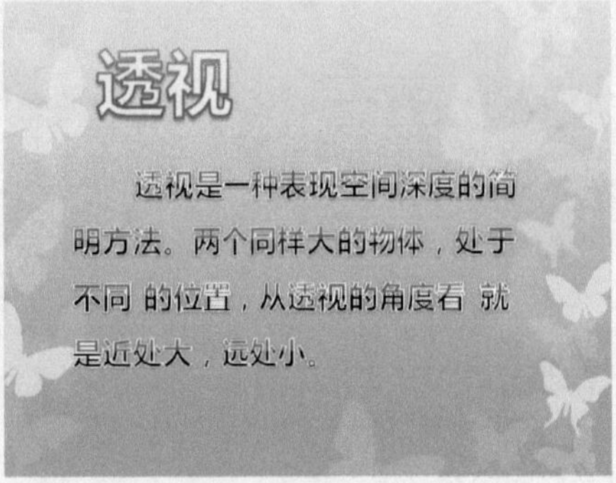

图 14-72　素材文件

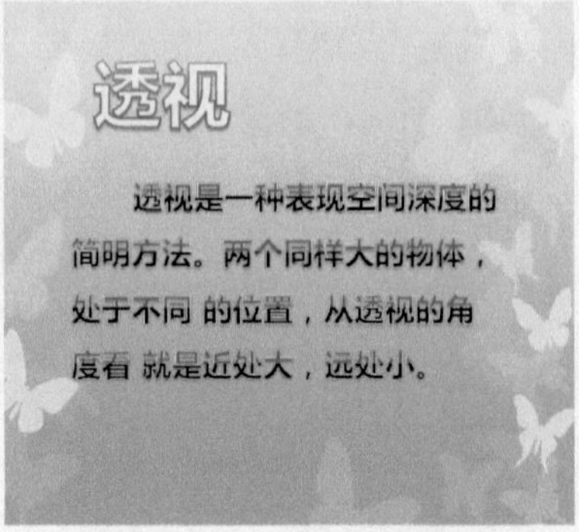

图 14-73　透视课件效果

第 15 章

轻松输出：打包与输出课件模板制作

在 PowerPoint 2010 中，演示文稿制作完成后，不仅可以将其打印，还可以将其作为模板保存起来以便以后使用，制作成 CD 或者转移到其他的计算机上等。本章主要向读者介绍打包多媒体课件以及输出多媒体课件等内容的操作方法。

本章重点：

- 打包多媒体课件
- 输出多媒体课件
- 综合练兵——制作我们的民族精神课件

15.1　打包多媒体课件

在 PowerPoint 2010 中，完成了课件的制作后，如果需要移动课件的位置，则用户可以首先对制作好的课件进行打包。

15.1.1　实战——打包爵士乐课件

要在没有安装 PowerPoint 的计算机上运行演示文稿，需要 Microsoft Office PowerPoint Viewer 的支持。默认情况下，在安装 PowerPoint 时，将自动安装 PowerPoint Viewer，因此可以直接使用“将演示文稿打包 CD”功能，从而将演示文稿以特殊的形式复制到可刻录光盘、网络或本地磁盘驱动器中，并在其中集成一个 PowerPoint Viewer，以便在任何电脑上都能进行演示。

步骤 01　单击“文件”|“打开”命令，打开一个素材文件，如图 15-1 所示。

步骤 02　单击“文件”|“保存并发送”|“将演示文稿打包成 CD”命令，如图 15-2 所示。

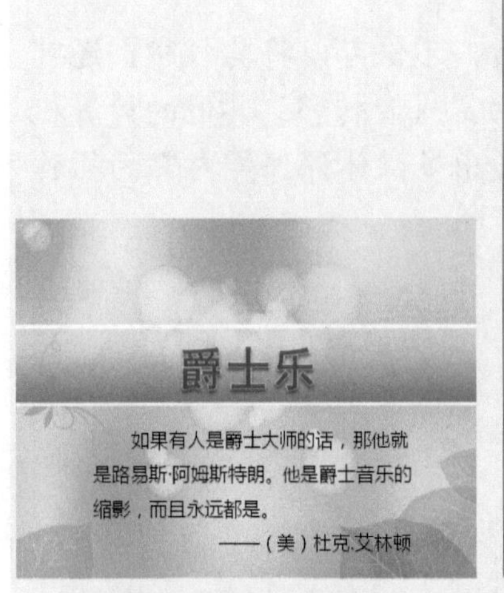

图 15-1　素材文件

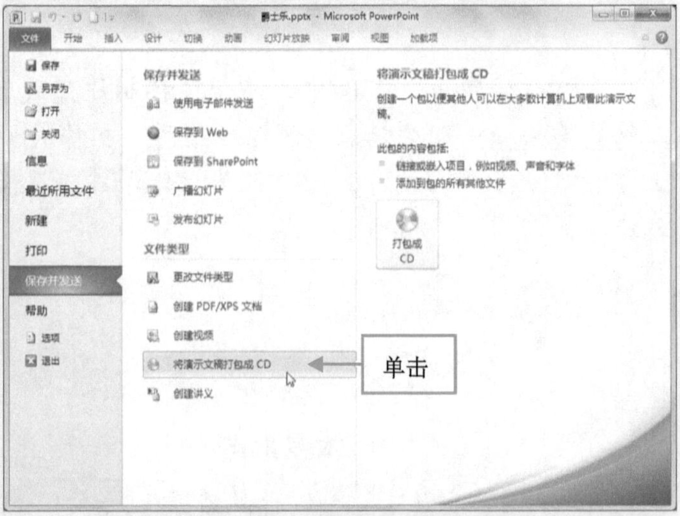

图 15-2　单击“将演示文稿打包成 CD”命令

步骤 03　在“将演示文稿打包成 CD”选项区中，单击“打包成 CD”按钮，如图 15-3 所示。

步骤 04　弹出“打包成 CD”对话框，单击“选项”按钮，如图 15-4 所示。

步骤 05　弹出“选项”对话框，单击“确定”按钮，如图 15-5 所示。

步骤 06　返回至“打包成 CD”对话框，单击“复制到文件夹”按钮，弹出“复制到文件夹”对话框，如图 15-6 所示。

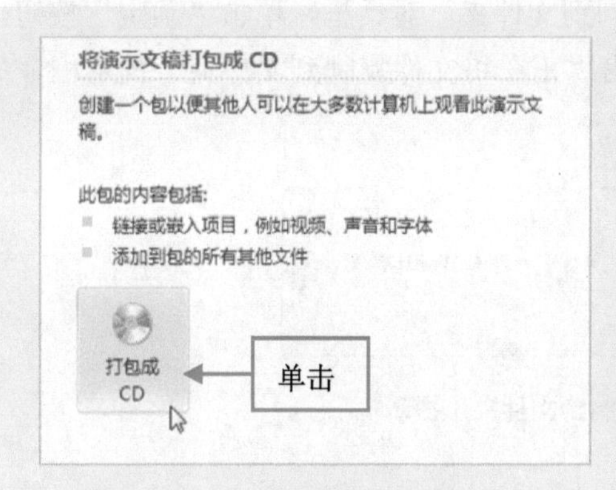

图 15-3 单击“打包成 CD”按钮

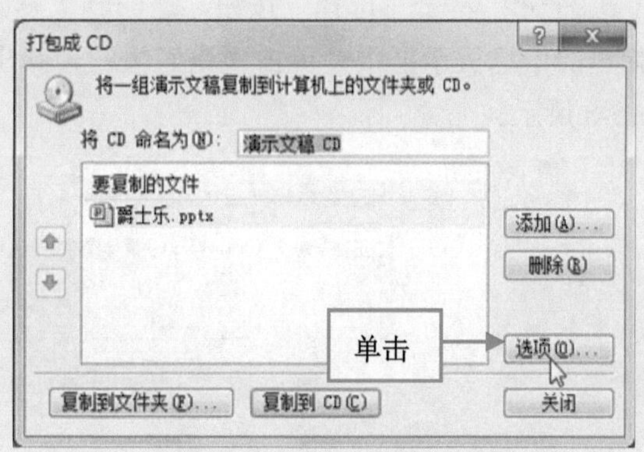

图 15-4 单击“选项”按钮

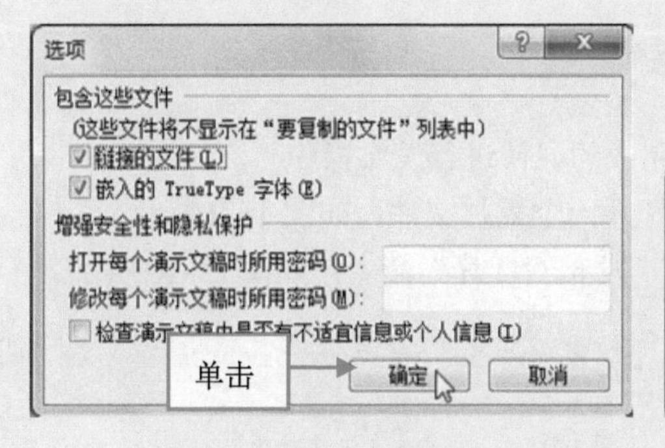

图 15-5 单击“确定”按钮

图 15-6 “复制到文件夹”对话框

注意：如果幻灯片中使用 TrueType 字体，可将其一起嵌入到包中，嵌入字体可确保在不同的计算机上运行演示文稿时，该字体可正确显示。

步骤07 单击“浏览”按钮，弹出“选择位置”对话框，在对话框中选择需要保存的位置，如图 15-7 所示。

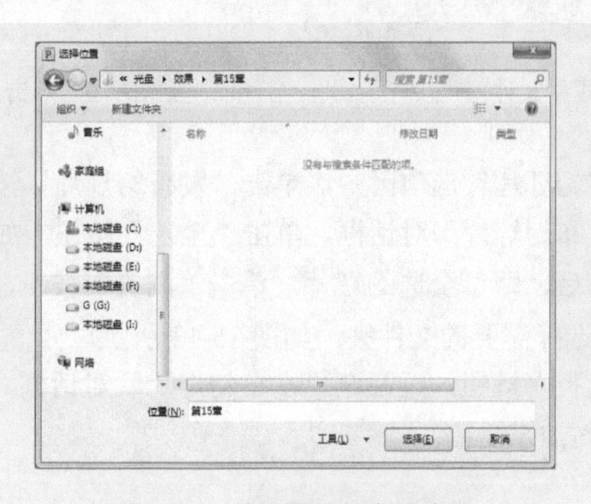

图 15-7 选择需要保存的位置

步骤08 单击“选择”按钮，返回到“复制到文件夹”对话框，单击“确定”按钮，在弹出的信息提示框中，单击“是”按钮，弹出“正在将文件复制到文件夹”提示框，如图 15-8 所示。

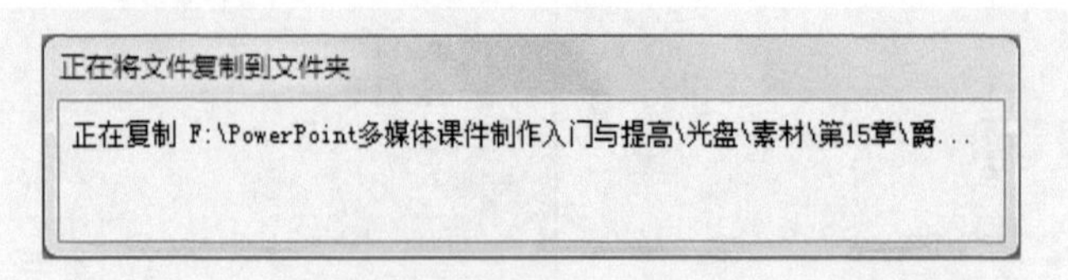

图 15-8 “正在将文件复制到文件夹”提示框

步骤09 待演示文稿中的文件复制完成后，单击“打包成 CD”对话框中的“关闭”按钮，即可完成演示文稿的打包操作，在保存位置可查看打包 CD 的文件。

15.1.2 实战——发布感觉世界课件

在 PowerPoint 2010 中，用户可以将制作完成的课件进行发布操作。

步骤01 单击“文件”|“打开”命令，打开一个素材文件，如图 15-9 所示。

步骤02 单击“文件”|“保存并发送”|“发布幻灯片”命令，如图 15-10 所示。

图 15-9 素材文件

图 15-10 单击“发布幻灯片”命令

步骤03 在“发布幻灯片”选项区中，单击“发布幻灯片”按钮，如图 15-11 所示。

步骤04 弹出“发布幻灯片”对话框，单击“全选”按钮，如图 15-12 所示。

步骤05 执行操作后，即可全选幻灯片，单击“浏览”按钮，弹出“选择幻灯片库”对话框，在该对话框中选择需要的文件夹，如图 15-13 所示。

步骤06 单击“选择”按钮，返回至“发布幻灯片”对话框，单击“发布”按钮，如图 15-14 所示，即可发布演示文稿。

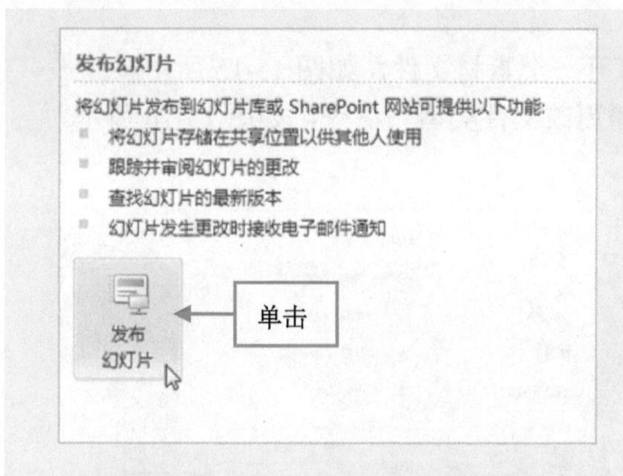

图 15-11 单击“发布幻灯片”按钮

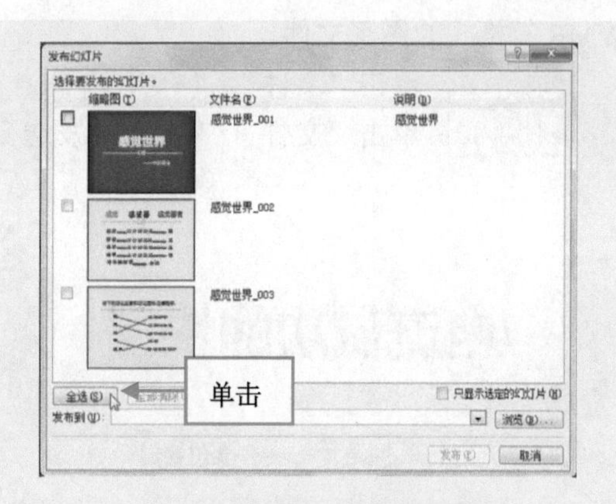

图 15-12 单击“全选”按钮

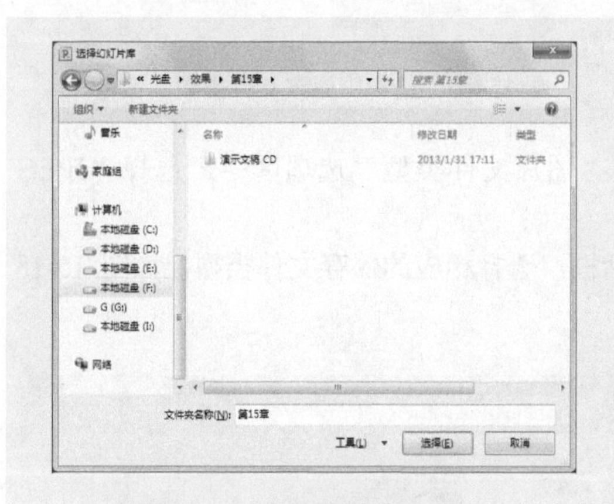

图 15-13 选择需要的文件夹

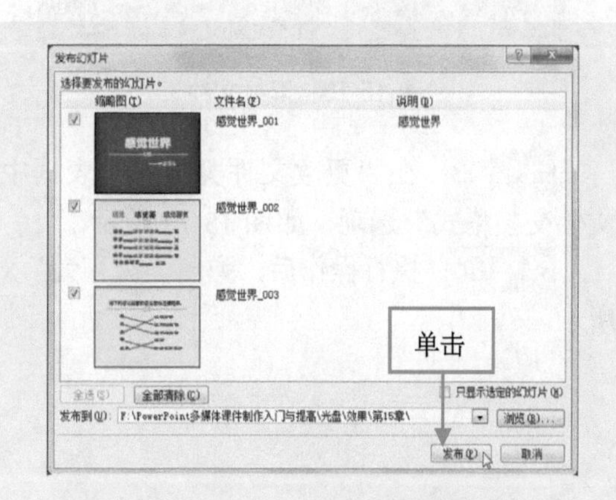

图 15-14 单击“发布”按钮

提示：将演示文稿发布到 Web 上时，会将网页或 Web 档案的备份保存到指定位置，例如 Web 服务器或其他可用的计算机。通过发布演示文稿可以维持 PPTX 文件格式演示文稿的原始版本。

15.2 输出多媒体课件

在 PowerPoint 中经常用到的输出格式有图形文件格式和幻灯片放映文件，幻灯片放映是将演示文稿保存为以幻灯片放映的形式打开演示文稿，每次打开该类型文件，PowerPoint 会自动切换到幻灯片放映状态，而不会出现 PowerPoint 编辑窗口，而图形文件则是将每一张幻灯片输出为单一的图形文件。

15.2.1 实战——输出电流做功的快慢课件为图形文件

PowerPoint 支持将演示文稿中的幻灯片输出为 GIF、JPG、TIFF、BMP、PNG 以及

WMF 等格式的图形文件。

步骤01　单击“文件”|“打开”命令，打开一个素材文件，如图 15-15 所示。

步骤02　单击“文件”|“保存并发送”|“更改文件类型”命令，如图 15-16 所示。

图 15-15　素材文件

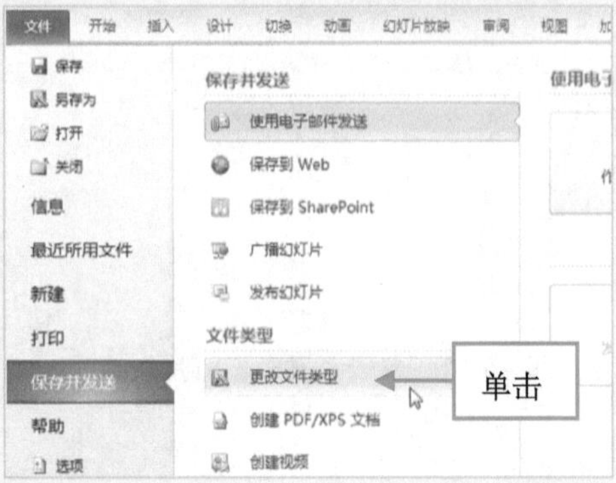

图 15-16　单击“更改文件类型”命令

步骤03　在“更改文件类型”列表框中的“图片文件类型”选项区中，选择“JPEG 文件交换格式”选项，如图 15-17 所示。

步骤04　执行操作后，弹出“另存为”对话框，选择相应的保存文件类型，如图 15-18 所示。

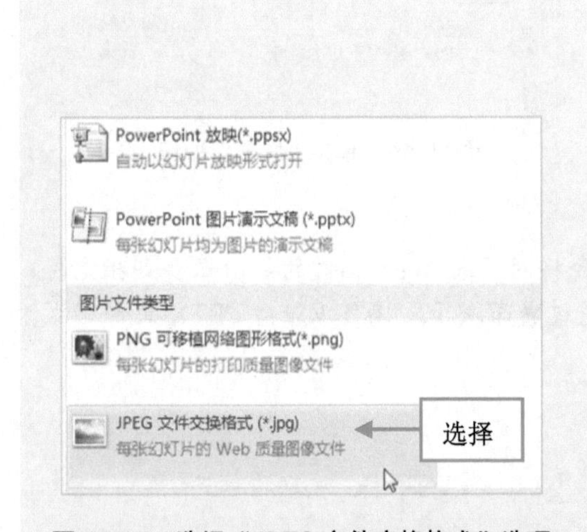

图 15-17　选择“JPEG 文件交换格式”选项

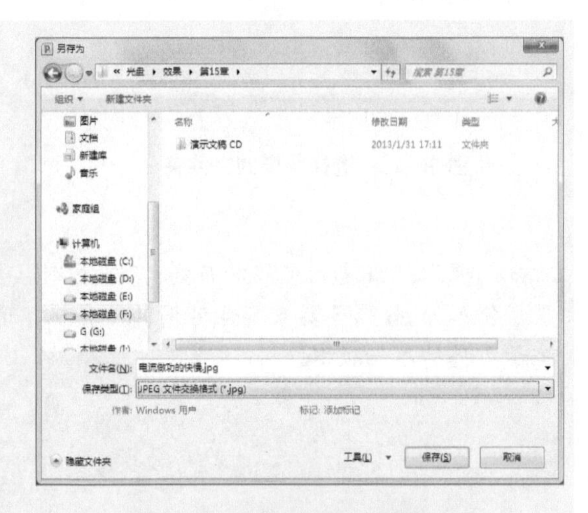

图 15-18　选择保存文件类型

步骤05　单击“保存”按钮，弹出信息提示框，单击“每张幻灯片”按钮，如图 15-19 所示。

步骤06　执行操作后，弹出信息提示框，单击“确定”按钮，如图 15-20 所示。

步骤07　执行操作后，即可输出演示文稿为图形文件，打开所存储的文件夹，查看输出的图像文件，如图 15-21 所示。

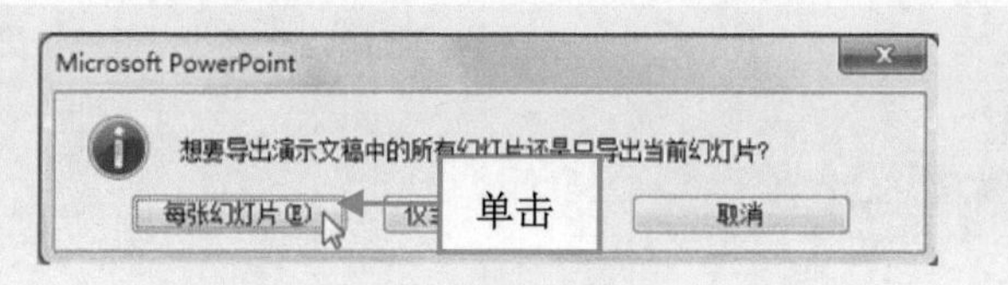

图 15-19　单击“每张幻灯片”按钮

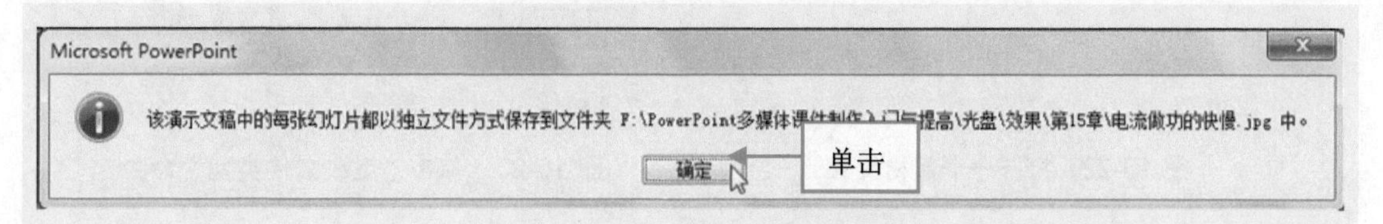

图 15-20　单击“确定”按钮

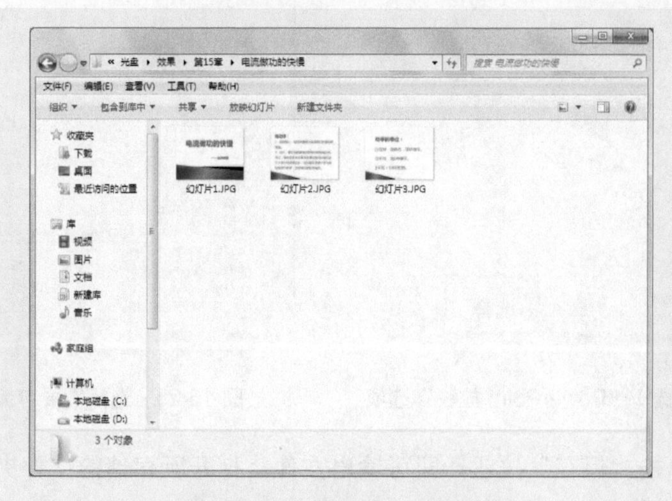

图 15-21　查看输出的图像文件

15.2.2　实战——输出平面向量概念课件为放映文件

在 PowerPoint 中经常用到的输出格式还有幻灯片放映文件格式。幻灯片放映是将演示文稿保存为总是以幻灯片放映的形式打开的演示文稿，每当打开该类型文件，PowerPoint 将自动切换到幻灯片放映状态，而不会出现 PowerPoint 编辑窗口。

步骤01　单击“文件”|“打开”命令，打开一个素材文件，如图 15-22 所示。

步骤02　单击“文件”|“保存并发送”|“更改文件类型”命令，如图 15-23 所示。

步骤03　在“更改文件类型”列表框中的“演示文稿文件类型”选项区中，选择“PowerPoint 放映”选项，如图 15-24 所示。

步骤04　执行操作后，弹出“另存为”对话框，选择需要存储的文件类型，如图 15-25 所示。

图 15-22　打开一个素材文件

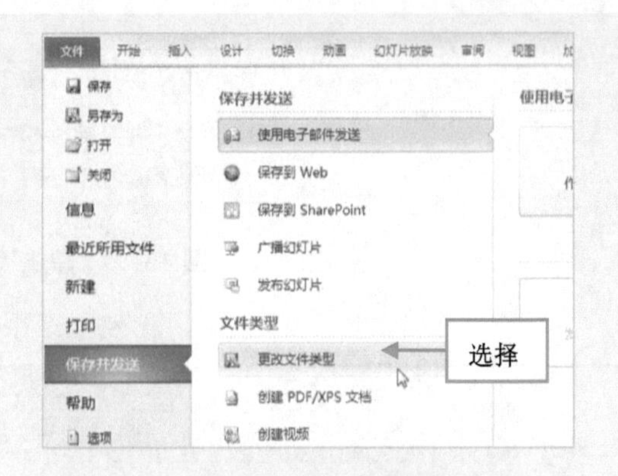

图 15-23　单击“更改文件类型”命令

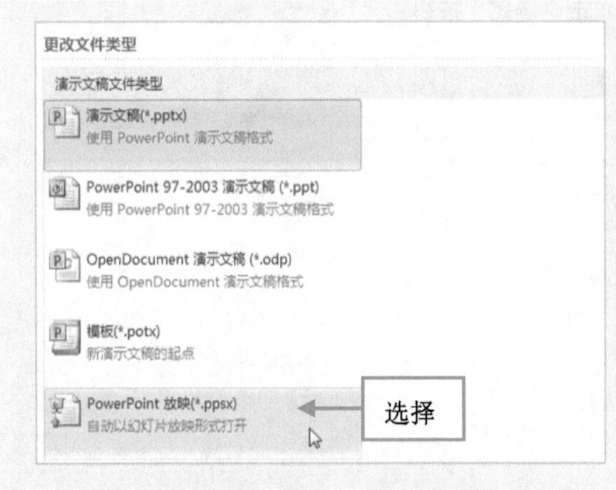

图 15-24　选择“PowerPoint 放映”选项

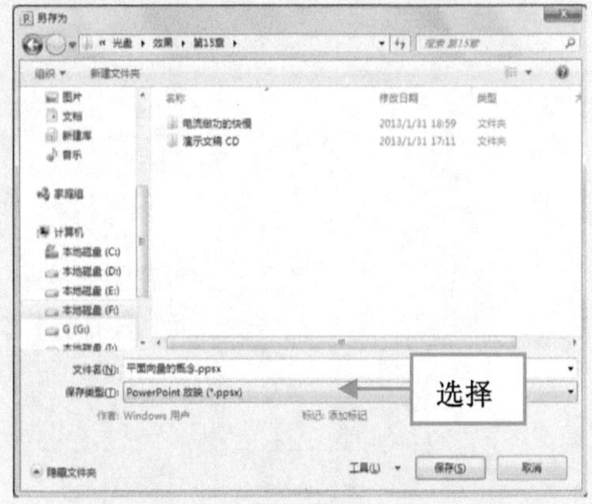

图 15-25　选择需要存储的文件类型

步骤05　单击“保存”按钮，即可输出文件，打开所存储的文件夹，查看输出的文件，如图 15-26 所示。

步骤06　在保存的文件中双击文件，即可放映文件，如图 15-27 所示。

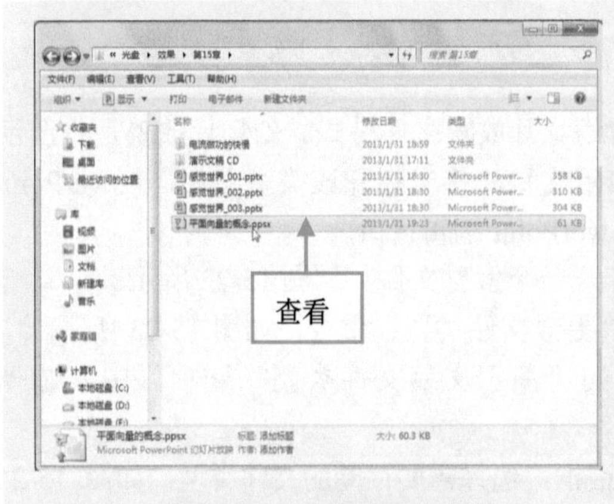

图 15-26　查看输出的文件

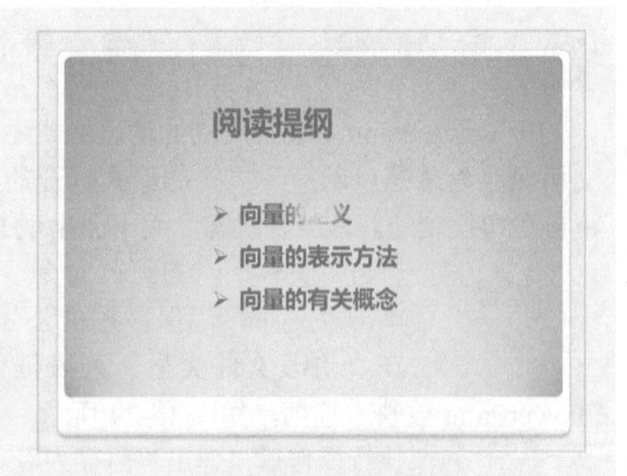

图 15-27　放映文件

15.3 综合练兵——制作我们的民族精神课件

在 PowerPoint 中，用户可以根据需要制作我们的民族精神课件。下面向读者介绍制作我们的民族精神课件的操作方法。

步骤01 单击“文件”|“打开”命令，打开一个素材文件，如图 15-28 所示。

步骤02 切换至“插入”面板，在“图像”选项板中，单击“剪贴画”按钮，如图 15-29 所示。

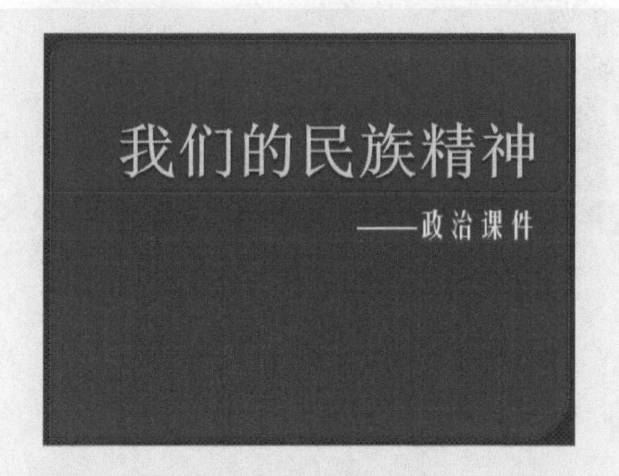

图 15-28 素材文件

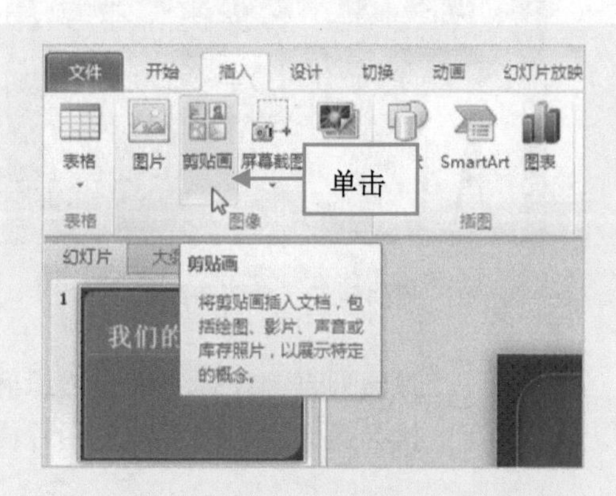

图 15-29 单击“剪贴画”按钮

步骤03 弹出“剪贴画”任务窗格，在“搜索文字”文本框中输入“人物”文本，单击“搜索”按钮，如图 15-30 所示。

步骤04 在下方的下拉列表框中选择需要的剪贴画，如图 15-31 所示。

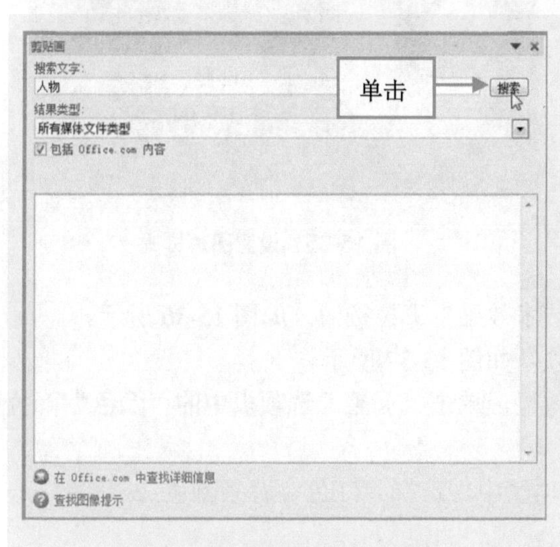

图 15-30 单击“搜索”按钮

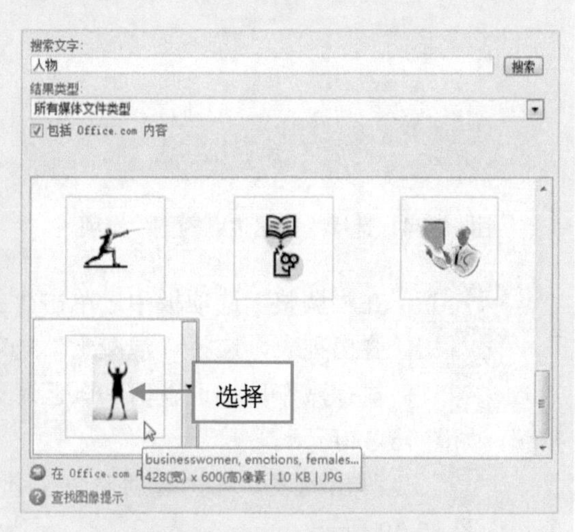

图 15-31 选择需要的剪贴画

步骤05 单击鼠标左键，即可插入剪贴画，并调整至合适的大小和位置，如图 15-32

所示。

步骤06 关闭“剪贴画”任务窗格，在编辑区中，选择插入的剪贴画，切换至“图片工具”中的“格式”面板，单击“图片样式”选项板中的“其他”下拉按钮，如图 15-33 所示。

图 15-32 插入剪贴画

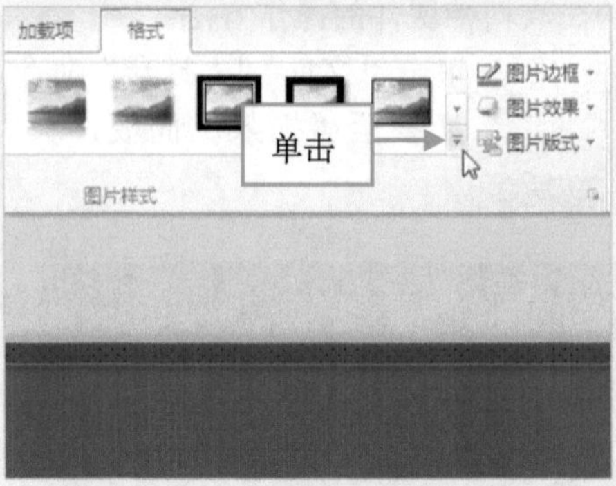

图 15-33 单击“其他”下拉按钮

步骤07 弹出列表，选择“柔化边缘椭圆”选项，如图 15-34 所示。

步骤08 执行操作后，即可设置图片样式，如图 15-35 所示。

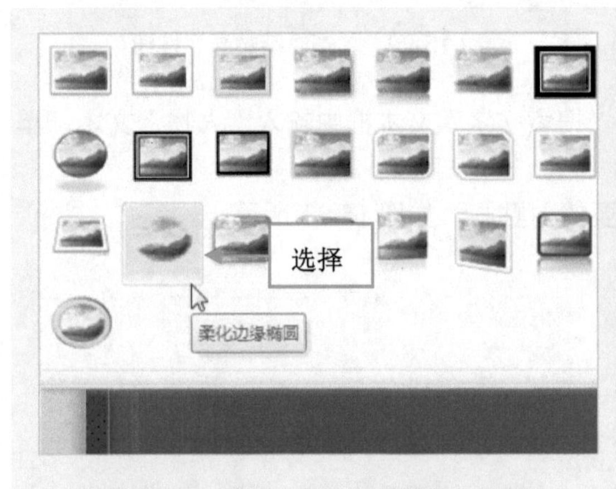

图 15-34 选择“柔化边缘椭圆”选项

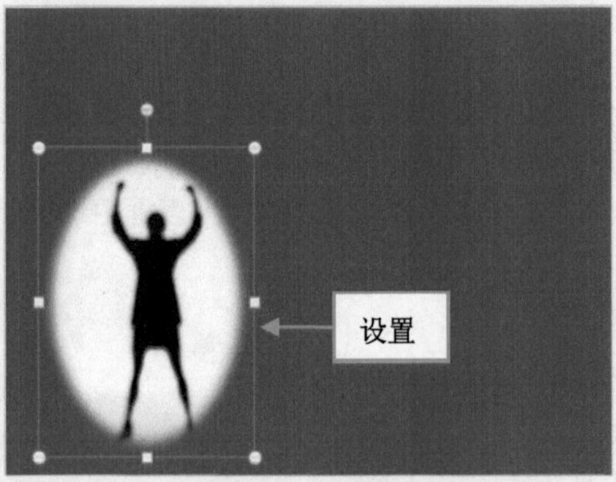

图 15-35 设置图片样式

步骤09 在“调整”选项板中，单击“艺术效果”下拉按钮，如图 15-36 所示。

步骤10 弹出列表，选择“混凝土”选项，如图 15-37 所示。

步骤11 执行操作后，设置剪贴画艺术效果，单击“调整”选项板中的“颜色”下拉按钮，如图 15-38 所示。

步骤12 弹出列表，在“重新着色”选项区中，选择“红色，背景颜色 2 浅色”选项，如图 15-39 所示。

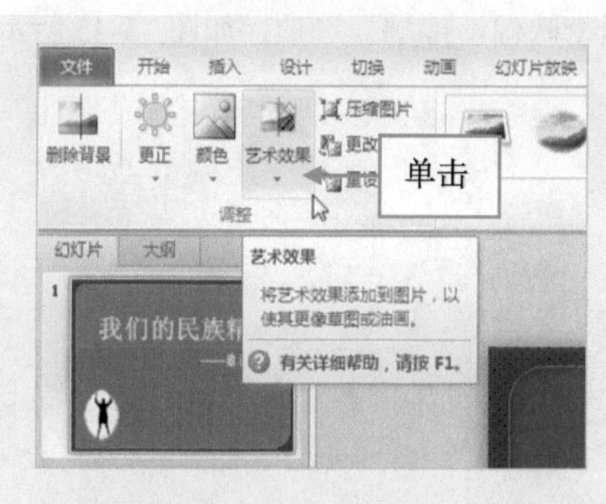

图 15-36　单击“艺术效果”下拉按钮

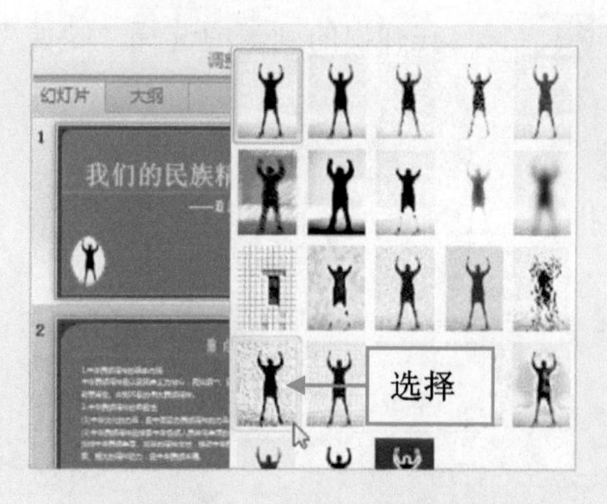

图 15-37　选择“混凝土”选项

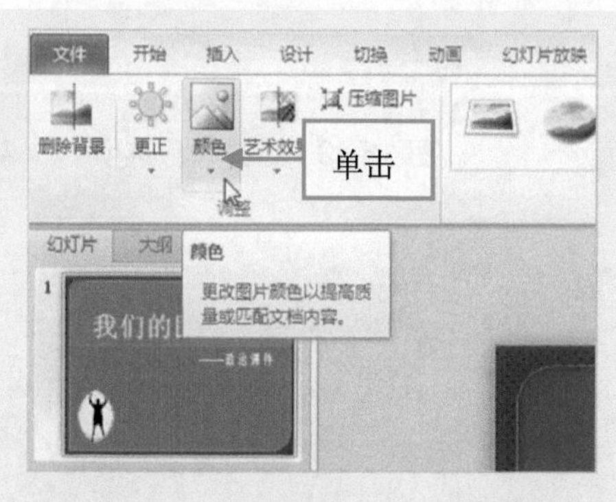

图 15-38　单击“颜色”下拉按钮

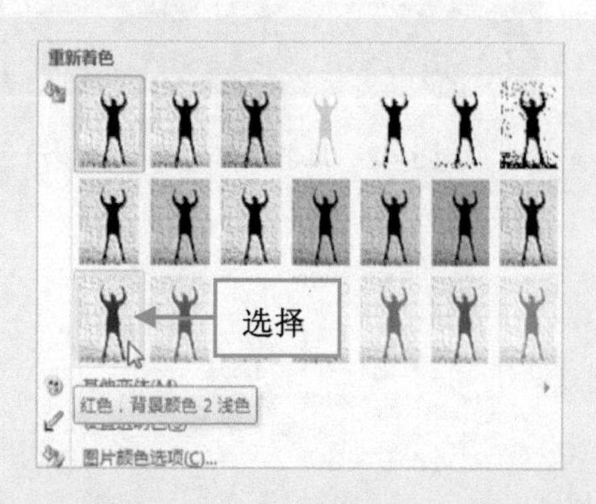

图 15-39　选择“红色，背景颜色 2 浅色”选项

步骤 13　执行操作后，即可设置剪贴画颜色，效果如图 15-40 所示。

步骤 14　在编辑区中，选择标题文本，如图 15-41 所示。

图 15-40　设置剪贴画颜色

图 15-41　选择标题文本

步骤 15　切换至“绘图工具”中的“格式”面板，单击“艺术字样式”选项板中的“其他”下拉按钮，如图 15-42 所示。

步骤 16　弹出列表，在“应用于形状中的所有文字”选项区中，选择“填充-金色，强调文字颜色 2，粗糙棱台”选项，如图 15-43 所示。

步骤 17　执行操作后，即可设置艺术字样式，单击“艺术字样式”选项板中的“文本效果”下拉按钮，如图 15-44 所示。

步骤18 在弹出的列表中选择“映像”|“紧密映像，接触”选项，如图 15-45 所示。

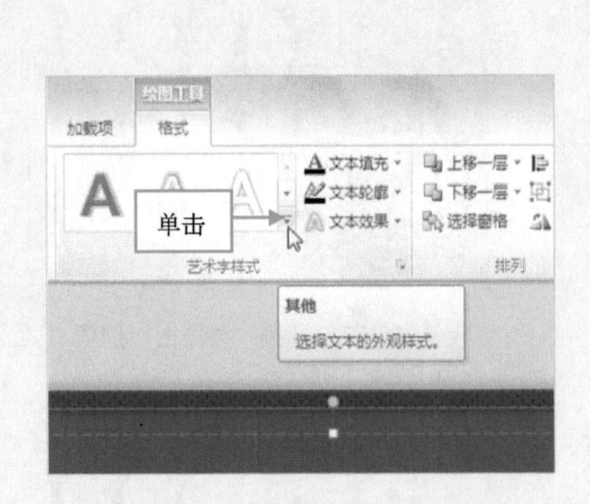

图 15-42 单击“其他”下拉按钮

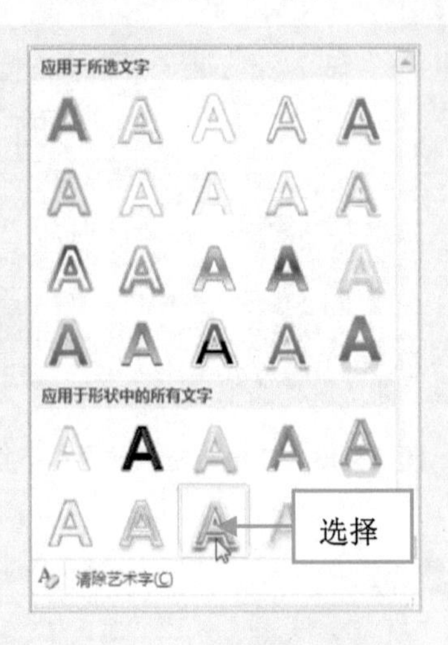

图 15-43 选择相应选项

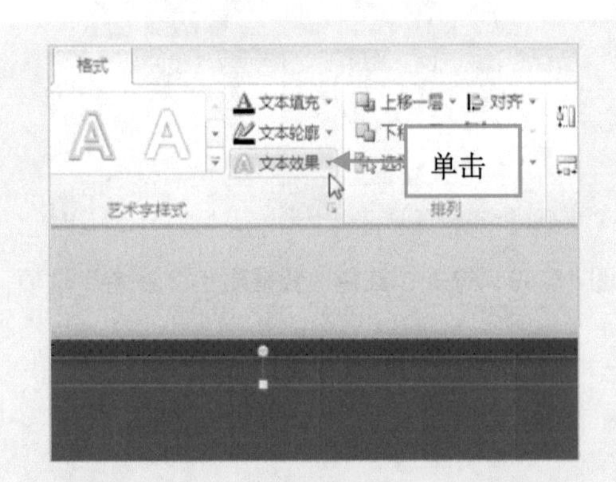

图 15-44 单击“文本效果”下拉按钮

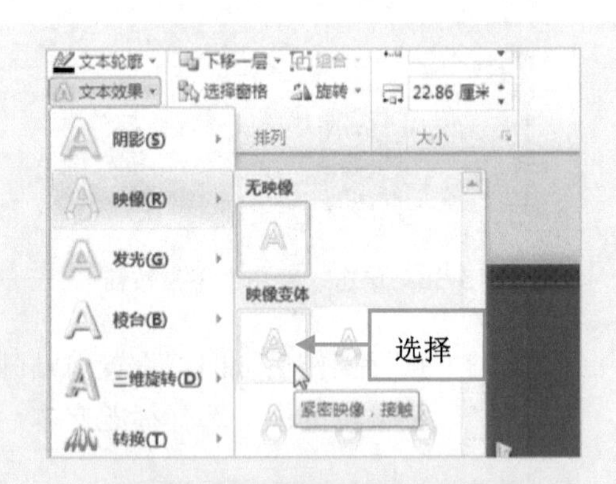

图 15-45 选择“紧密映像，接触”选项

步骤19 执行操作后，即可设置艺术字效果，如图 15-46 所示。

步骤20 切换至第 2 张幻灯片，在编辑区中，选择相应文本，如图 15-47 所示。

图 15-46 设置艺术字效果

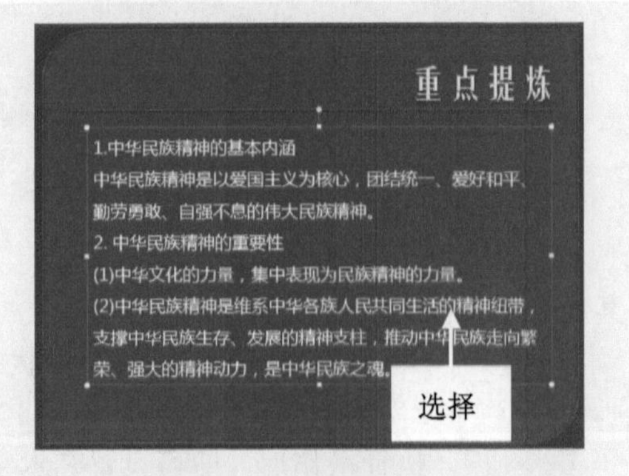

图 15-47 选择相应文本

步骤21 切换至“绘图工具”中的“格式”面板，单击“形状样式”选项板中的“其他”下拉按钮，如图15-48所示。

步骤22 弹出列表，选择“细微效果-橙色，强调颜色5”选项，如图15-49所示。

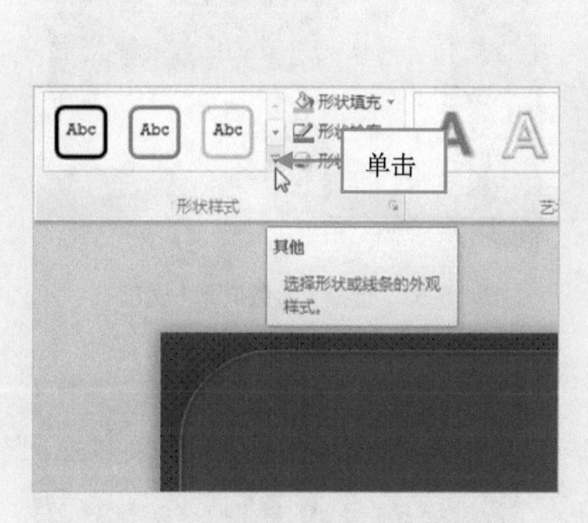

图15-48 单击“其他”下拉按钮

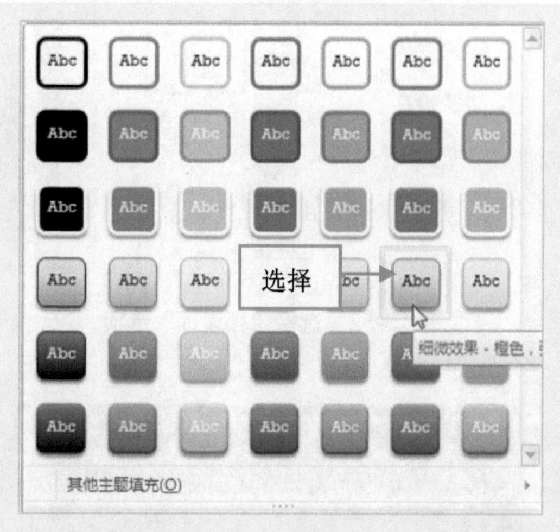

图15-49 选择“细微效果-橙色，强调颜色5”选项

步骤23 执行操作后，即可设置形状样式，如图15-50所示。

步骤24 单击“形状样式”选项板中的“形状效果”下拉按钮，如图15-51所示。

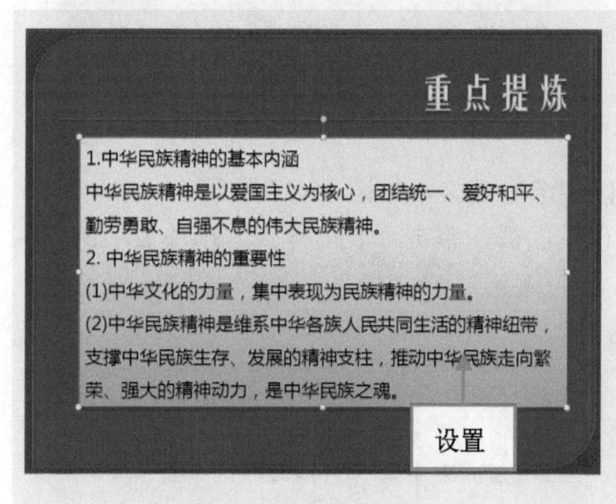

图15-50 设置形状样式

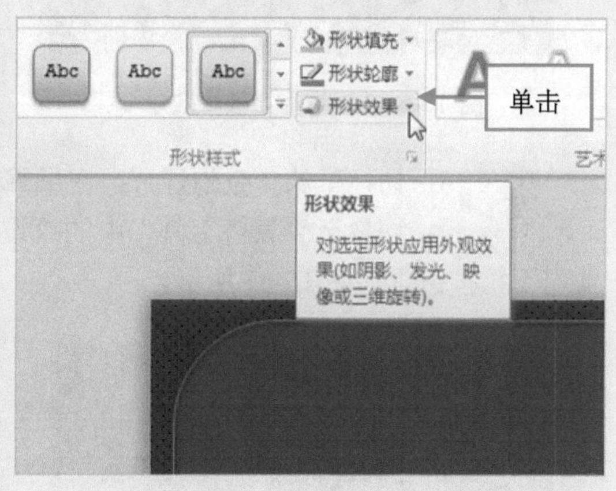

图15-51 单击“形状效果”下拉按钮

步骤25 弹出列表框，选择“预设”|“预设 1”选项，如图 15-52 所示，执行操作后，即可设置形状预设效果。

步骤26 再次单击“形状样式”选项板中的“形状效果”下拉按钮，在弹出的列表中选择“棱台”|“松散嵌入”选项，如图15-53所示。

步骤27 执行操作后，即可设置形状棱台效果，如图15-54所示。

步骤28 切换至第3张幻灯片，在编辑区中，选择相应文本，用与上同样的方法，设置与第2张幻灯片中相同的形状格式，效果如图15-55所示。

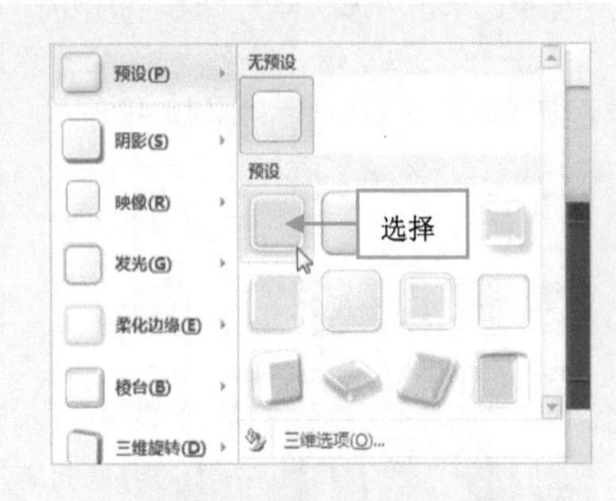

图 15-52 选择“预设 1”选项

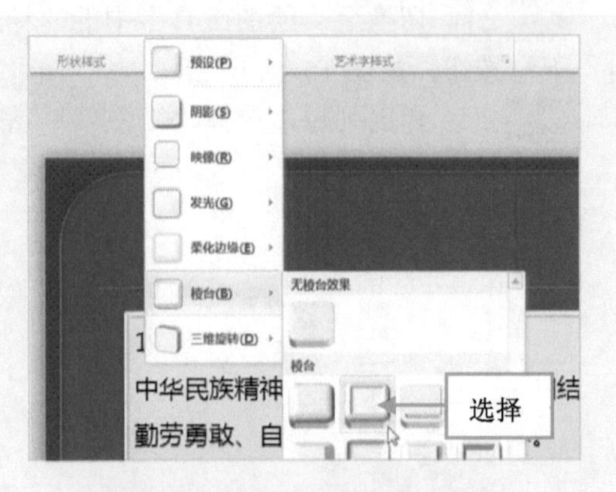

图 15-53 选择“松散嵌入”选项

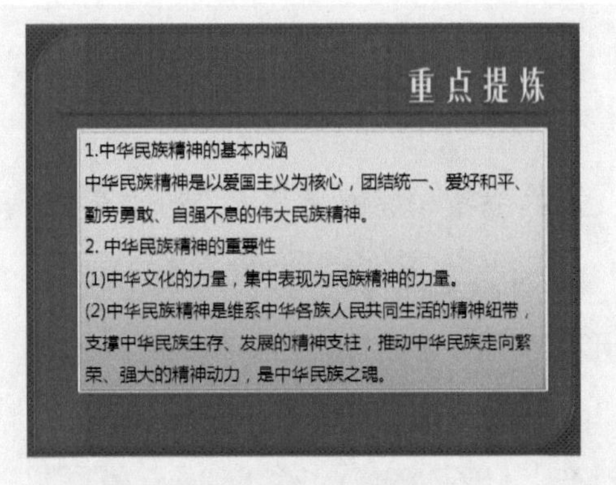

图 15-54 设置形状棱台效果

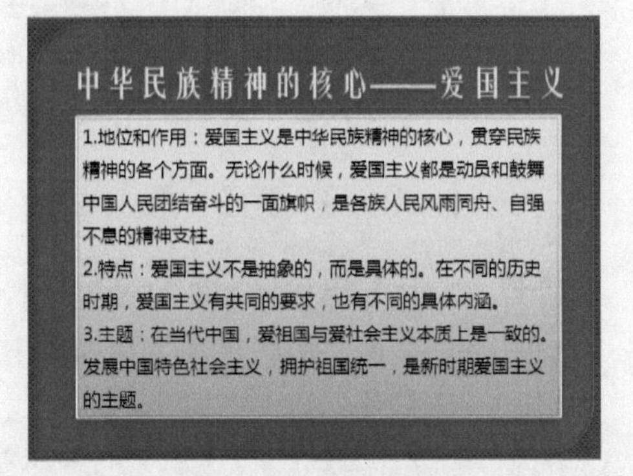

图 15-55 设置形状格式

步骤29 切换至第 4 张幻灯片，在编辑区中选中表格，如图 15-56 所示。

步骤30 切换至“表格工具”中的“设计”面板，单击“表格样式”选项板中的“其他”下拉按钮，如图 15-57 所示。

图 15-56 选中表格

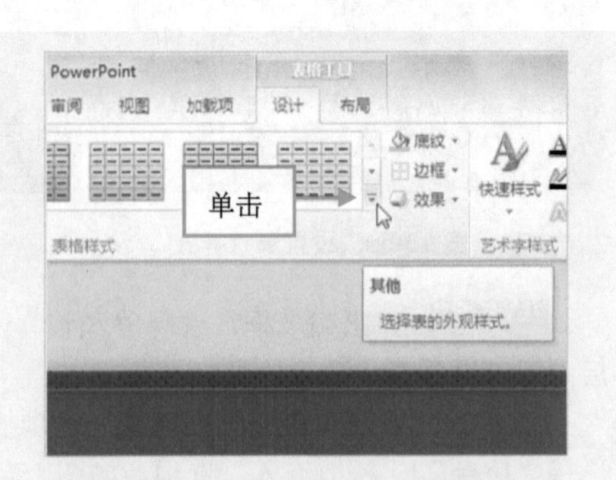

图 15-57 单击“其他”下拉按钮

步骤31 弹出列表，在“文档的最佳匹配对象”选项区中，选择“主题样式 1-强调 5”选项，如图 15-58 所示。

步骤32 执行操作后，即可设置表格样式，效果如图 15-59 所示。

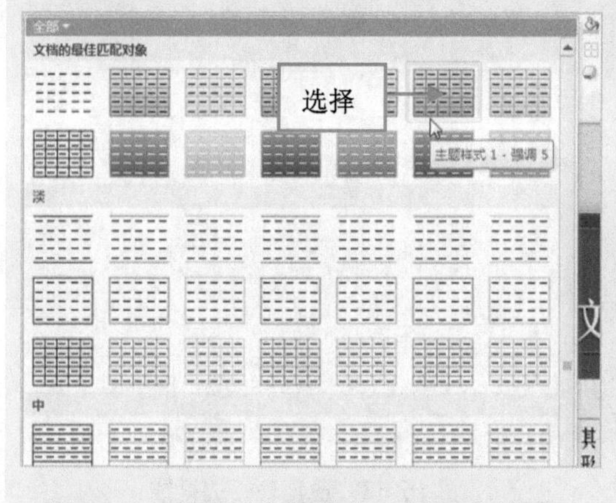

图 15-58 选择“主题样式 1-强调 5”选项

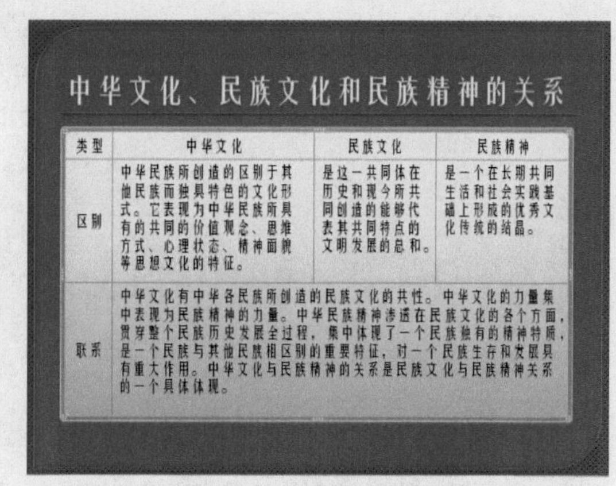

图 15-59 设置表格样式

步骤33 在“绘图边框”选项区中，选择“笔颜色”下拉按钮，弹出列表，在“标准色”选项区中，选择“紫色”选项，如图 15-60 所示。

步骤34 单击“笔画粗细”下拉按钮，弹出列表，选择“1.5 磅”选项，如图 15-61 所示。

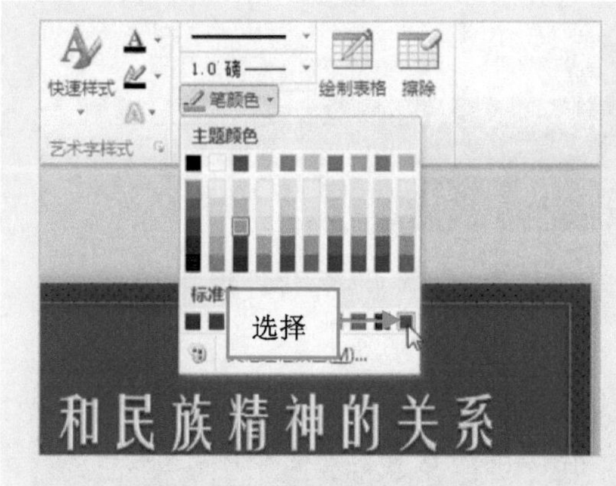

图 15-60 选择“紫色”选项

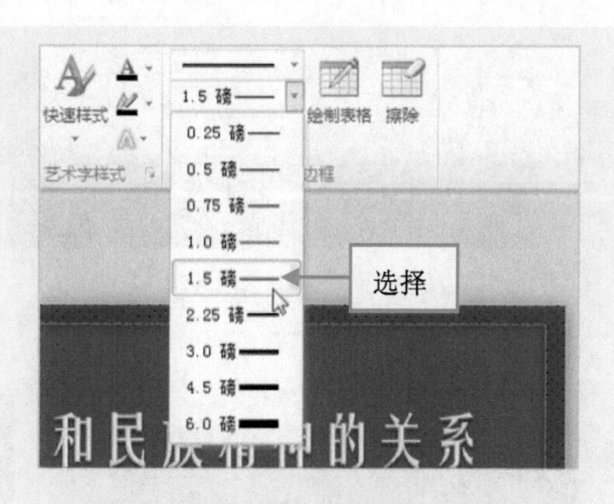

图 15-61 选择“1.5 磅”选项

步骤35 单击“表格样式”选项板中的“边框”下拉按钮，在弹出的列表中选择“所有框线”选项，如图 15-62 所示。

步骤36 执行操作后，即可设置表格边框线，效果如图 15-63 所示。

步骤37 单击“表格样式”选项板中的“效果”下拉按钮，如图 15-64 所示。

步骤38 弹出列表框，选择“单元格凹凸效果”|“圆”选项，如图 15-65 所示。

步骤39 执行操作后，即可设置表格效果，选择表格中的文字，如图 15-66 所示。

步骤40 在“开始”面板中的“字体”选项板中，设置“字体”为“微软雅黑”、“字号”为 18、“字体颜色”为紫色，效果如图 15-67 所示。

底纹
边框
3.0 磅
笔颜色
绘制表格
无框线(N)
所有框线(A)
选择
外侧框线(S)
内部框线(I)
上框线(P)
下框线(B)
左框线(L)
右框线(R)
内部横框线(H)
内部竖框线(V)
民族 民族精神的

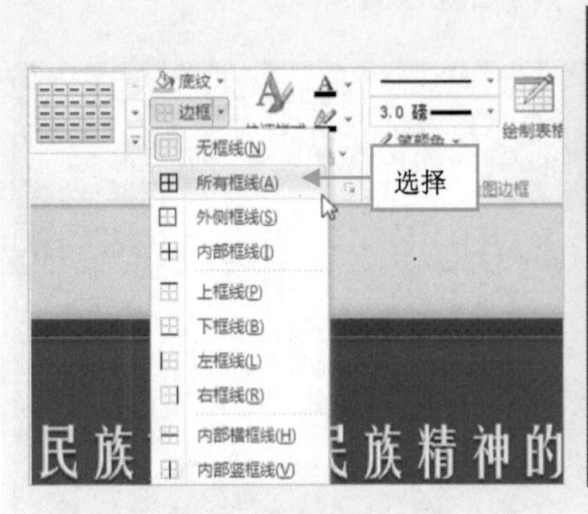

图 15-62　选择“所有框线”选项

中华文化、民族文化和民族精神的关系
类型
中华文化
民族文化
民族精神
区别
中华民族所创造的区别于其他民族而独具特色的文化形式。它表现为中华民族所具有的共同的价值观念、思维方式、心理状态、精神面貌等思想文化的特征。
是这一共同体在历史和现今所共同创造的能够代表其共同特点的文明发展的总和。
是一个在长期共同生活和社会实践基础上形成的优秀文化传统的结晶。
联系
中华文化有中华各民族所创造的民族文化的共性。中华文化的力量集中表现为民族精神的力量。中华民族精神渗透在民族文化的各个方面，贯穿整个民族历史发展全过程，集中体现了一个民族独有的精神特质，是一个民族与其他民族相区别的重要特征，对一个民族生存和发展具有重大作用。中华文化与民族精神的关系是民族文化与民族精神关系的一个具体体现。

图 15-63　设置表格边框线

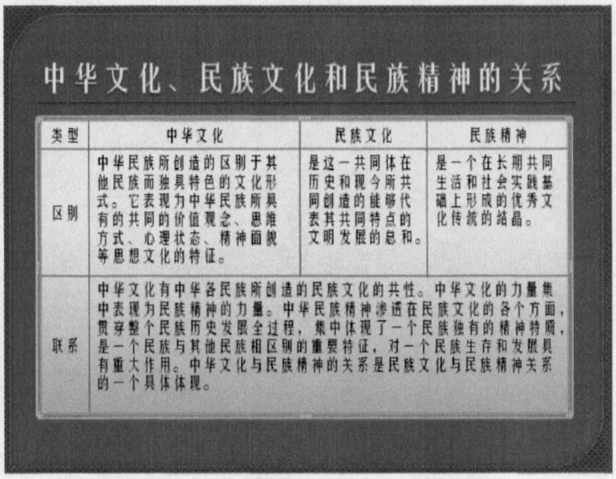

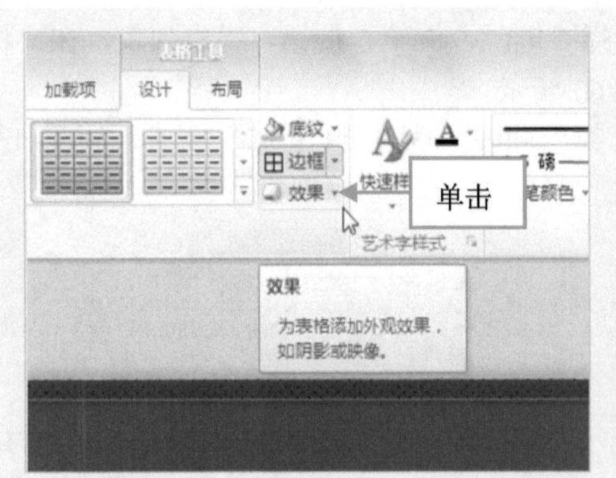

表格工具
加载项
设计
布局
底纹
边框
效果
快速样式
单击
磅
笔颜色
艺术字样式
效果
为表格添加外观效果，如阴影或映像。

图 15-64　单击“效果”下拉按钮

底纹
边框
效果
快速样式
1.5 磅
笔颜色
绘制表格
擦除
单元格凹凸效果(C)
阴影(S)
映像(R)
无棱台效果
棱台
选择
圆
文化和民

图 15-65　选择“圆”选项

中华文化、民族文化和民族精神的关系
类型
中华文化
民族文化
民族精神
区别
联系
选择

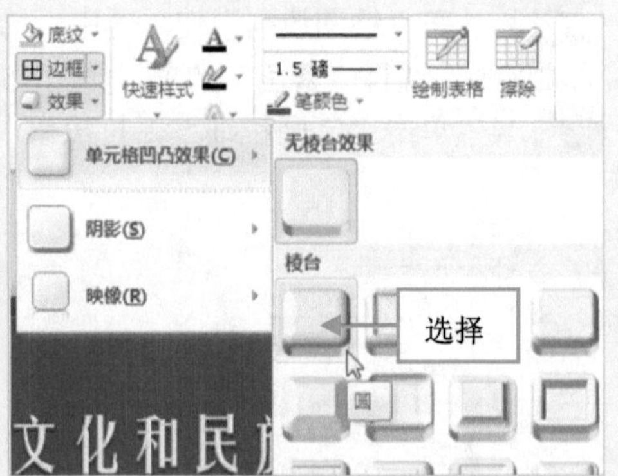

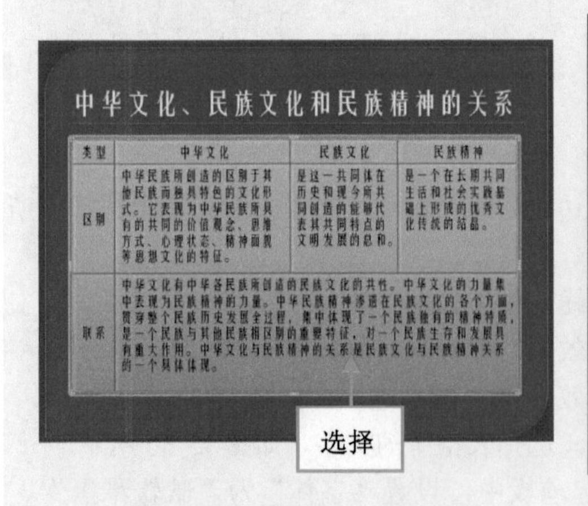

图 15-66　选择表格中的文字

中华文化、民族文化和民族精神的关系
类型
中华文化
民族文化
民族精神
区别
中华民族所创造的区别于其他民族而独具特色的文化形式。它表现为中华民族所具有的共同的价值观念、思维方式、心理状态、精神面貌等思想文化的特征。
是这一共同体在历史和现今所共同创造的能够代表其共同特点的文明发展的总和。
是一个在长期共同生活和社会实践基础上形成的优秀文化传统的结晶。
联系
中华文化有中华各民族所创造的民族文化的共性。中华文化的力量集中表现为民族精神的力量。中华民族精神渗透在民族文化的各个方面，贯穿整个民族历史发展全过程，集中体现了一个民族独有的精神特质，是一个民族与其他民族相区别的重要特征，对一个民族生存和发展具有重大作用。中华文化与民族精神的关系是民族文化与民族精神关系的一个具体体现。

图 15-67　设置表格文字属性

步骤 41　切换至第 1 张幻灯片，在“插入”面板中的“插图”选项板中，单击“形

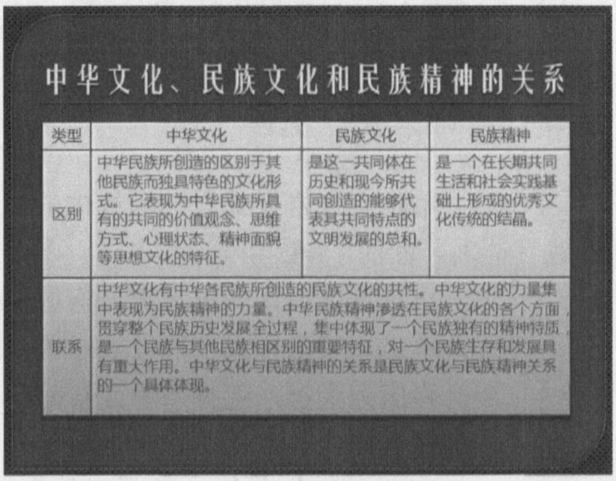

状”下拉按钮，如图15-68所示。

步骤42 弹出列表，在“动作按钮”选项区中，选择“第一张”选项，如图15-69所示。

图15-68 单击“形状”下拉按钮

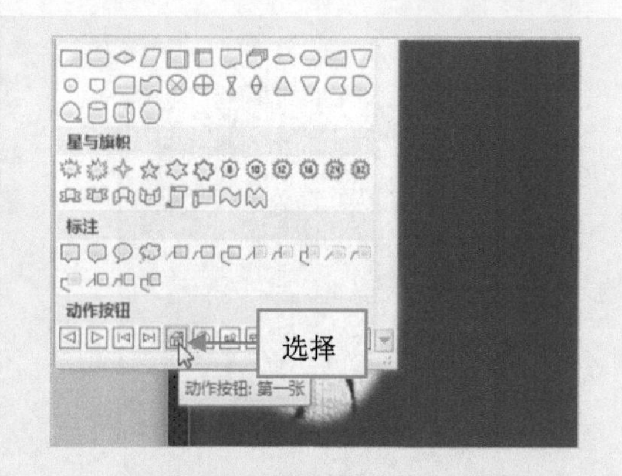

图15-69 选择“第一张”选项

步骤43 在幻灯片中的右下角绘制图形，并弹出“动作设置”对话框，各选项为默认设置，单击“确定”按钮，如图15-70所示。

步骤44 切换至“绘图工具”中的“格式”面板，单击“形状样式”选项板中的“其他”下拉按钮，在弹出的列表中选择“强烈效果-金色，强调颜色2”选项，如图15-71所示。

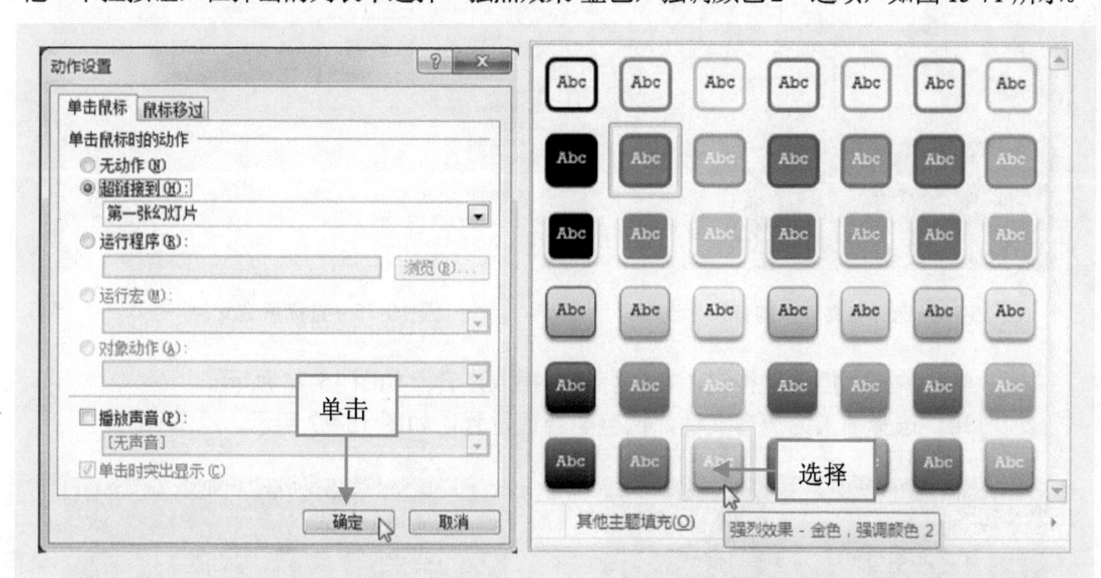

图15-70 单击“确定”按钮 15-71 选择“强烈效果-金色，强调颜色2”选项

步骤45 执行操作后，即可设置动作样式，如图15-72所示。

步骤46 用与上同样的方法，绘制其他的动作按钮，并设置与上同样的动作样式，效果如图15-73所示。

步骤47 切换至“插入”面板，单击“媒体”选项板中的“音频”下拉按钮，弹出列表，选择“文件中的音频”选项，如图15-74所示。

步骤48 弹出“插入音频”对话框，在对话框中的合适位置，选择声音文件，如

图 15-75 所示。

图 15-72　设置动作样式

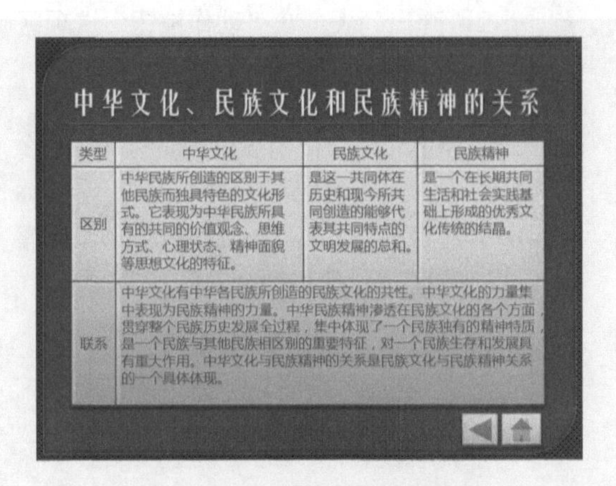

图 15-73　设置其他动作样式

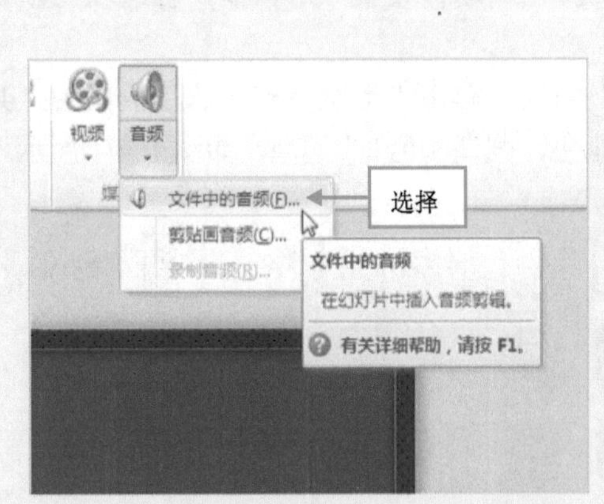

图 15-74　选择“文件中的音频”选项

图 15-75　选择声音文件

步骤 49　单击“插入”按钮，在幻灯片中插入声音，如图 15-76 所示。

步骤 50　选择插入的声音文件，调整至合适位置，如图 15-77 所示。

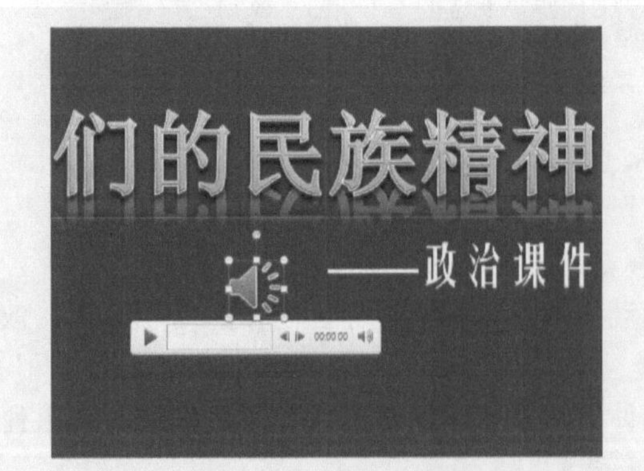

图 15-76　插入声音

图 15-77　调整声音文件的位置

步骤51 在编辑区中，选择标题文本，切换至“动画”面板中的“动画”选项板，单击“其他”下拉按钮，如图 15-78 所示。

步骤52 弹出列表，在“进入”选项区中，选择“浮入”选项，如图 15-79 所示。

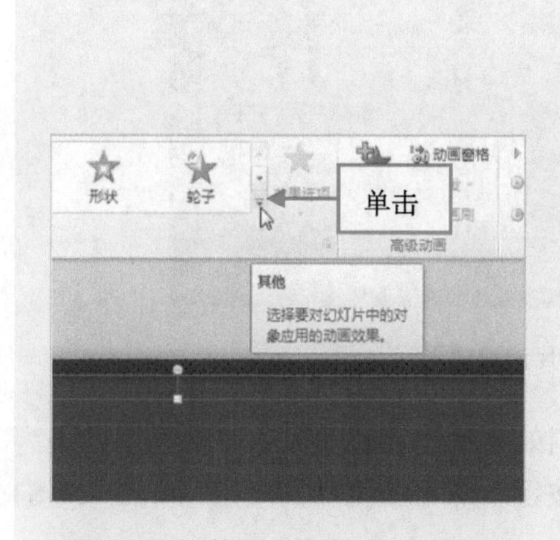

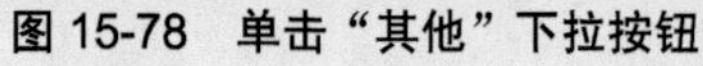

图 15-78 单击“其他”下拉按钮

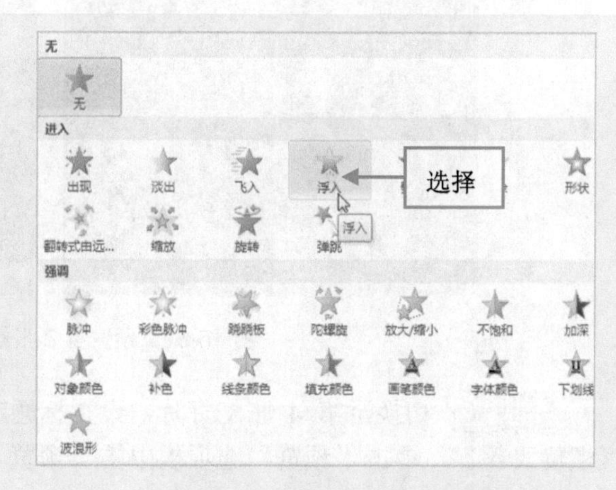

图 15-79 选择“浮入”选项

步骤53 执行操作后，即可设置文本动画效果，用与上同样的方法，设置第 1 张幻灯片中的副标题文本为“形状”动画效果、剪贴画动画效果为“轮子”，单击“预览”选项板中的“预览”按钮，预览动画效果，如图 15-80 所示。

图 15-80 预览第 1 张幻灯片动画效果

步骤54 切换至第 2 张幻灯片，设置标题动画效果为“盒状”、正文文本动画效果为“十字形扩展”，单击“预览”选项板中的“预览”按钮，即可预览动画效果，如图 15-81 所示。

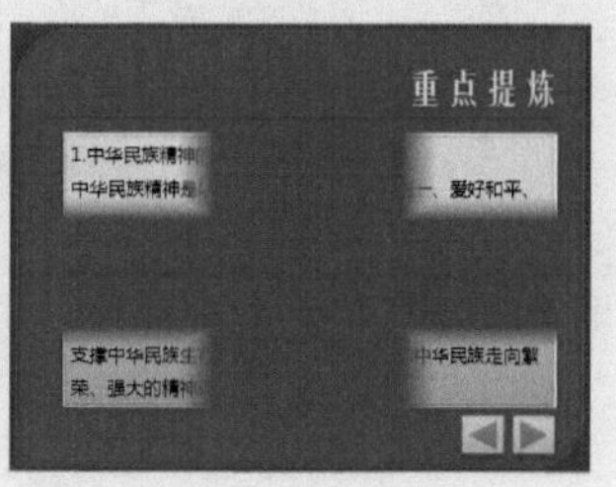

图 15-81 预览第 2 张幻灯片动画效果

步骤 55　切换至第 3 张幻灯片，设置标题动画效果为“展开”、正文文本动画效果为“上浮”，单击“预览”选项板中的“预览”按钮，即可预览动画效果，如图 15-82 所示。

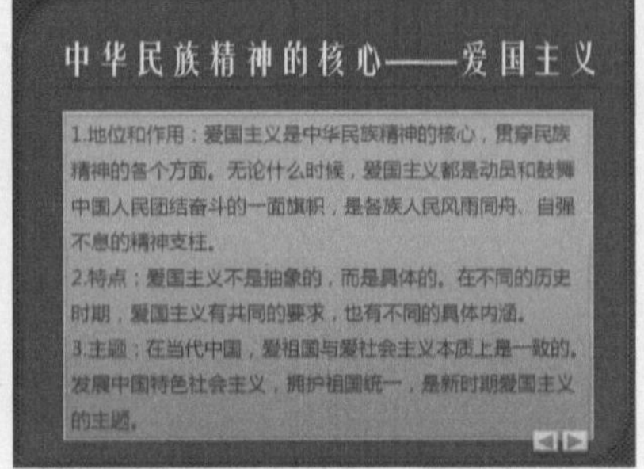

图 15-82　预览第 3 张幻灯片动画效果

步骤 56　切换至第 4 张幻灯片，设置标题动画效果为“挥鞭式”、表格动画效果为“螺旋飞入”，单击“预览”选项板中的“预览”按钮，即可预览动画效果，如图 15-83 所示。

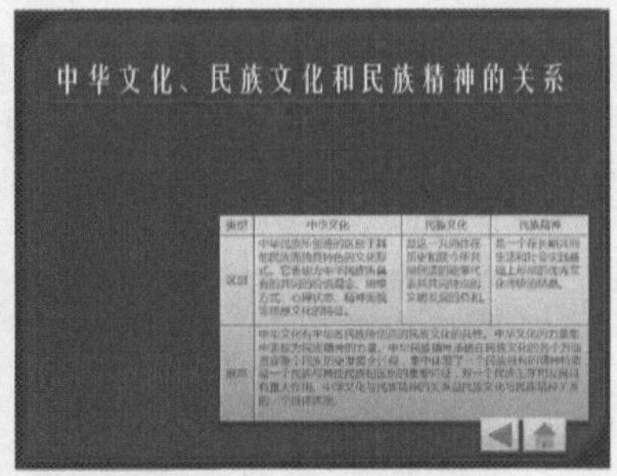

图 15-83　预览第 4 张幻灯片动画效果

步骤 57　单击“文件”|“保存并发送”|“更改文件类型”命令，如图 15-84 所示。

步骤 58　在“更改文件类型”列表框中的“图片文件类型”选项区中，选择“JPEG 文件交换格式”命令，如图 15-85 所示。

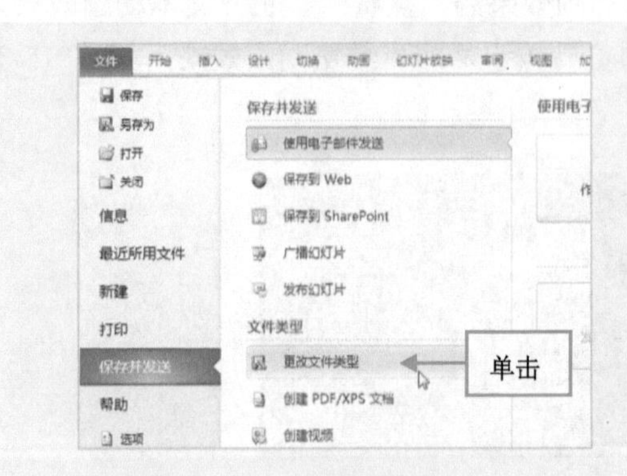

图 15-84　单击“更改文件类型”命令

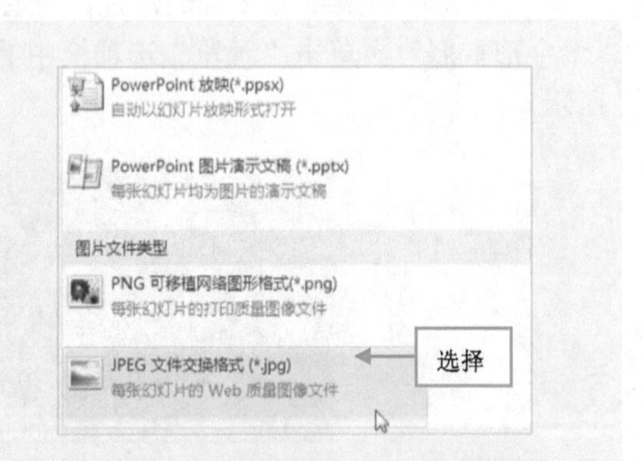

图 15-85　选择“JPEG 文件交换格式”命令

步骤59 弹出“另存为”对话框，选择相应的保存文件类型，如图15-86所示。

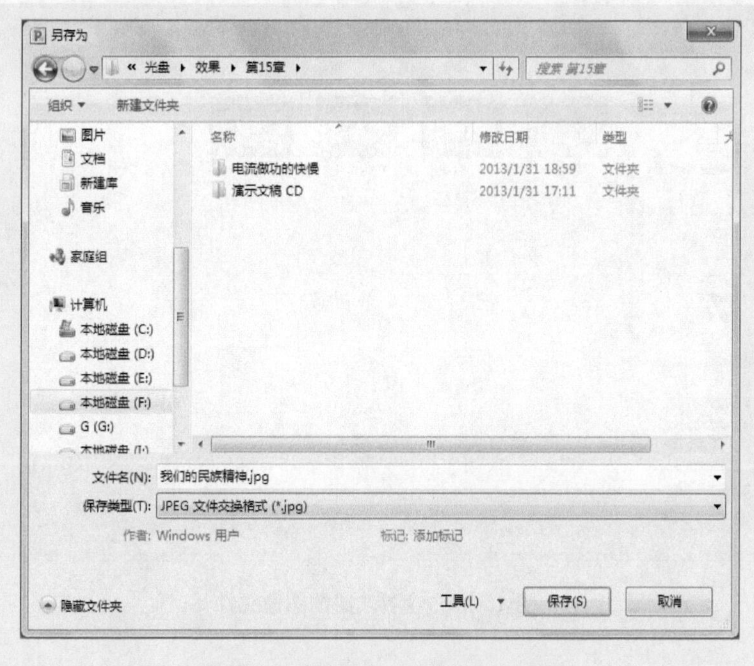

图15-86 选择相应的保存文件类型

步骤60 单击“保存”按钮，在弹出的信息提示框中，单击“每张幻灯片”按钮，如图15-87所示。

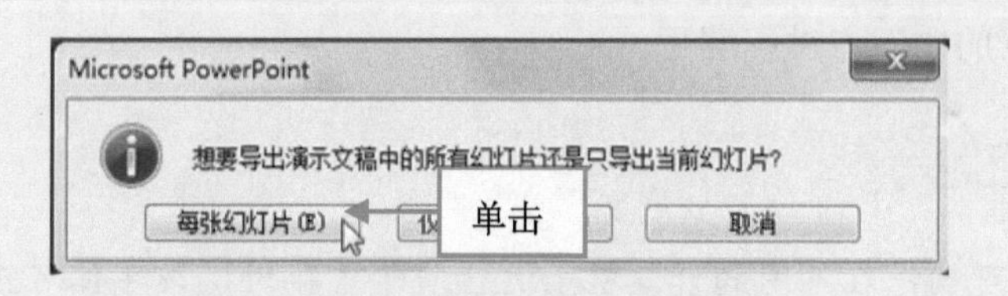

图15-87 单击“每张幻灯片”按钮

步骤61 执行操作后，弹出信息提示框，如图15-88所示。

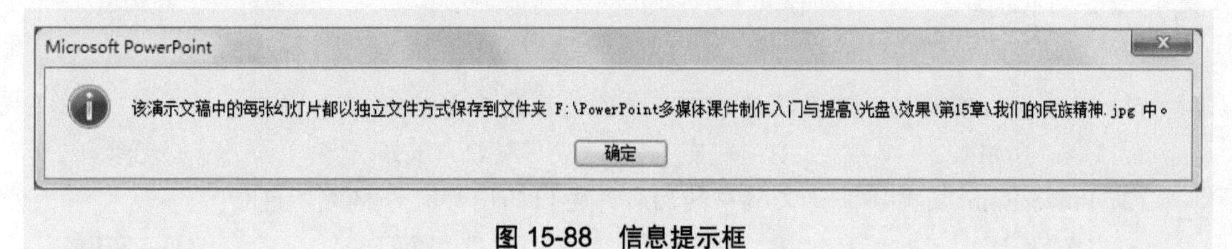

图15-88 信息提示框

步骤62 单击“确定”按钮，即可输出演示文稿为图形文件，打开所存储的文件夹，查看输出的图像文件，如图15-89所示，完成我们的民族精神课件的制作。

图 15-89 查看输出的图像文件

15.4 本 章 习 题

本章重点介绍了打包与输出课件模板制作的方法，本节将通过填空题、选择题以及上机练习题，对本章的知识点进行回顾。

15.4.1 填空题

(1) ________可确保在不同的计算机上运行演示文稿时，该字体可正确显示。

(2) 将演示文稿发布到 Web 上时，会将网页或 Web 档案的________保存到指定位置。

(3) 在 PowerPoint 中经常用到的输出格式有________和幻灯片放映文件。

15.4.2 选择题

(1) 通过发布演示文稿可以维持 PPTX 文件格式演示文稿的(　　)版本。

A. 所有　　B. 现有　　C. 原始　　D. 单一

(2) PowerPoint 支持将演示文稿中的幻灯片输出的图形文件格式不包括(　　)。

A. GIF　　B. JPG　　C. PNG　　D. TIF

(3) PowerPoint 会自动切换到幻灯片放映状态，而不会出现 PowerPoint 编辑窗口，而(　　)文件则是将每一张幻灯片输出为单一的文件。

A. 图形　　B. 视频　　C. 动态　　D. 声音

15.4.3 上机练习：政治课件实例——制作建立学习型社会课件

打开“光盘\素材\第 15 章”文件夹下的建立学习型课件.pptx，如图 15-90 所示。尝试为建立学习型社会课件输出为放映文件，如图 15-91 所示。

图 15-90 素材文件

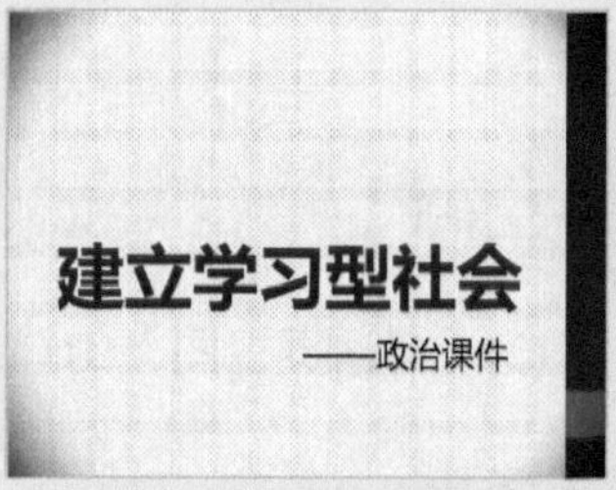

图 15-91 建立学习型社会课件效果

习 题 答 案

第 2 章

2.9.1 填空题

(1) 3　(2) 备注页视图、幻灯片放映视图　(3) 7

2.9.2 选择题

(1) C　(2) A　(3) C

2.9.3 上机练习

单击“文件”|“另存为”命令，在弹出的“另存为”对话框中，选择该文件的保存位置，在“文件名”文本框中输入相应标题内容，单击“保存”按钮即可。

第 3 章

3.5.1 填空题

(1)“文字”、“图形”　(2)“黑色”　(3) 6

3.5.2 选择题

(1) C　(2) A　(3) C

3.5.3 上机练习

打开素材文件后，选择需要设置项目符号的文本，在“开始”面板中的“段落”选项板中，单击“项目符号”下拉按钮，在调出的“项目符号和编号”对话框中，选择“箭头项目符号”选项，然后设置相应颜色即可。

第 4 章

4.6.1 填空题

(1) 通过命令新建、通过快捷键新建　(2) 鼠标、按钮　(3) 3

4.6.2 选择题

(1) C (2) B (3) A

4.6.3 上机练习

打开一个素材文件后，选择需要进行设置的文本框，单击鼠标右键，在弹出的快捷菜单中选择“设置形状格式”命令，弹出“设置形状格式”对话框，在“填充”选项卡中的“填充”选项区中选中“图片或纹理填充”单选按钮，单击下方“纹理”右侧的下拉按钮，在弹出的列表中选择“信纸”选项即可。

第 5 章

5.7.1 填空题

(1) 非占位符中插入 (2) “复制到收藏集” (3) 外部图片

5.7.2 选择题

(1) B (2) C (3) A

5.7.3 上机练习

打开一个素材文件后，选择需要设置形状样式的艺术字，切换至“绘图工具”中的“格式”面板，在“艺术字样式”选项板中，单击“其他”下拉按钮，在弹出的列表中选择“填充-蓝色，强调文字颜色 2，粗糙棱台”选项，然后单击“形状轮廓”下拉按钮，在弹出的列表中的“标准色”选项区中，选择“红色”选项，即可设置艺术字效果。

第 6 章

6.6.1 填空题

(1) 文字 (2) 鼠标 (3)“绘图边框”

6.6.2 选择题

(1) B (2) D (3) A

6.6.3 上机练习

打开一个素材文件后，切换至“插入”面板，单击“表格”下拉按钮，在弹出的列表中选择“插入表格”选项，弹出“插入表格”对话框，设置“列数”为 1、“行数”为 5，单击“确定”按钮，即可在幻灯片中插入表格，然后在表格中输入相应文本即可。

第 7 章

7.5.1 填空题

(1) 柱形图　(2) 二维坐标轴　(3) Excel

7.5.2 选择题

(1) A　(2) B　(3) D

7.5.3 上机练习

打开一个素材文件后，切换至“插入”面板，在“插图”选项板中，单击“图表”按钮，弹出“插入图表”对话框，选择“折线图”选项，在“折线图”选项区中，选择“折线图”选项，单击“确定”按钮，系统将自动启动 Excel 应用程序，并在幻灯片中插入图表，关闭 Excel 应用程序，在幻灯片中调整图表的大小与位置即可。

第 8 章

8.5.1 填空题

(1)“播放”　(2) 项目占位符　(3)“调整”

8.5.2 选择题

(1) B　(2) A　(3) D

8.5.3 上机练习

打开一个素材文件后，切换至“插入”面板，在“媒体”选项板中，单击“音频”下拉按钮，在弹出的列表中选择“文件中的音频”选项，弹出“插入音频”对话框，选择需要插入的声音文件，单击“插入”按钮，即可插入声音。

第 9 章

9.5.1 填空题

(1) 选定　(2) 存储在硬盘中　(3) 主题背景

9.5.2 选择题

(1) A (2) C (3) C

9.5.3 上机练习

打开一个素材文件后，切换至“设计”面板，单击“主题”选项板中的“其他”下拉按钮，在弹出的列表中的“内置”选项区中，选择“奥斯汀”选项，单击鼠标右键，在弹出的快捷菜单中选择“应用于选定幻灯片”命令，即可将主题应用到选定的幻灯片。

第 10 章

10.5.1 填空题

(1) 超链接 (2) 文件 (3) 动作按钮

10.5.2 选择题

(1) B (2) A (3) D

10.5.3 上机练习

打开一个素材文件后，选择“甲骨文”文本，切换至“插入”面板，在“链接”选项板中，单击“超链接”按钮，弹出“插入超链接”对话框，在“链接到”列表框中，单击“本文档中的位置”按钮，然后在“请选择文档中的位置”选项区中的“幻灯片标题”下方，选择合适的选项，单击“确定”按钮，即可在幻灯片中插入超链接。

第 11 章

11.5.1 填空题

(1) 4 (2) 相反 (3)“直线和曲线”

11.5.2 选择题

(1) B (2) C (3) A

11.5.3 上机练习

打开一个素材文件后，选择文本，切换至“动画”面板，单击“动画”选项板中的

“其他”下拉按钮，在弹出的列表中选择“进入”选项区中的“缩放”选项，即可为文本添加动画效果，其他对象的设置与此类似。

第 12 章

12.6.1 填空题

(1) 分界线　(2)“效果选项”　(3)“声音”

12.6.2 选择题

(1) C　(2) B　(3) D

12.6.3 上机练习

打开一个素材文件后，切换至“切换”面板，单击“切换到此幻灯片”选项板中的“其他”下拉按钮，弹出列表，在“华丽型”选项区中，选择“碎片”选项，即可添加碎片切换效果。

第 13 章

13.5.1 填空题

(1) 自定义幻灯片放映　(2) Shift+F5　(3) “排练计时”

13.5.2 选择题

(1) A　(2) C　(3) C

13.5.3 上机练习

打开一个素材文件后，切换至“幻灯片放映”面板，单击“开始放映幻灯片”选项板中的“从当前幻灯片开始”按钮，即可从当前幻灯片处开始放映。

第 14 章

14.4.1 填空题

(1)“页面设置”　(2)“自定义范围”　(3) 打印页面

14.4.2 选择题

(1) A　(2) A　(3) B

14.4.3 上机练习

打开一个素材文件后，切换至“设计”面板，单击“页面设置”选项板中的“页面设置”按钮，弹出“页面设置”对话框，设置“宽度”为 30 厘米、“高度”为 27 厘米，单击“确定”按钮，即可设置幻灯片宽度和高度。

第 15 章

15.4.1 填空题

(1) 嵌入字体　(2) 备份　(3) 图形文件格式

15.4.2 选择题

(1) C　(2) D　(3) A

15.4.3 上机练习

打开一个素材文件后，单击“文件”|“保存并发送”|“更改文件类型”命令，在“更改文件类型”列表框中的“演示文稿文件类型”选项区中，选择“PowerPoint 放映”选项，弹出“另存为”对话框，选择需要存储的文件类型，单击“保存”按钮，即可输出文件，打开所存储的文件夹，查看输出的图像文件，在保存的文件中双击文件，即可放映文件。